한국산업인력공단 새 출제기준에 따른 최신판!!

완전합격

위험물 기능장

실기문제

대한민국 국가대표 브 랜 드

국가자격 시험문제 전문출판

에듀크라운
국가자격시험문제 전문출판
www.educrown.co.kr

최고의 책명들!! 최고의 합격률!!
크라운출판사
국가자격시험문제 전문출판
http://www.crownbook.com

= /저/자/약/력/=

김재호
• 울산대학교 외래교수
• 삼육대학교 외래교수
• 호서대학교 외래교수
• 한국폴리텍Ⅰ대학 겸임교수
• 경남정보대학 외래교수

▶ 위험물 크라운출판사 저자가 직강하는 전문학원
　관인 대원 위험물 기술학원
　서울 당산동 TEL. 02) 6013-3999

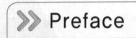
Preface

우리나라는 산업화의 진전으로 급속도로 발달하는 산업사회에 살고 있습니다. 이러한 경제성장과 함께 중화학공업도 급진적으로 발전하면서 여기에 사용되는 위험물의 종류도 다양해지고, 이에 따른 안전사고도 증가함으로써 많은 인명손실과 재산상의 피해가 늘고 있는 실정입니다. 그러므로 인명과 재산을 보호하기 위하여 안전에 대한 인식의 재무장이 무엇보다도 절실히 요구되는 시대라고 할 수 있습니다.

이러한 시대적 요청에 따라 위험물 취급자의 수요는 더욱 증가하리라 생각하여 위험물을 취급하고자 하는 관계자들에게 조금이나마 도움이 되길 바라는 마음으로 이 책을 출간하게 되었다. 그러나 복잡한 생활 속에서 시간적인 여유가 없을뿐더러 짧은 시간에 위험물취급에 대한 전반적인 지식을 습득하기에는 많은 어려움이 있을 것입니다. 이에 따라 그동안 강단에서의 오랜 강의 경험과 현장 실무경험을 토대로 틈틈이 준비하였던 자료를 가지고 책으로 펴내게 되었습니다.

본서의 특징은 다음과 같습니다.

1. 위험물기능장 자격증을 취득하기 위해 필요한 내용을 중심적으로 분석하여 놓은 것으로 다년간 위험물 분야에 종사한 현장경험과 최근 출제기준을 고려하여 집필하였습니다.
2. 중요한 기초이론 및 핵심이론으로 기본을 다지고 각 장마다 예상문제를 실어 적중률을 최대로 높였습니다.
3. 다년간의 위험물기능장 실기 기출문제 및 자세하고 정확한 해설로 자격증 시험에 충분한 대비가 가능하도록 하였습니다.

따라서 위험물기능장 수험생과 산업현장에서 실무에 종사하시는 산업역군들에게 조그마한 도움이 되었으면 저자로서는 다행이라고 생각하며, 미흡한 점을 수정·보완하여 판이 거듭될 때마다 완벽한 기술도서가 될 수 있도록 노력할 것을 약속하면서 끝으로 본서의 출간을 위해 온갖 정성을 기울여 주신 크라운출판사 임직원 여러분들에게 감사의 뜻을 표합니다.

저자 드림

직무분야	화학	중직무분야	위험물	자격종목	위험물기능장	적용기간	2021.1.1 ~ 2024.12.31

○직무내용 : 위험물을 저장·취급·제조하는 제조소 등의 설계·시공 및 현장 위험물안전관리자 등을 지도·감독하며, 각 설비에 대한 점검, 응급조치 등의 위험물 안전관리에 대한 현장 중간관리 등의 총괄 업무를 수행
○수행준거 : 1. 위험물 성상에 대한 전문 지식 및 숙련 기능을 가지고 작업을 할 수 있다.
2. 위험물 화재 등 각종 사고 예방을 위해 안전 조치를 취할 수 있다.
3. 산업 현장에서 위험물시설 점검 등을 수행할 수 있다.
4. 위험물 관련 법규에 대한 전반적 사항을 적용하여 작업을 수행할 수 있다.
5. 위험물 운송·운반에 대한 전문 지식 및 숙련 기능을 가지고 작업을 수행할 수 있다.
6. 위험물 관련한 소속 기능 인력의 지도 및 감독, 현장 훈련을 수행할 수 있다.
7. 위험물 업무 관련하여 경영자와 기능 인력을 유기적으로 연계시켜주는 작업등 현장 관리 업무를 수행 할 수 있다.

실기검정방법	필답형	시험시간	2시간

실기과목명	주요항목	세부항목	세세항목
위험물 취급실무	1. 위험물 성상	1. 유별 위험물의 특성을 파악하고 취급하기	1. 제1류 위험물 특성을 파악하고 취급할 수 있다. 2. 제2류 위험물 특성을 파악하고 취급할 수 있다. 3. 제3류 위험물 특성을 파악하고 취급할 수 있다. 4. 제4류 위험물 특성을 파악하고 취급할 수 있다. 5. 제5류 위험물 특성을 파악하고 취급할 수 있다. 6. 제6류 위험물 특성을 파악하고 취급할 수 있다.
		2. 화재와 소화이론 파악하기	1. 위험물의 인화, 발화, 연소 범위, 및 폭발 등의 특성을 파악할 수 있다. 2. 화재의 종류와 소화이론에 관한 사항을 파악할 수 있다. 3. 일반화학에 관한 사항을 파악할 수 있다.
	2. 위험물 소화 및 화재, 폭발 예방	1. 위험물의 소화 및 화재, 폭발 예방하기	1. 적응소화제 및 소화설비를 파악하여 적용할 수 있다. 2. 화재예방법 및 경보설비 사용법을 이해하여 적용할 수 있다. 3. 폭발방지 및 안전장치를 이해하여 적용할 수 있다. 4. 위험물 제조소 등의 소방시설 설치, 점검 및 사용을 할 수 있다.

실기과목명	주요항목	세부항목	세세항목
	3. 시설 및 저장·취급	1. 위험물의 시설 및 저장·취급에 대한 사항 파악하기	1. 유별을 달리하는 위험물 재해발생방지와 적재방법을 설명할 수 있다. 2. 위험물제조소 등의 위치, 구조설비를 파악할 수 있다. 3. 위험물제조소 등의 위치, 구조 및 설비에 대한 기준을 파악할 수 있다. 4. 위험물제조소 등의 소화설비, 경보설비 및 피난설비에 대한 기준을 파악할 수 있다.
		2. 설계 및 시공하기	1. 위험물제조소 등의 소방시설 설치 및 사용방법을 파악할 수 있다. 2. 위험물제조소 등의 저장, 취급시설의 사고 예방대책을 수립할 수 있다. 3. 위험물제조소 등의 설계 및 시공을 이해할 수 있다.
	4. 관련법규 적용	1. 위험물제조소 등 허가 및 안전관리 법규 적용하기	1. 위험물제조소 등과 관련된 안전관리 법규를 검토하여 허가, 완공절차 및 안전 기준을 파악할 수 있다. 2. 위험물 안전관리 법규의 벌칙규정을 파악하고 준수할 수 있다.
		2. 위험물제조소 등 관리	1. 예방규정작성에 대해 파악할 수 있다. 2. 위험물시설 일반점검표작성에 대해 파악할 수 있다.
	5. 위험물 운송·운반시설 기준 파악	1. 운송·운반 기준 파악하기	1. 운송 기준을 검토하여 운송 시 준수사항을 확인할 수 있다. 2. 운반 기준을 검토하여 적합한 운반용기를 선정할 수 있다. 3. 운반 기준을 확인하여 적합한 적재방법을 선정할 수 있다. 4. 운반 기준을 조사하여 적합한 운반방법을 선정할 수 있다.
		2. 운송시설의 위치·구조·설비 기준 파악하기	1. 이동탱크저장소의 위치 기준을 검토하여 위험물을 안전하게 운송할 수 있다. 2. 이동탱크저장소의 구조 기준을 검토하여 위험물을 안전하게 운송할 수 있다. 3. 이동탱크저장소의 설비 기준을 검토하여 위험물을 안전하게 운송할 수 있다. 4. 이동탱크저장소의 특례 기준을 검토하여 위험물을 안전하게 운송할 수 있다.
		3. 운반시설 파악하기	1. 위험물 운반시설의 종류를 분류하여 안전한 운반을 할 수 있다. 2. 위험물 운반시설의 구조를 검토하여 전한 운반할 수 있다.
	6. 위험물 운송·운반 관리	1. 운송·운반 안전 조치하기	1. 입·출하 차량 동선, 주정차, 통제 관련 규정을 파악하고 적용하여 운송·운반 안전조치를 취할 수 있다. 2. 입·출하 작업 사전에 수행해야 할 안전조치 사항을 파악하고 적용하여 운송·운반 안전조치를 취할 수 있다. 3. 입·출하 작업 중 수행해야 할 안전조치 사항을 파악하고 적용하여 운송·운반 안전조치를 취할 수 있다. 4. 사전 비상대응 매뉴얼을 파악하여 운송·운반 안전조치를 취할 수 있다.

목차

PART 02   화재 예방과 소화방법

PART 03   위험물의 종류와 성상

PART 04 위험물안전관리법 및 시설 기준

부록   과년도 출제문제

PART 01

위험물 기초화학

01 위험물 기초이론

01 온도(Temperature)

온도란 물질의 덥고 차가운 정도를 표시하는 척도로서 표준온도와 절대온도로 나눈다.

(1) 표준온도(Standard Temperature)

① 섭씨온도(℃) : 표준대기압 하에 물의 끓는점을 100℃, 물의 어는점을 0℃로 하고 그 사이를 100등분하여 한 눈금을 1℃로 한 것이다.

② 화씨온도(℉) : 표준대기압 하에서 물의 끓는점을 212℉, 물의 어는점을 32℉로 하고 그 사이를 180등분한 눈금을 1℉로 한 것이다.

③ 섭씨온도(℃)와 화씨온도(℉)의 관계

$$℃ = \frac{5}{9}(℉ - 32)$$

$$℉ = \frac{9}{5}℃ + 32$$

> **TIP** 섭씨온도(℃)와 화씨온도(℉)가 같아지는 온도
>
> $℉ = \frac{9}{5}℃ + 32$에서 ℉와 ℃가 같으므로 ℉=℃=x라 하면, $x = \frac{9}{5}x + 32$에서 x=-40이므로 섭씨온도와 화씨온도가 같아지는 온도는 -40℃=-40℉이다.

예제

화씨온도 89℉는 몇 ℃인가?

> **풀이** $℃ = \frac{5}{9}(℉ - 32)$
>
> $= \frac{5}{9}(89 - 32) = 30℃$

답 30[℃]

(2) 절대온도(Absolute Temperature)

열역학적으로 물체가 도달할 수 있는 최저온도를 기준으로 하여 물의 삼중점을 273.15K으로 정한 온도이다. 즉, −273℃를 절대영도로 하여 섭씨온도를 기준으로 한 켈빈(Kelvin)온도와 화씨온도를 기준으로 하는 랭킨(Rankine)온도로 구분한다.

① 켈빈온도(K) : $T[K] = t℃ + 273.15 ≒ t℃ + 273$

② 랭킨온도(°R) : $T[°R] = t℉ + 459.67 ≒ t℉ + 460$

[각 온도의 비교표]

구 분	표준온도		절대온도	
	섭씨온도	화씨온도	켈빈온도	랭킨온도
끓는점(b.p)	100℃	212℉	373K	672°R
어는점(f.p)	0℃	32℉	273K	492°R
절대영도	−273℃	−460℉	0K	0°R

02 | 압력(Pressure)

(1) 압력의 정의

단위면적당 작용하는 힘의 크기를 말한다. 지구를 둘러싸고 있는 공기를 대기라 하며 대기가 누르는 힘에 의한 압력을 대기압(Atmospheric Pressure)이라 한다.

(2) 표준대기압(단위 : atm)

토리첼리의 진공시험으로부터 얻어진 압력, 즉 0℃에서 수은주 760mmHg로 표시되는 압력을 말한다. 따라서 대기압은 단면적이 $1cm^2$인 액기둥에서 76cm(760mm)만큼 수은을 밀어 올릴 수 있는 힘을 갖고 있다.

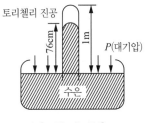

[표준 대기압]

$$P = \rho \times h$$

여기서, P : 대기압, ρ : 수은의 비중량($13.6g/cm^3$), h : 수은의 높이

$$1atm = 760mmHg$$
$$= 13.595g/cm^3 \times 76cm$$
$$= 1.033g/cm^2$$
$$= 1.0332kg/cm^2$$

(3) 절대압력과 게이지압력 및 진공압

① 절대압력(Absolute Pressure) : 완전진공을 0으로 기준하여 측정한 압력이다.

② 게이지압력(Gauge Pressure) : 대기압의 상태를 0으로 기준하여 측정한 압력으로 압력계가 표시하는 압력이다.

③ 진공압(Vacuum Pressure) : 대기압보다 낮은 상태의 압력이다.

$$진공도 = \frac{진공압}{대기압} \times 100$$

④ 압력 관계 : 절대압력(abs)=대기압(at)+게이지압력(atg)=대기압(atm)−진공압(atv)

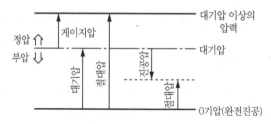

[압력 관계도]

예제

게이지압력이 1.57MPa이고 대기압력이 0.103MPa일 때 절대압력은 몇 MPa인가?

풀이 절대압력=대기압력+게이지압력
=0.103MPa+1.57MPa
=1.673MPa

답 1.673MPa

(1) 열량의 정의

열의 많고 적음을 나타내는 양을 말한다.

(2) 열량의 단위

① 칼로리(Calorie, cal) : 표준대기압 하에서 순수한 물 1g의 온도를 14.5℃에서 15.5℃까지 즉, 1℃ 상승시키는 데 필요한 열량이다.

$1kal = 1,000cal = 4.2kJ = 427kgf \cdot m$

② BTU(British Thermal Unit) : 순수한 물 1lb의 온도를 32℉에서 212℉까지 상승시키는 데 필요한 열량의 $\frac{1}{180}$ 을 말한다.

$1Therm(섬) = 10^5 BTU$

③ CHU(Centigrade Heat Unit) : kcal와 BTU를 조합한 단위로 1lb의 순수한 물을 14.5℃에서 15.5℃로 1℃ 높이는 데 필요한 열량을 말하여 PCU로도 표시한다.

④ 열량 관계

[열량 단위의 비교]

kcal	BTU	CHU
1	3.968	2.205
0.2520	1	0.5556
0.4536	1.800	1

※ $1℃ = \frac{9}{5}℉$ 이고, $1kg = 2.2046lb$ 이므로 $1kcal = 2.2046 \times \frac{9}{5} = 3.968BTU$

또한, CHU로 환산하면 $1kcal = 2.2046 \times 1 ≒ 2,205CHU$

TIP

$1K = \frac{9}{5}℉R$

04 비열(Specific Heat)과 열용량

(1) 비열

표준대기압 하에서 어떤 물질 1kg의 온도를 1℃ 올리는 데 필요한 열량을 그 물질의 비열이라 한다(기호 : C, 단위 : kcal/kg · ℃, cal/g · ℃, BTU/lb · ℉ 등).

(2) 비열의 종류

① 정압비열(C_p) : 기체의 경우 일정한 압력 하에서 물질 1kg을 1℃ 높이는 데 필요한 열량

② 정적비열(C_v) : 기체의 경우 일정한 체적 하에서 물질 1kg을 1℃ 높이는 데 필요한 열량

[각종 물질의 비열값]

(단위 : kcal/kg · ℃)

물 질	물	얼 음	수증기	중 유	석 탄	공 기
비 열	1	0.5	0.46	0.45	0.25	0.24

(3) 열용량

어떤 물질의 온도를 1℃ 높이는 데 필요한 열량(단위 : kcal/℃)

열용량 = 비열 × 질량

(4) 열(Heat)의 종류

① 현열(Sensible Heat) : 상태의 변화 없이 온도가 변화될 때 필요한 열량

$$Q = G \cdot C \cdot \Delta t = G \cdot C(t_2 - t_1)$$

여기서, Q : 열량(kcal)

G : 물질의 무게(kg)

C : 비열(kcal/kg)

t_2 : 변화 후의 온도(℃)

t_1 : 변화 전의 온도(℃)

예제

비열이 0.6kcal/kg · ℃인 어떤 연료 30kg을 15℃에서 35℃까지 예열하고자 할 때 필요한 열량은?

풀이 $Q = G \cdot C \cdot \Delta t$

$= 30 \times 0.6 \times (35 - 15) = 360\,\mathrm{kcal}$

🖹 360kcal

② 잠열(Latent Heat) : 온도의 변화 없이 상태를 변화시키는 데 필요한 열량

$$Q = G \times \gamma$$

여기서, Q : 열량(kcal)

　　　G : 물질의 무게(kg)

　　　γ : 잠열 예 얼음의 융해 잠열은 80kcal/kg, 물의 증발(기화)잠열은 539kcal/kg

예제 1

0℃의 얼음 10kg을 100℃의 수증기로 만들 때 필요한 열량(kcal)을 구하시오.

풀이 $Q = Q_1(\mathrm{잠열}) + Q_2(\mathrm{현열}) + Q_3(\mathrm{잠열})$

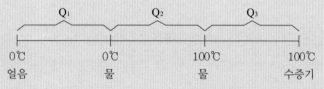

Q_1(잠열 : 0℃ 얼음이 0℃의 물로 변하는 데 필요한 열량)

　　$= G \cdot \gamma = 10 \times 80 = 800\,\mathrm{kcal}$

Q_2(현열 : 0℃ 물이 100℃의 물로 변하는 데 필요한 열량)

　　$= G \cdot C \cdot \Delta t = 10 \times 1 \times (100 - 0) = 1{,}000\,\mathrm{kcal}$

Q_3(잠열 : 100℃ 물이 100℃의 수증기로 변하는 데 필요한 열량)

　　$= G \cdot \gamma = 10 \times 539 = 5{,}390\,\mathrm{kcal}$

∴ $Q = Q_1 + Q_2 + Q_3 = 800 + 1{,}000 + 5{,}390 = 7{,}190\,\mathrm{kcal}$

🖹

20℃의 물 18kg이 100℃의 수증기로 되려면 주위에서 얼마만큼의 열(kcal)을 빼앗아야 하는가?

풀이 $Q(\text{kcal}) = G \cdot C \cdot \Delta t + G \cdot \gamma$

$= 18\text{kg} \times 1\text{kcal/kg} \cdot ℃ \times (100 - 20)℃ + 18\text{kg} \times 539\text{kcal/kg}$

$= 11,142\text{kcal}$

답 11,142kcal

TIP 혼합물의 평균 온도(t_m)를 구하는 방법

지금 중량을 G_1, G_2, 비열을 C_1, C_2라 하고 온도가 t_1, t_2인 두 물체를 혼합했을 경우 화학적 변화와 열손실이 없다는 가정 하에서 온도는 $t_1 > t_2$라 할 때 혼합 후의 평균 온도(t_m)는 얼마인가?

→ 열량 계산식 $G_1 \cdot C_1(t_1 - t_m) = G_2 \cdot C_2(t_m - t_2)$이므로 평균 온도($t_m$)는 다음과 같다.

$$t_m = \frac{G_1 \cdot C_1 \cdot t_1 + G_2 \cdot C_2 \cdot t_2}{G_1 \cdot C_1 + G_2 \cdot C_2}$$

예제

15℃의 물 1,000kg과 90℃의 물 500kg을 혼합하면 물은 몇 ℃가 되는지 계산하시오.

풀이 평균온도

$$t_m = \frac{G_1 \cdot C_1 \cdot t_1 + G_2 \cdot C_2 \cdot t_2}{G_1 \cdot C_1 + G_2 \cdot C_2} = \frac{500 \times 1 \times 90 \times 1,000 \times 1 \times 15}{500 \times 1 \times 1,000 \times 1}$$

$= 40℃$

답 40℃

05 밀도, 비중, 비체적

(1) 기체의 경우

① 기체의 밀도 : 기체의 단위부피당 질량의 비(단위 : g/L, kg/m³ 등)

   ㉮ 표준상태(0℃, 1기압)에서 기체의 밀도를 구하는 식

$$d(기체의 밀도) = \frac{M(분자량)}{22.4}(g/L)$$

   ㉯ 표준상태가 아닌 상태에서 기체의 밀도를 구하는 식

$$d = \frac{M(분자량)}{22.4} \times \frac{T_1}{T_2} \times \frac{P_2}{P_1}$$

   ㉰ 일정한 온도와 압력 및 분자량으로부터 기체의 밀도를 구하는 식

$$PV = \frac{W}{M}RT \text{에서 } PM = \frac{W}{V}RT \text{가 되고,}$$

$$기체의 밀도(d) = \frac{W(질량)}{V(부피)} \text{이므로 } PM = dRT \text{가 된다.}$$

$$d = \frac{PM}{RT}$$

여기서, P : 기압

      M : 분자량

      R : 기체상수(0.082L·atm/mol·K)

      T : 절대온도(K)

② 기체의 비체적 : 기체밀도의 역수로 단위질량당의 부피(L/g, m³/kg 등)

예 제

표준상태에서 메탄(CH_4)가스의 비체적(L/g)은?

풀이 $\dfrac{22.4L}{16g} = 1.40L/g$

답 1.40L/g

---

③ 기체의 비중 : 표준상태(0℃, 1기압)에서 공기의 밀도에 대한 기체 밀도의 비(단위 : 무차원)

$$기체의\ 비중 = \frac{어떤\ 기체의\ 밀도}{공기의\ 밀도} = \frac{\dfrac{분자량}{22.4}}{\dfrac{29}{22.4}}$$

즉, 기체의 비중은 기체의 분자량을 공기의 평균 분자량(29)으로 나눈 값이 된다.

예제

인화성물질의 증기비중이 공기보다 큰 것과 위험성과 어떤 관계가 있는지 성명하시오.

풀이 대기 중으로 확산되지 않고 지면의 낮은 곳에 모여 폭발 및 화재의 위험성이 크다.

(2) 액체의 경우

① 액체의 밀도 : 액체의 부피에 대한 질량의 비(g/cm^3, kg/L, lb/ft^3 등)

예제

어떤 물질의 질량은 30g이고 부피는 600cm^3이다. 이것이 밀도(g/cm^3)는 얼마인가?

풀이 $밀도(g/cm^3) = \dfrac{30g}{600cm^3} = 0.05g/cm^3$

답 $0.05g/cm^3$

② 액체의 비체적 : 액체 밀도의 역수로 단위질량당의 부피(cm^3/g, L/kg, ft^3/lb 등)
③ 액체의 비중 : 표준물질(4℃의 순수한 물)의 밀도에 대한 어떤 물질의 밀도의 비(단위 : 무차원)

$$액체의\ 비중 = \frac{물체의\ 무게}{같은\ 부피에서\ 4℃\ 물의\ 무게}$$

06 화학식

① 실험식(조성식) : 물질의 조성을 원소기호로서 간단하게 표시한 식
② 분자식 : 분자를 구성하는 원자의 종류와 그 수를 나타낸 식, 즉 조성식에 양수를 곱한 식

$$분자식 = 실험식 \times n \ (n : 양수)$$

예제

어떤 화합물의 질량을 분석한 결과 나트륨 58.97%, 산소 41.03%였다. 이 화합물의 실험식과 분자식을 구하시오(단, 이 화합물의 분자량은 78g/mol이다).

풀이 ① 실험식

$$Na : O = \frac{58.97}{23} : \frac{41.03}{16} = 2.56 : 2.56 = NaO$$

② 분자식

분자식 = 실험식 $\times n$

$Na_2O_2 = NaO \times 2$

∴ $78 = 39 \times n$, 즉 분자식은 Na_2O_2이다.

🅐 Na_2O_2

③ 시성식 : 분자 속에 원자단(라디칼) 등의 결합상태를 나타낸 식으로써 물질의 성질을 나타낸 것
④ 구조식 : 분자 내의 원자의 결합상태를 원소기호와 결합선을 이용하여 표시한 식

Chapter
02 기체의 성질

01 기체의 법칙

(1) 기체의 법칙

① 보일(Boyle)의 법칙 : 일정한 온도에서 일정량의 기체가 차지하는 부피는 압력에 반비례한다.

$$PV = P'V'$$

예제

1기압에서 100L를 차지하고 있는 용기를 내용적 5L의 용기에 넣으면 압력은 몇 기압이 되겠는가?(단, 온도는 일정하다)

풀이 $PV = P'V'$, $1 \times 100 = P' \times 5$, $P' = \dfrac{1 \times 100}{5}$

$\therefore P' = 20$기압

🔑 20기압

② 샤를(Charles)의 법칙 : 일정한 압력에서 일정량의 기체가 차지하는 부피는 절대온도(K)에 비례한다. 즉, 압력이 일정할 때 기체의 부피는 온도가 1℃ 상승함에 따라 0℃일 때의 부피보다 $\dfrac{1}{273}$만큼 증가한다($\because$ 절대온도 $T[\text{K}] = t[℃] + 273$).

$$\frac{V}{T} = \frac{V'}{T'}$$

예제

일정한 압력 하의 20℃에서 체적 1L의 가스는 40℃에서는 약 몇 L가 되는가?

풀이 샤를의 법칙 $\dfrac{V}{T} = \dfrac{V'}{T'}$

$$\dfrac{1}{20+273} = \dfrac{V'}{40+273}$$

$$V' = \dfrac{(40+273) \times 1}{20+273} = 1.07L$$

답 1.07L

③ 보일-샤를의 법칙 : 일정량의 기체 부피는 압력에 반비례하고, 절대온도에 비례한다.

$$\dfrac{PV}{T} = \dfrac{P'V'}{T'}$$

예제

0℃, 1atm에서 5L인 기체가 273℃, 1atm에서 차지하는 부피는 약 몇 L인가?

풀이 보일-샤를의 법칙 $\dfrac{PV}{T} = \dfrac{P'V'}{T'}$

$$\dfrac{1 \times 5}{0+273} = \dfrac{1 \times V'}{273+273}$$

$$V' = \dfrac{(0+273) \times 1}{1 \times 5 \times (273+273)} = 10L$$

답 10L

④ 이상기체의 상태방정식 : 보일-샤를의 법칙에 아보가드로의 법칙을 대입시켜 얻은 식이다.

㉮ 1mol인 경우 $\dfrac{PV}{T} = R$(기체상수)$PV = RT$

㉯ $n$mol인 경우 $PV = nRT \left(\text{기체의 몰 수}(n) = \dfrac{W(\text{무게})}{M(\text{분자량})}\right)$

730mmHg, 100℃에서 257mL 부피의 용기 속에 어떤 기체가 채워져 있다. 그 무게는 1.67g이다. 이 물질의 분자량은 얼마인가?

풀이 $PV = \dfrac{W}{M}RT$에서

$$M = \frac{WRT}{PV} = \frac{1.67 \times 0.082 \times (273 + 100)}{\dfrac{730}{760} \times 0.257} = 207$$

답 207

TIP 중요한 기체상수(R) 값

① $R = \dfrac{PV}{nT} = \dfrac{1\text{atm} \times 22.4\text{L}}{1\text{g} - \text{mol} \times 273\text{K}} = 0.082(\text{L} \cdot \text{atm/g} - \text{mol} \cdot \text{K})$

② $R = \dfrac{PV}{nT} = \dfrac{1.0332 \times 10^4 \text{kg/m}^2 \times 22.4\text{m}^3}{1\text{kg} - \text{mol} \times 273\text{K}} = 848(\text{kg} \cdot \text{m/kg} - \text{mol} \cdot \text{K})$

③ $R = 848 \dfrac{\text{kg} \cdot \text{m}}{\text{kg} - \text{mol} \cdot \text{K}} \times \dfrac{1\text{kcal}}{427\text{kg} \cdot \text{m}} = 1.987(\text{kcal/kg} - \text{mol} \cdot \text{K})$

④ $R = \dfrac{PV}{nT} = \dfrac{1.01325 \times 10^6 \text{dyn/cm}^2 \times 22.4 \times 10^3 \text{m}^3}{1\text{g} - \text{mol} \times 273\text{K}} = 8.314 \times 10^7 (\text{erg/g} - \text{mol} \cdot \text{K})$

⑤ $R = 8.314 \times 10^7 \dfrac{\text{erg}}{\text{g} - \text{mol} \cdot \text{K}} \times \dfrac{1\text{J}}{10^7 \text{erg}} = 8.314(\text{J/g} - \text{mol} \cdot \text{K})$

⑥ $R = \dfrac{PV}{nT} = \dfrac{760\text{mmHg} \times 22.4\text{m}^3}{1\text{kg} - \text{mol} \times 273\text{K}} = 62.36(\text{mmHg} \cdot \text{m}^3/\text{kg} - \text{mol} \cdot \text{K})$

⑤ 돌턴(Dalton)의 분압법칙
　㉮ 혼합기체의 전압은 각 성분 기체들의 분압의 합과 같다.

$$P = P_A + P_B + P_C$$

여기서, P : 전압
　　　　P_A, P_B, P_C : A, B, C 성분 기체의 각 분압
　㉯ 혼합기체에서 각 성분의 분압은 전압에 각 성분의 몰분율(또는 부피분율)을 곱한 것과 같다.

$$분압 = 전압 \times \frac{성분\ 기체의\ 몰수}{전체\ 몰수} = 전압 \times \frac{성분\ 기체의\ 부피}{전체\ 부피}$$

$$P_A = P \times \frac{n_A}{n_A + n_B + n_C} = P \times \frac{V_A}{V_A + V_B + V_C}$$

㉰ 따라서, 기체 A(P_1, V_1)와 기체 B(P_2, V_2)를 혼합기체로 하였을 때 전압을 구하는 식은 다음과 같다.

$$PV = P_1 \cdot V_1 + P_2 \cdot V_2 \qquad P = \frac{P_1 \cdot V_1 + P_2 \cdot V_2}{V}$$

예제

2기압의 산소 4L와 4기압의 산소 5L를 같은 온도에서 7L의 용기에 넣으면 전체 압력은 얼마인가?

풀이 $PV = P_1 V_1 + P_2 V_2$

$P = \dfrac{P_1 V_1 + P_2 V_2}{V} = \dfrac{(2 \times 4) + (4 \times 5)}{7} = 4$기압

답 4기압

㉱ 부분압력＝몰분율×전체압력
㉲ 몰비(mol%)＝압력비(압력%)＝부피비(vol%)≠무게비(중량%)

　즉, 몰비, 압력비, 부피비는 같으나 무게비는 다르다.

⑥ 그레이엄(Graham)의 확산속도 법칙 : 일정한 온도에서 기체의 확산속도는 그 기체밀도(분자량)의 제곱근에 반비례한다. 즉, A기체의 확산속도를 U_1, 분자량을 M_1, 밀도를 d_1이라 하고, B기체의 확산속도를 U_2, 분자량을 M_2, 밀도를 d_2라고 하면 다음과 같은 식이 성립된다.

$$\frac{U_1}{U_2} = \sqrt{\frac{M_2}{M_1}} = \sqrt{\frac{d_2}{d_1}}$$

03 용액의 성질

01 용액과 용해도

(1) 용액(Solution)

① 정의 : 두 종류의 순물질이 균일 상태로 섞여 있는 것으로, 용매(녹이는 물질)와 용질 (녹는 물질)로 이루어진 것을 용액이라고 한다.

　　예 설탕물(용액)＝설탕(용질)＋물(용매)

② 용액의 분류

　㉮ 포화용액 : 일정한 온도와 압력 하에서 일정한 용매에 용질이 최대한 녹아 있는 용액(용해 속도＝석출 속도)

　㉯ 불포화용액 : 용질이 더 녹을 수 있는 상태의 용액(용해 속도＞석출 속도)

　㉰ 과포화용액 : 용질이 한도 이상으로 녹아 있는 용액(용해 속도＜석출 속도)

(2) 용해도(Solubility)와 용해도 곡선

① 용해도 : 일정한 온도에서 용매 100g에 녹을 수 있는 용질의 최대 g수

$$용해도 = \frac{용질의\ g수}{용매의\ g수} \times 100$$

예제

40℃에서 어떤 물질은 그 포화용액 84g 속에 24g 녹아 있다. 이 온도에서 이 물질의 용해도는?

풀이　$용해도 = \dfrac{24}{84-24} \times 100 = 40$

답 40

② 용해도 곡선 : 온도 변화에 따른 용해도의 변화를 나타낸 것.

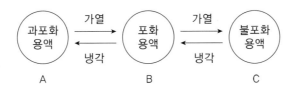

즉 용해도 곡선에서 곡선의 점(B)은 모두 포화 상태, 온도를 올려 곡선보다 오른쪽인 점(C)은 불포화 상태, 포화 상태(B)보다 온도를 내려 곡선보다 왼쪽인 점(A)은 과포화 상태이다.

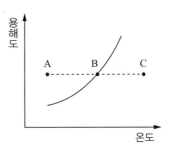

02 용액의 농도

(1) 중량백분율(%농도)

① 용액 속에 녹아 있는 용질의 g수를 나타낸 농도이다(즉, 용액 100g 중 용질의 g수).

$$\%농도 = \frac{용질의\ 양(g)}{용액의\ 양(g)} \times 100$$

② 용해도 값이 주어지고 중량%농도를 구하려면 다음의 식을 이용한다.

$$중량\% = \frac{용해도}{100+용해도} \times 100$$

예제

설탕의 용해도는 204이다. 이 포화용액의 %농도는 얼마인가?

풀이 $\%농도 = \dfrac{204}{100+204} \times 100 = 67.1\%$

🅐 67.1%

---

(2) 몰 농도(M농도)

용액 1L 속에 녹아 있는 용질의 몰수(용질의 무게/용질의 분자량)를 나타낸 농도이다.

$$M농도 = \frac{용질의\ 무게(W)(g)}{용질의\ 분자량(M)(g)} \times \frac{1,000}{용액의\ 부피(mL)}$$

(3) 몰랄 농도(m 농도, molality)

용매 1kg(1,000g)에 녹아 있는 용질의 몰수(용질의 무게/용질의 분자량)를 나타낸 농도이다.

$$m농도 = \frac{용질의\ 무게(W)(g)}{용질의\ 분자량(M)(g)} \times \frac{1,000}{용매의\ 부피(g)}$$

(4) 규정 농도(N 농도, 노르말 농도, Normality)

용액 1L 속에 녹아 있는 용질의 g당량수를 나타낸 농도이다.

$$N농도 = \frac{용질의\ 무게(W)(g)}{용질의\ 당량수(g)} \times \frac{1,000}{용액의\ 부피(L)}$$

TIP

규정 농도

① 규정 농도는 이온의 농도를 표시하는 것으로, g이온농도(g ion/L)를 쓰기도 한다.
예를 들면 SO_4^{-2}의 0.5g ion/L를 0.5몰 농도(mol/L)라 한다.

  ⑦ 규정 농도(g당량/L) $= \dfrac{용질의\ g당량\ 수}{용액의\ 부피(L)}$

  ⑭ 산의 g당량 $= \dfrac{분자량}{산이\ 내놓을\ 수\ 있는\ H^+수} = \dfrac{산의\ 1몰}{산의\ 가수}$

  ⑮ 염기의 g당량 $= \dfrac{분자량}{염기가\ 내놓을\ 수\ 있는\ OH^-\ 수} = \dfrac{염기의\ 1몰}{염기의\ 가수}$

② 산, 염기에 있어서 g당량은 위와 같이 구하고, 아래와 같은 관계가 있다.
몰 농도×가수=규정 농도

③ 또한 일반 원소의 g당량 $= \dfrac{원자량}{원자가}$ 또는 산소 8g당량이나 수소 1g당량과 화합이나 치환하는
양으로 구할 수 있다.

(5) 몰 농도(M 농도)와 규정 농도(N 농도)와의 관계

몰 농도와 규정 농도의 관계는 다음과 같다.

$$N농도 = 몰\ 농도 \times 산도\ 수(염기도\ 수)$$

(6) %농도와 몰 농도(M농도) 또는 규정 농도(N농도)와의 관계

① %농도와 몰 농도와의 관계는 다음과 같다.

$$M농도 = \frac{용액의\ 비중 \times 1{,}000}{용질의\ 1g\ 분자량} = \frac{\%농도}{100}$$

② %농도와 규정 농도와의 관계는 다음과 같다.

$$N농도 = \frac{용액의\ 비중 \times 1{,}000}{용질의\ 1g\ 당량} = \frac{\%농도}{100}$$

03 삼투압과 반트호프의 법칙

(1) 삼투압

반투막을 사이에 두고 용매와 용액을 접촉시키면 양쪽의 농도가 같게 되려고 용매가 용액 쪽으로 침투하는 현상을 삼투라 하고, 이때 나타나는 압력을 삼투압이라 한다.

(2) 반트호프의 법칙(Van't Hoff's Law)

비전해질인 묽은 용액의 삼투압(P)은 용매와 용질의 종류에 관계없이 용액의 몰 농도와 절대 온도에 비례한다. 따라서, 어떤 물질 n몰이 V(L) 중에 녹아 있을 때의 농도는 $\frac{n}{V}$ (mol/L)가 되므로 관계식은 다음과 같다.

$$PV = nRT = \frac{W}{M}RT \ (P : 삼투압)$$

일반적으로 반트호프에 의한 삼투압은 단백질, 녹말, 고무 등 고분자 물질의 분자량 측정에 이용한다.

27℃에서 9g의 비전해질을 녹인 수용액 500cc가 나타내는 삼투압은 7.4기압이었다. 이 물질의 분자량은 얼마인가?

풀이 $PV = \dfrac{W}{M}RT$

$M = \dfrac{WRT}{PV} = \dfrac{9 \times 0.082 \times (273+27)}{7.4 \times 0.5} = 60$

답 60

04 중화반응과 수소이온지수

01 중화반응

(1) 중화와 당량 관계

① 중화반응 : 산과 염기가 반응하여 염과 물이 생기는 반응, 즉 산의 수소 이온(H^+)과 염기의 수산 이온(OH^-)이 반응하여 중성인 물을 만드는 반응이다.

② 중화반응의 예

$HCl + NaOH \rightarrow NaCl(염) + H_2O(물)$

$H^+ + OH^- \rightarrow H_2O$

(2) 중화적정

① 산과 염기가 완전 중화하려면 산의 g당량 수와 염기의 g당량 수가 같아야 한다. 즉, 산의 g당량 수＝염기의 g당량 수이다.

② g당량 수

$$\text{g당량 수} = \text{규정농도}\left(N = \frac{\text{g당량 수}}{\text{용액 1L}}\right) \times \text{용액의 부피}\,[V(\mathrm{L})]$$

$$\therefore \text{g당량 수} = N \times V$$

③ 중화적정 공식 : N 농도의 산 $V(\mathrm{ml})$를 완전히 중화시키는 데 N' 농도의 염기 $V'(\mathrm{mL})$가 소비되었다면 다음 식이 성립된다. 즉, 산의 g당량 수＝염기의 g당량 수이다.

$$N = \frac{V}{1,000} = N' \times \frac{V'}{1,000}$$

$$\therefore NV = N'V'$$

산, 염기의 당량

① 산의 1g당량

$$산의 \ 1g당량 = \frac{g분자량}{염기도(산의 \ H수)}$$

예 HCl의 1g당량 $= \dfrac{36.5}{1}g = 36.5g$

H_2SO_4의 1g당량 $= \dfrac{98}{2}g = 49g$

② 염기의 1g당량

$$염기의 \ 1g당량 = \frac{g분자량}{산도(염기의 \ OH수)}$$

예 NaOH의 1g당량 $= \dfrac{40}{1}g = 40g$

$Ca(OH)_2$의 1g당량 $= \dfrac{74}{2}g = 37g$

02 수소이온지수(pH)

(1) 물의 이온곱(K_w, 물의 이온적)

① 물의 전리와 수소이온농도

$H_2O = H^+ + OH^-$

$[H^+] = [OH^-] = 10^{-7} mol/L(g \ ion/L)$

② 물의 이온곱(K_w)

$H_2O = H^+ + OH^-$로부터 전리상수를 구하면

$$K = \frac{[H^+][OH^-]}{[H_2O]}$$

$[H^+][OH^-] = K[H_2O] = K_w$(물의 이온곱 상수)

$\therefore \ K_w = [H^+][OH^-] = 10^{-7} \times 10^{-7} = 10^{-14}(mol/L)^2(25℃, \ 1기압)$

물의 이온곱(K_w)은 용액의 농도와 관계없이 온도가 높아지면 커지며, 온도가 일정하면 항상 일정하다.

(2) 수소이온지수(pH)

① 수소이온지수 : 수소이온농도의 역수를 상용대수(log)로 나타낸 값이다.

$$pH = \log \frac{1}{[H^+]} = -\log[H^+]$$

$$\therefore \ pH + pOH = 14$$

물의 이온적은 $[H^+][OH^-] = 10^{-14}(g \ ion/L)^2$이고, 이 식은 산·알칼리성 용액에서도 적용된다.

예제 1

0.01N−HCl과 0.01N−NaOH의 pH는 각각 얼마인가?

풀이

① $0.01N - HCl \ \rightarrow \ 0.01N = 0.01M$

　　$[H^+] = 0.01 = 10^{-2}$

　　$pH = -\log[10^{-2}] = 2$

② $0.01N - NaOH \ \rightarrow \ 0.01N = 0.01M$

　　$[OH^-] = 0.01 = 10^{-2}$

　　$pH = 14 + \log[10^{-2}] = 12$

달 12

예제 2

0.01N의 CH₃COOH의 전리도를 0.01이라 하면 pH는 얼마인지 계산하시오.

풀이

$$\underset{0.01N}{CH_3COOH} \rightarrow \underset{0.01 \times 0.01N}{CH_3COO^-} + \underset{0.01 \times 0.01N}{H^+}(전리도 \ \alpha = 0.01)$$

$H+ = 0.01 \times 0.01N = 0.0001N = 10^{-4}N$

$\therefore \ pH = -\log[H^+] = -\log 10^{-4} = 4$

달 4

② 용액의 액성과 pH

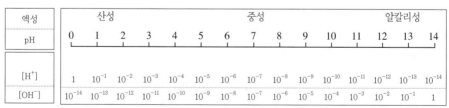

05 화학반응과 화학평형

01 화학반응과 에너지

(1) 화학반응의 종류

① 발열반응 : 열이 발생되는 반응

즉 반응계 에너지>생성계 에너지, $\Delta H = (-)$, $Q = (+)$

$$H_2(g) + \frac{1}{2}O_2(g) = H_2O(L) + 68.3kcal, \quad \Delta H = -68.3kcal$$

② 흡열반응 : 열을 흡수하는 반응

즉 반응계 에너지<생성계 에너지, $\Delta H = (+)$, $Q = (-)$

$$\frac{1}{2}N_2(g) + \frac{1}{2}O_2(g) = NO - 21.6kcal, \quad \Delta H = +21.6kcal$$

(2) 반응열

① 정의 : 화학 변화에 수반되어 발생 또는 흡수되는 에너지의 양을 반응열(Q)이라 하며, 일정량의 물질이 25℃, 1기압에서 반응할 때 발생 또는 흡수되는 열량으로 표시한다.

② 종류

㉮ 생성열(Heat of Formation) : 물질 1몰이 그 성분 원소의 단체로부터 생성될 때 발생 또는 흡수되는 에너지(열량)

$$H_2 + \frac{1}{2}O_2 \quad \rightarrow \quad H_2O(l) + 68.3kcal, \quad \Delta H = -68.3kcal$$

㉯ 분해열(Heat of Decomposition) : 물질 1몰을 그 성분 원소로 분해하는 데 발생 또는 흡수하는 에너지(열량)

$$H_2O(l) \quad \rightarrow \quad H_2(g) + \frac{1}{2}O_2(g) - 68.3kcal, \quad \Delta H = +68.3kcal$$

㉰ 연소열(Heat of Combustion) : 물질 1몰을 완전 연소시킬 때 발생하는 에너지(열량)

$$C + O_2 \rightarrow CO_2 + 94.1kcal, \quad \Delta H = -94.1kcal$$

㉒ 융해열(Heat of Solution) : 물질 1몰이 물(aq)에 녹을 때 수반되는 에너지(열량)

$$H_2SO_4 + aq \longrightarrow H_2SO_4(aq) + 17.9\text{kcal}, \quad \Delta H = -17.9\text{kcal}$$

㉓ 중화열(Heat of Neutralization) : 산 1g당량과 염기 1g당량이 중화할 때 발생하는 에너지(열량)

$$HCl(aq) + NaOH(aq) \longrightarrow NaCl(aq) + H_2O + 13.7\text{kcal}, \quad \Delta H = -13.7\text{kcal}$$

02 반응속도

(1) 정의

단위시간에 감소된 물질의 양(몰수) 또는 생성된 물질의 증가량(몰수)을 말한다.

(2) 영향인자

반응속도는 물질 자체의 성질에 따라 좌우되기는 하나, 이것은 농도, 압력, 촉매, 표면적, 빛 등에 의해 크게 영향을 받는다.

① 농도 : 반응속도는 반응하는 각 물질의 농도의 곱에 비례한다. 즉, 농도가 증가함에 따라 단위부피 속의 입자 수가 증가하여 입자 간의 충돌횟수가 증가하여 반응속도가 빨라진다.

② 온도 : 온도가 상승하면 반응속도는 증가하며, 일반적으로 아레니우스(Arrhenius)의 화학응속도론에 의해서 온도가 10℃ 상승할 때마다 반응속도는 약 2배 증가한다(2^n 배).

③ 촉매 : 자신은 소비되지 않고 반응속도만 변화시키는 물질을 말한다.

정촉매	활성화에너지를 낮게 하여 반응속도를 빠르게 하는 물질
부촉매	활성화에너지를 높게 하여 반응속도를 느리게 하는 물질

(1) 정의

가역반응에서 정반응속도와 역반응속도가 같아져 외관상 반응이 정지된 것처럼 보이는 상태. 즉, 정반응속도(v_1)＝역반응속도(v_2)이다.

$$A+B \; \underset{v_2}{\overset{v_1}{\rightleftarrows}} \; C+D$$

(2) 평형상수(K)

① 화학평형상태에서 반응물질의 농도의 곱과 생성물질 농도의 곱의 비는 일정하며, 이 일정한 값을 평형상수(K)라 한다.

> 요오드화수소 HI의 분해와 생성에 관한 화학평형은 다음과 같다.
>
> $$2HI \; \underset{v_2}{\overset{v_1}{\rightleftarrows}} \; H_2+I_2$$
>
> - 이때 정반응의 반응속도 v_1은 $v_1 = k_2[HI]^2$(단, k_1은 속도상수, [HI]는 평형 상태에서의 농도)
> - 역반응의 반응속도 v_2는 $v_2 = k_2[H_2][I_2]$(단, k_2는 속도상수, [H$_2$], [I$_2$]는 평형 상태에서의 농도)와 같이 표시된다.
> - 이 반응이 평형 상태일 때는 $v_1 = v_2$이므로
>
> $$k_1[HI]^2 = k_2[H_2][I_2] \; , \quad \text{따라서} \quad \frac{[H_2][I_2]}{[HI]^2} = \frac{k_1}{k_2}, \quad \frac{[H_2][I_2]}{[HI]^2} = K \text{이다.}$$

② 평형상수 K값은 각 물질의 농도 변화에 관계없이 온도가 일정할 때는 일정한 값을 가진다. 즉, 평형상수는 반응의 종류와 온도에 의해서만 결정되는 상수이다.

③ 전리평형상수(전리상수)

㉮ 전리평형상수(K) : 약전해질(약산 또는 약염기)은 수용액 중에서 전리하여 전리 평형상태를 이룬다. 이때의 K값을 전리상수라 하며, 일정 온도에서 항상 일정한 값을 갖는다. 즉, 온도에 의해서만 변화되는 값이다.

$$\frac{\text{생성물의 농도의 곱}}{\text{반응물의 농도의 곱}} = \text{평형상수(일정)}$$

평형상태에서, $aA + bB \rightleftarrows cC + dD$의 반응에서

$$\frac{[C]^c[D]^d}{[A]^a[B]^b} = K(\text{일정})$$

ⓝ 전리도(α) : 전해질이 수용액에서 전리되어 이온으로 되는 비율로, 전리도가 클수록 강전해질이다. 일반적으로 전리도(α)는 온도가 높을수록, 농도(c)가 묽을수록 커진다.

$$CH_3COOH \; \rightleftharpoons \; CH_3COO^- + H^+$$

전리 전 농도	c		
전리 후 농도	$c - c\alpha$	$c\alpha$	$c\alpha$

$$\therefore \text{전리상수} \; K = \frac{[CH_3COO^-][H^+]}{[CH_3COOH]} = \frac{c^2\alpha^2}{c(1-\alpha)} = \frac{c\alpha^2}{1-\alpha}$$

약산의 전리도는 매우 작으므로 $1-\alpha \fallingdotseq 1$이라 할 수 있다.

$$\therefore \; K = c\alpha^2$$

$$\alpha = \sqrt{\frac{K}{c}}$$

(3) 평형이동의 법칙(르샤틀리에(Le Chatelier) 법칙]

① 정의 : 평형상태에 있는 어떤 물질계의 온도, 압력, 농도의 조건을 변화시켜 이 조건의 변화를 없애려는 방향으로 반응이 진행되어 새로운 평형상태에 도달하려는 것을 말하며, 르샤틀리에 평형이동의 법칙이라 한다.

② 평형이동에 영향을 주는 인자

농 도	• 농도를 증가시키면 → 농도가 감소하는 방향 • 농도를 감소시키면 → 농도가 증가하는 방향
온 도	• 온도를 올리면 → 온도가 내려가는 방향(흡열반응쪽) • 온도를 내리면 → 온도가 올라가는 방향(발열반응쪽)
압 력	• 압력을 높이면 → 분자수가 감소하는 방향(몰수가 작은 쪽) • 압력을 내리면 → 분자수가 증가하는 방향(몰수가 큰 쪽)

Chapter 06 연소반응식

01 탄소(C)와 수소(H₂)

(1) 탄소(C)

$$C + O_2 \ \rightarrow \ CO_2$$

(2) 수소(H₂)

$$H_2 + \frac{1}{2} O_2 \ \rightarrow \ H_2O$$

02 탄화수소($C_m H_n$)

> **TIP** 탄화수소($C_m H_n$)의 완전연소반응식
>
> $$C_m H_n + \left(m + \frac{n}{4} \right) O_2 \ \rightarrow \ {}_m CO_2 + \frac{n}{2} H_2O$$

(1) 아세틸렌(C₂H₂)

$$C_2H_2 + 2.5O_2 \ \rightarrow \ 2CO_2 + H_2O$$

(2) 메탄(CH₄)

$$CH_4 + \ 2O_2 \ \rightarrow \ CO_2 + 2H_2O$$

(3) 에탄(C₂H₆)

$$C_2H_6 + 3.5O_2 \ \rightarrow \ 2CO_2 + 3H_2O$$

(4) 프로판(C_3H_8)

$$C_3H_8 + 5O_2 \quad \rightarrow \quad 3CO_2 + 4H_2O$$

(5) 부탄(C_4H_{10})

$$C_4H_{10} + 6.5O_2 \quad \rightarrow \quad 4CO_2 + 5H_2O$$

03 특수인화물류

(1) 에테르($C_2H_5OC_2H_5$)

$$C_2H_5OC_2H_5 + 6O_2 \quad \rightarrow \quad 4CO_2 + 5H_2O$$

(2) 아세트알데히드(CH_3CHO)

$$CH_3CHO + 2.5O_2 \quad \rightarrow \quad 2CO_2 + 2H_2O$$

04 제1석유류

(1) 아세톤(CH_3COCH_3)

$$CH_3COCH_3 + 4O_2 \quad \rightarrow \quad 3CO_2 + 3H_2O$$

(2) 벤젠(C_6H_6)

$$C_6H_6 + 7.5O_2 \quad \rightarrow \quad 6CO_2 + 3H_2O$$

(3) 톨루엔($C_6H_5CH_3$)

$$C_6H_5CH_3 + 9O_2 \quad \rightarrow \quad 7CO_2 + 4H_2O$$

05 　제2석유류

(1) 초산(CH₃COOH, 아세트산)

$$CH_3COOH + 2O_2 \;\rightarrow\; 2CO_2 + 2H_2O$$

(2) 의산(HCOOH, 개미산, 포름산)

$$HCOOH + 0.5O_2 \;\rightarrow\; CO_2 + H_2O$$

06 　제3석유류

(1) 에틸렌글리콜[C₂H₄(OH)₂]

$$C_2H_4(OH)_2 + 2.5O_2 \;\rightarrow\; 2CO_2 + 3H_2O$$

(2) 글리세린[C₃H₅(OH)₃]

$$C_3H_5(OH)_3 + 3.5O_2 \;\rightarrow\; 3CO_2 + 4H_2O$$

07 　알코올류

(1) 메틸알코올(CH₃OH, 메탄올)

$$CH_3OH + 1.5O_2 \;\rightarrow\; CO_2 + 2H_2O$$

(2) 에틸알코올(C₂H₅OH, 에탄올)

$$C_2H_5OH + 3O_2 \;\rightarrow\; 2CO_2 + 3H_2O$$

07 유량 측정

(1) 벤투리관(Venturi Tube)

압력에너지의 일부를 속도에너지로 변환시켜 유체의 유량을 측정

① 속도

$$V_2 = \frac{1}{\sqrt{1 - \left(\dfrac{D_2}{D_1}\right)^4}} \sqrt{2gR\left(\frac{\gamma_o}{\gamma} - 1\right)} \, \mathrm{m/s}$$

② 유량

$$Q = A_1 V_1 = A_2 V_2 \, (\mathrm{m^3/s})$$

(2) 피토관(Pitot Tube)

① 관로에 피토관을 삽입하고 전압과 정압의 차인 동압을 측정하여 유속을 구한다.

$$U_1 = \sqrt{2g\left(\frac{\rho'}{\rho} - 1\right)H}$$

여기서 U : 유속(m/sec)

g : 중력가속도($9.8\mathrm{m/sec^2}$)

ρ' : U자관 속의 액밀도($\mathrm{kg/m^3}$)

ρ : 유체의 밀도($\mathrm{kg/m^3}$)

H : U자관의 봉액 높이(m)

② 피토관은 유체 중의 어느 점에서의 유속, 즉 국부속도를 측정하는 데 이용한다.

(3) 오리피스미터(Orifice Meter)

유체가 흐르는 관의 중간에 구멍이 뚫린 격판(Orifice)을 삽입하고, 그 전후의 압력차를 측정하여 평균유속을 알아 유량을 산출해낸다. 오리피스미터는 설치하기는 쉬우나 정압 손실이 크다.

$$Q = 0.653KD^2\sqrt{P}$$

$$P = \left(\frac{Q}{0.653KD^2}\right)^2$$

여기서, Q : 유량(L/min)

K : 유량(흐름)계수

D : 직경(mm)

P : 압력(kg/cm^2)

예제

흐름계수 K가 0.94인 오리피스의 직경이 10mm이고, 분당 유량이 100L일 때 압력은 몇 kPa인가?

풀이 $Q = 0.653KD^2\sqrt{P}$의 공식에서 $P = \left(\frac{Q}{0.653KD^2}\right)^2$

$$P = \left(\frac{Q}{0.653KD^2}\right)^2 = \left(\frac{100}{0.653 \times 0.94 \times 10^2}\right) = 2.65kg/cm^2$$

$$\therefore \frac{2.65kg/cm^2}{1.0332kg/cm^2} \times 101.3kPa = 259.8kPa$$

[Q : 유량(L/min), K : 유량(흐름)계수, D : 직경(mm), P : 압력(kg/cm^2)]

답 259.8kPa

---

(4) 로터미터(Rotameter)

면적식 유량계로서 수직으로 놓인 경사가 완만한 원추모양의 유리관 A 안에 상하운동을 할 수 있는 부자 B가 있고 유체는 관의 하부에서 도입되며, 부자 B는 그 부력과 중력이 균형 잡히는 위치에 서게 되므로 그 위치의 눈금을 읽고 이것으로 유량을 알 수 있다.

적중예상문제

01 100℉는 몇 ℃인가?

> **정답**
>
> $℃ = \dfrac{5}{9} \times (℉-32) = \dfrac{5}{9} \times (100-32) = 37.777℃$

02 100℃는 몇 ℉인가?

> **정답**
>
> $℉ = \dfrac{9}{5}℃ + 32 = \dfrac{9}{5} \times 100 + 32 = 212℉$

03 섭씨온도(℃)와 화씨온도(℉)가 같아지는 온도는 몇 도인가?

> **정답**
>
> 섭씨온도(℃)=화씨온도(℉)에서
>
> $℃ = \dfrac{5}{9} \times (℉-32)$
>
> $℉ = \dfrac{5}{9} \times (℉-32)$
>
> $9℉ = 5(℉-32) = 5℉-160 \quad 9℉-5℉ = -160$
>
> $\therefore \ ℉ = -40$
>
> 즉, -40에서 섭씨온도와 화씨온도는 같다.

04 100℃는 몇 K인가?

> **정답**
>
> $K = t[℃] + 273 = 100 + 273 = 373K$

05 400K는 몇 ℉인가?

$1℃=1.8℉ \rightarrow 1K=1.8°R$

$t[℃]=400-273=127℃$

$℉=1.8×127+32=260.6℉$

06 32℉는 랭킨온도로 몇 °R인가?

$°R=℉+460=32+460=492°R$

07 높이 10m 드럼통에 20℃의 물이 가득 채워져 있다. 이 물통의 밑바닥에서 받는 압력은 얼마인가?(단, 대기의 압력은 0으로 한다)

$P=P_o+\rho \cdot h$

P_o는 대기압이므로 여기서는 $P_o=0$이고 20℃의 물의 밀도 $\rho=1g/cm^3$이므로,

$P=\rho \cdot h=1g/cm^3×1,000cm=1,000g/cm^2=1kg/cm^2$

TIP

만약 이 문제에서 조건이 없다면 대기 중에 개방된 상태에서는 대기의 누르는 힘(압력)을 고려하여야 하므로, $P=1.0332+1=2.0332kg/cm^2$이 된다.

08 게이지압력이 10.3kg/cm²일 때 절대압력은 얼마인가?

절대압력＝게이지압력＋대기압＝$10.3+1.033=11.333kg/cm^2$

09 표준대기압에서 압력게이지로 12.4psi를 얻었을 때 절대압력은 얼마인가?

절대압력＝대기압＋게이지압력＝$14.7+12.4=27.1psi$

※ $lb/in^2=psi$

10 대기압이 740mmHg이고 게이지압력이 1.4kg/cm²일 때, 절대압력(kg/cm²)은 얼마인가?

> **정답**

절대압력＝대기압＋게이지압력

대기압의 단위가 같지 않으므로 대기압 740mmHg를 절대압력 단위인 kg/cm²로 환산한다.

즉, 760mmHg＝1.0332kg/cm²이므로 760 : 1.0332＝740 : x, 따라서 x＝1.006kg/cm²이다.

그러므로 절대압력＝대기압＋게이지압력＝1.006＋1.4＝2.406kg/cm²이 되며, 절대압력은 2.41kg/cm²이다.

11 표준대기압에서 100mmHg 진공은 절대압력으로 얼마인가?

> **정답**

절대압력＝대기압－진공압＝760－100＝660mmHg

12 대기압이 754mmHg이고, 진공도 90%인 절대압력은 몇 kg/cm²인가?

> **정답**

절대압력＝대기압－진공압

$$진공압＝\frac{(진공도 \times 대기압)}{100}＝\frac{(90 \times 754)}{100}＝678.6mmHg$$

즉, 절대압력＝대기압－진공압＝754－678.6＝75.4mmHg로부터 구하고자 하는 절대압력의 단위(kg/cm²)로 환산하면 760mmHg＝ 1.0332kg/cm²이므로

760 : 1.0332＝75.4 : x

∴ x＝0.103kg/cm²이다.

13 50kcal는 몇 BTU인가?

> **정답**

1kcal＝3.968BTU이므로

50×3.968＝198.4BTU

14 다음 ( ) 안에 알맞은 말을 쓰시오.

> 어떤 물질을 1℃ 높이는 데 소요되는 열량은 (①)이고, 이것의 단위는 (②)이다. 또한, 어떤 물질 1g을 1℃ 높이는 데 소요되는 열량은 (③)이고, 이것의 단위는 (④)이다. 열용량은 H, 질량은 $m(g)$, 비열은 C일 때, 열용량 H=(⑤)이다.

정답

① 열용량, ② cal/℃, ③ 비열, ④ cal/g·℃, ⑤ 비열(C)×질량(m)

15 0.08m³의 물속에 700℃의 쇠뭉치 3kg을 넣었더니 평균온도가 18℃가 되었다. 물의 상승 온도는 몇 ℃인가?(단, 쇠의 비열=0.145kcal/g·℃)

정답

쇠가 잃은 열량=물이 얻은 열량
물의 비중량이 1,000kg/m³이므로 물의 무게는 0.08×1,000=80kg이다.
즉, $Q = m \cdot C \cdot \Delta t$에서 물의 상승 온도는 $t_1 - t_2 = \Delta t$이므로 80×Δt=3×0.145×(700−18)
∴ Δt=3.708℃, 물의 상승온도는 3.71℃이다.

16 15℃의 물 1,000kg와 90℃의 물 500kg을 혼합하면 물은 몇 ℃가 되는지 계산하시오.

정답

열량식 $Q = m \cdot c \cdot \Delta t$에서 (잃은 열량)=(얻은 열량)이므로 1,000×1×(t−15)=500×1×(90−t),
즉 t=40℃이다.

> **TIP** **혼합물의 평균 온도(t_m)를 구하는 방법**
> $G_1 \cdot C_1(t_1 - t_m) = G_2 \cdot C_2(t_m - t_2)$이므로 평균 온도 ($t_m$)는 다음과 같다(단 $t_1 > t_2$).
> $$t_m = \frac{G_1 \cdot C_1 \cdot t_1 + G_2 \cdot C_2 \cdot t_2}{G_1 \cdot C_1 + G_2 \cdot C_2} = \frac{500 \times 1 \times 90 + 1,000 \times 1 \times 15}{500 \times 1 + 1,000 \times 1} = 40℃$$

17 20℃의 물 18kg이 100℃의 수증기로 되려면 주위에서 얼마만큼의 열(kcal)을 빼앗아야 하는가?(단, 물의 비열은 1kcal/kg·℃, 물의 기화잠열은 539kcal/kg)

정답

$Q(\text{kcal}) = G \cdot C \cdot \Delta t + G \cdot \gamma$
$\phantom{Q(\text{kcal})}$ =18kcal×1kcal/kg·℃×(100−20)℃+18kg×539kcal/kg=11,142kcal

18 0℃ 얼음 10kg을 100℃의 수증기로 만들 때 필요한 열량(kcal)을 구하시오.

> **정답**

$Q = Q_1(\text{잠열}) + Q_2(\text{현열}) + Q_3(\text{잠열})$

- Q_1(잠열 : 0℃ 얼음이 0℃ 물로 변하는 데 필요한 열량)$= G \cdot \gamma = 10 \times 80 = 800 \text{kcal}$
- Q_2(현열 : 0℃ 물이 1000℃ 물로 변하는 데 필요한 열량)$= G \cdot C \cdot \Delta t = 10 \times 1 \times (100 - 0) = 1,000 \text{kcal}$
- Q_3(잠열 : 100℃ 물이 100℃ 수증기로 변하는 데 필요한 열량)$= G \cdot \gamma = 10 \times 539 = 5,390 \text{kcal}$

$\therefore Q = Q_1 + Q_2 + Q_3 = 800 + 1,000 + 5,390 = 7,190 \text{kcal}$

19 표준상태에서 다음 물질의 증기밀도(g/L)를 계산하시오.

① 메틸알코올 ② 에틸알코올
③ 톨루엔 ④ 디에틸에테르

> **정답**

① 메틸알코올(CH_3OH)의 분자량$=32$ $d = \dfrac{32}{22.4} = 1.43 \text{g/L}$

② 에틸알코올(C_2H_5OH)의 분자량$=46$ $d = \dfrac{46}{22.4} = 2.05 \text{g/L}$

③ 톨루엔($C_6H_5CH_3$)의 분자량$=92$ $d = \dfrac{92}{22.4} = 4.11 \text{g/L}$

④ 디에틸에테르($C_2H_5OC_2H_5$)의 분자량$=74$ $d = \dfrac{74}{22.4} = 3.30 \text{g/L}$

20 152kpa, 100℃에서 아세톤의 증기 밀도는?

> **정답**

이상기체 상태방정식 $PV = \dfrac{W}{M}RT$

아세톤(CH_3COCH_3)의 분자량 $(M) = 58g$, $1atm = 101.325 \text{kPa}$

$\rho = \dfrac{W}{V} = \dfrac{PM}{RT} = \dfrac{\dfrac{152\text{kPa}}{101.325\text{kPa}} \times 1atm \times 58g}{0.082(273 + 100)} ≒ 2.84 \text{g/L}$

21 다음 물질의 증기 밀도(g/L)를 20℃, 750mmHg에서 구하시오.

① 아세트알데히드　　　　　　　　② 에테르
③ 이황화탄소　　　　　　　　　　④산화프로필렌

> **정답**

d(밀도)$= \dfrac{PM}{RT}$에서 기압 단위가 mmHg이므로 기체상수 $R = 62.359$이다.

① 아세트알데히드(분자량 44)　　　$d = \dfrac{750 \times 44}{62359 \times (273 + 20)} = 1.81 \text{g/L}$

② 에테르(분자량 74)　　　　　　　$d = \dfrac{750 \times 74}{62.359 \times (273 + 20)} = 3.04 \text{g/L}$

③ 이황화탄소(분자량 76)　　　　　$d = \dfrac{750 \times 76}{62.359 \times (273 + 20)} = 3.12 \text{g/L}$

④ 산화프로필렌(분자량 58)　　　　$d = \dfrac{750 \times 58}{62.359 \times (273 + 20)} = 2.38 \text{g/L}$

22 온도 25℃, 압력 750mmHg에서 그 밀도가 1.47g/L인 기체의 분자량은 얼마인가?

> **정답**

$PV = \dfrac{W}{M}RT$에서 $PM = \dfrac{W}{V}RT$

기체의 밀도$(d) = \dfrac{W(\text{질량})}{V(\text{부피})}$ 이므로, $PM = dRT$

$\therefore M = \dfrac{dRT}{P} = \dfrac{1.47 \times 62.359 \times (273 + 25)}{750} = 36.42$

23 증기가 공기보다 무거운 것은 그 증기가 얕은 곳에 멀리까지 퍼지므로 위험하다. 다음 물질의 증기비중을 구하시오(단, 공기의 평균 분자량=28.84, C의 원자량=12, S의 원자량=32, O의 원자량=16).

① 이황화탄소　　　　　　　　　　② MEK
③ 초산메틸　　　　　　　　　　　④ 질산메틸

① 이황화탄소(CS_2) : $\dfrac{76}{28.84} = 2.635$ ② MEK($CH_3COC_2H_5$) : $\dfrac{72}{28.84} = 2.496$

③ 초산메틸(CH_3COOCH_3) : $\dfrac{74}{28.84} = 2.57$ ④ 질산메틸(CH_3ONO_2) : $\dfrac{77}{28.84} = 2.67$

24 할론 1301에 대한 다음 물음에 답하시오(단, 원자량은 C=12, F=19, Cl=35.3, Br=80).

① 증기비중	② 화학식

① 증기비중$= \dfrac{분자량}{공기의\ 평균\ 분자량} = \dfrac{149}{29} = 5.14$

② CF_3Br

25 어떤 금속 8g이 산소와 결합하여 생성물 산화금속이 11.2g이 될 때, 이 금속의 당량은?

금속 8g과 결합한 산소는 11.2−8=3.2g

M + O → MO

8g : 3.2g → 11.2g

x(g) : 8g

∴ $x = (8 \times 8)/3.2 = 20$g당량

26 20℃, 740mmHg에서의 아세톤의 증기비중을 구하시오.

$d = \dfrac{PM}{RT}$ [P : 기압, M : 분자량, R : 기체상수(62.359mmHg · m³/kmol · K), T : 절대온도(K)]

$d = \dfrac{740 \times 58}{62.359 \times (273+20)} = 2.349$g/L

아세톤의 증기비중$= \dfrac{아세톤의\ 증기밀도}{공기밀도(STP)} = \dfrac{2.346\text{g/L}}{1.295\text{g/L}} = 1.813$

∴ 아세톤의 증기비중=1.81(여기서, 표준상태에서의 공기의 밀도는 1.295g/L이다)

27 1기압 10℃ 용기에 공기가 가득 차 있다. 이것을 같은 압력으로 400℃까지 올릴 경우 처음 공기량의 몇 배가 용기 밖으로 나오는가?

> **정답**

① 최초의 부피를 1로 보고 400℃로 가열하였을 때 부피는 $V_2 = V_1 \times \dfrac{T_2}{T_1} = 1 \times \dfrac{(273+400)}{(273+10)} = 2.378L$

② 용기 밖으로 나온 공기의 부피는 2.378L−1L=1.378L ∴ 용기 밖으로 배출된 공기량$= \dfrac{1.378L}{1L} = 1.378$배

28 비중이 0.75인 가솔린 1m³의 무게(g)는 얼마인가?

> **정답**

비중의 단위를 사용하면 g/mL이다.
가솔린 $1m^3 = 1,000L = 1,000 \times 1,000mL$
∴ 무게(g)$= 0.75g/mL \times 10^6 mL = 750,000g$

29 휘발유의 부피팽창계수 0.00135/℃, 50L의 온도가 5℃에서 25℃로 상승할 때 부피 증가율은 몇 %인가?

> **정답**

① $V = V_o(1 + \beta\triangle t)$에서 휘발유의 $\beta = 0.00135/℃$이므로
　여기서, V : 최종 부피　　　　V_o : 팽창 전 체적
　　　　　$\triangle t$: 온도변화량　　β : 체적팽창계수
　$V = 50[1 + 0.00135(25-5)] = 51.35L$

② 부피증가율(%)$= \dfrac{\text{팽창 후 부피} - \text{팽창 전 부피}}{\text{팽창 전 부피}} \times 100 = \dfrac{51.35 - 50}{50} \times 100 = 2.7\%$

30 1기압 35℃에서 1,000m³의 부피를 갖는 공기에 이산화탄소를 투입하여 산소를 15vol%로 하려면 소요되는 이산화탄소의 양은 몇 kg인지 구하시오(단, 처음 공기 중 산소의 농도는 21vol%이고, 압력과 온도는 변하지 않는다).

> **정답**

100m³의 공기 중 산소량$= 1,000 \times 0.21 = 210m^3$

산소의 농도 15%로 낮출 때 이산화탄소의 체적 $15\% = \dfrac{210}{(V + 1,000)} \times 100$

$V = 400 \text{m}^3$

$\therefore W = \dfrac{PVM}{RT} = \dfrac{1 \times 400 \times 44}{0.082 \times (273 + 35)} = 696.86 \text{kg}$

31 1kg의 탄산가스를 27℃의 대기 중에 탄산가스 소화기로 방출시킬 경우 부피는 몇 L인가?

> **정답**

이상기체의 상태방정식 $PV = nRT = \dfrac{W}{M}RT$에서

$V = \dfrac{WRT}{PM} = \dfrac{1{,}000 \times 0.082 \times (273 + 27)}{1 \times 44} = 559.09\text{L}$

32 드라이아이스가 100g, 압력이 100kPa, 온도가 30℃일 때, 부피는 몇 L인가?

> **정답**

$V = \dfrac{WRT}{PM} = \dfrac{100 \times 0.082 \times (273 + 30)}{0.987 \times 44} = 57.21\text{L}$

여기서, $P : \dfrac{100\text{kPa}}{101.325\text{kPa}} \times 1\text{atm} = 0.987\text{atm}$

$\quad\quad\quad V$: 부피

$\quad\quad\quad M$: $CO_2 = 44$

$\quad\quad\quad W$: 100g

$\quad\quad\quad R$: $0.082(\text{L} \cdot \text{atm/g-mol} \cdot \text{K})$

$\quad\quad\quad T$: $273 + 30 = 303$

33 100kPa, 30℃에서 드라이아이스 100g의 부피(L)를 구하시오.

> **정답**

드라이아이스는 CO_2이다.

$PV = \dfrac{W}{M}RT$

$V = \dfrac{WRT}{PM} = \dfrac{100 \times 8.314 \times (273 + 30)}{100 \times 44} = 57.25\text{L}$

34 벤젠 6g을 1atm, 80℃에서 전부 증기로 만들 경우 그 부피는 몇 L가 되겠는가?(단, 증기는 이상기체로 간주한다)

> **정답**

이상기체의 상태방정식 $PV = nRT = \dfrac{W}{M}RT$에서

$$V = \frac{WRT}{PM} = \frac{6 \times 0.082 \times (273 + 80)}{1 \times 78} = 2.226L$$

35 1,000g $MgCO_3$을 완전히 열분해하여 발생하는 CO_2의 부피는 350℃, 1atm에서 몇 L가 되겠는가?(단, $MgCO_3 = 84.3$)

> **정답**

$MgCO_3 \rightarrow MgO + CO_2$

$MgCO_3$가 1몰이 분해하여 1몰의 CO_2 가스가 생성된다.

$PV = \dfrac{W}{M}RT$에서, $PV = \dfrac{WRT}{PM}$ 　　　　 $\therefore V = \dfrac{1,000 \times 0.082 \times (273 + 350)}{1 \times 84.3} = 606L$

36 트리에틸알루미늄이 물과 반응하였을 때의 반응식을 쓰고, 5kg이 반응 시 생성되는 가연성 가스의 부피(m^3)를 1기압, 20℃에서 구하시오.

> **정답**

① 트리에틸알루미늄과 물과의 반응식 : $(C_2H_5)_3Al + 3H_2O \rightarrow Al(OH)_3 + 3C_2H_6$

② 위 식에서 트리에틸알루미늄[$(C_2H_5)_3Al$] 1몰당 3몰의 가스(C_2H_6)가 발생한다. $(C_2H_5)_3Al$의 분자량은 114g 이므로 이상기체의 상태방정식 $PV = nRT = \dfrac{W}{M}RT$에서 $PV = \dfrac{WRT}{PM}$

　　$\therefore V = \dfrac{WRT}{PM} \times 3 = \dfrac{5,000 \times 0.082 \times (273 + 20)}{1 \times 114} \times 3 = 3,161L = 3.16m^3$

37 대리석 32g에 염산을 충분히 가하여 이산화탄소를 발생시키고 그 부피를 측정하였더니 0℃, 1atm에서 4.2L였다. 다음 물음에 답하시오(단, 대리석의 분자량은 100).

① 위 과정을 화학반응식으로 나타내시오.

② 이 대리석에 함유된 탄산칼슘의 무게백분율(wt%)을 구하시오.

정답

① 화학반응식 : $CaCO_3 + 2HCl \rightarrow CaCl_2 + CO_2 + H_2O$

② $CaCO_3$의 함유량(W)

$$W = \frac{PVM}{RT} = \frac{1 \times 4.2 \times 100}{0.082 \times (273+0)} = 18.76g$$

$$wt\% = \frac{18.76}{32} \times 100 = 58.628 = 58.63\%$$

38 1몰 염화수소와 0.5몰 산소의 혼합물에 촉매를 넣고 400℃에서 평형에 도달시킬 때 0.39몰의 염소를 생성하였다. 이 반응이 다음의 화학반응식을 통해 진행된다고 할 때 다음 물음에 답하시오.

$$4HCl + O_2 \rightarrow 2H_2O + 2Cl_2$$

① 평형상태에서의 전체 몰수의 합
② 전압이 1atm일 때 성분 4가지의 분압

정답

반응식에서 반응 전후 몰수를 구한다.

	4HCl	+	O_2	→	$2Cl_2$	+	$2H_2O$
반응 전 몰수 :	1[mol]		0.5[mol]		0[mol]		0[mol]
반응 후 몰수 :	$\left\{1 - \left(\frac{4}{2} \times 0.39\right)\right\}$[mol]		$\left\{0.5 - \left(\frac{1}{2} \times 0.39\right)\right\}$[mol]		0.39[mol]		0.39[mol]

① 전체 몰수 : 0.22 + 0.305 + 0.39 + 0.39 = 1.305[mol]
② 각 성분의 분압

ㄱ 염화수소 = $\frac{0.22}{1.305} \times 1atm = 0.17atm$

ㄴ 산소 = $\frac{0.305}{1.305} \times 1atm = 0.23atm$

ㄷ 염소 = $\frac{0.39}{1.305} \times 1atm = 0.30atm$

ㄹ 수증기 = $\frac{0.39}{1.305} \times 1atm = 0.30atm$

39 산소와 질소가 1 : 4의 몰비로 혼합된 혼합물이 있다. 전압이 1,000atm일 때, 각각의 분압은 얼마인가?

> **정답**

몰분율=부피분율=압력분율,   분압=몰분율×전압

① O_2의 몰분율= $\dfrac{1}{1+4} = \dfrac{1}{5}$, $P_{O_2} = \dfrac{1}{5} \times 1,000 = 200$atm

② N_2의 몰분율= $\dfrac{4}{1+4} = \dfrac{4}{5}$, $P_{N_2} = \dfrac{4}{5} \times 1,000 = 800$atm 또는 $1,000 - 200 = 800$atm

40 $10m^3$의 압력탱크에 프로판과 부탄의 혼합가스가 $5kg/cm^2$의 압력으로 들어 있다. 각각의 분압을 구하시오(단, 프로판, 부탄의 몰비=4 : 6).

> **정답**

분압은 몰비율에 비례하므로
① 프로판의 분압= $5 \times 4/(4+6) = 2kg/cm^2$
② 부탄의 분압= $5 \times 6/(4+6) = 3kg/cm^2$

41 어떤 기체의 확산속도는 SO_2의 2배이다. 이 기체의 분자량은 몇 g인가?(단, SO_2의 분자량은 64이다)

> **정답**

$$\frac{2U_1}{U_2} = \sqrt{\frac{64}{x}}$$

$$2^2 = \frac{64}{x}$$

$$\therefore \ x = 16g$$

42 어떤 기체가 작은 구멍을 통하여 흘러나가는 데 36초 걸렸다. 같은 압력, 온도 하에서 같은 수의 산소 분자가 같은 구멍을 통하여 흘러나가는 데 18초 걸렸다면 그 기체의 분자량은 얼마인가?

정답

$$\frac{U_1}{U_2} = \sqrt{\frac{M_2}{M_1}} = \sqrt{\frac{d_2}{d_1}}$$

U_1, U_2는 확산속도이고, 속도$=\dfrac{\text{거리}}{\text{시간}}$ 이므로, 어떤 기체의 확산속도를 U_1이라 하면 $U_1 = \dfrac{1}{36}$,

산소의 확산속도를 U_2라 하면 $U_2 = \dfrac{1}{18}$ 이다.

$$\frac{\frac{1}{36}}{\frac{1}{18}} = \sqrt{\frac{32}{M_1}}, \quad \left(\frac{18}{36}\right)^2 = \frac{32}{M_1}$$

$$\therefore \ M_1 = \frac{32}{0.5^2} = 128$$

43 10℃에서 KNO$_3 \cdot$10H$_2$O 12.6g을 포화시킬 때 물 20g이 필요하다면 이 온도에서 KNO$_3$ 용해도는?

정답

KNO$_3$ 분자량 : $39+14+16\times3=101$

KNO$_3 \cdot$10H$_2$O의 분자량 : $39+14+16\times3+1\times20+16\times10=281$

KNO$_3 \cdot$10H$_2$O의 KNO$_3$의 분자량$=\dfrac{101}{281}\times12.6g=4.53g$

KNO$_3 \cdot$10H$_2$O의 10H$_2$O의 양$=\dfrac{180}{281}=12.6g=8.07g$

전체 용매(물)의 양$=20g+8.07g=28.07g$

용해도$=\dfrac{4.53}{28.07}\times100=16.14$

44 25℃에서 어떤 포화용액 80g 속에 용질이 25g 용해되어 있다. 이 온도에서 물질의 용해도를 구하시오.

정답

용해도$=\dfrac{\text{용질의 g수}}{\text{용매의 g수}}\times100=\dfrac{25}{80-25}\times100=45.45$

45 의산에틸에스테르와 물이 반응할 때의 화학반응식을 쓰고, 상온에서 포화용액인 의산에틸에스테르의 중량%가 13.6%일 때 물 500g에 순수한 의산에틸에스테르가 몇 g 녹으면 포화용액이 되는지 쓰시오(단, 비중은 1로 가정).

> **정답**

① 반응식 : $HCOOC_2H_5 + H_2O \rightleftarrows HCOOH + C_2H_5OH$

② $100 - 13.6 : 13.6 = 500 : x$ $\qquad \therefore x = \dfrac{13.6 \times 500}{86.4} = 78.70g$

■ 다른 풀이 방법

• 용해도 $= \dfrac{\%농도}{100 - \%농도} \times 100 = \dfrac{13.6}{100 - 13.6} \times 100 = 15.7407$

• 용해도 $= \dfrac{용질(g)}{용매(g)} \times 100$, 용질(g) = 용매(g) × 용해도 × $\dfrac{1}{100}$

• $500 \times 15.7407 \times \dfrac{1}{100} = 78.70g$

46 20℃에서 질산칼륨의 포화용액 200g이 있다. 125g을 증발 농축시켜 20℃로 하면 질산칼륨은 몇 g이나 석출되는가?(단, 20℃에서의 용해도는 31.6이다)

> **정답**

질산칼륨의 용해도가 31.6이므로 물 100g에 31.6이 녹는다. 그러므로 증발된 양 125g 중에 녹을 수 있는 양(석출량)을 x라 하면

$100 : 31.6 = 125 : x$

$\therefore x = 39.5g$

47 질산칼륨은 37℃에서 물 100g에 56.25g이 녹으며 15℃에서 25g이 녹는다. 27℃에서 포화용액 100g을 취하여 15℃로 냉각시키면 몇 g의 질산칼륨이 석출되는가?

> **정답**

$37℃ \xrightarrow{\text{냉각}} 15℃ : 석출 = 56.25 - 25 = 31.25g$

즉, 37℃에서 포화용액(=100+56.25) 전량을 15℃로 냉각시켰을 때 석출되는 양이 31.25g이다. 그러므로 포화용액 100g만을 냉각시켰을 때 석출되는 양을 $x(g)$라 하면 $156.25 : 31.25 = 100 : x$이고, $x = 20g$이 된다.

48 비중이 1.8인 진한 황산(90%) 1L를 가지고 5%의 묽은 황산을 만들고자 한다. 물은 몇 L가 필요한가?

> **정답**

- 순수한 황산의 무게 $= 8 \times 1 \times 0.9 = 1.62$kg
- 물의 무게 $= 1.8 \times 1 - (1.62) = 0.18$kg
- %농도 $= \dfrac{\text{용질}}{\text{용매} + \text{용질}} \times 100$에서

  $5 = \dfrac{1.62}{x + 1.62} \times 100 \qquad 5x + 8.1 = 162$

  $\therefore x = 30.78$, 즉 구하고자 하는 물의 양은 $30.78 - 0.18 = 30.6$L이다.

49 30% 황산구리 용액 50g을 15%로 희석하려면 몇 g의 물을 가하여야 하는가?

> **정답**

%농도로 계산하며, 가해주어야 할 물의 무게를 x라 하면

$\dfrac{50g \times 0.3}{(50g + x)} \times 100 = 15\%$

$\therefore x = 50g$

50 비중이 1.4인 68% 질산 1,000mL로 10% 질산을 만들고자 한다. 가하여야 할 물의 양(g)과 질산의 무게(g)를 구하시오(단, 물의 밀도는 1g/cm³로 간주).

> **정답**

① 가하여야 할 물의 양
  - 순수한 질산의 무게 $= 1.4 \times 1,000 \times 0.68 = 952g$
  - 물의 무게 $= 1.4 \times 1,000 - 952 = 448g$

    %농도 $= \dfrac{\text{용질}}{\text{용매} + \text{용질}} \times 100$에서

    $10 = \dfrac{952}{x + 952} \times 100$

    $10x + 9,520 = 95,200$

    $\therefore x = 8,568$, 즉 가하여야 할 물의 양은 $8,568 - 448 = 8,120g$
② 질산의 무게 $= 1.4 \times 1,000 \times 0.68 = 952g$

51 5wt% 에틸알코올과 25wt% 에틸알코올을 혼합해서 12wt% 1,250kg을 만들고자 할 때 각 몇 kg씩 필요한가?

정답

> 5wt% 에틸알코올 용액 : A, 25wt% 에틸알코올 용액 : B
> 즉, $A+B=1,250$ ·· ①
> 순수한 에틸알코올의 양 : $1,250 \times 0.12 = 150kg$
> $0.05A+0.25B=150$ ·· ②

$0.2A+B=600$, $B=600-0.2A$
이것을 ①식에 대입하면 $A+(600-0.2A)=1,250$, $0.8A=1,250-600$
∴ $A=812.5$, $B=437.5$, 즉 5wt% 에틸알코올 812.5kg, 25wt% 에틸알코올 437.5kg이 필요하다.

52 알코올 10g과 물이 20g이 혼합되었을 때 비중이 0.94라면 이때 부피는 몇 mL인가?

정답

용액 $10g+20g=30g$, 용액의 비중 $0.94g/cm^3$이다.
∴ 용액의 부피 $=30g \div 0.94mL = 31.91mL$이다.

53 중량비가 N_2 54.6%, O_2 31.2%, CO_2 14.2%인 혼합가스가 있다. 각각을 부피비로 환산하시오 (단, N=14, C=12, O=16).

정답

$N_2 = \dfrac{54.6}{28} = 1.95$, $O_2 = \dfrac{31.2}{32} = 0.975$, $CO_2 = \dfrac{14.2}{44} = 0.3227 ≒ 0.323$

① N_2 부피% $= \dfrac{1.95}{1.95+0.975+0.323} \times 100 = 60\%$

② O_2 부피% $= \dfrac{0.975}{3.248} \times 100 = 30\%$

③ CO_2 부피% $= \dfrac{0.323}{3.248} \times 100 = 10\%$

54 질산암모늄에 함유되어 있는 질소와 수소의 함량은 몇 wt%인가?

> **정답**

① 질소 : $\dfrac{28}{80} \times 100 = 35\text{wt}\%$ 　　　　② 수소 : $\dfrac{4}{80} \times 100 = 5\text{wt}\%$

55 45% 황산구리 용액 100g, 물 100g을 희석시키면 황산구리 용액의 농도는 몇 %인가?

> **정답**

$\dfrac{45}{(100+100)} \times 100 = 22.5\%$

56 국제위험물해상운송규제에 따른 제8등급에 대한 다음 물음에 답하시오.

① 위험물의 명칭
② 위험물의 정의

> **정답**

① 부식성 물질
② 화학반응에 의하여 생체조직과의 접촉 시에는 심각한 손상을 줄 수 있거나 누출된 경우에는 기계적 손상 또는 다른 화물 또는 운송수단을 파손시킬 수 있는 물질을 말한다.

57 시판되는 진한 황산의 비중이 1.84이고, 농도는 80중량%이다. 이때 규정농도(N)는 얼마인가?

> **정답**

N농도 $= \dfrac{\text{용액의 비중} \times 1{,}000}{\text{용질의 1g당량}} \times \dfrac{\%\text{농도}}{100} = \dfrac{\text{비중} \times 10 \times \%\text{농도}}{1\text{g당량}}$

$N = \dfrac{1.84 \times 10 \times 80}{49} = 30.040816$

$\therefore N = 30.04\text{N}$

58 0.2N의 산 20mL를 중화시키는 데 염기 용액 22.8mL가 소비되었다. 이 염기의 노르말농도(N)는 얼마인가?

> **정답**

중화적정공식 이용
$N_1 \cdot V_1 = N_2 \cdot V_2$
$0.2 \times 20 = 22.8 \times N_2$
$\therefore N_2 = 0.175N$

59 농도를 모르는 산 용액 10mL를 취하여 0.2N의 염기 용액 7.7mL를 가하였더니 알칼리성이 되었다. 여기에 다시 0.1N의 산 용액을 가하여 중화하는 데 1.4mL가 필요하였다. 처음 산의 농도를 구하시오.

> **정답**

$N_1 \cdot V_2 = N_2 \cdot V_2 + N_3 \cdot V_3$
　(염기)　　　(산)　　(추가한 산)
$0.2 \times 7.7 = N_2 \times 10 + 0.1 \times 1.4$　　　$\therefore N_2 = 0.14N$

60 0.01N$-$CH$_3$COOH의 전리도를 0.01이라 하면 pH는 얼마인지 계산하시오.

> **정답**

$CH_3COOH \rightarrow CH_3COO^- + H^+$(단, 전리도 $\alpha = 0.01$)
　0.01N　　　0.01×0.01　0.01×0.01
$H^+ = 0.01 \times 0.01N = 0.0001N = 10^{-4}N$
$\therefore pH = -\log[H^+] = -\log 10^{-4} = 4$

61 0.1M$-$KOH 수용액의 pH는 얼마인가?

> **정답**

pH는 노르말 농도(N)의 지수값 기준으로 H^+ 이온의 지수값을 말한다. 따라서 KOH는 원자가가 1가이므로 노르말 농도(N)는 0.1N이다. 즉, 10^{-1}이다.
$[H^+][OH^-] = 10^{-14}$, $[H^+] = 10^{-13}$
$\therefore pH = -\log[H^+] = -\log 10^{-13} = 13$

62 0.5M−HAc 용액의 전리상수가 1.8×10^{-5}이라면 이 용액의 pH는 얼마인가?

> **정답**
>
> $H^+ = \sqrt{C \cdot K_a} = \sqrt{0.5 \times 1.8 \times 10^{-5}} = 3 \times 10^{-3}$
>
> $\therefore \ pH = -\log[H^+] = -\log(3 \times 10^{-3}) = 2.52$

63 아세트산 수용액의 전리상수는 18℃에서 1.8×10^{-5}이다. 0.02mol/L 아세트산의 전리도와 수소이온농도는 얼마인가?

> **정답**
>
> $\alpha(전리도) = \sqrt{\dfrac{K_a}{C}}$ $[K_a$: 전리상수, C : 몰 농도(mol/L)]
>
> $[H^+] = C \cdot \alpha = \sqrt{C \cdot K_a}$ 에서
>
> ① 전리도$(\alpha) = \sqrt{\dfrac{K_a}{C}} = \sqrt{\dfrac{1.8 \times 10^{-5}}{0.02}} = 0.03 = 3 \times 10^{-2}$
>
> ② 수소이온농도$(H^+) = C \cdot \alpha = 0.02 \times (3 \times 10^{-2}) = 6 \times 10^{-4}$(mol/L)

64 0.2M−HCl 50mL와 0.2M−NaOH 49mL를 혼합한 용액의 pH는 얼마인가?

> **정답**
>
> ① 산과 염기는 같은 g당량씩 반응하므로 혼합용액은 반응하고 남은 쪽의 액성을 나타낸다.
>
> - g당량수＝규정 농도×용액의 부피
>
> - HCl은 $0.2 \times \dfrac{50}{1,000} = 0.01$(g당량)
>
> - NaOH은 $0.2 \times \dfrac{49}{1,000} = 0.0098$(g당량)
>
> ② 그러므로 HCl쪽이 $0.01 - 0.0098 = 2 \times 10^{-4}$(g당량)이 남는다.
>
> 혼합액의 N농도는 $N = \dfrac{2 \times 10^{-4}}{99/1,000} = 2 \times 10^{-3}$
>
> $\therefore$ 규정 농도＝몰 농도(1가산이므로) $pH = -\log(2 \times 10^{-3}) = 2.698$

65 $3H_2 + N_2 \rightarrow 2NH_3$에서 평형에 도달하기 전에 수소($H_2$)와 질소($N_2$)의 농도를 각각 2배씩 올리면 반응속도는 몇 배나 빨라지는가?

> **정답**
>
> ① 반응속도는 각 물질의 농도곱에 비례한다.
> ② $3H_2 + N_2 \rightarrow 2NH_2$에서 반응속도($V$)=$[H_2]^3 \times [N_2]$이므로, 농도를 2배로 하면 반응속도($V$)=$2^3 \times 2 = 16$배 빨라진다.

66 500℃, 50기압에서 다음 화학반응식의 압력평형상수는 1.50×10^{-5}이다. 이 온도에서의 농도평형상수는 얼마인가?

$$N_2 + 3H_2 \rightleftarrows 2NH_3$$

> **정답**
>
> $K_p = K_c(RT)^{\Delta d}$
>
> $K_c = \dfrac{K_p}{(RT)^{\Delta d}}$ (K_c : 농도평형상수, K_p : 압력평형상수)
>
> Δd : (생성계의 몰수의 합)-(반응계의 몰수의 합), R=기체상수
>
> $\therefore K_c = \dfrac{1.5 \times 10^{-5}}{(0.08205 \times 773)^{-2}} = 6.034 \times 10^{-2}$

67 초산(CH_3COOH)과 에틸알코올(C_2H_5OH)을 각 1몰씩 혼합하여 일정 온도에서 반응시켰더니 초산에틸($CH_3COOC_2H_5$) 2/3몰이 생기고, 화학평형에 도달하였다. 이때의 화학평형상수를 구하시오.

> **정답**
>
> $$CH_3COOH + C_2H_5OH \rightleftarrows CH_3COOC_2H_5 + H_2O$$
>
> 반응 전 1몰 1몰 0몰 0몰
> 반응 후 $\left(1 - \dfrac{2}{3}\right)$몰 $\left(1 - \dfrac{2}{3}\right)$몰 $\left(\dfrac{2}{3}\right)$몰 $\left(\dfrac{2}{3}\right)$몰
>
> $\therefore$ 화학평형상수 $K = \dfrac{[CH_3COOC_2H_5][H_2O]}{[CH_3COOH][C_2H_5OH]} = \dfrac{2/3 \times 2/3}{1/3 \times 1/3} = 4$

68 0.01wt% 황을 함유한 1,000kg의 코크스를 과잉공기 중에 완전 연소시켰을 때 발생되는 SO_2는 몇 g인지 구하시오.

$S + O_2 \rightarrow SO_2$

32g 　64g

100kg 　x(g)

$x = \dfrac{100 \times 64}{32}$ 　　　　 $\therefore\ x = 200g$

69 에탄올 200L(비중 0.8)가 완전 연소할 때 필요한 이론산소량(g)은 얼마인가?

① 에탄올의 무게＝200L×0.8kg/L＝160kg

② $C_2H_5OH + 3O_2 \rightarrow 2CO_2 + 3H_2O$

　46g 　　 3×32g

　160,000kg 　　 x(g)

　$x = \dfrac{160,000 \times 3 \times 32}{46} = \dfrac{15,360,000}{46}$

　$\therefore\ x = 333,913g$

70 메탄올 10L(비중 0.8)가 완전히 연소될 때 소요되는 이론산소량(kg)과 표준상태에서 생성되는 이산화탄소의 부피(m^3)를 구하시오.

$CH_3OH + 1.5O_2 \rightarrow CO_2 + 2H_2O$

32kg 　 $1.5 \times 22.4m^3$ 　 $22.4m^3$ 　 $2 \times 22.4m^3$

　　 1.5×32kg

메탄올의 무게＝10×0.8kg＝8kg

① 이론산소량(kg)

　$32 : 1.5 \times 32 = 8 : x$ 　　　 $\therefore\ x = 12kg$

① 생성되는 이산화탄소 부피(m^3)

　$32 : 22.4 = 8 : x$ 　　　 $\therefore\ x = 5.6m^3$

71 벤젠 100g이 완전 연소하는 경우 필요한 산소량(g)과 공기량(g), 또 생성되는 탄산가스량은 몇 L인가?

> **정답**

C_6H_6 + 7.5O_2 → 6CO_2 + 3H_2O
78g　　　7.5×22.4L　　6×22.4L

① 이론산소량(g)

　78g : 7.5×32=100 : x　　　　　∴ x=307.69g

② 이론공기량

　공기 중의 산소가 21% 존재하므로 307.69g × $\dfrac{100}{21}$ =1465.19g

③ 생성되는 CO_2의 양

　78g : 6×22.4L=100 : x　　　　∴ x=172.31L

72 벤젠 6g이 완전 연소 시 생성되는 기체의 부피는 몇 L인가?(단, 표준상태이다)

> **정답**

C_6H_6+7.5O_2 → 6CO_2+3H_2O
78g　　　　　6×22.4L
6g　　　　　　x(L)

∴ $x = \dfrac{6 \times 6 \times 22.4}{78} = 10.34L$

73 1kg의 아세톤은 몇 g−mol이며, 이를 완전 연소시키기 위해서는 표준상태에서 몇 m^3의 공기(산소 : 질소=79 : 21)가 필요한가?

> **정답**

아세톤(CH_3COCH_3)의 분자량 = 58g

① 아세톤의 g−mol

　58g : 1mol = 1,000 : x,　x=17.241−mol

② 완전연소반응식

　CH_3COCH_3 + 4O_2 → 3CO_2 + 3H_2O
　58kg　　　　4×22.4m^3　　　6×22.4L

이론산소량 − 58kg : 4 × 22.4m^3=1kg : x, x=1.55m^3

필요공기량 − 1.55m^3 × $\dfrac{100}{21}$ =7.35m^3

74 톨루엔 9.2g을 연소 시 필요한 공기량은 몇 L인가?(단, 산소와 질소의 비율은 1 : 4이다)

> **정답**

$C_6H_5CH_3 + 9O_2 \rightarrow 7CO_2 + 4H_2O$

$92g \diagdown 9 \times 22.4L$
$9.2g \diagup xL$

$x = \dfrac{9.2 \times 9 \times 22.4}{92} = 20.16L$

$\therefore 20.16L \times \dfrac{5}{1} = 100.8L$

75 흐름계수 K가 0.94인 오리피스의 직경이 10mm이고, 분당 유량이 100L일 때 압력은 몇 kPa인가?

> **정답**

$Q = 0.653KD^2\sqrt{P}$의 공식에서 $P = \left(\dfrac{Q}{0.653KD^2}\right)^2$

$P = \left(\dfrac{Q}{0.653KD^2}\right)^2 = \left(\dfrac{100}{0.653 \times 0.94 \times 10^2}\right) = 2.65kg/cm^2$

$\dfrac{2.65kg/cm^2}{1.0332kg/cm^2} \times 101.3kPa = 259.8kPa$

[Q : 유량(L/min), K : 유량(흐름) 계수, D : 직경(mm), P : 압력(kg/cm^2)]

76 유량이 230L/s인 유체가 $D = 250mm$에서 $D = 400mm$로 관경이 확장되었을 때 손실수도(m)는 얼마가 되는지 구하시오.

> **정답**

$Q = A \cdot V$에서 유속은

① $V_1 = \dfrac{0.23m^3/s}{\dfrac{0.25^2\pi}{4}} = 4.6855m/s$

② $V_2 = \dfrac{0.23m^3/s}{\dfrac{0.4^2\pi}{4}} = 1.8323m/s$

즉, 돌연확대관의 손실수두는 $h = \dfrac{(V_1 - V_2)^2}{2g} = \dfrac{(4.6855 - 1.8303)^2}{19.6} = 0.4158 = 0.42m$

77 오리피스의 내경이 10mm이며, 흐름계수가 0.94, 유량 100L/min일 때 압력을 구하시오.

정답

$Q = 0.653D^2C\sqrt{P}$,
$P = (Q/0.653D^2)^2 = (100/0.653 \times 10^2)^2 = 2.345\text{kg/cm}^2$
kPa로 환산하면 $2.345 \times 98 = 229.9659\text{kPa} \fallingdotseq 229.97\text{kPa}$

78 유속계수가 0.97인 피토관에서 정압수두가 5m, 정체압력수두가 7m라면 유속은 몇 m/sec인가?

정답

$v = C\sqrt{2g\,\Delta h}$
$[v$: 유속(m/sec), C : 측정계수, g : 중력가속도, Δh : 높이차(m)$]$
유속 $v = 0.97 \times \sqrt{2 \times 9.8 \times (7-5)} = 6.07\text{m/sec}$

PART 02

화재 예방과 소화방법

01 화재 예방

01 연소(Combustion) 이론

(1) 연소의 정의

가연성물질이 공기 중의 산소와 반응하여 열과 빛을 내는 산화반응을 말한다(즉, 산화반응과 발열반응이 동시에 일어나는 경우를 말한다).

① 완전연소 : $C + O_2 \rightarrow CO_2 \uparrow + 97.2kal$

② 불완전연소 : $C + \frac{1}{2}O_2 \rightarrow CO \uparrow + 29.5kal$

③ 연소라고 볼 수 없는 경우

    ㉮ 철이 녹스는 경우 : $4Fe + 3O_2 \rightarrow 2Fe_2O_3$(산화반응이지만, 발열반응 아님)

    ㉯ 질소산화물이 생성되는 경우 : $N_2 + O_2 \rightarrow NO - 43.2kal$(산화반응이지만, 흡열반응임)

④ 탄화수소(C_mH_n)의 연소 : 완전연소의 경우에는 탄산가스(CO_2)와 물(H_2O)이 생성되며, 불완전연소의 경우에는 일산화탄소(CO)와 수소(H_2)가 생성된다.

(2) 연소의 구비 조건

① 연소의 4요소

    ㉮ 가연물 : 연소가 일어나려면 발열반응을 일으키는 것

    ㉯ 조연(지연)물 : 가연물을 산화시키는 것

    ㉰ 점화원 : 가연물과 조연물을 활성화시키는 데 필요한 에너지

    ㉱ 순조로운 연쇄반응

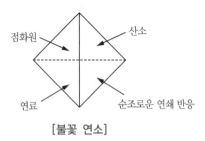

[불꽃 연소]

② 연소의 3요소

    ㉮ 가연물 : 산화작용을 일으킬 수 있는 모든 물질이다.

1. 원소 주기율표상의 0족 원소(비활성 원소)로서 다른 원소와 화합할 수 없는 물질
   예 헬륨(He), 네온(Ne), 아르곤(Ar), 크립톤(Kr), 크세논(Xn), 라돈(Rn) 등
2. 이미 산소와 화합하여 더 이상 화합할 수 없는 물질(산화반응이 완결된 안정된 산화물)
   예 이산화탄소(CO_2), 오산화인(P_2O_5). 산화알루미늄(Al_2O_3), 삼산화황(SO_3) 등
   $$C + O_2 \rightarrow CO_2 \uparrow$$
3. 산화반응은 일어나지만 발열반응 물질이 아닌 화합물(질소 또는 질소산화물)
   예 N_2, NO, NO_2 등
   $$N_2 + O_2 \rightarrow 2NO \uparrow$$

1. 산소와의 친화력이 클 것(화학적 활성이 강할 것)
2. 열전도율이 적을 것
3. 산소와의 접촉면적이 클 것(표면적이 넓을 것)
4. 발열량(연소열)이 클 것
5. 활성화 에너지가 적을 것(발열반응을 일으키는 물질)
6. 건조도가 좋을 것(수분의 함유가 적을 것)

㉯ 조연물(지연물) : 연소는 산화반응이므로 가연물이 산소와 결합되어야 한다. 즉, 다른 물질의 산화를 돕는 물질이다.

　　㉠ 공기

[공기의 조성]

성 분 조성비율	질소(N_2)	산소(O_2)	아르곤(Ar)	이산화탄소(CO_2)
부피(vol%)	78.03	20.99	0.95	0.03
중량(wt%)	75.51	23.15	1.30	0.04

　　㉡ 산화제(제1류 위험물, 제6류 위험물 등)
　　㉢ 자기반응성물질(제5류 위험물)

㉰ 점화원(열에너지원, 열원, Heat Energy Sources) :
가연물을 연소시키는 데 필요한 에너지원으로서 연소
반응에 필요한 활성화 에너지를 부여하는 물질이다.

[표면 연소]

구 분	화학적 에너지원	전기적 에너지원	기계적 에너지원	원자력 에너지원	점화원이 되지 못하는 것
점화원	• 연소열 • 자연발화 • 분해열 • 융해열	• 저항열 • 유도열 • 유전열 • 정전기열 　(정전기 불꽃) • 낙뢰에 의한 열 • 아크열(전기불 　꽃에너지)	• 마찰열 • 마찰스파크열 　(충격열) • 단열압축열	• 핵분열열 • 핵융합열	• 기화열 　(증발잠열) • 온도 • 압력 • 중화열

(3) 고온체의 색깔과 온도

① 발광에 따른 온도 측정

적열 상태	500℃ 부근
백열 상태	1,000℃ 이상

② 색깔과 온도 : 열을 발생하는 반응은 온도가 상승하면 열복사선과 가시광선의 파장이 짧아져서 우리의 눈이나 피부로 느끼게 된다. 연소에 의한 빛은 온도가 높아짐으로써 생기는 것이므로 물질에 따라서 약간씩은 다르나 대략 다음과 같다.

㉮ 암적색 : 700℃

㉯ 적색 : 850℃

㉰ 휘적색 : 950℃

㉱ 황적색 : 1,100℃

㉲ 백적색 : 1,300℃

㉳ 휘백색 : 1,500℃

(4) 연소의 형태

① 기체의 연소(발염연소, 확산연소) : 가연성기체와 공기의 혼합 방법에 따라 확산연소 와 혼합연소로 구분되며, 산소・아세틸렌 등과 같은 가연성가스가 배관의 출구 등에 서 공기 중으로 유출하면서 연소하는 것이다.

㉮ 확산연소(불균질연소) : 가연성기체를 대기 중에 분출・확산시켜 연소하는 방식 (불꽃은 있으나 불티가 없는 연소)

㉯ 혼합연소(예혼합연소, 균질연소) : 먼저 가연성기체를 공기와 혼합시켜 놓고 연소 하는 방식

② 액체의 연소(증발연소) : 에테르, 가솔린, 석유, 알코올 등 가연성액체의 연소는 액체 자체가 연소하는 것이 아니라 액체 표면에서 발생한 가연성증기가 착화되어 화염을

발생시켜 이 화염의 온도에 의해 액체의 표면이 더욱 가열되면서 액체의 증발을 촉진시켜 연소를 계속해 가는 형태의 연소

TIP **액체의 연소 방법**

액체의 연소는 액의 증발 과정에 의해 액면연소, 심화연소, 분무연소, 증발연소로 구분되며, 액체의 표면적과 깊은 관계가 있다. 즉, 액체의 표면적이 클수록 증발량이 많아지고 연소속도도 그만큼 빨라진다.

1. 액면연소 : 화염으로부터 연료 표면적에 복사나 대류로 열이 전달되어 증발이 일어나고, 발생된 증기가 공기와 접촉하여 유면의 상부에서 확산연소를 하지만, 화염 시에 볼 수 있을 뿐 실용예는 거의 없는 연소 형태
2. 심화연소 : 모세관현상에 의해 심지라고 불리는 헝겊의 일부분으로부터 연료를 빨아 올려서 다른 부분으로 전달되어 거기서 연소열을 받아 증발된 증기가 확산연소하는 형태
3. 분무(액적)연소 : 일반적인 석유난로의 연소 형태로 점도가 높고, 비휘발성인 액체를 안개상으로 분사하여 액체의 표면적을 넓혀 연소시키는 형태
4. 증발연소 : 열면에서 연료를 증발시켜 예혼합연소나 부분예혼합연소를 시키는 연소 형태

TIP **분해연소**

점도가 높고 비휘발성인 가연성액체의 연소로, 열분해에 의하여 발생된 분해가스의 연소형태
(예 중유, 제4석유류 등)

---

③ 고체의 연소(표면연소, 분해연소, 증발연소, 내부연소)
  ㉮ 표면(직접)연소 : 열분해에 의해 가연성가스를 발생시키지 않고 그 자체가 연소하는 형태(연소반응이 고체 표면에서 이루어지는 형태), 즉 가연성고체가 열분해하여 증발하지 않고 그 고체의 표면에서 산소와 직접 반응하여 연소하는 형태
    예 목탄, 코크스, 금속분 등
  ㉯ 분해연소 : 가연성고체에 충분한 열이 공급되면 가열 분해에 의하여 발생된 가연성가스(CO, H_2, CH_4 등)가 공기와 혼합되어 연소하는 형태
    예 목재, 석탄, 종이, 플라스틱 등
  ㉰ 증발연소 : 고체 가연물을 가열하면 열분해를 일으키지 않고 증발하여 그 증기가 연소하거나 열에 의한 상태 변화를 일으켜 액체가 된 후 어떤 일정한 온도에서 발생된 가연성증기가 연소하는 형태, 즉 가연성고체에 열을 가하면 융해되어 여기서 생긴 액체가 기화되고 이로 인한 연소가 이루어지는 형태
    예 황이나 나프탈렌, 장뇌 등과 같은 승화성 물질 등
  ㉱ 내부(자기)연소 : 가연성고체 물질이 자체 내에 산소를 함유하고 있어 외부에서 열을 가하면 분해되어 가연성기체와 산소를 발생하게 되므로 공기 중의 산소를 필요로 하지 않고 그 자체의 산소에 의해 연소하는 형태
    예 질산에스테르류, 셀룰로이드류, 니트로화합물, 히드라진과 유도체 등과 같은 제5류 위험물 등

(5) 연소에 관한 물성

① 인화점(인화온도, Flash Point) : 가연물을 가열하면서 한쪽에서 점화원을 부여하여 발화온도보다 낮은 온도에서 연소가 일어나는데 이를 인화라고 하며, 인화가 일어나는 최저의 온도이다.

② 연소점(Fire Point) : 상온에서 액체 상태로 존재하는 액체 가연물의 연소 상태를 5초 이상 유지시키기 위한 온도로서 일반적으로 인화점보다 약 10℃ 정도 높은 온도이다.

③ 발화점(발화온도, 착화점, 착화온도, Ignition Point) : 자기 스스로 연소를 시작하는 최저의 온도로서 다른 곳에서 점화원을 부여하지 않고 가연물을 공기 또는 산소 중에서 가열함으로써 발화하는 최저의 온도이다(예 프라이팬에 기름을 붓고 가열한다. 시간이 흐른 후 기름에 불이 붙는다).

  ㉮ 발화점에 영향을 주는 인자

    ㉠ 가연성가스와 공기와의 혼합비

    ㉡ 발화가 생기는 공간의 형태와 크기

    ㉢ 가열온도와 지속시간

    ㉣ 용기 벽의 재질과 촉매

    ㉤ 점화원의 종류와 에너지 투입 방법

  ㉯ 발화점이 낮아지는 경우

    ㉠ 압력이 높을 때

    ㉡ 발열량이 클 때

    ㉢ 산소의 농도가 클 때

    ㉣ 산소와 친화력이 좋을 때

    ㉤ 증기압이 낮을 때

    ㉥ 습도가 낮을 때

    ㉦ 분자 구조가 복잡할 때

    ㉧ 반응활성도가 클수록

④ 최소착화에너지(최소점화에너지, 정전기방전에너지, MIE; Minimum Ignition Energy)

  ㉮ 최소착화에너지란, 가연성혼합가스에 전기적 스파크(전기 불꽃)로 점화 시 착화하기 위해 필요한 최소한의 에너지를 말한다.

  ㉯ 최소착화에너지가 적을수록 폭발하기 쉽고 위험하다.

  ㉰ 최소착화에너지는 온도, 압력, 농도의 영향을 받는다.

    ㉠ 온도가 상승사면 분자운동이 활발하여 최소착화에너지가 작아진다.

    ㉡ 압력이 상승하면 분자 간의 거리가 가까워지므로 최소착화에너지가 작아진다.

    ㉢ 농도가 높아지면 최소착화에너지는 작아진다.

㉣ 정전기방전 에너지(E)를 구하는 공식

$$E = \frac{1}{2}Q \cdot V = \frac{1}{2}C \cdot V^2$$

여기서, E : 정전기 에너지(J)
  C : 정전 용량(F)
  V : 전압(V)
  Q : 전기량(C)

⑤ 연소범위(연소한계, 폭발범위, 폭발한계, 가연범위, 가연한계)

㉮ 연소가 일어나는 데 필요한 공기 중의 가연성가스의 농도(vol%)를 말하며, 보통 1atm 상온(20℃)에서 측정한 측정치로 최고 농도를 상한(UFL), 최저 농도를 하한(LFL)이라 하며, 온도·압력·농도·불활성가스 등에 의해 영향을 받는다.

㉯ 반응열(연소열)의 발생속도와 일산속도와의 관계 : 연소범위가 발생하는 원인은 혼합가스(가연성가스와 공기와의 혼합물)의 연소 시 발생하는 반응열(연소열)의 발열속도(발생속도)와 일산속도(방열속도)와 밀접한 관계가 있다. 즉, 발열속도 (발생속도)가 방열속도(일산속도)보다 클 때의 혼합비율($C_1 \sim C_2$)에서만 연소가 일어난다.

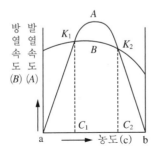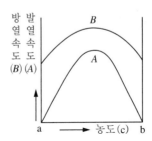

[가연성 혼합기의 발열속도와 방열속도의 변화 관계]

⑥ 위험도(H ; Hazards) : 위험도란 가연성 혼합가스의 연소 범위의 제한치를 나타내는 것으로서 위험도가 클수록 위험하다.

$$H = \frac{U-L}{L}$$

여기서, H : 위험도
  U : 연소상한치(UFL; Upper Flammability Limit)
  L : 연소하한치(LFL; Lower Flammability Limit)

예제 1

아세트알데히드의 위험도는?

> **풀이** 아세트알데히드의 연소범위가 4.1~57%이므로
>
> 위험도(H) $= \dfrac{57-4.1}{4.1} = 12.90$이다.

📌 12.90

예제 2

이황화탄소의 위험도는?

> **풀이** 이황화탄소의 연소범위가 1.2~44%이므로
>
> 위험도(H) $= \dfrac{44-1.2}{1.2} = 35.67$

📌 35.67

02 발화

(1) 자연발화

① 정의 : 가연성물질이 서서히 산화 또는 분해되면서 발생된 열에 의하여 비교적 적게 방산하는 상태에서 열이 축적됨으로써 물질 자체의 온도가 상승하여 발화점에 도달해 스스로 발화하는 현상을 말한다.

② 조건

　㉮ 표면적이 넓을 것

　㉯ 발열량이 많을 것

　㉰ 열전도율이 적을 것

　㉱ 발화되는 물질보다 주위 온도가 높을 것

③ 형태

분해열에 의한 발화	셀룰로이드류, 니트로셀룰로오스(질화면), 과산화수소, 염소산칼륨 등
산화열에 의한 발화	건성유, 원면, 석탄, 고무분말, 액체산소, 발연 질산 등
중합열에 의한 발화	시안화수소(HCN), 산화에틸렌(C_2H_4O), 염화비닐(CH_2CHCl), 부타디엔(C_4H_6) 등
중합열에 의한 발화	활성탄, 목탄 분말 등
미생물에 의한 발화	퇴비, 먼지 등

④ 영향을 주는 인자
  ㉮ 열의 축적
  ㉯ 열전도율
  ㉰ 퇴적 방법
  ㉱ 공기의 유동 상태
  ㉲ 발열량
  ㉳ 수분(건조 상태)
  ㉴ 촉매 물질

⑤ 방지법
  ㉮ 통풍이 잘 되게 할 것
  ㉯ 저장실의 온도를 낮출 것
  ㉰ 습도가 높은 것을 피할 것
  ㉱ 열의 축적을 방지할 것(퇴적 및 수납 시)

(2) 혼합발화

두 가지 또는 그 이상의 물질이 서로 혼합·접촉하였을 때 발열·발화하는 현상을 말한다.

03 폭발 이론

(1) 정의

정상적인 연소반응이 급격히 진행되어 열과 빛을 발하는 것 이외에 폭음과 충격 압력을 발생시켜 반응을 순간적으로 진행시키는 것을 말한다. 즉, 정상 연소에 비해 연소속도와 화염의 전파속도가 빠른 비정상 연소반응을 말한다.

① 폭발의 종류 : 폭발은 충격파의 전파속도에 따라 폭연과 폭굉으로 구분한다.

폭연(Deflagration)	충격파가 미반응 매질 속으로 음속보다 느리게 이동하는 현상
폭굉(Detonation)	충격파가 미반응 매질 속으로 음속보다 빠르게 이동하는 현상

② 화재(Fire)와 폭발(Explosion)의 차이점 : 에너지 방출속도의 차, 즉 화재는 에너지를 느리게 방출하고 폭발은 순간적으로 마이크로 초(Micro Sec) 차원으로 아주 빠르게 진행되는 것을 말한다.

(2) 폭발의 성립 조건

① 가연성가스, 증기 및 분진 등이 공기 또는 산소와 접촉·혼합되어 있을 때
② 혼합되어 있는 가스, 증기 및 분진 등이 어떤 구획되어 있는 방이나 용기 같은 것의 공간에 존재하고 있을 때
③ 그 혼합된 물질(가연성가스, 증기 및 분진+공기)의 일부에 점화원이 존재하고 그것이 매개가 되어 어떤 한도 이상의 에너지(활성화에너지)를 줄 때

(3) 분진 폭발

① 분진 폭발 : 고체의 미립자가 공기 중에서 착화 에너지를 얻어 폭발하는 현상이다.
  ㉮ 화재 측면에서는 최대 $1,000\mu m$ 이하의 입자 크기를 갖는 분체의 정의를 받아들이는 것이 편리하며, 분진이란 200BS mesh체를 통과하는 $76\mu m$ 이하의 입자로서 한정되고 있다.
  ㉯ 분진은 기체 중에 부유하는 미세한 고체 입자를 총칭하는 것으로, 입자상물질을 파쇄·선별·퇴적·이적·기타 기계적 처리 또는 연소·합성·분해 시 발생이 된다.
  ㉰ 가연성고체 분진이 공기 중에서 일정 농도 이상으로 부유하다 점화원을 만나면 폭발을 일으킨다. 특성은 가스 폭발과 비슷하다.
  ㉱ 공기 중의 산소와 반응하여 폭발하는 성질을 가지고 있는 물질을 대상으로 가능하며, 분진은 가연성의 고체를 세분화한 것으로 상당히 입자가 작다.
② 분진의 폭발성에 영향을 주는 인자
  ㉮ 분진의 화학적 성질과 조성
  ㉯ 분진의 입도 및 입도 분포
  ㉰ 분진의 부유성
  ㉱ 입자의 형성과 표준상태
③ 분진 폭발의 예방 대책
  ㉮ 작업장의 청소와 정비
  ㉯ 건물의 위치와 구조

ⓓ 공정 및 장치

ⓔ 금속분 제조공장의 예방

ⓕ 폭발벤트(폭발 방산공)

ⓖ 폭발 억제설비의 이용

ⓗ 불활성 물질의 이용

ⓘ 발화원의 제거

④ 분진 폭발 물질 : 마그네슘 분말, 알루미늄 분말, 황, 실리콘, 금속분, 석탄, 플라스틱, 담배 가루, 커피 분말, 설탕, 옥수수, 감자, 밀가루, 나뭇가루 등

⑤ 분진 폭발하지 않는 물질 : 시멘트 가루, 석회분, 염소산칼륨 가루, 모래, 염화아세틸(제4류 위험물) 등

⑥ 분진 상태일 때 위험성이 증가하는 이유

㉮ 유동성의 증가

㉯ 비열의 감소

㉰ 정전기 발생 위험성 증가

㉱ 표면적의 증가

⑦ 분진의 폭발범위

| 하한치 | 25~45mg/L |
| 상한치 | 80mg/L |

⑧ 분진운의 화염 전파 속도 : 100~300m/sec

⑨ 분진운의 착화 에너지 : $10^{-3} \sim 10^{-2}$ J

(4) 폭발의 종류

① 물리적 폭발(응상 폭발) : 폭발 이전의 물질 상태가 고체 또는 액체 상태의 폭발 형태

㉮ 고상 전이에 의한 폭발 : 고상 간의 전이열에 따른 공기가 팽창되어 일어나는 폭발

  예 무정형 안티몬이 결정형 안티몬으로 고상 전이할 때의 폭발

㉯ 증기 폭발(수증기 폭발) : 물, 유기 액체, 액화가스 등의 액체류가 과열 상태로 되었을 때 순간적으로 증기화 되어 일어나는 폭발

  예 포화 보일수의 폭발, 용융금속의 폭발, 초저온 액화가스 등의 급속 기화에 의한 폭발 등

㉰ 도선 폭발 : 금속 전선에 큰 전류를 흘려보냈을 때 금속의 급격한 변화에 의한 폭발

  예 알루미늄 도선 등에 큰 전류가 흐를 때의 폭발 등

㉱ 폭발성 화합물의 폭발 : 화합폭약의 제조, 가공, 반응공정에서 생긴 예민한 부산물이 반응조에 축적되어 일어나는 폭발

  예 TNT, MEKPO 등의 폭발 등

ⓜ 압력 폭발 : 과압이나 과충전으로 인하여 내부 압력이 이상 상승되어 일어나는 파열

　　예 고압 용기의 파열 폭발 등

② 화학적 폭발(기상폭발) : 폭발 이전의 물질 상태가 기체 상태로, 화학반응에 의해 아주 짧은 시간에 급격한 압력 상승을 수반할 때 압력의 급격한 방출로 인해 일어나는 폭발 형태

㉮ 산화폭발(혼합가스의 폭발) : 가연성물질과 공기, 산소, 염소 등의 산화제와 혼합하여 산화반응을 일으켜 착화 폭발하는 것

　　예 수소 폭명기에 의한 폭발, 염소 폭명기에 의한 폭발 등

㉯ 분해폭발 : 분해성가스 또는 자기분해성물질이 분해하여 착화·폭발하는 것

　　예 아세틸렌, 에틸렌가스 등의 분해에 의한 폭발

㉰ 중합폭발 : 중합하기 쉬운 물질이 급격한 중합반응을 일으켜 그때 생성되는 중합열에 의한 폭발

　　예 시안화수소, 부타디엔, 산화에틸렌, 염화비닐 등의 중합에 의한 폭발

㉱ 분진폭발 : 가연성고체의 미분 등이 어느 농도 이상 공기 중에 분산되어 있을 때 점화원에 의해 착화 폭발하는 것

폭연성 분진	공기 중 산소가 적은 분위기 또는 이산화탄소 중에서도 착화되어 부유 상태에서 심한 폭발을 발생하는 금속 분진 예 금속분(Mg, Al, Fe분 등)
가연성 분진	공기 중 산소와 발열반응을 일으키고 폭발하는 분진 예 소맥, 전분, 합성수지류, 황, 코코아, 리그닌, 석탄분, 고무 분말 등

(5) BLEVE[Boiling Liquid Expanding Vapor Explosion, 액화가스탱크의 폭발(비등 액체팽창증기 폭발)]

① 주변의 제트 화재(Jet Fire) 또는 풀 화재(Pool Fire)의 화염이 LPG 저장탱크를 가열할 경우에 탱크 속의 휘발성물질의 온도가 상승하여서 높은 증기압이 발생되며, 이로 인하여 안전밸브를 작동시킨다. 그리고 급격한 압력의 상승은 열화되기 쉬운 탱크의 기상부와 같은 가장 약한 부분으로부터 찢어져 폭발하는 BLEVE의 사고가 일어난다.

② 탱크 안에 있는 물질은 가열되어 있으므로 액상 성분은 폭발적으로 증발하고, 이에 불이 붙어 그림과 같은 화구(Fire Ball)를 이루며 상승한다.

③ 탱크 내부의 외각에 화염이 접촉되어도 어느 정도 평형을 유지하다가 탱크가 뚫어지면 기상부는 바로 대기압 가까이로 떨어지기 때문에 과열되어 있던 액체는 갑작스런 비등을 일으키며, 원래 체적의 약 200배 이상으로 팽창되면서 외부로 분출되어 급격히 기화하여서 대량의 증기운을 만든다. 이 팽창력은 탱크 파편을 멀리까지 비산시킨다. 이 현상은 액체가 비등하고, 증기가 팽창하면서 폭발을 일으키는 현상을 말한다.

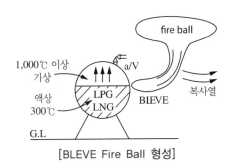

[BLEVE Fire Ball 형성]

BLEVE에 영향을 주는 인자	BLEVE가 일어나기 위한 조건
• 저장된 물질의 종류와 형태 • 저장용기의 재질 • 주위의 온도와 압력 상태 • 내용물의 인화성 및 독성 여부 • 내용물의 물리적 역학 상태	• 가연성가스 또는 액체가 밀폐계 내에 존재한다. • 화재 등의 원인으로 인하여 가연물이 비점 이상 가열되어야 한다. • 저장탱크의 기계적 강도 이상 압력이 형성되어야 한다. • 파열이나 균열 등에 의하여 내용물이 대기 중으로 방출되어야 한다.

(6) 탱크의 화재 현상

① 보일오버(Boil Over) : 원추형 탱크의 지붕판이 폭발에 의해 날아가고 화재가 확대될 때 저장된 연소 중인 기름에서 발생할 수 있는 현상으로, 기름의 표면부에서 장시간 조용히 타고 있는 동안 갑자기 탱크로부터 연소 중인 기름이 폭발적으로 분출되어 화재가 일시에 격화된다. 화재가 지속된 부유식 탱크나 지붕과 측판을 약하게 결합한 구조의 기름탱크에서도 일어난다.

② 슬롭오버(Slope Over) : 원유처럼 비점이 넓은 중질유가 연소하는 경우에는 하나의 비점을 가진 유류의 연소와 달리 연소 시 액체의 증류가 발생한다. 연소 시 표면 가까이의 뜨거운 중질 성분과 그 아래 차가운 경질 성분이 바뀌는 약 1시간 후 거의 균등한 온도 분포를 이루게 되며, 이때 탱크 내에 존재하던 수분이나 소화를 위해 투입된 소화용수가 뜨거운 액표면에 유입되면 유류 속의 수분과 투입된 소화용수가 급격히 증발하여 기름거품이 되고, 더욱 팽창하여 기름탱크 밖으로 내뿜어진다. 이처럼 탱크 상부로부터 기름이 넘쳐흐르는 현상

③ 프로스오버(Froth Over) : 보일오버 현상과 밀접한 관계를 가지고 있다. 원유·중유 등 고점도의 기름 속에서 수증기를 포함한 볼 형태의 물방울이 형성되는데, 이것은 고점도유로 싸여 있다. 이러한 액적이 생겨 탱크 밖으로 넘치는 현상이다.

④ 파이어볼(Fire Ball) : 대량으로 증발된 가연성액체가 갑자기 연소했을 때 커다란 구형의 불꽃을 발한다. 이 파이어볼의 생성 형태는 가연성 액화가스가 누출되어 지면

등으로부터 흡수된 열에 의해 급속히 기화한다. 결국 액화가스는 정상적으로 증발이
되어 확산되며, 개방 공간에서 증기운(Vapor Cloud)을 형성한다. 여기에 착화해서
연소한 결과 파이어볼을 형성한다. 대형 탱크 화재의 경우 화재의 열에 의해 유증기
를 순간적으로 다량 방출하여 예측하지도 못한 상태에서 폭발과 동시에 파이어볼을
형성하는 때가 많다.

⑤ 블레비(BLEVE; Boiling Liquid Expanding Vapor Explosion) : 비등 상태의 액화
가스가 기화하여 폭발하는 현상으로 파편이 중심에서 1,000m 이상까지 날아가며, 화
염 전파속도는 대략 250m/sec 전후이다.

 플래시오버(Flash Over)
화재가 구획된 방 안에서 발생하면 플래시오버가 발생한다. 그러면 수 초 안에 온도는 약 5배로
높아지고 산소가 급격히 감소되며, 일산화탄소가 치사량으로 발생하고 이산화탄소가 급격히 증가
한다.

(7) 폭발의 영향인자

① 온도

② 조성(폭발범위)

    ㉮ 폭굉범위(폭광한계) : 폭발범위 내에서도 특히 격렬한 폭굉을 생성하는 조성범위

    ㉯ 르샤틀리에(Le Chatelier)의 혼합가스 폭발범위를 구하는 식

$$\frac{100}{L} = \frac{V_1}{L_1} + \frac{V_2}{L_2} + \frac{V_3}{L_3} + \cdots\cdots$$

여기서, L : 혼합가스의 폭발한계치

       $L_1,\ L_2,\ L_3$: 각 성분의 단독 폭발한계치(vol%)

       $V_1,\ V_2,\ V_3$: 각 성분의 체적(vol%)

예제

메탄 60vol%, 에탄 30vol%, 프로판 10vol%로 혼합된 가스의 공기 중 폭발하한값은
약 몇 %인지 구하시오.

풀이 $\dfrac{100}{L} = \dfrac{V_1}{L_1} + \dfrac{V_2}{L_2} + \dfrac{V_3}{L_3}$, $\dfrac{100}{L} = \dfrac{60}{5} + \dfrac{30}{3} + \dfrac{10}{2.1}$

    ∴ $L = 3.27\%$

답 3.27%

③ 압력

④ 용기의 크기와 형태

(8) 연소파(Combusion Wave)와 폭굉파(Detonation Wave)

① 연소파 : 가연성가스와 공기를 혼합할 때 그 농도가 연소범위에 이르면 확산의 과정은 생략하고 전파속도가 매우 빠르게 되어 그 진행 속도가 대체로 0.1~10m/sec 정도의 속도로 연소가 진행하게 되는데, 이 영역을 연소파라 한다.

② 폭굉파 : 가연성가스와 공기의 혼합가스가 밀폐계 내에서 연소하여 폭발하는 경우 그때 발생한 연소열로 인해 폭발적으로 연소속도가 증가하여 그 속도가 1,00~3,400m/sec에 도달하면서 급격한 폭발을 일으키는데, 이 영역을 폭굉파라 한다.

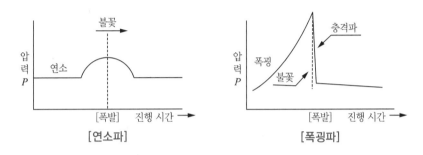

[연소파] [폭굉파]

(9) 폭굉유도거리(Detonation Induction Distance, DID)

관 중에 폭굉성가스가 존재할 경우 최초의 완만한 연소가 격렬한 폭굉으로 발전할 때까지의 거리이다. 일반적으로 짧아지는 경우는 다음과 같다.

① 정상 연소속도가 큰 혼합가스일수록

② 관 속에 방해물이 있거나 관 지름이 가늘수록

③ 압력이 높을수록

④ 점화원의 에너지가 강할수록

(10) 전기방폭구조의 종류

① 내압방폭구조 : 용기 내부에 폭발성가스의 폭발이 일어나는 경우에 용기가 폭발 압력에 견디고 또한 접합면 개구부를 통하여 외부의 폭발성 분위기에 착화되지 않도록 한 구조

② 유입방폭구조 : 전기 불꽃이 발생하는 부분을 기름 속에 잠기게 함으로써 기름면 위 또는 용기 외부에 존재하는 폭발성 분위기에 착화할 우려가 없도록 한 구조

③ 압력방폭구조 : 점화원이 될 우려가 있는 부분을 용기 안에 넣고 신선한 공기나 불활성기체를 용기 안으로 넣어 폭발성가스가 침입하는 것을 방지하는 구조

④ 안전증방폭구조 : 전기기기의 과도한 온도 상승, 아크 또는 스파크 발생의 위험을 방지하기 위해 추가적인 안전조치를 통한 안전도를 증가시킨 구조

⑤ 본질안전방폭구조 : 정상설계 및 단선, 단락, 지락 등 이상상태에서 전기회로에 발생한 전기 불꽃이 규정된 시험조건에서 소정의 시험가스에 점화하지 않고, 또한 고온에 의한 폭발성 분위기에 점화할 염려가 없게 한 구조

⑥ 특수방폭구조 : 모래를 삽입한 사입방폭구조와 밀폐방폭구조가 있으며, 폭발성가스의 인화를 방지할 수 있는 특수한 구조로서, 폭발성가스의 인화를 방지할 수 있는 것이 시험에 의하여 확인된 구조

(11) 위험장소의 등급 분류

① 0종 장소 : 상용 상태에서 가연성가스의 농도가 연속해서 폭발하는 한계 이상으로 되는 장소

② 1종 장소 : 상용상태에서 가연성가스가 체류하여 위험하게 될 우려가 있는 장소, 정비·보수 또는 누출 등으로 인해 종종 가연성가스가 체류하여 위험하게 될 우려가 있는 장소

③ 2종 장소

　㉮ 밀폐된 용기 또는 설비 내에 밀봉된 가연성가스가 그 용기 또는 설비의 사고로 인해 파손되거나 오조작의 경우에만 누출할 우려가 있는 장소

　㉯ 확실한 기계적 환기조치에 의하여 가연성가스가 체류하지 않도록 되어 있으나 환기장치에 이상이나 사고가 발생한 경우에는 가연성가스가 체류하여 위험하게 될 우려가 있는 장소

　㉰ 1종 장소의 주변 또는 인접한 실내에서 위험한 농도의 가연성가스가 종종 침입할 우려가 있는 장소

01 점화원의 종류를 4가지로 구분하시오.

정답

① 화학 열에너지원
② 전기 열에너지원
③ 기계 열에너지원
④ 원자력 열에너지원

해설

점화원(열에너지원, 열원, Heat Energy Sources) : 가연물을 연소시키는 데 필요한 에너지원으로서 연소반응에 필요한 활성화 에너지를 부여하는 물질이다.

화학 열에너지 (Chemical Heat Energy)	산화반응은 열을 발생하며 열의 근원 중 가장 중요하다. ① 연소열(Heat Combution) : 어떤 물질이 완전히 산화되는 과정에서 발생하는 열 ② 자연발열(Spontaneous Heating) : 어떤 물질이 외부로부터 열의 공급을 받지 아니하고 온도가 상승하는 현상 ③ 분해열(Heat of Decomposition) : 화합물이 분해할 경우 발생하는 열 ④ 용해열(Heat Solution) : 어떤 물질이 액체에 용해될 때 방출하는 열
전기 에너지 (Electrical Heat Energy)	도체에 전류가 흐를 때 또는 스파크가 공기 중으로 튀어나올 때 열이 발생이 된다. ① 저항열(Resistance Heating) : 도체에 전류가 흐르게 되면 원자구조 특성에 따라 전기저항 때문에 전기에너지의 일부가 열로 변화하며, 이때 발생하는 열량은 저항 및 전류의 제곱에 비례함 ② 유도열(Induction Heating) : 도체 주위에 자장이 존재하면 전위차가 발생되며, 이 전위차로 전류의 흐름이 생김. 또한 전류는 도체의 저항 때문에 열이 발생되며, 유도열을 이용한 형태의 하나로 고주파 전류가 흐르는 코일 내에서 가열시키는 방법이 있음 ③ 누전열(Leakage Current Heating) : 절연물질은 완전한 절연능력을 갖지 못하므로 절연물질에 전류가 흐르며, 이와 같은 전류를 누설전류라 함 ④ 아크열(Heat from Arcing) : 보통 전류가 흐르는 회로가 나이프스위치에 의하여 혹은 우발적인 접촉 혹은 접점이 느슨하여 전류가 끊길 때 발생하며, 아크의 온도는 매우 높기 때문에 거기서 방출된 열이 주위의 가연성 또는 인화성물질을 점화시킴 ⑤ 정전기열(Static Electricity Heating) : 정전기 또는 마찰전기(Static or Frictional Electricity)는 두 물질이 접촉을 하였다가 떨어질 때 그 물질 표면에 축적되는 전하를 말하며, 한쪽 표면에는 양의 전하가, 다른 한쪽에는 음의 전하가 모임 ⑥ 낙뢰에 의한 열(Heat or Generated by Lightening) : 낙뢰는 구름에 축적된 전하가 다른 구름이나 지상과 같은 반대 전하에 대한 방전현상
기계적 에너지 (Mechanical Heat Energy)	① 마찰열(Frictional Heat) : 두 물체를 마주대고 마찰시키면 열이 발생하는데 이는 운동에 대한 저항 때문으로, 이 경우 위험은 기계적 에너지 중 어느 정도의 양이 열로 변하느냐 하는 것과 열이 발생하는 속도에 달려 있음 ② 마찰스파크(Friction Spark) : 금속 물체와 다른 고체 물체가 충동하여서 스파크가 일어나서 불이 일어나는 경우 ③ 압축열(Heat of Compression) : 기체를 급히 압축하면 열이 발생함

원자력 에너지	원자의 핵으로부터 나오는 에너지로 원자핵에 에너지의 입자를 충돌시키면 막대한 에너지가 방출이 되는데, 이때 발생하는 에너지는 열·압력·방사능 등의 형태로 나온다. 원자핵이 쪼개져 에너지를 방출하는 것은 핵분열이라 하고, 두 개의 원자핵이 융합하면서 에너지를 방출하는 것은 핵융합이라고 함

02 정전기 발생 우려가 있는 액체위험물이다. 다음 물음에 답하시오.

① 정전기 정의란 무엇인가?
② 정전기 제거 방법 3가지를 쓰시오.
③ 축적 방지법 2가지를 쓰시오.

정답

① 대전이란, 고유저항이 큰 물질이 서로 마찰하는 등의 원인으로 발생한 전하가 물체에 축적되는 현상이다. 대전에는 접촉마찰대전, 박리대전, 액체 유동에 의한 대전, 불출가스에 의한 대전, 분체의 충돌에 의한 대전 등이 있다.
② • 접지에 의한 방법
　• 공기 중의 상대 습도를 70% 이상으로 하는 방법
　• 공기를 이온화하는 방법
③ • 접지전극 설치
　• 부도체의 전도성 부여(도체 사용)

해설

액체위험물 취급 시 발생할 수 있는 대표적인 정전기의 종류 2가지
① 마찰대전　　　　② 유동대전

03 DIP PIPE의 설치 목적은?

정답

정전기 제거를 목적으로 한다.

해설

■ 정전기
서로 다른 두 물체를 마찰시키면 그 물체는 전기를 띠게 되는데, 이것은 마찰전기의 정적인 전기적 현상을 말한다.

정전기의 발생 요인	• 물질의 특성 • 물질의 표면 상태 • 물질의 이력 • 접촉면과 압력 • 분리 속도

04 석유공장에서는 위험물질 취급 시 정전기에 의한 사고의 위험성이 높다. 액체위험물 취급 시 발생할 수 있는 유동대전현상이 무엇인지 설명하시오.

정답

액체류의 위험물이 파이프 등 내부에서 유동할 때 액체와 관벽 사이에 정전기가 발생하는 현상

해설

■ 정전기 대전의 종류

유동대전	액체류의 위험물이 파이프 등 내부에서 유동할 때 액체와 관벽 사이에 정전기가 발생하는 현상
마찰대전	두 물체 사이의 마찰이나 접촉 위치의 이동으로 전하의 분리 및 재배열이 일어나서 정전기가 발생하는 현상
분출대전	분체류, 액체류, 기체류가 단면적이 작은 분출구에서 분출할 때 마찰이 일어나서 정전기가 발생하는 현상
박리대전	상호 밀착해 있는 물체가 떨어질 때 전하의 분리가 일어나 정전기가 발생하는 현상
충돌대전	분체류에 의한 입자끼리 또는 입자와 고체와의 충돌에 의하여 발생하는 현상
유도대전	대전 물체의 부근에 전열된 도체가 있을 때 정전유도를 받아 전하의 분포가 불균일하게 되어 대전한 것과 등가로 되는 현상
파괴대전	고체나 분체류와 같은 물질이 파손 시 전하분리로부터 발생된 현상
진동대전	액체류가 이송이나 교반될 때 정전기가 발생하는 현상

05 연소점의 정의를 쓰시오.

정답

상온에서 액체 상태로 존재하는 액체가연물의 연소 상태를 5초 이상 유지시키기 위한 최저온도로서 일반적으로 인화점보다 약 10℃ 정도 높은 온도이다.

해설

연소점(Fire Point)은 물질에 따라서 큰 차이를 보인다. 가연성가스가 개방된 용기에서 증기를 계속 발생하여 연소를 5초 이상 지속시키기 위한 최저의 온도이며, 이때의 온도는 인화점보다 약 10℃ 정도 높다.

06 리프팅의 정의를 쓰시오.

정답

불꽃이 버너의 노즐에서 떨어져 나가서 연소하는 현상으로 완전연소가 이루어지지 않으며, 역화의 반대 현상이다.

해설

■ 리프팅의 발생 원인
연소 시 가스의 분출속도가 연소속도보다 빠를 때

07 전기불꽃 에너지를 구하는 식을 쓰시오.

> **정답**

$E = \dfrac{1}{2} CV^2 = \dfrac{1}{2} QV$ (E : 에너지, C : 전기용량, V : 방전전압, Q : 전기량)

> **해설**

전기불꽃 에너지는 가연성가스 및 공기와의 혼합가스에 착화원으로 점화 시 발화하기 위하여 필요한 착화원을 갖는 에너지이다.

08 위험물의 위험도를 설명하시오[단, H : 위험도, U : 폭발상한치(%), L = 폭발하한치(%)].

> **정답**

$H = \dfrac{U-L}{L}$

> **해설**

공기 또는 산소와 더불어 가연성 혼합물을 형성하는 가스 또는 증기들은 공기 또는 산소 내에서 점화원을 접촉시켜도 불꽃을 형성시키지 않는 최소증기농도 및 최대증기농도를 갖게 된다. 이를 연소하한값(LFL; Lower Flammability Limit)과 연소상한값(UFL; Upper Flammability Limit)이라 한다. 여기서 H는 물질의 위험성을 가늠하는 척도 중의 하나로 H값이 높을수록 위험성은 증가하게 된다.

09 무색투명한 액체로서 분자량이 114, 비중이 0.83인 제3류 위험물과 물이 접촉 시 발생되는 기체의 위험도를 구하시오.

> **정답**

발생기체는 C_2H_6이다.
- C_2H_6의 폭발범위 : 3.0~12.5%

$H = \dfrac{U-L}{L} = \dfrac{12.5-3.0}{3.0} = 3.17$

> **해설**

물과 접촉하면 폭발적으로 C_2H_6을 생성하고, 이때 발열·폭발에 이른다.
- $(C_2H_5)_3Al + 3H_2O \rightarrow Al(OH)_3 + 3C_2H_6 \uparrow + 발열$
- C_2H_6는 순간적으로 발생하고 반응열에 의해 연소한다.

10 다음의 위험도를 구하시오.

> ① 아세트알데히드   ② 이황화탄소

정답

① 아세트알데히드는 연소범위가 4.1~57%이므로, 위험도$(H) = \dfrac{57 - 4.1}{4.1} = 12.90$

② 이황화탄소는 연소범위가 1.2~44%이므로, 위험도$(H) = \dfrac{44 - 1.2}{1.2} = 35.67$

위험도(H ; Hazards) : 가연성 혼합가스의 연소범위의 제한치를 나타내는 것으로써 위험도가 클수록 위험하다.

$H = \dfrac{U - L}{L}$ (여기서, H : 위험도, U : 연소상한치, L : 연소하한치)

11 다음의 위험도를 구하시오.

> ① 디에틸에테르   ② 아세톤

정답

① 디에틸에테르는 연소범위가 1.9~48%이므로, 위험도$(H) = \dfrac{48 - 1.9}{1.9} = 24.26$

② 아세톤은 연소범위가 2.5~12.8%이므로, 위험도$(H) = \dfrac{12.8 - 2.5}{2.5} = 4.12$

12 자연발화를 일으키는 인자를 쓰시오.

정답

① 열의 축적, ② 열전도율, ③ 퇴적방법, ④ 공기의 유동상태, ⑤ 발열량, ⑥ 수분

해설

인위적으로 외부에서 점화에너지를 부여하지 않아도 상온에서 공기 중 화학변화를 일으켜 오랜 시간에 걸쳐서 열의 축적이 생겨 발화하는 현상이다. 즉, 상온의 공기 중에서 가스물질이 스스로 발화하기 위해서는 자체적으로 발생하는 열의 발생과 열의 축적이 이루어져야 자연발화가 일어날 수 있다.
① 열의 축적은 열전도율, 퇴적방법, 증기의 유동 상태가 있다.
② 열전도율은 보온효과가 좋게 되지 위해서는 열이 축적되기 쉬운 분말상·섬유상의 물질이 열전도율이 적은 공기를 많이 포함하므로 열이 축적되기 쉽다.
③ 퇴적 방법은 공기 중 노출되거나 얇은 상태의 물질보다는 여러 겹의 중첩 상황이나 분말상이 좋다. 대량 집적물의 중심부는 표면보다 단열성, 보온성이 좋아져 자연발화가 쉬워진다.
④ 공기의 유동 상태는 열의 축적에 많은 영향을 주며, 통풍이 잘 되는 장소에서는 열의 축적이 곤란하므로 자연발화하기 어렵다.

⑤ 발열량이 클수록 열의 축적이 잘 이루어지는데, 발열량이 크다 하더라도 반응속도가 느리면 축적열은 작게 된다.

⑥ 적당량의 수분이 존재하면 수분이 촉매역할을 하여서 반응속도가 가속화되는 경우가 많다. 그러므로 고온 다습한 환경의 경우가 자연발화를 촉진시키며, 저온·건조한 경우에는 자연발화가 일어나지 않는다.

13 가스폭발은 대단히 위험하며, 사고 시 대형사고를 유발한다. 메커니즘을 구분하여 서술하시오.

정답

① 열적 메커니즘 : 가스 온도가 반응에 의하여 상승하여 반응속도가 스스로 가속되어 폭굉에 이르는 것
② 곁사슬 메커니즘 : 반응성 자유 라디칼이나 중심이 기초 반응에 의하여 수직으로 급격히 증가하여 폭굉을 일으키는 것

해설

■ **가스폭발**

(1) 가스폭발은 폭발사고의 대부분을 차지한다. 가연성가스와 지연성가스와의 혼합기체가 존재할 때에 항상 폭발이 발생하는 것이 아니고, 다음 두 가지 조건이 동시에 만족할 때 발생한다.

① 조성(농도) 조건인 혼합기체 중에 가연성가스의 농도가 어떤 농도 범위 내에 있는 것이 필요하다.

② 발화원의 존재(에너지 조건)란 가연성 혼합기체는 그 상태로서는 폭발하지 않고 여기에 어떤 외부 에너지가 주어지면 그 부분에 연소반응이 개시되어 화염이 발생하며, 미연소의 혼합기체 중을 전파하여 간다. 이때에 가해지는 에너지를 가연성 혼합기체의 전체를 가열하는 에너지 척도로 온도가 사용되어 발화온도로서 표시된다.

(2) 가연성가스가 폭발을 일으키기 위해서는 심각한 정도의 초기 압력이나 충격파를 생성시키기 위해 아주 작은 부피 내에서 짧은 시간에 에너지를 방출한다. 이것을 폭발 메커니즘이라 한다.

14 분진폭발의 강도를 나타내는 Bartknecht의 3승 법칙을 설명하시오.

정답

■ **분진폭발(Bartknecht) 3승 법칙**

폭연지수(폭연상수 : Kst)란 밀폐계 폭발의 폭발 특성을 나타내는 함수로서, 최대압력상승 속도와 용기 부피와는 일정한 관계가 성립한다. 이것은 Cubic-root법 또는 큐빅(Cubic)의 3승근 법칙이라 한다.

해설

■ **분진의 종류**

폭연성 분진	공기 중 산소가 적은 분위기 또는 이산화탄소 중에서도 착화하고, 부유 상태에서도 심한 폭발을 발생하는 금속분진을 말한다. 알루미늄, 마그네슘 등이 있다.
가연성 분진	공기 중 산소와 발열반응을 일으키며, 폭발하는 분진으로 소맥·전분·합성수지·비전도성 카본 블랙 등이 있다.

15 분진폭발의 메커니즘 4단계를 순서대로 쓰시오.

정답

① 입자 표면에 열에너지가 부여되어 표면 온도가 상승한다.
② 입자 표면의 분자가 열분해 또는 건류 작용으로 기체가 되어 입자 주위로 방출된다.
③ 이 기체가 공기와 혼합하여 폭발성 혼합기를 만들고 발화하여 화염이 생긴다.
④ 이 화염에 의해 생긴 열은 분말의 분해를 더욱 촉진시켜 차례로 기상의 가연성기체가 방출되어 공기와 혼합하여 발화 전파된다.

해설

분진폭발은 가스폭발이나 화약의 폭발과는 달리 발화에 필요한 에너지가 훨씬 크다. 분진폭발의 메커니즘과 변수로는
① 화학조성, ② 활성화에너지(점화에너지), ③ 연소열, ④ 입자의 분리, ⑤ 입자의 크기와 모양, ⑥ 입자의 표면적, ⑦ 수분함량, ⑧ 산소의 농도, ⑨ 난류의 정도

16 가스폭발 중 BLEVE(액체증기운폭발)현상이 발생하지 않도록 예방대책을 4가지 부문으로 분류하여 쓰시오.

정답

① 방유제를 경사지게 하여 집액부에 화재가 발생하였을 때 화염이 직접 탱크에 접하지 않도록 한다.
② 용기 내의 압력상승방지를 위한 감압시스템에 의한 압력을 대기압 근처로 내려준다.
③ 화염으로부터 탱크로의 입열을 억제한다.
　　㉠ 탱크 외벽의 단열조치
　　㉡ 탱크의 지하시설
　　㉢ 탱크 표면에(소화전이나 고정 물분무 설비) 냉각수 살수장치의 설치
　　㉣ 계속되는 화염차단의 목적으로 내용무르이 긴급 이송 조치
④ 폭발방지장치를 설치한다.
　　액상과 기상 부분의 열전도도가 좋은 물질을 설치(알루미늄 합금박판)

해설

■ 액화가스탱크의 폭발 또는 비등액체팽창증기 폭발(BLEVE)

BLEVE에 영향을 주는 인자	BLEVE가 일어나기 위한 조건
• 저장된 물질의 종류와 형태 • 저장용기의 재질 • 주위의 온도와 압력 상태 • 내용물의 인화성 및 독성 여부 • 내용물의 물리적 역학 상태	• 가연성가스 또는 액체가 밀폐계 내에 존재한다. • 화재 등의 원인으로 인하여 가연물이 비점 이상 가열되어야 한다. • 저장탱크의 기계적 강도 이상 압력이 형성되어야 한다. • 파열이나 균열 등에 의하여 내용물이 대기 중으로 방출되어야 한다.

17 유류탱크에서 발생하는 보일오버 및 슬롭오버를 설명하시오.

> **정답**

① 보일오버 : 연소열에 의한 탱크 내부 수분층의 이상팽창층 윗부분의 기름이 급격히 넘쳐 나오는 현상
② 슬롭오버 : 중유는 인화점이 높기 때문에 한번 연소하기 시작하면 액온이 높아지므로 주수소화를 하면
   수분이 비등증발하여 소화하기가 힘들어지는 현상

> **해설**

▪ **블레비(BLEVE) 현상**
가연성 액화가스의 탱크 주위에서 화재가 발생한 경우에 탱크의 가열로 인하여 그 부분의 강도가 약해져 탱크
가 과열됨으로써 가열된 액화가스가 급속히 팽창하면서 폭발하는 현상

18 다음 혼합위험물의 폭발범위를 구하시오.

에테르(1.9~48%) 에틸알코올(4~19%)의 혼합물이 80%와 20%로 혼합되어 있다.

> **정답**

$$\frac{100}{L} = \frac{V_1}{L_1} + \frac{V_2}{L_2}$$

• 연소하한값 $\dfrac{100}{L} = \dfrac{80}{1.9} + \dfrac{20}{4.0} = 47.105$

  ∴ $L = 2.12$

• 연소상한값 $\dfrac{100}{L} = \dfrac{80}{48} + \dfrac{20}{19} = 2.7192$

  ∴ $L = 36.77$

따라서 연소범위는 2.12~36.77이다.

> **해설**

▪ **폭발범위(연소범위, 폭발한계, 연소한계)**
폭발 또는 연소가 일어나는 데 필요한 가연성가스의 농도범위이다.

19 메탄 60vol%, 에탄 30vol%, 프로판 10vol%로 혼합된 가스의 공기 중 폭발하한값은 약 몇
%인지 구하시오.

> **정답**

$$\frac{100}{L} = \frac{V_1}{L_1} + \frac{V_2}{L_2} + \frac{V_3}{L_3} \qquad \frac{100}{L} = \frac{60}{5} + \frac{30}{3} + \frac{10}{2.1}$$

∴ $L = 3.74\%$

해설

물 질	폭발범위
CH_4	5~15%
C_2H_6	3~12.4%
C_3H_8	2.1~9.5%

20 안전간극을 설명하시오.

정답

2개의 평형 금속편의 틈 사이로 화염이 전달되는가의 여부를 측정하여, 화염이 전달되지 않는 한계의 틈 사이를 말하며, 안전간극이 작은 가스일수록 폭발하기 쉽다.

해설

(1) 안전간격

8L의 구형 용기 안에 폭발성 혼합 가스를 채우고 점화시켜 발생된 화염이 용기 외부의 폭발성 혼합가스에 전달되는가의 여부를 측정하였을 때 화염을 전달시킬 수 없는 한계의 틈 사이를 말한다. 안전 간격이 작은 가스일수록 위험하며, 그 간격에 따라 구분한다.

(2) 안전 간격에 따른 폭발등급

① 폭발 1등급(안전 간격이 0.6mm 이상)

　예 메탄, 에탄, 프로판, $n-$부탄, 가솔린, 일산화탄소, 암모니아, 아세톤, 벤젠, 에틸에테르

② 폭발 2등급(안전 간격이 0.6~0.4mm)

　예 에틸렌, 석탄가스

③ 폭발 3등급(안전 간격이 0.4mm 이하)

　예 수소, 아세틸렌, 이황화탄소, 수성가스

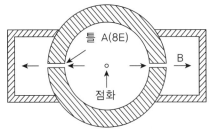

안전간격 측정방법 약도
(틈 사이는 8개의 블록 게이지를 끼워 조정. 게이지 쪽은 100mm,
길이는 30mm, 틈 사이의 깊이는 25mm로 내부의 A의 화염이 틈
사이를 통하여 외부로의 이동 여부를 압력계 또는 들창으로 본다)

※ 폭발등급은 같은 가스라도 공기와의 혼합비율이 다르면 안전 간격이 달라지므로, 가장 발화가 쉬운 조성의 경우에 한한 것이다.

21 폭굉유도거리가 짧아지는 경우를 4가지 쓰시오.

> **정답**

① 정상연소속도가 큰 혼합가스일수록
② 관 속에 방해물이 있거나 관경이 가늘수록
③ 압력이 높을수록
④ 점화원의 에너지가 강할수록

> **해설**

■ 폭굉
폭발범위 내 어떤 농도상태에서 반응속도가 급격히 증대하여 음속을 초과하는 경우
① 충격파동이 큰 파괴력을 갖는 압축파를 형성하며, 더욱이 음속 이하의 반응속도에도 상당히 큰 힘이 파괴력을 갖는다.
② 음속의 4~8배 정도의 고속충격파가 형성되며, 가연성가스와 공기가 혼합하는 경우에는 넓은 공간에서는 좀처럼 발생되지 않지만 길이가 긴 배관 등에서는 발생한다. 반응충격파를 형성하는 전파반응이다. 그 반응의 속도는 반응물에서는 음속을 초과한다.

22 사이펀 퍼지법을 설명하시오.

> **정답**

용기에 물 등의 액체를 채운 다음, 용기로부터 액체를 배출시킴과 동시에 inerting 가스를 주입하여 산소농도를 낮추는 방법이다.

23 방폭구조의 종류를 쓰시오.

> **정답**

① 내압방폭구조, ② 유입방폭구조, ③ 압력방폭구조, ④ 안전증방폭구조, ⑤ 본질안전방폭구조, ⑥ 특수방폭구조

> **해설**

① 내압방폭구조 : 용기 내부에 폭발성가스의 폭발이 일어나는 경우에 용기가 폭발 압력에 견디고 또한 접합면 개구부를 통하여 외부의 폭발성 분위기에 착화되지 않도록 한 구조
② 유입방폭구조 : 전기 불꽃이 발생하는 부분을 기름 속에 잠기게 함으로써 기름면 위 또는 용기 외부에 존재하는 폭발성 분위기에 착화할 우려가 없도록 한 구조
③ 압력방폭구조 : 점화원이 될 우려가 있는 부분을 용기 안에 넣고 신선한 공기나 불활성기체를 용기 안으로 넣어 폭발성가스가 침입하는 것을 방지하는 구조
④ 안전증방폭구조 : 정상상태에서 폭발성 분위기의 전화원이 되는 전기불꽃 및 고온부 등이 발생하지 않는 전기기기에 대하여 이들이 발생할 염려가 없도록 전기·기계적 또는 구조적으로 안전도를 증강시킨 구조로서, 특히 온도상승에 대한 안전도를 증강시킨 구조

⑤ 본질안전방폭구조 : 정상설계 및 단선, 단락, 지락 등 이상상태에서 전기회로에 발생한 전기 불꽃이 규정된 시험조건에서 소정의 시험가스에 점화하지 않고, 또한 고온에 의한 폭발성 분위기에 점화할 염려가 없게 한 구조

⑥ 특수방폭구조 : 모래를 삽입한 사입방폭구조와 밀폐방폭구조가 있으며, 폭발성가스의 인화를 방지할 수 있는 특수한 구조로서, 폭발성가스의 인화를 방지할 수 있는 것이 시험에 의하여 확인된 구조

02 소화방법

01 화재 이론

(1) 화재(Fire)의 정의

인명 및 재산상에 피해를 주기 때문에 소화할 필요성이 있는 연소현상, 즉 가연성물질이 사람의 의도에 반하여 연소함으로써 손실을 발생시키는 것을 말한다.

(2) 화재의 종류

화재의 크기, 대상물의 종류, 원인, 발생시기, 가연물질의 종류 등 각각의 주관적인 판단에 따라 구분할 수 있다. 일반적인 분류로서 연소의 3요소 중 하나인 가연물질의 종류에 따라 A, B, C, D급 화재로 분류한다.

[화재 구분]

화재별 급수	가연물의 종류
A급 화재	목재, 종이, 섬유류 등 일반 가연물
B급 화재	유류(가연성액체 포함)
C급 화재	전 기
D급 화재	금 속

① A급 화재(일반 가연물의 화재 - 백색) : 다량의 물 또는 수용액으로 화재를 소화할 때 냉각효과가 가장 큰 소화 역할을 할 수 있는 것으로, 연소 후 재를 남기는 화재
  예 종이, 섬유, 목재, 합성수지류 등의 화재
② B급 화재(유류 화재 - 황색) : 유류와 같이 연소 후 아무 것도 남기지 않는 화재
  예 위험물안전관리법상 제4류 위험물과 특수가연물의 화재 등
③ C급 화재(전기 화재 - 청색) : 전기에 의한 발열체가 발화원이 되는 화재
  예 전기합선, 과전류, 지락, 누전, 정전기 불꽃, 전기 불꽃 등에 의한 화재
④ D급 화재(금속 화재) : 가연성 금속류의 화재
  예 위험물안전관리법상 제3류 위험물과 제2류 위험물 중 금속분

02 소화 이론

(1) 소화방법

① 물리적 소화방법

㉮ 화재를 물 등 소화약제로 냉각시키는 방법

㉯ 혼합기의 조성 변화에 의한 방법

㉰ 유전 화재를 강풍으로 불어 소화하는 방법

㉱ 기타의 작용에 의한 소화방법

② 화학적 소화방법 : 가연성물질의 화재 시 화학적으로 제조된 화학 소화약제를 이용하여 화재를 소화시키는 방법

(2) 소화 원리

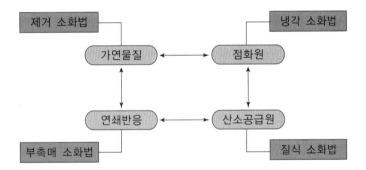

(3) 소화방법의 종류

① 제거소화 : 연소의 3요소나 4요소를 구성하는 가연물을 연소구역으로부터 제거함으로써 화재의 확산을 저지하는 소화방법, 즉 화재로부터 연소물(가연물)을 제거하는 방법으로 가장 확실한 방법이 될 수도 있으며, 가장 원시적인 소화방법이다. 제거소화의 종류는 다음과 같다.

㉮ 액체연료탱크에서 화재가 발생한 경우 다른 빈 연료탱크로 펌프 등을 이용하여 연료를 이송하는 방법

㉯ 배관이나 부품 등이 파손되어 발생한 가스 화재의 경우 가스가 분출하지 않도록 가스공급밸브를 차단하는 방법

㉰ 산림 화재 시 불이 진행하는 방향을 앞질러 벌목하여 진화하는 방법

㉱ 인화성액체 저장탱크에 있어서 저장온도가 인화점보다 낮거나 빈 탱크로 이송할 수 없는 경우 차가운 아랫부분의 액체를 뜨거운 윗부분의 액체와 교체될 수 있도록 교반함으로써 증기의 발생을 억제시키는 방법

⑰ 목재 물질의 표면에 방염성이 있는 메타인산 등으로 코팅하는 방법
② 질식소화 : 가연물이 연소하기 위해서는 산소가 필요한데 산소를 공급하는 산소공급
원(공기 또는 산화제 등)을 연소계로부터 차단시켜 연소에 필요한 산소의 양을 16%
이하로 함으로써 연소의 진행을 억제시켜 소화하는 방법으로 산소농도는 10~15% 이
하이다.

무거운 불연성기체로 가연물을 덮는 방법	CO_2, 할로겐화합물 등
불연성거품(Foam)으로 연소물을 덮는 방법	화학포, 기계포 등
고체로 가연물을 덮는 방법	건조사, 가마니, 분말 등
연소실을 완전 밀폐하고 소화하는 방법	CO_2, 할로겐화합물 등의 고정포소화설비 등

③ 냉각소화 : 연소의 3요소나 4요소를 구성하고 있는 활성화에너지(점화원)를 물 등을
사용하여 냉각시킴으로써 가연물을 발화점(착화점) 이하의 온도로 낮추어 연소의 진
행을 막는 소화방법

액체를 이용하는 방법	물이나 그 밖의 액체의 증발잠열을 이용하여 소화하는 방법
고체를 이용하는 방법	튀김냄비 등의 기름에 인화되었을 때 싱싱한 야채 등을 넣어 기름의 온도를 내림으로써 냉각하는 방법

④ 희석소화 : 가연성가스의 산소농도, 가연물의 조성을 연소한계점 이하로 소화하는 방법
㉮ 공기 중의 산소농도를 CO_2 가스로 희석하는 방법
㉯ 수용성의 가연성액체를 물로 묽게 희석하는 방법
⑤ 부촉매소화(억제소화, 화학소화) : 불꽃연소의 4요소 중 하나인 가연물의 순조로운
연쇄반응이 진행되지 않도록 연소반응의 억제제인 부촉매 소화약제(할로겐계 소화약
제)를 이용하여 소화하는 방법

 할로겐계화합물의 부촉매효과의 크기
I(요오드, 옥소) > F(불소) > Br(브롬, 취소) > Cl(염소)

(1) 소화기의 성상

① 포말소화기(포소화기)

　㉮ 화학포소화기

　　㉠ A제(중조, 중탄산나트륨, $NaHCO_3$)와 B제[황산알루미늄, $Al_2(SO_4)_3$]의 화학반응에 의해 생성된 포(CO_2)에 의해 소화하는 소화기

　　㉡ 화학반응식

$$6NaHCO_3 + Al_2(SO4)_3 + 18H_2O \ \longrightarrow \ 3Na_2SO_4 + 2Al(OH)_3 + 6CO_2\uparrow + 18H_2O$$
$$\text{(질식)} \qquad \text{(냉각)}$$

　　　ⓐ A제(외통제) : 중조($NaHCO_3$)

　　　ⓑ B제(내통제) : 황산알루미늄[$Al_2(SO_4)_3$]

　　　ⓒ 기포 안정제 : 가수분해단백질, 젤라틴, 카제인, 사포닝, 계면활성제 등

　　㉢ 용도 : A, B급 화재

　　㉣ 종류 : 보통 전도식, 내통 밀폐식, 내통 밀봉식

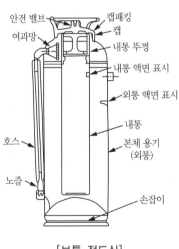

[보통 전도식]

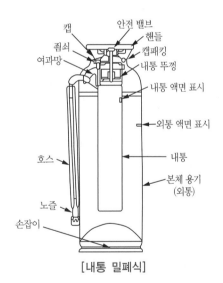

[내통 밀폐식]

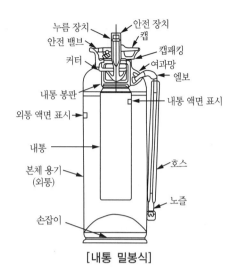

[내통 밀봉식]

④ 기계 포(Air Foam) 소화기

　㉠ 정의 : 소화 원액과 물을 일정량 혼합한 후 발포장치에 의해 거품을 방출하는 소화기

　　ⓐ 소화 원액 : 가수분해단백질, 계면활성제, 일정량의 물

　　ⓑ 포핵(거품 속의 가스) : 공기

　㉡ 발포배율(팽창비) $= \dfrac{\text{내용적(용량)}}{\text{전체 중량} - \text{빈 시료 용기의 중량}}$

　㉢ 포소화약제의 종류

저팽창포소화약제	팽창비가 20 이하 예 단백포, 불화단백포, 수성막포소화약제
고팽창포소화약제	팽창비가 80 이상 1,000 미만 예 합성계면활성제포소화약제
특수포소화약제	알코올 같은 수용성 화재에 사용하는 소화약제 예 내알코올형포소화약제

　㉣ 용도 : 일반 가연물의 화재, 유류 화재 등

TIP **기계포(공기포)소화약제의 종류**

1. 단백포소화약제(Protein Foam) : 동·식물성 단백질을 가수분해한 것을 주원료로 하는 소화약제이다.
2. 불화단백포소화약제(Fluoro Protein Foam) : 단백포소화약제의 소화성능을 향상시키기 위하여 불소계통의 계면활성제를 소량 첨가한 약제이다.
3. 수성막포소화약제(Aqueous Film Forming Foam) : 일명 Light Water라 하며, 소화효과를 증대시키기 위하여 분말소화약제와 병용하여 사용한다. 합성계면활성제를 주원료로 하는 포소화약제 중 기름 표면에서 수성막을 형성하는 소화약제이다.

　　⒟ 포(Foam)의 성질로서 구비하여야 할 조건

　　　㉠ 화재면과 부착성이 있을 것

　　　㉡ 열에 대한 강한 막을 가지며, 유동성이 있을 것

　　　㉢ 바람 등에 견디고 응집성과 안정성이 있을 것

② 분말소화기

　㉮ 정의 : 소화약제로 고체의 미세한 분말을 이용하는 소화기로, 분말은 자체압이 없기 때문에 가압원(N_2, CO_2 가스 등)이 필요하며, 소화분말의 방습표면처리제로 금속비누(스테아린산 아연, 스테아린산 알루미늄 등)를 사용한다.

　㉯ 종류

　　㉠ 제1종 분말(Dry Chemicals) : 탄산수소나트륨($NaHCO_3$)은 특수 가공한 중조의 분말을 넣어서 방사용으로 축압한 질소, 탄산가스 등의 불연성가스를 봉입한 봄베를 개봉하여 약제를 방사한다. 흰색 분말이며 B, C급 화재에 좋다.

　　　ⓐ 270℃에서 반응 : $2NaHCO_3 \xrightarrow{\Delta} Na_2CO_3 + \underset{\text{질식}}{CO_2} + \underset{\text{냉각}}{H_2O} - 19.9kal$(흡열반응)

　　　ⓑ 850℃ 이상에서 반응 : $2NaHCO_3 \rightarrow Na_2O + 2CO_2 + H_2O - Q(kcal)$

　　㉡ 제2종 분말 : 탄산수소칼륨($KHCO_3$)은 제1종 분말보다 2배의 소화효과가 있다. 보라색(담회색) 분말이며 B, C급 화재에 좋다.

　　　ⓐ 190℃에서 반응 : $2KHCO_3 \xrightarrow{\Delta} K_2CO_3 + \underset{\text{질식}}{CO_2} + \underset{\text{냉각}}{H_2O}$

　　　ⓑ 590℃에서 반응 : $2KHCO_3 \rightarrow K_2O + 2CO_2 + H_2O - Q(kcal)$

　　㉢ 제3종 분말 : 인산암모늄($NH_4H_2PO_4$)은 광범위하게 사용하며, 담홍색(핑크색) 분말이고 A, B, C급 화재에 좋다.

　　　ⓐ 166℃에서 반응 : $NH_4H_2PO_4 \rightarrow H_3PO_4 + NH_3$

　　　ⓑ 360℃에서 반응 : $NH_4H_2PO_4 \xrightarrow{\Delta} \underset{\text{질식}}{HPO_3} + NH_3 + \underset{\text{냉각}}{H_2O}$

　　　인산암모늄은 190℃에서 오르소인산, 215℃에서 피로인산, 300℃ 이상에서 메탄인산으로 열분해된다.

ⓐ 190℃ : $NH_4H_2PO_4 \longrightarrow H_3PO_4 + NH_3$

ⓑ 215℃ : $2H_3PO_4 \longrightarrow H_4P_2O_7 + H_2O$

ⓒ 300℃ 이상 : $H_4P_2O_7 \longrightarrow 2HPO_3 + H_2O$

인산에는 올토인산($H_3P_2O_7$), 피로인산($H_4P_2O_7$), 메타인산(HPO_3)이 있으며, 이들은 모두 인(P)을 완전 연소시켰을 때 발생되는 연소생성물인 오산화인(P_2O_5)으로부터 얻는다. 인산암모늄을 소화작용과 연관하여 정리하면 다음과 같다.

$$NH_4H_2PO_4 \longrightarrow H_3PO_4 + \underline{NH_3} - Q(\text{kcal})$$
$\Downarrow$ ↰ 냉각 · 질식 소화작용
$$2H_3PO_4 \longrightarrow H_4P_2O_7 + \underline{H_2O} - Q(\text{kcal})$$
$\Downarrow$ ↰ 냉각 · 질식 소화작용
$$H_4P_2O_7 \longrightarrow 2HPO_3 + H_2O - Q(\text{kcal})$$
$\Downarrow$
$$\underline{2HPO_3} \longrightarrow P_2O_3 + H_2O - Q(\text{kcal})$$
↰ 유리(Glass) 모양으로 융착

ⓐ 축압식 : 용기의 재질은 철재로, 본체 내부를 내식가공 처리한 것을 사용한다. 축압식은 우선 용기에 분말소화약제를 채우는데, 소화약제 방출압력원으로는 질소가스가 충전되어 있으며 압력지시계가 부착되어 있다. 주로 ABC 분말소화기에 사용된다.

ⓑ 가스가압식(봄베식) : 용기의 재질은 축압식과 같으나 소화약제 압력 방출원으로는 용기 본체 내부 또는 외부에 설치된 봄베 속에 충전되어 있는 탄산가스(CO_2)를 이용하는 소화기로서 주로 BC 분말소화기, ABC 분말소화기에 사용한다.

㉣ 제4종 분말

탄산수소칼륨($KHCO_3$) + 요소[$(NH_2)_2CO$]는 제2종 분말을 개량한 것으로 회백색 분말이며 B, C급 화재에 좋다.

$$2KHCO_3 + (NH_2)_2CO \xrightarrow{\Delta} K_2CO_3 + 2NH_3 + \underset{\text{질식}}{2CO_2}$$

㉺ 분말소화약제의 특성

㉠ 넉다운(Knock-Down)효과 : 분말소화약제 특성의 하나로 소화약제 방사 개시 후 30초 이내에 소화되는 것을 넉다운효과라고 한다. 일반적으로 소화약제 방사 후 10~20초 이내에 넉다운되지 않으면 소화 불가능으로 판단하며, 이는 불꽃 규모에 대한 소화약제 방출률이 부족할 때 일어나는 현상이다.

㉡ 비누화(검화)현상 : 가열상태의 유지에 제1종 분말약제가 반응하여 금속비누를 만들고, 이 비누가 거품을 생성하여 질식효과를 갖는 것을 비누화(검화)현상이라고 한다. 식용유나 지방질유 등의 화재에는 제1종 분말약제가 효과적이다.

ⓒ CDC 분말소화약제 : 분말의 신속한 화재진압효과와 포의 재연방지효과를 동
시에 얻기 위하여 두 소화약제(ABC 분말소화약제＋수성막포소화약제)를 혼합
하여 포가 파괴되지 않는 분말소화약제를 CDC 분말소화약제라 한다.

③ 탄산가스 소화기(CO_2 소화기)

㉮ 정의 : 소화약제를 불연성인 CO_2 가스의 질식과 냉각효과를 이용한 소화기로,
CO_2는 자체압을 가져 방출원이 별도로 필요하지 않으며 방사구로는 가스상으로
방사된다.

㉯ 질식소화의 한계산소농도

㉠ 이산화탄소로 가연물을 질식소화하기 위해서는 각 가연물에 대한 한계산소농
도(vol%)가 있으므로 공기 중의 산소의 농도를 한계산소농도 이하로 하여야
한다. 그러므로 가연물질에 공급되는 공기 중의 산소농도에 이산화탄소 소화
약제를 방출하여 한계산소농도 이하가 되게 치환하여야 한다. 이러한 과정에
의해서 화재가 소화되므로 이와 같은 형태의 소화작용을 산소희석소화작용 또
는 질식소화작용이라고 한다.

㉡ 가연물질의 한계산소농도

가연물질의 종류		한계산소농도
고체 가연물질	종이, 섬유류	10vol% 이하
액체 가연물질	가솔린, 아세톤	15vol% 이하
기체 가연물질	수소	8vol% 이하

㉰ 소화기의 종류

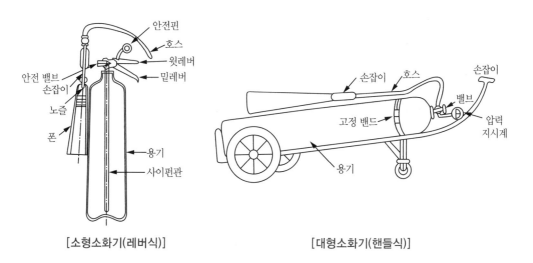

[소형소화기(레버식)]　　　　　　　　[대형소화기(핸들식)]

   ㉑ 소화약제의 특성
    ㉠ 무색무취, 부식성이 없는 기체로 비중 1.53으로 침투성이 뛰어나 심부화재에 적합하다.
    ㉡ 냉각 또는 압축에 의해 쉽게 액화될 수 있고 냉각과 팽창을 반복함으로써 고체 상태인 드라이아이스($-78℃$)로 변화가 가능하여 냉각효과가 크다.
    ㉢ 자체 압력원을 보유하므로 다른 압력원이 필요하지 않다.
    ㉣ 체적팽창은 CO_2 1kg이 15℃에서 대기 중으로 534L를 방출시키므로 질식효과가 크다.
    ㉤ 전기절연성이 없어 고가의 전기시설의 화재에 적합하다.
    ㉥ 이산화탄소는 자체 독성은 미약하나 소화에 소요되는 농도 하에서 호흡을 계속하면 위험하고 방출 시 보안대책이 필요하다(허용농도는 5,000ppm).
    ㉦ 탄산가스의 함량은 99.5% 이상으로 냄새가 없어야 하며, 수분의 중량은 0.05% 이하여야 한다. 만약 수분이 0.05% 이상이면 줄−톰슨 효과에 의하여 수분이 결빙되어 노즐의 구멍을 폐쇄시키기 때문이다.
    ㉧ 줄−톰슨 효과는 기체 또는 액체가 가는 관을 통과할 때 온도가 급강하하여 고체로 되는 현상이다.
   ㉒ 소화약제 저장용기 충전비

고압식	1.5~1.9L/kg
저압식	1.1~1.4L/kg

   ㉓ 소화농도
    ㉠ 화재 발생 시 CO_2 소화약제를 방출하여 소화하는 경우 CO_2의 질식소화작용에 의해 소화된다. CO_2 소화약제를 방출할 때에는 CO_2로 공기 중의 산소를 치환시켜 한계산소농도(vol%) 이하가 되게 함으로써 산소의 양이 부족하여 소화가 된다.
    ㉡ CO_2의 소화농도(vol%) $= \dfrac{21 - 한계산소농도(vol\%)}{21} \times 100$

예제

화재 시 이산화탄소를 방출하여 산소의 농도를 13vol%로 낮추어 소화를 하려면 공기 중의 이산화탄소는 몇 vol%가 되는가?

풀이 CO_2의 농도(%) $= \dfrac{21 - O_2}{21} \times 100 = \dfrac{21 - 13}{21} \times 100 = 38.1 vol\%$

                           📖 38.1vol%

㉛ 장·단점

장 점	• 소화 후 증거 보존이 용이하다. • 전지절연성이 우수하여 전기 화재에 효과적이다.
단 점	• 방사거리가 짧다. • 고압이므로 취급에 주의하여야 한다. • 금속분 화재 시 연소확대의 우려가 있다.(예 $2Mg + CO_2 \rightarrow 2MgO + C$)

㉜ 용도 : B, C급 화재

④ 할로겐화물 소화기(증발성 액체소화기)

㉮ 정의 : 소화약제로 증발성이 강하고 공기보다 무거운 불연성인 할로겐화합물을 이용하여 질식효과와 동시에 할로겐의 부촉매효과에 의한 연쇄반응을 억제시켜 소화하는 소화기이다.

㉯ 소화약제의 조건

　㉠ 비점이 낮을 것

　㉡ 기화되기 쉽고 증발잠열이 클 것

　㉢ 공기보다 무겁고(증기비중이 클 것) 불연성일 것

　㉣ 기화 후 잔유물을 남기지 않을 것

　㉤ 전기전연성이 우수할 것

　㉥ 인화성이 없을 것

㉰ 할론소화약제의 종류 및 상온에서의 상태

Halon 명칭	상온에서의 상태
Halon 1301	기 체
Halon 1211	기 체
Halon 2402	액 체
Halon 1011	액 체
Halon 104	액 체

㉱ 오존파괴지수(ODP; Ozone Depletion Potential)

　㉠ 오존파괴지수 : 3염화 1불화메탄($CFCl_3$)인 CFC-11이 오존층의 오존을 파괴하는 능력을 1로 기준하였을 때, 다른 할로겐화합 물질이 오존층의 오존을 파괴하는 능력을 비교한 지수이다.

$$ODP = \frac{어떠한 \ 물질 \ 1kg에 \ 의해 \ 파괴되는 \ 오존량}{CFC-11 \ 물질 \ 1kg에 \ 의해 \ 파괴되는 \ 오존량}$$

　㉡ Halon 1301 : 포화탄화수소인 메탄에 불소 3분자와 취소 1분자를 치환시켜 제조된 물질(CF_3Br)로, 비점(b.p)이 -57.75℃이며, 모든 할론소화약제 중 소화성능이 가장 우수하나 오존층을 구성하는 오존(O_3)과의 반응성이 강하여 오존파괴지수가 가장 높다.

ⓐ 할론번호 순서

첫 째	둘 째	셋 째	넷 째	다섯째
탄소(C)	불소(F)	염소(Cl)	취소(Br)	요오드(I)

ⓑ 소화기의 종류

사염화탄소
(CCl_4)
	㉠ CTC 소화기, 사염화탄소를 압축압력으로 방사한다.
	㉡ 밀폐된 장소에서 CCl_4를 사용해서는 안 되는 이유
	  – $2CCl_4 + O_2 \rightarrow 2COCl_2 + 2Cl_2$(건조된 공기 중)
	  – $CCl_4 + H_2O \rightarrow COCl_2 + 2HCl$(습한 공기 중)
	  – $CCl_4 + CO_2 \rightarrow 2COCl_2$(탄산가스 중)
	  – $3CCl_4 + Fe_2O_3 \rightarrow 3COCl_2 + 2FeCl_3$(철이 존재 시)
	㉢ 설치금지장소(할론 1301은 제외) : 지하층, 무창층, 거실 또는 사무실로서 바닥면적이 $20m^2$ 미만인 곳

일염화일취화메탄
(CH_2ClBr)
	㉠ CB 소화기
	㉡ 무색투명하고, 특이한 냄새가 나는 불연성액체이다.
	㉢ CCl_4에 비해 약 3배의 소화능력이 있다.
	㉣ 금속에 대하여 부속성이 있다.
	㉤ 주의사항
	  – 방사 후에는 밸브를 꼭 잠가 내압이나 소화제의 누출을 방지한다.
	  – 액은 분무상으로 하고 연소면에 직사하여 한쪽부터 순차로 소화한다.

일취화일염화이불화메탄 (CF_2ClBr)	BCF 소화기
일취화삼불화메탄 (CF_3Br)	㉠ 독성이 있다. ㉡ 부식성이 비교적 크다.
이취화사불화에탄 ($C_2F_4Br_2$)	㉠ FB 소화기 ㉡ 사염화탄소, 일염화일취화메탄에 비해 우수하다. ㉢ 독성과 부식성이 비교적 적으며, 내절연성도 좋다.

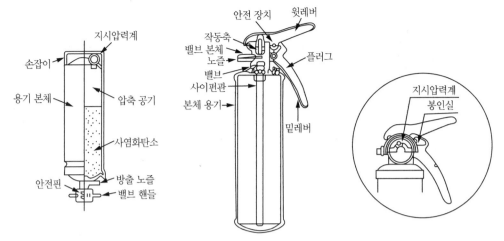

[사염화탄소 소화기(밸브식)]   [일염화일취화메탄 소화기(레버식)]

  ㉠ 주의사항

    ㉠ 수시로 중량을 재어서 소화제가 30% 이상 감소된 경우 재충전한다.

    ㉡ 기동장치는 헛되게 방사되지 않도록 한다.

    ㉢ 열원에 가깝게 하거나 직사광선을 피한다.

    ㉣ 사용 시 사정이 짧아져 화점에 접근해 사용한다.

    ㉤ 옥외에서 바람이 있을 경우에는 바람 위에서 사용한다.

  ㉙ 용도 : A, B, C급 화재

⑤ 강화액 소화기

  ㉮ 정의 : 물의 소화효력을 향상시키기 위해서 물에 탄산칼륨(K_2CO_3)을 첨가시켜 동결되지 않도록 하여 재연방지 및 겨울에도 사용이 가능하도록 개발된 소화기로, 독성과 부식성이 없으며 질소가스에 의해 강화액을 방출한다.

  ㉯ 소화약제(탄산칼륨)의 특성

비 중	응고점	강알칼리성	특 징
1.3~1.4	−17~−30℃	pH 11~12	독성과 부식성이 없다.

  ㉰ 소화기의 종류(축압식, 가스가압식, 반응식)

    ㉠ 축압식 : 본체는 철재이고 내면에는 합성수지의 내식 라이닝이 되어 있으며, 강화액 소화약제를 정량 충전시킨 소화기로서, 압력지시계가 부착되어 있으며, 방출 방식은 봉상 또는 무상 형태의 소화기

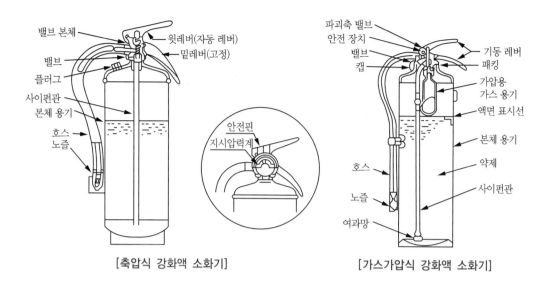

[축압식 강화액 소화기]　　　　　　　　[가스가압식 강화액 소화기]

　　ⓛ 가스가압식 : 용기 속에 가압용 가스용기가 장착되어 있든지 또는 별도로 외부
　　　에 압력봄베가 있어 이 가스압력에 의해 소화약제(물＋K_2CO_3)가 방사되어 소
　　　화하는 방식으로, 축압식과는 달리 압력지시계는 없으며, 안전밸브와 액면표
　　　시가 되어 있는 소화기

　　　예 $K_2CO_3 + 2H_2O \quad \rightarrow \quad 2KOH + CO_2 \uparrow + H_2O$

　　ⓒ 반응식(파병식, 화학반응식) : 알칼리금속염의 수용액에 황산을 반응시켜 생성
　　　되는 가스(CO_2)의 압력으로 소화약제를 방사하여 소화하는 방식

　　　예 $K_2CO_3 + H_2SO_4 \quad \rightarrow \quad K_2SO_4 + H_2O + CO_2 \uparrow$

　ⓡ 용도

봉상일 경우	A급 화재
무상이 경우	A, C급 화재

⑥ 산알칼리 소화기

　ⓐ 정의 : 황산과 중조수의 화합액에 탄산가스를 내포한 소화액을 방사한다.

　ⓑ 주성분

산	H_2SO_4
알칼리	$NaHCO_3$

　ⓒ 반응식 : $2NaHCO_3 + H_2SO_4 \quad \rightarrow \quad Na_2SO_4 + 2CO_2 + 2H_2O$

　ⓡ 주의사항

　　㉠ 이중식은 물을 1년에 1회 교환한다.

　　㉡ 황산병과 중조수를 사용한다.

　　㉢ 약제를 교환할 경우에는 용기 내부를 완전히 물로 씻는다.

ⓔ 겨울철에도 약액이 얼지 않도록 한다.

ⓜ 조작해도 노즐의 끝에서 방사되지 않을 경우에는 안전밸브를 연다.

㉫ 용도

봉상일 경우	A급 화재
무상이 경우	A, C급 화재

⑦ 물 소화기

㉮ 정의 : 물을 펌프 또는 가스로 방출한다.

㉯ 소화제로 사용하는 이유

ⓐ 기화열(증발잠열)이 크다(539cal/g).

ⓑ 구입이 용이하다.

ⓒ 취급상 안전하고 숙련을 요하지 않는다.

ⓓ 가격이 싸다.

ⓔ 분무 시 적외선 등을 흡수하여 외부로부터의 열을 차단하는 효과가 있다.

㉰ 용도 : A급 화재

⑧ 청정소화약제(Clean Agent)

㉮ 전기적으로 비전도성이며, 휘발성이 있거나 증발 후 잔여물을 남기지 않는 소화약제이다.

㉯ 청정소화약제의 구비조건

ⓐ 소화성능이 기존의 할론소화약제와 유사하여야 한다.

ⓑ 독성이 낮아야 하며, 설계농도는 최대허용농도(NOAEL) 이하이어야 한다.

ⓒ 환경영향성 ODP, GWP, ALT가 낮아야 한다.

ⓓ 소화 후 잔존물이 없어야 하며, 전기적으로 비전도성이며 냉각효과가 커야 한다.

ⓔ 저장 시 분해되지 않고 금속용기를 부식시키지 않아야 한다.

ⓕ 기존의 할론 소화약제보다 설치비용이 크게 높지 않아야 한다.

TIP **환경평가기준**

① NOAEL(No Observed Adverse Effect Level) : 농도를 증가시킬 때 아무런 악영향도 감지할 수 없는 최대허용농도

② LOAEL(Lowest Observed Adverse Effect Level) : 농도를 감소시킬 때 악영향을 감지할 수 있는 최소허용농도

③ ODP(Ozone Depletion Potential) : 오존파괴지수
(물질 1kg에 의해 파괴되는 오존량)÷(CFC-11 1kg에 의해 파괴되는 오존량)

④ GWP(Global Warming Potential) : 지구 온난화지수
(물질 1kg이 영향을 주는 지구온난화 정도) ÷ (CFC-11 1kg이 영향을 주는 온난화 정도)

⑤ ALT(Atmospheric Life Time) : 대기권 잔존수명물질이 방사된 후 대기권 내에서 분해되지 않고 체류하는 잔류 기간

㉰ 할로겐화합물 청정소화약제 : 불소, 염소, 브롬, 요오드 중 하나 이상의 원소를 포
함하고 있는 유기화합물을 기본 성분으로 하는 소화약제

HFC(Hydro Fluoro Carbon)	불화탄화수소
HBFC(Hydro Bromo Fluoro Carbon)	브롬불화탄화수소
HCFC(Hydro Chloro Fluoro Carbon)	염화불화탄화수소
FC, PFC(Perfluoro Carbon)	불화탄소, 과불화탄소
FIC(Fluoro Iodo Carbon)	불화요오드화탄소

㉱ 불활성가스 청정소화약제 : 헬륨, 네온, 아르곤, 질소가스 중 하나 이상의 원소를
기본 성분으로 하는 소화약제

소화약제	상품명	화학식
퍼플루오르부탄(FC-3-1-10)	PFC-410	C_4F_{10}
하이드로클로로플루오르에탄 (HCFC BLEND A)	NAFS-Ⅲ	HCFC-22($CHClF_2$) : 82% HCFC-123($CHCl_2CF_3$) : 4.75% HCFC-124($CHClFCF_3$) : 9.5% $C_{10}H_{16}$: 3.75%
클로로테트라플루오르에탄 (HCFC-124)	FE-24	$CHClFCF_3$
펜타플루오르에탄(HFC-125)	FE-25	CHF_2CF_3
헵타플루오르프로판(HFC-227ea)	FM-200	CF_3CHFCF_3
트리플루오르메탄(HFC-23)	FE-13	CHF_3
헥사플루오르프로판(HFC-236fa)	FE-36	$CF_3CH_2CF_3$
트루플루오르이오다이드(FIC-1311)	Tiodide	CF_3I
도데카플루오르-2-메틸펜탄-3-원 (FK-5-1-12)	-	$CF_3CF_2C(O)CF(CF_3)_2$
불연성·불활성기체 혼합가스(IG-01)	Argon	Ar
불연성·불활성기체 혼합가스(IG-100)	Nitrogen	N_2
불연성·불활성기체 혼합가스(IG-541)	Inergen	N_2 : 52%, Ar : 40%, CO_2 : 8%
불연성·불활성기체 혼합가스(IG-55)	Argonite	N_2 : 50%, Ar : 50%

⑨ 간이소화제

건조사(마른모래)	• 모래는 반드시 건조되어 있을 것 • 가연물이 함유되어 있지 않을 것 • 모래는 반절된 드럼통 또는 벽돌담 안에 저장하며, 양동이, 삽 등의 부속 　기구를 항상 비치할 것

팽창질석 팽창진주암	• 질석을 고온처리(약 1,000~1,400℃)해서 10~15배 팽창시킨 비중이 아주 적은 것 • 발화점이 특히 낮은 알킬알루미늄(자연발화의 위험)의 화재에 적합
중조톱밥	• 중조($NaHCO_3$)에 마른 톱밥을 혼합할 것 • 인화성액체의 소화에 적합
수증기	질식소화에는 큰 성과가 없으나 소화하는 데 보조 역할을 한다.
소화탄	$NaHCO_3$, Na_3PO_4, CCl_4 등의 수용액을 유리 용기에 넣은 것으로, 이것을 화재현장에 던지면 유리가 깨지면서 소화액이 유출·분해되어서 불연성 이산화탄소가 발생된다.

(2) 소화기의 유지관리

① 각 소화기의 공통사항

㉮ 소화기의 설치 위치는 바닥으로부터 1.5m 이하의 높이에 설치할 것

㉯ 통행이나 피난 등에 지장이 없고 사용할 때에는 쉽게 반출할 수 있는 위치에 있을 것

㉰ 각 소화약제가 동결·변질 또는 분출할 염려가 없는 곳에 비치할 것

㉱ 소화기가 설치된 주위의 잘 보이는 곳에 '소화기'라는 표시를 할 것

② 소화기의 사용 방법

㉮ 각 소화기는 적응 화재에만 사용할 것

㉯ 성능에 따라 화점 가까이 접근하여 사용할 것

㉰ 소화 시는 바람을 등지고 풍상에서 풍하의 방향으로 소화할 것

㉱ 소화 작업은 양옆으로 골고루 비로 쓸듯이 소화약제를 방사할 것

③ 소화기의 점검

외관 점검	월 1회 이상
기능 검사	분기 1회 이상
정밀 검사	반기 1회 이상

④ 소화기 외부 표시사항

㉮ 소화기의 명칭

㉯ 적응 화재 표시

㉰ 사용 방법

㉱ 용기 합격 및 중량 표시

㉲ 취급상 주의사항

㉳ 능력단위

㉴ 제조 연월일

(1) 설치 대상

지정수량 10배 이상의 위험물을 취급하는 제조소(단, 제6류 위험물의 제조소 제외)

(2) 피뢰침의 구조

① 재질 : 구리 또는 알루미늄
② 설치 높이 : 건물 최고부보다 1~2m 높게 설치한다.

(3) 피뢰도선

2개 이상

(4) 접지전극

① 지하 3m의 위치에 설치한다.
② 위험물 저장소에서는 저항을 10Ω 이하로 유지시킨다.

(5) 설치 기준

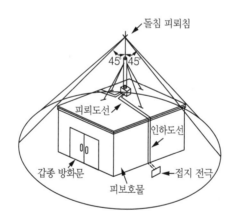

① 돌침의 보호각은 45° 이하로 한다.
② 돌침부의 취부 위치는 피보호물의 보호 및 부분의 전체가 보호범위 내에 들어오도록 한다.
③ 인하도선의 간격은 피보호물의 외주에 따라 측정한 거리의 50m 이내로 되도록 설치한다.

적중예상문제

01 다음에서 설명하는 소화방법을 쓰시오.

> ① 가연물을 연소구역에서 제거하여 소화하는 방법은?
> ② 가연물의 표면을 덮어서 소화하는 방법은?
> ③ 연소물로부터 열을 빼앗아 발화점 이하로 온도를 낮추어 소화하는 방법은?
> ④ 할로겐 원소의 억제효과에 의하여 연소의 연쇄반응을 차단하는 방법은?

정답

① 제거소화, ② 질식소화, ③ 냉각소화, ④ 억제소화

02 포약제 AB의 화학반응식을 쓰시오.

정답

$6NaHCO_3 + Al_2(SO_4)_3 + 18H_2O \longrightarrow 3Na_2SO_4 + 2Al(OH)_3 + 6CO_2 + 18H_2O$

해설

■ **포소화약제(Form Agents)**

화학적으로 제조된 소화약제로, 2가지 이상의 소화약제를 혼합하여 발생되는 포로 화재를 소화하는 화학포소화약제와 화학적으로 제조된 소화약제를 송수펌프 또는 압입용 펌프에 의해 강제로 흡입하여 포를 생성시켜 소화할 수 있도록 제조된 기계포소화약제로 구분된다.

03 다음 분말소화약제의 착색을 쓰시오.

> ① $NaHCO_3$ ② $KHCO_3$
> ③ $NH_4H_2PO_4$ ④ $KHCO_3 + (NH_2)_2CO$

정답

① 백색, ② 보라색, ③ 담홍색, ④ 회백색

종 류	주성분	착 색	적용화재
제1종 분말	$NaHCO_3$	백 색	B, C
제2종 분말	$KHCO_3$	보라색	B, C
제3종 분말	$NH_4H_2PO_4$	담홍색(핑크색)	A, B, C
제4종 분말	$KHNO_3+(NH_2)_2CO$	회백색	B, C

04 다음 제1종 분말소화약제의 화학반응식을 쓰시오.

정답

$$2NaHCO_3 \xrightarrow{\Delta} Na_2CO_3+CO_2+H_2O-30.3kcal$$

해설

① 270℃에서 제1차 열분해 방정식

$NaHCO_3 \rightleftarrows Na^+ + HCO_3^-$

$2NaHCO_3 \rightarrow Na_2CO_3+CO_2+H_2O-30.3kcal$

② 850℃에서 제2차 열분해 방정식

$2NaHCO_3 \rightarrow Na_2O+2CO_2+H_2O-104.4kcal$

05 다음 제1종 분말소화약제의 열분해 반응식을 쓰시오.

① 270℃   ② 850℃ 이상

정답

① $2NaHCO_3 \xrightarrow{\Delta} Na_2CO_3+CO_2+H_2O$

② $2NaHCO_3 \xrightarrow{\Delta} Na_2O+2CO_2+H_2O$

해설

■ 제2종 분말

① 190℃ : $2KHCO_3 \rightarrow K_2CO_3+CO_2+H_2O$

② 590℃ : $2KHCO_3 \rightarrow K_2O+2CO_2+H_2O$

■ 제3종 분말

① 166℃~190℃ : $NH_4H_2PO_4 \rightarrow H_3PO_4+NH_3$

② 215℃ : $2H_3PO_4 \rightarrow H_4P_2O_7+H_2O$

③ 300℃ : $H_4P_2O_7 \rightarrow 2HPO_3 + H_2O$

④ 360℃ : $NH_4H_2PO_4 \rightarrow HPO_3 + NH_3 + H_2O$

06 제1종 분말소화약제의 분해반응식을 쓰고, 이 소화약제 8.4g이 분해하여 발생하는 탄산가스는 몇 L인지 계산하시오.

정답

① 분해반응식 : $2NaHCO_3 \xrightarrow{\Delta} Na_2CO_3 + CO_2 + H_2O$

② $2NaHCO_3 \xrightarrow{\Delta} Na_2CO_3 + CO_2 + H_2O$

$$2 \times 84g \diagdown 22.4L$$
$$8.4g \diagup x(L)$$

$$\therefore x = \frac{8.4 \times 22.4}{2 \times 84} = 1.12L$$

07 제1종 분말소화약제인 탄산수소나트륨의 850℃에서의 분해반응식과 탄산수소나트륨 336kg이 1기압, 25℃에서 발생시키는 이산화탄소가스의 체적(m^3)을 구하시오.

정답

① 분해반응식 : $2NaHCO_3 \rightarrow Na_2O + 2CO_2 + H_2O$

② 이산화탄소가스의 체적

$$2NaHCO_3 \rightarrow Na_2O + 2CO_2 + H_2O$$
$$2 \times 82g \diagdown 2 \times 22.4L$$
$$336g \diagup x(m^3)$$

$$x = \frac{336 \times 2 \times 22.4}{2 \times 84} = 89.6m^3$$

$\therefore$ 1기압, 25℃의 경우 보일-샤를의 법칙 $\dfrac{P_1V_1}{T_1} = \dfrac{P_2V_2}{T_2}$ 과 $P_1 = P_2 = 1$기압으로부터

$$V_2 = \frac{T_2 \cdot V_1}{T_1} = \frac{(273+25) \times 89.6}{273} = 97.81m^3$$

08 제2종 소화분말 탄산수소칼륨($KHCO_3$)의 190℃에서 제1차 열분해 반응식을 쓰시오.

정답

$2KHCO_3 \rightarrow K_2CO_3 + CO_2\uparrow + H_2O\uparrow - 29.8kcal$

09 제3종 분말소화약제가 열분해 시 190℃에서 올토인산, 216℃에서 피로인산, 300℃에서 메타인산으로 열분해된다. 이때 각각의 열분해 반응식을 쓰시오.

> **정답**

① $NH_4H_2PO_4 \rightarrow H_3PO_4 + NH_3$
　　　　　　　(올토인산)
② $2H_3PO_4 \rightarrow H_4P_2O_7 + H_2O$
　　　　　　(피로인산)
③ $H_4P_2O_7 \rightarrow 2HPO_3 + H_2O$
　　　　　　(메타인산)

> **해설**

인산에는 올토인산(H_3PO_4), 피로인산($H_4P_2O_7$), 메타인산(HPO_3)이 있으며, 이들은 모두 인산(P)을 완전연소시켰을 때 발생되는 연소생성물인 오산화인(P_2O_5)으로부터 얻는다. 인산암모늄을 소화작용과 연관하여 정리하면 다음과 같다.

$$NH_4H_2PO_4 \longrightarrow H_3PO_4 + \underline{NH_3} - Qkcal$$
$$\downarrow \qquad\qquad \text{(냉각 · 질식 소화 작용)}$$
$$2H_3PO_4 \longrightarrow H_4P_2O_7 + \underline{H_2O} - Qkcal$$
$$\downarrow \qquad\qquad \text{(냉각 · 질식 소화 작용)}$$
$$H_4P_2O_7 \longrightarrow 2HPO_3 + H_2O - Qkcal$$
$$\downarrow$$
$$\underline{2HPO_3} \longrightarrow P_2O_5 + H_2O - Qkcal$$
$$\text{(유리(glass) 모양으로 융착)}$$

10 다음 보기에서 괄호 안을 채우시오.

액화이산화탄소가 기화 시 (①)비 차이가 클수록 소화효과는 유리하고, 또한 수분함유율이 0.05% 이하여야 하는데 수분이 많으면 (②)효과로 노즐이 막힐 염려가 있다.

> **정답**

① 압축
② 줄톰슨

11 할로겐화합물소화약제의 효과 3가지를 쓰시오.

> **정답**

① 질식효과
② 억제효과(부촉매효과)
③ 냉각효과

12 오존파괴지수(ODP)를 설명하시오.

> **정답**

$$ODP = \frac{\text{어떤 물질 1kg이 파괴하는 오존량}}{\text{CFC-11의 1kg이 파괴하는 오존량}}$$

> **해설**

■ **오존파괴지수**(ODP; Ozone Depletion Potential)
오존을 붕괴시키는 물질의 능력을 나타내는 척도로, 대기 내 수명·안정성·반응, 그리고 염소와 브롬과 같이 오존을 공격할 수 있는 원소의 양과 반응성 등에 그 근거를 두고 있다. 모든 오존붕괴지수는 CFC-11을 1로 기준을 삼는다.

13 다음 할로겐소화약제의 분자식을 쓰시오.

---

① 1001, ② 1011, ③ 1211, ④ 1301, ⑤ 2402

> **정답**

① CH_3Br, ② CH_2ClBr, ③ CF_2ClBr, ④ CF_3Br, ⑤ $C_2F_4Br_2$

> **해설**

■ **할론**(Halon)
① 첫째자리 숫자 : 탄소의 수
② 둘째자리 숫자 : 불소의 수
③ 셋째자리 숫자 : 염소의 수
④ 넷째자리 숫자 : 브롬의 수

14 강화액 소화약제가 열분해하는 열분해 반응식을 쓰시오.

$$K_2CO_3 + H_2O \ \rightarrow \ K_2O + CO_2 + H_2O - Q \, kcal$$

■ **강화액 소화약제**

① 동절기 물 소화약제의 어는 단점을 보완하기 위해서 맑은 물에 주제인 탄산칼슘(K_2CO_3)과 황산암모늄($[(NH_4)_2SO_4]$, 인산암모늄($[(NH_4)_2PO_4]$, 침투제 등을 가해서 제조한 소화약제로, pH는 약알칼리성으로 11~12이다.

② 어는점을 강화시켜 응고점은 $-26 \sim -30℃$이며 색상은 황색을 나타내지만, 제조과정에서 첨가하는 첨가제에 따라서 황색 또는 무색을 나타내는 경우도 있다.

③ 강화액 소화약제는 대부분 소화기용 소화약제로 사용되고 있으며, 물 소화약제를 충전·사용하는 물 소화기의 설치가 요구되는 일반 가연물 화재에 적용된다.

15 물에 의한 냉각소화는 증발에 의해 열을 제거하고, 화재를 진압하기 위하여 10℃의 물 10kg을 사용하여, 100℃ 수증기가 되었다. 소화방법과 흡수한 열량을 쓰시오(단, 물 증발잠열 = 539kcal/kg, 물 비열 = 1kcal/kg℃).

① 소화방법	② 흡수한 열량

① 냉각소화

② $Q_1 = G \times r = 10 \times 539 = 5,390$ kcal

$Q_2 = G \times C \times \Delta t = 10 \times 1 \times (100 - 10) = 900$ kcal

∴ $Q = Q_1 + Q_2 = 5,390 + 900 = 6,290$ kcal

가연물질의 성상에 따라 연소를 시작하는 점화원의 값은 다르지만 기체·액체 가연물질은 발화점이 냉각소화와 밀접한 관계가 있다. 특히 고체 가연물질로 인한 화재 시 물이 충전된 소화기구나 물을 방사하는 옥내·외 소화전설비가 많이 이용되는 이유는 물의 비열이 1로서 다른 물질에 비해 높아 물 1g의 기화열이 539.6cal/g으로 다른 물질의 기화열 값에 비하여 비교적 높으므로 냉각효과를 얻을 수 있다.

16 청정소화제 IG-541의 각 성분별 함량(%)을 쓰시오.

N_2 : 52%, Ar : 40%, CO_2 : 8%

■ **불활성가스 청정소화약제**

헬륨, 네온, 아르곤, 질소가스 중 하나 이상의 원소를 기본 성분으로 하는 소화약제

소화약제	상품명	화학식
퍼플루오르부탄(FC-3-1-10)	PFC-410	C_4F_{10}
하이드로클로로플루오르카본혼화제(HCFC BLEND A)	NAFS-Ⅲ	HCFC-123($CHCl_2CF_3$) : 4.75% HCFC-22($CHClF_2$) : 82% HCFC-124($CHClFCF_3$) : 9.5% $C_{10}F_{16}$: 3.75%
클로로테트라플루오르에탄(HCFC-124)	FE-24	$CHClFCF_3$
펜타플루오르에탄(HFC-125)	FE-25	CHF_2CF_3
헵타플루오르프로판(HFC-227aa)	FM-200	CF_3CHFCF_3
트리플루오르메탄(HFC-23)	FE-13	CHF_3
핵사플루오르프로판(HFC-236fa)	FE-36	$CF_3CH_2CF_3$
트리플루오르이오다이드(FIC-1311)	Tiodide	CF_3I
도데카플루오르-2-메틸펜탄-3-원(FK-5-1-12)	-	$CH_3CH_2C(O)CF(CH_3)_2$
불연성·불활성기체 혼합가스(IG-01)	Argon	Ar
불연성·불활성기체 혼합가스(IG-100)	Nitrogen	N_2
불연성·불활성기체 혼합가스(IG-541)	Inergen	N_2 : 52%, Ar : 40%, CO_2 : 8%
불연성·불활성기체 혼합가스(IG-55)	Argonite	N_2 : 50%, Ar : 50%

Chapter 03 소방시설

소화설비, 경보설비, 피난설비, 소화용수설비 및 소화활동에 필요한 설비로 구분한다.

01 소방시설의 종류

(1) 소화설비

물 또는 기타 소화약제를 사용하여 소화하는 기계·기구 또는 설비

1) 소화기구

① 소화기 : 방호 대상물의 각 부분으로부터 수동식 소화기까지의 보행 거리

소형수동식 소화기	20m 이하
대형수동식 소화기	30m 이하

② 간이소화용구 : 에어로졸식 소화용구, 투척용 소화용구 및 소화약제 외의 것을 이용한 간이 소화용구

③ 자동확산장치

2) 자동소화장치

① 주거용 주방자동소화장치
② 상업용 주방자동소화장치
③ 캐비닛형 자동소화장치
④ 가스자동소화장치
⑤ 분말자동소화장치
⑥ 고체에어로졸자동소화장치

3) 옥내소화전설비(호스릴옥내소화전설비를 포함)

① 개요 : 방호대상물의 내부에서 발생한 화재를 조기에 진화하기 위하여 설치한 수동식 고정설비로, 주요 구성 요소는 수원, 가압송수장치, 기동장치, 배관 및 밸브류, 호스, 노즐, 소화전함 등으로 되어 있다.

② 설치 기준

㉮ 수원의 양(Q) : 옥내소화전설비의 설치 개수(N : 설치 개수가 5개 이상인 경우는 5개의 옥내소화전)에 7.8m³을 곱한 양 이상, 즉 7.8m³란 법정 방수량 260L/min 으로 30min 이상 기동할 수 있는 양이다.

$$Q(\text{m}^3) = N \times 7.8\text{m}^3$$

여기서, Q : 수원의 양
N : 옥내소화전설비 설치 개수

예제

위험물제조소 등에 설치하는 옥내소화전설비가 설치된 건축물에 옥내소화전이 3층에 6개, 4층에 4개, 5층에 3개, 6층에 2개가 설치되어 있다. 이때 수원의 수량을 몇 m³ 이상으로 하여야 하는가?

풀이 옥내소화전설비의 개수(설치 개수가 5개 이상인 경우는 5개의 옥내소화전)

$Q = N \times 7.8\text{m}^3$ $Q = 5 \times 7.8\text{m}^3 = 39\text{m}^3$

🗝 39m³

㉯ 소화전의 노즐 선단의 성능 기준 : 방수압 350kPa 이상, 방수량 260L/min 이상

㉰ 가압송수장치의 설치 기준

㉠ 펌프는 전용으로 할 것

㉡ 펌프의 토출측에는 압력계를, 흡입측에는 연성계 또는 진공계를 설치할 것

㉢ 정격부하 운전 시 펌프의 성능을 시험하기 위하여 펌프의 토출측에 설치된 개폐밸브 이전에서 분기한 성능시험배관을 설치할 것

ⓐ 배관의 구경은 정격토출압력의 65% 이하에서 정격토출량의 150% 이상을 토출할 수 있는 크기 이상으로 할 것

ⓑ 펌프 정격토출량의 150% 이상을 측정할 수 있는 유량측정장치를 설치할 것

㉣ 체절 운전 시 수온의 상승을 방지하기 위하여 체크밸브와 펌프 사이에서 분기한 구경 20mm 이상의 순환배관을 설치할 것

㉤ 기동장치는 기동용 수압개폐장치(압력 챔버의 용적은 100L 이상)를 사용할 것

ⓗ 수원의 수위가 펌프보다 낮은 위치에 있는 가압송수장치의 경우에는 물올림장
치를 설치할 것
ⓢ 기동용 수압개폐장치를 사용하는 경우에는 충압펌프(Jockey Pump)를 설치할 것
ⓞ 펌프를 이용한 가압송수장치

$$전양정(H) = h_1 + h_2 + h_3 + 35\text{m}$$

여기서, h_1 : 소방용 호스의 마찰손실수두

h_2 : 배관의 마찰손실수두

h_3 : 낙차

㉒ 시동표시등 : 옥내소화전함의 내부에 시동표시등을 설치 시 색상은 적색이다.
㉓ 송수구의 설치 기준
　㉠ 지면으로부터 높이 0.5~1.0m 이하의 위치에 설치할 것
　㉡ 구경은 65mm의 쌍구형 또는 단구형으로 할 것
㉔ 옥내소화전함의 두께와 재질 기준 : 두께 1.5mm 이상의 강판 또는 두께 4.0mm
이상의 합성수지제(단, 소화전함 문짝의 면적은 0.5m² 이상)

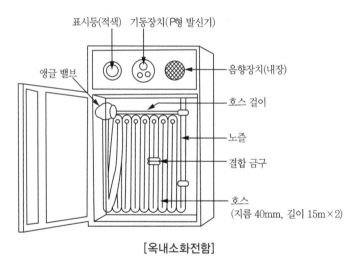

[옥내소화전함]

㉕ 방수구의 설치 기준
　㉠ 옥내소화전은 제조소 등의 건축물의 층마다 당해 층의 각 부분에서 하나의 호
스 접속부까지의 수평 거리가 25m 이하가 되도록 설치한다. 이 경우 옥내소화
전은 각 층의 출입구 부근에 1개 이상 설치할 것
　㉡ 바닥으로부터의 높이가 1.5m 이하가 되도록 할 것
　㉢ 호스의 구경은 40mm 이상의 것으로 할 것

⑩ 옥내소화전설비의 비상전원은 45분 이상 작동할 수 있어야 한다.

　③ 배관의 설치 기준

　　　㉠ 배관용 탄소강관(KS D 3507)을 사용할 수 있다.

　　　㉡ 주배관의 입상관 구경을 최소 50mm 이상으로 한다.

　　　㉢ 펌프를 이용한 가압송수장치의 흡수관은 펌프마다 전용으로 설치한다.

　　　㉣ 원칙적으로 급수배관은 생활용수배관과 같이 사용할 수 없으며, 전용배관으로만 사용한다.

4) 옥내소화전설비

　① 개요 : 건축물의 1, 2층 부분만을 방사능력범위로 하고, 지하층 및 3층 이상의 층에 대하여 다른 소화설비를 설치해야 하는 소화설비로서, 옥외설비 및 기타 장치에서 발생하는 화재의 진압 또는 인접 건축물로의 연소확대를 방지할 목적으로 방호대상물의 옥외에 설치하는 수동식 고정소화설비를 말한다. 주요 구성 요소는 수원(물탱크), 가압송수장치, 배관, 호스, 소화전함으로 구성되어 있다.

　② 설치 기준

　　　㉠ 수원의 양(Q) : 옥외소화전설비의 설치 개수(설치 개수가 4개 이상인 경우는 4개의 옥외소화전)에 13.5m³를 곱한 양 이상, 즉 13.5m³란 법정방수량 450L/min으로 30min 이상을 기동할 수 있는 양이다.

$$Q(\text{m}^3) = N \times 13.5\text{m}^3$$

　　　　여기서, Q : 수원의 양
　　　　　　　　N : 옥외소화전설비의 설치 개수

　　　㉡ 소화전 노즐 선단의 성능 기준 : 방수압 350kPa 이상, 방수량 450L/min 이상

　　　㉢ 방수구의 설치 기준

　　　　㉠ 당해 소방대상물의 각 부분으로부터 하나의 옥외소화전 방수구(호스 접결구)까지의 수평 거리가 40m 이하가 되도록 할 것

　　　　㉡ 호스의 구경은 65mm 이상의 것으로 할 것

　　　㉣ 옥외소화전함의 설치 기준

　　　　㉠ 옥외소화전으로부터 보행거리 5m 이하의 장소에 설치할 것

　　　　㉡ 옥외소화전함의 호스 길이는 20m의 것 2개, 구경 19mm의 노즐 1개를 수납할 것

　　　㉤ 개폐밸브 및 호스접속구의 설치 기준 : 지반면으로부터 1.5m 이하의 높이에 설치할 것

5) 스프링클러설비

① 개요 : 소방대상물의 규모에 따라 방호 대상물의 천장, 벽 등에 스프링클러헤드를 설치하고 화재 발생 시 헤드에 의해 화재감지는 물론 가압송수장치가 기동됨과 동시에 화재경보를 발하고, 이때 배관 내에 가압된 물이 헤드로부터 방사되어 소화하는 설비를 말한다. 주요 구성 요소는 스프링클러헤드, 배관, 자동경보장치(유수검지장치), 가압송수장치, 급수장치, 수원 및 기타 주변 기기 등의 부속장치로 되어 있다.

② 스프링클러설비의 장·단점

장 점	단 점
• 특히 초기 진화에 절대적인 효과가 있다. • 약제가 물이기 때문에 값이 저렴하고, 복구가 쉽다. • 오동작, 오보가 없다(감지부가 기계적). • 조작이 간편하고 안전하다. • 야간이라도 자동으로 화재감지경보, 소화할 수 있다.	• 초기 시설비가 많이 든다. • 시공이 다른 설비와 비교했을 때 복잡하다. • 물로 인한 피해가 크다.

③ 스프링클러설비의 설치 기준

㉮ 수원의 양(Q)

㉠ 폐쇄형 스프링클러헤드를 사용하는 경우, 즉 2.4m³란 법정 방수량 80L/min으로 30min 이상을 기동할 수 있는 양이다.

$$Q(\text{m}^3) = N(\text{헤드의 설치 개수 : 최대 30개}) \times 2.4\text{m}^3$$

여기서, Q : 수원의 양, N : 스프링클러헤드의 설치 개수

㉡ 개방형 스프링클러헤드를 사용하는 경우

ⓐ 헤드 수가 30개 미만인 경우

$$Q(\text{m}^3) = N(\text{헤드의 설치 개수}) \times 2.4\text{m}^3$$

여기서, Q : 수원의 양, N : 스프링클러헤드의 설치 개수

ⓑ 헤드 수가 30개를 초과하는 경우

$$Q(\text{m}^3) = K\sqrt{P}(\text{L/min}) \times 30\text{min} \times N(\text{헤드 설치 개수})$$

여기서, Q : 수원의 양, K : 상수, P : 방수 압력
N : 스프링클러헤드의 설치 개수

④ 수동식 개방밸브를 개방·조작하는 데 필요한 힘 : 개방형 스프링클러헤드를 사용하는 경우 : 15kg 이하

⑤ 가압송수장치의 송수량 기준 : 방수압 100kPa 이상, 방수량 80L/min 이상

④ 제어밸브의 설치 위치

㉮ 방사 구역마다 제어 밸브를 설치한다.

㉯ 바닥으로부터 0.8m 이상, 1.5m 이하에 설치한다.

⑤ 간이스프링클러설비(캐비닛형 스프링클러설비 포함)

⑥ 화재조기진압용 스프링클러설비

6) 물분무등소화설비

① 물분무소화설비 : 화재 발생 시 분무노즐에서 물을 미립자로 방사하여 소화하고, 화재의 억제 및 연소를 방지하는 소화설비이다. 즉 미세한 물의 냉각작용, 질식작용, 유화작용, 희석작용을 이용한 소화설비이다.

㉮ 설치 기준

㉠ 위험물제조소 등

구 분	기 준
방사구역	150m^2 이상
방사압력	350kPa 이상

수원의 수량	• Q(L) $\geqq$ 방호 대상물 표면적(m^2)×20L/min·m^2×30min
	  (건축물의 경우 바닥 면적)
	• (L) $\geqq$ $2\pi r$×37L/min·m×20min(탱크 높이 15m마다)
	  (탱크 원주 둘레)

비상전원	45분 이상 작동할 것

㉡ 옥외저장탱크에 설치하는 물분무설비 기준

탱크 표면에 방사하는 물의 양	원주 둘레(m)×37L/m·min 이상
수원의 양	방사하는 물의 양을 20분 이상 방사할 수 있는 수량

㉯ 제어밸브 : 바닥으로부터 0.8m 이상 1.5m 이하

② 미분무소화설비

③ 포소화설비 : 포소화약제를 사용하여 포수용액을 만들고, 이것을 화학적 또는 기계적으로 발포시켜 연소 부분을 피복·질식효과에 의해 소화 목적을 달성하는 소화설비이다. 이동식 포소화설비는 4개(호스접속구가 4개 미만인 경우에는 그 개수)의 노즐을 동시에 사용할 경우에 각 노즐선단의 방사압력은 0.35MPa 이상이고, 방사량은

옥내에 설치한 것을 200L/min 이상, 옥외에 설치한 것은 400L/min 이상으로 30분간 방사할 수 있는 양이다.

㉮ 설치 기준 : 위험물제조소 등에 적용되는 방출 방식 및 수원

방출 방식	수 원
이동식 포소화설비 방식(옥외)	12,000L(400L/min×30min)×보조 포소화전(최대 4개) +배관 용량
이동식 포소화설비 방식(옥내)	6,000L(200L/min×30min)×보조 포소화전(최대 4개)+ 배관 용량

㉯ 포헤드 방식의 포헤드 설치 기준

   ㉠ 포헤드는 방호대상물의 모든 표면이 포헤드의 유효 사정 내에 있도록 설치

   ㉡ 방호대상물 표면적(건축물의 경우 바닥면적) 9m^{2}당 1개 이상의 헤드를 설치

   ㉢ 표준방사량=방호대상물 표면적(건축물의 경우 바닥면적, m^2)×6.5L/min·m^2

   ㉣ 방사구역은 100m^2 이상으로 할 것(방호대상물 표면적이 100m^2 미만일 경우는 당해 표면적)

TIP

포수용액량=표준 방사량×10min

㉰ 포소화약제의 혼합장치

   ㉠ 펌프혼합방식(펌프 프로포셔너 방식, Pump Proportioner Type) : 펌프의 토출관과 흡입관 사이의 배관 도중에 설치한 흡입기에 펌프에서 토출된 물의 일부를 보내고 농도조절밸브에서 조정된 포소화약제의 필요량을 포소화약제 탱크에서 펌프 흡입측으로 보내어 이를 혼합하는 방식

   ㉡ 차압혼합방식(프레셔 프로포셔너 방식, Pressure Proportioner Type) : 펌프와 발포기 중간에 설치된 벤투리관(Venturi Tube)의 벤투리작용과 펌프 가압수의 포소화약제 저장 탱크에 대한 압력에 의하여 포소화약제를 흡입·혼합하는 방식

   ㉢ 관로혼합방식(라인 프로포셔너 방식, Line Proportioner Type) : 펌프와 발포기 중간에 설치된 벤투리관의 벤투리 작용에 의해 포소화약제를 흡입하여 혼합하는 방식

   ㉣ 압입혼합방식(프레셔사이드 프로포셔너 방식, Pressure Side Proportioner Type) : 펌프의 토출관에 압입기를 설치하여 포소화약제 압입용 펌프로 포소화약제를 압입시켜 혼합하는 방식

ⓤ 팽창 비율에 따른 포 방출구의 종류

팽창 비율에 의한 포의 종류	포 방출구의 종류
저발포(팽창비가 20 이하인 것)	포헤드
고발포(팽창비가 80 이상, 1,000 미만인 것)	고발포용 고정포 방출구

ⓗ 저발포 : 단백포소화약제, 불화단백포액, 수성막포액, 수용성 액체용포소화약
제, 모든 화학포소화약제 등

ⓢ 고발포 : 합성계면활성제포소화약제 등

ⓞ 팽창비 = $\dfrac{\text{포 방출구에 의해 방사되어 발생한 포의 체적(L)}}{\text{포수용액(원액+물)(L)}}$

ⓡ 가압송수장치 : 압력 수조를 이용한 가압송수장치

$$P = P_1 + P_2 + P_3 + P_4$$

여기서, P : 필요한 압력(MPa)

P_1 : 방출구의 설계 압력 또는 노즐 선단의 방사압력(MPa)

P_2 : 배관의 마찰손실수두압(MPa)

P_3 : 낙차의 환산 수두압

P_4 : 소방용 호스의 마찰손실수두압(MPa)

④ 불활성가스소화설비 : 불활성가스인 CO_2 가스를 고압가스용기에 저장해 두었다가 화
재가 발생할 경우 미리 설치된 소화설비에 의하여 화재발생지역에 CO_2 가스를 방출
·분사시켜 질식 및 냉각작용에 의한 소화를 목적으로 설치한 고정소화설비이다.

㉮ 저장용기 설치 장소

㉠ 방호구역 외의 장소에 설치한다.

㉡ 온도가 40℃ 이하이고, 온도 변화가 적은 곳에 설치한다.

㉢ 직사광선 및 빗물이 침투할 우려가 없는 곳에 설치한다.

㉣ 방화문으로 구획된 실에 설치한다.

㉤ 용기의 설치 장소에는 당해 용기가 설치된 곳임을 표시하는 표지를 한다.

㉥ 용기 간의 간격을 점검에 지장이 없도록 3cm 이상의 간격을 유지한다.

㉦ 저장용기와 집합관을 연결하는 연결배관에는 체크밸브를 설치한다.

㉯ 저장용기 설치 기준

㉠ 저장용기의 충전비는 고압식에 있어서는 1.5~1.9 이하, 저압식에 있어서는
1.1~1.4 이하로 한다.

ⓛ 저압식 저장용기에는 내압시험압력의 0.64~0.8배의 압력에서 작동하는 안전
밸브와 내압시험압력에서 작동하는 봉판을 설치한다.

ⓒ 저압식 저장용기에는 액면계 및 압력계와 2.3MPa 이상, 1.9MPa 이하의 압력
에서 작동하는 압력경보장치를 설치한다.

ⓔ 저압식 저장용기에는 용기 내부의 온도를 −20℃ 이상, −18℃ 이하로 유지할
수 있는 자동냉동기를 설치한다.

ⓜ 저장용기의 고압식은 25MPa 이상, 저압식은 3.5MPa 이상의 내압시험압력에
합격한 것으로 한다.

ⓓ 기동장치

ⓐ 기동장치의 조작부는 바닥으로부터 높이 0.8m 이상, 1.5m 이하의 위치에 설
치하고 보호판 등에 따른 보호장치를 설치한다.

ⓛ 기동용 가스용기 및 해당 용기에 사용하는 밸브를 25MPa 이상의 압력에 견딜
수 있는 것으로 한다.

ⓔ 저압식 저장용기에 설치하는 압력경보장치의 작동압력 : 2.3MPa 이상의 압력 및
1.9MPa 이하의 압력

ⓜ 불활성가스소화설비의 배관 기준

ⓐ 배관을 전용으로 한다.

ⓛ 동관의 배관은 저압식을 3.78MPa 이상의 압력에 견딜 수 있는 것을 사용한다.

ⓒ 고압식의 경우 개폐밸브 또는 선택밸브의 2차측 배관부속은 호칭압력 2.0MPa
이상의 것을 사용하여야 한다. 1차측 배관부속은 호칭압력 4.0MPa 이상의 것
을 사용하여야 하고, 저압식의 경우에는 2.0MPa의 압력에 견딜 수 있는 배관
부속을 사용한다.

ⓑ 전역방출방식 분사헤드의 방사압력

고압식	2.1MPa 이상
저압식	1.05MPa 이상

⑤ 할로겐화물소화설비 : 할로겐화합물 소화약제를 사용하여 화재의 연소반응을 억제함
으로써 소화 가능하도록 하는 것을 목적으로 설치된 고정소화설비로, 불활성가스소
화설비와 비슷하다.

㉮ 저장용기의 충전비

ⓐ 할론 2402를 저장하는 것 중 가압식 저장용기에 있어서는 0.51 이상 0.67 미
만, 축압식 저장용기에 있어서는 0.67 이상 2.75 이하

ⓛ 할론 1211에 있어서는 0.7 이상 1.4 이하

ⓒ 할론 1301에 있어서는 0.9 이상 1.6 이하

④ 축압식 저장용기 : 압력은 온도 20℃에서 질소가스로 축압한다.
　　㉠ 할론 1211 : 1.1MPa 또는 2.5MPa
　　㉡ 할론 1301 : 2.5MPa 또는 4.2MPa
④ 전역방출방식 분사헤드의 방사압력

할론 2402	0.1MPa 이상
할론 1211	0.2MPa 이상
할론 1301	0.9MPa 이상

⑥ 청정소화설비
⑦ 분말소화설비 : 분말소화약제 저장탱크에 저장된 소화분말을 가압용 또는 축압용 가스로 질소나 탄산가스의 압력에 의해 미리 설계된 배관 및 설비에 따라 화재발생 시 분말과 함께 방호대상물에 방사하여 소화하는 설비로, 표면화재 및 연소면이 급격히 확대되는 인화성액체의 화재에 적합한 방식이다.
⑧ 강화액소화설비

(2) 경보설비

화재 발생 사실을 통보하는 기계·기구 또는 설비

1) 단독경보형 검지기

2) 비상경보설비
① 비상벨설비
② 자동식사이렌설비

3) 시각 경보기

4) 자동화재탐지설비 및 시각경보기
① 건축물 내에서 발생한 화재의 초기 단계에서 발생하는 열, 연기 및 불꽃 등을 자동으로 감지하여 건물 내의 관계자에게 벨, 사이렌 등의 음향으로 화재발생을 자동으로 알리는 설비로, 수신기·감지기·발신기·화재발생을 관계자에게 알리는 벨·사이렌 및 중계기·전원·배선 등으로 구성된 설비를 말한다.
　㉮ 자동화재탐지설비의 설치 기준
　　㉠ 자동화재탐지설비의 경계구역(화재가 발생한 구역을 다른 구역과 구분하여 식별할 수 있는 최고 단위의 구역)은 건축물 그 밖의 공작물의 2 이상의 층에 걸치지 아니하도록 할 것. 다만, 하나의 경계 구역의 면적이 500m² 이하이면서 당해

경계구역이 두 개의 층에 걸치는 경우이거나 계단·경사로·승강기의 승강로, 그 밖에 이와 유사한 연기감지기를 설치하는 경우에는 그러하지 아니하다.

ⓒ 하나의 경계구역 면적은 600m² 이하로 하고 그 한 변의 길이는 50m(광전식분리형감지기를 설치할 경우에는 100m) 이하로 할 것. 다만, 당해 건축물 그 밖의 공작물의 주요한 출입구에서 그 내부의 전체를 볼 수 있는 경우에 있어서는 그 면적을 1,000m² 이하로 할 수 있다.

ⓒ 자동화재탐지설비의 감지기는 지붕(상층이 있는 경우에는 상층의 바닥) 또는 벽의 옥내에 면한 부분(천장이 있는 경우에는 천장 또는 벽의 옥내에 면한 부분 및 천장의 뒷부분)에 유효하게 화재의 발생을 감지할 수 있도록 설치할 것

ⓔ 자동화재탐지설비에는 비상전원을 설치할 것

⑭ 옥내에서 지정수량 100배 이상을 취급하는 일반취급소에 설치한다.

5) 비상방송설비

6) 자동화재속보설비

소방 대상물에 화재가 발생하면 자동으로 소방관서에 통보해 주는 설비

7) 통합 감시시설

8) 누전경보기

건축물의 천장, 바닥, 벽 등의 보강재로 상용하고 있는 금속류 등이 누전의 경로가 되어 화재를 발생시키므로 이를 방지하기 위하여 누설 전류가 흐르면 자동으로 경보를 발할 수 있도록 설치된 경보 설비

9) 가스누설경보기

가연성가스나 독성 가스의 누출을 검지하여 그 농도를 지시함과 동시에 경보를 발하는 설비

(3) 피난구조설비

화재가 발생할 경우 피난하기 위하여 사용하는 기구 또는 설비

1) 피난기구

① 피난사다리

② 구조대

③ 완강기

2) 인명구조기구

　① 방열복, 방화복(안전헬멧, 보호장갑 및 안전화를 포함)

　② 공기호흡기

　③ 인공소생기

3) 유도등

　① 피난유도선

　② 피난구유도등

　　㉮ 피난구의 바닥으로부터 1.5m 이상의 곳에 설치한다.

　　㉯ 조명도는 피난구로부터 30m의 거리에서 문자 및 색채를 쉽게 식별할 수 있는 것
　　　 이어야 한다.

　③ 통로유도등

　　㉮ 종류 : 복도통로유도등, 거실통로유도등, 계단통로유도등

　　㉯ 조도는 통로유도등의 바로 밑의 바닥으로부터 수평으로 0.5m 떨어진 지점에서 측
　　　 정하여 1lux 이상이어야 한다.

　　㉰ 백색 바탕에 녹색으로 피난방향을 표시한 등으로 하여야 한다.

　④ 객석유도등

　　㉮ 조도는 통로 바닥의 중심선에서 측정하여 0.2lux 이상이어야 한다.

　　㉯ 설치 개수 $= \dfrac{객석의\ 통로\ 직선\ 부분의\ 길이(m)}{4} - 1$

　⑤ 유도표지

　　㉮ 피난구유도표지는 출입구 상단에 설치한다.

　　㉯ 통로유도표지는 바닥으로부터 높이 1.5m 이하의 위치에 설치한다.

　⑥ 비상조명등 휴대용비상조명등

(4) 소화용수설비

화재를 진압하는 데 필요한 물을 공급하거나 저장하는 설비

① 상수도소화용수설비

② 소화수조 · 저수조, 그 밖의 소화용수설비

(5) 소화활동설비

화재를 진압하거나 인명구조활동을 위하여 사용하는 설비

1) 제연(배연)설비

화재 시 발생한 연기가 피난경로가 되는 복도, 계단 전실 및 거실 등에 침입하는 것을 방지하고, 거주자를 유해한 연기로부터 보호하여 안전하게 피난시킴과 동시에 소화활동을 원활하게 하기 위한 설비를 말한다.

2) 연결송수관설비

고층빌딩의 화재는 소방차로부터 주수소화가 불가능한 경우가 많기 때문에 소방차와 접속이 가능한 도로변에 송수구를 설치하고 건물 내에 방수구를 설치하여 소방차의 송수구로부터 전용배관에 의해 가압송수 할 수 있도록 한 설비를 말한다.

3) 연결살수설비

지하층 화재의 경우 개구부가 작아 연기가 충만하기 쉽고 소방대의 진입이 용이하지 못하므로 이에 대한 대책으로 일정 규모 이상의 지하층 천장면에 스프링클러헤드를 설치하고 지상의 송수구로부터 소방차를 이용하여 송수하는 소화설비를 말한다.

4) 비상콘센트설비

지상 11층 미만의 건물에 화재가 발생한 경우에는 소방차에 적재된 비상발전설비 등의 소화 활동상 필요한 설비로 화재진압활동이 가능하지만, 지상 11층 이상의 층 및 지하 3층 이상에서 화재가 발생한 경우에는 소방차에 의한 전원공급이 원활하지 않아 내화배선으로 비상전원이 공급될 수 있도록 한 고정전원설비를 말한다.

5) 무선통신보조설비

지하에서 화재가 발생한 경우 효과적인 소화활동을 위해 무선통신을 사용하고 있는데, 지하의 특성상 무선연락이 잘 이루어지지 않아 방재센터 또는 지상에서 소화활동을 지휘하는 소방대원과 지하에서 소화활동을 하는 소방대원 간의 원활한 무선통신을 위한 보조설비를 말한다.

6) 연소방지설비

지하구 화재 시 특성상 연소속도가 빠르고 개구부가 적기 때문에 연기가 충만되기 쉽고 소방대의 진입이 용이하지 못한 관계로 지하구에 방수헤드 또는 스프링클러헤드를 설치하고 지상의 송수구로부터 소방차를 이용하여 송수소화하는 설비를 마한다.

적중예상문제

01 다음의 (   ) 안을 채우시오.

> 소화기구는 자동식 소화기를 제외하고는 (①) 이하의 높이에 설치해야 하며, 수동식 소화기구에는 (②), 마른모래에는 (③), (④)과 팽창질석에는 (⑤)이라는 표지를 부착하여야 한다.

정답

① 1.5m, ② 소화기, ③ 소화용 모래, ④ 팽창진주암, ⑤ 소화질석

해설

▪ **소화기구**

화재가 일어난 초기에 화재를 발견한 자 또는 그 현장에 있던 자가 조작하여 소화작업을 할 수 있게 만든 기구로, 수동식 소화기와 자동식 소화기 및 간이소화용구를 말한다.

02 수계소화설비의 점검기구를 5가지 쓰시오.

정답

① 소화전 밸브압력계, ② 방수압력측정계, ③ 절연저항계, ④ 전류전압측정계, ⑤ 헤드결합렌치

해설

▪ **「화재예방, 소방시설 설치·유지 및 안전관리에 관한 법률」상 소방시설별 점검 장비**

소방시설	장 비	규 격
공통시설	방수압력측정계, 절연저항계, 전류전압측정계	
소화기구	저 울	
옥내소화전설비 옥외소화전설비	소화전밸브압력계	
스프링클러설비 포소화설비	헤드결합렌치	
불활성가스소화설비 분말소화설비 할론소화설비 할로겐화합물 및 불활성기체 소화설비	검량계, 기동관누설시험기, 그 밖에 소화약제의 저장량을 측정할 수 있는 점검기구	

소방시설	장 비	규 격
자동화재탐지설비 시각경보기	열감지기시험기, 연(煙)감지기시험기, 공기주입시험기, 감지기시험기연결폴대, 음량계	
누전경보기	누전계	누전전류 측정용
무선통신보조설비	무선기	통화시험용
제연설비	풍속풍압계, 폐쇄력측정기, 차압계	
통로유도등 비상조명등	조도계	최소눈금이 0.1럭스 이하인 것

03 다음 각각의 소화설비에 대한 표준방사량(L/min)을 쓰시오.

① 옥내소화전설비   ② 옥외소화전설비
③ 스프링클러설비   ④ 포소화설비(포워터 스프링클러헤드)

> **정답**

① 260L/min 이상, ② 450L/min 이상, ③ 80L/min 이상, ④ 75L/min 이상

04 위험물제조소 등에 설치하는 옥내소화전설비가 설치된 건축물에 옥내소화전이 3층에 6개, 4층에 4개, 5층에 3개, 6층에 2개가 설치되어 있다. 이때 수원의 수량을 몇m³ 이상으로 하여야 하는가?

> **정답**

옥내소화전설비 설치 개수(설치 개수가 5개 이상인 경우는 5개의 옥내소화전)

$Q = N \times 7.8\text{m}^3$

$5 \times 7.8\text{m}^3 = 39\text{m}^3$

05 옥내소화전설비의 압력수조를 이용한 가압송수장치의 공식을 쓰시오.

> **정답**

$P = P_1 + P_2 + P_3 + 0.35\text{MPa}$

여기서, P : 필요한 압력(MPa)

        P_1 : 소방용 호스의 마찰손실수두압(MPa)

        P_2 : 배관의 마찰손실수두압(MPa)

        P_3 : 낙차의 환산수두압(MPa)

06 습식스프링클러설비를 다른 스프링클러설비와 비교했을 때의 장·단점을 2가지 쓰시오.

정답

장 점	단 점
① 구조가 간단하고 공사비가 저렴하다. ② 헤드까지 물이 충만되어 있으므로 화재발생 시에 물이 즉시 방수되어 소화가 빠르다.	① 차고나 주차장 등 배관의 물이 동결될 우려가 있는 장소에는 설치할 수 없다. ② 배관의 누수 등으로 물의 피해가 우려되는 장소에는 부적합하다.

해설

■ 습식스프링클러설비의 장·단점

장 점	단 점
• 다른 종류의 스프링클러설비보다 유지관리가 쉽다. • 화재감지가 없는 설비로서 작동에 있어서 가장 신뢰성이 있는 설비이다.	화재발생 시 감지기 기동방식보다 경보가 늦게 울린다.

07 포소화설비에서 공기포소화약제 혼합방식 4가지를 쓰시오.

정답

① 펌프프로포셔너 방식
② 프레셔프로포셔너 방식
③ 라인프로포셔너 방식
④ 프레셔사이드 프로포셔너 방식

해설

① 펌프프로포셔너 방식(Pump Proportioner) : 펌프의 토출관과 흡입관 사이의 배관 도중에 설치한 흡입기에 펌프에서 토출된 물의 일부를 보내고 농도조정밸브에서 조정된 포소화약제의 피료량을 포소화약제탱크에서 펌프흡입측으로 보내어 이를 혼합하는 방식이다.
② 프레셔프로포셔너 방식(Pressure Proportioner) : 펌프와 발포기의 배관 도중에 벤투리(Venturi)관을 설치하여 벤투리 작용에 의하여 포소화약제에 의하여 포소화약제를 혼합하는 방식이다.
③ 라인프로포셔너 방식(Line Proportioner) : 급수관의 배관 도중에 포소화약제 혼합기를 설치하여 그 흡입관에서 포소화약제의 소화약제를 혼입하여 혼합하는 방식이다.
④ 프레셔사이드 프로포셔너 방식(Pressure Side Proportioner) : 펌프의 토출관에 압입기를 설치하여 포소화약제 압입용 포소화약제를 압입시켜 혼합하는 방식이다.

08 프레셔 프로포셔너 방식과 라인 프로포셔너 방식에 대하여 설명하시오.

> **정답**

① 프레셔프로포셔너 방식 : 펌프와 발포기의 배관 도중에 벤투리(Venturi) 관을 설치하여 벤투리 작용에 의하여 포소화약제에 의하여 포소화약제를 혼합하는 방식이다.
② 라인프로포셔너 방식 : 급수관의 배관 도중에 포소화약제 혼합기를 설치하여 그 흡입관에서 포소화약제의 소화약제를 혼입하여 혼합하는 방식이다.

> **해설**

■ **기계포소화약제 혼합장치**
기계포소화약제의 원액과 물을 혼합하는 장치로 다음과 같은 종류가 있다.
① 라인프로포셔너 방식　　　　　② 프레셔프로포셔너 방식
③ 펌프프로포셔너 방식　　　　　④ 프레셔사이드 프로포셔너 방식

09 포소화설비의 펌프양정이다. 식 $H = h_1 + h_2 + h_3 + h_4$에서 각 $h_1,\ h_2,\ h_3,\ h_4$ 의 의미를 쓰시오.

> **정답**

- h_1 : 방출구의 설계압력 환산수두 또는 노즐선단의 방사압력 환산수두(m)
- h_2 : 배관의 마찰손실수두(m)
- h_3 : 낙차(m)
- h_4 : 소방용 호스의 마찰손실수두(m)

10 포소화설비의 기준에 따라서 수동식 기동장치를 설치할 경우 기동장치의 조작부 및 호스접속구에는 직근의 보기 쉬운 장소에 각각 무엇 또는 무엇이라고 표시를 해야 하는지 쓰시오.

> **정답**

① 기동장치의 조작부, ② 접속구

> **해설**

■ **포소화설비의 수동식 기동장치의 설치 기준**
① 직접조작 또는 원격조작에 의하여 가압송수장치, 수동식 개방밸브 및 포소화약제 혼합장치를 기동할 수 있을 것
② 2 이상의 방사구역을 갖는 포소화설비는 방사구역을 선택할 수 있는 구조로 할 것
③ 기동장치의 조작부는 화재 시 용이하게 접근이 가능하고 바닥면으로부터 0.8m 이상 1.5m 이하의 높이에 설치한다.
④ 기동장치의 조작부에는 유리 등에 의한 방호조치가 되어 있을 것
⑤ 기동장치의 조작부 및 호스접속구에는 직근의 보기 쉬운 장소에 각각 "기동장치의 조작부" 또는 "접속구" 라고 표시한다.

11 다음의 괄호에 알맞은 답을 쓰시오.

이동식 포소화설비는 4개(호스접속구가 4개 미만인 경우에는 그 개수)의 노즐을 동시에 사용할 경우에 각 노즐선단의 방사압력은 (①)MPa 이상이고, 방사량을 옥내에 설치한 것은 (②)L/min, 옥외에 설치한 것은 (③)L/min 이상으로 30분간 방사할 수 있는 양 이상이 되도록 하여야 한다.

정답

① 0.35, ② 200, ③ 400

12 포소화설비의 약제저장탱크 설치 기준을 6가지 쓰시오.

정답

① 화재 등의 재해로 인한 피해를 받을 우려가 없는 장소에 설치한다.
② 기온의 변동으로 포의 발생에 장애를 주지 아니하는 장소에 설치한다.
③ 포소화약제가 변질될 우려가 없고 점검에 편리한 장소에 설치한다.
④ 가압송수장치 또는 포소화약제 혼합장치의 기동에 따라 압력이 가해지는 것 또는 상시 가압된 상태로 사용되는 것에 있어서는 압력계를 설치하다.
⑤ 포소화약제 저장량의 확인이 쉽도록 액면계 또는 계량봉 등을 설치한다.
⑥ 가압식이 아닌 저장탱크는 글라스게이지를 설치하여 액량을 측정할 수 있는 구조로 한다.

해설

■ **포소화약제의 소화원리**
① 질식효과 : 포가 연소대상물을 덮어 싸는 공기 차단에 의한 질식소화
② 냉각효과 : 물에 의한 증발과 포 내부의 수분이 비등 과정에서 기화잠열을 흡수하여 냉각작용
③ 유화 및 희석작용 : 액체인화물에 포가 뿌려질 경우 약제가 유체에 유화분산되는 성질로 인하여 인화물 농도 저하 및 희석작용으로 소화

13 위험물 저장탱크에 설치하는 포소화설비의 포 방출구(Ⅰ형, Ⅱ형, 특형, Ⅲ형, Ⅳ형) 중 Ⅲ형 포 방출구를 사용하기 위하여 저장 또는 취급하는 위험물이 가져야 하는 특성 2가지를 쓰시오.

정답

① 온도 20℃ 물 100g에 용해되는 양이 1g 미만일 것
② 저장온도가 50℃ 이하 또는 동점도가 100cst 이하인 것

14 포소화약제이다. 빈 칸을 채우시오.

방출구별 방출량 및 방사시간 / 위험물 종류	I 형			II 형			특 형		
	방출량 (L/m² min)	방사시간 (min)	방사량 (L)	방출량 (L/m² min)	방사시간 (min)	방사량 (L)	방출량 (L/m² min)	방사시간 (min)	방사량 (L)
인화점 21℃ 미만의 제4류 위험물(가솔린, 납사, 원유 등)	4 (수성막포 2.27)	30	①	4 (수성막포 2.27)	55	②	8	30	③
인화점 21℃ 이상 70℃ 미만의 제4류 위험물(등유, 경유 등)	4 (수성막포 2.27)	20	④	4 (수성막포 2.27)	30	⑤	8	20	⑥
인화점 70℃ 이상의 제4류 위험물(윤활유, 중유 등)	4 (수성막포 2.27)	15	⑦	4(수성막포 2.27)	25	⑧	8	15	⑨

정답

① 120, ② 220, ③ 240, ④ 80, ⑤ 120, ⑥ 160, ⑦ 60, ⑧ 100, ⑨ 120

해설

■ **포소화약제(Foam Agents)**

① 화학포소화약제 : 화학적으로 제조된 소화약제로서 2가지 이상의 소화약제를 혼합하여 발생되는 포

② 기계포소화약제 : 화학적으로 제조된 소화약제를 송수펌프 또는 압이용 펌프에 의해 강제로 흡입하여 포를 생성시켜 소화할 수 있도록 제조된 것

15 불연성가스 소화약제의 저장용기 설치 장소의 기준을 쓰시오.

정답

① 방호구역 외의 장소에 설치한다.

② 온도가 40℃ 이하이고, 온도변화가 적은 장소에 설치한다.

③ 직사광선 및 빗물이 침투할 우려가 적은 장소에 설치한다.

④ 저장용기에는 안전장치를 설치한다.

해설

■ **불연성가스소화설비**

불연성가스인 CO_2 가스를 고압가스용기에 저장하여 두었다가 화재가 발생할 경우 미리 설치된 소화설비에 의하여 화재 발생지역에 CO_2 가스를 방출·분사시켜 질식 및 냉각작용에 의한 소화를 목적으로 설치한 고정 소화설비

16 불활성가스소화설비의 수동식 기동장치에 대해 답하시오.

> (1) 저장용기의 충전비는 저압식인 경우 (①) 이상 (②) 이하, 고압식인 경우 (③) 이상 (④) 이하
> (2) 저압식 저장용기에는 (①)MPa 이상의 압력 및 (②)MPa 이하의 압력에서 작동하는 압력경보장치를 설치할 것
> (3) 저압식 저장용기에는 용기 내부의 온도를 영하 (①)℃ 이상 영하 (②)℃ 이하로 유지할 수 있는 자동냉동기를 설치할 것
> (4) 저장용기는 온도가 (①)℃ 이하이고, 온도변화가 적은 장소에 설치할 것

정답

(1) ① 1.1, ② 1.4, ③ 1.5, ④ 1.9
(2) ① 2.3, ② 1.9
(3) ① 20, ② 18
(4) ① 40

해설

■ 불활성가스소화설비의 이산화탄소 저장용기 설치 기준
① 저장용기의 충전비

구 분	고압식	저압식
충전비	1.5 이상 1.9 이하	1.1 이상 1.4 이하

② 저압식 저장용기에는 2.3MPa 이상의 압력 및 1.9MPa 이하의 압력에서 작동하는 압력경보장치를 설치할 것
③ 저압식 저장용기에는 용기 내부의 온도를 −20℃ 이상, 18℃ 이하로 유지할 수 있는 자동냉동기를 설치할 것
④ 온도가 40℃ 이하이고 온도 변화가 적은 장소에 설치할 것

17 불활성가스소화설비에서 CO_2의 설치 기준에 대한 설명이다. 다음 물음에 답하시오.

> ① 국소방출방식의 CO_2 분사헤드는 소화약제의 양을 몇 초 이내에 균일하게 방사해야 하는가?
> ② 전역방출방식 불활성가스(IG−541)의 분사헤드 방사압력은 몇 MPa 이상인가?
> ③ 전역방출방식 이산화탄소의 분사헤드의 방사압력은 고압식의 것에 있어서 몇 MPa 이상인가?

정답

① 30초, ② 1.9MPa 이상, ③ 2.1MPa 이상

18 불활성가스소화설비의 수동식 기동장치에 대해 답하시오.

(1) 기동장치의 조작부는 바닥으로부터 (   )m 이상, (   )m 이하의 높이에 설치할 것
(2) 기동장치 외면의 색상은?
(3) 기동장치 또는 직근의 장소에 표시하여야 할 사항 2가지는?

> **정답**

(1) 0.8, 1.5
(2) 적색
(3) ① 방호구역의 명칭, ② 취급방법

> **해설**

■ **불활성가스소화설비의 기동장치**
(1) 수동식 기동장치의 설치기준(이산화탄소)
　① 기동장치는 해당 방호구역 밖에 설치하되 해당 방호구역 안을 볼 수 있고 조작을 한 자가 쉽게 대피할 수 있는 장소에 설치할 것
　② 기동장치는 하나의 방호구역 또는 방호대상물마다 설치할 것
　③ 기동장치 조작부는 바닥으로부터 0.8m 이상 1.5m 이하의 높이에 설치할 것
　④ 기동장치 직근의 보기 쉬운 장소에 '불활성가스소화설비 수동기동장치'임을 알리는 표시를 할 것
　⑤ 기동장치 외면은 적색으로 할 것
　⑥ 기동장치 직근의 보기 쉬운 장소에 방호구역의 명칭, 취급방법, 안전상 주의사항 등을 표시할 것
　⑦ 전기를 사용하는 기동장치에는 전원표시등을 설치할 것
　⑧ 기동장치의 방출용 스위치 등은 음향경보장치 기동 전에는 조작될 수 없도록 할 것
　⑨ 기동장치 또는 직근의 장소에 방호구역의 명칭, 취급방법, 안전상의 주의사항 등을 표시할 것
(2) 자동식의 기동장치의 설치기준(IG-100, IG-55, IG-541)
　① 기동장치는 자동화재탐지설비의 감지기의 작동과 연동하여 기동될 수 있도록 할 것
　② 기동장치에는 다음에 정한 것에 의하여 자동·수동전환장치를 설치할 것
　　㉠ 쉽게 조작할 수 있는 장소에 설치할 것
　　㉡ 자동 및 수동을 표시하는 표시등을 설치할 것
　　㉢ 자동·수동의 전환은 열쇠 등에 의하는 구조로 할 것
　③ 자동·수동전환장치 또는 직근의 장소에 취급하는 방법을 표시할 것

19 불활성가스소화설비의 분사헤드를 설치할 수 없는 장소를 쓰시오.

> **정답**

① 방재실, 제어실 등 사람이 상시 근무하는 장소
② 니트로셀룰로오스, 셀룰로이드 제품 등 자기연소성 물질을 저장·취급하는 장소
③ 나트륨, 칼륨, 칼슘 등 활성금속물질을 저장·취급하는 장소
④ 전시장 등의 관람을 위하여 다수인이 출입, 통행하는 통로 및 전시실 등

해설

이산화탄소는 탄소원자(C)가 산화하여 생성되는 화합물로서 화학적으로 볼 때 분자 속에 결합되어 있는 산소원자가 탄소원자에 대해 포화상태로 결합되어 있으므로, 더 이상 반응을 일으키지 않는 물질이며, 즉 탄소의 최종 산화물로써 더 이상 연소성이 없다는 것이다.

20 위험물제조소 등에 할로겐화합물소화설비를 설치하고자 할 때 (   ) 안에 알맞은 내용을 쓰시오.

> 축압식 저장용기 등은 온도 20℃에서 할론 1211을 저장하는 것은 (①) 또는 (②)MPa, 할론 1301을 저장하는 것은 (③) 또는 (④)MPa이 되도록 (⑤) 가스를 가압하여야 한다.

정답

① 1.1, ② 2.5, ③ 2.5, ④ 4.2, ⑤ 질소

21 가솔린을 취급하는 설비에서 할론 1301을 고정식 벽의 면적이 50m³이고, 전체 둘레 면적 200m³일 때 용적식 국소방출방식의 소화약제의 양(kg)은?(단, 방호공간의 체적은 600m³이다)

정답

$$Q=\left(X-Y\frac{a}{A}\right)\times1.25\times계수=\left(4-2\frac{50}{200}\right)\times1.25\times1.0=4.0625\text{kg/m}^3$$

∴ 액체 저장량을 구하면 600m³×4.0625kg/m³=2,437.5kg

22 경유인 액체위험물을 상부를 개방한 용기에 저장하는 경우 표면적이 50m³이고 국소방출방식의 분말소화설비를 설치하고자 할 때 제3종 분말소화약제의 저장량은 얼마로 하여야 하는가?

정답

약제의 저장량=방호대상물의 표면적(m³)×계수×5.2kg/m²×1.1
  (여기서 경유의 계수가 제1종~제4종 분말이므로 1.0이다)
  =50m²×1.0×5.2kg/m²×1.1=286kg

23 자동화재탐지설비의 경계구역 기준이다. (   )에 알맞는 말을 쓰시오.

하나의 경계구역의 면적은 (①)m² 이하로 하고 그 한 변의 길이는 (②)mL 이하로 한다. 다만, 해당 건축물 그 밖의 공작물의 주요한 출입구에서 그 내부 전체를 볼 수 있는 경우에 있어서는 그 면적은 (③)m² 이하로 할 수 있다.

정답

① 600m², ② 50m, ③ 1,000m²

해설

■ **자동화재탐지설비의 설치기준**

① 자동화재탐지설비의 경계구역(화재가 발생한 구역을 다른 구역과 구분하여 식별할 수 있는 최소 단위의 구역)은 건축물 그 밖의 공작물의 2 이상의 층에 걸치지 아니하도록 한다. 다만, 하나의 경계구역의 면적이 500m² 이하이면서 해당 경계구역이 두 개의 층에 걸치는 경우이거나 계단, 경사로, 승강기의 승강로 그 밖에 이와 유사한 장소에 연기감지기를 설치하는 경우에는 그러하지 아니다.

② 하나의 경계구역의 면적은 600m² 이하로 하고 그 한 변의 길이는 50m(광전식분리형감지기를 설치할 경우에는 100mL) 이하로 한다.

③ 자동화재탐지설비의 감지기는 지붕(상층이 있는 경우에는 상층의 바닥) 또는 벽의 옥내에 면한 부분(천장이 있는 경우에는 천장 또는 벽의 옥내에 면한 부분 및 천장의 뒷부분)에 유효하게 화재의 발생을 감지할 수 있도록 설치한다.

④ 자동화재탐지설비에는 비상전원을 설치한다.

24 위험물제조소 및 일반취급소에 자동화재탐지설비를 설치해야 하는 기준 3가지를 쓰시오.

정답

① 연면적 500m³ 이상인 것

② 옥내에서 지정수량 100배 이상 취급하는 것(고인화점 위험물만을 100℃ 미만의 온도에서 취급하는 것 제외)

③ 일반취급소로 사용되는 부분 외의 부분이 있는 건축물에 설치된 일반취급소(일반취급소와 일반취급소 외의 부분이 내화구조의 바닥 또는 벽으로 개구부 없이 구획된 것을 제외)

04 능력단위 및 소요단위

01 능력단위 및 소요단위

(1) 능력단위

소방기구의 소화능력을 나타내는 수치, 즉 소요단위에 대응하는 소화설비의 소화능력 기준 단위

① 마른모래(50L, 삽 1개 포함) : 0.5단위

② 팽창질석 또는 팽창진주암(160L, 삽 1개 포함) : 1단위

③ 소화전용 물통(8L) : 0.3단위

④ 수조

| 190L(8L 소화전용 물통 6개 포함) | 2.5단위 |
| 80L(8L 소화전용 물통 3개 포함) | 1.5단위 |

(2) 소요단위(1단위)

소화설비의 설치 대상이 되는 건축물, 그 밖의 인공구조물 규모 또는 위험물 양에 대한 기준 단위

① 제조소 또는 취급소용 건축물의 경우

㉮ 외벽이 내화구조로 된 것으로 연면적 $100m^2$

> **예제**
>
> 위험물 취급소의 건축물 연면적이 $500m^2$인 경우 소요단위는?(단위벽은 내화구조이다)
>
> **풀이** $\dfrac{500m^2}{100m^2}=5$단위
>
> 📄 5단위

㉯ 외벽이 내화구조가 아닌 것으로 연면적이 $50m^2$

② 저장소 건축물의 경우

　⑦ 외벽이 내화구조로 된 것으로 연면적 $150m^2$

건축물 외벽이 내화구조이며, 연면적 $300m^2$인 위험물 옥내저장소의 건축물에 대하여 소화설비의 소화능력단위는 최소 몇 단위 이상이어야 하는가?

풀이 $\dfrac{300m^2}{150m^2} = 2$단위

🖎 2단위

　④ 외벽이 내화구조가 아닌 것으로 연면적이 $75m^2$

③ 위험물의 경우 : 지정수량 10배

가솔린 저장량이 2,000L일 때 소화설비 설치를 위한 소요단위는?

풀이 소요단위 = $\dfrac{저장량}{지정\ 수량 \times 10배} = \dfrac{2,000L}{200L \times 10} = 1$단위

🖎 11단위

01 소화기 중 A-2 C는 무엇을 의미하는지 휘발유로 예를 들어 설명하시오.

> **정답**

소화기의 능력단위가 일반화재 2단위와 전기화재에 사용할 수 있으므로 유류화재인 B급 화재에는 사용할 수 없다.

> **해설**

능력단위 : 소요단위에 대응하는 소화설비의 소화능력 기준단위이다.

02 금속칼륨 50kg, 인화칼슘 6,000kg 저장 시 건조사 필요량은 몇 L인가?

> **정답**

소요단위 $= \dfrac{\text{저장량}}{\text{지정수량} \times 10} = \dfrac{50}{10 \times 10} + \dfrac{6,000}{300 \times 10} = 2.5$단위

건조사 50L : 0.5단위 $= x$(L) : 2.5단위

$x = 250$L

> **해설**

■ **소요단위(1단위)**
소화설비의 설치대상이 되는 건출물. 그 밖의 공작물 규모 또는 위험물 양에 대한 기준단위

03 다음과 같은 건축물 등의 총 소요단위를 구하시오.

> • 건축물의 구조 : 지상 1층과 2층의 바닥면적이 1,000m²이다(1층과 2층 모두 내화구조이다).
> • 공작물의 구조 : 옥외에 설치 높이 8m, 공작물의 최대수평투영면적 200m²이다.
> • 저장 위험물 : 디에틸에테르 3,000L, 경유 5,000L이다.

> **정답**

소요단위 $= \dfrac{1,000\text{m}^2 \times 2\text{개종}}{150\text{m}^2} + \dfrac{200\text{m}^2}{150\text{m}^2} + \left(\dfrac{3,000\text{L}}{50\text{L} \times 10} + \dfrac{5,000\text{L}}{1,000\text{L} \times 10} \right) = 21.17$단위

■ **소요단위 계산법**

① 제조소 또는 취급소의 건축물
   ㉠ 외벽이 내화구조 : 연면적 $100m^2$
   ㉡ 외벽이 내화구조가 아닌 것 : 연면적 $50m^2$
② 저장소의 건축물
   ㉠ 외벽이 내화구조 : 연면적 $150m^2$
   ㉡ 외벽이 내화구조가 아닌 것 : 연면적 $75m^2$
③ 위험물은 지정수량의 10배 : 1소요단위

04 휘발유 저장탱크(직경 : 5m, 휘발용액 높이 : 5m) 보관 시 화재의 단위수량을 구하시오.

정답

휘발유의 용적 $3.14 \times 2.5^2 \times 5 = 98.125kL$이고, 휘발유의 지정수량 200L이므로 휘발유의 용적은 지정수량의 490.625배이다. 이때 위험물의 소요수량은 지정수량의 10배이므로 소요 수량의 49.0625배, 즉 49배이다.

해설

■ **휘발유(Gasoline, $C_5H_{12} \sim C_9H_{20}$)**

연소범위의 하한이 낮아 조금의 증기량만 있어도 연소할 가능성이 있다. 연소범위 하한 1.4vol%는 1드럼통의 공간에 휘발유 약 9g이 존재하면 형성된다. 그러므로 빈 용기에 증기가 잔류하지 않도록 한다.

위험성 평가방법

(1) 정성적 평가기법

① 체크리스트(Checklist) 기법 : 공정 및 설비의 오류, 결함상태, 위험상황 등을 목록화한 형태로 작성하여 경험적으로 비교함으로써 위험성을 파악하는 것이다.

② 사고예상질문분석(WHAT-IF) 기법 : 공정에 잠재하고 있으면서 원하지 않은 나쁜 결과를 초래할 수 있는 사고에 대하여 예상질문을 통해 사전에 확인함으로써 그 위험 결과 및 위험을 줄이는 방법을 제시하는 것이다.

③ 예비위험분석(PHA; Preliminary Hazards Analysis) 기법 : 모든 시스템 안전 프로그램의 최고 단계의 분석으로, 시스템 내의 위험요소가 얼마나 위험한 상태에 있는가를 정성적으로 평가하는 방법

   例 질산암모늄 등 유해위험물질의 위험성을 평가하는 방법

(2) 정량적 평가기법

① 작업자 실수분석(HEA; Human Error Analysis) 기법 : 설비의 운전원, 정비 보수원, 기술자 등의 작업에 영향을 미칠만한 요소를 평가하여 그 실수의 원인을 파악하고 추적하여 실수의 상대적 순위를 결정하는 것이다.

② 결함수분석(FTA; Fault Tree Analysis) 기법 : 하나의 특정한 사고 원인의 관계를 논리게이트를 이용하여 도해적으로 분석하여 연역적·정량적 기법으로 해석해가면서 위험성을 평가하는 방법

③ 사건수분석(ETA; Event Tree Analysis) 기법 : 초기 사건으로 알려진 특정한 장치의 이상이나 운전자의 실수로부터 발생되는 잠재적인 사고 결가를 평가하는 것

④ 원인결과분석(CCA; Cause-Consequence Analysis) 기법 : 잠재된 사고의 결과와 이러한 사고의 근본적인 원인을 찾아내고 사고 결과와 원인의 상호관계를 예측·평가하는 것

(3) 기타

① 위험과 운전분석 기법(HAZOP; Hazard and Operability) : 화학공장에서의 위험성과 운전성을 정해진 규칙과 설계도면에 의해 체계적으로 분석·평가하는 방법

② 이상위험도분석(FMECA; Failure Modes, Effect and Criticality Analysis) 기법 : 공정 및 설비의 고장의 형태 및 영향, 고장 형태별 위험도 순위를 결정하는 것이다.
③ 상대위험순위 결정(Dow and Mond Indices) 기법 : 설비에 존재하는 위험에 대하여 수치적으로 상대위험순위를 지표화하여 그 피해 정도를 나타내는 상대적 위험순위를 정하는 것

적중예상문제

01 화학공장의 위험성 평가분석기법 중 정성적인 기법과 정량적인 기법의 종류를 각각 3가지씩 쓰시오.

정답

(1) 정석정인 기법
  ① 체크리스트법
  ② 안전성 검토법
  ③ 예비위험분석법
(2) 정량적인 기법
  ① 결함수분석법
  ② 사건수분석법
  ③ 원인결과분석법

06 실험실 안전

(1) 화상의 정도에 의한 분류

1도 화상	화상의 부위가 분홍색이 되고 가벼운 부음과 통증을 수반한다.
2도 화상	수포성이며, 화상의 부위가 분홍색이 되며 분비액이 많이 분비된다.
3도 화상	화상의 부위가 벗겨지고 검게 된다.
4도 화상	전기화재에서 입은 화상으로 피부가 탄화되고 뼈까지 도달된다.

(2) 구급처치 방법

① 2도 화상 : 상처 부위는 많은 물로 씻는다.

적중예상문제

01 다음은 화상도이다. 증상을 쓰시오.

① 1도 화상
② 2도 화상
③ 3도 화상

① 1도 화상 : 피부가 빨갛게 되어 쓰릴 정도의 아픈 화상
② 2도 화상 : 피부에 수포가 생길 정도의 화상
③ 3도 화상 : 피부의 표면이 죽어 검게 탄 경우의 화상

해설

■ **화상의 처치**
① 1도 화상 : 올리브유나 바세린, 붕산수를 바르고 거즈로 가볍게 싸맨다.
② 2도 화상 : 물집을 터뜨리지 말고, 감염 방지제를 바른 후 거즈로 싸맨다.
③ 3도 화상 : 즉시 전문의사의 진료를 받도록 한다. 화상을 입었을 때의 응급조치는 화기를 제거하기 위해 찬물에 담갔다가 아연화 연고를 바른다.

위험물기능장실기

위험물의 종류와 성상

01 제1류 위험물

01 제1류 위험물의 품명과 지정수량

성 질	위험등급	품 명	지정수량
산화성고체	I	1. 아염소산염류	50kg
		2. 염소산염류	50kg
		3. 과염소산염류	50kg
		4. 무기과산화물류	50kg
	II	5. 브롬산염류	300kg
		6. 질산염류	300kg
		7. 요오드산염류	300kg
	III	8. 과망간산염류	1,000kg
		9. 중크롬산염류	1,000kg
	I~III	10. 그 밖에 행정안전부령이 정하는 것 　① 과요오드산염류 　② 과요오드산 　③ 크롬, 납 또는 요오드의 산화물 　④ 아질산염류 　⑤ 차아염소산염류 　⑥ 염소화이소시아눌산 　⑦ 퍼옥소이황산염류 　⑧ 퍼옥소붕산염류 11. 1~10에 해당하는 어느 하나 이상을 함유한 것	50kg, 300kg 또는 1,000kg

02 위험성 시험방법

(1) 연소시험

고체 물질(분말)이 가연성물질과 혼합했을 때, 그 가연성물질의 연소속도를 증대시키는 산화력의 잠재성 위험성을 판단하는 것을 목적으로 한다.

(2) 낙구식 타격감도시험

고체 물질(분말)의 충격에 대한 민감성을 판단하는 것을 목적으로 한다. 이를 위해 표준물질과 가연성물질을 이용해서 만든 표준시료에 쇠공을 떨어뜨려서 50% 폭점(50%의 확률로 폭발을 일으키는 높이)을 구하며, 그 높이에서 가연성물질을 이용해서 만든 시험시료에 쇠공을 떨어뜨려 50% 이상의 확률로 폭발을 일으키는가의 여부를 알아보고자 한다.

(3) 대량연소시험

고체 물질(분말 외)이 가연성물질과 혼합했을 때 그 가연성물질의 연소속도를 증대시키는 산화력의 잠재성 위험성을 판단하는 것을 목적으로 한다.

(4) 철관시험

고체 물질(분말 외)이 가연성물질과 혼합했을 때에 폭굉 또는 폭연할 위험성과 산화성물질의 충격에 대한 민감성을 판단하는 것을 목적으로 한다.

03 공통 성질 및 저장·취급 시 유의사항

(1) 공통 성질

① 대부분 무색 결정 또는 백색 분말로, 비중이 1보다 크고 물에 잘 녹으며, 물과 작용하여 열과 산소를 발생시키는 것도 있다.
② 일반적으로 불연성이며, 산소를 많이 함유하고 있는 강산화제이다.
③ 조연성물질로, 반응성이 풍부하여 열·충격·마찰 또는 분해를 촉진하는 약품과의 접촉으로 인해 폭발할 위험이 있다.
④ 모두 무기화합물이다.

(2) 저장 및 취급 시 유의사항

① 대부분 조해성을 가지므로 방습 등에 주의하며, 밀폐하여 저장한다.

② 복사열이 없고 환기가 잘 되는 서늘한 곳에 저장한다.

③ 열원과 산화되기 쉬운 물질 및 화재 위험이 있는 곳을 멀리한다.

④ 가열·충격·마찰 등을 피하고 분해를 촉진하는 약품류 및 가연물과의 접촉을 피한다.

⑤ 취급 시 용기 등의 파손에 의한 위험물의 누설에 주의한다.

⑥ 알칼리금속의 과산화물을 저장할 때는 다른 1류 위험물과 분리된 장소에 저장한다. 가연물 및 유기물 등과 같이 있을 경우에 충격 또는 마찰 시 폭발할 위험이 있기 때문이다.

(3) 소화방법

① 자신은 불연성이기 때문에 가연물의 종류에 따라서 소화방법을 검토한다.

② 산화제의 분해온도를 낮추기 위하여 물을 주수하는 냉각소화가 효과적이다.

③ 무기과산화물(알칼리금속의 과산화물)은 물과 급격히 발열반응을 하므로 건조사에 의한 피복소화를 실시한다(단, 주수소화는 절대엄금).

④ 소화 작업 시 공기호흡기, 보안경, 방호의 등 보호장구를 착용한다.

---

04 위험물의 성상

1 아염소산염류(지정수량 50kg)

아염소산($HClO_2$)의 수소(H)가 금속 또는 다른 원자단으로 치환된 염(Na, K, Ca, Pb)을 말한다. 특히 중금속염은 민감한 폭발성을 가지므로 기폭제로 많이 사용한다.

(1) 아염소산나트륨($NaClO_2$, 아염소산소다)

① 일반적 성질

㉮ 자신은 불연성이며, 무색의 결정성 분말로 조해성이 있어서 물에 잘 녹는다.

㉯ 순수한 무수물의 분해온도는 약 350℃ 이상이지만, 수분함유 시에는 약 120~130℃에서 분해된다.

$$3NaClO_2 \rightarrow 2NaClO_3 + NaCl, \quad NaClO_3 \rightarrow NaClO + O_2 \uparrow$$

㉰ 염산과 반응시키면 분해하여 이산화염소(ClO_2)를 발생시키기 때문에 종이, 펄프 등의 표백제로 쓰인다.

$$3NaClO_2 + 2HCl \rightarrow 3NaCl + 2ClO_2 + H_2O_2$$

② 위험성

㉮ 비교적 안정하나 시판품은 140℃ 이상의 온도에서 발열 분해하여 폭발을 일으킨다.

㉯ 매우 불안정하여 180℃ 이상 가열하면 산소를 발생한다.

$$3NaClO_2 \xrightarrow{\Delta} 2NaClO_3 + NaCl$$

$$4NaClO_3 \xrightarrow{\Delta} 3NaClO_4 + NaCl$$

$$NaClO_4 \xrightarrow{\Delta} NaCl + 2O_2 \uparrow$$

㉰ 수용액 상태에서도 강력한 산화력을 가지고 있다.

㉱ 환원성 물질(황, 유기물, 금속분 등)과 접촉 시 폭발한다.

$$2NaClO_2 + 3S \longrightarrow Cl_2 + 2SO_2 + Na_2S$$

$$4Al + 3NaClO_2 \longrightarrow 2Al_2O_3 + 3NaCl$$

$$2Mg + NaClO_2 \longrightarrow 2MgO + NaCl$$

㉲ 티오황산나트륨, 디에틸에테르 등과 혼합 시 혼촉발화의 위험이 있다.

③ 저장 및 취급방법

㉮ 환원성 물질과 격리하여 저장한다.

㉯ 건조한 냉암소에 저장한다.

㉰ 습기에 주의하며 용기는 밀봉·밀전한다.

④ 용도 : 폭약의 기폭제로 이용한다.

⑤ 소화방법 : 소량의 물은 폭발의 위험이 있으므로 다량의 물로 주수소화한다.

(2) 아염소산칼륨($KClO_2$)

기타 아염소산나트륨과 비슷하다.

② 염소산염류(지정수량 50kg)

염소산($HClO_3$)의 수소(H)가 금속 또는 다른 원자단으로 치환된 화합물이다.

(1) 염소산칼륨($KClO_3$, 염소산칼리)

① 일반적 성질

㉮ 상온에서 광택이 있는 무색의 단사정계, 판상결정 또는 백색 분말이다.

㉯ 찬물이나 알코올에는 녹기 어렵고, 온수나 글리세린 등에는 잘 녹는다.

㉰ 비중 2.32, 융점 368.4℃, 분해온도는 400℃

② 위험성

㉮ 차가운 느낌이 있으며, 인체에 유독하다.

㉯ 강산화제이며, 가열에 의해 분해하여 산소를 발생한다. 촉매 없이 400℃ 정도에서 가열하면 분해한다.

$$2KClO_3 \xrightarrow{\Delta} 2KCl + 3O_2\uparrow$$

㉰ 약 400℃ 부근에서 열분해되기 시작하여 540~560℃에서 과염소산칼륨($KClO_4$)이 분해하여 염화칼륨(KCl)과 산소(O_2)를 방출한다.

$$2KClO_3 \rightarrow KCl + KClO_4 + O_2\uparrow, \quad KClO_4 \rightarrow KCl + 2O_2\uparrow$$

㉱ 촉매인 이산화망간(MnO_2) 등이 존재 시 분해가 촉진되어 산소를 방출하여 다른 가연물의 연소를 촉진시킨다.

㉲ 상온에서 단독으로는 안정하나 이산화성물질(황, 적린, 목탄, 알루미늄의 분말, 유기물질, 염화철 및 차아인산염 등), 강산, 중금속염 등 분해촉매가 혼합 시 약한 자극에도 폭발한다.

㉳ 황산 등의 강산과의 접촉으로 격렬하게 반응하여 폭발성의 이산화염소를 발생하고 발열·폭발한다.

$$KClO_3 + H_2SO_4 \rightarrow KHSO_4 + HClO_3 + 열$$

$$2HClO_3 \rightarrow Cl_2O_5 + H_2O + 열$$

$$2Cl_2O_5 \rightarrow 4ClO_2 + O_2 + 열$$

$$4KClO_3 + 4H_2SO_4 \rightarrow 4KHSO_4 + 4ClO_2 + O_2 + 2H_2O + 열$$

③ 저장 및 취급방법

㉮ 산화되기 쉬운 물질이나 강산, 분해를 촉진하는 중금속류의 혼합을 피하고 가열·충격·마찰 등에 주의한다.

㉯ 환기가 잘 되는 차가운 곳에 저장한다.

㉰ 용기가 파손되거나 공기 중에 노출되지 않도록 밀봉하여 저장한다.

④ 용도 : 폭약, 불꽃, 성냥, 염색, 소독·표백, 제초제, 방부제, 인쇄 잉크 등

⑤ 소화방법 : 주수소화

(2) 염소산나트륨($NaClO_3$, 염소산소다)

① 일반적 성질

㉮ 무색무취의 결정이다.

㉯ 조해성이 강하며, 흡습성이 있고 물·알코올·글리세린·에테르 등에 잘 녹는다.

㉰ 분자량 106.5, 비중 2.5, 분해온도는 300℃

② 위험성

㉮ 매우 불안정하여 300℃의 분해온도에서 열분해하여 산소를 발생하고, 촉매에 의해서는 낮은 온도에서 분해한다.

$$2KClO_3 \xrightarrow[촉매]{\Delta} 2KCl + 3O_2\uparrow$$

㉯ 흡습성이 좋아 강한 산화제로서 철재용기를 부식시킨다.

㉰ 염산과 반응하여 유독한 이산화염소(ClO_2)를 발생하며, 이산화염소는 폭발성을 지닌다.

$$2NaClO_3 + 2HCl \rightarrow 2NaCl + 2ClO_2 + H_2O_2$$

㉱ 분진이 있는 대기 중에 오래 있으면 피부·점막 및 시력을 잃기 쉬우며, 다량 섭취할 경우에는 생명이 위험하다.

③ 저장 및 취급방법

㉮ 조해성이 크므로 방습에 주의하고 용기를 밀전시키며 습기가 없는 찬 장소, 환기가 잘되는 냉암소에 보관한다.

㉯ 가열·충격·마찰·점화원의 접근을 피한다.

④ 용도 : 폭약원료, 불꽃, 성냥, 잡초의 제초제, 의약 등

⑤ 소화방법 : 주수소화

(3) 염소산암모늄(NH_4ClO_3)

① 일반적 성질

㉮ 조해성과 금속의 부식성, 폭발성이 크며, 수용액은 산성이다.

㉯ 비중 1.8, 분해온도 100℃

② 위험성 : 폭발기(NH_4)와 산화기(ClO_3)가 결합되었기 때문에 폭발성이 크다.

③ 저장 및 취급방법 : 염소산칼륨에 준한다.

3 과염소산염류(지정수량 50kg)

과염소산($HClO_4$)의 수소(H)가 금속 또는 다른 원자단으로 치환된 화합물이다.

(1) 과염소산칼륨($KClO_4$, 과염소산칼리)

① 일반적 성질

㉮ 무색무취의 결정 또는 백색의 분말이다.

㉯ 물에 녹기 어렵고, 알코올이나 에테르 등에도 녹지 않는다.

㉰ 염소산칼륨보다는 안정하나 가열·충격·마찰 등에 의해 분해한다.

⠲ 비중 2.52, 융점 610℃, 분해온도 400℃

② 위험성

㉮ 약 400℃에서 열분해하기 시작하여 약 610℃에서 완전 분해되어 염화칼륨과 산소를 방출한다. 이때 MnO_2와 같은 촉매가 존재하면 분해를 촉진한다.

$$KClO_4 \longrightarrow KCl + 2O_2 \uparrow$$

㉯ 진한 황산과 접촉하면 폭발성가스를 생성하고 튀는 듯이 폭발할 위험이 있다.

㉰ 목탄, 인, 황, 탄소, 유기물 등이 혼합되어 있을 때 가열·충격·마찰 등에 의해 폭발한다.

③ 저장 및 취급방법 : 인, 황, 탄소 등의 가연물, 유기물과 함께 저장하지 않는다.

④ 용도 : 폭약, 화약, 섬광제, 의약, 시약 등

⑤ 소화방법 : 주수소화

(2) 과염소산나트륨($NaClO_4$, 과염소산소다)

① 일반적 성질

㉮ 무색무취의 사방정계 결정이다.

㉯ 조해성이 있으며, 물·알코올·아세톤에 잘 녹으나 에테르에는 녹지 않는다.

㉰ 분자량 122, 비중 2.50, 융점 482℃, 분해온도 400℃

② 위험성

㉮ 130℃ 이상으로 가열하면 분해하여 산소를 발생한다.

$$NaClO_4 \xrightarrow{\Delta} NaCl + 2O_2 \uparrow$$

㉯ 가연물과 유기물 등이 혼합되어 있을 때 가열·충격·마찰 등에 의해 폭발한다.

③ 저장 및 취급방법 : 과염소산칼륨에 준한다.

(3) 과염소산암모늄(NH_4ClO_4)

① 일반적 성질

㉮ 무색무취의 결정(상온 → 사방정계. 240℃ 이상 → 입방정계)이다.

㉯ 물, 알코올, 아세톤에는 잘 녹으나 에테르에는 녹지 않는다.

㉰ 비중(20℃)은 1.87, 분해온도 130℃

② 위험성

㉮ 강산과 접촉하거나 가연물 또는 산화성 물질 등과 혼합 시 폭발의 위험이 있다.

$$NH_4ClO_4 + H_2SO_4 \longrightarrow NH_4HSO_4 + HClO_4$$

㉯ 상온에서는 비교적 안정하나 약 130℃에서 분해하기 시작하여 약 300℃ 부근에서 급격히 가열하면 분해하여 폭발한다.

$$2NH_4ClO_4 \xrightarrow{\Delta} \underbrace{N_2\uparrow + Cl_2\uparrow + 2O_2\uparrow + 4H_2O\uparrow}_{\text{다량의 가스}}$$

③ 저장 및 취급방법 : 염소산칼륨에 준한다.

(4) 과염소산마그네슘[Mg(ClO₄)₂]

① 일반적 성질
  ㉮ 백색의 결정성 덩어리이다.
  ㉯ 조해성이 강하며, 물·에탄올에 녹는다.
② 위험성
  ㉮ 방수·방습에 주의한다.
  ㉯ KClO₄와 거의 같은 성질을 가지므로 산화력이 강한 위험성이 있다.
③ 용도 : 분석시약, 가스건조제, 불꽃류 제조

4 무기과산화물(지정수량 50kg)

무기과산화물 자체는 연소하지 않으나 유기물과 접촉하면 알칼리금속의 과산화물은 물과 급속히 반응하여 산소를 발생한다.

[1] 알칼리금속의 과산화물(M₂O₂)

리튬(Li), 나트륨(Na), 칼륨(K), 루비늄(Rb), 세슘(Cs) 등의 과산화물은 물과 접촉을 피해야 하는 금수성물질이다.

(1) 과산화칼륨(K₂O₂, 과산화칼리)

① 일반적 성질
  ㉮ 무색 또는 오렌지색의 등축정계 분말이다.
  ㉯ 가열하면 열분해하여 산화칼륨(K₂O)과 산소(O₂)를 발생한다.
    $$2K_2O_2 \rightarrow 2K_2O + O_2$$
  ㉰ 흡습성이 있으므로 물과 접촉하면 수산화칼륨(KOH)과 산소(O₂)를 발생한다.
    $$2K_2O_2 + 2H_2O \rightarrow 4KOH + O_2\uparrow$$
  ㉱ 공기 중의 탄산가스를 흡수하여 탄산염이 생성된다.
    $$2K_2O + 2CO_2 \rightarrow 2K_2CO_3 + O_2\uparrow$$
  ㉲ 에틸알코올에는 용해하며, 묽은 산과 반응하여 과산화수소(H₂O₂)를 생성시킨다.
    $$K_2O_2 + 2CH_3COOH \rightarrow 2CH_3COOK + H_2O_2\uparrow$$

⑭ 분자량 110, 비중 2.9, 융점 490℃

② 위험성

　　㉮ 물과 접촉하면 발열하면서 폭발 위험성이 증가한다.

　　㉯ 가열하면 위험하며, 가연물과 혼합 시 충격이 가해지면 발화할 위험이 있다.

　　㉰ 접촉 시 피부를 부식시킬 위험이 있다.

③ 저장 및 취급방법

　　㉮ 가열, 충격, 마찰 등을 피하고, 가연물, 유기물, 황분, 알루미늄분의 혼입을 방지한다.

　　㉯ 물과 습기가 들어가지 않도록 용기는 밀전, 밀봉한다.

④ 용도 : 표백제, 소독약, 제약, 염색 등

⑤ 소화방법 : 건조사, 소다회(Na_2CO_3), 암분 등으로 피복소화한다.

(2) 과산화나트륨(Na_2O_2, 과산화소다)

① 일반적 성질

　　㉮ 순수한 것은 백색이지만 보통은 담홍색을 띠고 있는 정방정계 분말이다.

　　㉯ 가열하면 열분해하여 산화나트륨(Na_2O)과 산소(O_2)를 발생한다.

$$2Na_2O_2 \rightarrow 2Na_2O + O_2 \uparrow$$

　　㉰ 흡습성이 있으므로 물과 접촉하면 수산화나트륨($NaOH$)과 산소(O_2)를 발생한다.

$$2Na_2O_2 + 2H_2O \rightarrow 4NaOH + O_2 \uparrow$$

　　㉱ 공기 중의 탄산가스를 흡수하여 탄산염이 생성된다.

$$2Na_2O_2 + 2CO_2 \rightarrow 2Na_2CO_3 + O_2 \uparrow$$

　　㉲ 피부를 부식시킨다.

　　㉳ 에틸알코올에는 녹지 않으나 묽은 산과 반응하여 과산화수소(H_2O_2)를 생성시킨다.

$$Na_2O_2 + 2CH_3COOH \rightarrow 2CH_3COONa + H_2O_2 \uparrow$$

　　㉴ 비중 2.805, 융점 460℃

TIP
과산화나트륨의 제법
순수한 금속나트륨을 고온으로 건조한 공기 중에서 연소시켜 얻는다.

$$2Na + O_2 \xrightarrow{\Delta} 2Na_2O_2$$

② 위험성

　　㉮ 강력한 산화제로서 금, 니켈을 제외한 다른 금속을 침식하여 산화물을 만든다.

　　㉯ 상온에서 물과 급격히 반응하며, 가열하면 분해되어 산소(O_2)를 발생한다.

　　㉰ 불연성이나 물과 접촉하면 발열하며, 대량의 경우에는 폭발한다.

㉔ 탄산칼슘, 마그네슘, 알루미늄 분말, 초산(아세트산), 에테르 등과 혼합하면 폭발의 위험이 있다.

③ 저장 및 취급방법

㉮ 가열, 충격, 마찰 등을 피하고, 가연물이나 유기물, 황분, 알루미늄분의 혼입을 방지한다.

㉯ 물과 습기가 들어가지 않도록 용기는 밀전, 밀봉한다. 또한 저장실 내에는 스프링클러설비, 옥내소화전, 포소화설비 또는 물분무소화설비 등을 설치하면 안 되며, 이러한 소화설비에서 나오는 물과의 접촉을 피해야 한다.

㉰ 용기의 파손에 유의하며, 누출을 방지한다.

④ 소화방법 : 주수소화는 금물이며, 건조사나 암분, 소다회 등으로 피복소화한다.

(3) 과산화리튬(Li_2O_2)

① 일반적 성질

㉮ 백색의 분말로 에테르에 약간 녹는다.

㉯ 분자량 48.5, 융점 180℃, 비점 1,336℃

② 위험성

㉮ 가열 또는 산화물과 접촉하면 분해하여 산소를 방출한다.

㉯ 물과 심하게 반응하여 발열하고 산소를 발생한다.

$$2Li_2O_2 + 2H_2O \rightarrow 4LiOH + O_2 \uparrow$$

㉰ CO_2와 폭발적으로 반응한다.

[2] 알칼리금속 이외의 무기과산화물

마그네슘(Mg), 칼슘(Ca), 베릴륨(Be), 스트론튬(Sr), 바륨(Ba) 등의 알칼리토금속의 산화물이 대부분이다.

(1) 과산화마그네슘(MgO_2, 과산화마그네시아)

① 일반적 성질

㉮ 백색 분말로, 시판품은 MgO_2의 함량이 15~25% 정도이다.

㉯ 물에 녹지 않으며, 산에 녹아 과산화수소(H_2O_2)를 발생한다.

$$MgO_2 + 2HCl \rightarrow MgCl_2 + H_2O_2 \uparrow$$

㉰ 습기 또는 물과 반응하여 발생기 산소[O]를 낸다.

$$MgO_2 + H_2O \rightarrow Mg(OH)_2 + [O]$$

② 위험성 : 환원제 및 유기물과 혼합 시 마찰 또는 가열, 충격에 의해 폭발의 위험이 있다.

③ 저장 및 취급방법

㉮ 유기물질의 혼입, 가열, 충격, 마찰을 피하고, 습기나 물에 접촉되지 않도록 용기를 밀봉·밀전한다.

㉯ 산류와 격리하고 용기 파손에 의한 누출이 없도록 한다.

(2) 과산화칼슘(CaO_2, 과산화석회)

① 일반적 성질

㉮ 무정형의 백색 분말이며, 물에 녹기 어렵고 알코올이나 에테르 등에도 녹지 않는다.

㉯ 산과 반응하여 과산화수소를 생성한다.

$$CaO_2 + 2HCl \longrightarrow CaCl_2 + H_2O_2$$

㉰ 수화물($CaO_2 \cdot 8H_2O$)은 백색 결정이며, 물에는 조금 녹고 온수에서는 분해된다.

㉱ 비중 1.7, 분해온도 275℃

② 위험성

㉮ 분해온도 이상으로 가열하면 폭발의 위험이 있다.

$$2CaO_2 \xrightarrow{\Delta} 2Ca + 2O_2$$

㉯ 묽은 산류에 녹아서 과산화수소가 생긴다.

(3) 과산화바륨(BaO_2)

① 일반적 성질

㉮ 백색의 정방정계 분말로, 알칼리토금속의 과산화물 중 가장 안정한 물질이다.

㉯ 물에는 약간 녹지만, 알코올·에테르·아세톤 등에는 녹지 않는다.

㉰ 800~840℃의 고온에서 분해하여 산소를 발생한다.

$$2BaO_2 \xrightarrow{\Delta} 2BaO + O_2$$

㉱ 수화물($BaO_2 \cdot 8H_2O$)은 무색 결정으로 묽은 산에는 녹으며, 100℃에서 결정수를 잃는다.

㉲ 비중 4.96, 융점 450℃

② 위험성

㉮ 산 및 온수에 의해 분해되어 과산화수소(H_2O_2)와 발생기 산소를 발생하면서 발열한다.

$$BaO_2 + H_2SO_4 \longrightarrow BaSO_4 + H_2O_2 \uparrow$$
$$2BaO_2 + 2H_2O \longrightarrow 2Ba(OH)_2 + O_2 \uparrow$$

㉯ 유독성이 있다.

㉰ 유기물과 접촉을 피한다.

5 브롬산염류(지정수량 300kg)

취소산($HBrO_3$)의 수소(H)가 금속 또는 다른 원자단으로 치환된 염이다.

(1) 브롬산칼륨($KBrO_3$)

① 일반적 성질

  ㉮ 백색 결정성 분말이며, 물에는 잘 녹으나 알코올에는 난용이다.

  ㉯ 융점 이상으로 가열하면 분해되어서 산소를 발생한다.

   $$2KBrO_3 \rightarrow 2KBr + 3O_2\uparrow$$

  ㉰ 비중 3.27, 융점 370℃

② 위험성

  ㉮ 황, 숯, 마그네슘 분말, 기타 다른 가연물과 혼합되어 있을 때 가열하면 폭발한다.

  ㉯ 분진을 흡입하면 구토나 위장에 해를 입힌다.

  ㉰ 혈액 속에서 메타헤모글로빈 증세를 일으킨다.

③ 저장 및 취급방법

  ㉮ 분진이 비산되지 않도록 조심히 다루며, 밀봉·밀전한다.

  ㉯ 습기에 주의하며, 열원을 멀리한다.

(2) 브롬산나트륨($NaBrO_3$)

① 일반적 성질

  ㉮ 무색의 결정 또는 결정성 분말로 물에 잘 녹는다.

  ㉯ 강한 산화력이 있고 고온에서 분해하여 산소를 방출한다.

  ㉰ 비중 3.3, 융점 381℃

② 위험성 : 브롬산칼륨에 준한다.

(3) 브롬산아연[$Zn(BrO_3)_2 \cdot 6H_2O$]

① 일반적 성질

  ㉮ 무색의 결정이며, 물, 에탄올, 이황화탄소, 클로로포름에 잘 녹는다.

  ㉯ 강한 산화제이지만, Cl_2보다 약하다.

  ㉰ 비중 2.56, 융점 100℃

② 위험성

  ㉮ 가연물과 혼합되어 있을 때는 폭발적으로 연소한다.

  ㉯ F_2와 심하게 반응하여 불화취소가 생성된다.

  ㉰ 연소 시 유독성증기를 발생하고 부식성이 강하며, 금속 또는 유기물을 침해한다.

(4) 브롬산바륨[Br(BrO₃)₂·H₂O]

① 일반적 성질

㉮ 무색의 결정으로, 물에 약간 녹는다.

㉯ 120℃에서 결정수를 잃고 무수염이 된다.

㉰ 비중 3.99, 융점 414℃

② 위험성

㉮ 융점 이상 가열하거나 충격, 마찰에 의해 분해하여 산소를 발생한다.

㉯ 강한 산화력이 있어 가연물질과 혼합된 것은 가열, 충격, 마찰에 의해 발화, 폭발의 위험이 있다.

(5) 브롬산마그네슘[Mg(BrO₃)·H₂O]

① 일반적 성질

㉮ 무색 또는 백색 결정으로 물에 잘 녹는다.

㉯ 냉각하거나 물로 희석하면 산화력을 상실한다.

㉰ 200℃에서 무수물이 된다.

② 위험성

㉮ 가열하면 분해하여 산소를 발생한다.

㉯ 유기물과 반응하면 발화·폭발의 위험이 있다.

㉰ 불순물이 혼입된 것은 분해 위험이 있다.

6 질산염류(지정수량 300kg)

질산(HNO_3)의 수소(H)가 금속 또는 다른 양이온으로 치환된 화합물을 말한다. 물에 녹고, 폭약의 원료로 많이 사용된다.

(1) 질산칼륨(KNO_3, 질산칼리, 초석)

① 일반적 성질

㉮ 차가운 느낌의 자극성과 짠맛이 나는 무색 또는 흰색의 결정 분말이다.

㉯ 물이나 글리세린, 에탄올 등에는 잘 녹고, 에테르에 녹지 않는다(수용액은 중성 반응).

㉰ 약 400℃로 가열하면 분해하여 아질산칼륨(KNO_2)과 산소(O_2)가 발생한다.

$$2KNO_3 \xrightarrow{\Delta} 2KNO_2 + O_2 \uparrow$$

㉱ 강산화제이다.

㉲ 분자량 101   비중 2.1   융점 339℃   분해온도 400℃

질산칼륨 1mol 중의 질소함량은 약 몇 wt%인지 구하시오(단, K의 원자량은 39이다).

풀이 $\dfrac{14}{101} \times 100 = 13.86\text{wt%}$

답 13.86wt%

② 위험성

㉮ 강한 산화제이므로 가연성 분말이나 유기물과 접촉 시 폭발한다.

㉯ 흑색화약(Blackgun Powder)은 질산칼륨(KNO_3), 유황(S), 목탄분(C)을 75% : 10% : 15% 비율로 혼합한 것이다. 각자는 폭발성이 없으나 적정 비율로 혼합이 되면 폭발력이 생긴다. 이것은 뇌관을 사용하지 않고도 충분히 폭발시킬 수 있다. 흑색화약의 분해반응식은 다음과 같다.

$16KNO_3 + 3S + 21C \rightarrow 13CO_2 \uparrow + 3CO \uparrow + 8N_2 \uparrow 5K_2CO_3 + K_2SO_4 + 2K_2S$

㉰ 혼촉발화가 가능한 물질로는 황린, 유황, 금속분, 목탄분, 나트륨아미드, 나트륨, 에테르, 이황화탄소, 아세톤, 톨루엔, 크실렌, 등유, 에탄올, 에틸렌글리콜, 황화티탄, 황화안티몬 등이 있다.

③ 저장 및 취급방법

㉮ 유기물과의 접촉을 피한다.

㉯ 건조한 냉암소에 보관한다.

㉰ 가연물과 산류 등의 혼합 시 가열, 충격, 마찰 등을 피한다.

④ 용도 : 흑색화약, 불꽃놀이의 원료, 의약, 비료, 촉매, 야금, 금속열처리제, 유리청등제 등

⑤ 소화방법 : 주수소화

(2) 질산나트륨($NaNO_3$, 칠레초석, 질산소다)

① 일반적 성질

㉮ 무색무취의 투명한 결정 또는 백색 분말이다.

㉯ 조해성이 있으며, 물이나 글리세린 등에는 잘 녹고 알코올에는 녹지 않는다. 수용액은 중성이다.

㉰ 약 380℃에서 분해되어 아질산나트륨($NaNO_2$)과 산소(O_2)를 생성한다.

$2NaNO_3 \rightarrow 2NaNO_2 + O_2 \uparrow$

㉱ 비중 2.27, 융점 308℃, 분해온도 380℃

② 위험성

㉮ 강한 산화제로서 황산과 접촉 시 분해하여 질산을 유리시킨다.

㉯ 티오황산나트륨과 함께 가열하면 폭발한다.

③ 저장 및 취급방법 : 질산칼륨에 준한다.

④ 용도 : 유리 발포제, 열처리제, 비료, 염료, 의약, 담배 조연제 등

⑤ 소화방법 : 주수소화

(3) 질산암모늄(NH_4NO_3, 초안, 질안, 질산암몬)

① 일반적 성질

㉮ 상온에서 무색, 무취의 결정 고체이다.

㉯ 흡습성과 조해성이 강하고 물, 알코올, 알칼리 등에 잘 녹으며, 불안정한 물질이고 물에 녹을 때는 흡열반응을 한다.

㉰ 질산암모늄이 원료로 된 폭약은 수분이 흡수되지 않도록 포장하며, 비료용인 경우에는 우기 때 사용하지 않는 것이 좋다.

㉱ 비중 1.73, 융점 165℃, 분해온도 220℃

예제

질산암모늄(NH_4NO_3)에 함유되어 있는 질소와 수소의 함량은 몇 wt%인가?

풀이 ① 질소 : $\dfrac{28}{80} \times 100 = 35wt\%$

② 수소 : $\dfrac{4}{80} \times 100 = 5wt\%$

답 질소 : 35wt%, 수소 : 5wt%

---

② 위험성

㉮ 가연물, 유기물이 혼합되면 가열, 충격, 마찰에 의해 폭발한다.

㉯ 100℃ 부근에서 반응하고 200℃에서 열분해하여 산화이질소(N_2O)와 물로 분해한다.

$$NH_4NO_3 \xrightarrow{\Delta} N_2O + 2H_2O$$

㉰ 급격한 가열이나 충격을 주면 단독으로 폭발한다.

$$2NH_4NO_3 \rightarrow 2N_2 + 4H_2O + O_2$$

③ 저장 및 취급방법 : 질산칼륨에 준한다.

(4) 기타

질산리튬($LiNO_3$), 질산마그네슘[$Mg(NO_3)_2 \cdot 6H_2O$]

7 요오드산염류(지정수량 300kg)

요오드산(HIO_3)의 수소(H)가 금속 또는 다른 원자단으로 치환된 화합물이다. 대부분 결정성 고체로서 산화력이 강하고, 탄소나 유기물과 섞여 가열하면 폭발한다.

(1) 옥소산칼륨(KIO_3)

① 일반적 성질
  ㉮ 무색 결정 또는 광택이 나는 무색의 결정성 분말이다.
  ㉯ 물에 녹으며, 수용액은 리트머스 시험지에 중성 반응을 나타낸다.
  ㉰ 비중 3.89, 융점 560℃
② 위험성
  ㉮ 유기물, 가연물과 혼합한 것은 충격, 마찰에 의해 폭발한다.
  ㉯ 황린, 목탄분, 금속분, 칼륨, 나트륨, 인화성액체류, 셀룰로오스, 황화합물 등과 혼촉 시 가열, 충격, 마찰에 의해 폭발의 위험성이 있다.

(2) 옥소산나트륨($NaIO_3$)

① 조해성이 있으며, 물에 잘 녹는다.
② 융점은 42℃이다.

(3) 옥소산암모늄(NH_4IO_3)

① 무색의 결정이다.
② 비중은 3.3이다.

8 과망간산염류(지정수량 1,000kg)

과망간산($HMnO_4$)의 수소(H)가 금속 또는 다른 원자단으로 치환된 물질이다.

(1) 과망간산칼륨($KMnO_4$, 카멜레온)

① 일반적 성질
  ㉮ 단맛이 나는 흑자색의 사방정계 결정이다.
  ㉯ 물에 녹아 진한 보라색이 되며 강한 산화력과 살균력을 지닌다.
  ㉰ 240℃에서 가열하면 과망간산칼륨, 이산화망간, 산소를 발생한다.
    $$2KMnO_4 \rightarrow K_2MnO_4 + MnO_2 + O_2 \uparrow$$
  ㉱ 2분자가 중성 또는 알칼리성과 반응하면 3원자의 산소를 방출한다.

ⓜ 비중 2.7, 분해온도 240℃

② 위험성

㉮ 진한 황산과의 반응은 격렬하게 튀는 듯이 폭발을 일으킨다.

$$2KMnO_4 + H_2SO_4 \rightarrow K_2SO_4 + 2HMnO_4$$

$$2HMnO_4 \rightarrow Mn_2O_7 + H_2O$$

$$2Mn_2O_7 \rightarrow 4MnO_2 + 3O_2 \uparrow$$

㉯ 묽은 황산과의 반응은 다음과 같다.

$$4KMnO_4 + 6H_2SO_4 \rightarrow 2K_2SO_4 + 4MnSO_4 + 6H_2O + 5O_2 \uparrow$$

㉰ 강력한 산화제로 다음과 같은 경우 순간적으로 혼촉 발화하고 폭발의 위험성이 상존한다.

    ㉠ 과망간산칼륨＋에테르 : 최대위험비율＝84wt%

    ㉡ 과망간산칼륨＋글리세린 : 최대위험비율＝15wt%

    ㉢ 과망간산칼륨＋염산 : 최대위험비율＝63wt%

㉱ 환원성물질(목탄, 황 등)과 접촉 시 폭발할 위험이 있다.

㉲ 유기물(알코올, 에테르, 글리세린 등)과의 접촉 시 폭발할 위험이 있다.

③ 저장 및 취급방법

㉮ 일광을 차단하고 냉암소에 저장한다.

㉯ 용기는 금속 또는 유리용기를 사용하며, 산·가연물·유기물 등과의 접촉을 피한다.

④ 용도 : 살균제, 의약품(무좀약 등), 촉매, 표백제, 사카린의 제조, 특수 사진 접착제 등

⑤ 소화방법 : 폭발 위험에 대비하여 안전거리를 충분히 확보하고 공기호흡기 등의 보호장비를 착용하며, 초기 소화는 건조사 피복소화하거나 물·포·분말도 유효하지만, 기타의 경우는 다량의 물로 주수소화한다.

(2) 과망간산나트륨($NaMnO_4 \cdot 3H_2O$, 과망간산소다)

① 일반적 성질

㉮ 적자색 결정으로 물에 매우 잘 녹는다.

㉯ 조해성에 있어 수용액($NaMnO_4 \cdot 3H_2O$)으로 시판한다.

㉰ 가열하면 융점 부근에서 분해하여 산소를 발생한다.

$$2NaMnO_4 \xrightarrow{\text{170℃ 이상}} Na_2MnO_4 + MnO_4 + O_2 \uparrow$$

㉱ 비중 2.46, 융점 170℃

② 위험성 : 적린, 황, 금속분, 유기물과 혼합하면 가열, 충격에 의해 폭발한다.

❾ 중크롬산염류(지정수량 1,000kg)

중크롬산($H_2Cr_2O_7$)의 수소(H)가 금속 또는 다른 원자단으로 치환된 화합물이다. 이 무질을 중크롬산염($M_2Cr_2O_7$)이라 하고, 이들 염의 총칭을 중크롬산염류라 한다.

(1) 중크롬산칼륨($K_2Cr_2O_7$)

① 일반적 성질

㉮ 중크롬산나트륨 용액에 염화칼륨을 가해서 용해, 가열시켜서 얻는다.

$$Na_2Cr_2O_7 + 2KCl \xrightarrow{\Delta} 2K_2Cr_2O_7 + 2NaCl$$

㉯ 흡습성이 있는 등적색의 결정 또는 결정성 분말로 쓴맛이 있고, 물에는 녹으나 알코올에는 녹지 않는다.

㉰ 산성 용액에서 강한 산화제이다.

$$K_2Cr_2O_7 + 4H_2SO_4 \rightarrow K_2SO_4 + Cr_2(SO_4)_3 + 4H_2O + 3[O]$$

㉱ 독성이 있으며, 쓴맛과 금속성 맛이 있다.

㉲ 분자량 294, 비중 2.69, 융점 398℃, 분해온도 500℃

② 위험성

㉮ 강산화제이며, 500℃에서 분해하여 산소를 발생한다.

$$4K_2Cr_2O_7 \rightarrow 4K_2CrO_4 + 2Cr_2O_3 + 3O_2 \uparrow$$

㉯ 부식성이 강해 피부와 접촉 시 점막을 자극한다.

㉰ 단독으로는 안정된 화합물이지만 가열하거나 가연물, 유기물 등과 접촉할 때 가열, 마찰, 충격을 가하면 폭발한다.

㉱ 수산화칼륨, 히드록실아민, (아세톤+황산)과 혼촉 시 발화·폭발의 위험이 있다.

③ 저장 및 취급방법

㉮ 화기엄금, 가열, 충격, 마찰을 피한다.

㉯ 산, 유황, 화합물, 유지 등의 이물질과의 혼합을 금지한다.

㉰ 용기는 밀봉하여 저장한다.

(2) 중크롬산나트륨($Na_2Cr_2O_7 \cdot 2H_2O$)

① 일반적 성질

㉮ 크롬철강에 황산을 가하여 만든다.

$$2Na_2CrO_4 + H_2SO_4 + H_2O \rightarrow Na_2Cr_2O_7 \cdot 2H_2O + Na_2SO_4$$

㉯ 흡습성을 가진 등황색 또는 등적색의 결정으로 무취이다.

㉰ 물에는 녹으나 알코올에는 녹지 않는다.

㉱ 84.6℃에서 결정수를 잃고 400℃에서 분해하여 산소를 발생한다.

ⓐ 비중 2.52, 융점 356℃, 분해온도 400℃
② 위험성
㉮ 가열될 경우에는 분해되어 산소를 발생하여 근처에 있는 가연성물질을 연소시킬 수 있다.
㉯ 황산, 히드록실아민, (에탄올＋황산), (TNT＋황산)과 혼촉 시 발화·폭발의 위험 이 있다.
㉰ 눈에 들어가면 결막염을 일으킨다.

(3) 중크롬산암모늄[$(NH_4)_2Cr_2O_7$]

① 일반적 성질
㉮ 황산암모늄과 중크롬산나트륨을 복분해하여 만든다.
$$(NH_4)_2SO_4 + Na_2Cr_2O_7 \longrightarrow (NH_4)_2Cr_2O_7 + Na_2SO_4$$
㉯ 삼산화크롬에 암모니아를 작용하여 만든다.
$$2Cr_2O_3 + 2NH_3 + H_2O \longrightarrow (NH_4)_2Cr_2O_7$$
㉰ 적색 또는 등적색의 침상결정이다.
㉱ 물, 알코올에는 녹지만, 아세톤에는 녹지 않는다.
㉲ 가열 분해 시 질소(N_2)가스, 물 및 푸석푸석한 초록색의 (Cr_2O_3)를 만든다.
$$(NH_4)_2Cr_2O_7 \xrightarrow{\Delta} N_2 \uparrow + 4H_2O + Cr_2O_3$$
ⓐ 비중 2.15, 분해온도 225℃
② 위험성
㉮ 상온에서 안정하지만, 강산을 가하면 산화성이 증가한다.
㉯ 강산류, 환원제, 알코올류와 반응한다.
㉰ 밀폐 용기를 가열하면 심하게 파열한다.
㉱ 분진은 눈을 자극하고, 상처에 접촉 시 염증이 있으며, 흡입 시에는 기관지의 점 막에 침투하고, 중독증상이 나타난다.
③ 저장 및 취급방법 : 중크롬산칼륨에 준한다.
④ 용도 : 인쇄 제판, 매염제, 피혁 정제, 불꽃놀이 제조, 양초 심지, 도자기의 유약 등
⑤ 소화방법 : 초기 소화는 건조사, 분말, CO_2 소화기가 유효하며, 기타의 경우는 다량 의 물로 주수소화한다. 화재 진압 시는 방열복과 공기호흡기를 착용한다.

(4) 기타

중크롬산아연($ZnCr_2O_7 \cdot 3H_2O$), 중크롬산칼슘($CaCr_2O_7$), 중크롬산납($PbCr_2O_7$), 중크롬 산제이철[$Fe_2(Cr_2O_7)_3$]

🔟 그 밖에 행정안전부령이 정하는 것 – 삼산화크롬(CrO_3, 무크롬산, 지정수량 300kg)

① 일반적 성질

　㉮ 암적색의 침상 결정으로 물, 에테르, 알코올, 황산에 잘 녹는다.

　㉯ 융점 이상으로 가열하면 200~250℃에서 분해하여 산소를 방출하고 녹색의 삼산화이크롬으로 변한다.

$$4CrO_3 \xrightarrow{\Delta} 2Cr_2O_3 + 3O_2 \uparrow$$

② 위험성

　㉮ 강력한 산화제이다. 크롬산화물의 산화성 크기는 다음과 같다.

$$CrO_3 > Cr_2O_3 > CrO$$

　㉯ 산화되기 쉬운 물질이나 유기물, 인, 피크린산, 목탄분, 가연물과 혼합하면 심한 반응열에 의해 연소·폭발의 위험이 있다.

　㉰ 유황, 목탄분, 적린, 금속분 등과 같은 강력한 환원제와 접촉 시 가열, 충격으로 폭발의 위험이 있다.

　㉱ ($CrO_3 + CH_3COOH$)는 혼촉 발화한다.

　㉲ 페리시안화칼륨($K_3[Fe(CN)_6]$)과 혼합한 것을 가열하면 폭발한다.

③ 저장 및 취급방법

　㉮ 물 또는 습기와 접촉을 피하며 냉암소에 보관한다.

　㉯ 철제 용기에 밀폐하여 차고 건조한 곳에 보관한다.

④ 용도 : 합성촉매, 크롬 도금, 의약, 염료 등

⑤ 소화방법 : 건조사가 부득이한 경우와 소량의 경우는 다량의 물로 소화한다.

적중예상문제

01 산화성고체의 성질을 설명하시오.

> **정답**

고체로서 산화력의 잠재적인 위험성 또는 충격에 대한 민감성을 판단하기 위하여 소방청장이 정하여 고시하는 시험에서 고시로 정하는 성질과 상태를 나타내는 것이다.

> **해설**

■ 산화성 고체(Oxidizing Solid)
모든 품목이 산소를 다량으로 함유한 강력한 산화제이며, 분해하여 산소(O_2)를 발생한다.

02 산화성고체의 취급 시 주의사항 5가지를 쓰시오.

> **정답**

① 화기의 접근을 피하고 가열, 충격, 전도, 마찰 등의 분해 요인을 사전에 제거한다.
② 가연물 또는 산화되기 쉬운 물질, 유독물, 유기과산화물, 화학류, 황화합물과의 혼합 접촉을 피하며, 제2류 위험물, 제3류 위험물, 제4류 위험물과의 혼합은 현저하게 연소위험이 높아진다.
③ 분해를 촉진하는 약품(촉매 등) 또는 금속 산화물과의 접촉을 피한다.
④ 충격, 타격에 민감하므로 누출된 것을 삽이나 곡괭이로 수거작업을 하여서는 안 된다.
⑤ 공기가 잘 통하는 곳에 두며 직사광선이 차단된 냉암소에 보관한다.

> **해설**

산화성 고체(Oxidizing Solid)의 위험성, ① 산화성, ② 폭발 위험성, ③ 손상의 위험성, ④ 투수 위험성

03 제1류 위험물의 종류 및 지정수량 란에서 행정안전부령이 정하는 지정물질을 8가지 쓰시오.

① 과요오드산염류　　　　　　　② 과요오드산
③ 크롬, 납 또는 요오드의 산화물　　④ 아질산염류
⑤ 차아염소산염류　　　　　　　⑥ 염소화이소시아눌산
⑦ 퍼옥소이황산염류　　　　　　⑧ 퍼옥소붕산염류

■ 행정안전부령이 정하는 지정물질

품 명	지정물질
제1류 위험물	① 과요오드산염류 ② 과요오드산 ③ 크롬, 납 또는 요오드의 산화물 ④ 아질산염류 ⑤ 차아염소산염류 ⑥ 염소화이소시아눌산 ⑦ 퍼옥소이황산염류 ⑧ 퍼옥소붕산염류
제3류 위험물	염소화규소화합물
제5류 위험물	① 금속의 아지화합물 ② 질산구아니딘
제6류 위험물	할로겐간화합물

04 다음 위험물의 지정수량을 쓰시오.

① 과망간산염류　　　　　② 중크롬산염류
③ 제1석유류(비수용성)　　④ 제1석유류(수용성)
⑤ 제2석유류(비수용성)　　⑥ 제2석유류(수용성)
⑦ 아조화합물　　　　　　⑧ 디아조 화합물
⑨ 히드라진 유도체

① 1,000kg, ② 1,000kg, ③ 200L, ④ 400L, ⑤ 1,000L, ⑥ 2,000L, ⑦ 200kg, ⑧ 200kg, ⑨ 200kg

① 제1류 위험물의 품명과 지정수량

성 질	위험등급	품 명	지정수량
산화성고체	I	1. 아염소산염류 2. 염소산염류 3. 과염소산염류 4. 무기과산화물류	50kg 50kg 50kg 50kg
	II	5. 브롬산염류 6. 질산염류 7. 요오드산염류	300kg 300kg 300kg
	III	8. 과망간산염류 9. 중크롬산염류	1,000kg 1,000kg
	I ~ III	10. 그 밖에 행정안전부령이 정하는 것 　① 과요오드산염류 　② 과요오드산 　③ 크롬, 납 또는 요오드의 산화물 　④ 아질산염류 　⑤ 차아염소산염류 　⑥ 염소화이소시아눌산 　⑦ 퍼옥소이황산염류 　⑧ 퍼옥소붕산염류 11. 1~10에 해당하는 어느 하나 이상을 함유한 것	50kg, 300kg 또는1,000kg

② 제4류 위험물의 품명과 지정수량

성 질	위험등급	품 명		지정수량
인화성액체	I	특수인화물류		50L
	II	제1석유류	비수용성	200L
			수용성	400L
		알코올류		400L
	III	제2석유류	비수용성	1,000L
			수용성	2,000L
		제3석유류	비수용성	2,000L
			수용성	4,000L
		제4석유류		6,000L
		동·식물유류		10,000L

③ 제5류 위험물의 품명과 지정수량

성 질	위험등급	품 명	지정수량
자기반응성물질	I	1. 유기 과산화물 2. 질산에스테르류	10kg 10kg
	II	3. 니트로 화합물 4. 니트로소 화합물 5. 아조 화합물 6. 디아조 화합물 7. 히드라진 유도체 8. 히드록실아민 9. 히드록실아민염류 10. 그 밖에 행정안전부령이 정하는 것 ① 금속의 아지드 화합물 ② 질산구아니딘	200kg 200kg 200kg 200kg 200kg 100kg 100kg 200kg
	I ~ II	11. 1~10에 해당하는 어느 하나 이상을 함유한 것	10kg, 100kg 또는 200kg

05 표준상태에서 염소산칼륨 1,000g이 열분해할 경우, 이때 발생한 산소의 부피는 몇 m^3인가? (단, 염소산칼륨 분자량은 122.5이다)

> **정답**

$$2KClO_3 \quad \rightarrow \quad 2KCl + 3O_2$$
$$2 \times 122.5g \qquad\qquad\quad 3 \times 22.4L$$
$$1,000g \qquad\qquad\quad x(L)$$

$$x = \frac{1,000 \times 3 \times 22.4}{2 \times 122.5} = 274.286L$$

$$\therefore \ x = 0.274m^3$$

06 과염소산염류의 정의를 쓰시오.

> **정답**

과염소산($HClO_4$)의 수소(H)가 다른 금속 또는 원자단으로 치환된 화합물이다.

> **해설**

과염소산염류의 지정수량은 50kg이다.

07 분자량 138.5, 비중 2.5, 융점 610℃인 제1류 위험물이다. 다음 물음에 답하시오.

> ① 화학식
> ② 지정수량
> ③ 분해반응식
> ④ 이 물질 100kg이 610℃에서 분해하여 생성되는 산소량을 740mmHg, 27℃에서 몇 m³인가?

정답

① $KClO_4$, ② 50kg, ③ $KClO_4 \xrightarrow{\Delta} KCl + 2O_2$

④ $KClO_4 \rightarrow KCl + 2O_2$

138.5kg ⟍⟋ $2 \times 22.4\,m^3$
100kg ⟋⟍ $x\,(m^3)$

$x = \dfrac{100 \times 2 \times 22.4}{138.5}$, $x = 32.35\,m^3$

$\dfrac{PV}{T} = \dfrac{P'V'}{T'}$, $\dfrac{760 \times 32.35}{(273+0)} = \dfrac{740 \times V'}{(273+27)}$, $V' = \dfrac{760 \times 32.35 \times (273+27)}{740 \times (273+0)}$

$V' = 36.51\,m^3$

08 다음 위험물 중에서 분해온도가 가장 낮은 것은?

> 염소산나트륨, 염소산칼슘, 과염소산나트륨, 과염소산칼륨

정답

과염소산나트륨

해설

① 염소산나트륨($NaClO_3$)은 매우 불안정하여 300℃의 분해온도에서 산소를 분해·방출하고 촉매에 의해서는 낮은 온도에서 분해한다. $KClO_3$보다 분해온도가 낮다. 화재 시 화재 열에 의해서도 심하게 분해한다.
$4NaClO_3 \rightarrow 3NaClO_4 + NaCl$
$NaClO_4 \rightarrow NaCl + 2O_2 \uparrow$
$2NaClO_3 \rightarrow 2NaCl + 3O_2 \uparrow$

② 염소산칼륨($KClO_3$)은 융점 부근에서 서서히 분해하기 시작하고 400℃(분해온도)에서 분해한다. 더욱더 가열하면 540~560℃에서 과염소산칼륨으로 분해한 뒤 다시 염화칼슘과 산소로 분해한다.
$4KClO_3 \rightarrow 3KClO_4 + KCl$
$KClO_4 \rightarrow KCl + 2O_2 \uparrow$

③ 과염소산칼륨($KClO_4$)은 130℃ 이상으로 가열하면 분해하여 산소를 방출한다.
$NaClO_4 \rightarrow NaCl + 2O_2 \uparrow$

④ 과염소산칼륨($KClO_4$)은 $KClO_4$나 $NaClO_3$ 등 염소산류에 비해 가열, 타격 등에 훨씬 안정한편이지만 400℃ 이상으로 가열하면 분해하여 산소를 방출하고, 610℃에서 완전 분해한다.

$KClO_4 \rightarrow KCl + 2O_2 \uparrow$ (이때, MnO_2와 같은 촉매가 존재하면 분해를 촉진한다)

09 과산화칼륨에 대한 다음 물음에 답하시오.

> ① 가열에 의한 분해반응식을 쓰시오.
> ② 과산화칼륨을 탄산가스로 소화하지 못하는 이유는 무엇인지 쓰시오.
> ③ 과산화칼륨이 아세트산과 반응 시 화학 반응식을 쓰시오.

정답

① $2K_2O_2 \xrightarrow{\Delta} 2K_2O + O_2 \uparrow$

② 과산화칼륨 내부에 산소를 함유하고 있어서 질식소화가 되지 않기 때문에

③ $K_2O_2 + 2CH_3COOH \rightarrow 2CH_3COOK + H_2O_2$

10 과산화칼륨과 물, CO_2, 초산과의 반응식을 쓰시오.

정답

① $2K_2O_2 + 2H_2O \rightarrow 4KOH + O_2 \uparrow$

② $2K_2O_2 + 2CO_2 \rightarrow 2K_2CO_3 + O_2 \uparrow$

③ $K_2O_2 + 2CH_3COOH \rightarrow 2CH_3COOK + H_2O_2 \uparrow$

해설

■ **과산화칼륨**

① 분해반응식 : $2K_2O_2 \rightarrow 2K_2O + O_2 \uparrow$

② 알코올과의 반응식 : $K_2O_2 + 2C_2H_5OH \rightarrow 2C_2H_5OH + H_2O_2$

③ 염산과의 반응식 : $K_2O_2 + 2HCl \rightarrow 2KCl + H_2O_2$

④ 황산과의 반응식 : $K_2O_2 + H_2SO_4 \rightarrow K_2SO_4 + H_2O_2$

11 지정수량 50kg, 분자량 78, 비중 2.8, 물과 접촉 시 산소를 발생하는 물질과 이 물질의 아세트산과의 화학 반응을 쓰시오.

정답

① 물질 과산화나트륨(Na_2O_2)

② 화학반응식 : $Na_2O_2 + 2CH_3COOH \rightarrow 2CH_3COONa + H_2O_2$

■ 과산화나트륨(sodium peroxide, Na_2O_2)
상온에서 물과 접촉 시 격렬히 반응하여 부식성이 강한 수산화나트륨을 만든다.

12 백색 또는 담황색의 분말이며, 수화물은 무색의 결정이다. 다음 물음에 답하시오.

① 이 물질은 무엇인가?
② 열분해 반응식을 쓰시오.
③ 염산과의 반응식을 쓰시오.

정답

① 과산화칼슘(CaO_2)
② $2CaO_2 \rightarrow 2CaO + O_2$
③ $CaO_2 + 2HCl \rightarrow CaCl_2 + H_2O_2$

해설

과산화칼슘과 물의 반응
$2CaO_2 + 2H_2O \rightarrow 2Ca(OH)_2 + O_2$

13 과산화바륨 분말에 물을 혼합하고 이산화탄소를 통하여 과산화수소를 만든다. 이때 반응식을 쓰시오.

정답

$BaO_2 + H_2O + CO_2 \rightarrow BaCO_3 + H_2O_2$

해설

과산화바륨(barium peroxide, BaO_2)은 백색 또는 회색의 분말이다.

14 비중이 2.1이고, 물이나 글리세린에 잘 녹으며, 흑색화약의 성분으로 사용되는 위험물에 대한 물음에 답하시오.

① 물질명은 무엇인가?
② 화학식을 쓰시오.
③ 분해반응식을 쓰시오.

① 질산칼륨(KNO_3), ② KNO_3, ③ $2KNO_3 \rightarrow 2KNO_2 + O_2 \uparrow$

■ **질산칼륨(흑색화약의 주성분)**

① 질산칼륨 : 숯가루(목탄) : 황가루 = 75 : 15 : 10

② 폭발반응식 : $2KNO_3 + 3C + S \rightarrow K_2S + 3CO_2 + N_2$

15 분자량 101, 분해온도 400℃ 흑색화약의 원료로 사용된다. 다음 물음에 답하시오.

① 물질명은 무엇인가?
② 흑색 화약의 분해반응식을 쓰시오.
③ 질산칼륨의 역할은 무엇인가?

① 질산칼륨(KNO_3)

② $16KNO_3 + 3S + 21C \rightarrow 13CO_2 \uparrow + 3CO \uparrow + 8N_2 \uparrow + 5K_2CO_3 + K_2SO_4 + K_2S$

③ 산소공급제

■ **흑색화약**

발화점 260℃, 열량 700cal/g, 부피 270mm^3/g, 폭발속도 300m/s이다.

16 ANFO 폭약에 사용되는 제1류 위험물의 화학명과 분해반응식 및 폭발반응식을 쓰시오.

① 화학명 : 질산암모늄(NH_4NO_3)

② 분해반응식 : $NH_4NO_3 \xrightarrow{\triangle} N_2O + 2H_2O$

③ 폭발반응식 : $2NH_4NO_3 \rightarrow 2N_2 \uparrow + 4H_2O \uparrow + O_2$

■ **ANFO(Ammonium Nitrate Fuel Oil)**

① 융점 169.5℃이지만 100℃ 부근에서 반응하고 200℃에서 열분해하여 산화이질소와 물로 분해한다.

② 250~260℃에서 분해가 급격히 일어나 폭발한다. 가스발생량이 980L/kg 정도로 많기 때문에 화학류 제조 시 산소공급제로 널리 사용된다.

　　예 ANFO 폭약은 NH_4NO_3 : 경유를 94wt% : 6wt% 비율로 혼합시킨 것이다. 이것은 기폭약을 사용하여 점화시키면 다량의 가스를 내면서 폭발한다.

17 ANFO 폭약의 원료로 사용하는 물질에 대한 다음 물음에 답하시오.

① 제1류 위험물에 해당하는 물질의 단독 완전 분해 폭발반응식
② 제4류 위험물에 해당하는 물질의 지정수량과 위험등급

정답

① $2NH_4NO_3 \rightarrow 2N_2\uparrow + 4H_2O\uparrow + O_2\uparrow$
② 1,000L, Ⅲ등급

해설

■ **질산암모늄**(AN, ammonium nitrate)
가스발생량이 980L/kg 정도로 많기 때문에 화학류 제조 시 산소공급제로 널리 사용된다. 예를 들면 ANFO 폭약은 NH_4NO_3과 경유를 94wt% : 6wt%의 비율로 혼합시키면 폭약이 된다. 이것은 기폭약을 사용하여 점화시키면 다량의 가스를 내면서 폭발한다.

18 제1류 위험물로서 무색무취의 투명한 결정으로 녹는점 212℃, 비중 4.35이고 햇빛에 의해 변질되므로 갈색병에 보관하는 위험물이다. 다음 물음에 답하시오.

① 명칭은 무엇인가?
② 열분해반응식을 쓰시오.

정답

① 질산은($AgNO_3$), ② $2AgNO_3 \rightarrow 2Ag + 2NO_2\uparrow + O_2\uparrow$

해설

■ **질산은**(silver nitrate)
• 제법으로 은을 묽은 질산에 녹여 얻는다.
• $2Ag + 4HNO_3 \rightarrow 3AgNO_3 + NO\uparrow + 2H_2O$

19 다음에서 설명하는 위험물에 대해 답하시오.

> • 지정수량 1,000kg
> • 흑자색 결정
>
> • 분자량 158
> • 물, 알코올, 아세톤에 녹는다.

① 240℃에서의 열분해식은?
② 묽은 황산과의 반응식은?

정답

① $2KMnO_4 \rightarrow K_2MnO_4 + MnO_2 + O_2 \uparrow$
② $4KMnO_4 + 6H_2SO_4 \rightarrow 2K_2SO_4 + 2MnSO_4 + 6H_2O + 5O_2 \uparrow$

해설

■ 과망간산칼륨($KMnO_4$)
① 진한 황산과의 반응식 : $2KMnO_4 \rightarrow MnO_2 + O_2 \uparrow$
② 염산과의 반응식 : $4KMnO_4 + 12HCl \rightarrow 4KCl + 4MnCl_2 + 6H_2O + 5O_2 \uparrow$

20 다음의 물질에 대하여 답하시오.

> • 흑자색 결정
> • 비중 : 2.7
>
> • 물에 녹았을 때는 진한 보라색
> • 분해온도 : 240℃

① 명칭 및 지정수량
② 묽은 황산과의 반응식
③ 진한 황산과의 반응식

정답

① 명칭 및 지정수량 : 과망간산칼륨, 1,000kg
② 묽은 황산과의 반응식 : $4KMnO_4 + 6H_2SO_4 \rightarrow 2K_2SO_4 + 4MnSO_4 + 6H_2O + 5O_2 \uparrow$
③ 진한 황산과의 반응식 : $2KMnO_4 + H_2SO_4 \rightarrow K_2SO_4 + 2HMnO_4$

해설

① 분해반응식 : $2KMnO_4 \rightarrow K_2MnO_4 + MnO_2 + O_2$
② 염산과 반응식 : $2KMnO_4 + 16HCl \rightarrow 2KCl + 2MnCl_2 + 8H_2O + 5Cl_2$

02 제2류 위험물

01 제2류 위험물의 품명과 지정수량

성 질	위험등급	품 명	지정수량
가연성고체	II	1. 황화인 2. 적린 3. 유황	100kg 100kg 100kg
	III	4. 철분 5. 금속분 6. 마그네슘	500kg 500kg 500kg
	II ~ III	7. 그 밖의 행정안전부령이 정하는 것 8. 1.~7에 해당하는 어느 하나 이상을 함유한 것	100kg 또는 500kg
	III	9. 인화성고체	1,000kg

02 위험성 시험방법 – 소가스염 착화성 시험

가연성고체인 무기물질에 대해 화염에 의한 착화 위험성을 판단하는 것을 목적으로 한다.

03 공통 성질 및 저장·취급 시 유의사항

(1) 공통 성질

① 비교적 낮은 온도에서 착화하기 쉬운 가연성고체로서 이연성, 속연성물질이다.

② 연소속도가 매우 빠르고 연소 시 유독가스를 발생하며, 연소열이 크고 연소온도가 높다.

③ 강환원제로서 비중이 1보다 크고 물에 녹지 않는다.

④ 산화제와 접촉·마찰로 인하여 착화되면 급격히 연소한다.

⑤ 철분, 마그네슘, 금속분은 물과 산의 접촉 시 발열한다.

⑥ 금속은 양성원소이므로 산소와의 결합력이 일반적으로 크고, 이온화 경향이 큰 금속일수록 산화되기 쉽다.

(2) 저장 및 취급 시 유의사항

① 점화원을 멀리하고 가열을 피한다.

② 산화제의 접촉을 피한다.

③ 용기 등의 파손으로 위험물이 누출되지 않도록 한다.

④ 금속분(철분, 마그네슘, 금속분 등)은 물이나 산과의 접촉을 피한다.

(3) 소화방법

① 주수에 의한 냉각소화 및 질식소화를 실시한다.

② 금속분의 화재에는 건조사 등에 의한 피복소화를 실시한다.

04 위험물의 성상

(1) 황화인(지정수량 100kg)

① 일반적 성질

성 질 \ 종 류	삼황화인(P_4S_3)	오황화인(P_4S_{10})(P_2S_5)	칠황화인(P_4S_7)
색 상	황색 결정	담황색 결정	담황색 결정
비 중	2.03	2.09	2.19
융 점	172.5℃	290℃	310℃
비 점	407℃	514℃	523℃
발화점	약 100℃	142℃	−
물에 대한 용해성	불용성	조해성	조해성

㉮ 삼황화인(P_4S_3) : 황색의 결정성 덩어리로 물·염소·황산·염산 등에는 녹지 않고, 질산이나 이황화탄소(CS_2), 알칼리 등에 녹는다.

㉯ 오황화인(P_2S_5) : 분자량 222, 조해성이 있는 담황색 결정성 덩어리로 알코올이나 이황화탄소(CS_2)에 녹으며, 물이나 알칼리와 반응하면 분해하여 유독성가스인 황화수소(H_2S)와 인산(H_3PO_4)으로 된다.

$$P_2S_5 + 8H_2O \rightarrow 5H_2S + 2H_3PO_4$$

㉰ 칠황화인(P_4S_7) : 조해성이 있는 담황색 결정으로 이황화탄소(CS_2)에는 약간 녹으며, 냉수에는 서서히, 더운물에는 급격히 분해하여 황화수소를 발생한다.

② 위험성

㉮ 황화인이 눈에 들어가면 눈을 자극하고 피부에 접촉하면 피부염, 탈색을 일으킨다.

㉯ 가연성고체 물질로서 약간의 열에 의해서도 대단히 연소하기 쉬우며, 때에 따라 폭발한다.

㉰ 연소생성물은 모두 유독하다.

$$P_4S_3 + 8O_2 \rightarrow 2P_2O_5\uparrow + 3SO_2\uparrow$$

$$2P_2S_5 + 15O_2 \rightarrow 2P_2O_5\uparrow + 10SO_2\uparrow$$

㉱ 단독 또는 유기물, 무기과산화물류, 과망간산염류, 안티몬, 납, 금속분 등과 혼합하면 가열, 충격, 마찰에 의해 발화·폭발한다.

㉲ 알칼리, 알코올류, 아민류, 유기산, 강산과 접촉 시 심하게 반응한다.

③ 저장 및 취급방법

㉮ 가열금지, 직사광선 차단, 화기를 엄금하고, 충격과 마찰을 피한다.

㉯ 빗물의 침투를 막고 습기와의 접촉을 피한다.

㉰ 소량인 경우 유리병, 대량인 경우 양철통에 넣은 후 나무상자에 보관한다.

㉱ 용기는 밀폐하여 보존하고, 밖으로 누출되지 않도록 한다.

(2) 적린(P, 붉은인, 지정수량 100kg)

① 일반적 성질

㉮ 전형적인 비금속의 원소이며, 안정한 암적색 분말로 황린을 약 260℃로 가열하여 만든다.

㉯ 브롬화인에 녹고, 물, 이산화탄소, 에테르, 암모니아 등에는 녹지 않는다.

㉰ 황린에 비하여 화학적으로 활성이 적고, 공기 중에서 대단히 안정하다.

㉱ 황린과 달리 발화성이 없고 독성이 약하며, 어두운 곳에서 인광을 발생하지 않는다.

㉲ 비중 2.2, 융점 596℃, 발화점 260℃, 승화온도 400℃

② 위험성

㉮ 강산화제와 혼합하면 낮은 온도에서 발화할 수 있다.

$$6P + 5KClO_3 \rightarrow 5KCl + 3P_2O_5\uparrow$$

㉯ 공기 중에서 연소하면 유독성이 심한 백색 연기의 오산화인(P_2O_5)이 생성된다.

$$4P + 5O_2 \rightarrow 2P_2O_5$$

㉰ 불량품에는 황린이 혼재할 수 있다. 이 경우에는 자연발화 할 수 있다.

㉱ 강알칼리와 반응하여 유독성의 포스핀가스를 발생한다.

③ 저장 및 취급방법

㉮ 석유(등유), 경유, 유동파라핀 속에 보관한다.

㉯ 화기엄금, 가열금지, 충격, 타격, 마찰이 가해지지 않도록 한다.

㉰ 직사광선을 피하며, 냉암소에 보관한다.

㉱ 제1류 위험물, 산화제와 절대 혼합하지 않도록 하며, 화학류, 폭발성 또는 가연성 물질과 격리한다.

④ 용도

성냥, 불꽃놀이, 의약, 농약, 유기합성, 구리의 탈탄, 폭음제 등

⑤ 소화방법

다량의 물로 주수소화한다. 소량인 경우는 건조사나 CO_2도 효과가 있고, 연소 시 발생하는 P_2O_5의 흡입 방지를 위해서 공기호흡기 등 보호장구를 착용한다.

(3) 유황(S, 지정수량 100kg)

천연 유황, 지하 유황에서 직접 얻거나 석유 정제 시 유황을 회수하여 얻는다. 유황은 순도가 60wt% 이상인 것을 말한다. 이 경우 순도 측정에 있어서 불순물은 활석 등 불연성 물질과 수분에 한한다.

① 일반적 성질

구 분	단사황(S_β)	사방황(S_α)	고무상황
결정형	바늘 모양(침상)	팔면체	무정형
비 중	1.95	2.07	-
융 점	119℃	113℃	-
비 점	445℃	-	-
발화점	-	-	360℃
물에 대한 용해도	녹지 않음	녹지 않음	녹지 않음
CS_2에 대한 용해도	잘 녹음	잘 녹음	녹지 않음
온도에 대한 안정성	95.5℃ 이상에서 안정	95.5℃ 이하에서 안정	-

㉮ 황색의 결정 또는 미황색의 분말로 단사황, 사방황 및 고무상황 등이 있으며, 이들은 동소체 관계에 있다.

㉠ 황의 결정에는 8면체인 사방황 S_α와 바늘 모양의 단사황 S_β가 있으며, 비결정성의 고무상황이 있다.

㉡ 사방황을 95.5℃로 가열하면 단사황이 되고, 119℃로 가열하면 단사황이 녹아서 노란색의 액체황이 된다.

ⓒ 계속하여 444.6℃ 이상 가열 시 비등하게 되며, 용융된 황은 물에 넣어 급하게
냉각시키면 탄력성이 있는 고무상황을 얻을 수 있다.

㉯ 물, 산에는 녹지 않으며, 알코올에는 약간 녹고 이황화탄소(CS_2)에는 잘 녹는다
(단, 고무상황은 녹지 않는다).

㉰ 공기 중에서 연소하면 푸른빛을 내며, 아황산가스(SO_2)를 발생한다.

㉱ 전기의 부도체이므로 전기의 절연재료로 사용되어 정전기 발생에 유의하여야 한다.

㉲ 높은 온도에서 금속이나 할로겐원소 등 비금속과 작용하여 황화합물을 만든다.

$Fe + S \rightarrow FeS + 발열$

$Cl_2 + 2S \rightarrow S_2Cl_2 + 발열$

$C + 2S \rightarrow CS_2 + 발열$

여기서, H_2S, S_2Cl_2, CS_2는 가연성물질이다.

㉳ 고온에서 수소와 반응하였을 때 썩은 달걀 냄새를 발생하며, 유독성기체를 발생한다.

$H_2 + S \rightarrow H_2S\uparrow + 발열$

② 위험성

㉮ SO_2는 눈이나 점막을 자극하고, 흡입하면 기관지염·폐염·위염·혈담 증상이 발
생한다.

㉯ 산화제와 목탄가루 등이 혼합되어 있을 때 마찰이나 열에 의해 정전기가 발생하여
착화폭발을 일으킨다.

㉰ 미세한 분말상태에서 부유할 때 공기 중의 산소와 혼합하여 폭명기(최저폭발한계
30mg/L)를 만들어 분진폭발의 위험이 있다.

㉱ 연소 시 발생하는 아황산가스는 인체에 유독하다. 소화 종사자에게 치명적인 영
향을 주기 때문에 소화가 곤란하다.

$S + O_2 \rightarrow SO_2 + 72kcal$

㉲ 고온에서 용융된 유황은 수소와 반응한다.

$H_2 + S_2 \rightarrow H_2S\uparrow + 발열$

③ 저장 및 취급방법

㉮ 산화제와 멀리하고 화기 등에 주의한다.

㉯ 정전기의 축적을 방지하고, 가열, 충격, 마찰 등은 피한다.

㉰ 미분은 분진폭발의 위험이 있으므로 취급 시 유의하여야 한다.

㉱ 제1류 위험물과 같은 강산화제, 유기과산화물, 탄화수소류, 화약류, 목탄분, 산화
성 가스류와의 혼합을 피한다.

④ 용도

화약, 고무가황, 이황화탄소(CS_2)의 제조, 성냥, 의약, 농약, 살균, 살충, 염료, 표백 등

⑤ 소화방법

소규모 화재 시는 모래로 질식소화하며, 보통 직사주수 할 경우 비산의 위험이 있으므로 다량의 물로 분무주수에 의해 냉각소화한다.

(4) 철분(Fe, 지정수량 500kg)

철의 분말로, 53마이크로미터(μm)의 표준체를 통과하는 것이 50중량퍼센트(wt%) 이상인 것을 위험물로 본다.

① 일반적 성질

㉮ 회백색의 분말이며, 강자성체이지만 766℃에서 강자성을 상실한다.

㉯ 공기 중에서 서서히 산화하여 산화철(Fe_2O_3)이 되어 은백색의 광택이 황갈색으로 변한다.

$$4Fe + 3O_2 \rightarrow 2Fe_2O_3$$

㉰ 강산화제인 발연질산에 넣었다 꺼내면 산화피복을 형성하여 부동태(Passivity)가 된다.

㉱ 알칼리에 녹지 않지만, 산화력을 갖지 않은 묽은 산에 용해된다.

$$Fe + 4HNO_3 \rightarrow Fe(NO_3)_3 + NO + 2H_2O$$

㉲ 분자량 55.8, 비중 7.86, 융점 1,530℃, 비점 2,750℃

② 위험성

㉮ 철분에 절삭유가 묻은 것을 장기 방치하면 자연발화하기 쉽다.

㉯ 상온에서 산과 반응하여 수소를 발생한다.

$$Fe + 2HCl \rightarrow FeCl_2 + H_2 \uparrow$$

㉰ 뜨거운 철분, 철솜과 브롬을 접촉하면 격렬하게 발열반응을 일으키고 연소한다.

$$2Fe + 3Br_2 \rightarrow 2FeBr_3 + Q\text{kcal}$$

③ 저장 및 취급방법

㉮ 가열, 충격, 마찰 등을 피한다.

㉯ 산화제와 격리한다.

(5) 금속분(지정수량 500kg)

알칼리금속, 알칼리토류금속, 철, 마그네슘 이외의 금속의 분말을 말하며, 구리분, 니켈분 및 150마이크로미터(μm)의 체를 통과하는 것이 50중량퍼센트(wt%) 미만인 것은 제외한다.

1) 알루미늄분(Al)

① 일반적 성질

  ㉮ 보크사이트나 빙정석에서 산화알루미늄 분말을 만들며, 이것을 녹여 전해하여 얻는다.

  $$Al_2O_3 \xrightarrow{\text{전해}} 2Al + \frac{3}{2}O_2 \uparrow$$

  ㉯ 연성(뽑힘성), 전성(퍼짐성)이 좋으며, 열전도율, 전기전도도가 큰 은백색의 무른 금속이다.

  ㉰ 공기 중에서는 표면에 산화피막(산화알루미늄, 알루미나)을 형성하여 내부를 부식으로부터 보호한다.

  $$4Al + 3O_2 \rightarrow 2Al_2O_3 + 339kcal$$

  ㉱ 황산, 묽은 질산, 묽은 염산에 침식당한다. 그러나 진한 질산에는 침식당하지 않는다.

  ㉲ 산, 알칼리 수용액에서 수소(H_2)를 발생한다.

  $$2Al + 6HCl \rightarrow 2AlCl_3 + 3H_2 \uparrow$$

  $$2Al + 2KOH + 2H_2O \rightarrow 2KAlO_2 + 3H_2 \uparrow$$

  ㉳ 다른 금속산화물을 환원한다.

  $$3Fe_3O_4 + 8Al \rightarrow 4Al_2O_3 + 9Fe(\text{테르밋 반응})$$

  ㉴ 비중 2.7, 융점 660.3℃, 비점 2,470℃

② 위험성

  ㉮ 알루미늄 분말이 발화하면 다량의 열을 발생하며, 광택 및 흰 연기를 내면서 연소하므로 소화가 곤란하다.

  $$4Al + 3O_2 \rightarrow 2Al_2O_3 + 4 \times 199.6kcal$$

  ㉯ 대부분의 산과 반응하여 수소를 발생한다(단, 진한 질산 제외).

  $$2Al + 6HCl \rightarrow 2AlCl_3 + 3H_2$$

  ㉰ 알칼리 수용액과 반응하여 수소를 발생한다.

  $$2Al + 2NaOH + 2H_2O \rightarrow 2NaAlO_2 + 3H_2$$

  ㉱ 분말은 찬물과 반응하면 매우 느리고 미미하지만, 뜨거운 물과는 격렬하게 반응하여 수소를 발생한다.

  $$2Al + 6H_2O \rightarrow 2Al(OH)_3 + 3H_2 \uparrow$$

③ 저장 및 취급방법

  ㉮ 가열·충격·마찰 등을 피하고, 산화제, 수분, 할로겐원소와 접촉을 피한다.

  ㉯ 분진폭발의 위험이 있으므로 분진이 비산되지 않도록 취급 시 주의한다.

2) 아연분(Zn)

① 일반적 성질

㉮ 황아연광을 가열하여 산화아연을 만들어 1,000℃에서 코크스와 반응하여 환원시킨다.

$$2ZnS + 3O_2 \xrightarrow{\Delta} 2ZnO + 2SO_2 \uparrow$$

$$ZnO + C \xrightarrow{\Delta} Zn + CO \uparrow$$

㉯ 흐릿한 회색의 분말로 산, 알칼리와 반응하여 수소를 발생한다.

㉰ 아연분은 공기 중에서 표면에 흰 염기성 탄산아연의 얇은 막을 만들어 내부를 보호한다.

$$2Zn + CO_2 + H_2O + O_2 \rightarrow Zn(OH)_2 \cdot ZnCO_3$$

㉱ KCN 수용액과 암모니아수에 녹는다.

㉲ 비중 7.142, 융점 420℃, 비점 907℃

② 위험성

㉮ 공기 중에서 융점 이상 가열 시 용이하게 연소한다.

$$2Zn + O_2 \xrightarrow{\Delta} 2ZnO$$

㉯ 석유류, 유황 등의 가연물이 혼입되면 산화열이 촉진된다.

㉰ 양쪽성을 나타내고 있어 산이나 알칼리와 반응하고, 뜨거운 물과는 격렬하게 반응하여 수소를 발생한다.

$$Zn + H_2SO_4 \rightarrow ZnSO_4 + H_2 \uparrow$$

$$Zn + 2HCl \rightarrow ZnCl_2 + H_2 \uparrow$$

$$Zn + 2H_2O \rightarrow Zn(OH)_2 + H_2 \uparrow$$

$$Zn + 2NaOH \rightarrow Na_2ZnO_2 + H_2 \uparrow$$

㉱ 분말은 적은 양의 물과 혼합하거나 저장 중 빗물이 침투되어 열이 발생, 축적되면 자연발화한다.

3) 주석분(Sn, Tin Powder)

분말 형태로, 150μm의 체를 통과하는 것이 50wt% 이상인 것

① 일반적 성질

㉮ 은백색의 청색 광택을 가진 금속이다.

㉯ 공기나 물속에서 안정하고 습기 있는 공기에서도 녹슬기 어렵다.

㉰ 뜨겁고 진한 염산과 반응하여 수소를 발생한다.

$$Sn + 2HCl \rightarrow SnCl_2 + H_2 \uparrow$$

　　　　㉕ 뜨거운 염기와 서서히 반응하여 수소를 발생한다.

　　　　　　$Sn + 2NaOH \rightarrow Na_2SnO_2 + H_2 \uparrow$

　　　　㉖ 황산, 진한 질산, 왕수와 반응하면 수소를 발생하지 못한다.

　　　　　　$Sn + 2H_2SO_4 \rightarrow SnSO_4 + SO_2 \uparrow + 2H_2O$

　　　　　　$Sn + 4HNO_3 \rightarrow SnO_2 + 4NO_2 \uparrow + 4H_2O$

　　　　　　$Sn + 4HNO_3 + 6HCl \rightarrow H_2SnCl_6 + 4NO_2 \uparrow + 4H_2O$

　　　　㉗ 원자량 118.69, 비중 7.31, 융점 232℃, 비점 2,270℃

　　② 용도 : 청동합금(Sn+Cu), 땜납(Sn+Pb), 양철도금, 통조림통, 양철, 담배 및 과자의
　　　　포장지

4) 안티몬분(Sb)

　　① 일반적 성질

　　　　㉮ 은백색의 광택이 있는 금속으로 여러 가지의 이성질체를 갖는다.

　　　　㉯ 진한 황산, 진한 질산 등에는 녹으나 묽은 황산에는 녹지 않는다.

　　　　㉰ 물, 염산, 묽은 황산, 알칼리 수용액에 녹지 않고 왕수, 뜨겁고 진한 황산에는 녹
　　　　　으며, 뜨겁고 진한 질산과 반응을 한다.

　　　　　　$2Sb + 10HNO_3 \rightarrow Sb_2O_3 + 5NO_2 \uparrow + H_2O$

　　　　㉱ 비중 6.68, 융점 630℃, 비점 1,750℃

　　② 위험성

　　　　㉮ 흑색 안티몬은 공기 중에서 발화한다.

　　　　㉯ 무정형 안티몬은 약간의 자극 및 가열로 인하여 폭발적으로 회색 안티몬으로 변한다.

　　　　㉰ 약 630℃ 이상으로 가열하면 발화한다.

5) 6A족 원소의 금속분

　　Cr, Mo, W

(6) 마그네슘분(Mg, 지정수량 500kg)

　　마그네슘 또는 마그네슘을 함유한 것 중 2mm의 체를 통과한 덩어리 상태의 것 및 직경
　　2mm 미만의 막대 모양인 것만 위험물에 해당한다.

　　① 일반적 성질

　　　　㉮ 은백색의 광택이 있는 가벼운 금속 분말로 공기 중 서서히 산화되어 광택을 잃는다.

　　　　㉯ 열전도율 및 전기전도도가 큰 금속이다.

　　　　㉰ 산 및 온수와 반응하여 수소(H_2)를 발생한다.

　　　　　　$Mg + 2HCl \rightarrow MgCl_2 + H_2 \uparrow$

　　　　　　$Mg + 2H_2O \rightarrow Mg(OH)_2 + H_2 \uparrow$

㉑ 공기 중 부식성은 적지만, 산이나 염류에는 침식된다.

　　　㉒ 비중 1.74, 융점 650℃, 비점 1,107℃, 발화점은 473℃

　② 위험성

　　　㉮ 공기 중에 부유하면 분진 폭발의 위험이 있다.

　　　㉯ 공기 중의 습기 또는 할로겐원소와는 자연발화 할 수 있다.

　　　㉰ 산화제와 혼합 시 타격, 충격, 마찰 등에 의해 착화되기 쉽다.

　　　㉱ 일단 점화되면 발열량이 크고 온도가 높아져 백광을 내고, 자외선을 많이 함유한 푸른 불꽃을 내면서 연소하므로 소화가 곤란할 뿐 아니라 위험성도 크다.

　　　　　$2Mg + O_2 \rightarrow 2MgO + 2 \times 143.7kcal$

　　　㉲ 연소하고 있을 때 주수하면 다음과 같은 과정을 거쳐 위험성이 증대한다.

　　　　　㉠ 1차(연소) : $2Mg + O_2 \rightarrow 2MgO + 발열$

　　　　　㉡ 2차(주수) : $Mg + 2H_2O \rightarrow Mg(OH)_2 + H_2 \uparrow$

　　　　　㉢ 3차(수소 폭발) : $2H_2 + O_2 \rightarrow 2H_2O$

　　　㉳ CO_2 등 질식성 가스와 연소 시에는 유독성인 CO 가스를 발생한다.

　　　　　$2Mg + CO_2 \rightarrow 2MgO + C$

　　　　　$Mg + CO_2 \rightarrow MgO + CO \uparrow$

　　　㉴ 사염화탄소(CCl_4)나 일염화일취화메탄(C_2H_2ClBr) 등과 고온에서 작용 시에는 맹독성인 포스겐($COCl_2$) 가스가 발생한다.

　　　㉵ 알칼리 수용액과 반응하여 수소를 발생하지 않지만, 대부분의 강산과 반응하여 수소가스를 발생한다.

　　　　　$Mg + H_2SO_4 \rightarrow MgSO_4 + H_2 \uparrow$

　　　㉶ 가열된 마그네슘을 SO_2 속에 넣으면 SO_2가 산화제로 작용하여 다음과 같이 연소한다.

　　　　　$3Mg + SO_2 \rightarrow 2MgO + MgS$

　③ 저장 및 취급방법

　　　㉮ 가열, 충격, 마찰 등을 피하고, 산화제, 수분, 할로겐원소와의 접촉을 피한다.

　　　㉯ 분진 폭발의 위험이 있으므로 분진이 비산되지 않도록 취급 시 주의한다.

　④ 소화방법

　　　분말의 비산을 막기 위해 건조사, 가마니 등으로 피복 후 주수소화를 실시한다.

(7) 인화성고체(지정수량 1,000kg)

고형알코올과 그 밖에 1기압에서 인화점이 40℃ 미만인 고체를 말한다.

① 고형알코올

    ㉮ 합성수지에 메틸알코올을 침투시켜 만든 고체 상태(페이스트 상태)로 인화점이 30℃이다.

    ㉯ 등산, 낚시 등 휴대용 연료로 사용한다.

    ㉰ 가연성증기, 화학적 성질, 위험성 및 기타 소화방법은 메틸알코올과 비슷하다.

② 락카퍼티

    ㉮ 백색의 진탕 상태이고 공기 중에서는 비교적 단시간 내에 고화된다.

    ㉯ 휘발성물질을 함유하고 있어 대기 중에 인화성증기를 발생시키고, 인화점은 21℃ 미만이다.

③ 고무풀

    ㉮ 생고무에 휘발유나 기타 인화성용제를 가공하여 풀과 같은 상태로 만든 것으로 가황에 의하여 경화된다.

    ㉯ 가솔린 등을 함유하므로 상온 이하에서 인화성증기를 발생하며, 인화점은 −20~−43℃이다.

    ㉰ 상온에서 고체인 것으로, 40℃ 미만에서 가연성의 증기를 발생한다.

④ 메타알데히드

    ㉮ 무색 침상의 결정으로 111.7~115.6℃에서 승화하고, 공기 중에 방치하면 파라알데히드[$(CH_3CHO)_3$]로 변한다.

    ㉯ 중합도가 4인 것($n=4$)은 인화점이 36℃이며, 중합도(n)가 증가할수록 인화점이 높아진다.

⑤ 제3부틸알코올

    ㉮ 무색의 결정으로 물, 알코올, 에테르 등 유기용제와는 자유로이 혼합한다.

    ㉯ 정부틸알코올보다 알코올로서의 특성이 약하여 탈수제에 의해 쉽게 탈수되어 이소부틸렌이 되며, 이 에스테르 또한 불안정하여 쉽게 비누화(검화)된다.

    ㉰ 비중 0.78, 융점 25.6℃, 비점 82.4℃, 인화점 11.1℃

01 제2류 위험물의 일반적인 특성과 저장 및 취급방법을 각각 3가지씩 쓰시오.

> ① 일반적 특성
> ② 저장 및 취급방법

정답

① 일반적 특성
   ㉮ 비교적 낮은 온도에서 착화되기 쉬운 가연성고체로서 이연성, 속연성 물질이다.
   ㉯ 연소속도가 매우 빠르고, 연소 시 유독가스를 발생하며, 연소열이 크고, 연소온도가 높다.
   ㉰ 강환원제로서 비중이 1보다 크다.
② 저장 및 취급방법
   ㉮ 점화원을 멀리하고 가열을 피한다.
   ㉯ 산화제의 접촉을 피한다.
   ㉰ 용기 등의 파손으로 위험물이 누출되지 않도록 한다.

해설

■ 제2류 위험물

제1류 위험물과 제6류 위험물과 같은 산화제와 혼합한 것은 가열·충격·마찰에 의해 발화·폭발의 위험이 있으며, 연소 중인 금속분에 물을 가하면 수소가스가 발생하여서 2차적인 폭발위험이 있다. 유황분, 철분, 마그네슘분 및 금속분은 밀폐된 공간 내에서 부유할 때 점화인 또는 충격·마찰 등에 의해서 분진폭발을 일으켜 대형 화재로 확대되며, 시설 파괴력이 커진다.

02 황화인의 동소체 3가지의 시성식을 쓰고, 다음 물질과의 용해 가능 여부를 모두 찾아 적으시오.

> 물, 끓는 물, 황산, 질산, 이황화탄소, 알칼리, 글리세린, 알코올

정답

① 시성식 : P_4S_3, 용해 물질 : 질산·이황화탄소·알칼리
② 시성식 : P_2S_5, 용해 물질 : 물·끓는 물·이황화탄소·알칼리
③ 시성식 : P_4S_7, 용해 물질 : 끓는 물

① 삼황화인(P_4S_3) : 황색의 결정성 덩어리로 이황화탄소, 질산, 알칼리에 녹지만, 물, 염소, 염산, 황산에는 녹지 않는다.

② 오황화인($P_2S\%$) : 담황색의 결정성 덩어리로서 특이한 냄새를 갖는다. 조해성과 흡습성이 있고 습기 있는 공기 중 분해하여 황화수소를 발생하며, 물 또는 알칼리에 분해하여서 가연성가스인 황화수소와 인산이 된다. 알코올, 이황화탄소에 녹는다.

③ 칠황화인(P_4S_7) : 담황색의 결정으로 조해성이 있으며, 이황화탄소에는 약간 녹는다. 수분을 흡수하면 분해되는데, 냉수에는 서서히 분해하며 더운물에는 급격히 분해하여 황화수소를 발생한다.

03 황화인에 대한 반응식을 쓰시오.

① 삼황화인과 오황화인의 연소반응식
② 오황화인과 물과의 반응식과 이때 발생하는 증기의 연소반응식

① 삼황화인 연소반응식 : $P_4S_3 + 8O_2 \rightarrow 2P_2O_5 + 3SO_2 \uparrow$

　오황화인 연소반응식 : $2P_2S_5 + 15O_2 \rightarrow 2P_2O_5 + 10SO_2 \uparrow$

② 오황화인과 물과의 반응식 : $P_2S_5 + 8H_2O \rightarrow 5H_2S \uparrow + 2H_3PO_4$

　발생증기의 연소반응식 : $2H_2S + 3O_2 \rightarrow 2H_2O + 2SO_2$

■ **황화인(제2류, 지정수량 100kg)**

① 동소체 : 삼황화인(P_4S_3), 오황화인(P_2S_5), 칠황화인(P_4S_7)

② 황화수소(H_2S, 독성가스, 계란썩는 냄새)의 연소반응식

　$2H_2S + 3O_2 \rightarrow 2H_2O + 2SO_2$

　　　　　　　　　　　(이산화황, 아황산가스)

04 삼황화인에 대한 아래 물음에 답하시오.

① 착화점은?
② 연소반응식은 무엇인가?
③ 지정수량은 몇인가?

① 100℃

② $P_4S_3 + 8O_2 \rightarrow 2P_2O_5 + 3SO_2$

③ 100kg

■ 삼황화인

황색의 결정성 덩어리로 CS_2, HNO_3, 알칼리에 녹으며, 물, 염소, HCl, H_2SO_4에는 녹지 않는다.

05 적린 제조방법을 제3류 위험물로 얻는 방법을 쓰시오.

정답

황린을 밀폐용기 중에서 260℃로 장시간 가열하여 얻는다.

해설

■ 적린(red phosphorus)

암적색의 분말로 전형적인 비금속의 원소이다.

06 황의 동소체 중 이황화탄소(CS_2)에 녹지 않는 물질은?

정답

고무상황

해설

■ 고무상황

사방황을 99.5℃로 가열하면 단사황이 되고, 119℃로 가열하면 단사황이 녹아서 노란색의 액체황이 된다. 계속하여 444.6℃ 이상 가열할 때 비등하게 된다. 그리고 용융된 황을 물에 넣어 급하게 냉각시키면 탄력성이 있는 고무상황을 얻을 수 있다.

07 공기 중에서 연소하면 푸른 불꽃을 내며 SO_2가 되는 반응식을 쓰시오.

정답

$S + O_2 \rightarrow SO_2$

해설

연소생성물인 SO_2는 자극성이 강하고 매우 유독하며, 소화 종사자에게 치명적인 영향을 주므로 소화가 곤란하다.

08 회백색의 금속분말로 묽은 염산에서 수소가스를 발생하며, 비중이 약 7.86, 융점 1,535℃인 제2류 위험물이 위험물안전관리법상 위험물이 되기 위한 조건은?

> **정답**

철의 분말로서 53마이크로미터(μm) 표준체를 통과하는 것이 50중량(wt%) 이상인 것을 말한다.

> **해설**

■ **철분(Fe)**
① 온수(또는 고온의 수증기), 산과 반응 시 수소(H_2) 발생

$$2Fe + 3H_2O \rightarrow Fe_2O_3 + 3H_2 \uparrow$$
$$2Fe + 6HCl \rightarrow 2FeCl_3 + 3H_2 \uparrow$$

② 공기 중에서 서서히 산화하여 황갈색으로 변색된다.

$$2Fe + 1.5O_2 \rightarrow Fe_2O_3(산화 제2철)$$

③ 철분이란 철의 분말로서, 53μm 표준체를 통과하는 것이 50wt% 미만인 것은 제외한다.

09 철분과 수증기의 반응식을 쓰시오.

> **정답**

$$2Fe + 3H_2O \rightarrow Fe_2O_3 + 3H_2$$

> **해설**

철분(iron powder)은 가열되거나 금속의 온도가 충분히 높을 때 더운물 또는 수증기와 반응을 하면 수소를 발생하고 경우에 따라서 폭발을 한다. 뜨거운 수증기와 철이 접촉해도 같은 현상이 발생한다.

10 Fe와 Mg 및 묽은 산과 반응식을 쓰시오.

> **정답**

① $2Fe + 4HCl \rightarrow 2FeCl_2 + 2H_2 \uparrow$
② $Mg + 2HCl \rightarrow MgCl_2 + H_2 \uparrow$

> **해설**

① 철분은 철의 분말로서 53μm의 표준체를 통과하는 것이 50wt% 미만인 것은 제외한다.
② 마그네슘에서 다음 항목은 제외한다.
  ㉮ 2mm의 체를 통과하지 아니하는 덩어리 상태인 것
  ㉯ 직경 2mm 이상의 막대 모양의 것

11 금속분의 정의를 쓰시오.

> **정답**

알칼리금속, 알칼리토류금속, 철 및 마그네슘 이외의 금속의 분말을 말하며, 구리, 니켈분 및 $150\mu\mathrm{m}$의 체를 통과하는 것이 50wt% 미만인 것은 제외된다.

> **해설**

■ 표준체의 크기

철 분	$53\mu\mathrm{m}$
금속분	$150\mu\mathrm{m}$

12 알루미늄분(Al)의 다음 반응식을 쓰시오.

> ① 연소 시 반응
> ② 물과의 반응

> **정답**

① $4\mathrm{Al} + 3\mathrm{O}_2 \;\longrightarrow\; 2\mathrm{Al}_2\mathrm{O}_3 + 4 \times 199.6\mathrm{kcal}$

② $2\mathrm{Al} + 6\mathrm{H}_2\mathrm{O} \;\longrightarrow\; 2\mathrm{Al(OH)}_3 + 3\mathrm{H}_2 \uparrow$

> **해설**

① 알루미늄 분말이 발화하면 다량의 열을 발생하며, 광택 및 흰 연기를 내면서 연소하므로 소화가 곤란하다.
② 알루미늄 분말은 찬물과 반응하면 매우 느리고 미미하지만, 뜨거운 물과는 격렬하게 반응하여 수소를 발생한다.

13 표면에 치밀한 산화피막이 형성되어 내부를 보호하므로 부식성이 적으며, 테르밋은 혼합물이 점화되면 심하게 반응하여 철금속과 산화알루미늄을 생성한다. 이때의 반응식을 쓰시오.

> **정답**

$3\mathrm{Fe}_3\mathrm{O}_4 + 8\mathrm{Al} \;\longrightarrow\; 4\mathrm{Al}_2\mathrm{O}_3 + 9\mathrm{Fe} + 발열$

> **해설**

알루미늄분(aluminum powder)은 다른 금속 산화물을 환원시킨다. 테르밋은 Al과 $\mathrm{Fe}_2\mathrm{O}_3$의 혼합물을 말하며, 혼합물이 점화되면 심하게 반응하여 철금속과 산화알루미늄을 생성한다. 이 반응은 강렬한 발열반응으로 추진력이 크다.

14 알루미늄(Al)이 다음 물질과 반응 시 반응식을 쓰시오.

> ① 염산
> ② 알칼리수용액

정답

① $2Al + 6HCl \rightarrow 2AlCl_3 + 3H_2 \uparrow$
② $2Al + 2NaOH + 2H_2O \rightarrow 2NaAlO_2 + 3H_2 \uparrow$

해설

① 알루미늄(Al)은 진한 질산을 제외한 대부분의 산과 반응하여 수소를 발생한다.
② 알루미늄(Al)은 알칼리수용액과 반응하여 수소를 발생한다.

15 다음은 제2류 위험물이다.

> ① 알루미늄과 물과의 반응식을 쓰시오.
> ② 인화성고체의 정의를 쓰시오.

정답

① 반응식 : $2Al + 6H_2O \rightarrow 2Al(OH)_3 + 3H_2 \uparrow$
② 고형알코올 그 밖에 1기압에서 인화점이 40℃ 미만인 고체를 말한다.

해설

① 알루미늄분(aluminum powder)과 찬물과의 반응은 매우 느리고 미미하지만, 뜨거운 물과는 격렬하게 반응하여 수소를 발생한다. 활성이 매우 커서 미세한 분말이나 미세한 조각이 대량으로 쌓여 있을 때 수분·빗물의 침투 또는 습기가 존재하면 자연발화의 위험성이 있다.
$2Al + 6H_2O \rightarrow 2Al(OH)_3 + 3H_2 \uparrow$
② 고형알코올의 제법은 합성수지에 메탄올(CH_3OH)을 혼합 침투시켜 한천 모양으로 만든다.

16 용접 작업 중 알루미늄 분말에 물을 뿌린 얼마 후 불꽃이 일어나며 폭발사고가 일어났다. 다음 물음에 답하시오.

> ① 이 화재의 종류를 쓰시오.
> ② 폭발 원인을 쓰시오.
> ③ 알루미늄과 수분과의 반응식을 쓰시오.

① 금속화재
② 알루미늄분에 물을 뿌려 가연성기체인 수소가 발생하여, 이때 발생된 수소[연소 범위(4~75%)]가 불꽃이 점화원이 되어 폭발하였다.
③ $2Al + 6H_2O \rightarrow 2Al(OH)_3 + 3H_2$

알루미늄분(aluminum powder)은 은백색의 광택이 있는 무른 경금속이며, 공기 중 광택을 상실하며 전성과 연성이 풍부하다.

17 실온의 공기 중 표면에 치밀한 산화피막이 형성되어 내부를 보호해 부식성이 작은 은백색의 광택이 있는 금속(분자량 27)으로, 제2류 위험물에 해당하는 물질에 대해 각 물음에 답하시오.

> ① 이 물질과 수증기와의 화학반응식을 쓰시오.
> ② 이 물질 50g이 수증기와 반응하여 생성되는 가연성가스는 2기압, 30℃를 기준으로 몇 L인지 구하시오.

① $2Al + 6H_2O \rightarrow 2Al(OH)_3 + 3H_2$
② $2 \times 27g \qquad : \qquad 3 \times 2g$

$$x = \frac{50g \times 3 \times 2g}{2 \times 27g} = 5.56g$$

$$PV = \frac{W}{M}RT, \quad V = \frac{WRT}{PM}$$

$$V = \frac{WRT}{PM} = \frac{5.56 \times 0.082 \times (273 + 30)}{2 \times 2} = 34.84L$$

18 1kg의 아연을 묽은 염산에 녹였을 때 발생가스의 부피는 0.5atm 27℃에서 몇 L인가?

아연의 분자량은 65.4g이고, $Zn + 2HCl \rightarrow ZnCl_2 + H_2$이므로, $65.4 : 2g = 1,000g : x$, $x = \dfrac{(1,000 \times 2)}{65.4}$

$= 30.58g$이다. 따라서, $V = \dfrac{WRT}{PM}$ 에서 $V = \left(\dfrac{30.58}{2}\right) \times 0.082 \times \dfrac{(273 + 27)}{0.5} = 752.3L$이다.

19 마그네슘에 대한 다음 물음에 답하시오.

> ① 연소반응식
> ② 물과의 반응식
> ③ ②에서 발생한 가스의 위험도

정답

① $2Mg + O_2 \rightarrow 2MgO$

② $Mg + H_2O \rightarrow Mg(OH)_2 + H_2 \dfrac{\text{폭발상한값}(U) - \text{폭발하한값}(L)}{\text{폭발하한값}(L)}$

③ 위험도$(H) =$

수소의 폭발범위는 4~75%이다.

$$\therefore H = \frac{75 - 4}{4} = 17.75$$

해설

Mg(magnesium)은 상온에서는 물을 분해하지 못하여 안정하지만 뜨거운 물이나 과열 수증기와 접촉하면 격렬하게 수소를 발생한다.

20 마그네슘이 다음의 물질과 반응 시 화학반응식을 쓰시오.

> ① CO_2와의 화학반응식
> ② N_2와의 화학반응식
> ③ H_2O와의 화학반응식

정답

① $2Mg + CO_2 \rightarrow 2MgO + 2C$, $Mg + CO_2 \rightarrow 2MgO + CO \uparrow$

② $3Mg + N_2 \rightarrow Mg_3N_2$

③ $Mg + 2H_2O \rightarrow Mg(OH)_2 + H_2$

해설

■ **마그네슘(magnesium)**

① 저농도 산소 중에서 연소하며, CO_2와 같은 질식성 가스에도 마그네슘을 불이 붙은 채로 넣으면 연소한다. 이때 분해된 C는 흑연을 내면서 연소하고, CO는 맹독성·가연성가스이다.

② 질소 기체 속에 타고 있는 마그네슘을 넣으면 직접 반응하여 공기나 CO_2 속에서보다는 활발하지 않지만 연소한다.

③ 상온에서는 물을 분해하지 못하여 안정하지만, 뜨거운 물이나 과열 수증기와 접촉하면 격렬하게 수소를 발생한다.

21 다음 표에 위험물의 위험등급을 쓰시오.

위험물	지정수량	위험등급
고형알코올	1,000kg	①
메틸에틸케톤	200L	②
과산화마그네슘	50kg	③
벤조일퍼옥사이드	10kg	④
수소화나트륨	300kg	⑤

정답

① Ⅲ등급, ② Ⅱ등급, ③ Ⅰ등급, ④ Ⅰ등급, ⑤ Ⅲ등급

해설

위험등급 : 위험물의 물리·화학적 특성에 따라 위험의 정도를 구분한 것이다.
① 위험등급 Ⅰ의 위험물
  ㉮ 제1류 위험물 중 아염소산염류, 염소산염류, 과염소산염류, 무기과산화물 그 밖에 지정수량이 50kg 위험물
  ㉯ 제3류 위험물 중 칼륨, 나트륨, 알킬알루미늄, 알킬리튬, 황린 그 밖에 지정수량이 10kg 또는 20kg 위험물
  ㉰ 제4류 위험물 중 특수인화물
  ㉱ 제5류 위험물 중 유기과산화물, 질산에스테르류, 그 밖에 지정수량이 10kg 위험물
  ㉲ 제6류 위험물
② 위험등급 Ⅱ의 위험물
  ㉮ 제1류 위험물 중 브롬산염류, 질산염류, 요도드산염류 그 밖에 지정수량이 300kg인 위험물
  ㉯ 제2류 위험물 중 황화인, 적린, 유황, 그 밖에 지정수량이 100kg인 위험물
  ㉰ 제3류 위험물 중 알칼리금속(칼륨 및 나트륨을 제외) 및 알칼리토금속, 유기금속화합물(알킬알루미늄 및 알킬리튬을 제외) 그 밖에 지정수량이 50kg인 위험물
  ㉱ 제4류 위험물 중 제1석유류 및 알코올류
  ㉲ 제5류 위험물 중 제1호 라목에 정하는 위험물 외의 것
③ 위험등급 Ⅲ의 위험물 : ① 및 ②에 정하지 아니한 위험물

22 법령상 인화성고체의 정의는?

> **정답**

고형알코올 그 밖에 1기압에서 인화점이 40℃ 미만인 고체

> **해설**

① 자연발화성물질 및 금수성물질 : 고체 또는 액체로서 공기 중에서 발화의 위험성이 있거나 물과 접촉하여 발화하거나 가연성가스를 발생하는 위험성이 있는 것
② 특수인화물 : 이황화탄수, 디에틸에테르 그 밖에 1기압에서 발화점인 100℃ 이하인 것 또는 인화점이 −20℃ 이하이고, 비점이 40℃ 이하인 것

23 고무풀이란 무엇인가?

> **정답**

생고무에 휘발유를 섞어서 교반하여 풀 모양으로 만든 것으로서 가황에 의해 굳어진다.

> **해설**

생고무에 석유계 용제를 혼합하여 녹여서 풀모 양으로 만든 용제로서 휘발유, 벤젠, 톨루엔, 경유, 등유 등이 있다.

제3류 위험물

01 제3류 위험물의 품명과 지정수량

성 질	위험등급	품 명	지정수량
자연발화성 물질 및 금수성물질	I	1. 칼륨	10kg
		2. 나트륨	10kg
		3. 알킬알루미늄	10kg
		4. 알킬리튬	10kg
		5. 황린	20kg
	II	6. 알칼리금속류(칼륨 및 나트륨 제외) 및 알칼리토금속	50kg
		7. 유기금속화합물(알킬알루미늄 및 알킬리튬 제외)	50kg
	III	8. 금속의 수소화물	300kg
		9. 금속의 인화물	300kg
		10. 칼슘 또는 알루미늄의 탄화물	300kg
		11. 그 밖에 행정안전부령이 정하는 것, 염소화규소화합물	300kg
	I~III	12. 1~11에 해당하는 어느 하나 이상을 함유한 것	10kg, 20kg, 50kg 또는 300kg

02 위험성 시험방법

(1) 자연발화성 시험

고체 또는 액체 물질이 공기 중에서 발화의 위험성이 있는가를 판단하는 것을 목적으로 한다.

(2) 물과의 반응성 시험

고체 또는 액체 물질이 물과 접촉해서 발화하고 또는 가연성가스를 발생할 위험성을 판단하는 것을 목적으로 한다.

03 공통 성질 및 저장 · 취급 시 유의사항

(1) 공통 성질

① 대부분 무기물이며, 고체이지만 알킬알루미늄과 같은 액체도 있다.
② 금수성물질로서 물과 접촉하면 발열 또는 발화한다.
③ 자연발화성물질로서 공기와의 접촉으로 자연발화하는 경우도 있다.
④ 물과 반응하여 화학적으로 활성화된다.

(2) 저장 및 취급 시 유의사항

① 물과 접촉하여 가연성가스를 발생하므로 화기로부터 멀리한다.
② 금수성물질로서 용기의 파손이나 부식을 방지하고 수분과의 접촉을 피한다.
③ 보호액 속에 저장하는 경우에는 위험물이 보호액 표면에 노출되지 않도록 한다.
④ 다량으로 저장하는 경우에는 소분하여 저장하고 물기의 침입을 막도록 한다.

(3) 소화방법

① 건조사, 팽창질석 및 팽창진주암 등을 사용한 질식소화를 실시한다.
② 금속 화재용 분말소화약제(탄산수소염류 분말소화설비)에 의한 질식소화를 실시한다.

04 위험물의 성상

(1) 금속칼륨(K, 포타시움, 지정수량 10kg)

① 일반적 성질
   ㉮ 화학적으로 이온화경향이 크며, 화학적 활성이 매우 큰 은백색의 광택이 있는 무른 금속이다.

ⓐ 융점(m.p) 이상으로 가열하면 보라색 불꽃을 내면서 연소한다.

$4K + O_2 \rightarrow 2K_2O$

ⓒ 물 또는 알코올과 반응하지만, 에테르와는 반응하지 않는다.

ⓓ 수은과 격렬히 반응하여 아말감을 만든다.

ⓔ 비중 0.86, 융점 63.7℃, 비점 774℃

② 위험성

㉮ 공기 중의 수분 또는 물과 반응하여 수소가스를 발생하고 발화한다.

$2K + 2H_2O \rightarrow 2KOH + H_2 \uparrow + 92.8kcal$

㉯ 알코올과 반응하여 칼륨알코올레이드와 수소가스를 발생한다.

$2K + 2C_2H_5OH \rightarrow 2C_2H_5OK + H_2 \uparrow$

㉰ 피부에 접촉 시 화상을 입는다.

㉱ 대량의 금속칼륨이 연소할 때 적당한 소화방법이 없으므로 매우 위험하다.

㉲ 습기에서 CO와 접촉 시 폭발한다.

㉳ 소화약제로 쓰이는 CO_2와 반응하면 폭발 등의 위험이 있고, CCl_4와 접촉하면 폭발적으로 반응한다.

$4K + 3CO_2 \rightarrow 2K_2CO_3 + C(연소 \cdot 폭발)$

$4K + CCl_4 \rightarrow 4KCl + C(폭발)$

㉴ 연소 중인 K에 모래를 뿌리면 모래 중의 규소와 결합하여서 격렬히 반응하므로 위험하다.

③ 저장 및 취급방법

㉮ 습기나 물에 접촉하지 않도록 한다.

㉯ 보호액[석유(등유), 경유, 유동 파라핀] 속에 저장한다.

㉰ 보호액 속에 저장 시 용기 파손을 조심하고 보호액 표면에 노출되지 않도록 한다.

㉱ 저장 시에는 소분하여 소분병에 넣고 습기가 닿지 않도록 소분병을 밀전 또는 밀봉한다.

㉲ 용기의 부식을 예방하기 위하여 강산류와의 접촉을 피한다.

④ 용도

금속나트륨(Na)과의 합금은 원자로의 냉각제, 감속제, 고온 온도계의 재료, 황산칼륨(비료)의 제조

⑤ 소화방법

건조사 또는 금속 화재용 분말소화약제

(2) 금속나트륨(Na, 금속소다, 지정수량 10kg)

① 일반적 성질

㉮ 화학적 활성이 매우 큰 은백색의 광택이 있는 무른 경금속이다.

㉯ 융점 이상으로 가열하면 노란색 불꽃을 내면서 연소한다.

$$4Na + O_2 \rightarrow 2Na_2O$$

㉰ 물 또는 알코올과 반응하지만, 에테르와는 반응하지 않는다.

㉱ 액체 암모니아에 녹아 청색으로 변하며, 나트륨아미드와 수소를 발생한다.

$$2Na + 2NH_3 \rightarrow 2NaNH_2 + H_2 \uparrow$$

㉲ 비중 0.97, 융점 97.7℃, 비점 880℃, 발화점 121℃

② 위험성

㉮ 물과 격렬하게 반응하여 발열하고 수소가스를 발생하고 발화한다.

$$2Na + 2H_2O \rightarrow 2NaOH + H_2 \uparrow + 88.2kcal$$

㉯ 알코올과 반응하여 나트륨알코올레이드와 수소가스를 발생한다.

$$2Na + 2C_2H_5OH \rightarrow 2C_2H_5ONa + H_2 \uparrow$$

㉰ 피부에 접촉할 경우 화상을 입는다.

㉱ 강산화제로 작용하는 염소가스에서도 연소한다.

$$2Na + Cl_2 \rightarrow 2NaCl$$

③ 저장 및 취급방법

㉮ 습기나 물에 접촉하지 않도록 한다.

㉯ 보호액[석유(등유), 경유, 유동 파라핀] 속에 저장한다.

㉰ 보호액 속에 저장 시 용기 파손이나 보호액 표면에 노출되지 않도록 한다.

㉱ 저장 시에는 소분하여 소분병에 넣고 습기가 닿지 않도록 소분병을 밀전 또는 밀봉한다.

④ 용도

금속 Na-K 합금은 원자로의 냉각제, 열매, 감속제, 수은과 아말감 제조, Na 램프, 고급 알코올 제조, U 제조 등

⑤ 소화방법

주수엄금, 포, 물분무, 할로겐화합물, CO_2는 사용할 수 없고, 기타 사항은 칼륨에 준한다.

(3) 알킬알루미늄(RAl, 지정수량 10kg)

알킬기(C_nH_{2n+1})와 알루미늄(Al)의 유기금속화합물이다.

① 일반적 성질

㉮ 수소화알루미늄과 에틸렌을 반응시켜 대량으로 제조한다.

$$AlH_3 + 3C_2H_4 \rightarrow (C_2H_5)_3Al$$

㉯ 상온에서 무색투명한 액체 또는 고체로서 독성이 있으며, 자극적인 냄새가 난다.

㉰ 대표적인 알킬알루미늄(RAl)의 종류는 다음과 같다.

화학명	약 호	화학식	끓는점 (bp)	융점 (mp)	비 중	상 태
트리메틸알루미늄	TMA	$(CH_3)_3Al$	127.1℃	15.3℃	0.748	무색 액체
트리에틸알루미늄	TEA	$(C_2H_5)_3Al$	186.6℃	-45.5℃	0.832	무색 액체
트리프로필알루미늄	TNPA	$(C_3H_7)_3Al$	196.0℃	-60℃	0.821	무색 액체
트리이소부틸알루미늄	TIBAL	$iso-(C_4H_9)_3Al$	분해	1.0℃	0.788	무색 액체
에틸알루미늄디클로라이드	EADC	$C_2H_5AlCl_2$	115.0℃	32℃	1.21	무색 고체
디에틸알루미늄하이드라이드	DEAH	$(C_2H_5)_2AlH$	227.4℃	-59℃	0.794	무색 액체
디에틸알루미늄클로라이드	DEAC	$(C_2H_5)_2AlCl$	214℃	-74℃	0.971	무색 액체

㉱ 비중 0.83, 융점 46℃, 비점 185℃

② 위험성

㉮ 탄소수가 $C_1 \sim C_4$까지는 공기와 접촉하여 자연발화한다.

$$2(C_2H_5)_3Al + 21O_2 \rightarrow 12CO_2 + Al_2O_3 + 15H_2O + 1,470.4kcal$$

㉯ 물과 폭발적 반응을 일으켜 에탄(C_2H_6)가스를 발화·비산하므로 위험하다.

$$(C_2H_5)_3Al + 3H_2O \rightarrow Al(OH)_3 + 3C_2H_6\uparrow$$

㉰ 피부에 닿으면 심한 화상을 입으며, 화재 시 발생된 가스는 기관지와 폐에 손상을 준다.

㉱ 산과 격렬히 반응하여 에탄을 발생한다.

$$(C_2H_5)_3Al + HCl \rightarrow (C_2H_5)_2AlCl + C_2H_6\uparrow$$

㉲ 알코올과 폭발적으로 반응한다.

$$(C_2H_5)_3Al + 3CH_3OH \rightarrow Al(CH_3O)_3 + 3C_2H_6$$

$$(C_2H_5)_3Al + 3C_2H_5OH \rightarrow Al(C_2H_5O)_3 + 3C_2H_6$$

㉳ CCl_4와 CO_2와 발열반응하므로 소화제로 적당하지 않다.

㉴ 증기압이 낮아서 누출되어도 폭명기를 만들지 않으며, 연소속도는 휘발유의 절반 정도이다.

③ 저장 및 취급방법

㉮ 용기는 완전밀봉하여 공기와 물의 접촉을 피하며, 질소 등 불연성가스로 봉입한다.

㉯ 실제 사용 시는 희석제(벤젠, 톨루엔, 펜탄, 헥산 등 탄화수소용제)로 20~30% 희
석하여 안전을 도모한다.

㉰ 용기 파손으로 인한 공기 누출을 방지하여야 한다.

④ 용도

미사일 원료, 알루미늄의 도금 원료, 유리합성용 시약, 제트 연료 등

⑤ 소화방법

팽창질석, 팽창진주암

(4) 알킬리튬(RLi, 지정수량 10kg)

알킬기(C_nH_{2n+1})와 리튬(Li)의 유기금속화합물을 말한다.

① 일반적 성질

㉮ 가연성의 액체이다.

㉯ CO_2와는 격렬하게 반응한다.

② 위험성, 저장 및 취급방법

알킬알루미늄에 준한다.

(5) 황린(P_4, 백린, 지정수량 20kg)

① 일반적 성질

㉮ 백색 또는 담황색의 고체로 강한 마늘 냄새가 나며, 증기는 공기보다 무겁다. 가
연성이며, 매우 자극적인 맹독성물질이다.

㉯ 화학적 활성이 커서 유황, 산소, 할로겐과 격렬히 반응한다.

㉰ 상온에서 서서히 산화하여 어두운 곳에서 청백색의 인광을 낸다.

㉱ 공기 중 O_2는 황린 표면에서 일부가 O_3로 된다.

㉲ 물에는 녹지 않으나 벤젠·알코올에는 약간 녹고, 이황화탄소 등에는 잘 녹는다.

㉳ 공기를 차단하고 약 260℃로 가열하면 적린(붉은 인)이 된다.

㉴ 다른 원소와 반응하여 인 화합물을 만든다.

㉵ 분자량 123.9, 비중 1.92, 융점 44℃, 비점 280℃, 발화점 34℃

② 위험성

㉮ 약 50℃ 전후에서 공기와의 접촉으로 자연발화되며, 오산화인(P_2O_5)의 흰 연기를
발생한다.

$$4P + 5O_2 \ \longrightarrow \ 2P_2O_5 + 2 \times 370.8kcal$$

㉯ 독성이 강하며, 치사량은 0.05g이다.

ⓓ 연소 시 발생하는 오산화인의 증기는 유독하며, 흡습성이 강하고 물과 접촉하여 인산(H_3PO_4)을 생성하므로 부식성이 있다. 즉, 피부에 닿으면 피부점막에 염증을 일으키고, 흡수 시 폐의 손상을 유발한다.

$$2P_2O_5 + 6H_2O \longrightarrow 4H_3PO_4$$

ⓔ 황린이 연소 시 공기가 적게 공급되면 P_2O_3이 되며, 이것은 물과 반응하여 아인산을 만든다.

$$4P + 3O_2 \longrightarrow 2P_2O_3$$

$$2P_2O_3 + 6H_2O \longrightarrow 4H_3PO_3$$

ⓕ 환원력이 강하므로 산소농도가 낮은 분위기 속에서도 연소한다.

ⓖ 강알칼리성 용액과 반응하여 가연성, 유독성의 포스핀가스를 발생한다.

$$P_4 + 3KOH + H_2O \longrightarrow PH_3\uparrow + 3KH_2PO_2$$

ⓗ 온도가 높아지면 용해도가 증가한다.

ⓘ $HgCl_2$와 접촉·혼합한 것은 가열·충격에 의해 폭발한다.

③ 저장 및 취급방법

㉮ 자연발화성이 있어 물속에 저장하며, 온도 상승 시 물의 산성화가 빨라져 용기를 부식시키므로 직사광선을 막는 차광덮개를 하여 저장한다.

㉯ 맹독성이 있으므로 취급 시 고무장갑, 보호복, 보호안경을 착용한다.

㉰ 인화수소(PH_3)의 생성을 방지하기 위해 보호액은 pH 9로 유지해야 하고, 이를 위하여 알칼리제[$Ca(OH)_2$ 또는 소다회 등]로 pH를 높인다.

㉱ 이중용기에 넣어 냉암소에 저장한다.

㉲ 산화제와의 접촉을 피한다.

㉳ 화기의 접근을 피한다.

> **TIP** **황린을 물속에 보관하는 이유**
> 인화수소(PH_3)가스의 발생을 억제하기 위해서이다.

④ 용도

적린 제조, 인산, 인화합물의 원료, 쥐약, 살충제, 연막탄 등

⑤ 소화방법

주수, 건조사, 흙, 토사 등의 질식소화

(6) 알칼리금속류 및 알칼리토금속(지정수량 50kg)

1-1 알칼리금속류(K, Na 제외)

1) 리튬(Li)

① 일반적 성질

㉮ 은백색의 무르고 연한 금속이다.

㉯ 알칼리금속이지만 K, Na보다는 화학반응성이 크지 않다.

㉰ 가연성고체로서 건조한 실온의 공기에서 반응하지만 않지만 100℃ 이상으로 가열하면 적색 불꽃을 내면서 연소하여 미량의 Li_2O_2와 Li_2O로 산화가 된다.

㉱ 비중 0.53, 융점 180.5℃, 비점 1,350℃

② 위험성

㉮ 피부 등에 접촉 시 부식 작용이 있다.

㉯ 물과 만나면 심하게 발열하고 가연성의 수소가스를 발생하므로 위험하다.

$$Li + H_2O \rightarrow LiOH + 0.5H_2 \uparrow + 52.7kcal$$

㉰ 공기 중에서 서서히 가열해서 발화하여 연소하며, 연소 시 탄산가스(CO_2) 속에서도 꺼지지 않고 연소한다.

㉱ 의산, 초산, 에탄올 등과 반응하여 수소를 발생한다.

㉲ 산소 중에서 격렬히 반응하여 산화물을 생성한다.

$$4Li + O_2 \rightarrow 2LiO$$

㉳ 질소와 직접 결합하여 생성물로 적색 결정의 질화리튬을 만든다.

$$6Li + N_2 \rightarrow 2LiN$$

③ 저장 및 취급방법

㉮ 건조하여 환기가 잘 되는 실내에 저장한다.

㉯ 수분과의 접촉·혼입을 방지한다.

④ 용도 : 2차 전지, 중합반응의 촉매, 비철금속의 가스 제거, 냉동기 등

2) 루비듐(Rb)

① 일반적 성질

㉮ 은백색의 금속이다.

㉯ 수은에 격렬하게 녹아서 아말감을 만든다.

㉰ 비중 1.53, 융점 38.89℃, 비점 688℃이다.

② 위험성

㉮ 물 또는 묽은 산과 폭발적으로 반응하여 수소를 발생한다.

$$2Rb + 2H_2O \rightarrow 2RbOH + H_2 \uparrow$$

④ 액체 암모니아에 녹아서 수소를 발생한다.

$$2Rb + 2NH_3 \rightarrow 2RbNH_2 + H_2 \uparrow$$

3) 세슘(Cs)

① 일반적 성질

㉮ 염화세슘에 칼슘 환원제를 넣어 가열하여 만든다.

$$2CsCl + Ca \xrightarrow{\Delta} CaCl_2 + 2Cs$$

④ 노란색의 금속이며, 알칼리금속 중 반응성이 가장 풍부하다.

㉱ 비중 1.87, 융점 28.4℃, 비점 678.4℃

② 위험성

㉮ 공기 중에서 청색 불꽃을 내며 연소한다.

$$Cs + O_2 \rightarrow CsO_2$$

④ 암모니아수에 녹아서 수소를 발생한다.

$$2Cs + 2NH_3 \rightarrow 2CsNH_2 + H_2 \uparrow$$

4) 프란슘(Fr)

① 은백색의 금속으로 자연방사성 원소의 붕괴계열이나 원자로에서 생성되는 짧은 수명의 방사성 원소이다.

② 융점 27℃, 비점 677℃

1-2 알칼리토금속류(Mg 제외)

1) 베릴륨(Be)

① 일반적 성질

㉮ 회백색의 단단하고 가벼운 금속이다.

④ 진한 질산과는 반응하지 않고 염산, 황산과는 즉시 반응한다.

㉱ 비중 1.85, 융점 1,280℃, 비점은 2,970℃

2) 칼슘(Ca)

① 일반적 성질

㉮ 산화칼슘 분말과 알루미늄 분말을 혼합하여서 고압으로 압축시켜 얻는다.

$$6CaO + 2Al \rightarrow 3Ca + 3CaO \cdot Al_2O_3$$

④ 은백색의 금속으로 냄새가 없고, 묽은 액체 암모니아에 녹아서 청색을 띠는 용액이 되며, 전기를 전도한다.

㉱ 비중 1.55, 융점 839℃, 비점 1,480℃

② 위험성

㉠ 물과 반응하여 상온에서 서서히, 고온에서 격렬하게 수소를 발생한다.

$Ca + 2H_2O \rightarrow Ca(OH)_2 + H_2\uparrow$

㉡ 실온의 공기에서 표면이 산화되어서 고온에서 등색 불꽃을 내며 연소하여 CaO가 된다.

㉢ 대량으로 쌓인 분말도 습기에 장시간 방치, 또는 금속산화물이 접촉하면 자연발화의 위험이 있다.

3) 스트론튬(Sr)

① 일반적 성질

㉠ 은백색의 금속이다.

㉡ 묽은 액체 암모니아에 녹아 청색을 띠는 용액이 되며, 전기를 전도한다.

㉢ 수소와 반응하여 수소화물(SrH_2)을 만든다.

㉣ 비중 2.54, 융점 769℃, 비점 1,380℃

② 위험성

㉠ 물 또는 묽은 산과 격렬하게 반응하여 수소를 발생한다.

㉡ 고온에서 홍색 불꽃을 내며 연소한다.

$2Sr + O_2 \rightarrow 2SrO$

4) 바륨(Ba)

① 일반적 성질

㉠ 은백색의 금속이다.

㉡ 고온에서 수소와 수소화물(BaH_2), 질소화질화물(Ba_3N_2)을 만든다.

② 위험성

㉠ 산과 격렬하게 반응하여 수소를 발생한다.

㉡ 고온의 공기 중에서 황록색 불꽃을 내며 연소하여 BaO가 된다.

5) 라듐(Ra)

① 일반적 성질

㉠ 백색의 광택을 가진 금속으로 알칼리토금속류 중 가장 반응성이 크다.

㉡ 동위원소 모두가 방사성이다.

㉢ 비중 5.0, 융점 700℃, 비점 1,140℃

(7) 유기금속화합물류(알킬알루미늄, 알킬리튬 제외, 지정수량 50kg)

유기금속화합물이란 알킬기(R : C_nH_{2n+1})와 아닐기(C_6H_5) 등 탄화수소기와 금속원자가 결합된 화합물, 즉 탄소-금속 사이에 치환결합을 갖는 화합물을 말한다.

1) 디에틸텔르륨[$Te(C_2H_5)_2$]

① 가연성이며 무취, 황적색의 유동성 액체이다.
② 공기 또는 물과 접촉하여 분해한다.
③ 분자량 185.6, 비점 138℃

2) 디메틸텔르륨[$Te(CH_3)_2$]

디에틸텔르륨과 유사하다.

3) 디에틸아연[$Zn(C_2H_5)_2$]

① 무색의 마늘 냄새가 나는 유동성 액체로, 가연성이다.
② 물에 분해한다.
③ 비중 1.21, 융점 −28℃, 비점 117℃

4) 디메틸아연[$Zn(CH_3)_2$]

디에틸아연과 유사하다.

5) 사에틸납[$(C_2H_5)_4Pb$]

① 일반적 성질
　㉮ 그리냐르 시약을 전해하여 만든다.

$$4C_2H_5MgBr + Pb \xrightarrow{\text{전해}} (C_2H_5)_4Pb + 2Hg + 2MgBr$$

　㉯ 매우 유독하며, 상온에서 무색 액체로 단맛이 있으며 특유한 냄새가 난다.
　㉰ 비중 1.65, 융점 −136℃, 비점 195℃, 인화점 85~105℃
② 위험성
　㉮ 상온에서 기화하기 쉽고 증기는 공기와 혼합하여 인화·폭발하기 쉽다.
　㉯ 햇빛에 쪼이거나 가열하면 195℃ 정도에서 분해·발열하며, 폭발 위험이 있다.

(8) 금속의 수소화물(지정수량 300kg)

1) 수소화리튬(LiH)

  ① 일반적 성질

    ㉮ 유리 모양의 무색투명한 고체로, 물과 작용하여 수소를 발생한다.

$$LiH + H_2O \rightarrow LiOH + H_2 \uparrow + Q(kcal)$$

    ㉯ 알코올 등에 녹지 않고 알칼리금속의 수소화물 중 가장 안정한 화합물이다.

    ㉰ 비중 0.82, 융점 680℃

2) 수소화나트륨(NaH)

  ① 일반적 성질

    ㉮ 회색의 입방정계 결정이다.

    ㉯ 습한 공기 중에서 분해하고, 물과는 격렬하게 반응하여 수소가스를 발생시킨다.

$$NaH + H_2O \rightarrow NaOH + H_2 \uparrow + 21kcal$$

    ㉰ 비중 0.93, 분해온도 800℃

3) 수소화칼슘(CaH_2)

  ① 일반적 성질

    ㉮ 무색의 사방정계 결정으로 675℃까지는 안정하며, 물에는 용해되지만 에테르에는 녹지 않는다.

    ㉯ 물과 접촉 시에는 가연성의 수소가스와 수산화칼슘을 생성한다.

$$CaH_2 + 2H_2O \rightarrow Ca(OH)_2 + 2H_2 \uparrow + 48kcal$$

    ㉰ 비중 1.7, 융점 814℃, 분해온도 675℃

4) 수소화알루미늄리튬[Li(AlH_4)]

  ① 일반적 성질

    ㉮ 백색 또는 회색의 분말로서 에테르에 녹고, 물과 접촉하여 수소를 발생시킨다.

    ㉯ 분자량 37.9, 비중 0.92, 융점 125℃

  ② 위험성

    ㉮ 물과 접촉 시 수소를 발생하고 발화한다.

    ㉯ 약 125℃로 가열하면 Li, Al과 H_2로 분해된다.

$$LiAlH_4 + 4H_2O \rightarrow LiOH + Al(OH)_3 + 4H_2$$

  ③ 용도 : 유기합성제 등의 환원제, 수소발생제 등

5) 펜타보란(Penta Borane, B_5H_9)

　① 일반적 성질

　　㉮ 강한 자극성 냄새가 나는 무색의 액체이며, 물에 녹지 않는다.

　　㉯ 분자량 63.2, 비중 0.61 ~ 0.66, 증기비중 2.18, 비점 60 ~ 63℃, 인화점 30℃, 발화점 35℃, 연소범위 0.4 ~ 98%

　② 위험성

　　㉮ 연소 시 역화의 위험이 있고 보란 증기를 포함한 유독성, 자극성의 연소가스를 발생한다.

　　㉯ 밀폐 용기가 가열되면 심하게 파열한다.

　③ 저장 및 취급방법

　　㉮ 저장용기를 철저히 밀폐시키고 정전기로 인한 점화원 배제와 전기설비에 대한 방폭조치를 한다.

　　㉯ 강제와 니켈로 만든 용기에 저장하고 공간에는 헬륨과 같은 불활성가스를 봉입시킨다.

　④ 용도 : 반도체공업

　⑤ 소화방법 : 물분무로 용기 외벽으로부터 열을 흡수하는 데 주력한다.

(9) 금속인화합물(지정수량 300kg)

1) 인화석회(Ca_3P_2, 인화칼슘)

　① 일반적 성질

　　㉮ 적갈색의 괴상(덩어리 상태) 고체이다.

　　㉯ 분자량 182.3, 비중 2.51, 융점 1,600℃

　② 위험성 : 물 또는 산과 반응하여 유독하고 가연성인 인화수소가스(PH_3, 포스핀)를 발생한다.

$$Ca_3P_2 + 6H_2O \quad \rightarrow \quad 3Ca(OH)_2 + 2PH_3 \uparrow$$

$$Ca_3P_2 + 6HCl \quad \rightarrow \quad 3CaCl_2 + 2PH_3 \uparrow$$

　③ 저장 및 취급방법

　　㉮ 물기엄금, 화기엄금

　　㉯ 건조되고 환기가 좋은 곳에 저장한다.

　　㉯ 용기는 밀전하고 파손에 주의한다.

2) 인화알루미늄(AlP)

　① 일반적 성질

　　㉮ 암회색 또는 황색의 결정 또는 분말이며, 가연성이다.

　　㉯ 습기 찬 공기 중에서 탁한 색으로 변한다.

⒟ 분자량 58, 비중 2.40 ~ 2.85, 융점 1,000℃ 이하

② 위험성

㉮ 공기 중 안정하지만 습기 찬 공기, 물, 스팀과 접촉 시 가연성·유독성의 포스핀 가스를 발생한다.

$$AlP + 3H_2O \rightarrow Al(OH)_3 + PH_3 \uparrow$$

㉯ 포스핀은 맹독성의 무색 기체로, 연소할 때도 유독성의 P_2O_5를 발생한다.

㉰ 공기 중에서 서서히 포스핀을 발생한다.

③ 저장 및 취급방법

㉮ 물기엄금이며, 스프링클러소화설비를 설치해선 안 된다.

㉯ 누출 시는 모든 점화원을 제거하고 마른모래나 건조한 흙으로 흡수·회수한다.

(10) 칼슘 또는 알루미늄의 탄화물(지정수량 300kg)

칼슘 또는 알루미늄의 탄화물이란 칼슘 또는 알루미늄과 탄소와의 화합물로서 탄화칼슘(CaC_2), 탄화알루미늄(Al_4C_3) 등이 있다.

1) 탄화칼슘(CaC_2, 카바이드)

① 일반적 성질

㉮ 순수한 것은 정방정계인 백색 입방체의 결정이며, 시판품은 회색 또는 회흑색의 불규칙한 괴상의 고체이다.

㉯ 건조한 공기 중에서는 안정하지만 335℃ 이상에서는 산화되며, 고온에서 강한 환원성을 가지므로 산화물을 환원시킨다.

$$CaC_2 + 5O_2 \rightarrow 2CaO + 4CO_2 \uparrow$$

㉰ 질소와는 약 700℃ 이상에서 질화되어 칼슘시안나이드($CaCN_2$, 석회질소)가 생성된다.

$$CaC_2 + N_2 \rightarrow CaCN_2 + C + 74.6kcal$$

㉱ 물 또는 습기와 작용하여 아세틸렌가스를 발생하고, 수산화칼슘을 생성한다.

$$CaC_2 + 2H_2O \rightarrow Ca(OH)_2 + C_2H_2 \uparrow + 27.8kcal$$

㉲ 생성되는 아세틸렌가스의 비은 2.22, 융점 2,300℃, 발화점 335℃ 이상, 연소범위 2.5~81%

② 위험성

㉮ 물 또는 습기와 작용하여 폭발성 혼합가스인 아세틸렌(C_2H_2)가스를 발생하며, 생성되는 수산화칼슘[$Ca(OH)_2$]은 독성이 있기 때문에 인체에 부식작용(피부점막염증, 시력장애 등)이 있다.

ⓝ 생성되는 아세틸렌가스는 매우 인화되기 쉬운 가스로, 1기압 이상으로 가압하면 그 자체로 분해·폭발한다.

$$2C_2H_2 + 5O_2 \rightarrow 4CO_2 \uparrow + 2H_2O + 2 \times 310kcal$$

$$C_2H_2 \rightarrow 2C + H_2 + 45kcal$$

ⓔ 생성되는 아세틸렌가스는 금속(Cu, Ag, Hg 등)과 반응하여 폭발성 화합물 금속아세틸레이드(M_2C_2)를 생성한다.

$$C_2H_2 + 2Ag \rightarrow Ag_2C_2 + H_2 \uparrow$$

ⓡ CaC_2(탄화칼슘)은 여러 가지 불순물을 함유하고 있어 물과 반응 시 아세틸렌가스 외에 유독한 가스(AsH_3, PH_3, H_2S, NH_3 등)가 발생한다.

③ 저장 및 취급방법

ⓐ 습기가 없는 건조한 장소에 밀봉·밀전하여 보관한다.

ⓝ 저장용기 등에는 질소가스 등 불연성가스를 봉입한다.

ⓔ 빗물 또는 침수 우려가 없고 화기가 없는 장소에 저장한다.

④ 용도 : 용접 및 용단 작업, 유기합성, 탈수제, 강철의 탈황제, 금속산화물의 환원 등

⑤ 기타 카바이드

ⓐ 아세틸렌(C_2H_2)가스를 발생시키는 카바이드(Li_2C, Na_2C, K_2C_2, MgC_2)

$$Li_2C + 2H_2O \rightarrow 2LiOH + C_2H_2 \uparrow$$

$$Na_2C + 2H_2O \rightarrow 2NaOH + C_2H_2 \uparrow$$

$$K_2C_2 + 2H_2O \rightarrow 2KOH + C_2H_2 \uparrow$$

$$MgC_2 + 2H_2O \rightarrow Mg(OH)_2 + C_2H_2 \uparrow$$

ⓝ 메탄(CH_4)가스를 발생시키는 카바이드(BeC_2)

$$BeC_2 + 4H_2O \rightarrow 2Be(OH)_2 + CH_4 \uparrow$$

ⓔ 메탄(CH_4)과 수소(H_2)가스를 발생시키는 카바이드 : Mn_3C

$$Mn_3C + 6H_2O \rightarrow 3Mn(OH)_2 + CH_4 \uparrow + H_2 \uparrow$$

2) 탄화알루미늄(Al_4C_3)

① 일반적 성질

ⓐ 황색(순수한 것은 백색)의 단단한 결정 또는 분말로, 1,400℃ 이상 가열 시 분해한다.

ⓝ 비중 2.36, 분해온도 1,400℃ 이상

② 위험성 : 물과 반응하여 가연성인 메탄(연소범위 : 5~15%)을 발생하므로 인화의 위험이 있다.

$$Al_4C_3 + 12H_2O \rightarrow 4Al(OH)_3 + 3CH_4 \uparrow + 360kcal$$

적중예상문제

01 제3류 위험물은 안전관리상 어떤 성질의 물질인가?

정답

자연발화성 및 금수성물질

해설

■ **자연발화성 및 금수성물질**
고체 또는 액체로서 공기 중에서 발화의 위험성이 있거나 물과 접촉하여 발화하거나 가연성가스를 발생하는 위험성이 있는 것이다.

02 다음의 위험물을 위험등급을 맞게 구분하시오.

> 칼륨, 니트로셀룰로오스, 염소산칼륨, 유황, 리튬,
> 질산칼륨, 아세톤, 에탄올, 클로로벤젠, 아세트산

정답

① 위험등급 Ⅰ : 칼륨, 염소산칼륨, 니트로셀룰로오스
② 위험등급 Ⅱ : 유황, 질산칼륨, 아세톤, 에탄올, 리튬
③ 위험등급 Ⅲ : 클로로벤젠, 아세트산

해설

■ **위험등급**
위험물의 물리·화학적 특성에 따라 위험의 정도를 구분한 것이다.
① 위험등급 Ⅰ의 위험물
　㉮제1류 위험물 중 아염소산염류, 염소산염류, 과염소산염류, 무기과산화물 그 밖에 지정수량이 50kg 위험물
　㉯ 제3류 위험물 중 칼륨, 나트륨, 알킬알루미늄, 알킬리튬, 황린 그 밖에 지정수량이 10kg 또는 20kg 위험물
　㉰ 제4류 위험물 중 특수인화물
　㉱ 제5류 위험물 중유기과산화물, 질산에스테르류, 그 밖에 지정수량이 10kg 위험물
　㉲ 제6류 위험물
② 위험등급 Ⅱ의 위험물
　㉮ 제1류 위험물 중 브롬산염류, 질산염류, 요오드산염류 그 밖에 지정수량이 300kg인 위험물
　㉯ 제2류 위험물 중 황화인, 적린, 유황, 그 밖에 지정수량이 100kg인 위험물

⑭ 제3류 위험물 중 알칼리금속(칼륨 및 나트륨을 제외한다) 및 알칼리토금속, 유기금속화합물(알킬알루미늄 및 알킬리튬을 제외한다) 그 밖에 지정수량이 50kg인 위험물
⑮ 제4류 위험물 중 제1석유류 및 알코올류
⑯ 제5류 위험물 중 제1호 라목에 정하는 위험물 외의 것
③ 위험등급 Ⅲ의 위험물 : ① 및 ②에 정하지 아니한 위험물

03 제3류 위험물인 칼륨과 이산화탄소, 에탄올, 사염화탄소가 반응할 때 반응식을 쓰시오.

정답

① 이산화탄소의 반응식 : $4K + 3CO_2 \longrightarrow 2K_2CO_3 + C$
② 에탄올의 반응식 : $2K + 2C_2H_5OH \longrightarrow 2C_2H_5OK + H_2 \uparrow$
③ 사염화탄소의 반응식 : $4K + CCl_4 \longrightarrow 4KCl + C$

해설

■ 칼륨의 반응
① 연소반응 : $4K + O_2 \longrightarrow 2K_2O$
② 물과의 반응 : $2K + 2H_2O \longrightarrow 2KOH + H_2 \uparrow$
③ 초산과의 반응 : $2K + 2CH_3COOH \longrightarrow 2CH_3COOK + H_2 \uparrow$

04 다음과 같은 물질이 물과 접촉할 때 주로 발생되는 기체를 1가지씩 쓰시오(단, 발생하는 기체가 없으면 없음이라 쓰시오).

물질병	발생기체
칼 륨	①
탄화칼슘	②
탄화알루미늄	③
과산화바륨	④
황 린	⑤

정답

① H_2, ② C_2H_2, ③ CH_4, ④ O_2, ⑤ 없음

해설

① 칼륨(potassium, K)은 물과 격렬히 반응하여 발열하고 수소를 발생한다. 밀폐된 용기 등에 빗물 등이 혼입하여 수소를 발생하는 경우는 밀폐공간이 순간적으로 폭발한다. 여기서 물의 변형 형태로서 중의 습기·빗물·수용액·함수물·흡습성물질·결정수를 가진 염류·포 방사물·강화액 방사물이 있으며, 산류와 접촉해도 그 위험성은 유사하다.
$2K + 2H_2O \longrightarrow 2KOH + H_2 \uparrow + 2 \times 46.2kcal$

② 탄화칼슘(calcium carbide, CaC_2)은 물과 심하게 반응을 하여 수산화칼슘(소석회)과 아세틸렌을 만들고 공기 중 수분과 반응을 하여 아세틸렌을 발생한다. 아세틸렌 발생량은 약 366L/kg이다.

$$CaC_2 + 2H_2O \rightarrow Ca(OH)_2 + C_2H_2 \uparrow + 32kcal$$

③ 탄화알루미늄(Aluminum Carbide ; CA, Al_4C_3)은 상온에서 물과 반응하여 발열하고 가연성, 폭발성의 메탄가스를 발생하고 발열한다. 밀폐된 실내에서 메탄이 축적되어 인화성 혼합기를 형성하면 2차 폭발의 위험이 있다.

$$Al_4C_3 + 12H_2O \rightarrow 4Al(OH)_3 + 3CH_4 \uparrow$$

④ 과산화바륨(barium peroxide, BaO_2)은 물(온수)과 접촉하여 산소를 발생한다.

$$2BaO_2 + 2H_2O \rightarrow 2Ba(OH)_2 + O_2 \uparrow$$

⑤ 황린(yellow phosphorus, P_4)은 수산화칼륨용액 등 강알칼리 용액과 반응하여 가연성·유독성의 포스핀 가스를 발생한다. 이때 액상인 인화수소 P_2H_4가 발생이 되는데, 이것은 공기 중에서 자연발화한다.

$$P_4 + 3KOH + H_2O \rightarrow PH_3 \uparrow + 3KH_2PO_2$$

05 분자량이 46.1, 지정수량이 400L인 물질이 금속나트륨과 반응 시 반응식을 쓰시오.

정답

$$2C_2H_5OH + 2Na \rightarrow 2C_2H_5ONa + H_2$$

해설

알코올과 반응하여 수소를 발생한다.

06 1atm 20℃에서 나트륨을 물과 반응시키면 발생된 기체의 부피를 측정한 결과 10L이었다. 동일한 질량의 칼륨을 2atm 100℃에서 물과 반응시키면 몇 L의 기체가 발생하는지 구하시오.

정답

① 나트륨의 무게

$$2Na + 2H_2O \rightarrow 2NaOH + H_2$$

$2 \times 23g$ 22.4L

$x(g)$ 10L

$$x = \frac{2 \times 23 \times 10}{22.4} = 20.54g$$

② 칼륨의 부피

$$2K + 2H_2O \rightarrow 2KOH + H_2$$

$2 \times 39g$ 22.4L

$20.54(g)$ $x(L)$

$$x = \frac{20.54 \times 22.4}{2 \times 39} = 5.90L$$

③ 보일-샤를의 법칙을 적용하면,

$$\frac{P_1 V_1}{T_1} = \frac{P_2 V_2}{T_2}$$

$$V_2 = V_1 \times \frac{P_1}{P_2} \times \frac{T_2}{T_1}$$

$$V_2 = 5.9 \times \frac{2}{1} \times \frac{(273+20)}{(273+100)} = 9.27L$$

07 트리메틸알루미늄, 트리에틸알루미늄과 물과 반응 시 발생하는 가연성가스 2가지를 쓰시오.

정답

① 메탄(CH_4) : $(CH_3)_3Al + 3H_2O \longrightarrow Al(OH)_3 + 3CH_4$
② 에탄(C_2H_6) : $(C_2H_5)_3Al + 3H_2O \longrightarrow Al(OH)_3 + 3C_2H_6$

해설

① 트리메틸알루미늄(tri methyl aluminum)은 물과 접촉 시 심하게 반응하고 폭발한다.
② 트리에틸알루미늄(tri ethyl aluminum)은 물과 접촉하면 폭발적으로 반응하여 에탄을 생성하며, 이때 발열·폭발에 이른다.

08 트리에틸알루미늄과 에틸알루미늄디클로라이드의 화학식을 쓰시오.

정답

① 트리에틸알루미늄 : $(C_2H_5)_3Al$
② 에틸알루미늄디클로라이드 : $C_2H_5AlCl_2$

해설

■ 알킬알루미늄(RAI)의 종류

화학명	약 호	화학식
트리메틸알루미늄	TMA	$(CH_3)_3Al$
트리에틸알루미늄	TEA	$(C_2H_5)_5Al$
트리프로필알루미늄	TNPA	$(C_3H_7)_3Al$
트리이소부틸알루미늄	TIBA	$iso-(C_4H_9)_3Al$
에틸알루미늄디클로라이드	EDAC	$(C_2H_5)AlCl_2$
디에틸알루미늄하이드라이드	DEAH	$(C_2H_5)_2AlH$
디에틸알루미늄클로라이드	DEAC	$(C_2H_5)_2AlCl$

09 트리에틸알루미늄의 산소, 물과의 반응식을 쓰시오.

정답

① 공기와의 반응식 : $2(C_2H_5)_3Al + 21O_2 \longrightarrow Al_2O_3 + 15H_2O\uparrow + 12CO_2\uparrow$
② 수분과의 반응식 : $(C_2H_5)_3Al + 3H_2O \longrightarrow Al(OH)_3 + 3C_2H_6\uparrow$

해설

트리에틸알루미늄과 염소와의 반응식 : $(C_2H_5)_3Al + 3Cl_2 \longrightarrow AlCl_3 + 3C_2H_5Cl\uparrow$

10 트리에틸알루미늄과 다음의 각 물질이 반응 시 발생하는 가연성가스를 화학식으로 쓰시오.

① 물   ② 염소
③ 염산   ④ 메틸알코올

정답

① C_2H_6, ② C_2H_5Cl, ③ C_2H_6, ④ C_2H_6

해설

■ **트리에틸알루미늄(triethylaluminum)**
① $(C_2H_5)_3Al + 3H_2O \rightarrow Al(OH)_3 + 3C_2H_6\uparrow + 발열$: 물과 접촉하면 폭발적으로 반응하여 에탄을 생성하고, 이때 발열·폭발에 이른다.
② $(C_2H_5)_3Al + 3Cl_2 \rightarrow AlCl_3 + 3C_2H_5Cl\uparrow$: 할로겐과 반응하여 가연성가스를 발생한다.
③ $(C_2H_5)_3Al + HCl \rightarrow \underset{\text{디에틸알루미늄 클로라이드}}{\underline{(C_2H_5)_2AlCl}} + C_2H_6\uparrow$: 산과 격렬히 반응하여 에탄을 발생한다.
④ $(C_2H_5)_3Al + 3CH_3OH \rightarrow \underset{\text{알루미늄메틸레이트}}{\underline{Al(CH_3O)_3}} + 3C_2H_6\uparrow$: CH_3OH 등 알코올과 폭발적으로 반응한다.

11 트리에틸알루미늄에 대한 물음에 답하시오.

① 물과의 반응식을 쓰시오.
② 발생가스의 위험도를 구하시오.

정답

① $(C_2H_5)_3Al + 3H_2O \longrightarrow Al(OH)_3 + 3C_2H_6$

② C_2H_6의 연소범위 : 3~12.4%, $H = \dfrac{U-L}{L} = \dfrac{12.4-3}{3} = 3.13$

① 물과 접촉하면 폭발적으로 반응하여 에탄을 생성하고 이때 발열폭발에 이른다.
② 위험도(H)는 물질의 위험성을 가늠하는 척도 중의 하나로 H값이 높을수록 위험성은 증가하게 된다.

12 불투명한 액체로서 분자량이 114, 비중 0.83인 위험물에 대한 다음 물음에 답하시오.

① 물과 반응 시 반응식을 쓰시오.
② 운반용기의 내용적의 (㉮)% 이하의 수납률로 수납하되, (㉯)℃의 온도에서 5% 이상의 공간용적을 유지하도록 한다.

① $(C_2H_5)_3Al + 3H_2O \longrightarrow Al(OH)_3 + 3C_2H_6 \uparrow$

② ㉮ 90 ㉯ 50

① 트리에틸알루미늄의 공기 중 자연발화 반응식
$2(C_2H_5)_3Al + 21O_2 \longrightarrow 12CO_2 + Al_2O_3 + 15H_2O$
② 운반용기의 수납률

위험물	수납률
알킬알루미늄 등	90% 이하(50℃에서 5% 이상 공간용적 유지)
고체위험물	95% 이하
액체위험물	98% 이하(55℃에서 누설되지 않을 것)

13 강한 마늘 냄새가 나고 융점이 44.1℃이며, 비중은 1.82인 위험물이다.

① 명칭   ② 지정수량
③ 저장방법   ④ 소화방법

① 황린(P_4), ② 20kg, ③ 물속에 저장, ④ 포말·분말·CO_2

■ **황린**(yellow phosphorus)
백색 또는 담황색의 정사면체 구조를 가진 왁스상의 가연성 자연발화성고체이다.

14 황린에 대한 다음 물음에 답하시오.

① 저장방법
② 약알칼리성 수용액에 넣는 이유는?
③ 물의 pH가 얼마일 때 안전한가?

> **정답**

① 물속
② 인화수소(PH_3)가스의 발생을 억제하기 위하여
③ pH=9일 때

> **해설**

백색 또는 담황색의 정사면체 구조를 가진 왁스상의 가연성, 자연발화성 고체이다.

15 황린에 대한 다음 물음에 답하여라.

① 연소반응식을 쓰시오.
② 보호액을 쓰시오.
③ 운반 시 운반용기 외부에 기재하여야 하는 주의사항을 쓰시오.

> **정답**

① $4P+5O_2 \rightarrow 2P_2O_5$
② pH 9인 약알칼리성의 물
③ 화기엄금 및 공기접촉엄금

> **해설**

■ 위험물 운반용기의 주의사항

위험물		주의사항
제1류 위험물	알칼리금속의 과산화물	• 화기·충격주의 • 물기엄금 • 가연물접촉주의
	기 타	• 화기·충격주의 • 가연물접촉주의
제2류 위험물	철분·금속분·마그네슘	• 화기주의 • 물기엄금
	인화성고체	화기엄금
	기 타	화기주의

위험물		주의사항
제3류 위험물	자연발화성 물질	• 화기엄금 • 공기접촉엄금
	금수성물질	물기엄금
제4류 위험물		화기엄금
제5류 위험물		• 화기엄금 • 충격주의
제6류 위험물		가연물접촉주의

16 황린, 나트륨, 이황화탄소의 보호액을 쓰고 이유를 물리적, 화학적으로 설명하시오.

정답

① 황린
  ㉮ 보호액 : 물
  ㉯ 이유 : 황린은 발화점이 낮고 자연발화가 가능한 물질로서 비열이 큰 물속에 저장하여서 온도상승을 막아야 안전하다.
② 나트륨
  ㉮ 보호액 : 석유
  ㉯ 이유 : 나트륨은 활성이 매우 큰 물질로, 물·수증기와 접촉하여 가연성증기를 발생하기 때문에 석유에 넣어 보관해야 하며, 누출을 방지하기 위해 이중구조로 된 용기를 사용하여야 안전하다.
③ 이황화탄소
  ㉮ 보호액 : 물
  ㉯ 이유 : 이황화탄소는 물보다 무겁고, 물에 녹기 어렵기 때문에 수조 속에 보관하여 가연성증기의 발생을 방지하여야 하며, 이황화탄소 전용 용기에 저장하여야 안전하다.

해설

① 황린은 물과 반응하지 않으며 물에 녹지 않는다. 따라서 물속에 저장한다.
② 나트륨은 반드시 석유, 경유, 유동 파라핀 등의 보호액을 넣은 내통에 밀봉하여 저장하고 외부로의 누출방지를 위해 외통을 별도 설치한다. 경우에 따라 불활성가스를 봉입하기도 한다.
③ 이황화탄소는 인화점, 비점이 낮고 연소범위가 넓어 휘발이 용이하고 인화하기 쉽다.

17 다음은 황린과 적린의 비교이다. ( ) 안에 알맞은 말을 쓰시오.

종류 \ 항목	색 상	독 성	연소생성물	CS₂에 대한 용해도	위험등급
황 린	담황색	(①)	P_2O_5	(③)	(⑤)
적 린	암적색	(②)	P_2O_5	(④)	(⑥)

> **정답**

① 있다, ② 없다, ③ 용해됨, ④ 용해 안 됨, ⑤ Ⅰ, ⑥ Ⅱ

> **해설**

① 황린(yellow phosphorus) : 백색 또는 담황색의 정사면체 구조를 가진 왁스상의 가연성, 자연발화성고체이다. 강한 마늘 냄새가 나며, 증기는 공기보다 무겁고 가연성이다. 또한 매우 자극적이며, 맹독성물질이다.
② 적린(red phosphorus)은 암적색의 분말로 전형적인 비금속의 원소이다. 황린의 동소체이지만 황린과 달리 자연발화성이 없어 공기 중에서 안전하다. 독성이 약하며, 어두운 곳에서 인광을 발생하지 않는다.

18 수소화나트륨이 물과 반응할 때의 화학반응식을 쓰고, 이때 발생된 가스의 위험도를 구하시오.

> **정답**

① $NaH + H_2O \rightarrow NaOH + H_2$
② 발생가스 수소의 연소범위는 4~75%이므로 위험도는 $\dfrac{75-4}{4} = 17.75$

> **해설**

■ **수소화나트륨**(sodium hydride, NaH)

물과 실온에서 격렬하게 반응하여 수소를 발생하고 발열한다. 습도가 높을 때는 공기 중의 수증기와도 반응하며, 이때 발생한 반응열에 의해서 자연발화한다.

$NaH + H_2O \rightarrow NaOH + H_2 \uparrow$

19 인화칼슘에 대한 다음 물음에 답하시오.

① 물과의 반응식   ② 산과의 반응식   ③ 위험등급

> **정답**

① 물과 반응식 : $Ca_3P_2 + 6H_2O \rightarrow 3Ca(OH)_2 + 2PH_3$
② 산과 반응식 : $Ca_3P_2 + 6HCl \rightarrow 2CaCl_2 + 2PH_3$
③ 위험등급 : Ⅲ등급

■ **인화칼슘(인화석회, calcium phosphide, Ca_3P_2)**
물 및 산과 심하게 반응하여 포스핀을 발생한다. 이 포스핀은 무색의 기체로, 악취가 있으며 독성이 강하다. 공기보다 1.2배 무겁고 상온에서 공기 중 인화수소가 흡습되어 있으면 발화할 수 있다.

20 인화칼슘과 물과의 화학반응식과 위험한 이유를 쓰시오.

① 물과의 반응식 : $Ca_3P_2 + 6H_2O \longrightarrow 3Ca(OH)_2 + 2PH_3 \uparrow$
② 위험한 이유 : 맹독성이 포스핀가스를 발생하기 때문이다.

■ **인화칼슘(인화석회, calcium phosphide, Ca_3P_2)**
물 및 산과 심하게 반응하여 포스핀을 발생한다. 이 포스핀은 무색의 기체로서 악취가 있으며 독성이 강하다. 공기보다 1.2배 무겁고 상온에서 공기 중 인화수소가 흡습되어 있으면 발화할 수 있다.

21 칼슘, 인화칼슘, 탄화칼슘이 물과 반응할 때 공통적으로 발생하는 물질은?

$Ca(OH)_2$(소석회)

① 물과 반응하여 상온에서는 서서히, 고온에서는 격렬하게 수소를 발생한다. Mg에 비해 더 무르며 Mg에 비해 물과의 반응성이 빠르다.
$Ca + 2H_2O \longrightarrow Ca(OH)_2 + H_2 \uparrow$
② 물 및 산과 심하게 반응하여 포스핀을 발생한다. 이 포스핀은 무색의 기체로, 악취가 있으며 독성이 강하다. 공기보다 1.2배 무겁고 상온에서 공기 중 인화수소가 흡수되어 있으면 발화할 수 있다.
$Ca_3P_2 + 6H_2O \longrightarrow 3Ca(OH)_2 + 2PH_3 \uparrow$
③ 물과 심하게 반응하여 수산화칼슘(소석회)과 아세틸렌을 만들며, 공기 중 수분과 반응하여 아세틸렌을 발생한다.
$CaC_2 + 2H_2O \longrightarrow Ca(OH)_2 + C_2H_2 \uparrow + 32kcal$

22 탄화칼슘이 다음과 같은 물질과 반응 시 반응식을 쓰시오.

① 물과 반응식
② 물과 반응 시 발생된 기체의 완전연소 반응식
③ 질소 중에서의 반응식

정답

① $CaC_2 + 2H_2O \;\rightarrow\; Ca(OH)_2 + C_2H_2$
② $2C_2H_2 + 5O_2 \;\rightarrow\; 4CO_2 + 2H_2O$
③ $CaC_2 + N_2 \;\rightarrow\; CaCN_2 + C$

해설

① 물과 심하게 반응하여 소석회와 아세틸렌을 만들며, 공기 중 수분과 반응하여도 아세틸렌을 발생한다.
② 아세틸렌은 고도의 가연성가스로서 인화하기 쉽고 때로는 폭발한다.
③ 질소 중에서 고온으로 가열하면 석회질소가 얻어진다.

23 탄화칼슘에 대해 다음 물음에 답하시오.

① 물과의 반응식을 쓰시오.
② 물과의 반응 시 발생된 가스의 위험도를 구하시오.

정답

① $CaC_2 + 2H_2O \;\rightarrow\; Ca(OH)_2 + C_2H_2 \uparrow$
② C_2H_2의 폭발범위 : 2.5~81%, 위험도$(H) = \dfrac{U-L}{L} = \dfrac{81-2.5}{2.5} = 31.4$

해설

■ **탄화칼슘(CaC_2)**
물과 심하게 반응하여 소석회와 아세틸렌을 만들며, 공기 중 수분과 반응하여도 아세틸렌을 발생한다. 아세틸렌의 발생량은 약 366L/kg이다.

24 탄화칼슘 64g이 물과 반응했을 때 발생하는 가스의 양(g)과 발생가스의 위험도를 구하시오.

정답

① 발생하는 가스의 양 : $CaC_2 + 2H_2O \rightarrow Ca(OH)_2 + C_2H_2 \uparrow$
　　　　　　　　　　　　　　64g　　　　　　　　　　　　　26g
　∴ 발생하는 가스의 양은 26g이다.

② 위험도 : 아세틸렌의 연소범위가 2.5~81%이므로, $H = \dfrac{81 - 2.5}{2.5} = 31.4$

25 탄화칼슘 10kg이 물과 반응 시 생성되는 가연성가스는 1기압 25℃에서 몇 L인가, 그리고 위험도는?

정답

① $CaC_2 + 2H_2O \rightarrow Ca(OH)_2 + C_2H_2$

   64kg $22.4m^3$

   $64 : 22.4 = 10 : x$

   $x = \dfrac{10 \times 22.4}{64} = 3.5kg$

   $PV = \dfrac{W}{M}RT$

   $V = \dfrac{WRT}{PM} = \dfrac{3.5 \times 0.082 \times (273 + 25)}{1 \times 2.6} = 3.29m^3$

② C_2H_2의 폭발범위 : 2.5~81%, 위험도(H) $= \dfrac{U-L}{L} = \dfrac{81-2.5}{2.5} = 31.4$

26 탄화칼슘이 물과 반응하여 발생하는 가연성기체의 완전연소반응식은?

정답

$C_2H_2 + 5O_2 \rightarrow 4CO_2 \uparrow + 2H_2O$

해설

탄화칼슘(카바이드, CaC_2, 제3류 위험물)과 물의 반응

① $CaC_2 + 2H_2O \rightarrow Ca(OH)_2 + C_2H_2 \uparrow + $발열

② 수산화칼슘(소석회)과 아세틸렌(C_2H_2) 가스가 발생한다.

③ 아세틸렌(C_2H_2)

  ㉮ 연소범위 : 2.5 ~ 81%, 위험도(H) $= \dfrac{U-L}{L} = \dfrac{81-2.5}{2.5} = 31.4$

  ㉯ 흡열 화합물로서 압축하면 분해폭발의 위험이 있다.

  ㉰ 연소반응 : $2C_2H_2 + 5O_2 \rightarrow 4CO_2 \uparrow + 2H_2O$

  ㉱ Cu, Ag, Hg과 접촉 시 폭발성 금속아세틸라이트 생성

    $C_2H_2 + 2Cu \rightarrow Cu_2C_2 + H_2 \uparrow$ (동아세틸라이트)

    $C_2H_2 + 2Ag \rightarrow Ag_2C_2 + H_2 \uparrow$ (금속아세틸라이트)

27 제3류 위험물 중 분자량이 144이고, 수분과 반응하여 메탄을 생성시키는 물질의 반응식을 쓰시오.

정답

$Al_4C_3 + 12H_2O \rightarrow 4Al(OH)_3 + 3CH_4 \uparrow$

해설

상온에서 물과 반응하여 발열하고 가연성·폭발성의 메탄가스를 발생한다. 밀폐된 실내에서 메탄이 축적되어 인화성 혼합기를 형성하면 2차 폭발의 위험이 있다.

Chapter

04 제4류 위험물

01 제4류 위험물의 품명과 지정수량

성 질	위험등급	품 명		지정수량
인화성액체	I	특수인화물류		50L
	II	제1석유류	비수용성	200L
			수용성	400L
		알코올류		400L
	III	제2석유류	비수용성	1,000L
			수용성	2,000L
		제3석유류	비수용성	2,000L
			수용성	4,000L
		제4석유류		6,000L
		동·식물유류		10,000L

TIP **인화성액체 중 수용성 액체**

20℃, 1기압에서 동일한 증류수와 완만하게 혼합하여 혼합액의 유동이 멈춘 후 당해 혼합액이 균일한 외관을 유지하는 것을 말한다.

(1) 시험의 개관

① 액상의 확인

㉮ 액상확인방법 : 1기압, 20℃에서 액상을 확인한다. 20℃에서 액상 판정이 되지 않는 경우 20℃ 이상 40℃ 이하에서 액상을 확인한다. 이때에도 액상으로 판정되지 않는 경우에는 제4류 위험물에서 제외한다(비위험물이 아니라 다른 시험을 통해 타류 위험물에 속하는지 확인해야 함).

㉯ 액상확인시험의 목적 : 시험물질이 액상인가의 여부를 판단할 목적으로 시험 온도로 유지한 시험물품을 넣은 시험관을 넘어뜨려 액면의 끝부분이 일정 거리를 이동하는 데 걸리는 시간을 측정한다.

② 인화점의 측정

㉮ 인화점측정방법 : 액상으로 확인된 시험물품에 대하여 한국산업규격 KS M 2010에 의하여 인화점을 측정한다.

㉯ 인화점측정시험의 목적 : 액체물질이 인화하는지 안하는지 판단하는 것을 목적으로 인화점 측정기에 의해 시험 물품이 인화하는 최저 온도를 측정한다.

③ 비점의 확인

㉮ 인화점이 −20℃ 이하인 경우 비점을 측정한다.

㉯ 인화점이 100℃ 미만인 경우 발화점을 측정한다.

㉰ 비점이 40℃ 이하이고 발화점이 100℃ 이하인 경우 당해 시험물품은 특수인화물류에 해당한다.

④ 연소점 등의 확인 : 도료류와 그 밖의 물품은 다음을 측정한다.

㉮ 인화점이 40℃ 이상 60℃ 미만인 경우에는 연소점을 측정한다.

㉯ ㉮에서 얻어진 연소점이 60℃ 이상인 경우 또는 인화점이 60℃ 이상인 경우에는 가연성액체량을 측정한다.

㉰ ㉯에서 얻어진 가연성액체량이 40vol% 이하인 경우 시험물품은 제4류 위험물에 해당되지 않는다.

㉱ ㉰의 측정으로 얻어진 동점성률이 $10mm^2/s$ 이상의 경우에는 세타 밀폐식 인화점 측정기에 의해 인화점을 측정한다.

⑤ 품목의 구분 : 인화점의 차이는, 곧 물질의 연소위험도를 비교하는 가장 적절한 기준이며, 인화점이 낮을수록 위험도가 높고 동일 품목이라도 비수용성 석유류는 수용성 석유류보다 화재 진압상 어렵기 때문에 위험도가 더 높다.

(2) 인화점측정시험

① 태그(Tag)밀폐식 인화점 시험방법 : 시료를 시료컵에 넣고 뚜껑을 덮은 후 규정된 속
   도로 서서히 가열한다. 규정된 온도로 상승시키면 규정된 크기의 시험불꽃을 직접 시
   료컵 중앙으로 접근시켜, 시료의 증기에 인화되는 최저의 온도를 측정한다.

② 태그(Tag)개방식 인화점 시험방법 : 시료를 태그 개방식 시험기의 단지에 넣고, 일정
   한 속도로 서서히 가열한 다음 규정된 간격으로 작은 시험불꽃을 일정한 속도로 단지
   위에 통과시킨다. 그 시험불꽃으로 단지에 들어있는 액체의 표면에 불이 붙는 온도를
   인화점으로 한다.

③ 펜스키 마르텐스(Pensky Martens) 밀폐식 인화점 시험방법 : 시료를 밀폐된 시료컵
   속에서 교반하면서 규정 속도로 서서히 가열한다. 규정 온도 간격마다 교반을 중지하
   고, 시험 불꽃을 시료컵 속으로 접근시켜 시료의 증기에 인화하는 최저의 온도를 측
   정한다.

④ 클리블랜드(Cleveland) 개방식 인화점 시험기 : 인화점이 80℃ 이상인 시료에 적용하
   며, 통상 원유 및 연료유에는 적용하지 않는다.

TIP **제4류 인화성액체의 판정을 위한 인화점 시험방법**

① 인화점 시험방법

시험방법		인화점에 의한 적용 구분
태그(Tag)	밀폐식	인화점이 95℃ 이하인 시료에 적용한다.
	개방식	인화점이 −18~−163℃인 휘발성 재료에 적용한다.
펜스키 마르텐스(Pensky Martens) 밀폐식		인화점이 50℃ 이상인 시료에 적용한다.
클리블랜드(Cleveland) 개방식		인화점이 80℃ 이상인 시료에 적용한다. 통상, 원유 및 연료유에는 적용하지 않는다.

② 태그밀폐식 인화점 측정기에 의한 시험을 실시하여 측정결과가 인화점이 95℃ 이하인 시료에
   적용한다.

(3) 발화점측정시험

용기 안에 액체물질을 넣고 대기압 하에서 용기를 균일하게 가열하여 액체물질의 고온
불꽃 자연발화온도와 저온 불꽃의 자연발화온도를 결정한다.

03 공통 성질 및 저장·취급 시 유의사항

(1) 공통 성질

① 상온에서 액상인 가연성액체로 대단히 인화하기 쉽다.

② 대부분 물보다 가볍고, 물에 녹기 어렵다.

③ 증기는 공기보다 무겁다(단, HCN은 제외).

④ 발화점(발화온도, 착화점, 착화온도)이 낮은 것은 위험하다.

⑤ 증기와 공기가 약간 혼합되어 있어도 연소한다.

> **TIP** 고인화성 위험물
> 인화점이 100℃ 이상인 제4류 위험물을 말한다.

(2) 저장 및 취급 시 유의사항

① 용기는 밀전하고 통풍이 잘 되는 찬 곳에 저장한다.

② 화기 및 점화원으로부터 멀리 저장한다.

③ 증기 및 액체의 누설에 주의하여 저장한다.

④ 인화점 이상으로 가열하지 않는다.

⑤ 정전기 발생에 주의하여 저장·취급한다.

⑥ 증기는 가급적 높은 곳으로 배출한다.

(3) 소화방법

이산화탄소, 할로겐화물, 분말, 포 등으로 질식소화

(4) 화재의 특성

① 유동성 액체이므로 연소의 확대가 빠르다.

② 증발 연소하므로 불티가 나지 않는다.

③ 인화성이므로 풍하의 화재에도 인화된다.

④ 소화 후에도 발화점 이상으로 가열된 물체 등에 의해 재연소 또는 폭발한다.

04 위험물의 성상

1 특수인화물류(지정수량 50L)

디에틸에테르, 이황화탄소, 그 밖에 1기압에서 발화점이 100℃ 이하 또는 인화점이 −20℃ 이하로 비점이 40℃ 이하인 것

(1) 디에틸에테르($C_2H_5OC_2H_5$, 에테르, 에틸에테르)

① 일반적 성질

㉮ 비점이 낮고 무색투명하며, 인화되기 쉬운 휘발성·유동성의 액체이다.

㉯ 물에는 약간 녹고 알코올 등에는 잘 녹는다.

㉰ 전기의 불량 도체로서 정전기가 발생하기 쉽다.

㉱ 증기는 마취성이 있다.

㉲ 일반식은 ROR이다.

㉳ 완전연소반응식은 다음과 같다.

$$C_2H_5OC_2H_5 + 6O_2 \longrightarrow 4CO_2 + 5H_2O$$

㉴ 분자량 74, 비중 0.71, 증기비중 2.6, 비점 34.48℃, 인화점 −45℃, 발화점 180℃, 연소범위 1.9~48℃

> **TIP 에테르의 제법**
>
> 에탄올에 진한 황산을 넣고 130~140℃로 가열하면 에탄올 2분자 중에서 간단히 물이 빠지면서 축합반응이 일어나 에테르가 얻어진다.
>
> $$2C_2H_5OH \xrightarrow{\text{C-H}_2\text{SO}_4} C_2H_5OC_2H_5 + H_2O$$

② 위험성

㉮ 인화점이 낮고 휘발성이 강하다(제4류 위험물 중 인화점이 가장 낮다).

㉯ 진한 증기는 마취성이 있어 장시간 흡입 시 위험하다.

㉰ 증기와 공기의 혼합가스는 발화점이 낮고, 폭발성을 지닌다.

㉱ 정전기 발생의 위험성이 있다.

㉲ 공기 중에 장시간 접촉 시 폭발성의 과산화물이 생성되는 경우 가열·충격 및 마찰 등에 의해 격렬하게 폭발한다.

③ 저장 및 취급방법

㉮ 직사광선에 분해되어 과산화물을 생성하므로 갈색병을 사용하고, 밀전하고 있는 용기는 밀봉하고 냉암소 등에 보관한다.

ⓒ 불꽃 등 화기를 멀리하고 통풍·환기가 잘 되는 곳에 저장한다.

ⓓ 탱크나 용기 저장 시 공간용적을 유지하고, 대량 저장 시에는 불활성가스를 봉입 시킨다.

ⓔ 과산화물

    ㉠ 과산화물 검출시약 : 10% KI 용액(무색 → 황색) 과산화물 존재

    ㉡ 과산화물 제거시약 : 황산제일철($FeSO_4$), 환원철 등

    ㉢ 과산화물 생성방지법 : 40메시(Mesh)의 구리(Cu)망을 넣는다.

ⓕ 정전기 생성방지를 위해 소량의 $CaCl_2$를 넣어준다.

> **TIP** 에테르 중의 과산화물 확인 방법
>
> 시료 100mL를 무색인 마개 달린 시험관에 취하고 새로 만든 요오드화칼륨 용액 1mL를 가한 후 1분간 계속 흔든다. 흰 종이를 배경으로 하여 정면에서 보았을 때 두 층에 색이 나타나면 과산화물이 생성된 것으로 본다.

④ 용도 : 유기용제, 무연화약 제조, 시약, 의약, 유기합성 등

⑤ 소화방법 : CO_2, 분말

(2) 이황화탄소(CS_2)

① 일반적 성질

    ㉮ 순수한 것은 무색투명한 액체로 냄새가 없으나, 시판품은 불순물로 인해 황색을 띠고 불쾌한 냄새를 지닌다.

    ㉯ 비극성이며, 물보다 무겁고 물에 녹지 않으나 알코올·에테르·벤젠 등에는 잘 녹으며, 유지·수지·생고무·황·황린 등을 녹인다.

    ㉰ 독성을 지니고 있어 액체가 피부에 오래 닿아 있거나 증기 흡입 시 인체에 유해하다.

    ㉱ 비중 1.26, 증기비중 2.64, 인화점 −30℃, 발화점 100℃, 연소범위 1.2~44%

② 위험성

    ㉮ 휘발하기 쉽고 인화성이 강하며, 제4류 위험물 중 발화점이 가장 낮다.

    ㉯ 연소 시 유독한 아황산(SO_2)가스를 발생한다.

        $CS_2 + 3O_2 \rightarrow CO_2 + 2SO_2 \uparrow$

    ㉰ 연소범위가 넓고 물과 150℃ 이상으로 가열하면 분해되어 이산화탄소(CO_2)와 황화수소(H_2S)가스를 발생한다.

        $CS_2 + 2H_2O \rightarrow CO_2 \uparrow + 2H_2S \uparrow$

③ 저장 및 취급방법

    ㉮ 발화점이 낮으므로 화기를 멀리한다.

    ㉯ 직사광선을 피하고 통풍이 잘 되는 찬 곳에 저장한다.

　　　　ⓓ 밀봉·밀전하여 액체나 증기의 누설을 피한다.

　　　　ⓔ 물보다 무겁고 물에 녹지 않아 저장 시 가연성 증기의 발생을 억제하기 위해 콘크리트 물(수조)속의 위험물 탱크에 저장한다.

　　④ 용도 : 유기용제, 고무가황촉진제, 살충제, 방부제, 비스코스레이온의 제조원료 등

　　⑤ 소화방법 : CO_2, 불연성가스 분무상의 주수

(3) 아세트알데히드(CH_3CHO, 알데히드)

　　① 일반적 성질

　　　　ⓐ 자극성의 과일향을 지닌 무색투명하고 인화성이 강한 휘발성액체이다.

　　　　ⓑ 환원성이 커서 은거울반응을 한다.

　　　　ⓒ 화학적 활성이 크며, 물에 잘 녹고 유기용제 및 고무를 잘 녹인다.

　　　　ⓓ 산화 시 초산, 환원 시 에탄올이 생성된다.

　　　　　$CH_3CHO + \frac{1}{2}O_2 \quad \rightarrow \quad CH_3COOH$

　　　　　$CH_3CHO + H_2 \quad \rightarrow \quad C_2H_5OH$

　　　　ⓔ 비중 0.783, 증기비중 1.5, 비점 21℃, 인화점 −37.7℃, 발화점 185℃, 연소범위 4.1~57%

　　② 위험성

　　　　ⓐ 비점이 매우 낮아 휘발하거나 인화하기 쉽다.

　　　　ⓑ 자극성이 강해 증기 및 액체는 인체에 유해하다.

　　　　ⓒ 발화점이 낮고 연소범위가 넓어 폭발의 위험이 크다.

　　　　ⓓ 구리, 마그네슘, 은, 수은 및 그 합금과의 반응은 폭발성인 아세틸라이드를 생성한다.

　　③ 저장 및 취급방법

　　　　ⓐ 공기와의 접촉 시 폭발성의 과산화물이 생성된다.

　　　　ⓑ 산 또는 강산화제의 존재 하에서는 격심한 중합반응을 하기 때문에 접촉을 피한다.

　　　　ⓒ 저장 시 용기 내부에는 질소 등 불연성가스를 봉입한다.

　　　　ⓓ 자극성이 강하므로 증기의 발생이나 흡입을 피하도록 한다.

　　④ 용도 : 플라스틱, 합성고무의 원료, 곰팡이 방지제, 사진현상용 용제 등에 이용

　　⑤ 소화방법 : 수용성이기 때문에 분무상의 물로 희석소화, CO_2, 분말

(4) 산화프로필렌(CH₃CHCH₂, 프로필렌옥사이드)

$$CH_3CHCH_2 \quad (O)$$

① 일반적 성질

    ㉮ 무색투명하며, 에테르 냄새가 나는 휘발성 액체이다.

    ㉯ 반응성이 풍부하며, 물 또는 유기용제(벤젠, 에테르, 알코올 등)에 잘 녹는다.

    ㉰ 비중 0.83, 증기비중 2.0, 비점 34℃, 인화점 −37.2℃, 발화점 465℃, 연소범위 2.5~38.5%

② 위험성

    ㉮ 휘발·인화하기 쉽고 연소범위가 넓어서 위험성이 크다.

    ㉯ 증기압이 매우 높으므로(20℃에서 45.5mmHg) 상온에서 쉽게 위험농도에 도달된다.

    ㉰ 구리, 마그네슘, 은, 수은 및 그 합금과의 반응은 폭발성인 아세틸라이드를 생성한다.

    ㉱ 증기는 눈, 점막 등을 자극하며, 흡입 시 폐부종을 일으키고 액체가 피부와 접촉할 때에는 동상과 같은 증상이 나타난다.

    ㉲ 산 및 알칼리와는 중합반응을 한다.

> **TIP**
> **중합반응(Polymerization)**
> 분자량이 작은 분자가 연속적으로 결합을 하여 분자량이 큰 분자 하나를 만드는 것이다.

③ 저장 및 취급방법

    ㉮ 중합반응 요인을 제거하고, 강산화제·산·염기와의 접촉을 피한다.

    ㉯ 취급설비, 이동탱크 및 옥외탱크 저장 시는 질소 등 불연성가스 및 수증기를 봉입하고 냉각장치를 설치하여 증기의 발생을 억제한다.

④ 용도 : 용제, 안료, 살균제, 계면활성제, 프로필렌글리콜 등의 제조

⑤ 기타 : 이소플렌[CH₂=C(CH₃)CH=CH₂], 이소프로필아민[(CH₃)₂CHNH₂] 등

(5) 디메틸설파이드[(CH₃)₂S, DMS, 황화디메틸]

① 일반적 성질

    ㉮ 무색이며, 무나 양배추가 썩는 듯한 불쾌한 냄새가 나는 휘발성·가연성의 액체이다.

    ㉯ 분자량 62.1, 비중 0.85, 증기비중 2.14, 비점 37℃, 인화점 −38℃, 발화점 206℃, 연소범위 2.2~19.7%

② 위험성

    ㉮ 인화점, 비점이 낮아 인화가 용이하다.

④ 연소 시 역화의 위험이 있으며, 이산화황 등의 유독성가스를 발생한다.

③ 저장 및 취급방법

㉮ 강산화제와 격리하며 외부와 멀리 떨어지는 것이 좋다.

㉯ 누설 시 모든 점화원을 제거하고 누출액은 불연성물질에 의해 회수한다.

④ 소화방법 : 건조분말, 포, CO_2, 물분무에 의한 질식소화

(6) 이소프로필아민[$(CH_3)_2CHNH_2$]

① 일반적 성질

㉮ 강한 암모니아 냄새가 나는 무색의 액체이며, 물에 녹는다.

㉯ 분자량 59.1, 비중 0.69, 증기비중 2.04, 비점 34℃, 인화점 −32℃, 발화점 402℃, 연소범위 2.0~10.4%

② 위험성

㉮ 인화 위험이 매우 높다.

㉯ 연소 시 유독성의 질소산화물을 포함한 연소생성물을 발생한다.

③ 저장 및 취급방법

㉮ 강산류, 케톤류, 에폭시와의 접촉을 방지한다.

㉯ 누출방지를 위해 용기를 완전히 밀봉한다. 저장·취급 시설 내의 전기설비는 방폭 조치한다.

(7) 이소프렌(Isoprene, $CH_2=C(CH_3)CH=CH_2$)

① 일반적 성질

㉮ 무색이며, 순한 맛이 있는 휘발성·가연성의 묽은 용액이다.

㉯ 분자량 68.1, 비중 0.7, 증기비중 2.4, 비점 34℃, 인화점 −54℃, 발화점 220℃, 연소범위 2~9%

② 위험성

㉮ 직사광선, 높은 온도, 산화성 물질 및 과산화물질에 의해 폭발적으로 중합한다.

㉯ 밀폐용기가 가열되면 심하게 파열한다.

③ 저장 및 취급방법

㉮ 화기엄금, 직사광선 차단, 차고 어두운 곳에 저장하고 통풍이 잘 되도록 유지한다.

㉯ 강산화제, 강산류, 할로겐화합물과 철저히 격리한다.

④ 소화방법 : 초기 화재 시는 분말·포·CO_2가 유효하며, 기타의 경우는 다량의 포로 질식소화한다.

(8) 트리클로로실란(Tri Chloro Silane, HSiCl₃)

① 일반적 성질

㉮ 자극성 차아염소산 냄새가 나는 휘발성·발연성·유동성·가연성의 무색 액체이다.

㉯ 분자량 135.5, 비중 1.34, 증기비중 4.67, 비점 32℃, 인화점 −28℃, 발화점 182℃, 연소범위 7.0~83%

② 위험성

㉮ 증기는 공기보다 무겁고 점화원에 의해 일시에 번지며, 심한 백색 연기를 발생한다.

㉯ 물과 심하게 반응하여 부식성·자극성의 염산을 생성하며, 공기 중 수분과 반응하여 맹독성의 염화수소가스를 발생한다.

③ 저장 및 취급방법

㉮ 물, 알코올, 강산화제, 유기화합물, 아민과 철저히 격리한다.

㉯ 누설 시 모든 점화원을 제거하며, 누출액은 특히 물과 접촉하지 않도록 한다.

④ 소화방법 : 밀폐 소구역에서는 분말, CO₂가 유효하다.

2 제1석유류(지정수량 $\frac{비수용성\ 액체\ 200L}{수용성\ 액체\ 400L}$)

아세톤 및 휘발유, 그 밖에 1기압에서 인화점이 21℃ 미만인 것

(1) 아세톤(CH₃COCH₃, 디메틸케톤) − 수용성 액체

① 일반적 성질

㉮ 무색투명한 액체로, 자극성의 과일 냄새(특이한 냄새)를 가진다.

㉯ 물과 에테르, 알코올에 잘 녹는다.

㉲ 일광에 쪼이면 분해되어 황색으로 변색되며, 유지·수지·섬유·고무·유기물 등을 용해시킨다.

㉳ 요오드포름반응을 한다.

㉴ 완전연소반응은 다음과 같다.

$$CH_3COCH_3 + 4O_2 \longrightarrow 3CO_2 + 3H_2O$$

㉵ 비중 0.79, 증기비중 2.0, 비점 56.6℃, 인화점 −18℃, 발화점 538℃, 연소범위 2.6~12.8%

> **TIP** **아세톤의 제법**
> ① 이소프로필알코올을 산화구리 또는 산화아연 촉매 하에 상압~3atm, 400~500℃에서 탈수소화한다.
> ② 프로필렌은 PdCl₂−CuCl₂ 촉매 존재 하에서 9~12atm, 90~120℃에서 산소 또는 공기로 산화한다.

② 위험성

㉮ 비점이 낮고 인화점도 낮아 인화의 위험이 크다.

㉯ 독성은 없으나 피부에 닿으면 탈지작용을 하고 장시간 흡입 시 구토가 일어난다.

③ 저장 및 취급방법

㉮ 화기 등에 주의하고, 통풍이 잘 되는 찬 곳에 저장한다.

㉯ 저장용기는 밀봉하여 냉암소 등에 보관한다.

④ 용도 : 용제, 아세틸렌가스의 흡수제, 도료 등에 이용

⑤ 소화방법 : CO_2·포·알코올폼·수용성 석유류이므로, 대량 주수하거나 물분무에 의해 희석소화가 가능하다.

(2) 휘발유($C_5H_{12} \sim C_9H_{20}$, 가솔린) − 비수용성 액체

① 일반적 성질

㉮ 원유의 성질, 상태, 처리 방법에 따라 탄화수소의 혼합비율이 다르다.

㉯ 탄소수가 $C_5 \sim C_9$까지의 포화·불포화 탄화수소의 혼합물인 휘발성액체로, 알칸 또는 알켄이다.

㉰ 물에는 녹지 않으나 유기용제에는 잘 녹으며, 고무·수지·유지 등을 잘 용해시킨다.

㉱ 물보다 가벼우며, 전기의 불량 도체로서 정전기 축적이 용이하다.

㉲ 옥탄가를 높이기 위해 첨가제[$(C_2H_5)_4Pb$]를 넣어 착색한다.

㉠ 공업용(무색)

㉡ 자동차용(오렌지색)

㉢ 항공기용(청색 또는 붉은 오렌지색)

㉳ 연소성의 측정기준을 옥탄값이라 한다.

㉠ 옥탄값 $= \dfrac{\text{이소옥탄}}{\text{이소옥탄} + \text{노르말헵탄}} \times 100$

㉡ 옥탄값이 0인 물질 : 노르말헵탄

㉢ 옥탄값이 100인 물질 : 이소옥탄

㉴ 비중 0.65~0.8, 증기비중 3~4, 증기밀도 3.21~5.71, 비점 30~225℃, 발화점 300℃, 인화점 −29~−43℃, 연소범위 1.4~7.6%

② 위험성

㉮ 휘발·인화 가연성증기를 발생하기 쉽고, 증기는 공기보다 3~4배 정도 무거워 누설 시 낮은 곳에 체류되어 연소를 확대시킨다.

㉯ 비전도성이므로 정전기 발생에 의한 인화의 위험이 있다.

㉰ 사에틸납[$(C_2H_5)_4Pb$]의 첨가로 유독성이 있으며, 혈액에 들어가 빈혈 또는 뇌에 손상을 준다.

④ 불순물에 의해 연소 시 유독한 아황산(SO_2)가스를 발생시키며, 내연기관의 고온에 의해 질소산화물을 생성시킨다.

③ 저장 및 취급방법

㉮ 화기 등의 점화원을 피하고, 통풍이 잘 되는 냉암소에 저장한다.

㉯ 용기의 누설 및 증기가 배출되지 않도록 취급에 주의한다.

㉰ 온도 상승에 의한 체적팽창을 감안하여 밀폐용기는 저장 시 약 10% 정도의 여유 공간을 둔다.

④ 용도 : 자동차 및 항공기의 연료, 공업용 용제, 희석제 등

⑤ 소화방법 : 포말, CO_2, 분말

(3) 벤젠(C_6H_6, ⬡, 벤졸) - 비수용성 액체

① 일반적 성질

㉮ 무색투명하며, 독특한 냄새를 가진 휘발성이 강한 액체로서 분자량 78.1로 증기는 마취성과 독성이 있는 방향족 유기화합물이다.

㉯ 물에는 녹지 않으나 알코올·에테르 등 유기용제에는 잘 녹으며, 유지·수지·고무 등을 용해시킨다.

㉰ 벤젠은 여러 가지 첨가반응 및 치환반응을 한다.

㉠ 수소 첨가 : $C_6H_6 + 3H_2 \xrightarrow[\Delta]{Ni} C_6H_{12}$(시클로헥산)

㉡ 니트로화 : $C_6H_6 + HNO_3 \xrightarrow{C-H2SO4} C_6H_5 \cdot NO_2 + H_2O$

㉢ 술폰화 : $C_6H_6 + H_2SO_4 \xrightarrow[\Delta]{SO3Ni} C_6H_5 \cdot SO_3H + H_2O$

㉣ 할로겐화 : $C_6H_6 + Cl_2 \xrightarrow{Fe} C_6H_6 \cdot Cl + HCl$

$C_6H_6 + 3Cl_2 \xrightarrow{햇빛} C_6H_6Cl_6$(BHC)

㉱ 연소시키면 그을음을 많이 내면서 탄다(탄소수에 비해 수소수가 적기 때문).

㉲ 융점이 5.5℃이므로 겨울에서 찬 곳에서는 고체로 되는 경우도 있다.

㉳ 비중 0.897, 증기비중 2.8, 융점 5.5℃, 비점 80℃, 인화점 -11.1℃, 발화점 498℃, 연소범위 1.4~7.8%

② 위험성

㉮ 증기는 마취성이고 독성이 강하여 2% 이상의 고농도 증기를 5~10분간 흡입 시에는 치명적이며, 저농도(100ppm)의 증기도 장기간 흡입 시에는 만성중독이 일어난다.

㉯ 융점이 5.5℃이고, 인화점이 −11.1℃이므로 겨울철에는 고체 상태이면서도 가연성증기를 발생하며 연소한다.

③ 저장 및 취급방법

㉮ 정전기 발생에 주의한다.

㉯ 피부에 닿지 않도록 주의한다.

㉰ 증기는 공기보다 무거워 낮은 곳에 체류하므로 환기에 주의한다.

㉱ 통풍이 잘 되는 서늘하고 어두운 곳에 저장한다.

④ 용도 : 합성원료, 농약(BHC), 가소제, 방부제, 절연제, 용제 등에 이용

⑤ 소화방법 : 분말, CO_2, 포말

(4) 톨루엔($C_6H_5CH_3$, (CH₃ 벤젠 고리 구조), 메틸벤젠) – 비수용성 액체

벤젠 수소 원자 하나가 메틸기로 치환된 것이다.

① 일반적 성질

㉮ 벤젠보다는 독성이 적으나 벤젠과 같은 독특한 향기를 가진 무색투명한 액체이다.

㉯ 물에는 녹지 않으나 유기용제 및 수지·유지·고무를 녹이며, 벤젠보다 휘발하기 어렵다.

㉰ 산화반응하면 벤조산(C_6H_5COOH, 안식향산)이 된다.

㉱ 톨루엔에 진한 질산과 진한 황산을 가하면 니트로화가 일어나 트리니트로톨루엔(TNT)이 생성된다.

$$(C_6H_5CH_3) + 3HNO_3 \xrightarrow{C-H_2SO_4} (TNT) + 3H_2O$$

㉲ 완전연소반응식은 다음과 같다.

$$C_6H_5CH_3 + 9O_2 \rightarrow 7CO_2 + 4H_2O$$

㉳ 비중 0.871, 증기비중 3.17, 비점 111℃, 인화점 4.5℃, 발화점 552℃, 연소범위 1.4~6.7%

② 위험성

㉮ 연소 시 자극성·유독성 가스를 발생한다.

㉯ 고농도의 이산화질소 또는 삼불화취소와 혼합 시 폭발한다.

③ 저장 및 취급방법 : 벤젠에 준한다.

④ 용도 : 잉크, 락카, 페인트 제조, 합성원료, 용제 등

⑤ 소화방법 : 분말, CO_2, 포말

(5) 크실렌[C6H4(CH3)2] – 비수용성 액체

벤젠핵에 메틸기($-CH_3$) 2개가 결합한 물질이다.

① 일반적 성질

   ⑦ 무색투명하고 단맛이 있으며, 방향성이 있다.

   ④ 3가지 이성질체가 있다.

명 칭	o - 크실렌	m - 크실렌	p - 크실렌
구조식			
비 중	0.88	0.86	0.86
융 점	$-25℃$	$-48℃$	$13℃$
비 점	$144.4℃$	$139.1℃$	$138.4℃$
인화점	$17.2℃$	$23.2℃$	$23.0℃$
발화점	$463.9℃$	$527.8℃$	$528.9℃$
연소범위	1.0 ~ 6.0%	1.0 ~ 6.0%	1.1 ~ 7.0%
구 분	제1석유류	제2석유류	제2석유류

   ④ 혼합크실렌은 단순 증류 방법으로는 비점이 비슷하기 때문에 분리해 낼 수 없다.

   ④ BTX(솔벤트나프타)는 다음과 같다.

      벤젠(C_6H_6), 톨루엔($C_6H_5CH_3$), 크실렌[$C_6H_4(CH_3)_2$]

② 위험성 : 염소산염류, 질산염류, 질산 등과 반응하여 혼촉발화・폭발의 위험이 높다.

(6) 콜로디온[C12H16O6(NO3)4CH13H17O7(NO3)3] – 비수용성 액체

① 일반적 성질

   ⑦ 무색의 끈기 있는 액체이며, 인화점은 $-18℃$ 이하이다.

   ④ 질화도가 낮은 질화면을 에틸알코올 3, 에테르 1의 비율로 혼합한 액에 녹인 것이다.

   ④ 엷게 늘이면 용제가 휘발하여 질화면의 막(필름)이 된다.

② 위험성 : 상온에서 휘발하여 인화하기 쉬우며, 질화면(니트로셀룰로오스)이 연소할 때 폭발적으로 연소한다.

③ 저장 및 취급방법

   ⑦ 화기・가열・충격을 피하고 찬 곳에 저장한다.

   ④ 용제의 증기를 막기 위해 밀봉・밀전한다.

④ 소화방법 : 탄산가스(CO_2), 불연성가스, 사염화탄소

(7) 메틸에틸케톤(MEK, $CH_3COCH_2H_5$) – 비수용성 액체

① 일반적 성질

㉮ 아세톤과 같은 냄새를 가지는 무색의 휘발성액체이다.

㉯ 물에 잘 녹으며(용해도 26.8) 유기용제에도 잘 녹고, 수지 및 섬유소 유도체를 잘 용해시킨다.

㉰ 열에 비교적 안정하나 500℃ 이상에서 열분해 되어 케텐과 메틸케텐이 생성된다.

㉱ 분자량 72, 비중 0.8, 증기비중 2.5, 비점 80℃, 인화점 −1℃, 발화점 516℃, 연소범위 1.8~10%이다.

> **TIP** **메틸에틸케톤의 제법**
> 부탄, 부텐 유분에 황산을 반응한 후 가수분해하여 얻은 부탄올을 탈수소하여 얻는다.

② 위험성

㉮ 비점·인화점이 낮아 인화에 대한 위험성이 크다.

㉯ 탈지작용이 있으므로 피부에 접촉되지 않도록 주의한다.

㉰ 다량의 증기를 흡입하면 마취성과 구토가 일어난다.

③ 저장 및 취급방법

㉮ 화기 등을 멀리하고 직사광선을 피하며, 통풍이 잘 되는 찬 곳에 저장한다.

㉯ 용기는 갈색병을 사용하여 밀전하고, 저장 시에는 용기 내부에 10% 이상의 여유 공간을 둔다.

④ 용도 : 용제, 인쇄 잉크, 가황 촉진제, 인조피혁의 원료 등

⑤ 소화방법 : 분무 주수, CO_2, 알코올 폼

(8) 피리딘(C_5H_5N, , 아딘) – 수용성 액체

① 일반적 성질

㉮ 순수한 것은 무색이며, 불순물을 포함한 경우에는 담황색을 띤 알칼리성 액체이다.

㉯ 상온에서 인화의 위험이 있으며, 독성이 있다.

㉰ 강한 악취와 흡습성이 있고 물에 잘 녹으며, 질산과 혼합하여 가열할 때 안정하다.

㉱ 분자량 79, 비중 0.982, 증기비중 2.73, 비점 115℃, 인화점 20℃, 발화점 482℃, 연소범위 1.8~12.4%

② 위험성

㉮ 증기는 독성(최대허용농도 5ppm)을 지닌다.

㉯ 상온에서 인화의 위험이 있으므로 화기 등에 주의한다.

③ 저장 및 취급방법

㉮ 화기 등을 멀리하고, 통풍이 잘되는 찬 곳에 저장한다.

㉯ 취급 시에는 피부나 호흡기에 액체를 접촉시키거나 증기를 흡입하지 않도록 주의한다.

④ 용도 : 용제, 변성 알코올의 첨가제, 유기합성의 원료, 의약(설파민제) 등

⑤ 소화방법 : 분무 주수, CO_2, 알코올폼

(9) 초산에스테르류(CH_3COOR, 아세트산에스테르류) – 수용성 액체

초산(CH_3COOH)에서 카르복실기($-COOH$)의 수소(H)가 알킬기(R, C_nH_{2n+1})로 치환된 화합물이다. 분자량의 증가에 따라 수용성, 연소범위, 휘발성이 감소되고, 인화성, 증기비중, 점도, 이성질체수가 증가되며, 발화점이 낮아지고, 비중이 작아진다.

① 초산메틸(CH_3COOCH_3)

㉮ 향기가 나는 무색의 휘발성액체로 마취성이 있다.

㉯ 물, 유기용제 등에 잘 녹는다.

㉰ 가수분해하여 초산과 메틸알코올로 된다.

$CH_3COOCH_3 + H_2O \rightleftarrows CH_3COOH \ CH_3OH$

㉱ 비중 0.92, 증기비중 2.56, 비점 60℃, 인화점 −10℃, 발화점 454℃, 연소범위 3.1~16%

② 초산에틸($CH_3COOC_2H_5$)

㉮ 무색투명한 가연성액체로, 딸기향의 과일 냄새가 난다.

㉯ 물에는 약간 녹고, 유기용제에 잘 녹는다.

㉰ 가수분해하여 초산과 에틸알코올로 된다.

$CH_3COOC_2H_5 + H_2O \rightleftarrows CH_3COOH + C_2H_5OH$

㉱ 비중 0.9, 비점 77℃, 인화점 −4.4℃, 발화점 427℃, 연소범위 2.2~11.4%

③ 초산프로필($CH_3COOC_3H_7$)

㉮ 과일향이 나는 무색의 가연성액체이다.

㉯ 물에는 약간 녹고, 유기용제에는 잘 녹는다.

㉰ 비중 0.88, 비점 102℃, 인화점 14.4℃, 발화점 450℃, 연소범위 2~8%

(10) 의산에스테르류(HCOOR, 개미산 에스테르류) – 수용성 액체

의산(HCOOH)에서 카르복실기($-COOH$)의 수소(H)가 알킬기(R, C_nH_{2n+1})로 치환된 화합물이다.

① 의산메틸($HCOOCH_3$)

㉮ 럼주향이 나는 무색의 휘발성 액체로, 증기는 약간의 마취성이 있고 독성은 없다.

④ 물 및 유기용제 등에 잘 녹는다.

④ 가수분해하여 의산과 메탄올로 된다.

$$HCOOCH_3 + H_2O \rightleftarrows CHOOH + CH_3OH$$

④ 비중 0.97, 비점 32℃, 인화점 −19℃, 발화점 456.1℃, 연소범위 5.9~20%

② 의산에틸($HCOOC_2H_5$)

㉮ 럼주향이 나는 무색의 휘발성 액체로, 증기는 약간의 마취성이 있고 독성은 없다.

㉯ 가수분해하여 의산과 에탄올로 된다.

$$HCOOC_2H_5 + H_2O \rightleftarrows HCOOH + C_2H_5OH$$

㉰ 비중 0.92, 비점 54.4℃, 인화점 −20℃, 발화점 455℃, 연소범위 2.7~13.5%

③ 의산프로필($HCOOC_3H_7$)

㉮ 무색으로, 특유의 냄새를 가지며 물에 녹기 어렵다.

㉯ 비중 0.9, 비점 81.1℃, 인화점 −3℃, 발화점 455℃, 연소범위 2.9~11.4%

(11) 시클로헥산(C_6H_{12})

① 일반적 성질

㉮ 무색이며, 석유와 같은 자극성 냄새를 가진 휘발성이 강한 액체이다.

㉯ 물에는 녹지 않지만, 광범위하게 유기화합물을 녹인다.

㉰ 분자량 84.16, 비중 0.8, 증기비중 2.9, 비점 82℃, 인화점 −20℃, 발화점 245℃, 연소범위 1.3~8.0%

② 위험성

㉮ 가열에 의해 발열·발화하며, 화재 시 자극성·유독성의 가스를 발생한다.

㉯ 산화제와 혼촉하거나 가열·충격·마찰에 의해 발열·발화한다.

③ 저장 및 취급방법 : 벤젠에 준한다.

④ 소화방법 : 초기 화재 시에는 분말·CO_2·알코올형 포가 유효하며, 대형 화재인 경우는 알코올형 포로 일시에 소화하고 무인방수포 등을 이용하는 것이 좋다.

(12) 에틸벤젠($C_6H_5C_2H_5$,)

① 일반적 성질

㉮ 무색이며, 방향성이 있는 가연성의 액체이다.

㉯ 분자량 106.2, 비중 0.9, 비점 136℃, 인화점 21℃, 발화점 432℃, 연소범위 0.8~6.9%

② 위험성

㉮ 연소 또는 분해 시 유독성·자극성의 가스를 발생한다.

㉯ 산화성물질과 반응한다.

(13) 시안화수소(HCN, 청산)

① 일반적 성질

㉮ 독특한 자극성의 냄새가 나는 무색의 액체이며, 물·알코올에 잘 녹으며, 수용액은 약산성이다.

㉯ 분자량 27, 비중 0.69, 증기비중 0.94, 비점 26℃, 인화점 −18℃, 발화점 540℃, 연소범위 6~41%

② 위험성

㉮ 맹독성 물질이며, 휘발성이 매우 높아 인화 위험도 매우 높다.

㉯ 매우 불안정하여 장기간 저장하면 암갈색의 폭발성 물질로 변한다.

3 알코올류(R−OH)(지정수량 400L) − 수용성 액체

1분자를 구성하는 탄소원자수가 1개부터 3개까지인 포화 1가 알코올로 변성 알코올을 포함하며, 알코올 함유량이 60wt% 이상인 것을 말한다. 다만, 다음에 해당하는 것을 제외한다.

① 1분자를 구성하는 탄소원자의 수가 1개 내지 3개의 포화 1가 알코올의 함유량이 60중량% 미만인 수용액

② 가연성액체량이 60중량% 미만이고, 인화점 및 연소점이 에틸알코올 60중량% 수용액의 인화점 및 연소점을 초과하는 것

③ 탄소수가 증가할수록 변화되는 현상은 다음과 같다.

㉮ 인화점이 높아진다.

㉯ 발화점이 낮아진다.

㉰ 연소범위가 좁아진다.

㉱ 수용성이 감소된다.

㉲ 증기비중이 커진다.

㉳ 비등점이 높아진다.

(1) 메틸알코올(CH_3OH, 메탄올, 목정)

① 일반적 성질

㉮ 방향성이 있고, 무색투명한 휘발성이 강한 액체로 분자량이 32이다.

ⓐ 물에는 잘 녹고 유기용매 등에는 농도에 따라 녹는 정도가 다르며, 수지 등을 잘 용해시킨다.

ⓑ 백금(Pt), 산화구리(CuO) 존재 하의 공기 속에서 산화되면 포르말린(HCHO)이 되며, 최종적으로 포름산(HCOOH)이 된다.

ⓒ 비중 0.79, 증기비중 1.1, 증기밀도 1.43, 비점 63.0℃, 인화점 11℃, 발화점 464℃, 연소범위 7.3~36%

TIP

① 메탄올의 검출법 : 시험관에 메탄올을 넣고 여기에 불에 달군 구리줄을 넣으면 자극성의 포름 알데히드 냄새가 나며, 붉은색 침전 구리가 생긴다.

$$CH_3OH + 2H_2 \rightarrow Cu\downarrow + H_2O + HCHO$$

② 메탄올의 제법

ⓐ 촉매 존재 하에서 일산화탄소와 수소를 고온·고압에서 합성시켜 만든다.

$$CO + 2H_2 \rightarrow CH_3OH$$

ⓑ 천연가스 또는 나프타를 원료로 하여 촉매·고온·고압에서 합성시켜 만든다.

② 위험성

ⓐ 밝은 곳에서 연소 시 불꽃이 잘 보이지 않으므로 화상의 위험이 있다.

$$2CH_3OH + 3O_2 \xrightarrow{\Delta} 2CO_2\uparrow + 4H_2O\uparrow$$

ⓑ 인화점(11℃) 이상이 되면 폭발성 혼합가스가 생성되어 밀폐된 상태에서 폭발한다.

ⓒ 독성이 강하여 소량을 마시면 시신경을 마비시키며, 7 ~ 8mL를 마시면 실명한다.

ⓓ 증기는 환각성물질이다.

ⓔ 30~100mL를 마시면 사망한다.

ⓕ 겨울에는 인화의 위험이 여름보다 적다.

③ 저장 및 취급방법

ⓐ 화기 등을 멀리하고, 액체의 온도가 인화점 이상으로 올라가지 않도록 한다.

ⓑ 밀봉·밀전하여 통풍이 잘되는 냉암소 등에 저장한다.

④ 용도 : 의약, 염료 용제, 포르말린의 원료, 에틸알코올의 변성제 등

⑤ 소화방법 : 알코올폼, CO_2, 분말

(2) 에틸알코올(C_2H_5OH, 에탄올, 주정)

① 일반적 성질

ⓐ 당밀·고구마·감자 등을 원료로 발효방법으로 제조한다.

ⓑ 방향성이 있고, 무색투명한 휘발성액체이다.

ⓒ 물에 잘 녹고 유기용매 등에는 농도에 따라 녹는 정도가 다르며, 수지 등을 잘 용해시킨다.

ⓓ 산화되면 아세트알데히드(CH_3CHO)가 되며, 최종적으로 초산(CH_3COOH)이 된다.

ⓔ 비중 0.79, 증기비중 1.59, 비점 78℃, 인화점 13℃, 발화점 423℃, 연소범위 4.3~19℃

TIP **에탄올의 검출법과 제법**

① 에탄올의 검출법 : 에탄올에 KOH와 I_2를 작용시키면 독특한 냄새를 갖는 노란색의 CHI_3(요오드포름)가 침전한다.

$$C_2H_5OH + 6KOH + 4I_2 \longrightarrow CHI_3\downarrow + 5KI + HCOOK + 5H_2O$$
(노란색 침전)

② 에탄올의 제법

㉠ 당밀·고구마·감자 등을 원료로 하는 발효 방법으로 제조한다.

㉡ 에틸렌을 황산에 흡수시켜 가수분해하여 만든다.

$$CH_2 = CH_2 + H_2SO_4 \longrightarrow (C_2H_5)_2SO_4$$
$$(C_2H_5)_2SO_4 + 2H_2O \longrightarrow 2C_2H_5OH + H_2SO_4$$

㉢ 에틸렌을 물과 합성하여 만든다.

$$C_2H_4 + H_2O \xrightarrow[300℃,\ 70kg/cm^2]{인산} C_2H_5OH$$

---

② 위험성

㉮ 밝은 곳에서 연소 시 불꽃이 잘 보이지 않으며, 그을음도 발생하지 않는다. 따라서 화점 발견이 곤란하다.

$$2C_2H_5OH + 6O_2 \xrightarrow{\Delta} 4CO_2\uparrow + 6H_2O\uparrow$$

㉯ 인화점(13℃) 이상으로 올라가면 폭발성 혼합가스가 생성되어 밀폐된 상태에서 폭발한다.

㉰ 독성이 없다.

③ 저장 및 취급방법

㉮ 화기 등을 멀리하고, 액체의 온도가 인화점 이상으로 올라가지 않도록 한다.

㉯ 밀봉·밀전하며, 통풍이 잘 되는 냉암소 등에 저장한다.

④ 용도 : 용제, 음료, 화장품, 소독제, 세척제, 알카로이드의 추출, 생물표본 보존제 등

⑤ 소화방법 : 알코올폼·CO_2·분말 등이며, 알코올은 수용성이기 때문에 보통의 포를 사용하는 경우 기포가 파괴되므로 사용하지 않는 것이 좋다.

(3) 프로필알코올[$CH_3(CH_2)_2OH$]

① 무색투명하며, 물·에테르·아세톤 등 유기용매에 녹으며, 유지·수지 등을 녹인다.

② 비중 0.80, 증기비중 2.07, 비점 97℃, 인화점 15℃, 발화점 371℃, 연소범위 2.1~13.5%

(4) 이소프로필알코올[$(CH_3)_2CHOH$]

① 무색투명하며, 에틸알코올보다 약간 강한 향기가 나는 액체이다.
② 물, 에테르, 아세톤에 녹으며, 유지, 수지 등 많은 유기화합물을 녹인다.
③ 산화하면 프로피온알데히드(C_2H_5CHO)를 거쳐 프로피온산(C_2H_5COOH)이 되고, 황산(H_2SO_4)으로 탈수하면 프로필렌($CH_3CH=CH_2$)이 된다.
④ 비중 0.79, 증기비중 2.07, 융점 −89.5℃, 비점 81.8℃, 인화점 12℃, 발화점 398℃, 연소범위 2.0~12%

(5) 변성 알코올

에틸알코올(C_2H_5OH)에 메틸알코올(CH_3OH), 가솔린, 피리딘을 소량 첨가하여 공업용으로 사용하고, 음료로는 사용하지 못하는 알코올을 말한다.

4 제2석유류(지정수량 비수용성 액체 1,000L / 수용성 액체 2,000L)

등유, 경유, 그 밖에 1기압에서 인화점이 21℃ 이상, 70℃ 미만인 것이다. 다만, 도료류, 그 밖의 물품에 있어서 가연성액체량이 40wt% 이하이면서 인화점이 40℃ 이상인 동시에 연소점이 60℃ 이상인 것은 제외한다.

(1) 등유(Kerosene) – 비수용성 액체

① 일반적 성질
   ㉮ 탄소수가 C_9~C_{18}가 되는 포화·불포화 탄화수소의 혼합물이다.
   ㉯ 물에는 불용이며, 여러 가지 유기용제와 잘 섞이고 유지, 수지 등을 잘 녹인다.
   ㉰ 순수한 것은 무색이며, 오래 방치하면 연한 담홍색을 띤다.
   ㉱ 비중 0.8, 증기비중 4~5, 비점 150~300℃, 인화점 30~60℃, 발화점 254℃, 연소범위 1.1~6.0%
② 위험성
   ㉮ 상온에서는 인화의 위험이 없으나 인화점 이하의 온도에서 안개 상태나 헝겊(천)에 배어 있는 경우에는 인화의 위험이 있다.
   ㉯ 전기의 불량 도체로서 분위기에 따라서 정전기를 발생 축적하므로, 증기가 발생할 때 방전 불꽃에 의해 인화할 위험이 있다.

③ 저장 및 취급방법

㉮ 다공성 가연물과의 접촉을 방지한다.

㉯ 화기를 피하고, 용기는 통풍이 잘 되는 냉암소에 저장한다.

④ 용도 : 연료, 살충제의 용제 등

⑤ 소화방법 : CO_2, 분말, 할론, 포

(2) 경유(디젤류) – 비수용성 액체

① 일반적 성질

㉮ 탄소수가 $C_{11} \sim C_{19}$인 포화·불포화 탄화수소의 혼합물로, 담황색 또는 담갈색의 액체이다.

㉯ 물에는 불용이며, 여러 가지 유기용제와 잘 섞이고 유지, 수지 등을 잘 녹인다.

㉰ 비중 0.82~0.85, 증기비중 4~5, 비점 150~300℃, 인화점 50~70℃, 발화점 257℃, 연소범위 1.0~6.0%

② 위험성, 저장 및 취급방법 : 등유에 준한다.

③ 용도 : 디젤 기관의 연료, 보일러의 연료

(3) 의산(HCOOH, 개미산, 포름산) – 수용성 액체

① 일반적 성질

㉮ 자극성 냄새가 나는 무색투명한 액체로, 아세트산보다 산성이 강한 액체이다.

㉯ 연소 시 푸른 불꽃을 내면서 탄다.

$$2HCOOH + O_2 \quad \rightarrow \quad 2CO_2 + 2H_2O$$

㉰ 강한 환원제이며, 물, 에테르, 알코올 등과 어떤 비율로도 잘 섞인다.

㉱ 황산과 함께 가열하여 분해하면 일산화탄소(CO)가 발생한다.

$$HCOOH \xrightarrow{\quad H_2SO_4 \quad} H_2O + CO \uparrow$$

㉲ 비중 1.22, 증기비중 1.59, 비점 101℃, 인화점 69℃, 발화점 601℃

② 위험성 : 피부에 닿으면 수종(수포상의 화상)을 일으키고, 진한 증기를 흡입하는 경우에는 점막을 자극하는 염증을 일으킨다.

③ 저장 및 취급방법 : 용기는 내산성 용기를 사용한다.

④ 용도 : 염색 조제, 에폭시 가소용, 고무응고제, 살균제, 향료 등

⑤ 소화방법 : 알코올폼, 분무상의 주수

(4) 초산(CH₃COOH, 아세트산, 빙초산) − 수용성 액체

① 일반적 성질

㉮ 무색투명하며, 자극적인 식초 냄새가 나는 물보다 무거운 액체이다.

㉯ 물에 잘 녹으며 16.7℃ 이하에서는 얼음과 같이 되고, 연소 시 파란 불꽃을 내면서 탄다.

$$CH_3COOH + 2O_2 \rightarrow 2CO_2 + 2H_2O$$

㉰ 알루미늄 외의 금속과 작용하여 수용성인 염을 생성한다.

㉱ 묽은 용액은 부식성이 강하지만, 진한 용액은 부식성이 없다.

㉲ 분자량 60, 비중 1.05, 증기비중 2.07, 융점 16.7℃, 비점 118℃, 인화점 42.8℃, 발화점 463℃, 연소범위 5.4~16%

② 위험성

㉮ 피부에 닿으면 화상을 입게 되고 진한 증기를 흡입 시에는 점막을 자극하는 염증을 일으킨다.

㉯ 질산, 과산화나트륨과 반응하여 폭발을 일으키는 경우도 있다.

③ 저장 및 취급방법 : 용기는 내산성 용기를 사용한다.

④ 용도 : 초산비닐, 초산셀룰로오스, 니트로셀룰로오스, 식초, 아스피린, 무수초산 등의 제조 원료 등

⑤ 소화방법 : 알코올폼, 분무상의 주수

(5) 아크릴산(CH₂＝CHCOOH)

① 일반적 성질

㉮ 무색이며, 초산과 같은 자극성 냄새가 나고 물, 알코올, 에테르에 잘 녹는다.

㉯ 매우 독성이 강하며, 고온에서 중합하기 쉽다.

㉰ 비중 1.05, 증기비중 2.5, 비점 141℃, 인화점 51℃, 발화점 438℃

② 위험성

㉮ 밀폐된 용기는 가열에 의해 심하게 파열한다.

㉯ 200℃ 이상으로 가열하면 CO, CO_2 및 증기를 발생한다.

(6) 테레핀유(송정유) − 비수용성 액체

① 일반적 성질

㉮ 소나무와 식물 및 뿌리에서 채집하여 증류, 정제하여 만든 물질로, 강한 침엽수 수지 냄새가 나는 무색 또는 담황색의 액체이며, α−피넨($C_{10}H_{16}$)이 주성분이다.

㉯ 공기 중에 방치하면 끈기 있는 수지 상태의 물질이 되며, 산화되기 쉽고 독성을 지닌다.

㉰ 물에는 녹지 않으나 유기용제 등에 녹으며, 수지, 유지, 고무 등을 녹인다.

㉕ 비중 0.86, 비점 153~174℃, 인화점 35℃, 발화점은 253℃이다.

② 위험성 : 공기 중에서 산화 중합하므로, 헝겊, 종이 등에 스며들어 자연발화의 위험성이 있다.

③ 저장 및 취급방법, 기타 : 등유에 준한다.

④ 용도 : 용제, 향료, 방충제, 의약품의 원료 등

(7) 스티렌(C₆H₅CH＝CH₂, 비닐벤젠, 페닐에틸렌) − 비수용성 액체

① 일반적 성질

㉮ 방향성을 갖는 독특한 냄새가 나는 무색투명한 액체로, 물에는 녹지 않으나 유기용제 등에 잘 녹는다.

㉯ 빛, 가열 또는 과산화물에 의해 중합되어 중합체인 폴리스티렌을 만든다.

㉰ 분자량 104.2, 비중 0.91, 증기비중 3.6, 비점 146℃, 인화점 32℃, 발화점 490℃, 연소범위 1.1~6.1%

TIP 스티렌의 제법

① 에틸벤젠을 탈수소반응으로 만든다.

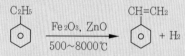

② 에틸벤젠을 산화·환원·탈수하여 만든다.

---

② 위험성, 저장 및 취급방법 : 증기 및 액체의 흡입이나 접촉을 피하고, 중합되지 않도록 한다.

③ 용도 : 폴리스티렌수지, 합성고무, ABS수지, 이온교환수지, 합성수지 및 도료의 원료 등

(8) 장뇌유(C₁₀H₁₆O) − 비수용성 액체

주성분은 장뇌(C₁₀H₁₆O)로서 엷은 황색의 액체이며, 유출온도에 따라 백색유, 적색유, 감색유로 분류한다.

(9) 클로로벤젠(C₆H₅Cl, , 염화페닐) − 비수용성 액체

① 마취성이 있고, 석유와 비슷한 냄새를 가진 무색의 액체이다.

② 물에는 녹지 않으나 유기용제 등에는 잘 녹고, 천연수지·고무·유지 등을 잘 녹인다.

③ 비중 1.11, 증기비중 3.9, 비점 132℃, 인화점 32℃, 발화점 638℃, 연소범위 1.3~7.1%

(10) 부틸알코올(C_4H_9OH)

① 무색투명한 액체로, 포도주와 비슷한 냄새가 난다.

② 물, 에틸알코올, 에테르에 녹는다.

③ 분자량 74.12, 비중 0.81, 증기비중 2.6, 비점 117℃, 인화점 37℃, 발화점 343.3℃, 연소범위 1.4~11.2%

(11) 히드라진(N_2H_4)

① 과잉의 암모니아를 차아염소산나트륨 용액에 산화시켜 만든다.

$$2NH_3 + NaOCl \longrightarrow N_2H_4 + NaCl + H_2O$$

② 외관은 물과 같으나 무색의 가연성액체로 물과 알코올에 녹는다.

③ 분해과정은 상온에서 완만하며, 원래 불안정한 물질이다.

④ 공기 중에 180℃에서 가열하면 분해한다.

$$2N_2H_4 \xrightarrow{\Delta} 2NH_3 + N_2 + H_2$$

⑤ H_2O_2와 혼촉발화한다.

$$N_2H_4 + 2H_2O_2 \longrightarrow 4H_2O + N_2$$

⑥ 비중 1.0, 비점 113℃, 인화점 38℃, 발화점 270℃, 연소범위 4.7~100℃

(12) 큐멘[$(CH_3)_2CHC_6H_5$]

① 일반적 성질

㉮ 방향성 냄새가 나는 무색의 액체이다.

㉯ 물에 녹지 않으며, 알코올, 에테르, 벤젠 등에는 녹는다.

㉰ 분자량 120.2, 비중 0.86, 증기비중 4.14, 비점 152℃, 인화점 36℃, 발화점 425℃, 연소범위 0.9~6.5%

② 위험성

㉮ 산화성 물질과 반응하며, 질산, 황산과 반응하여 열을 방출한다.

㉯ 공기 중에 노출되면 유기과산화물(큐멘 하이드로퍼옥사이드)을 생성한다.

5 제3석유류(지정수량 비수용성 액체 2,000L / 수용성 액체 4,000L)

중유, 크레오소트유, 그 밖에 1기압에서 인화점이 70℃ 이상, 200℃ 미만인 것을 말한다. 다만, 도료류, 그 밖의 가연성액체량이 40중량% 이하인 것을 제외한다.

(1) 중유(Heavy Oil) - 비수용성 액체

① 일반적 성질

㉮ 원유의 성분 중 비점이 300~350℃ 이상인 갈색 또는 암갈색의 액체 직류 중유와 분해 중유로 나눌 수 있다.

㉠ 직류 중유(디젤기관의 연료용)

ⓐ 원유를 300~350℃에서 추출한 유분 또는 이에 경유를 혼합한 것으로, 포화탄화수소가 많으므로 점도가 낮고 분무성이 좋으며 착화가 잘된다.

ⓑ 비중 0.85~0.93, 인화점 60~150℃, 발화점은 254~405℃이다.

㉡ 분해 중유(보일러의 연료용)

ⓐ 중유 또는 경유를 열분해하여 가솔린을 제조한 잔유에 이 계통의 분해 경유를 혼합한 것으로, 불포화탄화수소가 많아 분무성도 좋지 않고 탄화수소가 불안정하게 형성된다.

ⓑ 비중 0.95~1.00, 인화점 70~150℃, 발화점 380℃ 이하

㉯ 등급은 점도차에 따라 A중유, B중유, C중유로 구분하며, 벙커C유는 C중유에 속한다.

② 위험성

㉮ 인화점이 높아서 가열하지 않으면 위험하지 않으나 80℃로 예열해서 사용하므로 인화의 위험이 있다.

㉯ 분해 중유는 불포화탄화수소이므로 산화·중합하기 쉽고, 액체의 누설은 자연발화의 위험이 있다.

㉰ 위험물 저장탱크 화재 시 이상현상은 다음과 같다.

㉠ 슬롭오버(Slop Over)현상 : 포말 및 수분이 함유된 물질의 소화는 시간이 지연되면 수분이 비등 증발하여 포가 파괴되어 화재면의 액체가 포말과 함께 혼합되어 넘쳐흐르는 것

㉡ 보일오버(Boil Over)현상 : 연소열에 의한 탱크 내부 수분층의 이상팽창으로 수분 팽창층 윗부분의 기름이 급격히 넘쳐 나오는 것

③ 저장 및 취급방법 : 등유에 준한다.

④ 용도 : 디젤기관 또는 보일러의 연료, 금속정련용 등

⑤ 소화방법 : CO_2, 분말

(2) 크레오소트유(타르유) - 비수용성 액체

① 일반적 성질

㉮ 자극성의 타르 냄새가 나는 황갈색의 액체로, 물보다 무겁고 물에 녹지 않으며 유기용제에는 잘 녹는다.

⑭ 콜타르를 230~300℃에서 증류할 때 혼합물로 얻으며, 주성분으로 나프탈렌과 안 트라센을 함유하고 있는 혼합물이다.

⑮ 비중 1.02~1.05, 비점 194~400℃, 인화점 74℃, 발화점 336℃

② 위험성 : 타르산을 많이 함유한 것은 금속에 대한 부식성이 있다.

③ 저장 및 취급방법 : 타르산을 많이 함유한 것은 용기를 부식시키므로, 내산성 용기에 수납 저장한다.

④ 용도 : 카본 블랙의 제조 및 목재의 방부제, 살충제, 도료 등

(3) 아닐린($C_6H_5NH_2$, 아미노벤젠) – 수용성 액체

① 일반적 성질

㉮ 물보다 무겁고 물에 약간 녹으며, 유기용제 등에는 잘 녹는 특유한 냄새를 가진 황색 또는 담황색의 끈기 있는 기름 상태의 액체로 햇빛이나 공기의 작용에 의해 적갈색으로 변색한다.

㉯ 알칼리 금속 또는 알칼리토금속과 반응하여 수소와 아닐리드를 생성한다.

㉰ 비중 1.02, 융점 −6.2℃, 비점 184.2℃, 인화점 70℃, 발화점 538℃

② 위험성 : 가연성이고 독성이 강하므로, 증기를 흡입하거나 액체가 피부에 닿으면 급 성 또는 만성중독을 일으킨다.

③ 저장 및 취급방법 : 중유에 준하며 취급 시 피부나 호흡기 등에 보호조치를 하여야 한다.

④ 용도 : 염료, 고무 유화 촉진제, 의약품, 유기합성, 살균제, 페인트, 향료 등의 원료

(4) 니트로벤젠($C_6H_5NO_2$, $\underset{\bigcirc}{NO_2}$, 니트로벤졸) – 비수용성 액체

① 일반적 성질

㉮ 물보다 가볍고 물에 녹지 않으며, 유기용제 등에는 잘 녹고 암모니아와 같은 냄새 가 나는 담황색 또는 갈색의 유상 액체이다.

㉯ 벤젠을 니트로화 시켜 제조하며, 니트로화제로는 진한 황산과 진한 질산을 사용한다.

㉰ 산이나 알칼리에는 비교적 안정하나 주석·철 등의 금속 촉매에 의해 염산을 첨가 시키면 환원되면서 아닐린이 생성된다.

㉱ 분자량 123.1, 비중 1.2, 융점 5.7℃, 비점 211℃, 인화점 88℃, 발화점 482℃

② 위험성

㉮ 비점이 높아 증기 흡입은 적지만, 독성이 강하여 피부와 접촉하면 쉽게 흡수된다.

㉯ 증기를 오래 흡입하면 혈액 속의 메타헤모글로빈을 생성하므로, 두통·졸음·구 토현상이 나타나며, 심하면 의식불명 상태에 이르러 사망하게 된다.

③ 저장 및 취급방법 : 아닐린에 준한다.

④ 용도 : 연료, 향료, 독가스, 산화제, 용제 등

(5) 에틸렌글리콜[$C_2H_4(OH)_2$, 글리콜] − 수용성 액체

① 무색무취이며, 단맛이 나고 흡습성이 있는 끈끈한 액체로 2가 알코올이다.

② 물, 알코올, 에테르, 글리세린 등에는 잘 녹고, 사염화탄소, 이황화탄소, 클로로포름에는 녹지 않는다.

③ 독성이 있으며, 무기산 및 유기산과 반응하여 에스테르를 생성한다.

④ 분자량 62, 비중 1.113, 융점 −12℃, 비점 197℃, 인화점 111℃, 발화점 413℃

(6) 글리세린[$C_3H_5(OH)_3$, 감유] − 수용성 액체

① 물보다 무겁고 단맛이 나는 시럽상 무색 액체로, 흡습성이 좋은 3가의 알코올이다.

② 물, 알코올과는 어떤 비율로도 혼합되며, 에테르, 벤젠, 클로로포름 등에는 녹지 않는다.

③ 비중 1.26, 증기비중 3.1, 융점 19℃, 인화점 160℃, 발화점 393℃

(7) 담금질유

철, 강철 등 기타 금속을 900℃ 정도로 가열하여 기름 속에 넣어 급격히 냉각시킴으로써 금속의 재질을 열처리 전보다 단단하게 하는 데 사용하는 기름이다. 이 중 인화점이 200℃ 이상의 것은 제4석유류에 속한다.

6 제4석유류(지정수량 6,000L)

기어유, 실린더유 및 그 밖에 인화점이 200℃ 이상, 250℃ 미만인 것

(1) 기어유(Gear Oil)

기계, 자동차 등의 기어에 이용한다.

(2) 실린더유(Cylinder Oil)

각종 증기 기관의 실린더에 사용된다.

(3) 윤활유

기계에서 마찰을 많이 받는 부분을 적게 하기 위해 사용하는 기름이다.

(4) 가소제(Plasticizer)

휘발성이 작은 용제에 합성고무, 합성수지 등에 가소성을 주는 액체위험물이다.

(5) 전기 절연유

변압기 등에 쓰이는 인화점이 200℃ 이상인 광물유이다.

(6) 절삭유

금속 재료를 절삭 가공할 때 공구와 재료와의 마찰열을 감소시키고, 절삭물을 냉각시키기 위해 사용하는 인화점이 200℃ 이상인 기름이다.

(7) 방청유

수분의 침투를 방지하여 철제가 녹슬지 않도록 해주는 기름이다.

7 동·식물유류(지정수량 10,000L)

동물의 지육 등 또는 식물의 종자나 과육으로부터 추출한 것으로 1기압에서 인화점이 250℃ 미만인 것을 말한다.

① 성상
  ㉮ 화학적 주성분은 고급 지방산으로 포화 또는 불포화탄화수소로 되어 있다.
  ㉯ 순수한 것은 무색무취이나 불순물이 함유된 것은 미황색 또는 적갈색으로 착색되어 있다.
  ㉰ 장기간 저장된 것은 냄새가 난다.

② 위험성
  ㉮ 인화점 이상에서는 가솔린과 같은 인화의 위험이 있다.
  ㉯ 화재 시 액온이 상승하여 대형 화재로 발전하기 때문에 소화가 곤란하다.
  ㉰ 건성유는 헝겊 또는 종이 등에 스며들어 있는 상태로 방치하면 분자 속의 불포화 결합이 공기 중의 산소에 의해 산화중합반응을 일으켜 자연발화의 위험이 있다.
  ㉱ 1기압에서 인화점은 대체로 220~250℃ 미만이며, 개자유만 46℃이다.

③ 저장 및 취급방법
  ㉮ 화기 및 점화원을 멀리 한다.
  ㉯ 증기 및 액체의 누설이 없도록 한다.
  ㉰ 인화점 이상 가열하지 않는다.

④ 소화방법

㉮ 안개 상태의 분무 주수

㉯ 탄산가스, 분말, 할로겐화합물

⑤ 종류

㉮ 건성유 : 요오드값이 130 이상인 것. 이중결합이 많아 불포화도가 높기 때문에 공기 중 산화되어 액표면에 피막을 만드는 기름

例 들기름(192~208), 아마인유(168~190), 정어리기름(154~196), 동유(145~176), 해바라기유(113~146)

㉯ 반건성유 : 요오드값이 100~130인 것. 공기 중에서 건성유보다 얇은 피막을 만드는 기름

例 청어기름(123~147), 콩기름(114~138), 옥수수기름(88~147), 참기름(104~118), 면실유(88~121), 채종유(97~107), 쌀겨유, 목화씨유

㉰ 불건성유 : 요오드값이 100 이하인 것. 공기 중에서 피막을 만들지 않는 안정된 기름

例 낙화생기름(땅콩기름, 82~109), 올리브유(75~90), 피마자유(81~91), 야자유(7~16)

TIP

요오드값(옥소값)

① 유지 100g에 부가되는 요오드의 g수이다.

② 요오드값이 크면 불포화도가 커지고, 작으면 불포화도가 작아진다.

불포화도가 클수록 자연발화(산화)를 일으키기 쉽다.

---

⑥ 특수성

㉮ 비누화값 : 유지 1g을 비누화하는 데 필요한 수산화칼륨(KOH)의 mg 수

㉯ 산값 : 유지 1g 중에 포함되어 있는 유리지방산을 중화하는 데 필요한 수산화칼륨(KOH)의 mg 수

㉰ 아세틸값 : 아세틸화한 유지 1g을 비누화하여 생성되는 아세트산을 중화하는 데 필요한 수산화칼륨(KOH)의 mg 수

적중예상문제

01 제4류 위험물 저장취급방법 5가지를 쓰시오.

정답

① 직사광선을 피하고 밀폐된 용기나 탱크 중에 저장한다.
② 저장 시에는 낮은 온도의 유지와 통풍, 환기가 잘 되는 곳에 저장한다.
③ 탱크나 용기저장 시 공간용적을 유지하고 대량 저장 시에는 불활성가스를 봉입시킨다.
④ 저장취급 중 액체의 누출뿐만 아니라 가연성 증기의 누설을 방지하며 불꽃, 불티, 고온체 및 정전기 등의 점화원을 피한다.
⑤ 폭발성의 과산화물 생성방지를 위해 40mesh의 구리망을 넣어준다.

해설

■ 에테르 중 과산화물의 확인방법
시료 10mL를 무색의 마개 달린 시험관에 취하고 새로 만든 요오드화칼륨용액(10%) 1mL를 가한 후 1분간 계속 흔든다. 흰 종이를 배경으로 하여 정면에서 보았을 때 두 층에 색이 나타나면 과산화물이 생긴 증거로 본다.

02 다음은 위험물안전관리법에서 정하는 액상의 정의이다. ( ) 안에 알맞은 수치를 쓰시오.

'액상'이라 함은 수직으로 된 안지름 (①)mm, 높이 (②)mm의 원통형 유리관에 시료를 (③)mm까지 채운 다음 해당 유리관을 수평으로 하였을 때 시료액면의 선단이 (④)mm 이동하는 데 걸리는 시간이 (⑤)초 이내인 것을 말한다.

정답

① 30, ② 120, ③ 55, ④ 30, ⑤ 90

해설

■ 인화성액체
액체(제3석유류, 제4석유류 및 동·식물유류에 있어서는 1기압과 20℃에서 액상인 것에 한한다)로서 인화의 위험성이 있는 것을 말한다.

03 다음의 (   ) 안을 채우시오.

특수인화물이란 (①), (②) 그 밖의 1기압에서 액체로 되는 것으로서 발화점이 (③)℃ 이하인 것, 또는 인화점이 (④)℃ 이하이고 비점이 40℃ 이하인 액상의 물품이다.

① 디에틸에테르, ② 이산화탄소, ③ 100, ④ −20

■ **특수인화물**
발화점이나 인화점 자체가 낮고 비점에 매우 낮아서 휘발·기화하기 쉽기 때문에 이들의 유증기는 가연성가스 다음으로 연소·폭발의 위험이 매우 높다.

04 에테르에 대하여 다음 물음에 답하시오.

① 구조식
② 공기 중 장시간 노출 시 생성 물질은 무엇인가?
③ 비점
④ 인화점
⑤ 저장 또는 취급하는 위험물의 최대 수량이 2,550L일 때 옥내저장소의 공지의 너비는 몇 m 이상인가?(단, 벽과 기둥 및 바닥이 내화구조로 된 건축물이다)

①
$$H - \underset{\underset{H}{|}}{\overset{\overset{H}{|}}{C}} - \underset{\underset{H}{|}}{\overset{\overset{H}{|}}{C}} - O - \underset{\underset{H}{|}}{\overset{\overset{H}{|}}{C}} - \underset{\underset{H}{|}}{\overset{\overset{H}{|}}{C}} - H$$

② 과산화물
③ 34.48℃
④ −45℃
⑤ 지정수량의 배수 $= \dfrac{2,550L}{50L} = 51$배, 즉 지정수량이 50배 초과 200배 이하에 속하므로 공지의 너비는 5m 이상이다.

■ 옥내저장소의 보유공지

저장 또는 취급하는 위험물의 최대 수량	공지의 너비	
	벽, 기둥 및 바닥이 내화구조로 된 건축물	그 밖의 건축물
지정수량의 5배 이하	–	0.5m 이상
지정수량의 5배 초과 10배 이하	1m 이상	1.5m 이상
지정수량의 10배 초과 20배 이하	2m 이상	3m 이상
지정수량의 20배 초과 50배 이하	3m 이상	5m 이상
지정수량의 50배 초과 200배 이하	5m 이상	10m 이상
지정수량의 200배 초과	10m 이상	15m 이상

05 디에틸에테르를 공기 중에서 장시간 방치하면 산화되어 폭발성 과산화물이 생성될 수 있다. 다음 물음에 답하시오.

① 과산화물이 존재하는지 여부를 확인하는 방법
② 생성된 과산화물을 제거하는 시약
③ 과산화물 생성방지 방법

정답

① 10%의 KI 용액을 첨가한 후 무색에서 황색으로 변색되면 과산화물이 존재한다.
② 황산제일철($FeSO_4$) 또는 환원철
③ 40mesh의 구리망(동망, Cu)을 넣어 준다.

해설

■ 디에틸에테르(에테르, $C_2H_5OC_2H_5$, 제4류 위험물, 특수인화물, 지정수량 50L)
① 인화점이 $-45℃$로 제4류 중 최저이다.
② 비점 $34.5℃$, 착화점 $180℃$
③ 동·식물성 섬유로 여과할 경우 정전기가 발생하기 쉬우므로, 정전기 방지제로 염화칼슘($CaCl_2$)을 소량 첨가한다.
④ 공기 중 장시간 노출되거나 직사일광 하에서 분해되어 폭발성 과산화물이 생성되므로 갈색병에 저장하여야 한다.
　㉮ 과산화물 검출시약 : 10% KI용액을 첨가한 후 무색에서 황색으로 변색되면 과산화물이 존재한다.
　㉯ 과산화물 제거시약 : 황산제일철($FeSO_4$) 또는 환원철 등
　㉰ 과산화물 생성방지 방법 : 40mesh의 구리망을 넣어준다.
⑤ 제법 : 에탄올에 진한 황산을 넣고 $140℃$ 정도로 가열시키면 축합반응에 의해 생성된다.
　$2C_2H_5OH \rightarrow C_2H_5OC_2H_5 + H_2O$

06 동·식물성 섬유로 에테르를 여과하면 위험하다. 이러한 원인은 무엇인가?

정답

정전기가 발생하여 발화폭발 할 수 있기 때문이다.

해설

▪ **디에틸에테르**

장기간 저장 시 공기 중에서 산화되어 구조불명의 불안정하고 폭발성의 과산화물을 만드는데, 이는 유기과산화물과 같은 위험성을 가지며, 불안정하기 때문에 100℃로 가열·충격·압축 등에 의하여 폭발을 한다.

07 에탄올에 진한 황산을 넣고 130~140℃로 가열하면 에탄올 2분자 중에서 간단히 물이 빠지면서 축중합반응이 일어난다. 이때 생성되는 물질과 이 물질의 위험도를 구하시오.

정답

① 에테르

② 위험도$(H) = \dfrac{\text{연소상한치}(U) - \text{연소하한치}(L)}{\text{연소하한치}(L)} = \dfrac{48 - 1.9}{1.9} = 24.26$

해설

▪ **에테르의 제법**

에탄올에 진한 황산을 넣고 130~140℃로 가열하면 에탄올 2분자 중에서 간단히 물이 빠지면서 축합반응이 일어나 에테르가 얻어진다.

$$2C_2H_5OH \xrightarrow{\text{C}-H_2SO_4} C_2H_5OC_2H_5 + H_2O$$

08 다음 위험물 중 인화점이 낮은 것부터 순서대로 번호를 쓰시오.

① 디에틸에테르   ② 벤젠
③ 이황화탄소   ④ 에탄올
⑤ 아세톤   ⑥ 산화프로필렌

정답

① → ⑥ → ③ → ⑤ → ② → ④

■ 위험물과 인화점

위험물	인화점
디에틸에테르	−45℃
벤젠	−11.1℃
이황화탄소	−30℃
에탄올	13℃
아세톤	−18℃
산화프로필렌	−37℃

09 다음의 (　　) 안을 채우시오.

이황화탄소는 순수한 것은 (①)한 액체이고, 불순물에 의해 (②)색을 띠고, 점화 시는 (③)색의 물길과 (④)와 (⑤)로 분해하고, (⑥)온도는 제4류 위험물 중 가장 낮다.

정답

① 무색투명, ② 황, ③ 청, ④ 이산화황, ⑤ 이산화탄소, ⑥ 착화(발화)

해설

■ **이황화탄소(carbon disulfide)**
착화(발화)점이 매우 낮으므로, 백열등·수증기 파이프·난방기구·고온 물체 등 열에 의해 발화된다.

10 무색투명하고 알코올과 벤젠 등에 잘 녹으며, 고무류·도료의 제조에 쓰이는 물질의 화학식을 쓰시오.

정답

CS_2(이황화탄소)

해설

■ **이황화탄소(carbon disulfide)**
순수한 것은 무색투명하고 클로로포름과 같은 약한 향기가 있는 액체이지만, 불순물이 있으면 황색을 띠며 불쾌한 냄새가 난다. 물에 녹지 않고, 에탄올·벤젠·에테르에 임의로 녹는다.

11 아세트알데히드는 은거울 반응을 한 후 생성되는 제4류 위험물을 쓰고 생성되는 위험물의
연소반응식을 쓰시오.

① CH_3COOH

② $CH_3COOH + 2O_2 \rightarrow 2CO_2 + 2H_2O$

■ 은거울 반응

알데히드는 환원성이 있어서 암모니아성 질산은 용액을 가하면 쉽게 산화되어 초산이 되며, 은이온을 은으로
환원시킨다.

$CH_3CHO + 2Ag(NH_3)_2OH \rightarrow CH_3COOH + 2Ag + 4NH_3 + H_2O$

12 아세트알데히드 저장탱크의 사용금지 금속 3가지와 이유를 쓰시오.

① 사용금지 금속 : Cu, Mg, Ag, Hg

② 이유 : 아세트알데히드 저장탱크에 Cu, Mg, Ag, Hg 등의 금속을 사용하면 폭발성의 금속 아세틸레이트가
생성되어 점화원에 의하여 폭발의 위험이 있기 때문이다.

아세트알데히드 등을 취급하는 설비에는 연소성 혼합기체의 생성에 의한 폭발을 방지하기 위한 불활성 기체
또는 수증기를 봉입하는 장치를 갖춘다.

13 다음은 어떤 물질의 제조방법 3가지를 설명하고 있다. 이러한 방법으로 제조되는 제4류 위
험물에 대해 각각 물음에 답하시오.

㉮ 에틸렌과 산소를 염화구리($CuCl_2$) 또는 염화팔라듐($PdCl_2$) 촉매 하에서 반응시켜 제조
㉯ 에탄올을 백금촉매 하에서 산화시켜 제조
㉰ 황산수인 촉매 하에서 아세틸렌에 물을 첨가시켜 제조

① 위험도는 얼마인가?

② 이 물질이 공기 중 산소에 의해 산화하여 다른 종류의 제4류 위험물이 생성되는 반응식을
쓰시오.

① 아세트알데히드의 연소범위 : 4.1~57%

$$\therefore \ 위험도(H) = \frac{57-4.1}{4.1} ≒ 12.90$$

② $2CH_3CHO + O_2 \rightarrow 2CH_3COOH$

아세트알데히드는 구리, 마그네슘, 은, 수은 및 그 합금으로 된 취급설비는 아세트알데히드와 반응에 의해 이들 간에 중합반응을 일으켜 구조불명의 폭발성물질을 생성한다.

14 위험물의 정의를 인화점 기준으로 설명하시오.

① 제1석유류	② 제3석유류

① 인화점이 21℃ 미만인 것
② 인화점이 70℃ 이상 200℃ 미만인 것

제2석유류	인화점이 21℃ 이상 70℃ 미만인 것
제4석유류	인화점이 200℃ 이상 250℃ 미만인 것

15 휘발유에 대하여 답하시오.

① 연소범위	② 위험도
③ 옥탄가 정의	④ 옥탄가 구하는 방식
⑤ 옥탄가와 연소효율과의 관계	

① 1.4 ~ 7.6%

② $H = \dfrac{U-L}{L} = \dfrac{7.6-1.4}{1.4} = 4.43$ (여기서, U=연소상한계, L=연소하한계)

③ 옥탄가의 정의 : 연료가 내연기관의 실린더 속에서 공기와 혼합하여 연소할 때 노킹을 억제시킬 수 있는 정도를 측정한 값으로 이소옥탄 100, 노르말 헵탄 0으로 하여 가솔린의 품질을 나타내는 척도이다.

④ 옥탄가 구하는 법 : $\dfrac{이소옥탄}{이소옥탄+노르말헵탄} \times 100$

⑤ 옥탄가와 연소효율과의 관계 : 옥탄가가 높을수록 연소효율은 증가한다.

16 체팽창계수가 0.00135/℃일 때 20L 휘발유 0~25℃에서 부피(L)는?

정답

체팽창계수$(\beta) = \dfrac{1}{V}\left(\dfrac{\partial V}{\partial T}\right)P$

$\Delta V = V \cdot \beta \cdot \Delta T = 20\text{L} \times 0.00135/℃ \times (25-0)℃ = 0.675$

$\therefore \ V = V_0 + \Delta V = 20 + 0.675 = 20.675\text{L}$

17 석유화학 제조공정 용어 중 크래킹(Cracking)을 설명하시오.

정답

열분해법이라 하며 경유, 중유 등과 같은 중질유를 500 ~ 600℃ 정도에서 열적으로 분해시켜 가솔린을 제조한다.

해설

■ **열분해법(Cracking)**

① 탄소수가 많은 탄화수소의 절단에 의해 탄소수가 적은 탄화수소와 올레핀이 생성된다.

　　$\text{R}-\text{CH}_2-\text{CH}_2-\text{CH}_2-\text{R}' \rightarrow \text{R}-\text{CH}=\text{CH}_2+\text{R}'-\text{CH}_3$

② 비스브레이킹(Visbreaking) : 중질유의 점도를 내리는 약한 열분해법(470℃ 정도)이다.

③ 코킹(Cocking) : 중질유를 강하게 열분해 1,000℃ 정도로 하여 가솔린과 경유를 만든다.

18 분자량이 78이고 방향성이 있으며, 증기는 독성이 있고 인화점이 −11.1℃이다. 이 물질 2kg이 산소와 반응할 때 반응식과 산소량(kg)을 구하시오.

정답

① $\text{C}_6\text{H}_6 + 7.5\text{O}_2 \rightarrow 6\text{CO}_2 + 3\text{H}_2\text{O}$

② $\text{C}_6\text{H}_6 + 7.5\text{O}_2 \rightarrow 6\text{CO}_2 + 3\text{H}_2\text{O}$

　　$\begin{matrix} 78\text{g} \\ 2\text{g} \end{matrix} \diagup\!\!\!\!\diagdown \begin{matrix} 7.5 \times 32\text{kg} \\ x\,(\text{kg}) \end{matrix}$

　　$x = \dfrac{2 \times 7.5 \times 32}{78} = 6.15\text{kg}$

19 벤젠 6g 완전연소 시 생성되는 기체의 부피는 몇 L인가?(단, 표준상태이다)

$C_6H_6 + 7.5O_2 \rightarrow 6CO_2 + 3H_2O$

78g ╳ 6×22.4L

6g ╳ x(L)

$\therefore x = \dfrac{6 \times 6 \times 22.4}{78} = 10.34L$

20 벤젠의 수소 하나가 메틸기로 치환된 위험물에 대한 물음에 답하시오.

① 구조식을 쓰시오.
② 이 물질의 증기비중을 구하시오.
③ 이 물질에 진한 질산에 황산을 반응시켜 생성되는 물질을 쓰시오.

① 톨루엔($C_6H_5CH_3$)

② 증기비중 $= \dfrac{\text{분자량}(92)}{\text{공기의 평균분자량}(29)} = 3.17$

③ 트리니트로톨루엔(TNT)

진한 질산과 진한 황산으로 니트로화를 시키면 TNT가 된다.

21 제1석유류에서 BTX의 명칭 및 화학식을 쓰시오.

B : 벤젠(C_6H_6), T : 톨루엔($C_6H_5CH_3$), X : 크실렌[$C_6H_4(CH_3)_2$]

BTX(솔벤트나프타)는 벤젠(C_6H_6), 톨루엔($C_6H_5CH_3$), 크실렌[$(C_6H_4CCH_3)_2$]이다.

22 제4류 위험물로서 무색투명한 휘발성 액체로 물에 녹지 않고, 에테르, 벤젠의 유기용제에 녹으며 인화점 4℃, 분자량 92인 물질은?

> ① 구조식을 쓰시오.
> ② 이 물질의 증기비중을 구하시오.

정답

① 톨루엔($C_6H_5CH_3$), ② $\dfrac{92}{29} = 3.1$

해설

분자량이 92.14, 증기비중은 3.17, 증기압 22mmHg(20℃)이며, 무색투명하고 벤젠과 같은 독특한 냄새를 가진 휘발성의 액체로 물에 녹지 않는다. 진한 질산과 진한 황산으로 니트로화하면 TNT가 된다. 톨루엔에 Fe를 촉매로 쓰면서 염소화반응을 시키면 핵 치환반응이 일어난다.

23 다음 위험물질의 구조식을 쓰시오.

> ① 메틸에틸케톤   ② 과산화벤조일

정답

①
```
        H   O   H   H
        |   ||  |   |
    H — C — C — C — C — H
        |       |   |
        H       H   H
```

②
```
    ⟨⟩ — C — O — O — C — ⟨⟩
         ||          ||
         O           O
```

해설

① 메틸에틸케톤(MEK, 제4류 위험물, 제1석유류, 비수용성)
  ㉮ 화학식 : $CH_3COC_2H_5$
  ㉯ 조식 :

```
        H    O   H   H
        |    ||  |   |
    H — C — C — C — C — H
        |        |   |
        H        H   H
```
케톤기
(카르보닐기)

② 과산화벤조일(벤조일퍼옥사이드, BPO, 제5류 위험물, 유기과산화물)

    ㉮ 화학식 : $(C_6H_5CO)_2O_2$

    ㉯ 구조식 :

과산화기

---

24 분자량 60, 인화점 −19℃이고 달콤한 냄새가 나는 무색의 액체이며, 가수분해하여 알코올과 제2석유류를 생성한다. 이때 반응식을 쓰시오.

> **정답**

$HCOOCH_3 + H_2O \rightleftarrows HCOOH + CH_3OH$

> **해설**

■ **의산메틸(methyl formate)**
달콤한 냄새가 나는 무색의 액체이며, 물에 잘 녹는다.

---

25 메탄과 암모니아를 백금촉매 하에서 산소와 반응시켜서 얻어지는 것으로 분자량이 27이고, 약한 산성을 나타내는 물질이다. 다음 물음에 답하시오.

    ① 물질명은 무엇인가?
    ② 화학식은 무엇인가?
    ③ 품명을 쓰시오.

> **정답**

① 물질명 : 시안화수소
② 화학식 : HCN
③ 품명 : 제1석유류

> **해설**

① 제법 : $2CH_4 + 2NH_3 + 3O_2 \xrightarrow[\text{2~3atm, 1,000℃}]{\text{Pt}} 2HCN + 6H_2O$

② 성상 : 독특한 자극성의 냄새가 나는 무색의 액체(상온)이다. 물·알코올에 잘 녹으며, 수용액은 약산성이다.

26 1차 알코올, 2차 알코올을 산화 시 생성물을 쓰시오.

① 1차 알코올 : 카르복실산
② 2차 알코올 : 케톤

① 제1급 알코올 $\xrightarrow{\text{산화}}$ 알데히드 $\xrightarrow{\text{산화}}$ 카르복실산

② 제2급 알코올 $\xrightarrow{\text{산화}}$ 케톤

27 당밀, 고구마, 감자 등을 원료로 하는 발효방법으로 제조하며, 무색투명한 액체로 단맛이 있고 특유의 냄새가 있다. 다음 물음에 답하시오.

① 촉매 존재 하에 에틸렌을 물과 합성하여 만들 때의 반응식
② 포소화약제를 쓰시오.
③ 포소화약제를 사용하지 않는 이유

① $C_2H_4 + H_2O \xrightarrow[300\text{℃, }70\text{kg/cm}^2]{\text{인산}} C_2H_5OH$

② 알코올형 포
③ 알코올은 수용성이기 때문에 보통의 포를 사용하는 경우 기포가 파괴되므로 사용하지 않는 것이 좋다.

■ 에탄올의 제법
① 당밀, 고구마, 감자 등을 원료로 하는 발효방법으로 제조한다.
② 에틸렌을 황산에 흡수시켜 가수분해하여 만든다.

$CH_2=CH_2 + H_2SO_4 \rightarrow C_2H_5OSO_3H$

$2CH_2=CH_2 + H_2SO_4 \rightarrow (C_2H_5)_2SO_4$

$(C_2H_5)_2SO_4 + 2H_2O \rightarrow 2C_2H_5OH + H_2SO_4$

③ 에틸렌을 물과 합성하여 만든다.

$C_2H_4 + H_2O \xrightarrow[300\text{℃, }70\text{kg/cm}^2]{\text{인산}} C_2H_5OH$

28 에틸알코올 200g이 완전연소 시 생성되는 CO_2는 몇 L인지 구하시오.

> **정답**

$C_2H_5OH + 3O_2 \rightarrow 2CO_2 + 3H_2O$

46g ⟍ ⟋ 2×22.4L

200g ⟋ ⟍ x (L)

$$\therefore \ x = \frac{200 \times 2 \times 22.4}{46} = 194.78L$$

29 다음에서 설명하고 있는 위험물의 구조식을 쓰시오.

- 석유 냄새가 나는 무색 액체로 제4류 위험물
- 비수용성, 지정수량 1,000L, 위험등급 Ⅲ
- DDT의 원료
- 비중 1.1, 증기비중 3.9
- 벤젠을 염화철 촉매 하에서 염소와 반응하여 제조

> **정답**

> **해설**

클로로벤젠(chlorobenzene)은 2가지 제법
① 벤젠을 염화철 촉매 하에서 염소와 반응하여 만든다.
② 벤젠을 300℃ 정도에서 염화수소 존재 하에서 반응시켜 만든다.

$\quad 2C_6H_6 + 2HCl + O_2 \rightarrow 2C_6H_5Cl + 2H_2O$

30 니트로벤젠은 벤젠에 어떤 산을 첨가해서 제조하는가?

> **정답**

질산과 황산

> **해설**

$$C_6H_6 + HNO_3 \xrightarrow{H_2SO_4} C_6H_5NO_2 + H_2O$$

31 에틸렌글리콜($C_2H_4(OH)_2$)의 구조식을 쓰시오.

> **정답**
>
> ```
>       H    H
>       |    |
>  H— C — C —H
>       |    |
>      OH   OH
> ```

> **해설**
>
> ■ 에틸렌글리콜(ethylene glycol)
> 상온에서는 인화위험이 없으나, 가열하면 연소 위험성이 증가하고 가열하거나 연소에 의하여 자극성 또는 유독성의 일산화탄소(CO)를 발생한다.

32 요오드값에 대한 다음 물음에 답하시오.

> ① 요오드값의 정의를 쓰시오.
> ② 요오드값에 따라 3가지로 구분하시오.
> ③ 자연발화의 위험성이 가장 큰 것은?

> **정답**
>
> ① 유지 100g에 부가되는 요오드의 g수
> ② 건성유 : 요오드값이 130 이상
>   반건성유 : 요오드값이 100에서 130 사이
>   불건성유 : 요오드값이 100 이하
> ③ 건성유

> **해설**
>
> ■ 동·식물유
> ① 일반적으로 인화점이 220~300℃ 정도이며, 연소위험성 측면에서는 제4석유류와 유사하다.
> ② 상온에서의 인화위험은 없으나 가열하면 연소위험성이 증가하여 제1석유류와 같은 위험에 도달한다.
> ③ 가열 시 발생된 증기는 공기보다 무겁고 연소범위의 하한값이 낮아 인화위험이 높다.

05 제5류 위험물

01 제5류 위험물의 품명과 지정수량

성 질	위험등급	품 명	지정수량
자기반응성 물질	Ⅰ	1. 유기과산화물 2. 질산에스테르류	10kg 10kg

	Ⅱ	3. 니트로화합물
		4. 니트로소화합물
		5. 아조화합물
		6. 디아조화합물
		7. 히드라진유도체
		8. 히드록실아민
		9. 히드록실아민염류
		10. 그 밖에 행정안전부령이 정하는 것
		    ① 금속의 아지화합물
		    ② 질산 구아니딘
			200kg
			200kg
			200kg
			200kg
			200kg
			100kg
			100kg
			200kg

	Ⅲ	11. 1~10에 해당하는 어느 하나 이상을 함유한 것	10kg, 100kg 또는 200kg

02 위험성 시험방법

(1) 열분석시험

고체 또는 액체 물질의 폭발성을 판단하는 것을 목적으로 하며, 이를 위해 시험 물품의 온도 상승에 따른 분해반응 등의 자기반응성에 의한 발열 특성을 측정한다.

(2) 압력용기시험

고체 또는 액체 물질의 가열 분해의 격심한 정도를 판단하는 것을 목적으로 한다. 이를 위해 시험 물품을 압력용기 속에서 가열했을 때 규정의 올리피스판을 사용해서 50% 이상의 확률로 파열판이 파열하는가를 조사한다.

(3) 내열시험

화학류의 안정도에 대한 성능 시험방법에 대하여 규정한 것이다.

(4) 낙추감도시험

시험기의 받침쇠 위에 놓은 2개의 강철 원주의 평면 사이에 시료를 끼워 놓고, 철추를 그 위에 떨어뜨려서 떨어지는 높이와 폭발 발생 여부의 관계로 화약의 감도를 조사하는 시험이다.

(5) 순폭시험

폭약이 근접하고 있는 다른 폭약의 폭발로 인하여 기폭되는 것을 순폭이라고 한다. 여기서는 같은 종류 폭약의 모래 위에서의 순폭 시험으로 한다.

(6) 마찰감도시험

시험기에 부착된 자기체 마찰봉과 마찰판 사이에 소량의 시료를 끼워 놓고 하중을 건 상태에서 마찰운동을 시켜, 그 하중과 폭발의 발생 여부로부터 화학류의 감도를 조사하는 시험이다.

(7) 폭속시험

화약류의 폭속에 대한 성능 시험으로 도우트러쉬법에 따른다.

(8) 탄동구포시험

화약류의 폭발력에 대한 성능 시험방법을 규정한 것이다.

(9) 탄동진자시험

화약류의 폭발력에 대한 성능 시험방법을 규정한 것이다.

> **TIP** 제5류 위험물의 판정을 위한 시험
> 1. 폭발성시험
> 2. 가열분해성시험

03 공통 성질 및 저장·취급 시 유의사항

(1) 공통 성질

① 가연성물질로서 그 자체가 산소를 함유하므로 내부(자기) 연소를 일으키기 쉬운 자기 반응성물질이다.

② 연소 시 연소속도가 매우 빨라 폭발성이 강한 물질이다.

③ 가열·충격·마찰 등에 의하여 인화 폭발의 위험이 있다.

④ 장시간 공기에 방치하면 산화반응에 의해 열분해하여 자연발화를 일으키는 경우도 있다.

(2) 저장 및 취급 시 유의사항

① 화재 발생 시 소화가 곤란하므로 적은 양으로 나누어 저장한다.

② 용기의 파손 및 균열에 주의하며, 통풍이 잘 되는 냉암소 등에 저장한다.

③ 가열·충격·마찰 등을 피하고, 화기 및 점화원으로부터 멀리 저장한다.

④ 용기는 밀전·밀봉하고 운반용기 및 포장 외부에는 "화기엄금", "충격주의" 등의 주의사항을 게시한다.

(3) 소화방법

대량의 주수소화가 효과적이다.

04 위험물의 성상

1 유기과산화물(지정수량 10kg)

과산화기(―O―O―)를 가진 유기화합물과 소방청장이 정하여 고시하는 품명을 말한다(단, 함유율 이상인 유기과산화물을 '지정과산화물'이라 한다).

품 명		함유율(중량%)
디이소프로필퍼옥시디카보네이트		60 이상
아세틸퍼옥사이드		25 이상
터셔리부틸퍼피바레이트		75 이상
터셔리부틸퍼옥시이소부틸레이트		
벤조일퍼옥사이드	수성의 것	80 이상
	그 밖의 것	55 이상
터셔리부틸퍼아세이트		75 이상
호박산퍼옥사이드		90 이상
메틸에틸케톤퍼옥사이드		60 이상
터셔리부틸하이드로퍼옥사이드		70 이상
메틸이소부틸케톤퍼옥사이드		80 이상
시크로헥사논퍼옥사이드		85 이상
디터셔리부틸퍼옥시프타레이트		60 이상
프로피오닐퍼옥사이드		25 이상
파라클로로벤젠퍼옥사이드		50 이상
2-4 디클로로벤젠퍼옥사이드		
2-5 디메틸헥산		70 이상
2-5 디하이드로퍼옥사이드		
비스하이드록시시클로헥실퍼옥사이드		90 이상

① 저장 또는 운반 시(화재예방상) 주의사항

㉮ 직사광선을 피하고 냉암소에 저장한다.

㉯ 불티, 불꽃 등의 화기 및 열원으로부터 멀리하고 산화제 또는 환원제와도 격리시킨다.

㉰ 용기의 파손을 정기적으로 점검하여 손상으로 위험물이 누설되거나 오염되지 않도록 한다.

㉱ 가능한 한 소용량으로 저장한다.

㉲ 알코올류 등 제4류 위험물과 혼재하여 운반할 수 있다.

② 폐기 처분 시 주의사항

㉮ 누설된 유기과산화물은 배수구 등으로 흘려버리지 말아야 하며, 강철제의 곡괭이나 삽 등을 사용해서는 안 된다.

㉯ 액체가 누설되었을 경우에는 팽창질석 또는 팽창진주암으로 흡수시키고, 고체일 경우에는 혼합시켜 제거한다.

㉰ 흡수 또는 혼합된 유기과산화물은 소량씩 소각하거나 흙속에 매몰시킨다.

(1) 벤조일퍼옥사이드[$(C_6H_5CO)_2O_2$, , BPO, 과산화벤조일]

① 일반적 성질

㉮ 무색무미의 백색 분말, 무색의 결정고체로, 물에는 잘 녹지 않으나 알코올·식용유에 약간 녹으며 유기용제에 녹는다.

㉯ 상온에서는 안정하며, 강한 산화작용을 한다.

㉰ 가열하면 약 100℃ 부근에서 흰 연기를 내면서 분해한다.

㉱ 비중 1.33, 융점 103 ~ 105℃, 발화점 125℃

② 위험성

㉮ 상온에서는 안정하나 열·빛·충격·마찰 등에 의해 폭발의 위험이 있다.

㉯ 강한 산화성물질로서 진한 황산·질산·초산 등과 혼촉 시 화재나 폭발의 우려가 있다.

㉰ 수분이 흡수되거나 비활성 희석제(프탈산디메틸, 프탈산디부틸 등)가 첨가되면 폭발성을 낮출 수 있다.

㉱ 디에틸아민, 황화디메틸과 접촉하면 분해를 일으키며 폭발한다.

③ 저장 및 취급방법

㉮ 이물질이 혼입되지 않도록 주의하며 액체가 누출되지 않도록 한다.

㉯ 마찰·충격·화기·직사광선 등을 피하며, 냉암소에 저장한다.

㉰ 저장용기에는 희석제를 넣어서 폭발의 위험성을 낮추며, 건조방지를 위해 희석제의 증발도 억제하여야 한다.

㉱ 환원성 물질과 격리하여 저장한다.

④ 소화방법

다량의 물에 의한 주수소화가 효과적이며, 소량일 경우에는 탄산가스·소화분말·건조사·암분 등을 사용한 질식소화를 실시한다.

(2) 메틸에틸케톤퍼옥사이드[MEKPO, $(CH_3COC_2H_5)_2O_2$, 과산화메틸에틸케톤]

① 일반적 성질

㉮ 독특한 냄새가 있는 기름 상태의 무색 액체이다.

㉯ 강한 산화작용으로 자연분해되며, 알칼리금속 또는 알칼리토금속의 수산화물·과산화철 등에서는 급격하게 반응하여 분해된다.

㉰ 물에는 약간 녹고, 알코올·에테르·케톤류 등에는 잘 녹는다.

㉱ 시판품은 50~60% 정도의 희석제(프탈산디메틸, 프탈산디부틸 등)를 첨가하여 희석시킨 것이며, 함유율(중량퍼센트)은 60 이상이다.

㉲ 융점 −20℃, 인화점 58℃, 발화점 205℃

② 위험성

㉮ 상온에서는 안정하고 40℃에서 분해하기 시작하여 80~100℃에서는 급격히 분해하며, 110℃ 이상에서는 심한 흰 연기를 내면서 맹렬히 발화한다.

㉯ 상온에서 헝겊·쇠녹 등과 접하면 분해·발화하고, 다량 연소 시는 폭발의 우려가 있다.

㉰ 강한 산화성물질로, 상온에서 규조토·탈지면과 장시간 접촉하면 연기를 내면서 발화한다.

③ 저장, 취급방법 및 소화방법 : 과산화벤조일에 준한다.

2 질산에스테르류($R-ONO_2$)(지정수량 10kg)

질산(HNO_2)의 수소(H)원자를 알킬기(R, C_nH_{2n+1})로 치환한 화합물이다.

(1) 질산메틸(CH_3ONO_2)

① 무색투명하고 액체로서 향긋한 냄새가 있고 단맛이 있다.

② 물에 약간 녹으며, 알코올에 잘 녹는다.

③ 분자량 77, 비중 1.2, 증기비중 2.65, 비점 66℃

(2) 질산에틸($C_2H_5ONO_2$)

① 에탄올을 진한 질산에 작용시켜 얻는다.

② 무색투명한 액체이며, 방향성과 단맛을 지닌다.

③ 물에는 녹지 않으나 알코올·에테르 등에 녹는다.

④ 비중 1.11, 융점 −112℃, 비점 87℃, 인화점 −10℃

(3) 니트로셀룰로오스(NC, $[C_6H_7O_2(ONO_2)_3]_n$, 질화면, 질산섬유소)

① 일반적 성질

㉮ 천연셀룰로오스를 진한 질산과 진한 황산의 혼합액에 작용시켜 제조한다.

$$C_6H_{10}O_5 + 11HNO \xrightarrow{H_2SO_4} C_{24}H_{29}O_9(NO_3)_{11} + 11H_2O$$

㉯ 맛과 냄새가 없으며, 물에는 녹지 않고 아세톤·초산에틸·초산아밀에는 잘 녹는다.

㉰ 에테르(2)와 알코올(1)의 혼합액에 녹는 것을 약면약(약질화면), 녹지 않는 것을 강면약(장질화면)이라 한다. 또한 질화도가 12.5~12.8% 범위를 피로면약(피로콜로디온)이라 한다.

㉱ 질화도는 니트로셀룰로오스 중에 포함된 질소의 농도%이다.

강질 면약(강면약, 강코튼)	질화도가 12.76% 이상
약질 면약(약면약, 콜로디온코튼)	질화도가 10.18 ~ 12.76%

> **TIP** 질화면을 강면약과 약면약으로 구분하는 기준
> 질산기의 수

㉲ 비중 1.7, 인화점 13℃, 발화점 160~170℃

② 위험성

㉮ 약 130℃에서 서서히 분해되고, 180℃에서 격렬하게 연소하며, 다량의 CO_2·CO·H_2·N_2·H_2O 가스를 발생한다.

$$2C_{24}H_{29}O_9(ONO_2)_{11} \xrightarrow{\Delta} 24CO + 24CO_2 + 17H_2 + 12H_2O + 11N_2$$

㉯ 건조된 면약은 충격·마찰 등에 민감하여 발화되기 쉽고 점화되면 폭발한다.

㉰ 햇빛·산·알칼리 등에 의해 분해되어 자연발화하고, 폭발 위험이 증가한다.

㉱ 정전기 불꽃에 의해 폭발 위험이 있다.

③ 저장 및 취급방법

㉮ 물과 혼합 시 위험성이 감소하므로 저장·수송할 때에는 물(20%)이나 알코올(30%)로 습면시킨다.

㉯ 불꽃 등 화기를 멀리하고, 마찰·충격·전도·낙하 등을 피한다.

㉰ 저장 시 소분하여 저장한다.

㉱ 직사광산을 피하고 통풍이 잘 되는 냉암소 등에 보관한다.

④ 소화방법 : 다량의 주수나 건조사 등

(4) 니트로글리세린[C$_3$H$_5$(ONO$_2$)$_3$]

① 일반적 성질

㉮ 글리세린에 질산과 황산의 혼산으로 반응시켜 만든다.

$$C_3H_5(OH)_3 + 3HNO_3 \xrightarrow{H_2SO_4} C_3H_5(NO_3)_3 + 3H_2O$$

㉯ 약 10℃에서 결빙되고 겨울에는 고체이며, 백색이다.

㉰ 순수한 것은 무색투명한 기름 상태의 액체이나 공업용으로 제조된 것은 담황색을 띠고 있다.

㉱ 다공질의 규조토에 흡수하여 다이너마이트를 제조할 때 사용한다.

㉲ 물에는 거의 녹지 않으나 메탄올·벤젠·클로로포름·아세톤 등에는 녹는다.

㉳ 점화하면 적은 양은 타기만 하지만, 많은 양은 폭발한다.

㉴ 비중 1.6(15℃), 융점 2.8℃, 비점 160℃

② 위험성

㉮ 가열·충격·마찰 등에 매우 예민하다.

㉯ 다량이면 폭발력이 강하고 점화하면 즉시 연소한다.

$$4C_3H_5(ONO_2)_3 \xrightarrow{\varDelta} 12CO_2 + 10H_2O + 6N_2 + O_2$$

㉰ 산과 접촉하면 분해가 촉진되어 폭발할 수도 있다.

㉱ 증기는 유독성이다.

㉲ 공기 중의 수분과 작용하면 가수분해하여 질산을 생성할 수 있는데, 이 질산과 니트로글리세린의 혼합물은 특이한 위험성을 갖는다.

③ 저장 및 취급방법

㉮ 다공성 물질에 흡수시켜서 운반하며 액체 상태로 운반하지 않는다.

㉯ 구리제 용기로 저장한다.

㉰ 증기는 유독성이므로 피부를 보호하거나 보호구 등을 착용하여야 한다.

④ 소화방법 : 화재발생 시 폭발적으로 연소하므로 소화할 시간적 여유가 없으며, 화재 확대 위험이 있는 주위를 제거한다.

(5) 니트로글리콜[(CH$_2$ONO$_2$)$_2$, $\left(\begin{smallmatrix} & & O \\ & & \| \\ H-C-N & \diagdown O \\ | & \diagup O \\ H & O \end{smallmatrix} \right)_2$]

① 일반적 성질

㉮ 순수한 것은 무색, 공업용은 암황색의 무거운 기름상 액체로 유동성이 있다.

㉯ 니트로글리세린으로 제조한 다이너마이트는 여름철에 휘발성이 커서 흘러나오는 결점을 가지고 있다.

㉰ 비중 1.5, 발화점 215℃, 응고점 −22℃

예제

니트로글리콜의 질소함량(%)은?

풀이 니트로글리콜$(CH_2ONO_2)_2$의 분자량$=152$

$$\therefore \frac{28}{152} \times 100 = 18.42$$

답 18.42

② 위험성

㉮ 충격이나 급열하면 폭굉하나 그 감도는 NG보다 둔하다.

㉯ 뇌관에 예민하고 폭발 속도는 7,800m/s, 폭발열은 1,550kcal/kg이다.

㉰ 여름철에 휘발성의 증기를 발생할 때는 인화점이 낮은 석유류처럼 위험하다.

③ 저장 및 취급방법

㉮ 화기엄금·직사광선 차단·충격·마찰을 방지하고, 환기가 잘 되는 찬 곳에 저장한다.

㉯ 수송 시 안정제에 흡수시켜 운반한다.

④ 소화방법 : 다량의 주수, 포

(6) 펜트리트[$C(CH_2NO_3)_4$, 페틴]

① 아세트알데히드에 포름알데히드를 가하며, 질산을 반응시켜서 니트로화하여 만든다.

$$CH_3CHO \xrightarrow{HCHO} C(CH_2OH)_4 \xrightarrow{HNO_3} C(CH_2NO_3)_4$$

② 백색 분말 결정으로 물·알코올·에테르에 녹지 않고, 니트로글리세린에는 녹는다.

③ 안정제도 아세톤을 첨가하여 저장한다.

④ 비중 1.74, 융점 141℃, 발화점 215℃

❸ 셀룰로이드류(celluloid)(지정수량 100kg)

① 일반적 성질

㉮ 무색 또는 황색의 반투명 유연성을 가진 고체로, 일종의 합성수지와 같다. 열·햇빛·산소의 영향을 받아 담황색으로 변한다.

㉯ 물에 녹지 않지만, 진한 황산·알코올·아세톤·초산·에스테르에 녹는다.

㉰ 비중 1.32, 발화점 165℃

② 위험성

㉮ 열을 가하면 매우 연소하기 쉽고 외부에서 산소 공급이 없어도 연소가 지속되므로, 일단 연소하면 소화가 곤란하다.

④ 145℃로 가열하면 백색 연기를 발생하고 소화한다.

③ 저장 및 취급방법

　㉮ 저장창고에는 통풍장치, 냉방장치 등을 설치하여 저장창고 안의 온도가 30℃ 이하를 유지하도록 하여야 한다.

　㉯ 저장창고 내에 강산화제, 강산류, 알칼리, 가연성물질을 함께 저장하지 말아야 한다.

　㉰ 가온, 가습 및 열분해가 되지 않도록 주의한다.

④ 소화방법 : 다량의 물

4 니트로화합물(R−NO₂)(지정수량 200kg)

유기화합물의 수소원자(H)가 니트로기(−NO₂)로 치환된 화합물로, 니트로기가 2개 이상인 것이다.

(1) 트리니트로톨루엔[$C_6H_2CH_3(NO_2)_3$, TNT,

, 다이너마이트]

① 일반적 성질

　㉮ 담황색의 주상결정으로 작용기는 −NO₂기이며, 햇빛을 받으면 다갈색으로 변한다.

　㉯ 물에는 불용이며, 에테르・벤젠・아세톤 등에는 잘 녹고, 알코올에는 가열하면 약간 녹는다.

　㉰ 니트로화합물 중 폭약의 폭발력의 표준이 되는 물질

　㉱ 충격감도는 피크린산보다 둔하지만, 급격한 타격을 주면 폭발한다.

$$2C_6H_2(NO_2)_3CH_3 \rightarrow 12CO+3N_2+5H_2+2C$$

　㉲ 3가지 이성질체(α, β, γ)가 있으며, α형인 2, 4, 6−트리니트로톨루엔의 폭발력이 가장 강하다.

　㉳ 분자량 227, 비중 1.8, 융점 81℃, 비점 240℃, 발화점 300℃

> **TIP** **트리니트로톨루엔의 제법**
> 톨루엔에 질산・황산을 반응시켜 mononitro toluene을 만든 후 니트로화하여 만든다.
> $$C_6H_5CH_3+3HNO_3 \xrightarrow{H_2SO_4} C_6H_2CH_3(NO_2)_3+3H_2O$$

② 위험성

　㉮ 비교적 안정된 니트로 폭약이나 산화되기 쉬운 물질과 공존하면 타격 등에 의해 폭발한다.

⊕ 폭발 시 피해범위가 크고 위험성이 크므로 세심한 주의를 요한다.

⊕ 화학적으로 벤젠고리에 붙은 −NO₂기가 TNT의 급속한 폭발에 대한 신속한 산소 공급원으로 작용하여 피해범위가 넓다.

③ 저장 및 취급방법

㉮ 마찰·충격·타격 등을 피하고, 화기로부터 격리시킨다.

㉯ 순간적으로 사고가 발생하므로 취급 시 세심한 주의를 요한다.

㉰ 운반 시에는 10%의 물을 넣어 운반한다.

④ 소화방법 : 다량의 주수소화를 하지만, 소화가 곤란하다.

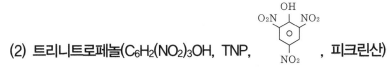

(2) 트리니트로페놀(C₆H₂(NO₂)₃OH, TNP,   , 피크린산)

① 일반적 성질

㉮ 페놀을 진한 황산에 녹여 이것을 질산에 작용시켜 만든다.

$$C_6H_5OH + 3HNO_3 \xrightarrow{H_2SO_4} C_6H_2(OH)(NO_2)_3 + 3H_2O$$

㉯ 가연성물질이며, 강한 쓴맛과 독성이 있는 편평한 침상결정으로 분자구조 내에 히드록시기를 가지고 있다.

㉰ 찬물에는 거의 녹지 않으나 온수·알코올·에테르·벤젠 등에는 잘 녹는다.

㉱ 중금속(Fe, Cu, Pb 등)과 화합하여 예민한 금속염을 만든다.

㉲ 충격·마찰에 비교적 둔감하며, 공기 중 자연분해되지 않기 때문에 장기간 저장할 수 있다.

㉳ 비중 1.8, 융점 122.5℃, 비점 255℃, 인화점 150℃, 발화점 300℃

예 제

피크린산의 질소함량(%)은?

풀이 피크린산[C₆H₂(NO₂)₃OH]의 분자량 : 229

$$\frac{42}{229} \times 100 = 18.34\%$$

🖩 18.34%

② 위험성

㉮ 단독으로는 타격, 마찰, 충격 등에 둔감하고 비교적 안정하지만, 산화철을 혼합한 것과 에탄올을 혼합한 것은 급격한 타격에 의해 격렬히 폭발한다.

ⓓ 요오드, 가솔린, 황, 요소 등 기타 산화되기 쉬운 유기물과 혼합한 것은 충격, 마찰에 의하여 폭발한다.

ⓔ 용융하여 덩어리로 된 것은 타격에 의하여 폭굉을 일으키며, TNT보다 폭발력이 크다.

$$2C_6H_2OH(NO_2)_3 \xrightarrow{\Delta} 12CO + H_2 + 3N_2 + 2H_2O$$

③ 저장 및 취급방법

㉮ 건조된 것일수록 폭발의 위험이 증대되므로 화기 등으로부터 멀리한다.

㉯ 산화되기 쉬운 물질과 혼합되지 않도록 한다.

㉰ 운반 시에는 10~20%의 물로 젖게 하면 안전하다.

④ 소화방법 : 다량의 주수소화에 의한 냉각소화

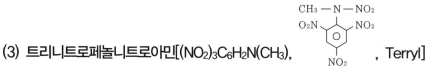

(3) 트리니트로페놀니트로아민[(NO₂)₃C₆H₂N(CH₃), , Terryl]

① 일반적 성질

㉮ 황백색의 침상결정이며, 흡습성이 없다.

㉯ 물에 녹지 않고, 알코올, 벤젠, 아세톤 등에 잘 녹는다. 흡습성이 없으며, 공기 중 자연분해하지 않는다.

㉰ 비중 1.57, 융점 131℃, 발화점 190℃

② 위험성

㉮ 열에 대하여 불안정하여 분해하고 260℃에서 폭발한다.

㉯ 충격과 마찰에 매우 민감하다. 충격감도는 티크린산이나 TNT에 비해 예민하고 폭발력도 크며, 폭발 속도는 7,500m/s이다.

(4) 디니트로톨루엔[C₆H₃(NO₂)₃CH₃, DNT]

① 담황색의 결정으로 물에 녹지 않고 유기용제 등에 녹는다.

② 질산암모늄 폭약의 예감제로 사용한다.

③ 비중 1.3~1.5, 비점 250℃, 인화점 207℃

④ 연소 시 질소산화물의 유독성 가스를 발생한다.

(5) 디니트로나프탈렌[C₁₀H₆(NO₂)₂, DNN]

① 무색 또는 황백색의 침상결정으로 물에 녹지 않고, 유기용제 등에 녹는다.

② 발화점 310~320℃

5 니트로소화합물(R−NO)

니트로소기(−NO)를 가진 화합물로 벤젠핵의 수소원자 대신 니트로소기가 2개 이상 결합된 화합물이다.

(1) 파라디니트로소벤젠[$C_6H_4(NO)_2$]

① 가열, 충격, 마찰 등에 의해 폭발하지만, 그 폭발력은 그다지 크지 않다.
② 고무가황제 및 퀴논디옥시움의 제조 등에 사용된다.

(2) 디니트로소레조르신[$C_6H_2(OH)_2(NO)_2$]

① 회흑색의 결정으로 폭발성이 있다.
② 물이나 유기용제에 녹으며, 목면의 나염 등에 사용된다.

(3) 디니트로소펜타메틸렌테드라민[$C_5H_{10}N_4(NO)_2$, DPT]

① 광택이 나는 크림색의 미세한 분말이다.
② 화기나 산과 접촉하면 폭발한다.

6 아조화합물(−N=N−)(지정수량 200kg)

아조기(−N=N−)가 주성분으로 함유된 화합물이다.

(1) 아조디카르본아미드($H_2N-\overset{\overset{O}{\|}}{C}-N=N-\overset{\overset{O}{\|}}{C}-NH_2$ ADCA)

담황색 또는 황백색의 미세분말이며, 독성이 없고 물보다 무겁다.

(2) 아조비스이소부티로니트릴[$CH_3-\overset{\overset{CH_3}{|}}{\underset{\underset{CN}{|}}{C}}-N=N-\overset{\overset{CH_3}{|}}{\underset{\underset{CN}{|}}{C}}-CH_3$ AIBN]

백색 결정성 분말이며 물에 잘 녹지 않으며, 유기용제 등에 녹는다.

(3) 아조벤젠($C_6H_5N=NC_6H_5$)

트랜스아조벤젠은 등적색 결정으로 융점 68℃, 비점은 293℃이며, 물에는 잘 녹지 않고 알코올, 에테르 등에는 잘 녹는다.

⑦ 디아조화합물(지정수량 200kg)

디아조기($-N \equiv N$)를 가진 화합물이다.

(1) 디아조디니트로페놀[$C_6H_2ON_2(NO_2)_2$, DDNP]

빛나는 황색, 홍황색의 미세한 무정형 분말 또는 결정으로 물에는 녹지 않고 $CaCO_3$에 녹으며, NaOH 용액에는 분해한다.

(2) 디아조아세토니트릴(C_2HN_3)

담황색의 액체로서 물에 녹고 에테르 중에서 비교적 안정하다.

⑧ 히드라진유도체(지정수량 200kg)

(1) 염산히드라진($N_2H_4 \cdot HCl$)

① 백색 결정성 분말로 물에 녹기 쉬우며, 에탄올에 조금 녹는다.
② 흡습성이 강하고 $AgNO_3$ 용액을 가하면 백색의 침전이 생긴다.

(2) 페닐히드라진($C_6H_5NHNH_2$)

무색 판상결정 또는 액체로서 유독하며, 공기 중에서 산화되어 갈색으로 변하기 쉽다.

(3) 황산히드라진($N_2H_4 \cdot H_2SO_4$)

무색무취 또는 백색의 결정성 분말로 더운물에 녹고 알코올에 녹지 않는다.

(4) 히드라조벤젠($C_6H_5NHHNC_6H_5$)

무색 결정으로 융점 126℃이며, 물·아세트산에는 녹지 않으나 유기용매에는 녹는다.

⑨ 히드록실아민(지정수량 100kg)

① 백색의 침상결정이다.
② 가열 시 폭발의 위험이 있으며, 129℃에서 폭발한다.
③ 불안정한 화합물로 산화질소와 수소로 분해되기 쉬우며, 대개 염 형태로 취급된다.
④ 비중 1.024, 융점 33.5℃, 비점 70℃

🔟 히드록실아민염류(지정수량 100kg)

(1) 황산히드록실아민[(NH₂OH)₂ · H₂SO₄]

① 백색 결정으로 약한 산화제이며, 강력한 환원제이다.
② 독성에 주의하고 취급 시 보호장구를 착용한다.
③ 융점 170℃

(2) 염산히드록실아민(NH₂OH · HCl)

① 무색의 조해성 결정으로 물에 거의 녹지 않고, 에탄올에 잘 녹는다.
② 습한 공기 중에서는 서서히 분해한다.

(3) N-벤조일-N-페닐히드록실아민

① 백색 결정으로 에틸알코올, 벤젠에 쉽게 녹으며, 물에는 녹지 않는다.
② 용도 : 킬레이트 적정 시약

01 자기반응성물질의 시험방법 및 판정기준에서 폭발성으로 인한 위험성의 정도를 판단하기 위한 시험에서 사용되는 물질을 쓰시오.

정답

① 과산화벤조일(BPO)
② 2, 4−디니트로톨루엔(DNT)

해설

■ **자기반응성물질의 시험방법 및 판정기준**

① 폭발성 시험방법 : 폭발성으로 인한 위험성의 정도를 판단하기 위한 시험은 열분석시험으로 하며 그 방법은 다음에 의한다.
  ㉮ 표준물질의 발열 개시 온도 및 발열량(단의 질량당 발열량을 말함)
    ㉠ 표준물질인 2, 4−디니트로톨루엔 및 기준물질인 산화알루미늄을 각각 1mg씩 파열압력이 5MPa 이상인 스테인리스강재의 내압성 셀에 밀봉한 것을 시차주사 열량측정장치(DSC) 또는 시차열분석장치(DTA)에 충전하고 2, 4−디니트로톨루엔 및 산화알루미늄의 온도가 60초간 10℃의 비율로 상승하도록 가열하는 시험을 5회 이상 반복하여 발열개시 온도 및 발열량의 각각의 평균치를 구할 것
    ㉡ 표준물질인 과산화벤조일 및 기준물질인 산화알루미늄을 각각 2mg씩으로 하여 ㉠에 의할 것
  ㉯ 시험물품의 발열개시온도 및 발열량시험은 시험물질 및 기준물질인 산화알루미늄을 각각 2mg씩으로 하여 ㉠에 의할 것
② 폭발성 판정기준
  ㉮ 발열개시온도에서 25℃를 뺀 온도"보정온도의 상용대수"를 횡축으로 하고, 발열량의 상용대수를 종축으로 하는 좌표도를 만들 것
  ㉯ ㉮의 좌표도상에 2, 4−디니트로톨루엔의 발열량 0.7을 곱하여 얻은 수치의 상용대수와 보정온도의 상용대수의 상호대응 좌표점 및 과산화벤조일의 발열량에 0.8을 곱하여 얻은 수치의 상용대수와 보정온도의 상용대수의 상호대응좌표점을 연결하여 직선을 그을 것
  ㉰ 시험물품 발열량의 상용대수와 보정온도(1℃ 미만일 때에는 1℃로 한다)의 상용대수의 상호대응 좌표점을 표시할 것
  ㉱ ㉰에 의한 좌표점이 ㉯에 의한 직선상 또는 이보다 위에 있는 것을 자기반응성물질에 해당하는 것으로 할 것

02 자기반응성물질의 취급 시 주의사항 5가지를 쓰시오.

> **정답**

① 점화원 및 분해를 촉진하는 물질로부터 멀리한다.
② 용기의 파손에 의한 누설에 주의하고 밀전·밀봉하여 저장한다.
③ 화재발생 시 소화가 곤란하므로 소분하여 저장한다.
④ 운반용기 및 포장 외부에는 '화기엄금, 충격주의'등의 표시를 한다.
⑤ 충격, 마찰, 타격, 가열을 피한다.

> **해설**

■ **자기반응성물질(Self-Reactive Substances)**
외부로부터 산소공급 없이도 가열충격 등에 의해 발열·분해를 일으키며, 급속한 가스의 발생이나 연소폭발을 일으키는 물질이다. 이는 비교적 저온에서 열분해가 일어나기 쉬운 불안정한 위험성이 높은 물질이다.

03 제5류 위험물의 자기연소성물질의 경우 화재 초기를 지나면 소화가 곤란하지만, 화재 초기에는 소화할 수 있는 방법이 있는데, 소화방법은 무엇인가?

> **정답**

대량의 주수소화에 의한 냉각소화

> **해설**

■ **제5류 위험물은 자기반응성물질(Self-reactive Substances)**
외부로부터 공기 중의 산소 공급 없이 가열·충격 등에 의해 발열·분해를 일으켜 급속한 가스의 발생이나 연소폭발을 일으키는 물질로, 비교적 저온에서 열분해를 일어나기 쉬운 불안정한 위험성이 높은 물질이다.

04 아세틸퍼옥사이드에 대해 쓰시오.

> ① 구조식을 쓰시오.
> ② 증기비중을 구하시오.

> **정답**

① 구조식 :

$$CH_3 - \underset{\underset{O}{\|}}{C} - O - O - \underset{\underset{O}{\|}}{C} - CH_3$$

② 증기비중 : $\dfrac{분자량(118)}{공기의\ 평균분자량(29)} = 4.07$

■ **아세틸퍼옥사이드[(CH₃·CO)₂O₂, acetyl peroxide]**
제5류 위험물 중 유기과산화물류이다.

05 과산화벤조일이다. 화학식과 비활성 희석제를 쓰시오.

정답

① $(C_6H_5CO)_2O_2$
② 프탈산 디메틸, 프탈산 디부틸

해설

■ **과산화벤조일(벤조일퍼옥사이드, benzoyl peroxide, BOP)**
가소제 용제 등의 안정제가 함유되지 않은 건조 상태일 때에는 약간의 가열 또는 충격·마찰에 의해 폭발한다.

06 분해온도 130℃이고 자연발화온도가 160~170℃, 저장 및 수송 중에 물이나 알코올로 습면하는 백색의 고체위험물이다. 다음 물음에 답하시오.

① 명칭	② 소화방법

정답

① 니트로셀룰로오스, ② 대량 주수에 의한 냉각소화

해설

■ **니트로셀룰로오스(nitro cellulose)**
질화도가 큰 것일수록 분해도, 폭발성, 위험도가 증가하며, 질화도에 따라서 차이는 있지만 점화, 가열, 충격 등에 격렬히 연소하고 양이 많을 경우에는 압축 상태에서도 폭발을 한다.

07 $2C_{24}H_{29}O_9(ONO_2)_{11}$ 분해 반응식을 쓰시오.

정답

$$2C_{24}H_{29}O_9(ONO_2)_{11} \rightarrow 24CO + 24CO_2 + 17H_2 + 12H_2O + 11N_2$$

해설

니트로셀룰로오스는 매우 불안정하므로 비교적 낮은 온도에서 분해한다. 130℃에서 서서히 분해하고 180℃에서 격렬히 연소하며, 다량의 유독성가스를 발생한다.

08 니트로셀룰로오스를 저장 및 수송 시 넣어주는 물질을 쓰시오.

물(20%), 용제 또는 알코올(30%)

니트로셀룰로오스는 물과 혼합할수록 위험성이 감소하므로 운반 시는 물(20%), 용제 또는 알코올(30%)을 첨가·습윤시킨다. 건조 상태에 이르면 즉시 습한 상태를 유지하여야 한다.

09 규조토에 흡수하여 다이너마이트를 제조하는 제5류 위험물에 대한 다음 물음에 답하시오.

① 품명을 쓰시오.
② 화학식을 쓰시오.
③ 분해반응식을 쓰시오.

① 질산에스테르류

② $C_3H_5(ONO_2)_3$

③ $4C_3H_5(ONO_2)_3 \xrightarrow{\Delta} 12CO_2 + 10H_2O + 6N_2 + O_2$

■ **니트로글리세린(NG, nitro glycerine)**
점화하면 즉시 연소하고 다량이면 폭발력이 강하다. 이때의 온도는 300℃에 달하며, 폭발 시의 폭발속도는 7,500m/s이고, 폭발열은 1,470kcal/kg이다.

10 니트로글리세린 500g이 부피 300mL인 용기 속에 채워있다. 이 용기를 가열하여 완전분해 폭발 후 압력을 구하시오(단, 폭발온도는 1,000℃이고 이상기체로 본다).

$PV = \dfrac{W}{M}RT,$

$P = \dfrac{WRT}{VM} = \dfrac{500 \times 0.082 \times (273 + 1,000)}{0.32 \times 227} = 718.52\text{atm}$

11 454g의 니트로글리세린이 완전연소 할 때 발생하는 기체는 25℃, 1기압에서 몇 L인가?

$\underline{4C_3H_5(ONO_2)_3} \rightarrow \quad 12CO_2\uparrow +10H_2O\uparrow +6N_2\uparrow + \quad O_2\uparrow$

$\quad 4\times227g \qquad\qquad\qquad\qquad\qquad\qquad 32g$

$\quad\quad 454g \qquad\qquad\qquad\qquad\qquad\qquad\quad x(g)$

$x = \dfrac{454\times32}{4\times227} = 16g$

$\therefore \ PV = \dfrac{W}{M}RT, \ \ V = \dfrac{WRT}{PM} = \dfrac{16\times0.082\times(273+25)}{1\times32} = 12.23L$

12 니트로글리세린에 대해 다음 물음에 답하시오.

① 구조식 　　　　　　　　　　　② 분해 시 생성되는 가스

①
```
        H     H     H
        |     |     |
  H —   C  —  C  —  C  — H
        |     |     |
        O     O     O
        |     |     |
       NO₂   NO₂   NO₂
```
② CO_2, H_2O, N_2, O_2

① 니트로글리세린[$C_3H_5(ONO_2)_3$]은 점화하면 즉시 연소하고 다량이면 폭발력이 강하다. 이때의 온도는 300℃에 달하며 폭발 시의 폭발속도는 7,500m/s이고, 폭발열은 1,470kcal/kg이다.

$4C_3H_5(ONO_2)_3 \xrightarrow{\ \Delta\ } 12CO_2\uparrow +10H_2O\uparrow +6N_2\uparrow +O_2\uparrow$

② 니트로글리세린의 1용적은 1,200용적의 기체를 생성하고 동시에 온도의 상승으로 거의 1만 배의 체적으로 팽창한다. 이 팽창에 생긴 압력이 폭발의 원인이 된다. 이것이 같은 양의 흑색화약보다 약 3배의 폭발력을 가진다. 그리고 25배 정도의 폭발속도를 나타낸다.

13 순수한 것은 무색투명한 무거운 기름상의 액체이며, 200℃ 정도에서 스스로 폭발하여 겨울 철에 동결을 하는 제5류 위험물에 대한 다음 물음에 답하여라.

① 구조식	② 지정수량

정답

①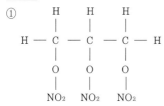

② 10kg

해설

■ 니트로글리세린(nitro glycerin, NG, $C_3H_5(ONO_2)_3$)

40~50℃에서 분해하기 시작하고 145℃에서 격렬히 분해하여 200℃ 정도에서 스스로 폭발을 일으킨다. 폭발 의 원인이 되는 $-NO_2$기가 다른 부분을 공격한 것이다.

14 분자량 227, 비중 1.6, 니트로글리세린 500g이 부피 320mL 용기에서 폭발하였다. 폭발 온 도는 1,000℃, 폭발 당시 압력은?

정답

$PV = (W/M)RT$

$P = WRT/VM = [500 \times 0.082 \times (273+1000)]/(0.32 \times 227) = 718.52 \text{kg/cm}^2$

15 제5류 위험물인 니트로글리콜에 대한 다음 물음에 답하시오.

① 구조식은 무엇인가?	② 공업용 색상은 무엇인가?
③ 비중은 몇인가?	④ 질소 함유량은?
⑤ 폭발속도는?	

정답

① $CH_2 - ONO_2$
$\quad\ |$
$\ CH_2 - ONO_2$

② 암황색

③ 1.5

④ $\dfrac{N_2}{(CO_2ONO_2)_2} \times 100 = \dfrac{28}{152} \times 100 = 18.42\%$

⑤ 7,800m/s

해설

■ **니트로글리콜[Nitro glycol, $(CH_2ONO_2)_2$]**

충격이나 급열하면 폭굉하나 그 감도는 NG보다 둔하다. 폭발열은 1,550kcal/kg이다.

16 니트로화합물, 니트로소화합물의 정의를 쓰시오.

정답

① 니트로기가 1개인 것은 거의 폭발성이 없으므로 당해 품목에서 제외한 대신 인화점·발화점·비점 등의 성상에 따라 제4류 위험물 중의 석유류로 분류된다. 유기화합물의 알킬기 또는 벤젠핵 등의 탄소원자에 니트로기($-NO_2$)가 직접 결합(니트로화 반응)하고 있는 화합물이다. 위험물안전관리법상 니트로기가 2개 이상 결합하고 있는 것이다.

② 니트로소기($-NO$)를 가진 화합물을 총체적으로 말하며, 위험물안전관리법상 니트로소화합물을 벤젠핵에 수소원자 대신에 니트로소기가 2개 이상 결합하고 있다.

해설

니트로화합물은 니트로기가 많을수록 분해가 용이하고, 가열·충격 등에 민감해진다. 또한 분해발열량도 크고 폭발력도 커진다. 화기, 가열, 충격, 마찰, 타격에 민감해 쉽게 발화하여 폭발위험이 있다.

17 $C_6H_2CH_3(NO_2)_3$의 물질에 대한 물음에 답하시오.

① 물질명   ② 유별
③ 품명   ④ 지정수량
⑤ 착화온도

정답

① T.N.T(트리니트로톨루엔), ② 제5류 위험물, ③ 니트로화합물류, ④ 200kg, ⑤ 약 300℃

해설

■ **트리니트로톨루엔[Tri Nitro Toluene(TNT, trotyl)]**

① 톨루엔에 질산·황산을 반응시켜 mononitro toluen을 만든 후 니트로화하여 만든다.
     $C_6H_5CH_3 + 3HNO_3 \rightarrow C_6H_2CH_3(NO_2)_3 + 3H_2O$

② 강력한 폭약이며, 폭발속도나 폭발력은 다른 니트로화합물보다 낮지만 점화하면 쉽게 연소하여 다량의 흑색 연기를 발생한다.

③ 기폭약을 설치하여 폭파하거나 급열하면 폭굉을 일으키고 폭발속도는 비중이 1.55일 때 6,800m/sec이고, 비중 1.66일 때 7,500m/sec로서 주변으로 일시에 전파되며, 폭발열은 약 1,000kcal/kg이다.

④ 화학적으로는 벤젠고리에 붙은 $-NO_2$기가 TNT의 급속한 폭발에 대한 신속한 산소공급원 작용하며, 피해 범위가 넓다.

18 다음에 해당하는 위험물의 구조식 및 분해반응식을 쓰시오.

- 담황색 결정을 가진 폭발성 고체로 보관 중 다갈색으로 변색
- 분자량 227
- 제5류 위험물

정답

① 구조식 :

② 분해반응식 : $2C_6H_2CH_3(NO_2)_3 \longrightarrow 2C + 3N_2\uparrow + 5H_2\uparrow + 12CO\uparrow$

해설

■ TNT의 제법

19 트리니트로톨루엔(TNT) 200kg이 폭발반응 할 때 생성되는 수소가스와 일산화탄소는 몇 m^3 인가?

정답

$$2C_6H_2(NO_2)_3CH_3 \longrightarrow 12CO + 2C + 3N_2 + 5H_2$$

2×227kg $\qquad$ $12 \times 22.4m^3$ $\qquad$ $5 \times 22.4m^3$

200kg $\qquad$ x $\qquad$ y

① 수소(H_2) 가스의 양(m^3)

$\quad 2 \times 227 : 5 \times 22.4 = 200 : y \qquad y = 49.34m^3$

② 일산화탄소(CO)의 양(m^3)

$\quad 2 \times 227 : 12 \times 22.4 = 200 : x \qquad x = 118.4m^3$

20 TNT의 제법 및 폭발 시 반응식을 쓰시오.

> **정답**

① 제법 : $C_6H_5CH_3 + 3HNO_3 \xrightarrow{H_2SO_4} C_6H_2CH_3(NO_2)_3 + 3H_2O$

② 폭발 : $2C_6H_5CH_3(NO_2)_3 \xrightarrow{\Delta} 12CO\uparrow + 2C + 3N_2 + 5H_2\uparrow$

> **해설**

① 제법 : 톨루엔에 질산·황산을 반응시켜 mononitro toluene을 만든 후 니트로화하여 만든다.
② 폭발 : 분해하면 다량의 기체를 발생한다. 불완전 연소 시는 유독성의 질소산화물과 CO를 발생한다. 따라서 NH_4NO_3과 TNT를 3 : 1wt%로 혼합하면 폭발력이 현저히 증가하여 폭파약으로 사용된다.

21 벤젠에 수은(Hg)을 촉매로 하여 질산을 반응시켜 제조하는 물질로 DDNP(diazo−dinitro phenol)의 원료로 사용되는 위험물의 구조식과 품명, 지정수량은 무엇인가?

> **정답**

① 구조식

$$\begin{array}{c} OH \\ O_2N \quad \bigcirc \quad NO_2 \\ NO_2 \end{array}$$

② 품명 : 니트로 화합물, ③ 지정수량 : 200kg

> **해설**

■ **피크린산(트리니트로페놀, TNP)**
① 제5류 위험물, 니트로화합물, 지정수량 200kg, 광택 있는 황색의 침상결정
② 화학식 : $C_6H_2(OH)(NO_2)_3$
③ 구조식 :

$$\begin{array}{c} OH \\ O_2N \quad \bigcirc \quad NO_2 \\ NO_2 \end{array}$$

④ 분자량 229, 비중 1.8, 착화점 300℃
⑤ 질소함유량 $= \dfrac{3 \times 14}{229} \times 100 = 18.34\%$
⑥ 금속(Fe, Cu, Pb, Al 등)과 작용하여 민감한 피크린산의 금속염을 생성하므로, 제조·가공 시 철제·납 용기 사용금지
⑦ 제법

$$\underset{\text{페놀}}{C_6H_5OH} + \underset{\text{질산}}{3HNO_3} \xrightarrow{C-H_2SO_4} \underset{\text{TNP}}{C_6H_2OH(NO_2)_3} + \underset{\text{물}}{3H_2O}$$

22 페놀을 진한 황산에 녹여 이것을 질산에 작용시켜 만든다. 다음 물음에 답하시오.

① 몇 류 위험물인가?
② 품명은 무엇인가?
③ 지정수량을 쓰시오.

정답

① 제5류 화합물, ② 니트로화합물, ③ 200kg

해설

$$C_6H_5OH + 3HNO_3 \xrightarrow{\text{C}-H_2SO_4} C_6H_2OH(NO_2)_3 + 3H_2O$$

23 피크린산의 구조식과 질소의 %를 구하시오.

① 구조식은 무엇인가?
② 질소의 %는 무엇인가?

정답

①

② $(42/229) \times 100 = 18.34\%$

해설

■ **트리니트로페놀**(trinitro phenol)
순수한 것은 무색이지만 보통 공업용은 휘황색의 침상 결정이며, 물에 전리하여 강한 산이 된다. 이때 선명한 황색이 된다.

24 트리니트로페놀의 분해반응식을 쓰시오.

정답

$$2C_6H_2OH(NO_2)_3 \longrightarrow 12CO + H_2 + 3N_2 + 2H_2O$$

해설

트리니트로페놀(trinitro phenol)은 융용하여 덩어리로 된 것은 타격에 의해서 폭굉을 일으키며, TNT보다 폭발력이 크다.

25 파라디니트로소벤젠에 대해 답하시오.

① 화학식   ② 지정수량

정답

① $C_6H_4(NO)_2$, ② 200kg

해설

■ **파라디니트로소벤젠(paradinitroso benzene)**

황갈색의 분말로 가연물(벤젠핵)과 산소(니트로소기)가 공존을 하고 있으며, 분해가 용이하고 가열 또는 충격, 마찰에 의하여 폭발한다.

제6류 위험물

01 제6류 위험물의 품명과 지정수량

성 질	위험등급	품 명	지정수량
산화성액체	I	1. 과염소산	300kg
		2. 과산화수소	300kg
		3. 질산	300kg
		4. 그 밖에 행정안전부령이 정하는 것 할로겐간화합물(F, Cl, Br, I 등)	300kg
		5. 1~4에 해당하는 어느 하나 이상을 함유한 것	300kg

02 위험성 시험방법

(1) 연소시험

산화성 액체물질이 가연성물질과 혼합했을 때, 가연성물질이 연소속도를 증대시키는 산화력의 잠재적 위험성을 판단하는 것을 목적으로 한다.

(2) 액체의 비중측정시험

액체의 비중측정방법에는 비중병, 비중천칭, 비중계, 압력을 이용한 것 또는 부유법 등 여러 방법이 있으며, 이들 중 간편하고 정밀도가 좋아 많이 사용되는 것이 비중병과 비중계에 의한 비중 측정 방법이다.

03 공통 성질 및 저장·취급 시 유의사항

(1) 공통 성질

① 불연성물질로서 강산화제이며, 다른 물질의 연소를 돕는 조연성물질이다.

② 강산성의 액체이다(H_2O_2는 제외).

③ 비중이 1보다 크며, 물에 잘 녹고 물과 접촉하면 발열한다.

④ 가연물과 유기물 등과의 혼합으로 발화한다.

⑤ 분해하여 유독성 가스를 발생하며, 부식성이 강하여 피부에 침투한다(H_2O_2는 제외).

(2) 저장 및 취급 시 유의사항

① 가연물과의 접촉·혼합이나 분해를 촉진하는 물품과의 접근 또는 과열을 피하여야 한다.

② 저장용기는 내산성 용기를 사용하며, 흡습성이 강하므로 용기는 밀전·밀봉하여 액체가 누설되지 않도록 한다.

③ 증기는 유독하므로 취급 시에는 보호구를 착용한다.

(3) 소화방법

① 주수소화는 곤란하다.

② 건조사나 인산염류의 분말 등을 사용한다.

③ 과산화수소는 양의 대소에 관계없이 대량의 물로 희석소화한다.

04 위험물의 성상

(1) 과염소산($HClO_4$)(지정수량 300kg)

① 일반적 성질

㉮ 무색의 유동하기 쉬운 액체로 공기 중에 방치하면 분해하고, 가열하면 폭발한다.

㉯ 산화제이므로 쉽게 환원될 수 있다.

㉰ 염소산 중에서 가장 강한 산이다.

$HClO_4 > HClO_3 > HClO_2 > HClO$

㉱ 이온은 다른 대부분의 산라디칼보다도 착화합물의 형성이 적다.

㉲ 비중 1.76, 증기비중 3.46, 융점 $-112℃$, 비점 $39℃$

② 위험성

㉮ 불안정하며, 강력한 산화성물질이다.

㉯ 가열하면 폭발한다.

㉰ 산화력이 강하여 종이, 나뭇조각 등과 접촉하면 연소 시 동시에 폭발한다.

㉱ 물과 접촉하면 심하게 반응하여 발열한다.

㉲ 불연성이지만, 유독성이 있다.

㉳ 유기물과 접촉 시 발화의 위험이 있다.

㉴ 무수과염소산은 상압에서 가열하면 폭발적으로 분해하고 때로는 폭발한다. 이때 유독성가스인 HCl을 발생한다.

③ 저장 및 취급방법

㉮ 비, 눈 등의 물, 가연물, 유기물 등과 접촉을 피하여야 하며, 화기와는 멀리한다.

㉯ 유리 또는 도자기 등의 밀폐용기에 넣어 밀전, 밀봉하여 저장한다.

㉰ 누설될 경우는 톱밥, 종이, 나무 부스러기 등에 섞여 폐기되지 않도록 한다.

④ 용도

산화제, 전해연마제, 분석화학시약 등

⑤ 소화방법

다량의 물에 의한 분무주수, 분말소화

(2) 과산화수소(H_2O_2)(지정수량 300kg)

수용액의 농도가 36wt%(비중 약 1.13) 이상인 것을 위험물로 본다.

① 일반적 성질

㉮ 순수한 것은 점성이 있는 무색의 액체이나 양이 많을 경우에는 청색을 띤다.

㉯ 강한 산화성이 있고, 물과는 임의로 혼합한다. 수용액 상태는 비교적 안정하며, 물, 알코올, 에테르 등에는 녹지만, 석유나 벤젠 등에는 녹지 않는다.

㉰ 알칼리 용액에서는 급격히 분해하지만, 약산성에서는 분해하기 어렵다.

㉱ 일반 시판품은 30~40%의 수용액으로 분해하기 쉬워 안정제[인산(H_3PO_4), 요산($C_2H_4N_4O_3$), 인산나트륨, 요소, 글리세린] 등을 가하거나 햇빛을 차단하며, 약산성으로 만든다. 과산화수소는 산화제 및 환원제로 작용한다.

㉠ 산화제 : $2KI + H_2O_2 \rightarrow 2KOH + I_2$

㉡ 환원제 : $2KMnO_4 + 3H_2SO_4 + 5H_2O_2 \rightarrow K_2SO_4 + 2MnSO_4 + 8H_2O + 5O_2$

㉲ 분해할 때 발생하는 발생기산소[O]는 난분해성 유기물질을 산화시킬 수 있다.

㉳ 강한 표백작용과 살균작용이 있다.

㉴ 비중 1.465, 융점 $-0.89℃$, 비점 152℃

② 위험성

㉮ 강력한 산화제로서 분해하여 발생한 발생기산소[O]는 분자상의 O_2가 산화시키지 못한 물질도 산화시킨다.

$$H_2O_2 \xrightarrow{\Delta} H_2O+[O]$$

㉯ 가열·햇빛 등에 의해 분해가 촉진되며, 보관 중에도 분해되기 쉽다.

㉰ 농도가 높을수록 불안정하여 방치하거나 누출되면 산소를 분해하며, 온도가 높아질수록 분해속도가 증가하고 비점 이하에서도 폭발한다. 또한 열·햇빛에 의해서도 쉽게 분해하여 산소를 방출하고 HF, HBr, KI, Fe^{3+}, OH^-, 촉매(MnO_2) 하에서 분해가 촉진된다. 또한 용기가 가열되면 내부에 분해산소가 발생하기 때문에 용기가 파열하는 경우가 있다.

$$2H_2O_2 \xrightarrow{MnO_2} 2H_2O+O_2\uparrow+발열$$

3%	옥시풀(소독약), 산화제, 발포제, 탈색제, 방부제, 살균제 등
30%	표백제, 양모, 펄프, 종이, 면, 실, 식품, 섬유, 명주, 유지 등
85%	비닐화합물 등의 중합촉진제, 중합촉매, 폭약, 유기과산화물의 제조, 농약, 의약품, 제트기, 로켓의 산소공급제 등

㉱ 농도가 66% 이상인 것은 단독으로 분해폭발하기도 하며, 이 분해반응은 발열반응이고 다량의 산소를 발생한다.

㉲ 농도가 진한 것은 피부와 접촉하면 수종을 일으키며, 고농도의 것은 피부에 닿으면 화상의 위험이 있다.

㉳ 히드라진과 접촉하면 분해폭발한다. 이것을 잘 통제하여 이용하면 유도탄의 발사에 사용할 수 있다.

$$N_2H_4+2H_2O \rightarrow N_2+4H_2O$$

③ 저장 및 취급방법

㉮ 용기는 갈색 유리병을 사용하며, 직사광선을 피하고 냉암소 등에 저장한다.

㉯ 용기는 밀전하지 말고, 구멍이 뚫린 마개를 사용한다.

㉰ 유리용기는 알칼리성으로 H_2O_2를 분해 촉진하며, 유리용기에 장기간 보존하지 않아야 한다.

④ 용도

표백제, 발포제, 로켓 원료, 의약, 화장품 정성 분석 등

⑤ 소화방법

다량의 물로 냉각소화

(3) 질산(HNO₃)(지정수량 300kg)

① 일반적 성질

 ㉮ 무색 액체이나 보관 중 담황색으로 변하며, 직사광선에 의해 공기 중에서 분해되어 유독한 갈색 이산화질소(NO_2)를 생성시킨다.

  예 $4HNO_3 \ \rightarrow \ 2H_2O + 4NO_2 \uparrow + O_2$

 ㉯ 금속(Au, Pt, Al은 제외)과 산화반응하여 부식시키며, 질산염을 생성한다.

  예 $Zn + 4HNO_3 \ \rightarrow \ Zn(NO_3)_2 + 2H_2O + 2NO_2 \uparrow$

 ㉰ 물과는 임의로 혼합하고 발열한다(용해열은 7.8kcal/mol).

 ㉱ 흡습성이 강하고, 공기 중에서 발열한다.

 ㉲ 진한 질산을 −42℃ 이하로 냉각하면 응축결정된다.

 ㉳ 왕수(질산 1 : 염산 3)에 녹으며, Au, Pt는 녹지 않는다.

 ㉴ 진한 질산에는 Al, Fe, Ni, Cr 등은 부동태를 만들며 녹지 않는다.

 부동태

금속 표면에 치밀한 금속산화물의 피막을 형성해 그 이상의 산화작용을 받지 않는 상태

 ㉵ 크산토프로테인 반응을 한다.

 ㉶ 분자량 63, 비중 1.49 이상, 융점 −43.3℃, 비점 86℃

② 위험성

 ㉮ 산화력과 부식성이 강해 피부에 닿으면 화상을 입는다.

 ㉯ 질산 자체는 연소성, 폭발성이 없으나 환원성이 강한 물질(목탄분, 나뭇조각, 톱밥, 종이 부스러기, 천, 실, 솜뭉치)에 스며들어가 방치하면 서서히 갈색 연기를 발생하면서 발화 또는 폭발한다. Na, K, Mg, NaClO₃, C₂H₅OH, 강산화제와 접촉 시 폭발의 위험성이 있다.

 ㉰ 화재 시 열에 의해 유독성의 질소산화물을 발생하며, 여러 금속과 반응하여서 가스를 방출한다.

 ㉱ 불연성이지만 다른 물질의 연소를 돕는 조연성물질이다.

 ㉲ 물과 접촉하면 심하게 발열한다.

 ㉳ 진한 질산을 가열 시 발생되는 증기(NO_2)는 유독성이다.

  $2HNO_3 \ \rightarrow \ 2NO_2 + H_2O + O$

 ㉴ 진한 질산이 손이나 몸에 묻었을 경우에는 다량의 물로 충분히 씻는다.

 ㉵ 묽은 질산을 칼슘과 반응하면 수소를 발생한다.

  $2HNO_3 + 2Ca \ \rightarrow \ 2CaNO_3 + H_2$

③ 저장 및 취급방법

　㉮ 직사광선에 의해 분해되므로 갈색병에 넣어 냉암소 등에 저장한다.

　㉯ 테레핀유, 카바이드, 금속분 및 가연성물질과는 격리시켜 저장하여야 한다.

④ 용도

　야금용, 폭약 및 니트로화합물의 제조, 질산염류의 제조, 유기합성, 사진 제판 등

⑤ 소화방법

　다량의 물로 희석소화

적중예상문제

01 제6류 위험물이 산화성 액체 분자가 이루는 원소 중 다른 물질과 산화반응을 시킬 수 있는 물성의 주된 원소는 무엇인가?

> **정답**

산소(O_2)

> **해설**

제6류 위험물은 모두 산소를 함유하고 있으며, 다른 물질을 산화시킨다.

02 과산화수소의 분해방지 안정제를 쓰시오.

> **정답**

인산나트륨, 인산, 요산, 요소, 글리세린 등

> **해설**

■ **과산화수소(hydrogen peroxide)**
농도가 증가할수록 위험성이 높아지므로 분해방지 안정제를 넣어서 산소의 분해를 억제시킨다.

03 H_2O_2의 저장·취급 시 혼입을 방지하는 물질을 2가지 쓰시오.

> **정답**

① 먼지, ② 촉매

> **해설**

① 안정제 : 요산($C_5H_4N_4O_3$), 인산(H_3PO_4), 요소, 인산나트륨, 글리세린
② 과산화수소(hydrogen peroxide)는 먼지, 촉매 등의 촉진 이물질의 혼입을 방지해야 하며, 유기과산화물, 강산화제, 알칼리, 알코올류, 금수성물질, 금속분, 가연물과의 접촉을 방지한다.

04 다음과 같은 성질을 지닌 위험물은 중금속 산화물과 격렬히 분해하여 폭발한다. 이 물질을 2가지 쓰시오.

> • 비중이 1보다 크다.
> • 열, 햇빛에 의해서도 쉽게 분해한다.
> • 강력한 산화제이다.
> • 인산(H_3PO_4) 등 안정제를 넣어 산소분해를 억제시킨다.

정답

① 이산화망간(MnO_2), ② 산화코발트(CoO), ③ 화수은(HgO)

해설

■ **과산화수소(hydrogen peroxide, H_2O_2)**
고농도의 것은 알칼리, Ag, Pb, Pt, Cu, Pd, 목탄분, 금속분말, 탄소분말, 불순물, 중금속산화물(이산화망간, 산화코발트, 산화수은), 미세한 분말 또는 미립자에 의해 격렬히 분해하여 폭발한다. 이 분해반응은 발열반응이다.

05 80wt% 과산화수소 수용액 300kg을 보관하고 있는 탱크에 화재가 일어났을 때 다량의 물에 의하여 희석소화를 시키고자 한다. 과산화수소의 최종 희석농도를 3wt% 이하로 만들기로 하고 실제 소화수의 양은 이론양의 1.5배를 준비하기 위해서 저장하여야 하는 소화수의 양을 구하시오.

정답

과산화수소의 양 : 300kg×0.8=240kg
① 3wt%로 희석 시 필요한 물의 양(w)

$$농도(wt\%) = \frac{용질의\ g수}{용액의\ g수} \times 100$$

$$3\% = \frac{240kg}{(240kg + w(kg))} \times 100$$

$$\therefore\ w = 7,700kg$$

② 실제 소화수의 양 : 7,700kg×1.5=11,550kg

06 질산에 대해 답하시오.

① 비중
② 질산의 분해반응식
③ 지정수량
④ 철, 니켈, 크롬 등은 진한 질산에 녹지 않는 피막을 형성하는데, 이런 현상을 무엇이라 하는가?

정답

① 1.49 이상 ② $2HNO_3 \longrightarrow 2NO_2\uparrow + H_2O + \frac{1}{2}O_2\uparrow$

③ 300kg ④ 부동태

해설

① 부동태란 금속 표면에 치밀한 금속 산화물의 피막을 형성하여 그 이상의 산화작용을 받지 않는 상태이다.
② 질산(nitric acid)은 3대 강산 중의 하나이며, 흡습성이 강하여 습한 공기 중에서 발연하는 무색의 무거운 액체이다. 자극성·부식성이 강하며, 비점이 낮아 휘발성이고 발연성이다.

07 왕수로 금을 녹인다. 이때의 반응식을 쓰시오.

정답

$3HCl + HNO_3 + Au \longrightarrow HAuCl_4 + NO + 2N_2O$

해설

질산은 매우 강력한 산화제이기 때문에 아무리 금이라고 해도 극미량이 질산에 산화되어 금이온이 된다. 이 금이온이 염산에서 나온 염화이온과 반응해서 녹게 된다. 그러므로 금 자체는 극미량 밖에 녹지 않지만 녹은 금이 즉시 염화물로 바뀌기 때문에 계속 녹아 들어갈 수 있게 된다.
• $3HCl + HNO_3 \longrightarrow NOCl + 2H_2O + 2Cl \longrightarrow NO + 2H_2O + 3Cl$
• $3Cl + Au \longrightarrow AuCl_3$
• $HCl + AuCl_3 \longrightarrow HAuCl_4$
• $HNO_3 + 3HCl \longrightarrow Cl_2 + NOCl + 2H_2O$

위험물기능장실기

PART 04

위험물안전관리법
및 시설 기준

01 총칙

(1) 위험물안전관리법의 목적

위험물의 저장·취급 및 운반과 이에 따른 안전관리법에 관한 사항을 규정함으로써 위험물로 인한 위해를 방지하여 공공의 안전을 확보함을 목적으로 한다.

(2) 용어의 정의

① 위험물 : 인화성 또는 발화성 등의 성질을 가지는 것으로서 대통령령이 정하는 물품을 말한다.

> **TIP** 고인화점 위험물
>
> 인화점이 100℃ 이상인 제4류 위험물을 말한다.

② 지정수량 : 위험물의 종류별로 위험성을 고려하여 대통령령이 정하는 수량으로서 제조소 등의 설치허가 등에 있어서 최저의 기준이 되는 수량을 말한다.

③ 제조소 : 위험물을 제조할 목적으로 지정수량 이상의 위험물을 취급하기 위하여 허가를 받은 장소를 말한다.

④ 저장소 : 지정수량 이상의 위험물을 저장하기 위한 대통령령이 정하는 장소로서 허가를 받은 장소를 말한다.

⑤ 취급소 : 지정수량 이상의 위험물을 제조 외의 목적으로 취급하기 위한 대통령령이 정하는 장소로서 허가를 받은 장소를 말한다.

⑥ 제조소 등 : 제조소·저장소 및 취급소를 말한다.

(3) 위험물안전관리자

① 안전관리자를 해임하거나 퇴직한 때에는 그 날로부터 30일 이내에 다시 선임하여야 하고, 선임 시에는 14일 이내에 소방본부장 또는 소방서장에게 신고하여야 한다.

② 안전관리자를 선임한 제조소 등의 관계인은 안전관리자가 여행·질병 그 밖의 사유로 인하여 일시적으로 직무를 수행할 수 없거나 안전관리자의 해임 또는 퇴직과 동시에 다른 안전관리자를 선임하지 못한 경우에는 「국가기술자격법」에 따른 위험물의 취급에 관한 자격취득자 또는 위험물 안전에 관한 기본 지식과 경험이 있는 자로서 행정안전부령이 정하는 자를 대리자로 지정하여 그 직무를 대행하게 하여야 한다. 이 경우 대리자가 안전관리자의 직무를 대행하는 기간은 30일을 초과할 수 없다.

③ 안전관리자는 위험물을 취급하는 작업을 하는 때에는 작업자에게 안전관리에 관한 필요한 지시를 하는 등 행정안전부령이 정하는 바에 따라 위험물의 취급에 관한 안전관리와 감독을 하여야 하고, 제조소 등의 관계인과 그 종사자는 안전관리자의 위험물 안전관리에 관한 의견을 존중하고 그 권고에 따라야 한다.

> **TIP** 위험물안전관리자의 선임 신고를 허위로 한 자에게 부과하는 과태료
> 200만원

(4) 위험물안전관리자의 책무

안전관리자는 위험물의 취급에 관한 안전관리와 감독에 관한 다음의 업무를 성실하게 행하여야 한다.

① 위험물의 취급 작업에 참여하여 당해 작업이 법 제5조 제3항의 규정에 의한 저장 또는 취급에 관한 기술 기준과 법 제17조의 규정에 의한 예방규정에 적합하도록 해당 작업자(당해 작업에 참여하는 위험물 취급 자격자를 포함)에 대하여 지시 및 감독하는 업무

② 화재 등의 재난이 발생한 경우 응급조치 및 소방관서 등에 대한 연락 업무

③ 위험물 시설의 안전을 담당하는 자를 따로 두는 제조소 등의 경우에는 그 담당자에게 다음의 규정에 의한 업무의 지시, 그 밖의 제조소 등의 경우에는 다음의 규정에 의한 업무

  ㉮ 제조소 등의 위치·구조 및 설비를 법 제5조 제4항의 기술 기준에 적합하도록 유지하기 위한 점검과 점검 상황의 기록·보존

  ㉯ 제조소 등의 구조 또는 설비의 이상을 발견한 경우 관계자에 대한 연락 및 응급조치

  ㉰ 화재가 발생하거나 화재 발생의 위험성이 현저한 경우 소방관서 등에 대한 연락 및 응급조치

  ㉱ 제조소 등의 계측장치·제어장치 및 안전장치 등의 적정한 유지·관리

  ㉲ 제조소 등의 위치·구조 및 설비에 관한 설계도서 등의 정비·보존 및 제조소 등의 구조 및 설비의 안전에 관한 사무의 관리

④ 화재 등의 재해의 방지에 관하여 인접하는 제조소 등과 그 밖의 관련되는 시설의 관계자와 협조체제의 유지
⑤ 위험물의 취급에 관한 일지의 작성·기록
⑥ 그 밖에 위험물을 수납한 용기를 차량에 적재하는 작업, 위험물 설비를 보수하는 작업 등 위험물의 취급과 관련된 작업의 안전에 관하여 필요한 감독의 수행

(5) 예방규정

제조소 등의 관계인은 화재예방과 화재 등 재해발생 시의 비상조치에 필요한 사항은 서면으로 작성하여 허가청에 제출한다.

작성대상	지정수량의 배수	제외대상
제조소	10배 이상	지정수량의 10배 이상의 위험물을 취급하는 일반취급소. 다만, 제4류 위험물(특수인화물을 제외)만을 지정수량의 50배 이하로 취급하는 일반취급소(제1석유류, 알코올류의 취급량이 지정수량의 10배 이하인 경우에 한함)로서 다음의 어느 하나에 해당하는 것을 제외한다. ① 보일러·버너 또는 이와 비슷한 것으로서 위험물을 소비하는 장치로 이루어진 일반취급소 ② 위험물을 용기에 옮겨 담거나 차량에 고정된 탱크에 주입하는 일반취급소
옥내저장소	150배 이상	
옥외탱크저장소	200배 이상	
옥외저장소	100배 이상	
이송취급소	전 대상	
일반취급소	10배 이상	
암반탱크저장소	전 대상	

(6) 자체소방조직을 두어야 할 제조소 등의 기준

① 제조소 및 일반취급소의 자체소방대의 기준

사업소의 구분	화학소방 자동차	자체소방 대원의 수
제18조의 규정에 의한 제조소 등에서 취급하는 제4류 위험물의 최대수량이 지정수량의 12만배 미만인 사업소	1대	5인
제18조의 규정에 의한 제조소 등에서 취급하는 제4류 위험물의 최대 수량이 지정수량의 12만배 이상, 24만 배 미만인 사업소	2대	10인
제18조의 규정에 의한 제조소 등에서 취급하는 제4류 위험물의 최대 수량이 지정수량의 24만배 이상, 48만 배 미만인 사업소	3대	15인
제18조의 규정에 의한 제조소 등에서 취급하는 제4류 위험물의 최대 수량이 지정수량의 48만배 이상인 사업소	4대	20인

※ 화학소방자동차에는 행정안전부령이 정하는 소화능력 및 설비를 갖추어야 하고, 소화활동에 필요한 소화약제 및 기구(방열복 및 개인장구를 포함)를 비치하여야 한다.

② 포수용액을 방사하는 화학소방차 대수는 화학소방차 대수의 $\frac{2}{3}$ 이상

③ 설치대상

㉮ 지정수량 3,000배 이상의 제4류 위험물을 저장, 취급하는 제조소

㉯ 지정수량 3,000배 이상의 제4류 위험물을 저장, 취급하는 일반취급소

④ 자체소방대에 두어야 하는 화학소방차에 갖추어야 하는 소화능력 및 설비의 기준

화학소방차의 구분	소화능력	비치량
분말방사차	35kg/s 이상	1,400kg 이상
할로겐화물방사차	40kg/s 이상	1,000kg 이상
CO_2 방사포 차		3,000kg 이상
포수용액 방사차	2,000L/min 이상	10만L 이상
제독차	–	가성소다 및 규조토를 각각 50kg 이상

(7) 소방신호의 종류

화재예방, 소방활동 또는 소방훈련을 위하여 사용되는 소방신호의 종류와 방법은 행정안전부령으로 정한다.

① 경계신호 : 화재예방상 필요하다고 인정할 때 또는 화재위험경보 시

② 발화신호 : 화재가 발생한 때

③ 해제신호 : 진화 또는 소화활동의 필요가 없다고 인정될 때

④ 훈련신호 : 훈련상 필요하다고 인정될 때

(8) 소방신호의 방법

신호 방법 / 종 별	타종신호	사이렌신호	그 밖의 신호
경계신호	1타와 연 2타를 반복	5초 간격을 두고 30초씩 3회	
발화신호	난 타	5초 간격을 두고 5초씩 3회	
해제신호	상당한 간격을 두고 1타씩 반복	1분간 1회	[통풍대] 적색/백색, [게시판] 화재경보발령중, [기] 적색/백색
훈련신호	연 3타 반복	10초 간격을 두고 1분씩 3회	

[비고] 1. 소방신호의 방법은 그 전부 또는 일부를 함께 사용할 수 있다.
　　　 2. 게시판을 철거하거나 통풍대 또는 기를 내리는 것으로 소방활동이 해제되었음을 알린다.
　　　 3. 소방대의 비상소집을 하는 경우에는 훈련신호를 사용할 수 있다.

(9) 화재경계지구의 지정대상지역

① 시장지역

② 공장, 창고가 밀집한 지역

③ 위험물의 저장 및 처리시설이 밀집한 지역

④ 목조건물이 밀접한 지역

⑤ 석유화학제품을 생산하는 공장이 있는 지역

⑥ 소방시설, 소방용수시설 또는 소방 통로가 없는 지역

⑦ 소방서장이 화재가 발생할 우려가 높거나 화재가 발생하는 경우 그로 인하여 피해가 클 것으로 인정하는 지역

(10) 화재경계지구의 지정대상지역 지정권자

시·도지사

(11) 탱크시험자의 기술능력

① 필수인력

㉮ 위험물기능장·위험물산업기사 또는 위험물기능사 1명 이상

㉯ 비파괴검사기술사 1인 이상 또는 초음파비파괴검사·자기비파괴검사 및 침투비파괴검사의 기사 또는 산업기사 각 1명 이상

② 필요한 경우에 두는 인력

㉮ 충·수압시험, 진공시험, 기밀시험 또는 내압시험의 경우 : 누설비파괴검사 기사, 산업기사 또는 기능사

㉯ 수직·수평도시험의 경우 : 측량 및 지형공간정보 기술사·기사·산업기사 또는 측량기능사

㉰ 방사선투과시험의 경우 : 방사선비파괴검사 기사 또는 산업기사

㉱ 필수 인력의 보조 : 방사선비파괴검사·초음파비파괴검사·자기비파괴검사 또는 침투비파괴검사 기능사

(1) 위험물의 취급 기준

① 지정수량 이상의 위험물인 경우 : 제조소 등에서 취급
② 지정수량 미만의 위험물인 경우 : 특별시·광역시 및 도의 조례에 의해 취급
③ 지정수량 이상의 위험물을 임시로 저장할 경우 : 관할 소방서장에게 승인 후 90일 이내
④ 제조소 등의 구분 : 제조소

(2) 위험물의 저장 및 취급에 관한 공통 기준

① 제조소 등에서는 신고와 관련되는 품명 외의 위험물 또는 이러한 허가 및 신고와 관련되는 수량 또는 지정수량의 배수를 초과하는 위험물을 저장 또는 취급하지 아니하여야 한다.

② 제조소 등에서는 함부로 화기를 취급해서는 안 된다.

③ 제조소 등에는 관계자 외의 사람을 함부로 출입시키지 아니하여야 한다.

④ 제조소 등에서는 항상 정리 및 청소를 실시하고 함부로 빈 상자 등 불필요한 물건을 두지 아니하여야 한다.

⑤ 집유설비 또는 유분리장치의 위험물은 넘치지 않도록 수시로 제거하여야 한다.

⑥ 위험물의 쓰레기, 찌꺼기 등은 1일 1회 이상 당해 위험물의 성질에 따라 안전한 장소에서 폐기하거나 적당한 방법으로 이를 처리해야 한다.

⑦ 위험물을 저장 또는 취급하는 건축물 그 밖의 공작물 또는 설비는 당해 위험물의 성질에 따라 차광 또는 환기를 해야 한다.

⑧ 위험물은 온도계, 습도계, 압력계 그 밖의 계기를 감시하여 당해 위험물의 성질에 맞는 적당한 온도, 습도 또는 압력을 유지하도록 저장 또는 취급하여야 한다.

⑨ 위험물을 저장 또는 취급하는 경우에는 당해 위험물이 새어 넘치거나 비산하지 아니하도록 조치하여야 한다.

⑩ 위험물을 저장 또는 취급하는 경우에는 위험물의 변질, 이물의 혼입 등에 의하여 당해 위험물의 위험성이 증대되지 아니하도록 필요한 조치를 강구하여야 한다.

⑪ 위험물이 남아있거나 남아있을 우려가 있는 설비·기계·기구·용기 등을 수리하는 경우에는 안전한 장소에서 위험물을 완전히 제거한 후에 실시하여야 한다.

⑫ 위험물을 용기에 수납하여 저장 또는 취급할 때에는 그 용기는 당해 위험물의 성질에 적응하고 파손·부식·균열 등이 없는 것으로 하여야 한다.

⑬ 위험물을 수납한 용기를 저장 또는 취급하는 경우에는 함부로 넘어뜨리거나 떨어뜨리는 등에 의하여 충격을 가하거나 난폭한 행위를 하지 아니하여야 한다.

⑭ 가연성의 액체·증기 또는 가스가 새거나 체류한 우려가 있는 장소 또는 가연성의 미분이 현저하게 부유할 우려가 있는 장소에서는 전선과 전기기구를 완전히 접속하고 불꽃을 발하는 기계·기구·공구 등을 사용하거나 마찰에 의하여 불꽃을 발산하는 기계·기구·공구·신발 등을 사용하지 아니하여야 한다.

⑮ 위험물을 보호액 중에 보존하는 경우에는 당해 위험물이 보호액으로부터 노출하지 아니하도록 하여야 한다.

(3) 위험물 제조과정에서의 취급 기준

① 증류공정 : 위험물을 취급하는 설비의 내부 압력의 변동 등에 의하여 액체 또는 증기가 새지 않도록 해야 한다.

② 추출공정 : 추출관의 내부 압력이 이상 상승하지 않도록 해야 한다.

③ 건조공정 : 위험물의 온도가 국부적으로 상승하지 않는 방법으로 가열 또는 건조시켜야 한다.

④ 분쇄공정 : 위험물의 분말이 현저하게 부유하고 있거나 기계, 기구 등에 위험물이 부착되어 있는 상태로 그 기계, 기구를 사용해서는 안 된다.

(4) 위험물을 소비하는 작업에 있어서의 취급 기준

① 분사도장작업 : 방화상 유효한 격벽 등으로 구획된 안전한 장소에서 해야 한다.

② 담금질 또는 열처리작업 : 위험물이 위험한 온도에 이르지 아니하도록 해야 한다.

③ 버너를 사용하는 경우 : 버너의 역화를 방지하고 위험물이 넘치지 않도록 해야 한다.

(5) 위험물을 폐기하는 작업에 있어서의 취급 기준

① 소각할 경우 : 안전한 장소에서 감시원의 감시 하에 소각하되 연소 또는 폭발에 의하여 타인에게 위해나 손해를 주지 않는 방법으로 해야 한다.

② 매몰할 경우 : 위험물의 성질에 따라 안전한 장소에서 해야 한다.

③ 폐기하는 경우 : 위험물은 해중 또는 수중에 유출시키거나 투하해서는 안 된다. 다만, 타인에게 위해나 손해를 줄 우려가 없거나 재해 및 환경오염방지를 위하여 적절한 조치를 한 때에는 제외된다.

(6) 위험물의 운반에 관한 기준

위험물	수납률
알킬알루미늄 등	90% 이하(50℃에서 5% 이상 공간용적 유지)
고체위험물	95% 이하
액체위험물	98% 이하(55℃에서 누설되지 않는 것)

(7) 위험물 적재 방법

위험물은 그 운반용기의 외부에 다음에 정하는 바에 따라 위험물의 품명, 수량 등을 표시하여 적재하여야 한다.

① 위험물의 품명·위험등급·화학명 및 수용성('수용성' 표시는 제4류 위험물로서 수용성인 것에 한함)

② 위험물의 수량

③ 수납하는 위험물에 따라 다음의 규정에 의한 주의사항

㉮ 제1류 위험물 중 알칼리금속의 과산화물 또는 이를 함유한 것에 있어서는 '화기·충격주의', '물기엄금' 및 '가연물접촉주의', 그 밖의 것에 있어서는 '화기·충격주의' 및 '가연물접촉주의'

㉯ 제2류 위험물 중 철분·금속분·마그네슘 또는 이들 중 어느 하나 이상을 함유한 것에 있어서는 '화기주의' 및 '물기엄금', 인화성고체에 있어서는 '화기엄금', 그 밖의 것에 있어서는 '화기주의'

㉰ 제3류 위험물 중 자연발화성물품에 있어서는 '화기엄금' 및 '공기 접촉엄금', 금수성물품에 있어서는 '물기엄금'

㉱ 제4류 위험물에 있어서는 '화기엄금'

㉲ 제5류 위험물에 있어서는 '화기엄금' 및 '충격주의'

㉳ 제6류 위험물에 있어서는 '가연물접촉주의'

(8) 제조소 게시판의 주의사항

위험물		주의사항
제1류 위험물	알칼리금속의 과산화물	물기엄금
	기 타	별도의 표시를 하지 않는다.
제2류 위험물	인화성고체	화기엄금
	기 타	화기주의
제3류 위험물	자연발화성물질	화기엄금
	금수성물질	물기엄금
제4류 위험물		화기엄금
제5류 위험물		
제6류 위험물		별도의 표시를 하지 않는다.

(9) 방수성이 있는 피복조치

유 별	적용대상
제1류 위험물	알칼리금속의 과산화물
제2류 위험물	철분, 금속분, 마그네슘
제3류 위험물	금수성물품

(10) 차광성이 있는 피복조치

유 별	적용대상
제1류 위험물	전 부
제3류 위험물	자연발화성물품
제4류 위험물	특수인화물
제5류 위험물	전 부
제6류 위험물	

(11) 위험물의 위험등급

① 위험등급 I의 위험물

⑦ 제1류 위험물 중 아염소산염류, 염소산염류, 과염소산염류, 무기과산화물 그 밖에 지정수량이 50kg인 위험물

⑭ 제3류 위험물 중 칼륨, 나트륨, 알킬알루미늄, 알킬리튬, 황린 그 밖에 지정수량이 10kg인 위험물

⑭ 제4류 위험물 중 특수인화물

⑭ 제5류 위험물 중 유기과산화물, 질산에스테르류 그 밖에 지정수량이 10kg인 위험물

⑭ 제6류 위험물

② 위험등급 II의 위험물

⑦ 제1류 위험물 중 브롬산염류, 질산염류, 요오드산염류, 그 밖에 지정수량이 300kg인 위험물

⑭ 제2류 위험물 중 황화인, 적린, 유황 그 밖에 지정수량이 100kg인 위험물

⑭ 제3류 위험물 중 알칼리금속(칼륨 및 나트륨을 제외) 및 알칼리토금속, 유기금속화합물(알킬알루미늄 및 알킬리튬을 제외), 그 밖에 지정수량이 50kg인 위험물

⑭ 제4류 위험물 중 제1석유류 및 알코올류

⑭ 제5류 위험물 중 ①의 ⑦에 정하는 위험물 외의 것

③ 위험 등급 III의 위험물 : ① 및 ②에 정하지 아니한 위험물

(12) 유별을 달리하는 위험물의 혼재 기준

위험물의 구분	제1류	제2류	제3류	제4류	제5류	제6류
제1류		×	×	×	×	○
제2류	×		×	○	○	×
제3류	×	×		○	×	×
제4류	×	○	○		○	×
제5류	×	○	×	○		×
제6류	○	×	×	×	×	

1. 'X' 표시는 혼재할 수 없음을 표시한다.
2. 'O' 표시는 혼재할 수 있음을 표시한다.
3. 이 표는 지정수량 $\frac{1}{10}$ 이하의 위험물에 대하여는 적용하지 아니한다.

(13) 위험물 저장탱크의 용량

① 위험물을 저장 또는 취급하는 탱크의 용량은 당해 탱크의 내용적에서 공간용적을 뺀 용적으로 한다. 이 경우 소화약제 방출구를 탱크 안의 윗부분에 설치하는 탱크의 공간용적은 당해 소화설비의 소화약제 방출구 아래의 0.3m 이상 1m 사이의 면으로부터 윗부분의 용적이다. 단, 이동탱크저장소의 탱크인 경우에는 내용적에서 공간용적을 뺀 용적이 자동차관리 관계법령에 의한 최대적재량 이하이어야 한다.

② 탱크의 공간용적은 탱크용적의 100분의 5 이상, 100분의 10 이하로 한다.

③ 탱크의 내용적 계산법

㉮ 타원형 탱크의 내용적

㉠ 양쪽이 볼록한 것

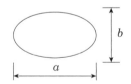 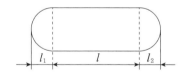

$$V = \frac{\pi ab}{4}\left(l + \frac{l_1 + l_2}{3}\right)$$

ⓛ 한쪽이 볼록하고 다른 한쪽은 오목한 것

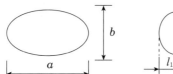

$$V = \frac{\pi ab}{4}\left(l + \frac{l_1 - l_2}{3}\right)$$

㉯ 원형 탱크의 내용적

　㉠ 횡(수평)으로 설치한 것

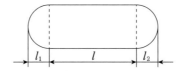

$$V = \pi r^2\left(l + \frac{l_1 + l_2}{3}\right)$$

　㉡ 종(수직)으로 설치한 것

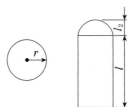

$$V = \pi r^2 l$$

　※ 탱크의 지붕 부분(l_2)은 제외

㉰ 기타의 탱크 : 탱크의 형태에 따른 수학적 계산 방법에 의한 것

01 고인화점 위험물의 정의를 쓰시오.

> **정답**

인화점이 100℃ 이상인 제4류 위험물

> **해설**

■ **고인화점 위험물의 일반취급소**
인화점이 100℃ 이상인 제4류 위험물만을 100℃ 미만의 온도에서 취급하는 일반취급소

02 제조소 등의 변경허가 없이 위치 · 구조 또는 설비를 변경한 때 행정처분기준을 쓰시오.

① 1차
② 2차
③ 3차

> **정답**

① 경고 또는 사용정지 15일, ② 사용정지 60일, ③ 허가취소

> **해설**

■ **제조소 등에 대한 행정처분**
① 일반기준
  ㉮ 위반행위가 2 이상인 때에는 그 중 중한 처분기준(중한 처분기준이 동일한 때에는 그 중 하나의 처분기준을 말함)에 의하되, 2 이상의 처분기준이 동일한 사용정지이거나 업무정지인 경우에는 중한 처분의 2분의 1까지 가중처분할 수 있다.
  ㉯ 사용정지 또는 업무정지의 처분기간 중에 사용정지 또는 업무정지에 해당하는 새로운 위반행위가 있는 때에는 종전의 처분기간 만료일의 다음 날부터 새로운 위반행위에 따른 사용정지 또는 업무정지의 행정처분을 한다.
  ㉰ 차수에 따른 행정처분기준은 최근 2년간 같은 위반행위로 행정처분을 받은 경우에 적용한다. 이 경우 기준적용일은 최근의 위반행위에 대한 행정처분일과 그 처분 후에 같은 위반행위를 한 날을 기준으로 한다.
  ㉱ 사용정지 또는 업무정지의 처분기간이 완료될 때까지 위반행위가 계속되는 경우에는 사용정지 또는 업무정지의 행정처분을 다시 한다.
  ㉲ 사용정지 또는 업무정지에 해당하는 위반행위로서 위반행위의 동기 · 내용 · 횟수 또는 그 결과 등을 고려할 때 ②의 기준을 적용하는 것이 불합리하다고 인정되는 경우에는 그 처분기준의 2분의 1기간까지 경감하여 처분할 수 있다.

② 제조소 등에 대한 행정처분기준

위반사항	근거법규	행정처분기준		
		1차	2차	3차
1. 법 제6조 제1항의 후단의 규정에 의한 변경허가를 받지 아니하고, 제조소 등의 위치·구조 또는 설비를 변경한 때	법 제12조	경고 또는 사용정지 15일	사용정지 60일	허가취소
2. 법 제9조의 규정에 의한 완공검사를 받지 아니하고 제조소 등을 사용한 때	법 제12조	사용정지 15일	사용정지 60일	허가취소
3. 법 제14조 제2항의 규정에 의한 수리·개조 또는 이전의 명령에 위반한 때	법 제12조	사용정지 30일	사용정지 90일	허가취소
4. 법 제15조 제1항 및 제2항의 규정에 의한 위험물 안전관리자를 선임하지 아니한 때	법 제12조	사용정지 15일	사용정지 60일	허가취소
5. 법 제15조 제4항의 규정을 위반하여 대리자를 지정하지 아니한 때	법 제12조	사용정지 10일	사용정지 30일	허가취소
6. 법 제18조 제1항의 규정에 의한 정기점검을 하지 아니한 때	법 제12조	사용정지 10일	사용정지 30일	허가취소
7. 법 제18조 제2항의 규정에 의한 정기검사를 받지 아니한 때	법 제12조	사용정지 10일	사용정지 30일	허가취소
8. 법 제26조의 규정에 의한 저장·취급기준준수명령을 위반한 때	법 제12조	사용정지 30일	사용정지 60일	허가취소

03 위험물제조소 등에 안전관리자를 선임하지 않았을 경우 행정처분의 기준에 대해 쓰시오.

① 1차
② 2차
③ 3차

정답

① 사용정지 15일, ② 사용정지 60일, ③ 허가취소

해설

2번 해설 참조

04 위험물안전관리법령상 정하는 안전교육대상자를 쓰시오.

정답

① 안전관리자로 선임된 자
② 탱크 시험자의 기술인력으로 종사하는 자
③ 위험물 운송자로 종사하는 자

해설

안전교육 실시권자 : 소방청장

05 다음은 위험물안전관리 대행기관의 지정기준이다. (   )를 채우시오.

기술인력	• 위험물기능장 또는 위험물산업기사 1인 이상 • 위험물산업기사 또는 위험물기능사 (①)인 이상 • 기계분야 및 전기분야의 소방설비기사 1인 이상
시 설	(②)을 갖출 것
장 비	1. (③) 2. 접지저항측정기(최소눈금 0.1Ω 이하) 3. (④)(탄화수소계 가스의 농도측정이 가능할 것) 4. 정전기 전위측정기 5. 토크렌치 6. (⑤) 7. 표면온도계(−10~300℃) 8. 두께측정기(1.5~99.9mm) 9. 안전용구(안전모, 안전화, 손전등, 안전로프 등) 10. 소화설비점검기구(소화전밸브압력계, 방수압력측정계, 포콜렉터, 헤드렌치, 포컨테이너)

정답

① 2, ② 전용사무실, ③ 절연저항계, ④ 가스농도측정기, ⑤ 진동시험기

06 예방규정을 정하여야 하는 제조소 등에 해당하는 것 5가지를 쓰시오.

정답

① 지정수량 10배 이상의 위험물을 취급하는 제조소
② 지정수량 100배 이상의 위험물을 저장하는 옥외저장소
③ 지정수량 150배 이상의 위험물을 저장하는 옥내저장소
④ 지정수량 200배 이상의 위험물을 저장하는 옥외탱크저장소
⑤ 암반탱크저장소

해설

① 예방규정 : 제조소 등의 화재예방과 화재 등 재해발생 시의 비상조치를 위한 규정
② 예방규정은 관계인이 정하여 시·도지사에게 제출한다.
③ 예방규정을 정하여야 하는 제조소 등
　㉮ 지정수량 10배 이상의 위험물을 취급하는 제조소

ⓝ 지정수량 100배 이상의 위험물을 저장하는 옥외저장소
ⓓ 지정수량 150배 이상의 위험물을 저장하는 옥내저장소
ⓔ 지정수량 200배 이상의 위험물을 저장하는 옥외탱크저장소
ⓜ 암반탱크저장소
ⓑ 이송취급소
ⓢ 지정수량 10배 이상의 위험물을 취급하는 일반취급소

07 위험물제조소 등의 위험물 탱크안전성능검사의 신청시기는?

① 기초, 지반검사   ② 충수, 수압검사
③ 용접부검사   ④ 암반탱크검사

정답

① 위험물 탱크의 기초 및 지반에 관한 공사의 개시 전
② 위험물을 저장 또는 취급하는 탱크에 배관, 그 밖의 부속설비를 부착하기 전
③ 탱크 본체에 관한 공사의 개시 전
④ 암반 탱크의 본체에 관한 공사의 개시 전

해설

■ **탱크안전성능검사의 대상이 되는 탱크**
① 기초·지반검사 : 옥외탱크저장소의 액체위험물탱크 중 그 용량이 100만L 이상인 탱크
② 충수·수압검사 : 액체위험물을 저장 또는 취급하는 탱크. 다만, 다음의 탱크 제외
   ⓐ 제조소 또는 일반취급소에 설치된 탱크로서 용량이 지정수량 미만인 것
   ⓑ 「고압가스안전관리법」 제17조 제1항의 규정에 의한 특정설비에 관한 검사에 합격한 탱크
   ⓒ 「산업안전보건법」 제34조 제2항의 규정에 의한 성능검사에 합격한 탱크
③ 용접부검사 : 옥외탱크저장소의 액체위험물탱크 중 그 용량이 100만L 이상인 탱크
④ 암반탱크검사 : 액체위험물을 저장 또는 취급하는 암반 내의 공간을 이용한 탱크

08 위험물탱크 안전성능검사에서 침투탐상시험의 판정기준을 3가지 쓰시오.

정답

① 균열이 확인된 경우에는 불합격으로 할 것
② 선상 및 원형상의 결함크기가 4mm를 초과할 경우에는 불합격으로 할 것
③ 2 이상의 결함지시모양이 동일 선상에 연속해서 존재하고 그 상호간의 간격이 2mm 이하인 경우에는 상호 간의 간격을 포함하여 연속된 하나의 결함지시모양으로 간주할 것. 다만, 결함지시모양 중 짧은 쪽의 길이가 2mm 이하이면서 결함지시모양 상호간의 간격 이하인 경우에는 독립된 결함지시모양으로 한다.
④ 결함지시모양이 존재하는 임의의 개소에 있어서 $2,500mm^2$의 사각형(한 변의 최대 길이는 150mm로 한다) 내에 길이 1mm를 초과하는 결함지시모양의 길이의 합계가 8mm를 초과하는 경우에는 불합격으로 할 것

■ **진공시험의 판정기준**

진공시험의 결과 기포 생성 등 누설이 확인되는 경우에는 불합격으로 할 것

09 다음 탱크의 충수시험 방법 및 판정기준을 완성하시오.

> 충수시험은 탱크에 물이 채워진 상태에서 1,000kL 미만의 탱크는 12시간, 1,000kL 이상의
> 탱크는 (①) 이상 경과한 이후에 (②)가 없고 탱크 본체 접속부 및 용접부 등에서 누설
> ·변형 또는 손상 등의 이상이 없어야 한다.

정답 ▶

① 24시간, ② 지반침하

해설 ▶

■ **탱크의 충수·수압시험 방법 및 판정기준**

① 충수·수압시험은 탱크가 완성된 상태에서 배관 등의 접속이나 내·외부에 대한 도장작업 등을 하기 전에
위험물 탱크의 최대사용높이 이상으로 물(물과 비중이 같거나 물보다 비중이 큰 액체로서 위험물이 아닌
것을 포함)을 가득 채워 실시할 것. 다만, 다음의 어느 하나에 해당하는 경우에는 규정된 방법으로 대신할
수 있다.
  ㉮ 에뉼러판 또는 밑판의 교체 공사 중 옆판의 중심선으로부터 600mm 범위 외의 부분에 관련된 것으로서
    해당 교체 부분이 저부면적(에뉼러판 및 밑판의 면적을 말함)의 2의 1 미만의 경우에는 교체 부분의
    전용접부에 대하여 초층용접 후 침투탐상시험을 하고 용접종료 후 자기탐상시험을 하는 방법
  ㉯ 에뉼러판 또는 밑판의 교체 공사 중 옆판의 중심선으로부터 600mm 범위 내의 부분에 관련된 것으로
    해당 교체 부분이 해당 에뉼러판 또는 밑판의 원주길이의 50% 미만인 경우에는 교체부분의 전용접부
    에 대하여 초층용접 후 침투탐상시험을 하고 용접종류 후 자기탐상시험을 하며 밑판(에뉼러판을 포함)
    과 옆판이 용접되는 펠릿용접부(완전용입용접의 경우에 한함)에는 초음파 탐상시험을 하는 방법
② 보온재가 부착된 탱크의 변경허가에 따른 충수·수압시험의 경우에는 보온재를 해당 탱크 옆판의 최하단
으로부터 20cm 이상 제거하고 시험을 실시할 것
③ 충수시험은 탱크에 물이 채워진 상태에서 1,000kL 이상의 탱크는 24시간 이상 경과한 이후에 지반침하가
없고 탱크 본체 접속부 및 용접부 등에서 누설 변형 또는 손상 등의 이상이 없을 것
④ 수압시험은 탱크의 모든 개구부를 완전히 폐쇄한 이후에 물을 가득 채우고 최대사용압력의 1.5배 이상의
압력을 가하여 10분 이상 경과한 이후에 탱크본체·접속부 및 용접부 등에서 누설 또는 영구변형 등의
이상이 없을 것. 다만, 규칙에서 시험압력을 정하고 있는 탱크의 경우에는 해당압력을 시험압력으로 한다.
⑤ 탱크용량이 1,000kL 이상인 원통종형 탱크는 ① 내지 ④의 시험 외에 수평도와 수직도를 측정하여 다음의
기준에 적합할 것
  ㉮ 옆판 최하단의 바깥쪽을 등간격으로 나눈 8개소에 스케일을 세우고 레벨측정기를 등으로 수평도를 측
    정하였을 때 수평도는 300mm 이내이면서 직경의 1/100 이내일 것
  ㉯ 옆판 바깥쪽을 등간격으로 나눈 8개소의 수직도를 데오드라이트 등으로 측정하였을 때 수직도는 탱크 높이의
    1/200 이내일 것. 다만, 변경허가에 따른 시험의 경우에는 127mm 이내이면서 1/100 이내이어야 한다.

⑥ 탱크용량이 1,000kL 이상인 원통종형 외의 탱크는 ① 내지 ④의 시험 외에 침하량을 측정하기 위하여 모든 기둥의 침하측정의 기준점(수준점)을 측정(기둥이 2개인 경우에는 각 기둥마다 2점을 측정)하여 그 차이를 각각의 기둥 사이의 거리로 나눈 수치가 1/200 이내일 것. 다만, 변경허가에 따른 시험의 경우에는 127mm 이내이면서 1/100 이내이어야 한다.

10 제4류 위험물의 지정수량 24만 배를 저장, 취급하는 제조소 및 일반취급소의 자체소방대가 갖추어야 할 화학소방자동차 대수와 조작인원은 얼마인가?

정답

① 화학소방자동차 : 3대
② 조작인원 : 15명

해설

■ 제조소 및 일반취급소의 자체소방대의 기준

사업소의 구분	화학소방자동차	자체소방대원의 수
제조소 등에서 취급하는 제4류 위험물의 최대수량이 지정수량의 12만배 미만인 사업소	1대	5인
제조소 등에서 취급하는 제4류 위험물의 최대수량이 지정수량의 12만배 이상, 24만 배 미만인 사업소	2대	10인
제조소 등에서 취급하는 제4류 위험물의 최대수량이 지정수량의 24만배 이상, 48만 배 미만인 사업소	3대	15인
제조소 등에서 취급하는 제4류 위험물의 최대수량이 지정수량의 48만배 이상인 사업소	4대	20인

※ 화학소방자동차에는 행정안전부령이 정하는 소화능력 및 설비를 갖추어야 하고, 소화활동에 필요한 소화약제 및 기구(방열복 및 개인장구를 포함)를 비치하여야 한다.

11 화학소방차에 갖추어야 할 소화능력 및 설비기준을 3가지 쓰시오.

정답

① 포수용액 방사차
  ㉮ 포수용액의 방사능력이 매분 2,000L/분 이상일 것
  ㉯ 소화약액 탱크 및 소화약액 혼합장치를 비치할 것
  ㉰ 10만L 이상의 포수용액을 방사할 수 있는 양의 소화약제를 비치할 것
② 분말방사차
  ㉮ 분말의 방사능력이 35kg/초 이상일 것
  ㉯ 분말탱크 및 가압용 가스설비를 비치할 것
  ㉰ 1,400kg 이상의 분말을 비치할 것

해설

화학소방자동차에 갖추어야 하는 소화능력 및 설비의 기준

화학소방자동차의 구분	소화능력 및 설비의 기준
포수용액 방사차	포수용액의 방사능력이 매분 2,000L/분 이상일 것
	소화약액 탱크 및 소화약액 혼합장치를 비치할 것
	10만L 이상의 포수용액을 방사할 수 있는 양의 소화약제를 비치할 것
분말 방사차	분말의 방사능력이 35kg/초 이상일 것
	분말탱크 및 가압용가스설비를 비치할 것
	1,400kg 이상의 분말을 비치할 것
할로겐화물 방사차	할로겐화물의 방사능력이 40kg/초 이상일 것
	할로겐화물탱크 및 가압용가스설비를 비치할 것
	1,000kg 이상의 할로겐화물을 비치할 것
화학소방자동차의 구분	소화능력 및 설비의 기준
이산화탄소 방사차	이산화탄소의 방사능력이 40kg/초 이상일 것
	이산화탄소 저장용기를 비치할 것
	3,000kg 이상의 이산화탄소를 비치할 것
제독차	가성소다 및 규조토를 각각 50kg 이상 비치할 것

12 자체소방대의 설치 제외 대상인 일반취급소 3가지를 쓰시오.

정답

① 보일러, 버너 그 밖에 이와 유사한 장치로 위험물을 소비하는 일반취급소
② 이동저장탱크 그 밖에 이와 유사한 것에 위험물을 주입하는 일반취급소
③ 용기에 위험물을 옮겨 담는 일반취급소

해설

■ **자체소방대의 설치 제외 대상인 일반취급소**
④ 유압장치, 윤활유 순환장치 그 밖에 이와 유사한 장치로 위험물을 취급하는 일반취급소
⑤ 「광산보안법」의 적용을 받는 일반취급소

13 위험물탱크 안전성능시험자 등록결격사유 3가지를 쓰시오.

① 피성년후견인 또는 피한정후견인자
② 「위험물안전관리법」, 「소방기본법」, 「화재예방, 소방시설 설치·유지 및 안전관리에 관한 법률」 또는 「소방시설공사업법」에 따른 금고 이상의 실형의 선고를 받고 그 집행이 종료(집행이 종료된 것으로 보는 경우를 포함한다)되거나 집행이 면제된 날부터 2년이 지나지 아니한 자
③ 「위험물안전관리법」, 「소방기본법」, 「화재예방, 소방시설 설치·유지 및 안전관리에 관한 법률」 또는 「소방시설공사업법」에 따른 금고 이상의 형의 집행유예 선고를 받고 그 유예기간 중에 있는 자

④ 탱크시험자의 등록이 취소된 날부터 2년이 지나지 아니한 자
⑤ 법인으로서 그 대표자가 ① 내지 ④의 어느 하나에 해당하는 경우

---

14 황린 28kg, 디에틸에테르 145L, 에틸알코올 456L, 칼륨 10kg, 페놀 5,000kg 지정수량은 몇 배수인가?

$$\frac{28}{20}+\frac{145}{50}+\frac{456}{400}+\frac{10}{10}+\frac{5,000}{3,000}=1.4+2.9+1.14+1+1.666=8.11\text{배}$$

---

15 제4류 위험물의 지정수량 배수를 구하여라.

초산에틸	시클로헥산	클로로벤젠	에틸렌디아민
200L	200L	2,000L	2,000L

$$\frac{200}{200}+\frac{200}{200}+\frac{2,000}{1,000}+\frac{2,000}{2,000}=5\text{배}$$

---

16 다음 (   ) 안을 채우시오.

- (①) 또는 유분리장치의 위험물은 넘치지 아니하도록 수시로 제거하여야 한다.
- 제조소 등에서는 함부로 (②)를 사용하지 않도록 한다.
- 위험물은 (③) 중에 보존하는 경우에는 (③)으로부터 누출되지 아니하도록 한다.

① 집유설비, ② 화기, ③ 보호액

집유설비 : 기름을 모아두는 설비

17 가연성의 액체·증기 또는 가스가 새거나 체류할 우려가 있는 장소 또는 가연성의 미분이 현저하게 부유할 우려가 있는 장소에서의 조치방법을 2가지 쓰시오.

① 전선과 전기기구를 완전히 접속하여야 한다.
② 불꽃을 발하는 기계, 기구, 공구, 신발 등을 사용하지 아니하여야 한다.

■ **제조소 등에서의 위험물의 저장 및 취급에 관한 기준**
① 제조소 등에서 허가 및 신고와 관련되는 품명 외의 위험물 또는 수량의 배수를 초과하는 위험물을 저장 또는 취급하지 아니하여야 한다.
② 위험물을 저장 또는 취급하는 건축물, 그 밖의 공작물 또는 설비는 해당 위험물의 성질에 따라 차광 또는 환기를 실시하여야 한다.
③ 위험물은 온도계, 습도계, 압력계, 그 밖의 계기를 감시하여 당해 위험물의 성질에 맞는 적정한 온도, 습도 또는 압력을 유지하도록 저장 또는 취급하여야 한다.
④ 위험물을 저장 또는 취급하는 경우에는 위험물의 변질, 이물의 혼입 등에 의하여 해당 위험물의 위험성이 증대되지 아니하도록 필요한 조치를 강구하여야 한다.
⑤ 위험물이 남아 있거나 남아 있을 우려가 있는 설비, 기계, 기구, 용기 등을 수리하는 경우에는 안전한 장소에서 위험물을 완전하게 제거한 후에 실시하여야 한다.
⑥ 위험물을 용기에 수납하여 저장 또는 취급할 때에는 그 용기는 당해 위험물의 성질에 적응하고 파손, 부식, 균열 등이 없는 것으로 하여야 한다.
⑦ 가연성의 액체·증기 또는 가스가 새거나 체류할 우려가 있는 장소 또는 가연성의 미분이 현저하게 부유할 우려가 있는 장소에서는 전선과 전기기구를 완전히 접속하고 불꽃을 발하는 기계, 기구, 공구, 신발 등을 사용하지 아니하여야 한다.
⑧ 위험물을 보호액 중에 보존하는 경우에는 당해 위험물이 보호액으로부터 노출되지 아니하도록 하여야 한다.

18 위험물 제조과정에서의 취급기준이다. ( ) 안을 완성하시오.

> ① ( )공정 : 위험물을 취급하는 설비의 내부 압력 변동 등에 의하여 액체 또는 증기가 새지 아니하도록 해야 한다.
> ② ( )공정 : 추출관의 내부 압력이 비정상적으로 상승하지 아니하도록 해야 한다.
> ③ ( )공정 : 위험물의 온도가 국부적으로 상승하지 아니하는 방법으로 가열 또는 건조한다.
> ④ ( )공정 : 위험물의 분말이 현저하게 부유하고 있거나 위험물의 분말이 현저하게 기계, 기구 등에 부착하고 있는 상태로 그 기계, 기구를 취급하지 않는다.

정답

① 증류, ② 추출, ③ 건조, ④ 분쇄

해설

■ 위험물의 제조공정
① 증류공정, ② 추출공정, ③ 건조공정, ④ 분쇄공정

19 위험물의 성질란에 규정된 성상을 2가지 이상 포함하는 물품을 복수성상물품이라 한다. ( ) 안에 이 물품이 속하는 품명의 판단기준을 쓰시오.

> ① 복수성상물품이 산화성 고체의 성상 및 가연성고체의 성상을 가지는 경우 : ( ) 위험물
> ② 복수성상물품이 산화성 고체의 성상 및 자기반응성물질의 성상을 가지는 경우 : ( ) 위험물
> ③ 복수성상물품이 가연성고체의 성상과 자연발화성 물질이 성상 및 금수성물질의 성상을 가지는 경우 : ( ) 위험물
> ④ 복수성상물품이 자연발화성 물질의 성상, 금수성물질의 성상 및 인화성액체의 성상을 가지는 경우 : ( ) 위험물
> ⑤ 복수성상물품이 인화성액체의 성상 및 자기반응성물질의 성상을 가지는 경우 : ( ) 위험물

정답

① 제2류, ② 제5류, ③ 제3류, ④ 제3류, ⑤ 제5류

해설

■ 위험물의 지정은 5가지 방식으로 그 물질의 위험물을 지정하여 관리한다.
① 화학적 조성에 의한 지정 : 비슷한 성질을 가진 원소, 비슷한 성분과 조성을 가진 화합물은 각각 유사한 성질을 나타낸다.

② 형태에 의한 지정 : 철, 망간, 알루미늄 등 금속분은 보통 괴상의 상태는 규제가 없지만, 입자가 일정 크기 이하인 분상은 위험물로 규정된다.

③ 사용 상태에 의한 지정 : 동일 물질에 있어서도 보관 상태에 따라 달라질 수 있으며, 동·식물유류는 「위험물안전관리법」상 위험물로 보지 않는다(단, 밀봉된 상태).

④ 지정에서의 제외와 편입 : 화학적인 호칭과 「위험물안전관리법」상의 호칭과는 내용상의 차이가 있는 것도 있지만, 알코올류는 수백 종이 있고 「위험물안전관리법」에서는 특수한 소수의 알코올만을 지칭한다. 변성 알코올은 알코올류에 포함되나 탄소 수가 4개 이상인 알코올은 인화점에 따라 석유류로 분류된다.

⑤ 경합하는 경우의 지정 : 동시에 2개 이상의 유별이 해당되며, 복수성상물품이라 하여 제1류와 제2류, 제1류와 제5류, 제2류와 제3류 등이 해당되며, 이때 일반 위험보다는 특수위험성을 우선하여 지정한다.

20 위험물의 폐기방법을 2가지 쓰시오.

정답

① 소각
② 매몰

해설

■ 위험물의 취급 중 폐기에 관한 기준

① 소각하는 경우에는 안전한 장소에서 연소 또는 폭발에 의하여 타인에게 위해나 손해를 미칠 우려가 없는 방법으로 실시하는 한편 감시원을 배치한다.

② 매몰하는 경우에는 위험물의 성질에 따라 안전한 장소에서 실시한다.

③ 위험물을 바다, 강, 호수 등에 유출시키거나 투하하지 아니할 것. 다만, 다른 위해 또는 손해를 미칠 우려가 없을 때 또는 재해의 발생을 방지하기 위한 적당한 조치를 강구한 때에는 그러하지 아니하다.

21 위험물 소비작업의 종류를 4가지 쓰시오.

정답

① 분사도장 작업, ② 담금질 또는 열처리 작업, ③ 염색 또는 세척 작업, ④ 버너 사용

해설

■ 위험물의 취급 중 소비에 관한 기준

① 분사도장 작업은 방화상 유효한 격벽 등으로 구획된 안전한 장소에서 실시할 것

② 담금질 또는 열처리 작업은 위험물이 위험한 온도에 이르지 아니하도록 하여 실시할 것

③ 염색 또는 세척 작업은 가연성증기의 환기를 잘하여 실시하는 한편, 폐액을 함부로 방치하지 말고 안전하게 처리할 것

④ 버너를 사용하는 경우에는 버너의 역화를 방지하고, 위험물이 넘치지 아니하도록 할 것

22 제3류 위험물 운반용기의 수납 기준을 3가지 쓰시오.

정답

① 자연발화성물질에 있어서는 불활성기체를 봉입하여 밀봉하는 등 공기와 접하지 아니하도록 한다.
② 자연발화성물질 외의 물품에 있어서는 파라핀, 경유, 등유 등의 보호액으로 채워 밀봉하거나 불활성기체를 봉입하여 밀봉하는 등 수분과 접하지 아니하도록 한다.
③ 자연발화성물질 중 알킬알루미늄 등은 운반용기 내용적의 90% 이하의 수납률로 수납하되, 50℃의 온도에서 5% 이상의 공간용적을 유지하도록 한다.

해설

■ 운반용기의 수납률

위험물	수납률
알킬알루미늄 등	90% 이하(50℃에서 5% 이상 공간용적 유지)
고체위험물	95% 이하
액체위험물	98% 이하(55℃에서 누설되지 않는 것)

23 다음 빈 칸을 채우시오.

고체위험물은 운반용기 내용적의 (①) 이하로 수납한다. 액체위험물은 운반용기 내용적의 (②) 이하의 수납률로 수납하되 (③) 이상의 온도에서 누설되지 않도록 충분한 공간용적을 유지한다.

정답

① 95%, ② 98%, ③ 55℃

해설

18번 해설 참조

24 다음의 위험물을 용기에 운반할 때 주의사항을 쓰시오.

① 과염소산　　　　　　　　　② 철분, 금속분
③ 인화석회　　　　　　　　　④ 셀룰로이드

정답

① 가연물접촉주의, ② 화기주의 및 물기엄금, ③ 물기엄금, ④ 화기엄금 및 충격주의

▪ 위험물 운반용기의 주의사항

위험물		주의사항
제1류 위험물	알칼리금속의 과산화물	• 화기 · 충격주의 • 물기엄금 • 가연물접촉주의
	기 타	• 화기 · 충격주의 • 가연물접촉주의
제2류 위험물	철분 · 금속분 · 마그네슘	• 화기주의 • 물기엄금
	인화성고체	• 화기엄금
	기 타	• 화기주의
제3류 위험물	자연발화성물질	• 화기엄금 • 공기접촉엄금
	금수성물질	• 물기엄금
제4류 위험물		• 화기엄금
제5류 위험물		• 화기엄금 • 충격주의
제6류 위험물		• 가연물접촉주의

25 제5류 위험물에서 위험물 용기 및 포장의 외부 표시사항을 쓰시오.

정답

화기엄금 및 충격주의

해설

▪ **수납하는 위험물에 따라 다음의 규정에 의한 주의사항**

① 제1류 위험물 중 알칼리금속의 과산화물 또는 이를 함유한 것에 있어서는 '화기 · 충격주의', '물기엄금' 및 '가연물접촉주의', 그 밖의 것에 있어서는 '화기 · 충격주의' 및 '가연물접촉주의'

② 제2류 위험물 중 철분, 마그네슘 또는 이들 중 어느 하나 이상을 함유한 경우에 있어서는 '화기주의' 및 '물기엄금', 인화성고체에 있어서는 '화기엄금', 그 밖의 것에 있어서는 '화기주의'

③ 제3류 위험물 중 자연발화성물질에 있어서는 '화기엄금' 및 '공기접촉엄금', 금수성물질에 있어서는 '물기엄금'

④ 제4류 위험물에 있어서는 '화기엄금'

⑤ 제5류 위험물에 있어서는 '화기엄금' 및 '충격주의'

⑥ 제6류 위험물에 있어서는 '가연물접촉주의'

26 위험물 운반용기의 주의사항 표시이다. (   )에 알맞은 말을 쓰시오.

위험물		주의사항
제1류 위험물	알칼리금속의 과산화물	(①)
	기 타	화기·충격주의 및 가연물접촉주의
제2류 위험물	철분, 금속분, 마그네슘	(②)
	인화성고체	화기엄금
	기 타	(③)
제3류 위험물	자연발화성물질	(④)
	금수성물질	물기엄금
제4류 위험물		화기엄금
제5류 위험물		(⑤)
제6류 위험물		(⑥)

> **정답**

① 화기·충격주의, 물기엄금 및 가연물접촉주의
② 화기주의 및 물기엄금
③ 화기주의
④ 화기엄금 및 공기접촉엄금
⑤ 화기엄금 및 충격주의
⑥ 가연물접촉주의

> **해설**

24번 해설 참조

27 다음은 위험물의 운반에 관한 기준이다.

> ① 차광성이 있는 피복조치를 하는 위험물 5가지를 쓰시오.
> ② 방수성이 있는 피복조치를 하는 위험물 5가지를 쓰시오.

> **정답**

(1) 차광성이 있는 피복조치를 하는 위험물
　① 제1류 위험물
　② 제3류 위험물 중 자연발화성물질
　③ 제4류 위험물 중 특수인화물
　④ 제5류 위험물
　⑤ 제6류 위험물

(2) 방수성이 있는 피복조치를 하는 위험물
　　① 제1류 위험물 중 알칼리금속의 과산화물
　　② 제2류 위험물 중 철분, 금속분, 마그네슘
　　③ 제3류 위험물 중 금수성물질

해설

적재하는 위험물의 성질에 따라 일광의 직사 또는 빗물의 침투를 방지하기 위하여 유효하게 피복하는 등 조치를 한다.

28 제6류 위험물과 혼재 불가능한 유별을 쓰시오.

정답

제2류 위험물, 제3류 위험물, 제4류 위험물, 제5류 위험물

■ 유별을 달리하는 위험물의 혼재기준

위험물의 구분	제1류	제2류	제3류	제4류	제5류	제6류
제1류		×	×	×	×	○
제2류	×		×	○	○	×
제3류	×	×		○	×	×
제4류	×	○	○		○	×
제5류	×	○	×	○		×
제6류	○	×	×	×	×	

1. 'X' 표시는 혼재할 수 없음을 표시한다.
2. 'O' 표시는 혼재할 수 있음을 표시한다.
3. 이 표는 지정수량의 1/10 이하의 위험물에 대하여는 적용하지 아니한다.

29 다음 글리세린 탱크의 내용적 90% 충전 시 지정수량의 몇 배인가?

 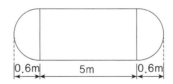

정답

$$V = \pi r^2\left(l + \frac{l_1 + l_2}{3}\right) = 3.14 \times 2^2 \times \left(5 + \frac{0.6 + 0.6}{3}\right) = 67.824\mathrm{m}^3 = 67,824\mathrm{L} \times 0.9 = 61041.6\mathrm{L}$$

글리세린의 지정수량은 4,000L이므로, 지정수량의 배수 $= \dfrac{61041.6\mathrm{L}}{4,000\mathrm{L}} = 15.26$배

■ 탱크의 내용적 계산법

① 타원형 탱크의 내용적

  ㉮ 양쪽이 볼록한 것

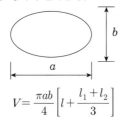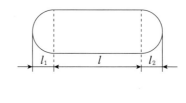

$$V = \frac{\pi ab}{4}\left[l + \frac{l_1 + l_2}{3}\right]$$

  ㉯ 한쪽이 볼록하고 다른 한쪽은 오목한 것

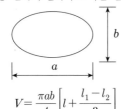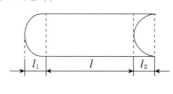

$$V = \frac{\pi ab}{4}\left[l + \frac{l_1 - l_2}{3}\right]$$

② 원형 탱크의 내용적

  ㉮ 횡(수평)으로 설치한 것

$$V = \pi r^2\left[l + \frac{l_1 + l_2}{3}\right]$$

  ㉯ 종(수직)으로 설치한 것

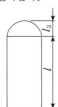

$$V = \pi r^2 l$$

  ※ 탱크의 지붕 부분(l_2)은 제외

③ 기타의 탱크 : 탱크의 형태에 따른 수학적 계산 방법에 의한 것

30 그림과 같은 타원형 위험물 탱크의 내용적은 몇 m³인가?

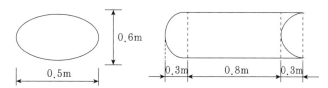

정답

$$V = \frac{\pi ab}{4}\left(l + \frac{l_1 - l_2}{3}\right) = \frac{3.14 \times 0.5 \times 0.6}{4}\left(0.8 + \frac{0.3 - 0.3}{3}\right) = 0.1884\text{m}^3 \fallingdotseq 0.19\text{m}^3$$

해설

■ 탱크의 내용적 계산법
① 타원형 탱크의 내용적
   ㉮ 양쪽이 볼록한 것

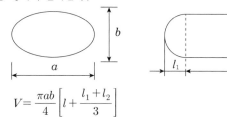

$$V = \frac{\pi ab}{4}\left[l + \frac{l_1 + l_2}{3}\right]$$

   ㉯ 한쪽이 볼록하고 다른 한쪽은 오목한 것

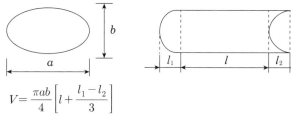

$$V = \frac{\pi ab}{4}\left[l + \frac{l_1 - l_2}{3}\right]$$

② 원형 탱크의 내용적
   ㉮ 횡(수평)으로 설치한 것

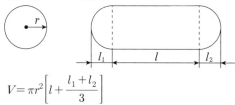

$$V = \pi r^2\left[l + \frac{l_1 + l_2}{3}\right]$$

④ 종(수직)으로 설치한 것

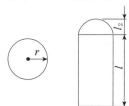

$$V = \pi r^2 l$$

※ 탱크의 지붕 부분(l_2)은 제외

③ 기타의 탱크 : 탱크의 형태에 따른 수학적 계산 방법에 의한 것

31 그림과 같이 설치한 원형탱크에 글리세린을 내용적 90%로 저장 시 지정수량의 배수는 얼마인가?(단, $r = 3\text{m}$, $L = 5\text{m}$)

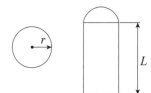

정답

$V = \pi r^2 L = 3.14 \times (3)^2 \times 5 = 141.3\text{m}^3 ≒ 141,300\text{L}$

내용적의 90%는 $141,300 \times 0.9 = 127,170\text{L}$

글리세린은 제4류 위험물 제3석유류 중 수용성이므로 지정수량은 4,000L

$\dfrac{127,170}{4,000} = 31.79$배

해설

① 탱크용량 = 탱크내용적 − 공간용적
② 공간용적 : 위험물의 과주입 또는 온도의 상승으로 부피의 증가에 따른 체적 팽창에 의한 위험물의 넘침을 막아주는 기능

02 위험물제조소 등의 시설 기준

01 위험물 시설의 구분

(1) 제조소

1) 안전거리

제조소(제6류 위험물 제외) 외의 건축물의 외벽 또는 이에 상당하는 공작물의 외측으로부터 당해 제조소의 외벽 또는 이에 상당하는 공작물 외측까지의 수평거리이다.

① ② 내지 ④의 규정에 의한 것 외의 건축물 그 밖의 공작물로서 주거용으로 사용되는 것(제조소가 설치된 부지 내에 있는 것을 제외)에 있어서는 10m 이상

② 학교·병원·극장 그 밖의 다수인을 수용하는 시설로서 다음에 해당하는 것에 있어서는 30m 이상

㉮ 「초·중등교육법」 제2조 및 「고등교육법」 제2조에 정하는 학교

㉯ 「의료법」 제3조 제2항 제3호에 따른 병원급 의료기관

㉰ 「공연법」 제2조 제4호에 따른 공연장, 「영화 및 비디오물의 진흥에 관한 법률」 제2조 제10호에 따른 영화상영관 및 그 밖에 이와 유사한 시설로서 3백명 이상의 인원을 수용할 수 있는 것

㉱ 「아동복지법」 제3조 제10호에 따른 아동복지시설, 「노인복지법」 제31조 제1호부터 제3호까지에 해당하는 노인복지시설, 「장애인복지법」 제58조 제1항에 따른 장애인복지시설, 「한부모가족지원법」 제19조 제1항에 따른 한부모가족복지시설, 「영유아보육법」 제2조 제3호에 따른 어린이집, 「성매매방지 및 피해자보호 등에 관한 법률」 제5조 제1항에 따른 성매매피해자 등을 위한 지원시설, 「정신보건법」 제3조 제2호에 따른 정신보건시설, 「가정폭력방지 및 피해자보호 등에 관한 법률」 제7조의2 제1항에 따른 보호시설 및 그 밖에 이와 유사한 시설로서 20명 이상의 인원을 수용할 수 있는 것

③ 「문화재보호법」의 규정에 의한 유형문화재와 기념물 중 지정문화재에 있어서는 50m 이상

④ 고압가스, 액화석유가스 또는 도시가스를 저장 또는 취급하는 시설로서 다음에 해당하는 것에 있어서는 20m 이상. 다만, 당해 시설의 배관 중 제조소가 설치된 부지 내에 있는 것은 제외한다.
　㉮ 「고압가스 안전관리법」의 규정에 의하여 허가를 받거나 신고를 하여야 하는 고압가스 제조시설(용기에 충전하는 것을 포함) 또는 고압가스 사용시설로서 1일 30m³ 이상의 용적을 취급하는 시설이 있는 것
　㉯ 「고압가스 안전관리법」의 규정에 의하여 허가를 받거나 신고를 하여야 하는 고압가스저장시설
　㉰ 「고압가스 안전관리법」의 규정에 의하여 허가를 받거나 신고를 하여야 하는 액화산소를 소비하는 시설
　㉱ 「액화석유가스의 안전관리 및 사업법」의 규정에 의하여 허가를 받아야 하는 액화석유가스 제조시설 및 액화석유가스저장시설
　㉲ 「도시가스사업법」 제2조 제5호의 규정에 의한 가스공급시설
⑤ 사용전압이 7,000V 초과 35,000V 이하인 특고압가공전선에 있어서는 3m 이상
⑥ 사용전압이 35,000V를 초과하는 특고압가공전선에 있어서는 5m 이상

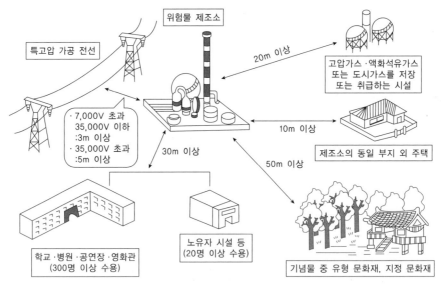

[위험물제조소와의 안전거리]

2) 안전거리의 적용대상

① 위험물제조소(제6류 위험물을 취급하는 제조소 제외)
② 일반취급소
③ 옥내저장소

④ 옥외탱크저장소

⑤ 옥외저장소

3) 보유공지

위험물을 취급하는 건축물 및 기타 시설의 주위에서 화재 등이 발생하는 경우 상호 연소 방지는 물론 초기소화 등 소화활동공간과 피난상 확보해야 할 절대공지를 말한다.

취급하는 위험물의 최대 수량	공지의 너비
지정수량 10배 이하	3m 이상
지정수량 10배 초과	5m 이상

4) 제조소의 표지 및 게시판

① 규격 : 한 변의 길이 0.3m 이상, 다른 한 변의 길이 0.6m 이상인 직사각형

② 색깔 : 백색 바탕에 흑색 문자

③ 표지판 기재사항 : 제조소 등의 명칭

④ 게시판 기재사항

㉮ 취급하는 위험물의 유별 및 품명

㉯ 저장최대수량 및 취급최대수량, 지정수량의 배수

㉰ 안전관리자 성명 및 직명

[위험물제조소의 표지판]　　　　　[위험물제조소의 게시판]

5) 주의사항 게시판

방화에 관하여 필요한 사항을 기재한 게시판 이외의 것이다.

① 규격 : 한 변의 길이 0.3m 이상, 다른 한 변의 길이 0.6m 이상

② 색깔

㉮ 화기엄금(적색 바탕에 백색 문자)

　　예 제2류 위험물 중 인화성고체, 제3류 위험물 중 자연발화성물질, 제4류 위험물, 제5류 위험물

⑭ 화기주의(적색 바탕에 백색 문자)

　　　예 제2류 위험물(인화성고체 제외)

⑮ 물기엄금(청색 바탕에 백색 문자)

　　　예 제1류 위험물 중 무기과산화물, 제3류 위험물 중 금수성물질

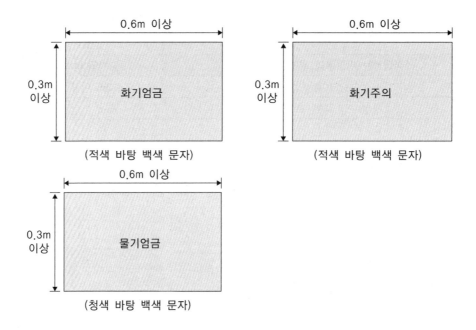

6) 제조소의 건축물 구조 기준

① 지하층이 없도록 하여야 한다.

② 벽, 기둥, 바닥, 보, 서까래 및 계단은 불연재료로 하고, 연소의 우려가 있는 외벽은
　개구부가 없는 내화구조의 벽으로 하여야 한다.

③ 지붕은 폭발력이 위로 방출될 정도의 가벼운 불연재료로 덮어야 한다.

④ 출입구와 비상구는 갑종방화문 또는 을종방화문을 설치하며, 연소의 우려가 있는 외
　벽에 설치하는 출입구에는 수시로 열 수 있는 자동폐쇄식의 갑종방화문을 설치한다.

⑤ 위험물을 취급하는 건축물의 창 및 출입구에 유리를 이용하는 경우에는 망입유리로
　한다.

⑥ 액체의 위험물을 취급하는 건축물의 바닥은 위험물이 스며들지 못하는 재료를 사용
　하고, 적당한 경사를 두어 그 최저부에 집유설비를 한다.

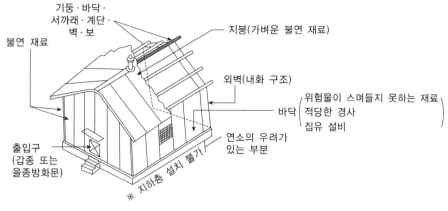

기둥·바닥·
서까래·계단·
벽·보

불연 재료

지붕(가벼운 불연 재료)

외벽(내화 구조)

위험물이 스며들지 못하는 재료
적당한 경사
집유 설비

바닥

출입구
(갑종 또는
을종방화문)

연소의 우려가
있는 부분

※ 지하층 설치 불가

[제조소의 건축물 구조]

7) 채광설비

불연재료로 하고, 연소의 우려가 없는 장소에 설치하되, 채광 면적을 최소로 한다.

8) 조명설비

① 가연성가스 등이 체류할 우려가 있는 장소의 조명등은 방폭등으로 한다.

② 전선은 내화·내열전선으로 한다.

③ 점멸스위치는 출입구 바깥 부분에 설치한다. 다만, 스위치의 스파크로 인한 화재·폭발의 우려가 없는 경우에는 그러하지 아니하다.

9) 환기설비

① 환기는 자연배기방식으로 한다.

② 급기구는 당해 급기구가 설치된 실의 바닥면적 $150m^2$마다 1개 이상으로 하되, 급기구의 크기는 $800cm^2$ 이상으로 한다. 다만, 바닥면적이 $150m^2$ 미만인 경우에는 다음의 크기로 하여야 한다.

바닥면적	급기구의 면적
$60m^2$ 미만	$150cm^2$ 이상
$60m^2$ 이상 $90m^2$ 미만	$300cm^2$ 이상
$90m^2$ 이상 $120m^2$ 미만	$450cm^2$ 이상
$120m^2$ 이상 $150m^2$ 미만	$600cm^2$ 이상

③ 급기구는 낮은 곳에 설치하고, 가는 눈의 구리망 등으로 인화방지망으로 설치한다.

④ 환기구는 지붕 위 또는 지상 2m 이상의 높이에 회전식 고정벤틸레이터 또는 루프팬
방식으로 설치한다.

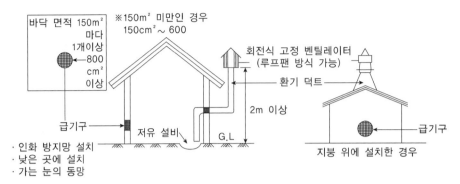

[자연 배기 방식 환기 설비]

10) 배출설비

가연성의 증기 또는 미분이 체류할 우려가 있는 건축물에는 그 증기 또는 미분을 옥외의
높은 곳으로 배출할 수 있도록 배출설비를 설치하여야 한다.

① 배출설비는 국소방식으로 하여야 한다. 다만, 다음의 1에 해당하는 경우에는 전역방
식으로 할 수 있다.

㉮ 위험물취급설비가 배관이음 등으로만 된 경우

㉯ 건축물의 구조, 작업 장소의 분포 등의 조건에 의하여 전역방식이 유효한 경우

② 배출설비는 배풍기·배출덕트·후드 등을 이용하여 강제적으로 배출하는 것으로 하
여야 한다.

③ 배출능력은 1시간당 배출장소 용적의 20배 이상인 것으로 하여야 한다. 다만, 전역방
식의 경우에는 바닥면적 $1m^2$당 $18m^3$ 이상으로 할 수 있다.

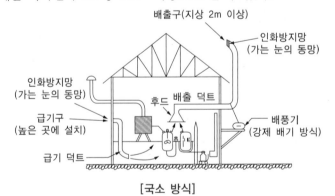

[국소 방식]

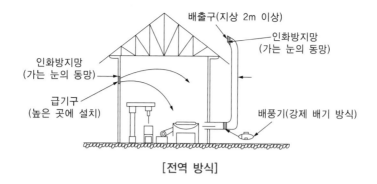

[전역 방식]

④ 배출설비의 급기구 및 배출구는 다음의 기준에 의하여야 한다.

  ⑦ 급기구는 높은 곳에 설치하고, 가는 눈의 구리망 등으로 인화방지망을 설치할 것

  ④ 배출구는 지상 2m 이상으로서 연소의 우려가 없는 장소에 설치하고, 배출덕트가 관통하는 벽 부분의 바로 가까이에 화재 시 자동으로 폐쇄되는 방화댐퍼를 설치할 것

⑤ 배풍기는 강제배기방식으로 하고, 옥내덕트의 내압이 대기압 이상이 되지 아니하는 위치에 설치하여야 한다.

11) 정전기 제거설비의 설치 기준

① 접지에 의한 방법(접지법)

② 공기 중의 상대습도를 70% 이상으로 하는 방법(수증기 분사법)

③ 공기를 이온화하는 방식(공기의 이온화법)

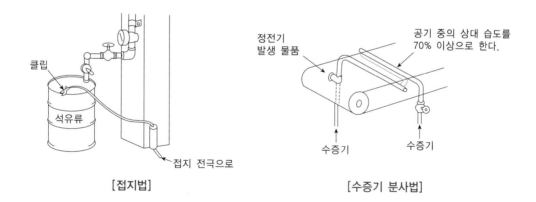

[접지법]　　　　　　　　　[수증기 분사법]

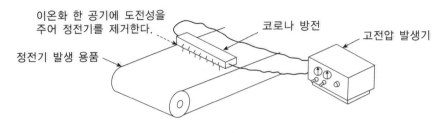

이온화 한 공기에 도전성을
주어 정전기를 제거한다.
코로나 방전
고전압 발생기
정전기 발생 용품

[공기의 이온화법]

12) 압력계 및 안전장치

위험물을 가압하는 설비 또는 취급하는 위험물의 반응 등에 의해 압력이 상승할 우려가 있는 설비는 적정한 압력 관리를 하지 않으면 위험물의 분출, 설비의 파괴 등에 의해 화재 등의 사고를 일으킬 우려가 있기 때문에 이러한 설비는 압력계 및 안전장치를 설치한다. 안전장치의 종류는 다음과 같다.

① 자동적으로 압력의 상승을 정지시키는 장치(일반적으로 안전밸브를 사용)
② 감압측에 안전밸브를 부착한 감압밸브
③ 안전밸브를 병용하는 경보장치
④ 파괴판(위험물의 성질에 따라 안전밸브의 작동이 곤란한 가압설비에 한함)

(2) 옥내저장소

위험물을 용기에 수납하여 건축물 내에 저장하는 저장소

1) 옥내저장소의 기준

① 안전거리에서 제외되는 경우
    ㉮ 위험물의 조건
        ㉠ 지정수량 20배 미만의 제4석유류와 동·식물유류 저장·취급 장소
        ㉡ 제6류 위험물 저장·취급 장소
    ㉯ 건축물의 조건 : 지정수량 20배(하나의 저장창고의 바닥면적이 $150m^2$ 이하인 경우 50배) 이하인 장소
        ㉠ 저장창고의 벽, 기둥, 바닥, 보 및 지붕을 내화구조로 할 경우
        ㉡ 저장창고의 출입구에 자동폐쇄식 갑종방화문을 설치한 경우
        ㉢ 저장창고에 창을 설치하지 아니한 경우

② 옥내저장소의 보유공지

저장 또는 취급하는 위험물의 최대 수량	공지의 너비	
	벽, 기둥 및 바닥이 내화구조로 된 건축물	그 밖의 건축물
지정수량의 5배 이하	–	0.5m 이상
지정수량의 5배 초과, 10배 이하	1m 이상	1.5m 이상
지정수량의 10배 초과, 20배 이하	2m 이상	3m 이상
지정수량의 20배 초과, 50배 이하	3m 이상	5m 이상
지정수량의 50배 초과, 200배 이하	5m 이상	10m 이상
지정수량의 200배 초과	10m 이상	15m 이상

단, 지정수량의 20배를 초과하는 옥내저장소와 동일한 부지 내에 있는 다른 옥내저장소와의 사이에는 공지 너비의 $\frac{1}{3}$(당해 수치가 3m 미만인 경우는 3m)의 공지를 보유할 수 있다.

③ 옥내저장소의 건축물 구조 기준

㉮ 다음의 위험물을 저장하는 창고 : 1,000m²

㉠ 제1류 위험물 중 아염소산염류, 염소산염류, 과염소산염류, 무기과산화물 그 밖에 지정수량이 50kg인 위험물

㉡ 제3류 위험물 중 칼륨, 나트륨, 알킬알루미늄, 알킬리튬 그 밖에 지정수량이 10kg인 위험물 및 황린

㉢ 제4류 위험물 중 특수인화물, 제1석유류 및 알코올류

㉣ 제5류 위험물 중 유기과산화물, 질산에스테르류 그 밖에 지정수량이 10kg인 위험물

㉤ 제6류 위험물

㉯ ㉮의 위험물 외의 위험물을 저장하는 창고 : 2,000m²

㉰ ㉮의 위험물과 ㉯의 위험물을 내화구조의 격벽으로 완전히 구획된 실에 각각 저장하는 창고 : 1,500m²(㉮의 위험물을 저장하는 실의 면적은 500m²를 초과할 수 없다)

㉠ 지면에서 처마까지의 높이를 20m 이하로 할 수 있는 위험물

ⓐ 제2류 위험물

ⓑ 제4류 위험물 중 건축물의 규정에 적합한 경우

㉡ 저장창고의 바닥이 물이 스며 나오거나 스며들지 않는 구조로 해야 하는 위험물, 알칼리금속의 과산화물

㉱ 벽, 기둥, 바닥의 재질은 내화구조로 한다.

ⓜ 저장창고는 지붕을 폭발력이 위로 방출될 정도의 가벼운 불연재료로 하고, 천장을 만들지 아니하여야 한다. 다만, 제2류 위험물(분상의 것과 인화성고체를 제외)과 제6류 위험물만의 저장창고에 있어서는 지붕을 내화구조로 할 수 있고, 제5류 위험물만의 저장창고에 있어서는 당해 저장창고 내의 온도를 저온으로 유지하기 위하여 난연재료 또는 불연재료로 된 천장을 설치할 수 있다.

ⓑ 출입구는 갑종방화문, 을종방화문으로 한다.

ⓢ 배출설비는 인화점 70℃ 이상인 위험물은 제외한다.

ⓐ 피뢰설비는 지정수량 10배 이상의 위험물 저장창고에 설치한다.

　ⓐ 중도리 또는 서까래의 간격은 30cm 이하로 한다.

　ⓑ 지붕의 아래쪽 면에는 한 변의 길이가 45cm 이하의 환강(丸鋼)·경량환강(輕量丸鋼)등으로 된 강제(鋼製)의 격자를 설치한다.

　ⓒ 지붕의 아래쪽 면에 철망을 쳐서 불연재료의 도리·보 또는 서까래에 단단히 결합한다.

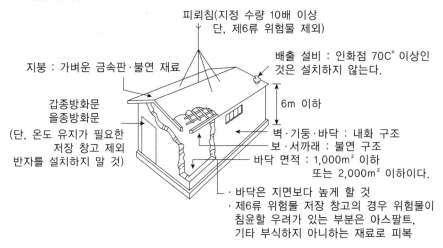

[옥내 저장소의 구조]

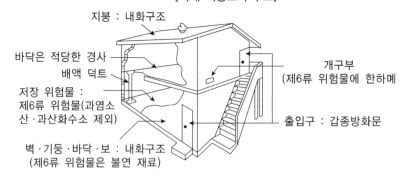

[단층 건축물 이외의 건축물 구조]

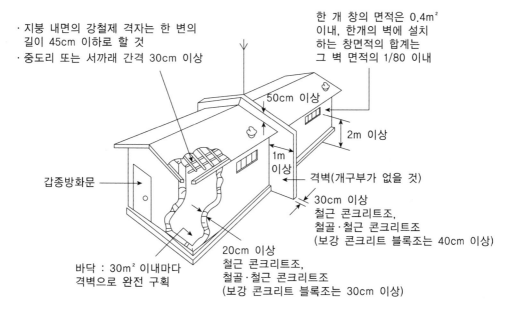

· 지붕 내면의 강철제 격자는 한 변의
  길이 45cm 이하로 할 것
· 중도리 또는 서까래 간격 30cm 이상

한 개 창의 면적은 0.4m²
이내, 한개의 벽에 설치
하는 창면의 합계는
그 벽 면적의 1/80 이내

50cm 이상

2m 이상

1m
이상

격벽(개구부가 없을 것)

갑종방화문

30cm 이상
철근 콘크리트조,
철골·철근 콘크리트조
(보강 콘크리트 블록조는 40cm 이상)

바닥 : 30m² 이내마다
격벽으로 완전 구획

20cm 이상
철근 콘크리트조,
철골·철근 콘크리트조
(보강 콘크리트 블록조는 30cm 이상)

[지정 유기과산화물 저장 창고]

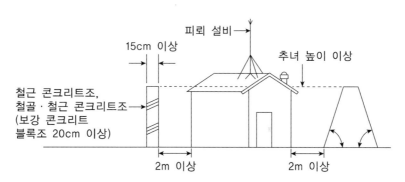

피뢰 설비

15cm 이상

추녀 높이 이상

철근 콘크리트조,
철골·철근 콘크리트조
(보강 콘크리트
블록조 20cm 이상)

2m 이상

2m 이상

[지정 유기과산화물의 담]

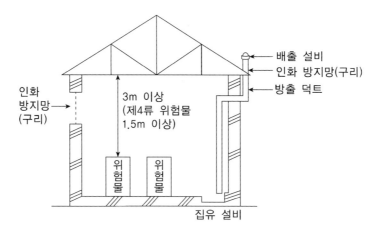

배출 설비
인화 방지망(구리)
방출 덕트

인화
방지망
(구리)

3m 이상
(제4류 위험물
1.5m 이상)

위험물

위험물

집유 설비

[옥내 저장소 측면도]

2) 위험물의 저장기준

① 운반용기에 수납하여 저장한다.

② 품명별로 구분하여 저장한다.

③ 위험물과 비위험물과의 상호거리 : 1m 이상

④ 혼재할 수 있는 위험물과 위험물의 상호거리 : 1m 이상

⑤ 자연발화위험이 있는 위험물 : 지정수량 10배 이하마다 0.3m 이상 간격을 둔다.

3) 위험물 용기를 겹쳐 쌓을 수 있는 높이

① 기계에 의하여 하역하는 구조로 된 용기만을 겹쳐 쌓는 경우 : 6m

② 제4류 위험물 중 제3석유류, 제4석유류 및 동・식물유류를 수납하는 용기만을 겹쳐 쌓는 경우 : 4m

③ 그 밖의 경우 : 3m

 기계에 의하여 하역하는 구조로 된 운반용기의 외부에 행하는 표시 내용

1. 운반용기의 제조년월
2. 제조자의 명칭
3. 겹쳐 쌓기 시험하중

4) 지정과산화물을 저장하는 옥내저장소의 창고 기준

① 저장창고는 바닥면적 $150m^2$ 이내마다 격벽으로 완전하게 구획하여야 한다.

② 저장창고 상부의 지붕으로부터 50cm 이상 돌출하게 하여야 한다.

③ 저장창고 양측의 외벽으로부터 1m 이상 돌출하게 하여야 한다.

④ 철근콘크리트조의 경우 두께가 30cm 이상이어야 한다.

 지정과산화물

제5류 위험물 중 유기과산화물 또는 이를 함유한 것으로 지정수량이 10kg인 것

5) 상호 1m 이상의 간격을 유지하는 경우에도 동일한 옥내저장소에 저장할 수 있는 것

① 제1류 위험물(알칼리금속과산화물)＋제5류 위험물

② 제1류 위험물＋제6류 위험물

③ 제1류 위험물＋자연발화성물질(황린)

④ 제2류 위험물(인화성고체)＋제4류 위험물

⑤ 제3류 위험물(알킬알루미늄)＋제4류 위험물(알킬알루미늄・알킬리튬을 함유한 것)

⑥ 제4류 위험물(유기과산화물)＋제5류 위험물(유기과산화물)

(3) 옥외저장소

① 옥외의 장소에서 저장·취급할 수 있는 위험물
  ㉮ 제2류 위험물 중 유황 또는 인화성고체(인화점 0℃ 이상인 것에 한한다)
  ㉯ 제4류 위험물 중 제1석유류(인화점 0℃ 이상인 것에 한한다), 알코올류, 제2석유류, 제3석유류, 제4석유류, 동·식물유류
  ㉰ 제6류 위험물
② 저장할 수 없는 위험물
  ㉮ 저인화점의 위험물
  ㉯ 이연성의 위험물
  ㉰ 금수성의 위험물

1) 설치 장소

① 다른 건축물과 안전거리를 유지한다.
② 습기가 없고 배수가 잘되는 장소에 설치한다.
③ 위험물을 저장 또는 취급하는 장소의 주위에는 경계표시(울타리의 기능이 있는 것에 한함)를 하여 명확하게 구분한다.

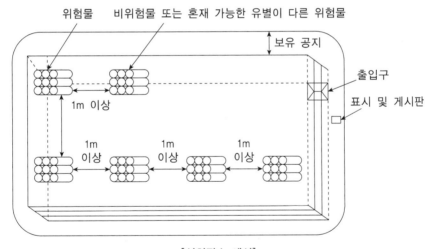

[설치장소 예시]

2) 보유공지

저장 또는 취급하는 위험물의 최대 수량	공지의 너비
지정수량의 10배 이하	3m 이상
지정수량의 10배 초과 20배 이하	5m 이상
지정수량의 20배 초과 50배 이하	9m 이상

저장 또는 취급하는 위험물의 최대 수량	공지의 너비
지정수량의 50배 초과 200배 이하	12m 이상
지정수량의 200배 초과	15m 이상

단, 제4류 위험물 중에서 제4석유류와 제6류 위험물을 저장 또는 취급하는 보유공지는 공지너비의 $\frac{1}{3}$ 이상으로 할 수 있다.

3) 옥외저장소의 선반 설치 기준

① 선반은 불연재료로 만들고, 견고한 지반면에 고정한다.

② 선반은 당해 선반 및 그 부속설비의 자중·저장하는 위험물의 중량·풍하중·지진의 영향 등에 의하여 생기는 응력에 대하여 안전하게 한다.

③ 선반의 높이는 6m를 초과하지 아니한다.

④ 선반에는 위험물을 수납한 용기가 쉽게 낙하하지 아니하는 조치를 강구한다.

4) 위험물의 저장 기준

① 운반용기에 수납하여 저장한다.

② 위험물과 비위험물의 상호거리 : 1m 이상

③ 위험물과 위험물의 상호거리 : 1m 이상

5) 위험물을 저장하는 경우 높이를 초과하여 용기를 겹쳐 쌓지 아니한다.

① 기계에 의하여 하역하는 구조로 된 용기만을 겹쳐 쌓는 경우 : 6m

② 제4류 위험물 중 제3석유류, 제4석유류 및 동·식물유류를 수납하는 용기만을 겹쳐 쌓는 경우 : 4m

③ 그 밖의 경우 : 3m

6) 옥외저장소 중 덩어리 상태의 유황만을 지반면에 설치한 경계표시의 안쪽에서 저장·취급하는 것

① 하나의 경계표시의 내부 면적 : 100m^2 이하

② 2개 이상의 경계표시를 설치하는 경우에 있어서는 각각 경계표시 내부의 면적을 합산한 면적 : 1,000m^2 이하

③ 유황 옥외저장소의 경계표시 높이 : 1.5m 이하

④ 경계표시에는 유황이 넘치거나 비산하는 것을 방지하기 위한 천막 등을 고정하는 장치를 설치하되 천막 등을 고정하는 장치는 경계표시의 길이 2m마다 한 개 이상 설치한다.

(4) 옥외탱크저장소

옥외에 있는 탱크에 위험물을 저장하는 저장소

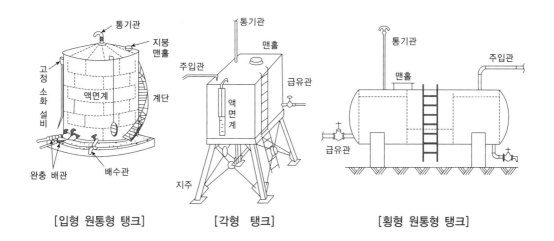

[입형 원통형 탱크]　　　[각형 탱크]　　　[횡형 원통형 탱크]

> **TIP**
>
> **특정옥외탱크저장소**
> 옥외탱크저장소 중 그 저장 또는 취급하는 액체위험물의 최대 수량이 100만L 이상인 것
>
> **준특정옥외탱크저장소**
> 옥외탱크저장소 중 그 저장 또는 취급하는 액체위험물의 최대 수량이 50만L 이상 100만L 미만인 것

1) 안전거리

제조소의 안전거리에 준용

2) 보유공지

저장 또는 취급하는 위험물의 최대 수량	공지의 너비
지정수량의 500배 이하	3m 이상
지정수량의 500배 초과 1,000배 이하	5m 이상
지정수량의 1,000배 초과 2,000배 이하	9m 이상
지정수량의 2,000배 초과 3,000배 이하	12m 이상
지정수량의 3,000배 초과 4,000배 이하	15m 이상
지정수량의 4,000배 초과	당해 탱크의 수평단면의 최대지름(횡형인 경우에는 긴 변)과 높이 중 큰 것과 같은 거리 이상. 다만, 30m 초과의 경우에는 30m 이상으로 할 수 있고, 15m 미만의 경우에는 15m 이상으로 하여야 한다.

1. 토출량 : 탱크의 높이 15m마다 원주 둘레 길이 1m당 37L를 곱한 양 이상일 것
2. 수원의 양 : 토출량을 20분 이상 방수할 수 있는 양 이상일 것
3. 물분무헤드의 설치 기준 : 탱크의 높이를 고려하여 적절하게 설치할 것

※ 특례 : 제6류 위험물을 저장·취급하는 옥외탱크저장소의 경우
  • 당해 보유공지의 1/3 이상의 너비로 할 수 있다(단, 1.5m 이상일 것).
  • 동일 대지 내에 2기 이상의 탱크를 인접하여 설치하는 경우에는 당해 보유공지 너비의 1/3 이상에 다시 1/3 이상의 너비로 할 수 있다(단, 1.5m 이상일 것).

3) 탱크 구조 기준
  ① 재질 및 두께 : 두께 3.2mm 이상의 강철판
  ② 시험 기준
    ㉮ 압력탱크의 경우 : 최대상용압력의 1.5배의 압력으로 10분간 실시하는 수압시험에 각각 새거나 변형되지 아니하여야 한다.
    ㉯ 압력탱크 외의 탱크일 경우 : 충수시험

  ③ 부식방지조치
    ㉮ 탱크의 밑판 아래에 밑판의 부식을 유효하게 방지할 수 있도록 아스팔트샌드 등의 방식재료를 댄다.
    ㉯ 탱크의 밑판에 전기방식의 조치를 강구한다.
  ④ 탱크의 내진풍압 구조 : 지진 및 풍압에 견딜 수 있는 구조로 하고, 그 지주는 철근콘크리트조, 철골콘크리트조로 한다.
  ⑤ 탱크 통기장치의 기준
    ㉮ 밸브 없는 통기관(무변 통기관)
      ㉠ 통기관의 직경 : 30mm 이상
      ㉡ 통기관의 선단은 수평보다 밑으로 45° 이상 구부려 빗물 등의 침투를 막는 구조로 한다.
      ㉢ 가는 눈의 구리망 등으로 인화방지장치를 설치한다.

㉯ 대기밸브부착 통기관(브레드밸브 통기관)

    ㉠ 5kPa 이하의 압력 차이로 작동할 수 있게 한다.

    ㉡ 가는 눈의 구리망 등으로 인화방지장치를 설치한다.

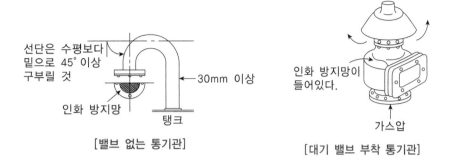

선단은 수평보다
밑으로 45° 이상
구부릴 것

30mm 이상

인화 방지망

탱크

인화 방지망이
들어있다.

가스압

[밸브 없는 통기관]

[대기 밸브 부착 통기관]

⑥ 자동계량장치 설치 기준

  ㉮ 위험물의 양을 자동적으로 표시할 수 있도록 한다.

  ㉯ 종류

    ㉠ 기밀부유식 계량장치

    ㉡ 부유식 계량장치(증기가 비산하지 않는 구조)

    ㉢ 전기압력자동방식 또는 방사성동위원소를 이용한 자동계량장치

    ㉣ 유리게이지(금속관으로 보호된 경질유리 등으로 되어 있고, 게이지가 파손되었을
        때 위험물의 유출을 자동으로 정지할 수 있는 장치가 되어 있는 것에 한함)

⑦ 탱크 주입구 설치 기준

  ㉮ 화재예방

  ㉯ 주입호스 또는 주유관과 결합할 수 있도록 하고 위험물이 새지 않는 구조로 한다.

  ㉰ 주입구에는 밸브 또는 뚜껑을 설치한다.

  ㉱ 휘발유, 벤젠, 그 밖의 정전기에 의한 재해가 발생할 우려가 있는 액체위험물의
    옥외저장탱크 주입구 부근에는 정전기를 유효하게 제거하기 위한 접지전극을 설
    치한다.

  ㉲ 인화점 21℃ 미만의 위험물 탱크 주입구에는 보기 쉬운 곳에 게시판을 설치한다.

⑧ 옥외탱크저장소의 금속 사용 제한 및 위험물 저장 기준

  ㉮ 금속 사용 제한 조치 기준 : 아세트알데히드 또는 산화프로필렌의 옥외탱크저장소
    에는 은, 수은, 동, 마그네슘 또는 이들 합금과는 사용하지 않는다.

  ㉯ 아세트알데히드, 산화프로필렌 등의 저장 기준

    ㉠ 옥외저장탱크에 아세트알데히드 또는 산화프로필렌을 저장하는 경우에는 그
        탱크 안에 불연성가스를 봉입해야 한다.

ⓛ 옥외저장탱크 중 압력탱크 외의 탱크에 저장하는 경우

ⓐ 에틸에테르 또는 산화프로필렌 : 30℃ 이하

ⓑ 아세트알데히드 : 15℃ 이하

ⓒ 옥외저장탱크 중 압력탱크에 저장하는 경우 : 아세트알데히드 또는 산화프로
필렌의 온도 : 40℃ 이하

> **TIP** **보냉장치의 유무에 따른 이동저장탱크**
> ① 보냉장치가 있는 이동저장탱크에 저장하는 아세트알데히드 등 또는 디에틸에테르 등의 온도는
> 당해 위험물의 비점 이하로 유지한다.
> ② 보냉장치가 없는 이동저장탱크에 저장하는 아세트알데히드 등 또는 디에틸에테르 등의 온도는
> 40℃ 이하로 유지한다.

> **TIP** **아세트알데히드의 옥외저장탱크에 필요한 설비**
> ① 보냉장치, ② 냉각장치, ③ 불활성기체를 봉입하는 장치

4) 옥외탱크저장소의 펌프설비 설치 기준

① 펌프설비 보유공지

㉠ 설비 주위에 너비 3m 이상의 공지를 보유한다.

㉡ 펌프설비와 탱크 사이의 거리는 당해 탱크의 보유공지 너비의 $\frac{1}{3}$ 이상의 거리를
유지한다.

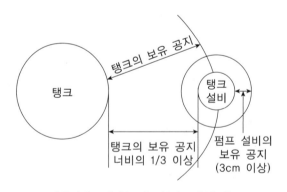

[옥외탱크저장소 펌프설비 보유공지]

㉢ 보유공지 제외 기준

㉠ 방화상 유효한 격벽으로 설치된 경우

㉡ 제6류 위험물을 저장·취급하는 경우

ⓒ 지정수량 10배 이하의 위험물을 저장·취급하는 경우

② 옥내펌프실의 설치 기준

㉮ 바닥의 기준

ⓐ 재질은 콘크리트, 기타 불침윤재료로 한다.

ⓑ 턱 높이는 0.2m 이상으로 한다.

ⓒ 적당히 경사지게 하고 집유설비를 설치한다.

㉯ 출입구는 갑종방화문 또는 을종방화문을 설치한다.

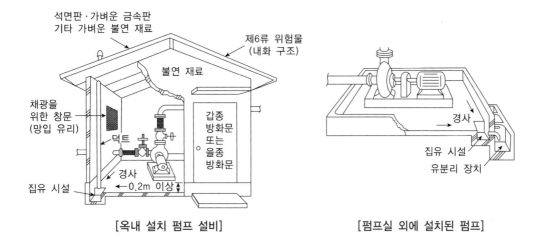

석면판·가벼운 금속판
기타 가벼운 불연 재료

제6류 위험물
(내화 구조)

불연 재료

채광을
위한 창문
(망입 유리)

갑종
방화문
또는
을종
방화문

덕트

경사

← 0.2m 이상 →

집유 시설

경사

집유 시설

유분리 장치

[옥내 설치 펌프 설비]   [펌프실 외에 설치된 펌프]

③ 펌프실 외에 설치하는 펌프설비 바닥의 기준은 다음과 같다.

㉮ 재질은 콘크리트·기타 불침윤재료로 한다.

㉯ 턱 높이는 0.15m 이상이다.

㉰ 적당히 경사지게 하고 최저부에 집유설비를 설치한다.

㉱ 제4류 위험물(수용성의 것 제외)을 취급하는 곳은 집유설비, 유분리장치를 설치한다.

5) 옥외탱크저장소의 방유제 설치 기준

① 설치 목적 : 저장 중인 액체위험물이 주위로 누설 시 그 주위에 피해 확산을 방지하기 위하여 설치한 담

② 용량

㉮ 인화성액체위험물(CS_2 제외)의 옥외탱크저장소의 탱크

ⓐ 1기 이상 : 탱크용량의 110% 이상(인화성이 없는 액체위험물은 탱크용량의 100% 이상)

ⓑ 2기 이상 : 최대용량의 110% 이상

경유의 옥외탱크저장소에서 10,000L 탱크 1기가 설치된 곳의 방유제 용량은 얼마 이상이 되어야 하는가?

풀이 옥외탱크저장소 방유제 용량(탱크 1기인 경우)
=탱크용량×1.1 이상(비인화성액체의 경우 탱크용량×1.0 이상)
=10,000×1.1=11,000L 이상

답 11,000L 이상

⑭ 위험물제조소의 옥외에 있는 위험물 취급 탱크(용량이 지정수량의 $\frac{1}{5}$ 미만인 것은 제외)

  ㉠ 1개의 탱크 : 방유제 용량=탱크용량×0.5
  ㉡ 2개 이상의 탱크 : 방유제 용량=최대탱크용량×0.5+기타 탱크용량의 합 ×0.1

제조소의 옥외에 모두 3개의 휘발유 취급 탱크를 설치하고 그 주위에 방유제를 설치하고자 한다. 방유제 안에 설치하는 각 취급 탱크의 용량이 5만L, 3만L, 2만L일 때 필요한 방유제의 용량은 몇 L 이상인가?

풀이 방유제 용량 = 최대탱크용량×0.5+(기타 탱크용량의 합×0.1)
= 50,000×0.5+(30,000+20,000×0.1)
= 25,000+5,000
=30,000L 이상

답 30,000L 이상

③ 높이 : 0.5m 이상, 3.0m 이하
④ 면적 : 80,000m² 이하
⑤ 하나의 방유제 안에 설치되는 탱크의 수 : 10기 이하(단, 방유제 내 전 탱크의 용량이 200kL 이하이고, 인화점이 70℃ 이상, 200℃ 미만인 경우에는 20기 이하)
⑥ 방유제와 탱크 측면과의 이격거리

탱크지름	이격거리
15m 미만	탱크 높이의 $\frac{1}{3}$ 이상
15m 이상	탱크 높이의 $\frac{1}{2}$ 이상

인화점이 섭씨 200℃ 미만인 위험물을 저장하기 위하여 높이가 15m이고, 지름이 18m인 옥외저
장탱크를 설치하는 경우 옥외저장탱크와 방유제와의 사이에 유지하여야 하는 거리는?

풀이 $15m \times \dfrac{1}{2} = 7.5m$ 이상

답 7.5m 이상

⑦ 방유제의 구조

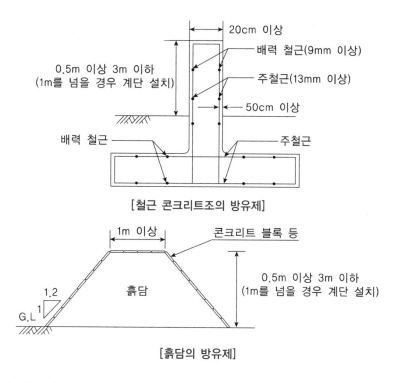

[철근 콘크리트조의 방유제]

[흙담의 방유제]

㉮ 방유제는 철근콘크리트 또는 흙으로 만들고, 위험물이 방유제의 외부로 유출되지
아니하는 구조로 한다.

㉯ 방유제 내에는 당해 방유제 내에 설치하는 옥외저장탱크를 위한 배관(당해 옥외저
장탱크의 소화설비를 위한 배관을 포함), 조명설비 및 계기 시스템과 이들에 부속
하는 설비 그 밖의 안전확보에 지장이 없는 부속설비 외에는 다른 설비를 설치하
지 아니한다.

㉰ 방유제 또는 간막이둑에는 당해 방유제를 관통하는 배관을 설치하지 아니한다. 다
만, 방유제 또는 간막이둑에 손상을 주지 아니하도록 하는 조치를 강구하는 경우
에는 그러하지 아니하다.

㉺ 방유제에는 그 내부에 고인 물을 외부로 배출하기 위한 배수구를 설치하고 이를 개폐하는 밸브 등을 방유제의 외부에 설치한다.

㉻ 용량이 100만L 이상인 위험물을 저장하는 옥외저장탱크에 있어서는 밸브 등에 그 개폐상황을 쉽게 확인할 수 있는 장치를 설치한다.

㉼ 높이가 1m를 넘는 방유제 및 간막이둑의 안팎에는 방유제 내에 출입하기 위한 계단 또는 경사로를 약 50m마다 설치한다.

6) 옥외탱크저장소의 외부 구조 및 설비

① 압력탱크 : 최대상용압력의 1.5배의 압력으로 10분간 실시하는 수압시험(새거나 변형되지 아니할 것)

② 압력탱크 외의 탱크 : 충수시험(새거나 변형되지 아니할 것)

7) 특정옥외저장탱크의 풍하중

$$q = 0.588k\sqrt{h}$$

여기서, q : 풍하중(kN/m^2)

k : 풍력계수(원통형 탱크의 경우는 0.7, 그 외의 탱크는 1.0)

h : 지반면으로부터의 높이(m)

> **예제**
>
> 특정옥외저장탱크를 원통형으로 설치하고자 한다. 지면으로부터 높이가 9m일 때 이 탱크가 받는 풍하중은 1m²당 얼마 이상인가?
>
> > **풀이** 풍하중 $q = 0.588k\sqrt{h}$
> >
> > 여기서, q : 풍하중(kN/m^2)
> >
> > k : 풍력계수(원통형 탱크의 경우는 0.7, 그 외의 탱크는 1.0)
> >
> > h : 지반면으로부터의 높이(m)
> >
> > $\therefore q = 0.588 \times 0.7\sqrt{9} = 1.2348kN$
>
> 📖 1.2348kN

(5) 옥내탱크저장소

옥내에 있는 탱크에 위험물을 저장하는 시설

1) 탱크전용실의 설치 기준

원칙적으로 옥내탱크저장소의 탱크는 단층건물의 탱크전용실에 설치한다.

> **TIP** **단층이 아닌 건축물의 1층 또는 지하층에 저장, 취급할 수 있는 위험물의 종류**
> ① 제2류 위험물 중 황화인, 적린 및 덩어리 유황
> ② 제3류 위험물 중 황린
> ③ 제4류 위험물 중 인화점이 38℃ 이상인 것
> ④ 제6류 위험물 중 질산

> **TIP** **단층이 아닌 건축물의 1층 내지 5층 또는 지하층의 탱크전용실에 저장, 취급할 수 있는 위험물의 종류**
> 제4류 위험물 중 제2석유류, 제3석유류, 제4석유류 및 동·식물유류

① 단층건축물에 설치하는 탱크전용실의 구조 기준
　㉮ 벽, 기둥, 바닥의 설치 기준
　　㉠ 재질은 내화구조로 한다.
　　㉡ 연소의 우려가 없는 곳의 재료는 불연재료로 한다.
　　㉢ 액체위험물 탱크전용실의 바닥은 다음과 같다.
　　　ⓐ 물이 침투하지 아니하는 구조로 한다.
　　　ⓑ 적당히 경사를 지게 한다.
　　　ⓒ 최저부에 집유설비를 한다.
　㉯ 보 및 서까래의 재질 : 불연재료로 한다.
　㉰ 지붕 설치 기준 : 불연재료로 하고 반자를 설치하지 아니한다.
　㉱ 출입구 설치 기준
　　㉠ 갑종 또는 을종방화문을 설치한다.
　　㉡ 문턱의 높이는 0.2m 이상으로 한다.

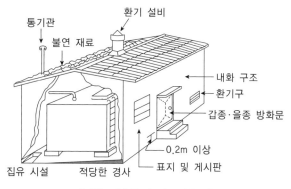

[단층 건축물의 탱크전용실]

② 단층이 아닌 건축물의 1층 내지 5층 또는 지하층에 설치하는 탱크전용실의 구조 기준
　㉮ 벽, 기둥, 바닥, 보, 서까래의 설치 기준
　　㉠ 재질은 내화구조로 한다.
　　㉡ 제6류 위험물의 탱크전용실에 있어서 위험물이 침윤할 우려가 있는 부분의 경우에는 내화구조 또는 불연재료를 대신하여 아스팔트 및 기타 부식하지 않는 재료로 피복한다.
　　㉢ 상층의 바닥 재질은 내화구조로 한다.
　　㉣ 액체위험물의 탱크전용실의 바닥은 콘크리트 및 기타 불침윤성 재료로 적당히 경사지게 하고, 그 최저부에는 집유설비를 한다.
　㉯ 지붕 설치 기준(상층이 없는 부분의 경우) : 불연재료로 하고 반자를 설치하지 않는다.
　㉰ 창 설치 기준 : 창은 설치하지 않는다(단, 제6류 위험물의 탱크전용실의 경우 갑종 또는 을종방화문이 있는 창은 설치 가능).
　㉱ 출입구 설치 기준
　　㉠ 갑종방화문을 설치한다(단, 제6류 위험물의 탱크전용실의 경우 을종방화문 가능).
　　㉡ 문턱의 높이는 0.2m 이상으로 한다.

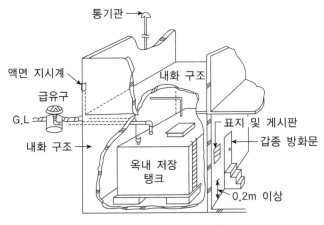

[지하층에 설치된 탱크전용실]

2) 옥내탱크저장소의 위험물 저장 기준

① 탱크와 탱크전용실과의 이격거리
　㉮ 탱크와 탱크전용실 외벽(기둥 등 돌출한 부분은 제외) : 0.5m 이상
　㉯ 탱크와 탱크 상호간 : 0.5m 이상(단, 탱크의 점검 및 보수에 지장이 없는 경우는 거리 제한 없음)

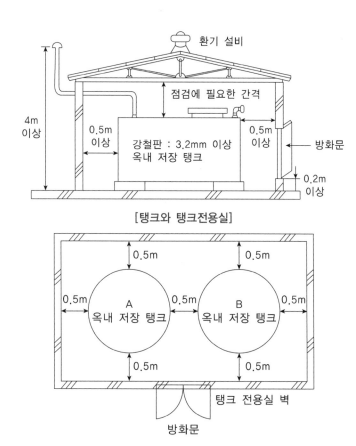

[탱크와 탱크전용실]

[탱크와 탱크 상호간]

② 탱크전용실의 탱크용량 기준(2기 이상의 탱크는 각 탱크의 용량을 합한 양을 기준)
  ㉮ 지정수량의 40배 이하
  ㉯ 제4석유류, 동·식물유류 외의 탱크 설치 시 20,000L 이하

3) 옥내탱크의 통기장치(밸브 없는 통기관) 기준

① 통기관의 지름 : 30mm 이상
② 통기관의 선단은 수평면에 대하여 아래로 45° 이상 구부려 빗물 등이 들어가지 않는 구조로 한다(단, 빗물이 들어가지 않는 구조일 경우는 제외).
③ 통기관의 선단은 건축물의 창 또는 출입구 등의 개구부로부터 1m 이상 떨어진 옥외에 설치한다.
④ 통기관 선단으로부터 지면까지의 거리는 4m 이상의 높이로 한다.
⑤ 통기관은 가스 등이 체류하지 않도록 굴곡이 없게 한다.

(6) 지하탱크저장소

지하에 매설된 탱크에 위험물을 저장하는 저장시설

1) 지하탱크저장소의 구조

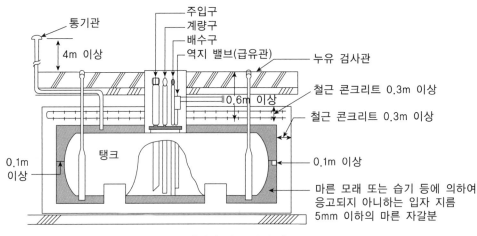

[지하 탱크 매설도]

① 강철판의 두께는 3.2mm 이상
② 탱크의 외면은 방청도장 한다.
③ 배관을 위쪽으로 설치한다.
④ 과충전방지장치를 한다.
    ㉮ 과충전 시 주입구의 폐쇄 또는 위험물의 공급을 차단하는 장치이다.
    ㉯ 탱크용량의 최소 90%가 찰 때 경보를 울리는 장치이다.

2) 탱크전용실의 구조

① 탱크전용실 콘크리트의 두께(벽, 바닥 및 뚜껑) : 0.3m 이상
② 탱크전용실과 대지경계선, 지하매설물과의 거리 : 0.1m 이상(단, 전용실이 설치되지 않은 경우 : 0.6m 이상)
③ 탱크와 탱크전용실과의 간격 : 0.1m 이상
④ 탱크 본체의 윗부분과 지면까지의 거리 : 0.6m 이상
⑤ 당해 탱크의 주위에 마른모래 또는 습기 등에 의하여 응고되지 아니하는 입자지름 5mm 이하의 마른 자갈분을 채워야 한다.
⑥ 탱크를 2개 이상 인접하였을 때 상호거리
    ㉮ 지정수량 100배 초과 : 1m 이상
    ㉯ 지정수량 100배 이하 : 0.5m 이상

⑦ 누유검사관의 개수는 4개소 이상 적당한 위치에 설치한다.

  ㉮ 이중관으로 할 것. 다만, 소공이 없는 상부는 단관으로 할 수 있다.

  ㉯ 재료는 금속관 또는 경질 합성수지관으로 한다.

  ㉰ 관은 탱크실 또는 탱크의 기초 위에 닿게 한다.

  ㉱ 관의 밑부분으로부터 탱크의 중심 높이까지의 부분에는 소공이 뚫려있을 것. 다만, 지하수위가 높은 장소에 있어서는 지하수위 높이까지의 부분에 소공이 뚫려있어야 한다.

  ㉲ 상부는 물이 침투하지 아니하는 구조로 하고, 뚜껑은 검사 시 쉽게 열 수 있도록 한다.

3) 탱크전용실을 설치하지 않는 구조

제4류 위험물의 지하저장탱크에 한한다.

① 당해 탱크를 지하철·지하가 또는 지하터널로부터 수평거리 10m 이내의 장소 또는 지하 건축물 내의 장소에 설치하지 아니한다.

② 당해 탱크를 그 수평 투영의 세로 및 가로보다 각각 0.6m 이상 크고 두께가 0.3m 이상인 철근콘크리트조의 뚜껑으로 덮어야 한다.

③ 뚜껑에 걸리는 중량이 직접 당해 탱크에 걸리지 아니하는 구조이다.

④ 당해 탱크를 견고한 기초 위에 고정한다.

⑤ 당해 탱크를 지하의 가장 가까운 벽·피트·가스관 등의 시설물 및 대지경계선으로부터 0.6m 이상 떨어진 곳에 매설한다.

4) 지하저장탱크의 압력시험 기준

① 압력탱크 : 최대상용압력의 1.5배의 압력으로 10분간 수압시험을 실시하여 새거나 변형되지 아니하여야 한다.

② 압력탱크 외의 탱크 : 70kPa의 압력으로 10분간 수압시험을 실시하여 새거나 변형되지 아니하여야 한다.

5) 탱크의 외면에는 녹 방지를 위한 도장을 하여야 한다.

(7) 이동탱크저장소

차량(견인되는 차를 포함)의 고정탱크에 위험물을 저장하는 저장시설

1) 이동탱크저장소의 탱크 구조 기준

[이동 탱크저장소 측면]

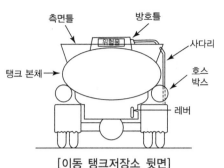

[이동 탱크저장소 뒷면]

① 탱크 강철판의 두께는 다음과 같다.

　㉮ 본체 : 3.2mm 이상

　㉯ 측면틀 : 3.2mm 이상

　㉰ 안전칸막이 : 3.2mm 이상

　㉱ 방호틀 : 2.3mm 이상

　㉲ 방파판 : 1.6mm 이상

2) 수압시험

① 압력탱크(최대상용압력이 46.7kPa 이상인 탱크) 외의 탱크 : 70kPa의 압력

② 압력탱크 : 최대상용압력의 1.5배의 압력으로 각각 10분간의 수압시험을 실시하여 새거나 변형되지 아니할 것

3) 안전장치 작동압력

① 상용압력이 20kPa 이하 : 20kPa 이상 24kPa 이하의 압력

② 상용압력이 20kPa 초과 : 상용압력이 1.1배 이하의 압력

4) 측면틀 설치 기준

① 설치 목적 : 탱크가 전도될 때 탱크 측면이 지면과 접촉하여 파손되는 것을 방지하기 위해 설치한다(단, 피견인차에 고정된 탱크에는 측면틀을 설치하지 않을 수 있다).

② 외부로부터 하중에 견딜 수 있는 구조로 한다.

③ 측면틀의 설치 위치

　㉮ 탱크 상부 네 모퉁이에 설치

　㉯ 탱크의 전단 또는 후단으로부터 1m 이내의 위치에 설치

④ 측면틀 부착 기준

　㉮ 최외측선(측면틀의 최외측과 탱크의 최외측을 연결하는 직선)의 수평면에 대하여 내각이 75° 이상이 되도록 한다.

　㉯ 최대수량의 위험물을 저장한 상태에 있을 때의 당해 탱크중량의 중심선과 측면틀의 최외측을 연결하는 직선과 그 중심선을 지나는 직선 중 최외측선과 직각을 이루는 직선과의 내각이 35° 이상이 되도록 한다.

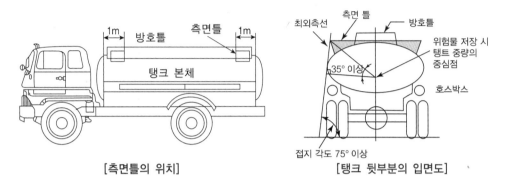

[측면틀의 위치]　　　　　　　　[탱크 뒷부분의 입면도]

⑤ 측면틀의 받침판 설치 기준 : 측면틀에 걸리는 하중에 의해 탱크가 손상되지 않도록 측면틀의 부착 부분에 설치한다.

5) 방호틀 설치 기준

① 설치 목적 : 탱크의 운행 또는 전도 시 탱크 상부에 설치된 각종 부속장치의 파손을 방지하기 위해 설치한다.

② 재질은 두께 2.3mm 이상의 강철판으로 제작한다.

③ 산 모양의 형상으로 하거나 이와 동등 이상의 강도가 있는 형상으로 한다.

④ 정상 부분은 부속치보다 50mm 이상 높게 하거나 동등 이상의 성능이 있는 것으로 한다.

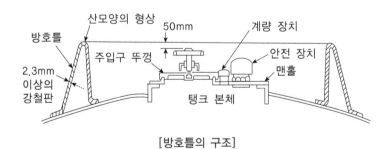

[방호틀의 구조]

6) 안전칸막이 및 방파판의 설치 기준

① 안전칸막이 설치 기준

㉮ 재질은 두께 3.2mm 이상의 강철판으로 제작한다.

㉯ 4,000L 이하마다 구분하여 설치한다.

② 방파판 설치 기준 : 위험물을 운송하는 중에 탱크 내부의 위험물의 출렁임, 급회전에 의한 쏠림 등을 감소시켜 운행 중인 차량의 안전성을 확보하기 위해 설치한다.

㉮ 재질은 두께 1.6mm 이상의 강철판으로 제작한다.

㉯ 하나의 구획 부분에 2개 이상의 방파판을 이동탱크저장소의 진행 방향과 평형으로 설치하되, 그 높이와 칸막이로부터의 거리를 다르게 한다.

㉰ 하나의 구획 부분에 설치하는 각 방파판의 면적 합계는 당해 구획 부분의 최대수직단면적의 50% 이상으로 할 것. 다만, 수직단면이 원형이거나 짧은 지름이 1m 이하의 타원형인 경우에는 40% 이상으로 할 수 있다.

7) 이동탱크저장소의 표지판과 게시판의 기준

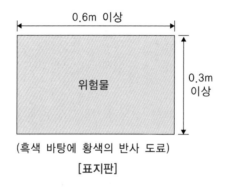

(흑색 바탕에 황색의 반사 도료)

[표지판]

① 표지판의 기준

㉮ 차량의 전면 상단 및 후면 상단에 설치한다.

㉯ 규격 : 사각형의 구조, 60cm×30cm 이상의 횡형

㉰ 색깔 : 흑색 바탕에 황색 반사도료로 '위험물'이라고 표기

(8) 컨테이너식 이동탱크저장소

① 이동저장탱크 및 부속장치(맨홀·주입구 및 안전장치 등)는 강재로 된 상자 형태의 틀(이하 상자틀)에 수납한다.

② 상자틀의 구조물 중 이동저장탱크의 이동방향과 평행한 것과 수직인 것은 당해 이동저장탱크, 부속장치 및 상자틀의 자중과 저장하는 위험물의 무게를 합한 하중(이동저장탱크 하중)의 2배 이상의 하중에, 그 외 이동저장탱크의 이동방향과 직각인 것은

이동저장탱크 하중 이상의 하중에 각각 견딜 수 있는 강도가 있는 구조로 한다.

③ 이동저장탱크·맨홀 및 주입구의 뚜껑은 두께 6mm(당해 탱크의 직경 또는 장경이 1.8m 이하인 것은 5mm) 이상의 강판 또는 이와 동등 이상의 기계적 성질이 있는 재료로 한다.

④ 이동저장탱크에 칸막이를 설치하는 경우에는 당해 탱크의 내부를 완전히 구획하는 구조로 하고, 두께 3.2mm 이상의 강판 또는 이와 동등 이상의 기계적 성질이 있는 재료로 한다.

⑤ 이동저장탱크에는 맨홀 및 안전장치를 한다.

⑥ 부속장치는 상자틀의 최외측과 50mm 이상의 간격을 유지한다.

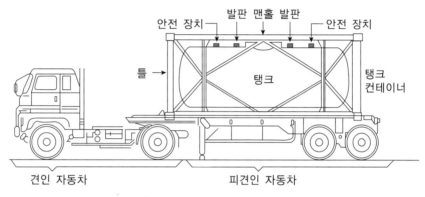

[컨테이너식 이동 탱크저장소]

1) 이동탱크저장소의 위험물 운송 시 운송책임자의 자격 조건

① 당해 위험물의 취급에 관한 국가기술자격을 취득하고 관련 업무에 1년 이상 종사한 경력이 있는 자

② 위험물의 운송에 관한 안전교육을 수료하고 관련 업무에 2년 이상 종사한 경력이 있는 자

2) 위험물 이동저장탱크의 외부 도장 색상

유 별	외부 도장 색상	비 고
제1류	회 색	탱크의 앞면과 뒷면을 제외한 면적의 40% 이내의 면적은 다른 유별의 색상 외의 색상으로 도장하는 것이 가능하다.
제2류	적 색	
제3류	청 색	
제4류	도장에 색상 제한은 없으나 적색을 권장한다.	
제5류	황 색	
제6류	청 색	

(9) 간이탱크저장소

간이탱크에 위험물을 저장하는 저장시설

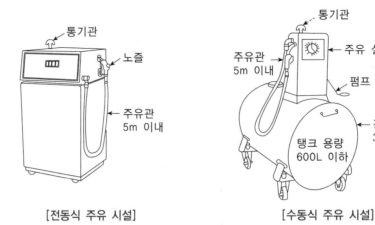

[전동식 주유 시설]　　　　[수동식 주유 시설]

1) 간이탱크저장소의 설비 기준

① 옥외에 설치한다.

② 전용실 안에 설치하는 경우 채광, 조명, 환기 및 배출의 설비를 한다.

③ 탱크의 구조 기준

　㉮ 두께 3.2mm 이상의 강판으로 흠이 없도록 제작한다.

　㉯ 시험 방법 : 70kPa 압력으로 10분간 수압시험을 실시하여 새거나 변형되지 아니한다.

　㉰ 하나의 탱크용량은 600L 이하로 한다.

　㉱ 탱크의 외면에는 녹을 방지하기 위한 도장을 한다.

④ 탱크의 설치 방법

　㉮ 하나의 간이탱크저장소에 설치하는 탱크의 수는 3기 이하로 한다(단, 동일한 품질의 위험물의 탱크를 2기 이상 설치하지 말 것).

　㉯ 탱크는 움직이거나 넘어지지 않도록 지면 또는 가설대에 고정시킨다.

　㉰ 옥외에 설치하는 경우에는 그 탱크 주위에 너비 1m 이상의 공지를 보유한다.

　㉱ 탱크를 전용실 안에 설치하는 경우에는 탱크와 전용실 벽과의 사이에 0.5m 이상의 간격을 유지한다.

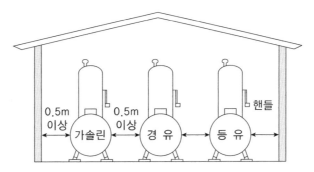

[탱크전용실에 설치하는 간이탱크저장소]

⑤ 간이탱크저장소의 통기장치(밸브 없는 통기관) 기준
    ㉮ 통기관의 지름 : 25mm 이상
    ㉯ 옥외에 설치하는 통기관
        ㉠ 선단 높이 : 지상 1.5m 이상
        ㉡ 선단 구조 : 수평면에 대하여 45° 이상 구부려 빗물 등이 침투하지 아니하도록
          한다.
    ㉰ 가는 눈의 구리망 등으로 인화방지장치를 할 것

(10) 암반탱크저장소

암반 내의 공간을 이용한 탱크에 액체위험물을 저장하는 저장소

02　위험물 취급소 구분

지정수량 이상의 위험물을 제조 외의 목적으로 취급하기 위한 대통령령이 정하는 장소
로서 허가를 받은 장소

(1) 주유취급소

차량, 항공기, 선박에 주유(등유, 경유 판매시설 병설 가능)하는 고정된 주유설비에 의하
여 위험물을 자동차 등의 연료탱크에 직접 주유하거나 실소비자에게 판매하는 위험물
취급소

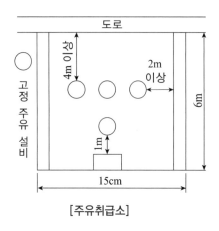

[주유취급소]

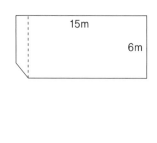

[보유 공지]

1) 주유공지 및 급유공지

① 주유공지 : 주유를 받으려는 자동차 등이 출입할 수 있도록 너비 15m 이상 길이 6m 이상의 콘크리트 등으로 포장한 공지

② 급유공지 : 고정급유설비의 호스기기 주위에 필요한 공지

③ 공지의 기준

㉮ 바닥은 주위 지면보다 높게 한다.

㉯ 그 표면을 적당하게 경사지게 하여 새어나온 기름 그 밖의 액체가 공지의 외부로 유출되지 아니하도록 배수구·집유설비 및 유분리장치를 한다.

2) 주유취급소의 게시판 기준

① 규격 : 한 변의 길이가 0.3m 이상, 다른 한 변의 길이가 0.6m 이상

② 색깔 : 황색 바탕에 흑색 문자

3) 전용탱크 1개의 용량 기준

① 자동차용 고정주유설비 및 고정급유설비는 50,000L 이하이다.

② 보일러에 직접 접속하는 탱크는 10,000L 이하이다.

③ 자동차 등을 점검·정비하는 작업장 등에서 사용하는 폐유·윤활유 등의 위험물을 저장하는 탱크는 20,000L 이하이다.

④ 고속도로변에 설치된 주유취급소의 탱크 1개 용량은 60,000L이다.

0.6m 이상

0.3m 이상

주유중 엔진정지

[황색 바탕 흑색 문자]

4) 고정주유설비 등

① 펌프기기의 주유관 선단에서 최대토출량

㉮ 제1석유류 : 50L/min 이하

㉯ 경유 : 180L/min 이하

㉰ 등유 : 80L/min 이하

㉱ 이동저장탱크에 주입하기 위한 등유용 고정급유설비 : 300L/min 이하

㉲ 분당 토출량이 200L 이상인 것의 경우에는 주유설비에 관계된 모든 배관의 안지름을 40mm 이상으로 한다.

② 고정주유설비 또는 고정급유설비의 중심선을 기점으로

㉮ 도로경계면으로 : 4m 이상

㉯ 대지경계선·담 및 건축물의 벽까지 : 2m 이상

㉰ 개구부가 없는 벽으로부터 : 1m 이상

㉱ 고정주유설비와 고정급유설비 사이 : 4m 이상

 고정주유설비와 고정급유설비

① 고정주유설비 : 펌프기기 및 호스기기로 되어 위험물을 자동차 등에 직접 주유하기 위한 설비로서 현수식을 포함한다.

② 고정급유설비 : 펌프기기 및 호스기기로 되어 위험물을 용기에 옮겨 담거나 이동저장탱크에 주입하기 위한 설비로서 현수식을 포함한다.

③ 주유관의 기준

㉮ 고정주유설비 길이 : 5m 이내

㉯ 현수식 주유설비 길이 : 지면 위 0.5m, 반경 3m 이내

㉰ 노즐 선단에서는 정전기 제거장치를 한다.

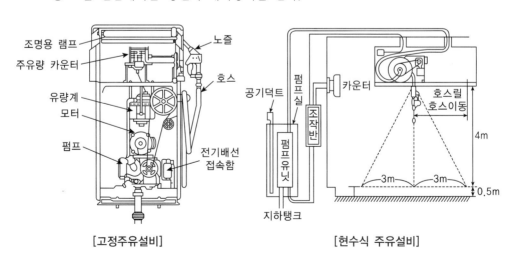

[고정주유설비]　　　　　　　[현수식 주유설비]

5) 캐노피

① 배관이 캐노피 내부를 통과할 경우에는 1개 이상의 점검구를 설치한다.

② 캐노피 외부의 점검이 곤란한 장소에 배관을 설치하는 경우에는 용접이음으로 한다.

③ 캐노피 외부의 배관이 일광열의 영향을 받을 우려가 있는 경우에는 단열재로 피복한다.

6) 셀프 주유취급소

고객이 직접 자동차 등의 연료탱크 또는 용기에 위험물을 주입하는 고정주유설비 또는 고정급유설비를 설치하는 주유취급소이다.

① 셀프용 고정주유설비의 기준 : 1회의 연속 주유량 및 주유시간의 상한을 미리 설정할 수 있는 구조이다. 이 경우 상한은 다음과 같다.

휘발유	100L 이하
경 유	200L 이하
주유시간의 상한	4분 이하

② 셀프용 고정급유설비의 기준 : 1회의 연속 급유량 및 급유시간의 상한을 미리 설정할 수 있는 구조이다.

급유량의 상한	100L 이하
급유시간의 상한	6분 이하

(2) 판매취급소

용기에 수납하여 위험무를 판매하는 취급소

1) 1종 판매취급소

저장 또는 취급하는 위험물의 수량이 지정수량의 20배 이하인 취급소

① 건축물의 1층에 설치한다.

② 배합실은 다음과 같다.

    ㉮ 바닥면적은 $6m^2$ 이상 $15m^2$ 이하이다.

    ㉯ 내화구조로 된 벽으로 구획한다.

    ㉰ 바닥은 위험물이 침투하지 아니하는 구조로 하여 적당한 경사를 두고 집유설비를 한다.

    ㉱ 출입구에는 수시로 열 수 있는 자동폐쇄식의 갑종방화문을 설치한다.

    ㉲ 출입구 문턱의 높이는 바닥면으로 0.1m 이상으로 한다.

    ㉳ 내부에 체류한 가연성증기 또는 가연성의 미분을 지붕 위로 방출하는 설치를 한다.

2) 2종 판매취급소

저장 또는 취급하는 위험물의 수량이 40배 이하인 취급소로 위치, 구조 및 설비의 기준은 다음과 같다.

① 벽, 기둥, 바닥 및 보를 내화구조로 하고 천장이 있는 경우에는 이를 불연재료로 하며, 판매취급소로 사용하는 부분과 다른 부분과의 격벽을 내화구조로 한다.

② 상층이 있는 경우에는 상층의 바닥을 내화구조로 하는 동시에 상층으로의 연소를 방지하기 위한 조치를 강구하고, 상층이 없는 경우에는 지붕을 내화구조로 한다.

③ 연소의 우려가 없는 부분에 한하여 창을 두되, 당해 창에는 갑종방화문 또는 을종방화문을 설치한다.

④ 출입구에는 갑종방화문 또는 을종방화문을 설치한다. 단, 당해 부문 중 연소의 우려가 있는 벽 또는 창의 부분에 설치하는 출입구에는 수시로 열 수 있는 자동폐쇄식의 갑종방화문을 설치한다.

3) 제2종 판매취급소 작업실에서 배합할 수 있는 위험물의 종류

① 유황

② 도료류

③ 제1류 위험물 중 염소산염류 및 염소산염류만을 함유한 것

(3) 이송취급소

1) 배관으로 위험물을 이송하는 취급소

① 이송기지 내의 지상에 설치되는 배관 등을 전체 용접부의 20% 이상 발췌하여 비파괴시험을 할 수 있다.

② 이송기지에 설치하는 경보설비 : 확성장치, 비상벨장치

2) 설치하지 못하는 장소

① 철도 및 도로의 터널 안

② 고속국도 및 자동차 전용 도로의 차도, 길어깨 및 중앙분리대

③ 호수, 저수지 등으로서 수리의 수원이 되는 곳

④ 급경사 지역으로서 붕괴의 위험이 있는 지역

3) 위험물 제거 조치

배관에는 서로 인접하는 2개의 긴급차단밸브 사이의 구간마다 당해 배관 안의 위험물을 안전하게 물 또는 불연성기체로 치환할 수 있는 조치를 하여야 한다.

4) 하천 등 횡단 설치

하천 또는 수로의 밑에 배관을 매설하는 경우에는 배관의 외면과 계획하상(계획하상이 최심하상보다 높은 경우에는 최심하상)과의 거리는 다음의 규정에 의한 거리 이상으로 하되, 호안 그 밖에 하천관리시설의 기초에 영향을 주지 아니하고 하천바닥의 변동, 패임 등에 의한 영향을 받지 아니하는 깊이로 매설하여야 한다.

① 하천을 횡단하는 경우 : 4m

② 수로를 횡단하는 경우

    ㉮ 「하수도법」 규정에 의한 하수도(상부가 개방되는 구조로 된 것에 한함) 또는 운하 : 2.5m

    ㉯ ㉮의 규정에 의한 수로에 해당되지 아니하는 좁은 수로(용수로, 그 밖에 유사한 것은 제외) : 1.2m

(4) 일반취급소

주유취급소, 판매취급소 및 이송취급소에 해당하지 않는 모든 취급소로서 위험물을 사용하여 일반 제품을 생산·가공 또는 세척하거나 버너 등에 소비하기 위하여 1일에 지정수량 이상의 위험물을 취급하는 시설을 말한다.

① 도장·인쇄 또는 도포를 위하여 제2류 위험물 또는 제4류 위험물(특수인화물을 제외)을 취급하는 일반취급소로서 지정수량의 30배 미만의 것(위험물을 취급하는 설비를 건축물에 설치하는 것에 한하며, 분무도장작업 등의 일반취급소)

② 세정을 위하여 위험물(인화점이 40℃ 이상인 제4류 위험물에 한함)을 취급하는 일반취급소로서 지정수량의 30배 미만의 것(위험물을 취급하는 설비를 건축물에 설치하는 것에 한하며, 세정작업의 일반취급소)

③ 열처리작업 또는 방전가공을 위하여 위험물(인화점이 70℃ 이상인 제4류 위험물에 한함)을 취급하는 일반취급소로서 지정수량의 30배 미만의 것(위험물을 취급하는 설비를 건축물에 설치하는 것에 한하며, 열처리 작업 등의 일반취급소)

④ 보일러, 버너 그 밖의 이와 유사한 장치로 위험물(인화점이 38℃ 이상인 제4류 위험물에 한함)을 소비하는 일반취급소로서 지정수량의 30배 미만의 것(위험물을 취급하는 설비를 건축물에 설치하는 것에 한하며, 보일러 등으로 위험물을 소비하는 일반취급소)

⑤ 이동저장탱크에 액체위험물(알킬알루미늄 등, 아세트알데히드 등 및 히드록실아민 등을 제외)을 주입하는 일반취급소(액체위험물을 용기에 옮겨 담는 취급소를 포함하며, 충전하는 일반취급소)

⑥ 고정급유설비에 의하여 위험물(인화점이 38℃ 이상인 제4류 위험물에 한함)을 용기에 옮겨 담거나 4,000L 이하의 이동저장탱크(용량이 2,000L를 넘는 탱크에 있어서

는 그 내부를 2,000L 이하마다 구획한 것에 한함)에 주입하는 일반취급소로서 지정수량의 40배 미만인 것(옮겨 담는 일반취급소)

⑦ 위험물을 이용한 유압장치 또는 윤활유순환장치를 설치하는 일반취급소(고인화점 위험물만을 100℃ 미만의 온도로 취급하는 것에 한함)로서 지정수량의 50배 미만의 것(위험물을 취급하는 설비를 건축물에 설치하는 것에 한하며, 유압장치 등을 설치하는 일반취급소)

⑧ 절삭유의 위험물을 이용한 절삭장치, 연삭장치, 그 밖의 이와 유사한 장치를 설치하는 일반취급소(고인화점 위험물만은 100℃ 미만의 온도로 취급하는 것에 한함)로서 지정수량의 30배 미만의 것(위험물을 취급하는 설비를 건축물에 설치하는 것에 한하며, 절삭장치 등을 설치하는 일반취급소)

⑨ 위험물 외의 물건을 가열하기 위하여 위험물(고인화점 위험물에 한함)을 이용한 열매체유 순환장치를 설치하는 일반취급소로서 지정수량의 30배 미만의 것(위험물을 취급하는 설비를 건축물에 설치하는 것에 한하며, 열매체유 순환장치를 설치하는 일반취급소)

> **TIP 고인화점 위험물의 일반취급소**
> 인화점이 100℃ 이상인 제4류 위험물만을 100℃ 미만의 온도에서 취급하는 일반취급소

03 소화난이도 등급별 소화설비, 경보설비 및 피난설비

(1) 소화설비

1) 소화난이도 등급 I의 제조소 등 및 소화설비

① 소화난이도 등급 I에 해당하는 제조소 등

제조소 등의 구분	제조소 등의 규모, 저장 또는 취급하는 위험물의 품명 및 최대 수량 등
제조소 및 일반취급소	연면적 1,000m² 이상인 것
	지정수량의 100배 이상인 것(고인화점 위험물만을 100℃ 미만의 온도에서 취급하는 것 및 제48조의 위험물을 취급하는 것은 제외)
	지반면으로부터 6m 이상의 높이에 위험물 취급설비가 있는 것(고인화점 위험물만을 100℃ 미만의 온도에서 취급하는 것은 제외)
	일반취급소로 사용되는 부분 외의 부분을 갖는 건축물에 설치된 것(내화구조로 개구부 없이 구획된 것 및 고인화점 위험물만을 100℃ 미만의 온도에서 취급하는 것은 제외)

제조소 등의 구분	제조소 등의 규모, 저장 또는 취급하는 위험물의 품명 및 최대 수량 등
옥내저장소	지정수량의 150배 이상인 것(고인화점 위험물만을 저장하는 것 및 제48조의 위험물을 저장하는 것은 제외)
	연면적 150m^{2}를 초과하는 것(150m^2 이내마다 불연재료로 개구부 없이 구획된 것 및 인화성고체 외의 제2류 위험물 또는 인화점 70℃ 이상의 제4류 위험물만을 저장하는 것은 제외)
	처마 높이가 6m 이상인 단층건물의 것
	옥내저장소로 사용되는 부분 외의 부분이 있는 건축물에 설치된 것(내화구조로 개구부 없이 구획된 것 및 인화성고체 외의 제2류 위험물 또는 인화점 70℃ 이상의 제4류 위험물만을 저장하는 것은 제외)
옥외탱크저장소	액표면적이 40m^2 이상인 것(제6류 위험물을 저장하는 것 및 고인화점 위험물만을 100℃ 미만의 온도에서 저장하는 것은 제외)
	지반면으로부터 탱크 옆판의 상단까지 높이가 6m 이상인 것(제6류 위험물을 저장하는 것 및 고인화점 위험물만을 100℃ 미만의 온도에서 저장하는 것은 제외)
	지중탱크 또는 해상탱크로서 지정수량의 100배 이상인 것(제6류 위험물을 저장하는 것 및 고인화점 위험물만을 100℃ 미만의 온도에서 저장하는 것은 제외)
	고체위험물을 저장하는 것으로서 지정수량의 100배 이상인 것
옥내탱크저장소	액표면적이 40m^2 이상인 것(제6류 위험물을 저장하는 것 및 고인화점 위험물만을 100℃ 미만의 온도에서 저장하는 것은 제외)
	바닥면으로부터 탱크 옆판의 상단까지 높이가 6m 이상인 것(제6류 위험물을 저장하는 것 및 고인화점 위험물만을 100℃ 미만의 온도에서 저장하는 것은 제외)
	탱크전용실이 단층건물 외의 건축물에 있는 것으로서 인화점 40℃ 이상 70℃ 미만의 위험물을 지정수량의 5배 이상 저장하는 것(내화구조로 개구부 없이 구획된 것은 제외)
옥외저장소	인화성고체(인화점 21℃ 미만인 것) 덩어리 상태의 유황을 저장하는 것으로서 경계표시 내부의 면적(2 이상의 경계표시가 있는 경우에는 각 경계표시 내부의 면적을 합한 면적)이 100m^2 이상인 것
	제2류 위험물 중 또는 제4류 위험물 중 제1석유류 또는 알코올류의 위험물을 저장하는 것으로서 지정수량의 100배 이상인 것
암반탱크저장소	액표면적이 40m^2 이상인 것(제6류 위험물을 저장하는 것 및 고인화점 위험물만을 100℃ 미만의 온도에서 저장하는 것은 제외)
	고체위험물을 저장하는 것으로서 지정수량의 100배 이상인 것
이송취급소	모든 대상

② 소화난이도 등급 I의 제조소 등에 설치하여야 하는 소화설비

제조소 등의 구분			소화설비
제조소 및 일반취급소			옥내소화전설비, 옥외소화전설비, 스프링클러설비 또는 물분무등소화설비(화재발생 시 연기가 충만할 우려가 있는 장소에서는 스프링클러설비 또는 이동식 외의 물분무등소화설비에 한하)
옥내 저장소	처마 높이가 6m 이상인 단층 건물 또는 다른 용도의 부분이 있는 건축물에 설치한 옥내저장소		스프링클러설비 또는 이동식 외의 물분무등소화설비
	그 밖의 것		옥외소화전설비, 스프링클러설비, 이동식 외의 물분무등소화설비 또는 이동식 포소화설비(포소화전을 옥외에 설치하는 것에 한하)
옥외탱크 저장소	지중탱크 또는 해상탱크 외의 것	유황만을 저장·취급하는 것	물분무소화설비
		인화점 70℃ 이상의 제4류 위험물만을 저장·취급하는 것	물분무소화설비 및 고정식 포소화설비
		그 밖의 것	고정식 포소화설비(포소화설비가 적응성이 없는 경우에는 분말소화설비)
	지중탱크		고정식 포소화설비, 이동식 외의 불활성가스소화설비 또는 이동식 이외의 할로겐화합물소화설비
	해상탱크		고정식 포소화설비, 물분무소화설비, 이동식 외의 불활성가스소화설비 또는 이동식 외의 할로겐화합물소화설비
옥내탱크 저장소	유황만을 저장·취급하는 것		물분무소화설비
	인화점 70℃ 이상의 제4류 위험물만을 저장·취급하는 것		물분무소화설비, 고정식 포소화설비, 이동식 외의 불활성가스소화설비, 이동식 외의 할로겐화합물소화설비 또는 이동식 외의 분말소화설비
	그 밖의 것		고정식 포소화설비, 이동식 외의 불활성가스소화설비, 이동식 외의 할로겐화합물소화설비 또는 이동식 외의 분말소화설비

제조소 등의 구분	소화설비
옥외저장소 및 이송취급소	옥내소화전설비, 옥외소화전설비, 스프링클러설비 또는 물분무등소화설비(화재발생 시 연기가 충만할 우려가 있는 장소에는 스프링클러설비 또는 이동식 외의 물분무등소화설비에 한함)

제조소 등의 구분		소화설비
암반탱크 저장소	유황 등만을 저장·취급하는 것	물분무소화설비
	인화점 70℃ 이상의 제4류 위험물만을 저장·취급하는 것	물분무소화설비 또는 고정식 포소화설비
	그 밖의 것	고정식 포소화설비(포소화설비가 적응성이 없는 경우에는 분말소화설비)

1. 표 오른쪽 란의 소화설비를 설치함에 있어서는 당해 소화설비의 방사 범위가 당해 제조소·일반취급소·옥내저장소·옥외탱크저장소·옥내탱크저장소·옥외저장소·암반탱크저장소(암반탱크에 관계되는 부분을 제외) 또는 이송취급소(이송기지 내에 한함)의 건축물, 그 밖의 공작물 및 위험물을 포함하도록 하여야 한다. 다만, 고인화점 위험물만을 100℃ 미만의 온도에서 취급하는 제조소 또는 일반취급소의 경우에는 당해 제조소 또는 일반취급소의 건축물 및 그 밖의 공작물만 포함하도록 할 수 있다.
2. 고인화점 위험물만을 100℃ 미만의 온도에서 취급하는 제조소 또는 일반취급소의 위험물에 대해서는 대형수동식 소화기 1개 이상과 당해 위험물의 소요단위에 해당하는 능력단위의 소형수동식 소화기를 설치하여야 한다. 다만, 당해 제조소 또는 일반취급소에 옥내·외소화전설비, 스프링클러설비 또는 물분무등소화설비를 설치한 경우에는 당해 소화설비의 방사능력 범위 내에는 대형수동식 소화기를 설치하지 아니할 수 있다.
3. 가연성증기 또는 가연성미분이 체류할 우려가 있는 건축물 또는 실내에는 대형수동식 소화기 1개 이상과 당해 건축물, 그 밖의 공작물 및 위험물의 소요단위에 해당하는 능력단위의 소형수동식 소화기 등을 추가로 설치하여야 한다.
4. 제4류 위험물을 저장 또는 취급하는 옥외탱크저장소 또는 옥내탱크저장소에는 소형수동식 소화기 등을 2개 이상 설치하여야 한다.
5. 제조소, 옥내탱크저장소, 이송취급소, 또는 일반취급소의 작업공정상 소화설비의 방사능력범위 내에 당해 제조소 등에서 저장 또는 취급하는 위험물의 전부가 포함되지 아니하는 경우에는 당해 위험물에 대하여 대형수동식 소화기 1개 이상과 당해 위험물의 소요단위에 해당하는 능력단위의 소형수동식 소화기 등을 추가로 설치하여야 한다.

2) 소화난이도 등급 Ⅱ의 제조소 등 및 소화설비

① 소화난이도 등급 Ⅱ에 해당하는 제조소 등

제조소 등의 구분	제조소 등의 규모·저장 또는 취급하는 위험물의 품명 및 최대 수량 등
제조소 및 일반취급소	연면적 600m² 이상인 것
	지정수량의 10배 이상인 것(고인화점 위험물만을 100℃ 미만의 온도에서 취급하는 것 및 제48조의 위험물을 취급하는 것은 제외)
	일반취급소로서 소화난이도 등급 I의 제조소 등에 해당하지 아니하는 것(고인화점 위험물만을 100℃ 미만의 온도에서 취급하는 것은 제외)

제조소 등의 구분	제조소 등의 규모·저장 또는 취급하는 위험물의 품명 및 최대 수량 등
옥내저장소	단층건물 외의 것
	옥내저장소
	지정수량의 10배 이상인 것(고인화점 위험물만을 저장하는 것 및 제48조의 위험물을 저장하는 것은 제외)
	연면적 150m² 초과인 것
	옥내저장소로서 소화난이도 등급 I의 제조소 등에 해당하지 아니하는 것
옥외탱크저장소 옥내탱크저장소	소화난이도 등급 I의 제조소 등 외의 것(고인화점 위험물만을 100℃ 미만의 온도로 저장하는 것 및 제6류 위험물만을 저장하는 것은 제외)
옥외저장소	덩어리 상태의 유황을 저장하는 것으로서 경계표시 내부의 면적(2 이상의 경계표시가 있는 경우에는 각 경계표시 내부의 면적을 합한 면적)이 5m² 이상 100m² 미만인 것
	위험물을 저장하는 것으로서 지정수량의 10배 이상 100배 미만인 것
	지정수량의 100배 이상인 것(덩어리 상태의 유황 또는 고인화점 위험물을 저장하는 것은 제외)
주유취급소	옥내주유취급소
판매취급소	제2종 판매취급소

② 소화난이도 등급 Ⅱ의 제조소 등에 설치하여야 하는 소화설비

제조소 등의 구분	소화설비
제조소 옥내저장소 옥외저장소 주유취급소 판매취급소 일반취급소	방사능력범위 내에 당해 건축물, 그 밖의 공작물 및 위험물이 포함되도록 대형수동식 소화기를 설치하고, 당해 위험물의 소요단위의 1/5 이상에 해당하는 능력단위의 소형수동식 소화기 등을 설치할 것
옥외탱크저장소 옥내탱크저장소	대형수동식 소화기 및 소형수동식 소화기 등을 각각 1개 이상 설치할 것

1. 옥내소화전설비, 옥외소화전설비, 스프링클러설비 또는 물분무등소화설비를 설치한 경우에는 당해 소화설비의 방사능력범위 내의 부분에 대해서는 대형수동식 소화기를 설치하지 아니할 수 있다.
2. 소형수동식 소화기 등이란 제4호의 규정에 의한 소형수동식 소화기 또는 기타 소화설비를 말한다.

3) 소화난이도 등급 Ⅲ의 제조소 등 및 소화설비

① 소화난이도 등급 Ⅲ에 해당하는 제조소 등

제조소 등의 구분	제조소 등의 규모, 저장 또는 취급하는 위험물의 품명 및 최대수량 등
제조소 및 일반취급소	위험물을 취급하는 것
	위험물 외의 것을 취급하는 것으로서 소화난이도 등급 Ⅰ 또는 소화난이도 등급 Ⅱ의 제조소 등에 해당하지 아니하는 것
옥내저장소	위험물을 취급하는 것
	위험물 외의 것을 취급하는 것으로서 소화난이도 등급 Ⅰ 또는 소화난이도 등급 Ⅱ의 제조소 등에 해당하지 아니하는 것
지하탱크저장소 간이탱크저장소 이동탱크저장소	모든 대상
옥외저장소	덩어리 상태의 유황을 저장하는 것으로서 경계표시 내부의 면적(2 이상의 경계표시가 있는 경우에는 각 경계표시의 내부의 면적을 합한 면적)이 $5m^2$ 미만인 것
	덩어리 상태의 유황 외의 것을 저장하는 것으로서 소화난이도 등급 Ⅰ 또는 소화난이도 등급 Ⅱ의 제조소 등에 해당하지 아니하는 것
주유취급소	옥내주유취급소 외의 것
제1종 판매취급소	모든 대상

제조소 등의 구분별로 오른쪽 란에 정한 제조소 등의 규모, 저장 또는 취급하는 위험물의 수량 및 최대 수량 등의 어느 하나에 해당하는 제조소 등은 소화난이도 등급 Ⅲ에 해당하는 것으로 한다.

② 소화난이도 등급 Ⅲ의 제조소 등에 설치하여야 하는 소화설비

제조소 등의 구분	소화설비	설치기준	
지하탱크저장소	소형수동식 소화기 등	능력단위의 수치가 3 이상	2개 이상
이동탱크저장소	자동차용소화기	무상의 강화액 8L 이상	2개 이상
		이산화탄소 3.2kg 이상	
		일브롬화일염화이플루오르화메탄(CF_2ClBr) 2L 이상	
		일브롬화삼플루오르화메탄(CF_3Br) 2L 이상	
		이브롬화사플루오르화에탄($C_2F_4Br_2$) 1L 이상	
		소화분말 3.5kg 이상	
	마른모래 및 팽창질석 또는 팽창진주암	마른모래 150L 이상	
		팽창질석 또는 팽창진주암 640L 이상	

제조소 등의 구분	소화설비	설치기준
그 밖의 제조소 등	소형수동식 소화기 등	능력단위의 수치가 건축물 그 밖의 공작물 및 위험물의 소요단위 수치에 이르도록 설치할 것. 다만, 옥내소화전설비·옥외소화전설비·스프링클러설비·물분무등소화설비 또는 대형수동식 소화기를 설치한 경우에는 해당 소화설비의 방사능력범위 내의 부분에 대하여는 수동식 소화기 등을 그 능력단위의 수치가 해당 소요단위의 수치 1/5 이상이 되도록 하는 것으로 족하다.

알킬알루미늄 등을 저장 또는 취급하는 이동탱크저장소에 있어서는 자동차용소화기를 설치하는 외에 마른모래나 팽창질석 또는 팽창진주암을 추가로 설치하여야 한다.

4) 소화설비의 적응성

소화설비의 구분		건축물·그 밖의 공작물	전기설비	제1류 위험물 알칼리금속과산화물 등	제1류 위험물 그 밖의 것	제2류 위험물 철분·금속분·마그네슘 등	제2류 위험물 인화성고체	제2류 위험물 그 밖의 것	제3류 위험물 금수성물품	제3류 위험물 그 밖의 것	제4류 위험물	제5류 위험물	제6류 위험물
옥내소화전설비 또는 옥외소화전설비		○			○		○	○		○		○	○
스프링클러설비		○			○		○	○		○	△	○	○
물분무등소화설비	물분무소화설비	○	○		○		○	○		○	○	○	○
	포소화설비	○			○		○	○		○	○	○	○
	불활성가스소화설비		○				○				○		
	할로겐화물소화설비		○				○				○		
	분말소화설비 인산염류 등	○	○		○		○	○			○		○
	분말소화설비 탄산수소염류 등		○	○		○	○		○		○		
	분말소화설비 그 밖의 것			○		○			○				

소화설비의 구분													
대형·소형수동식소화기	봉상수(棒狀水)소화기	○			○		○	○		○		○	○
	무상수(霧狀水)소화기	○	○		○		○	○		○		○	○
	봉상강화액소화기	○			○		○	○		○		○	○
	무상강화액소화기	○	○		○		○	○		○	○	○	○
	포소화기	○			○		○	○		○	○	○	○
	이산화탄소소화기		○				○				○		△
	할로겐화물소화기		○				○				○		
	분말소화기 — 인산염류소화기	○	○		○		○	○			○		○
	분말소화기 — 탄산수소염류소화기		○	○		○	○		○		○		
	분말소화기 — 그 밖의 것			○		○			○				
기타	물통 또는 수조	○			○		○	○		○		○	○
	건조사			○	○	○	○	○	○	○	○	○	○
	팽창질석 또는 팽창진주암			○	○	○	○	○	○	○	○	○	○

1. "○" 표시는 당해 소방대상물 및 위험물에 대하여 소화설비가 적응성이 있음을 표시하고, "△" 표시는 제4류 위험물을 저장 또는 취급하는 장소의 살수기준면적에 따라 스프링클러설비의 살수밀도가 표에서 정하는 기준 이상인 경우에는 당해 스프링클러설비가 제4류 위험물에 대하여 적응성이 있음을, 제6류 위험물을 저장 또는 취급하는 장소로서 폭발의 위험이 없는 장소에 한하여 이산화탄소 소화기가 제6류 위험물에 대하여 적응성이 있음을 각각 표시한다.

살수기준면적(m²)	방사밀도(L/m²분)		비 고
	인화점 38℃ 미만	인화점 38℃ 이상	
279 미만	16.3 이상	12.2 이상	살수 기준면적은 내화구조의 벽 및 바닥으로 구획된 하나의 실의 바닥면적을 말하고, 하나의 실의 바닥면적이 465m² 이상인 경우의 살수 기준면적은 465m²로 한다. 다만, 위험물의 취급을 주된 작업내용으로 하지 아니하고 소량의 위험물을 취급하는 설비 또는 부분이 넓게 분산되어 있는 경우에는 방사밀도는 8.2L/m²분 이상, 살수 기준면적은 279m² 이상으로 할 수 있다.
279 이상 372 미만	15.5 이상	11.8 이상	
372 이상 465 미만	13.9 이상	9.8 이상	
465 이상	12.2 이상	8.1 이상	

2. 인산염류 등은 인산염류, 황산염류, 그 밖에 방염성이 있는 약제를 말한다.
3. 탄산수소염류 등은 탄산수소염류 및 탄산수소염류와 요소의 반응생성물을 말한다.
4. 알칼리금속 과산화물 등은 알칼리금속의 과산화물 및 알칼리금속의 과산화물을 함유한 것을 말한다.
5. 철분·금속분·마그네슘 등은 철분·금속분·마그네슘과 철분·금속분 또는 마그네슘을 함유한 것을 말한다.

(2) 경보설비

[제조소 등별로 설치하여야 하는 경보설비의 종류]

제조소 등의 구분	제조소 등의 규모, 저장 또는 취급하는 위험물의 종류 및 최대 수량 등	경보 설비
제조소 및 일반취급소	연면적 500m² 이상인 것	자동화재탐지설비
	옥내에서 지정수량의 100배 이상을 취급하는 것(고인화점 위험물만을 100℃ 미만의 온도에서 취급하는 것을 제외)	
	일반취급소로 사용되는 부분 외의 부분이 있는 건축물에 설치된 일반취급소(일반취급소와 일반취급소 외의 부분이 내화구조의 바닥 또는 벽으로 개구부 없이 구획된 것을 제외)	
옥내저장소	지정수량의 100배 이상을 저장 또는 취급하는 것(고인화점 위험물만을 저장 또는 취급하는 것을 제외)	
	저장창고의 연면적이 150m²를 초과하는 것[당해 저장창고가 연면적 150m² 이내마다 불연재료의 격벽으로 개구부 없이 완전히 구획된 것과 제2류 또는 제4류의 위험물(인화성고체 및 인화점이 70℃ 미만인 제4류 위험물을 제외)만을 저장 또는 취급하는 것에 있어서는 저장창고의 연면적이 500m² 이상의 것에 한함]	
	처마 높이가 6m 이상인 단층 건물의 것	
	옥내저장소로 사용되는 부분 외의 부분이 있는 건축물에 설치된 옥내저장소[옥내저장소와 옥내저장소 외의 부분이 내화구조의 바닥 또는 벽으로 개구부 없이 구획된 것과 제2류 또는 제4류의 위험물(인화성고체 및 인화점 70℃ 미만인 제4류 위험물을 제외)만을 저장 또는 취급하는 것을 제외]	
옥내탱크저장소	단층 건물 외의 건축물에 설치된 옥내 탱크저장소로서 소화난이도 등급 I에 해당하는 것	
주유취급소	옥내주유취급소	
위의 자동화재탐지설비 설치 대상에 해당하지 아니하는 제조소 등	지정수량의 10배 이상을 저장 또는 취급하는 것	자동화재탐지설비, 비상경보설비, 확성장치 또는 비상방송설비 중 1종 이상

(3) 피난설비

① 주유취급소 중 건축물의 2층 이상의 부분을 점포·휴게음식점 또는 전시장의 용도로 사용하는 것에 있어서는 당해 건축물의 2층 이상으로부터 직접 주유취급소의 부지 밖으로 통하는 출입구와 당해 출입구로 통하는 통로·계단 및 출입구에 유도등을 설치하여야 한다.

② 옥내주유취급소에 있어서는 당해 사무소 등의 출입구 및 피난구와 당해 피난구로 통하는 통로·계단 및 출입구에 유도등을 설치하여야 한다.

③ 유도들 비상전원을 설치하여야 한다.

---

04 운반용기의 최대 용적 또는 중량

(1) 고체위험물

| 운반용기 | | | | 수납위험물의 종류 | | | | | | | | |
| 내장용기 | | 외장용기 | | 제1류 | | | 제2류 | | 제3류 | | 제4류 | |
용기의 종류	최대용적 또는 중량	용기의 종류	최대용적 또는 중량	Ⅰ	Ⅱ	Ⅲ	Ⅰ	Ⅱ	Ⅰ	Ⅱ	Ⅰ	Ⅱ
유리용기 또는 플라스틱용기	10L	나무상자 또는 플라스틱상자(필요에 따라 불활성의 완충재를 채울 것)	125kg	○	○	○	○	○	○	○	○	○
			225kg		○	○		○		○		○
		파이버판상자(필요에 따라 불활성의 완충재를 채울 것)	40kg	○	○	○	○	○	○	○	○	○
			55kg		○	○		○		○		○
금속제용기	30L	나무상자 또는 플라스틱상자	125kg	○	○	○	○	○	○	○	○	○
			225kg		○	○		○		○		○
		파이버판상자	40kg	○	○	○	○	○	○	○	○	○
			55kg		○	○		○		○		○
플라스틱필름포대 또는 종이포대	5kg	나무상자 또는 플라스틱상자	50kg	○	○	○	○	○		○		
	50kg				○	○		○				○
	125kg		125kg			○		○				
	225kg		225kg					○				
	5kg	파이버판상자	40kg	○	○	○	○	○	○	○	○	
	40kg			○	○	○		○				○
	55kg		55kg					○		○		

운반용기				수납위험물의 종류								
내장용기		외장용기		제1류			제2류		제3류		제4류	
용기의 종류	최대용적 또는 중량	용기의 종류	최대용적 또는 중량	I	II	III	I	II	I	II	I	II
–		금속제용기(드럼 제외)	60L	○	○	○	○	○	○	○	○	○
		플라스틱용기(드럼 제외)	10L		○	○	○	○		○		○
			30L									
		금속제드럼	250L	○	○	○	○	○	○	○	○	○
		플라스틱드럼 또는 파이버드럼(방수성이 있는 것)	60L	○	○	○	○	○	○	○	○	○
			250L		○	○		○		○		○
		합성수지포대(방수성이 있는 것, 플라스틱필름포대, 섬유포대(방수성이 있는 것) 또는 종이포대(여러 겹으로서 방수성이 있는 것)	50kg			○	○	○		○		○

1. "○" 표시는 수납위험물의 종류별 각 란에 정한 위험물에 대하여 당해 각 란에 정한 운반용기가 적응성이 있음을 표시한다.
2. 내장용기는 외장용기에 수납하여야 하는 용기로서 위험물을 직접 수납하기 위한 것을 말한다.
3. 내장용기의 "용기의 종류"란이 공란인 것은 외장용기에 위험물을 직접 수납하거나 유리용기, 플라스틱용기, 금속제용기, 폴리에틸렌포대 또는 종이포대를 내장용기로 할 수 있음을 표시한다.

(2) 액체위험물

운반용기				수납위험물의 종류							
내장용기		외장용기		제3류		제4류			제5류		제6류
용기의 종류	최대용적 또는 중량	용기의 종류	최대용적 또는 중량	I	II	I	II	III	I	II	I
유리용기	5L	나무 또는 플라스틱상자 (불활성의 완충재를 채울 것)	75kg	○	○	○	○	○	○	○	○
	10L		125kg		○		○			○	
			225kg					○			
	5L	파이버판상자 (불활성의 완충재를 채울 것)	40kg	○	○	○	○	○	○	○	○
	10L		55kg					○			

| 운반용기 | | | | 수납위험물의 종류 | | | | | | | |
| 내장용기 | | 외장용기 | | 제3류 | | 제4류 | | | 제5류 | | 제6류 |
용기의 종류	최대용적 또는 중량	용기의 종류	최대용적 또는 중량	I	II	I	II	III	I	II	I
플라스틱 용기	10L	나무 또는 플라스틱상자 (필요에 따라 불활성의 완충재를 채울 것)	75kg	○	○	○	○	○	○	○	○
			125kg		○		○	○		○	
			225kg					○			
		파이버판상자 (필요에 따라 불활성의 완충재를 채울 것)	40kg	○	○	○	○	○	○	○	○
			55kg					○			
금속제 용기	30L	나무 또는 플라스틱상자	125kg	○	○	○	○	○	○	○	○
			225kg					○			
		파이버판상자	40kg	○	○	○	○	○	○	○	○
			55kg		○		○	○		○	
―		금속제용기(금속제드럼 제외)	60L		○		○	○		○	
		플라스틱용기 (플라스틱드럼 제외)	10L		○		○	○		○	
			20L				○	○			
			30L					○		○	
		금속제드럼 (뚜껑 고정식)	250L	○	○	○	○	○	○	○	○
		금속제드럼 (뚜껑 탈착식)	250L				○	○			
		플라스틱 또는 파이버드럼 (플라스틱 내용기 부착의 것)	250L		○			○		○	

1. "○" 표시는 수납 위험물의 종류별 각 란에 정한 위험물에 대하여 당해 각 란에 정한 운반용기가 적응성이 있음을 표시한다.
2. 내장용기는 외장용기에 수납하여야 하는 용기로서 위험물을 직접 수납하기 위한 것을 말한다.
3. 내장용기의 "용기의 종류"란이 공란인 것은 외장용기에 위험물을 직접 수납하거나 유리용기, 플라스틱용기 또는 금속제용기를 내장용기로 할 수 있음을 표시한다.

05 위험물의 운송 시에 준수하는 기준

위험물운송자는 장거리(고속국도에 있어서는 340km 이상, 그 밖의 도로에 있어서는 200km 이상을 말한다)에 걸친 운송을 하는 때에는 2명 이상의 운전자로 한다.

① 운송책임자를 동승시킨 경우

② 운송하는 위험물이 제2류 위험물, 제3류 위험물(칼슘 또는 알루미늄의 탄화물과 이것 만을 함유한 것에 한함) 또는 제4류 위험물(특수인화물 제외)인 경우

③ 운전 도중에 2시간 이내마다 20분 이상씩 휴식하는 경우

※ 서울-부산 거리(서울 톨게이트에서 부산 톨게이트까지) : 410.3km

적중예상문제

01 위험물제조소에서 확보하여야 할 안전거리는 보기의 건축물로부터 얼마 이상 떨어져야 하는가?

> ① 관람집회 시설　　　　　　　　　② 고압가스 시설
> ③ 주거용 건물　　　　　　　　　　④ 35,000볼트를 초과하는 특고압 가공전선

정답

① 30m 이상, ② 20m 이상, ③ 10m 이상, ④ 수평거리 5m 이상

해설

■ **안전거리**
건축물의 외벽 또는 이에 상당하는 공작물의 외측으로부터 당해 제조소의 외벽 또는 이에 상당하는 공작물의
외측까지의 수평거리이다.

02 위험물제조소의 건축물 기준을 쓰시오.

정답

① 지하층이 없도록 한다.
② 벽, 기둥, 바닥, 보, 서까래 및 계단을 불연재료로 하고 연소의 우려가 있는 외벽은 개구부가 없는 내화구
　조의 벽으로 하여야 한다.
③ 지붕은 폭발력이 위로 방출될 정도의 가벼운 불연재료로 덮어야 한다.
④ 출입구와 비상구에는 갑종방화문 또는 을종방화문을 설치하되, 연소의 우려가 있는 외벽에 설치하는 출입
　구에는 수시로 열 수 있는 자동폐쇄식의 갑종방화문을 설치한다.
⑤ 위험물을 취급하는 건축물의 창 및 출입구에 유리를 이용하는 경우에는 망입유리로 한다.
⑥ 액체의 위험물을 취급하는 건축물의 바닥은 위험물이 스며들지 못하는 재료를 사용하고, 적당한 경사를
　두어 그 최저부에 집유설비를 한다.

해설

① 비차열 : 차열성능만 있는 것으로 실험 시 방화문 뒷면에 10초 이상 지속되는 화염발생이 없어야 한다.
② 갑종방화문 : 비차열 1시간 이상의 성능이 확보될 것
③ 을종방화문 : 비차열 30분 이상의 성능이 확보될 것

03 환기설비에 관한 설명이다. ( ) 안을 알맞게 채우시오.

> 급기구는 당해 급기구가 설치된 실의 바닥면적 $150m^2$마다 1개 이상으로 하되, 급기구의 크기는 ( )으로 한다.

정답

$800cm^2$ 이상

해설

환기설비는 다음의 기준에 의한다.
① 환기는 자연배기방식을 한다.
② 급기구는 당해 급기구가 설치된 실의 바닥면적 $150m^2$마다 1개 이상으로 하되, 급기구의 크기는 $800cm^2$ 이상으로 한다. 다만, 바닥면적이 $150cm^2$ 미만인 경우에는 다음의 크기로 하여야 한다.

바닥면적	급기구의 면적
$60m^2$ 미만	$150cm^2$ 이상
$60m^2$ 이상, $90m^2$ 미만	$300cm^2$ 이상
$90m^2$ 이상, $120m^2$ 미만	$450cm^2$ 이상
$120m^2$ 이상, $150m^2$ 미만	$600cm^2$ 이상

③ 급기구는 낮은 곳에 설치하고 가는 눈의 구리망 등으로 인화방지망을 설치한다.
④ 환기구는 지붕 위 또는 지상 2m 이상의 높이에 회전식 고정벤틸레이터 또는 루프팬 방식으로 설치한다.

04 바닥면적이 $1,000m^2$인 제조소의 환기설비의 급기구 크기는 얼마로 하여야 하는가?

정답

$\dfrac{1,000m^2}{150m^2} = 6.67 ≒ 7$, $150m^2$마다 $800cm^2$ 이므로 $800cm^2 \times 7 = 5,600cm^2$ 이상

해설

3번 해설 참조

05 환기배출설비 등의 일반점검사항에서는 어떠한 검사를 하는가?

정답

① 변형손상의 유무, 고정상태의 적부 : 육안검사
② 인화방지망의 손상 및 막힘 여부 : 육안검사
③ 방화댐퍼의 손상 유무 및 기능의 적부 : 육안검사 및 작동확인
④ 팬의 작동상황의 적부 : 작동확인
⑤ 가연성증기 경보장치의 작동상황 : 작동확인

해설

환기설비의 설치 제외 : 배출설비가 설치되어 유효하게 환기가 되는 건축물

06 위험물제조소의 배출설비는 국소방식과 전역방식이 있다. 다음 물음에 답하시오.

① 배출능력
   ⑦ 국소방식
   ⑭ 전역방식
② 배출설비를 설치해야 하는 장소

정답

① ⑦ 1시간당 배출장소 용적의 20배 이상
   ⑭ 바닥면적 $1m^3$당 $18m^3$ 이상
② 가연성의 증기 또는 미분이 체류할 우려가 있는 건축물

해설

배출설비는 배풍기, 배출덕트, 후드 등을 이용하여 강제적으로 배출하는 것으로 해야 한다.

07 가연성증기가 체류할 우려가 있는 위험물제조소 건축물에 배출설비를 하고자 할 때 배출능력은 몇 m^3/h 이상이어야 하는지 구하시오(단, 전역방식이 아닌 경우이고 배출장소의 크기는 가로 8m, 세로 6m, 높이 4m이다).

정답

① 배출장소의 용적 $8m \times 6m \times 4m = 192m^3$
② 배출능력은 1시간당 배출장소 용적의 20배 이상인 것으로 하므로, 배출능력 $= 192m^3 \times 20 = 3,840m^3/h$

해설

■ 배출설비
가연성의 증기 또는 미분이 체류할 우려가 있는 건축물에는 그 증기 또는 미분을 옥외의 높은 곳으로 배출할 수 있도록 배출설비를 설치한다.

08 위험물제조소의 위치·구조 및 설비에서 옥외의 액체위험물을 취급하는 설비의 바닥기준을 5가지 쓰시오.

정답

① 바닥둘레에 높이 0.15m 이상의 턱을 설치하는 등 위험물이 외부로 흘러나가지 아니하도록 하여야 한다.
② 바닥은 콘크리트 등 위험물이 스며들지 아니하는 재료로 한다.
③ 턱이 있는 쪽이 낮게 경사지게 하여야 한다.
④ 바닥의 최저부에 집유설비를 하여야 한다.
⑤ 위험물을 취급하는 설비에 있어서는 당해 위험물이 직접 배수구에 흘러들어가지 않도록 집유설비에 유분리장치를 설치하여야 한다.

해설

▪ **옥외에서 취급하는 위험물**
20℃의 물 100g에 용해되는 양이 1g 미만인 것

09 위험물제조소 안전장치의 종류 3가지를 쓰시오.

정답

① 자동적으로 압력의 상승을 정지시키는 장치
② 감압측에 안전밸브를 부착한 감압밸브
③ 안전밸브를 병용하는 경보장치
④ 파괴판

해설

▪ **파괴판**
위험물의 성질에 따라 안전밸브의 작동이 곤란한 가압설비에 한한다.

10 히드록실아민 200kg을 취급하는 제조소에서 안전거리를 구하시오.

정답

① 히드록실아민 지정수량이 100kg이므로 : $\dfrac{200kg}{100kg}$ =2배

② 안전거리(D)= $\dfrac{51.1 \times N}{3}$ [D : 안전거리(m), N : 지정수량의 배수]

③ 안전거리(D)= $\dfrac{51.1 \times 2}{3}$ =34.07m

11 지정수량의 5배를 초과하는 지정과산화물의 옥내저장소의 안전거리 산정 시 담 또는 토제를 설치하는 경우 설치기준을 쓰시오.

> **정답**

① 담 또는 토제는 저장창고의 외벽으로부터 2m 이상 떨어진 장소에 설치한다(다만, 담 또는 토제와 해당 저장창고와의 간격은 당해 옥내저장소의 공지 너비의 1/5을 초과할 수 없다).
② 담 또는 토제의 높이는 저장창고의 처마 높이 이상으로 한다.
③ 담은 두께 15cm 이상의 철근콘크리트조나 철골철근콘크리트조 또는 두께 20cm 이상의 보강콘크리트블록 조로 한다.
④ 토제의 경사면의 경사도는 60° 미만으로 한다.

> **해설**

■ **지정과산화물의 옥내저장소의 안전거리 산정 시 담 또는 토제를 설치하는 경우**
① 지정수량의 5배 이하인 경우 : 지정수량의 5배 이하인 지정과산화물의 옥내저장소에 대하여는 해당 옥내 저장소의 저장창고의 외벽을 두께 30cm 이상의 철근콘크리트조 또는 철골철근콘크리트조로 만드는 것으 로서 담 또는 토제에 대신할 수 있다.
② 지정수량의 5배를 초과하는 경우
  ⑦ 담 또는 토제는 저장창고의 외벽으로부터 2m 이상 떨어진 장소에 설치할 것. 다만, 담 또는 토제와 해당 저장창고와의 간격은 해당 옥내저장소의 공지 너비의 1/5을 초과할 수 없다.
  ⑪ 담 또는 토제의 높이는 저장창고의 처마 높이 이상으로 한다.
  ⑪ 담은 두께 15cm 이상의 철근콘크리트조나 철골철근콘크리트조 또는 두께 20cm 이상의 보강콘크리트 블록조로 한다.
  ⑪ 토제의 경사면의 경사도는 60° 미만으로 한다.

12 제조소 외벽높이 2m, 인근 건축물과의 거리 5m, 제조소 등과 방화상 유효한 담과의 거리 2.5m, 인근 건축물의 높이 6m이며, 산출식에서 사용되는 상수값은 0.15이다. 이때 방화상 유효한 담의 높이를 구하시오.

> **정답**

$H > pD^2 + a$일 때 $h = H - p(D^2 - d^2)$
여기서, H : 인근 건물 또는 공작물의 높이(m)
       h : 방화상 유효한 담의 높이(m)
       D : 제조소 등과 인근 건축물 또는 공작물과의 거리(m)
       d : 제조소 등과 방화상 유효한 담과의 거리(m)
       a : 제조소 등 외벽의 높이(m)
위에서 산출된 수치가 2 미만일 때에는 담의 높이를 2m로, 4 이상일 때에는 담의 높이를 4m로 하여야 한다.
$H > pD^2 + a$인 경우 : $6 > 0.15 \times 5^2 + 2 = 5.75$m
∴ $h = H - p(D^2 - d^2) = 6 - 0.15(5^2 - 2.5^2) = 3.19$m

13 위험물제조소와 학교와의 거리가 20m로 위험물 안전에 의한 안전거리를 충족할 수 없어서 방화상 유효한 담을 설치하고자 한다. 위험물제조소 외벽 높이 10m, 학교 높이 30m이며, 위험물제조소와 방화상 유효한 담의 거리 5m인 경우 방화상 유효한 담의 높이는?(단, 학교건물은 방화구조이고, 위험물제조소에 면한 부분의 개구부에 방화문이 설치되지 않았다)

정답

① 조건으로부터 상수 $P=0.04$이고, $H>PD^2+a$인 경우이므로, $(30 > (0.04)(20)^2+10=26)$
② 방화상 유효한 담의 높이$(h) = H-P(D^2-d^2) = 30-0.04(20^2-5^2) = 15m$
  ∴ 산출된 수치가 2 미만일 때는 담의 높이를 2m로, 4 이상일 때에는 담의 높이를 4m로 한다. 즉, 4m이다.

해설

■ **방화상 유효한 담의 높이**

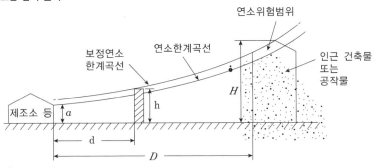

① $H \leq PD^2+a$인 경우 : $h=2$
② $H > PD^2+a$인 경우 : $h = H-P(D^2-d^2)$
  여기서, d : 제조소 등과 방화상 유효한 담과의 거리[m]
       D : 제조소 등과 인근 건축물 또는 공작물과의 거리[m]
       h : 방화상 유효한 담의 높이[m]
       a : 제조소 등의 외벽의 높이[m]
       H : 인근 건축물 또는 공작물의 높이[m]
       P : 상수

인근 건축물 또는 공작물의 구분	P의 값
• 학교, 주택, 문화재 등의 건축물 또는 공작물이 목조인 경우 • 학교, 주택, 문화재 등의 건축물 또는 공작물이 방화구조 또는 내화구조이고, 제조소 등에 면한 부분의 개구부에 방화문이 설치되지 아니한 경우	0.04
• 학교, 주택, 문화재 등의 건축물 또는 공작물이 방화구조인 경우 • 학교, 주택, 문화재 등의 건축물 또는 공작물이 방화구조 또는 내화구조이고, 제조소 등에 면한 부분의 개구부에 을종방화문이 설치된 경우	0.15
학교, 주택, 문화재 등의 건축물 또는 공작물이 내화구조이고, 제조소 등에 면한 개구부에 갑종방화문이 설치된 경우	∞

14 제조소에 사용하는 배관의 재질은 원칙적으로 강관으로 하여야 한다. 예외적으로 지하매설 배관의 경우 사용할 수 있는 금속성 이외의 재질 3가지를 쓰시오.

정답

① 유리섬유강화플라스틱, ② 고밀도폴리에틸렌, ③ 폴리우레탄

해설

위험물제조소의 배관은 지하매설배관의 경우를 제외하고는 배관의 재질은 강관, 그밖에 이와 유사한 금속성으로 하여야 한다. 지하에 매설하는 배관의 경우 배관의 재질은 한국산업규격에 의한 유리섬유강화플라스틱·고밀도폴리에틸렌 또는 폴리우레탄으로 하고, 구조는 내관 및 외관의 이중으로 하며, 내관과 외관의 사이에는 틈새공간을 두어 누설여부를 외부에서 쉽게 확인할 수 있도록 하고, 국내 또는 국외의 관련 공인시험기관으로부터 안전성에 대한 시험 또는 인증을 받은 것이어야 한다.

15 위험물안전관리법상 제조소의 기술기준을 적용함에 있어 위험물의 성질에 따른 강화된 특례 기준을 적용하는 위험물은 다음과 같다. (　　) 안에 알맞은 용어를 쓰시오.

① 3류 위험물 중 (　　), (　　) 또는 이 중 어느 하나 이상을 함유하는 것
② 4류 위험물 중 (　　), (　　) 또는 이 중 어느 하나 이상을 함유하는 것
③ 5류 위험물 중 (　　), (　　) 또는 이 중 어느 하나 이상을 함유하는 것

정답

① 알킬알루미늄, 알킬리튬
② 아세트알데히드, 산화프로필렌
③ 히드록실아민, 히드록실아민염류

16 다음의 조건을 모두 만족하는 위험물의 품명을 2가지 쓰시오.

① 옥내저장소에 저장할 때 저장창고의 바닥면적을 1,000m² 이하로 하여야 하는 위험물
② 옥외저장소에 저장·취급할 수 없는 위험물

정답

① 특수인화물류, ② 제1석유류(인화점이 0℃ 미만인 것)

해설

■ **옥내저장소의 기준**
(1) 저장창고의 바닥면적 1,000m² 이하 : 44번 해설 참조
(2) 옥외저장소에 저장할 수 있는 위험물
　　① 제2류 위험물 중 유황, 인화성고체(인화점이 0℃ 이상인 것에 한함)

② 제4류 위험물 중 제1석유류(인화점이 0℃ 이상인 것에 한함), 제2석유류, 제3석유류, 제4석유류, 알코올류 및 동·식물유류

③ 제6류 위험물

17 제3류 위험물을 옥내저장소에 저장창고 바닥면적이 2,000m²에 저장할 수 있는 품명을 5가지 쓰시오.

정답

① 알칼리금속(K, Na 제외) 및 알칼리토금속

② 유기금속화합물(알킬알루미늄, 알킬리튬 제외)

③ 금속의 수소화물

④ 금속의 인화물

⑤ 칼슘 또는 알루미늄의 탄화물

해설

■ 옥내저장소 저장창고 기준면적

위험물을 저장하는 창고의 종류	기준면적
① 제1류 위험물 중 아염소산염류, 염소산염류, 과염소산염류, 무기과산화물, 그 밖에 지정수량이 50kg인 위험물 ② 제3류 위험물 중 칼륨, 나트륨, 알킬알루미늄, 알킬리튬, 그 밖에 지정수량이 10kg인 위험물 ③ 제4류 위험물 중 특수인화물, 제1석유류 및 알코올류 ④ 제5류 위험물 중 유기과산화물, 질산에스테르류, 그 밖에 지정수량이 10kg인 위험물 ⑤ 제6류 위험물	1,000m² 이하
①~⑤의 위험물 외의 위험물을 저장하는 창고 ① 제1류 위험물 중 브롬산염류, 질산염류, 요오드산염류, 과망간산염류, 중크롬산염류 ② 제2류 위험물 전부 ③ 제3류 위험물 알칼리금속(칼륨 및 나트륨은 제외) 및 알칼리토금속, 유기금속화합물(알킬알루미늄 및 알킬리튬은 제외), 금속의 수소화물, 금속의 인화물, 칼슘 또는 알루미늄의 탄화물 ④ 제4류 위험물 중 제2석유류, 제3석유류, 제4석유류, 동식물유류 ⑤ 제5류 위험물 중 니트로화합물, 니트로소화합물, 아조화합물, 디아조화합물, 히드라진유도체, 히드록실아민, 히드록실아민염류	2,000m² 이하

18 위험물 옥내저장소의 위치·구조 설치기준 중, 제5류 위험물만의 저장창고에 있어서는 당해 저장창고 내의 온도를 저온으로 유지하기 위하여 무슨 재료로 된 반자를 설치하는가?

정답

난연재료 또는 불연재료

해설

① 난연재료 : 불에 타지 않는 성질을 가진 건축재료

② 불연재료 : 화재시 불에 녹거나 열에 의해 빨갛게 되는 경우는 있어도 연소현상은 일으키지 않는 재료

19 위험물 옥내저장소의 기준에 따라 저장창고에 선반 등의 수납장을 설치하는 경우 설치기준 3가지를 쓰시오.

정답

① 수납장은 불연재료로 만들어 견고한 기초 위에 고정할 것
② 수납장은 당해 수납장 및 그 부속설비의 자중, 저장하는 위험물의 중량 등의 하중에 의하여 생기는 응력에 대하여 안전한 것으로 할 것
③ 수납장에는 위험물을 수납한 용기가 쉽게 떨어지지 아니하게 하는 조치를 할 것

해설

■ **옥외저장소 선반 설치 기준과의 비교**
① 불연재료로 하고 견고한 지반면에 고정할 것
② 선반 높이는 6m를 초과하지 말 것
③ 당해 선반 및 그 부속설비의 자중, 저장위험물의 중량, 풍하중, 지진의 영향 등에 의하여 생기는 응력에 대하여 안전할 것
④ 위험물을 수납한 용기가 쉽게 낙하하지 아니하는 조치를 강구할 것

20 소규모 옥내저장소의 특례기준이다. 다음 물음에 답하시오.

① 소규모 옥내저장소라 함은 저장·취급량이 지정수량 몇 배 이하인 옥내저장소를 말하는가?
② 구분하는 처마 높이의 기준은 몇 m 미만인가?

정답

① 50배 이하, ② 6m 미만

해설

■ **소규모 옥내저장소**
지정수량의 50배 이하인 옥내저장소 중 저장창고의 처마 높이가 6m 미만인 것

21 위험물안전관리자가 점검하여야 할 옥내저장소의 일반점검표이다. (   ) 안에 알맞게 쓰시오.

건축물	벽·기둥·보·지붕	(①)	육 안
	(②)	변형·손상 등의 유무 및 폐쇄 기능의 적부	육 안
	바 닥	(③)	육 안
		균열·손상·패임 등의 유무	육 안
	(④)	변형·손상 등의 유무 및 고정상황의 적부	육 안
	다른 용도 부분과 구획	균열·손상 등의 유무	육 안
	(⑤)	손상의 유무	육 안

정답

① 균열·손상 등의 유무, ② 방화문, ③ 체유·체수의 유무, ④ 계단, ⑤ 조명설비

해설

■ 옥내저장소의 일반점검표

점검항목		점검내용	점검방법	점검결과
안전거리		보호대상물 신설여부	육안 및 실측	
		방화상 유효한 담의 손상 유무	육 안	
건축물	벽·기둥·보·지붕	균열·손상 등의 유무	육 안	
	방화문	변형·손상 등의 유무 및 폐쇄기능의 적부	육 안	
	바닥	체유·체수의 유무	육 안	
		균열·손상·패임 등의 유무	육 안	
	계단	변형·손상 등의 유무 및 고정상황의 적부	육 안	
	다른 용도 부분과 구획	균열·손상 등의 유무	육 안	
	조명설비	손상의 유무	육 안	
환기·배출설비 등		변형·손상의 유무 및 고정상태의 적부	육 안	
		인화방지망의 손상 및 막힘 유무	육 안	
		방화댐퍼의 손상 유무 및 기능의 적부	육안 및 작동확인	
		팬의 작동상황의 적부	작동확인	
		가연성 증기경보장치의 작동상황	작동확인	

22 기계에 의하여 하역하는 구조로 된 운반용기의 외부에 다음에 정하는 바에 따라 위험물의 품명, 수량 등을 표시하여 적재하여야 한다. 예외 규정을 설명한 것인데 다음 (   ) 안을 완성하시오.

① (   )에 정한 기준
② (   )에 정하여 고시하는 기준

① 국제해상위험물규칙(IMDG Code), ② 소방청장

■ **위험물 운반용기**

① 운반용기의 성능기준

　㉮ 기계로 하역하는 구조 외의 용기 : 소방청장이 정하여 고시하는 낙하시험, 기밀시험, 내압시험 및 겹쳐쌓기 시험에서 국민안전처장관이 정하여 고시하는 기준에 적합할 것

　㉯ 기계로 하역하는 구조의 용기 : 소방청장이 정하여 고시하는 낙하시험, 기밀시험, 내압시험 및 겹쳐쌓기 시험, 아랫부분 인상시험, 윗부분 인상시험, 파열전파시험, 넘어뜨리기 시험 및 일으키기 시험에서 소방청장이 정하여 고시하는 기준에 적합할 것

② 외부 표시사항 : 위험물은 그 운반용기에 외부에 다음에 정하는 바에 따라 위험물의 품명, 수량 등을 표시하여 적재하여야 한다. 단, 국제해상위험물규칙(IMDG code)에 정한 기준 또는 소방청장이 정하여 고시하는 기준에 적합한 표시를 한 경우에는 그러하지 아니하다.

　㉮ 위험물은 품명, 위험등급, 화학명 및 수용성(제4류 위험물의 수용성인 것에 한함)

　㉯ 위험물의 수량

　㉰ 주의사항

위험물		주의사항
제1류 위험물	알칼리금속의 과산화물	• 화기 · 충격주의 • 물기엄금 • 가연물접촉주의
	기 타	• 화기 · 충격주의 • 가연물접촉주의
제2류 위험물	철분 · 금속분 · 마그네슘	• 화기주의 • 물기엄금
	인화성고체	화기엄금
	기 타	화기주의
제3류 위험물	자연발화성물질	• 화기엄금 • 공기접촉엄금
	금수성물질	물기엄금
제4류 위험물		화기엄금
제5류 위험물		• 화기엄금 • 충격주의
제6류 위험물		가연물접촉주의

23 다음 중 옥외저장소에서 저장·취급할 수 있는 위험물을 쓰시오.

> 과염소산염류, 유황, 인화성고체(인화점 5℃), 이황화탄소, 질산, 에탄올, 아세톤,
> 질산에스테르류

정답

유황, 인화성고체(인화점 5℃), 질산, 에탄올

해설

① 옥외저장소에서 저장·취급할 수 있는 위험물
 ㉮ 제2류 위험물 중 유황 또는 인화성고체(인화점이 0℃ 이상인 것에 한함)
 ㉯ 제4류 위험물 중 제1석유류(인화점이 0℃ 이상인 것에 한함), 알코올류, 제2석유류, 제3석유류, 제4석
  유류 및 동·식물유류
 ㉰ 제6류 위험물
② 옥외저장소에서 저장·취급할 수 없는 위험물
 ㉮ 저인화점의 위험물, ㉯ 이연성의 위험물, ㉰ 금수성의 위험물

24 위험물을 저장 또는 취급하는 장소에 당해 위험물을 적당한 온도로 유지하기 위한 살수설비
를 설치하여야 할 위험물을 쓰시오.

정답

① 인화성고체(인화점이 21℃ 미만인 것에 한함)
② 제1석유류
③ 알코올류

해설

■ **인화성고체, 제1석유류 또는 알코올류의 옥외저장소 특례**
① 인화성고체(인화점이 21℃ 미만인 것에 한함), 제1석유류 또는 알코올류를 저장 또는 취급하는 장소에는
 당해 위험물을 적당한 온도로 유지하기 위한 살수설비 등을 설치하여야 한다.
② 제1석유류 또는 알코올류를 저장 또는 취급하는 장소의 주위에는 배수구 및 집유설비를 설치해야 한다.
 이 경우 제1석유류(온도 20℃의 물 100g에 용해되는 양이 1g 미만인 것에 한함)를 저장 또는 취급하는
 장소에 있어서는 집유설비에 유분리장치를 설치하여야 한다.

25 횡형 원통형 탱크에서 다음 ①~③에 알맞은 말을 써 넣으시오.

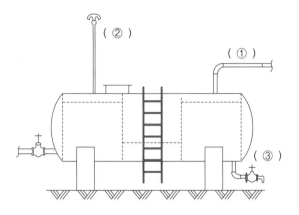

정답

① 주입관, ② 통기관, ③ 배수관

해설

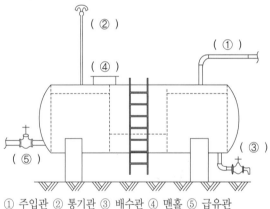

① 주입관 ② 통기관 ③ 배수관 ④ 맨홀 ⑤ 급유관

26 다음의 (　) 안을 채우시오.

옥외저장탱크의 압력탱크는 (①) 이상의 강철판으로 압력탱크검사는 (②)으로 (③)배의 압력으로 (④)분간 실시하는 수압시험에서 각각 새거나 변형되지 아니하여야 하며 압력탱크 외의 탱크는 (⑤)으로 한다.

정답

① 3.2mm, ② 최대상용압력, ③ 1.5, ④ 10, ⑤ 충수시험

해설

■ 옥외저장탱크의 외부 구조 및 설비
① 압력탱크(최대상용압력이 대기압을 초과하는 탱크) : 수압시험(최대상용압력의 1.5배의 압력으로 10분간 실시)
② 압력탱크 외의 탱크 : 충수시험(물 또는 물 외의 적당한 액체를 채워서 위험물탱크의 누설여부를 확인하는 시험)

27 옥외탱크저장소의 압력탱크 외의 밸브 없는 통기관의 설치 기준을 4가지 쓰시오.

정답

① 직경은 30mm 이상으로 한다.
② 선단은 수평면보다 45° 이상 구부려 빗물 등의 침투를 막는 구조로 한다.
③ 가는 눈의 구리망 등으로 인화방지장치를 한다.
④ 가연성의 증기를 회수하기 위한 밸브를 통기관에 설치하는 경우에 있어서는 당해 통기관의 밸브는 저장탱크에 위험물을 주입하는 경우를 제외하고는 항상 개방되어 있는 구조로 하는 한편, 폐쇄하였을 경우에 있어서는 10kPa 이하의 압력에서 개방되는 구조로 한다. 이 경우 개방된 부분의 유효단면적은 777.15mm^2 이상이어야 한다.

해설

■ 대기밸브 부착 통기관
① 작동압력차이 : 5kPa 이하
② 인화방지장치 : 가는 눈의 구리망 사용

28 액체위험물 옥외탱크 주입구의 설치기준 5가지를 쓰시오.

정답

① 화재예방상 지장이 없는 장소에 설치한다.
② 주입호스 또는 주입관과 결합할 수 있고, 결합하였을 때 위험물이 새지 아니한다.
③ 주입구에는 밸브 또는 뚜껑을 설치한다.
④ 휘발유, 벤젠, 그 밖에 정전기에 의한 재해가 발생할 우려가 있는 액체위험물의 옥외저장탱크의 주입구 부근에는 정전기를 유효하게 제거하기 위한 접지전극을 설치한다.
⑤ 인화점이 21℃ 미만인 위험물의 옥외저장탱크의 주입구에는 보기 쉬운 곳에 게시판을 설치한다.

해설

■ 옥외저장탱크의 설치기기
① 기밀부유식 계량장치, ② 부유식 계량장치, ③ 자동계량장치, ④ 유리게이지

29 위험물의 저장기준에 대해 (   )를 완성하시오.

① 옥외저장탱크·옥내저장탱크 또는 지하저장탱크 중 압력탱크에 저장하는 아세트알데히드 등 또는 디에틸에테르 등의 온도는 (   )℃ 이하로 유지할 것
② 보냉장치가 있는 이동저장탱크에 저장하는 아세트알데히드 등 또는 디에틸에테르 등의 온도는 해당 위험물의 (   ) 이하로 유지할 것
③ 보냉장치가 없는 이동저장탱크에 저장하는 아세트알데히드 등 또는 디에틸에테르 등의 온도는 (   )℃ 이하로 유지할 것

정답

① 40   ② 비점   ③ 40

해설

■ 위험물 저장기준

옥외저장탱크 옥내저장탱크 지하저장탱크	압력탱크	디에틸에테르 등 아세트알데히드 등	40℃ 이하
	압력탱크 외의 탱크	디에틸에테르 등, 산화프로필렌	30℃ 이하
		아세트알데히드	15℃ 이하
이동저장탱크		디에틸에테르 등, 아세트알데히드 등	비점 이하(보냉장치 있음) 40℃ 이하(보냉장치 없음)
옥내저장소		용기에 수납하여 저장 시	55℃ 이하

30 옥외탱크저장소의 방유제에 대한 다음 물음에 답하시오.

① 하나의 방유제 내의 탱크를 20기 이하로 할 경우 방유제 내의 전 탱크의 용량은?
② 방유제와 탱크 측면과의 상호거리 확보가 인화점 몇 ℃ 이상인 경우에 제외되는가?
③ 탱크의 지름이 15m 미만인 경우 방유제와 탱크 측면과의 상호거리
④ 탱크의 지름이 15m 이상인 경우 방유제와 탱크 측면과의 상호거리

정답

① 20만L 이하, ② 200℃ 이상, ③ 탱크 높이의 $\frac{1}{3}$ 이상, ④ 탱크 높이의 $\frac{1}{2}$ 이상

해설

① 하나의 방유제 내의 탱크의 기수
  ㉮ 10기 이하
  ㉯ 20기 이하 : 방유제 내 전 탱크의 용량이 20만L 이하이고, 인화점이 70℃ 이상 200℃ 미만인 것

㉲ 기수에 제한을 두지 않는 경우 : 인화점 200℃ 이상

② 방유제와 탱크 측면과의 상호거리

㉮ 탱크 지름이 15m 미만 : 탱크 높이의 $\frac{1}{3}$ 이상

㉯ 탱크 지름이 15m 이상 : 탱크 높이의 $\frac{1}{2}$ 이상

㉰ 인화점이 200℃ 이상 : 방유제와 탱크 측면과의 상호거리 확보 제외

31 위험물제조소 옥외에 있는 위험물 취급탱크에 기어유 50,000L 1기, 실린더유 80,000L 1기를 동일 방유제 내에 설치하였다. 방유제의 최소 용량(L)을 구하시오.

정답

■ **2개 이상의 탱크**
방유제 용량 = 최대 탱크용량×0.5 + 기타 탱크용량의 합×0.1
　　　　　　 = 80,000×0.5 + 50,000×0.1
　　　　　　 = 45,000L

해설

■ **방유제의 용량**
① 인화성액체위험물(CS$_2$ 제외)의 옥외탱크저장소의 탱크
　㉮ 1기 이상 : 탱크용량의 110% 이상(인화성이 없는 액체위험물은 탱크용량의 100% 이상)
　㉯ 2기 이상 : 최대 용량의 110% 이상
② 위험물제조소의 옥외에 있는 위험물취급탱크(용량이 지정수량의 1/5 미만인 것은 제외)
　㉮ 1개의 탱크 : 방유제 용량×0.5
　㉯ 2개 이상의 탱크 : 방유제 용량 = 최대 탱크용량×0.5 + 기타 탱크용량의 합×0.1

32 다음의 (　　) 안을 채우시오.

이황화탄소의 옥외저장탱크는 벽 및 바닥의 두께가 (①)m 이상이고, 누수가 되지 아니하는 (②)의 수조에 넣어 보관하여야 한다. 이 경우 보유공지, 통기관, (③)는 생략한다.

정답

① 0.2, ② 철근콘크리트, ③ 자동계량장치

해설

이황화탄소의 옥외저장탱크는 벽 및 두께가 0.2m 이상이고 누수가 되지 아니하는 철근콘크리트의 수조에 넣어 보관하여야 한다. 이 경우 보유공지, 통기관, 자동계량 장치는 생략할 수 있다.

33 용량이 1,000만L인 옥외저장탱크의 주위에 설치하는 방유제에 당해 탱크마다 간막이 둑을 설치하여야 할 때, 다음 물음에 답하시오.(단, 방유제 내에 설치되는 옥외저장탱크의 용량의 합계가 2억L를 넘지 않는다)

> ① 간막이 둑 최소 높이
> ② 간막이 둑 재질
> ③ 간막이 둑 용량

정답

① 0.3m 이상
② 흙 또는 철근콘크리트
③ 1,000만L×0.1 = 100만L 이상

해설

■ **용량 1,000만L인 옥외저장탱크의 방유제 설치기준**
① 간막이 둑의 높이는 0.3m(방유제 내에 설치되는 옥외저장탱크의 용량 합계가 2억L를 넘는 방유제에 있어서는 1m) 이상으로 하되, 방유제의 높이보다 0.2m 이상 낮게 한다.
② 간막이 둑은 흙 또는 철근콘크리트로 한다.
③ 간막이 둑 용량은 간막이 둑 안에 설치된 탱크용량의 10% 이상으로 한다.

34 특정 옥외저장탱크를 원통형으로 설치하고자 한다. 지면으로부터 높이가 9m일 때 이 탱크가 받는 풍하중은 1m²당 얼마 이상인가?

정답

풍하중 $q = 0.588k\sqrt{h}$
여기서, q : 풍하중(kN/m^2)
　　　　k : 풍력계수(원통형 탱크의 경우는 0.7, 그 외의 탱크는 1.0)
　　　　h : 지반면으로부터의 높이(m)
　　　　$q = 0.588 \times 0.7\sqrt{9} = 1.2348kN$

해설

■ **특정옥외탱크저장소**
옥외탱크저장소 중 저장 또는 취급하는 액체위험물의 최대수량이 100만L 이상인 것

35 다음 특정옥외탱크저장소의 용접방법을 쓰시오.

① 에뉼러판과 에뉼러판
② 에뉼러판과 밑판 및 밑판과 밑판

정답

① 뒷면에 재료를 댄 맞대기 용접
② 뒷면에 재료를 댄 맞대기 용접 또는 겹치기 용접

해설

■ **특정 옥외저장탱크의 용접방법**
① 옆판의 용접은 다음에 의할 것
  ㉮ 세로이음 및 가로이음은 완전용입 맞대기용접을 할 것
  ㉯ 옆판의 세로이음은 단을 달리하는 옆판의 각각의 세로이음과 동일선상에 위치하지 아니하도록 할 것. 이
     경우 해당 세로이음 간의 간격은 서로 접하는 옆판 중 두꺼운 쪽 옆판의 두께의 5배 이상으로 하여야 한다.
② 옆판과 에뉼러판(에뉼러판이 없는 경우에는 밑판)과의 용접은 부분용입 그룹용접 또는 이와 동등 이상 용
  접강도가 있는 용접방법으로 용접할 것. 이 경우에 있어서 용접 비드는 매끄러운 형상을 가져야 한다.
③ 에뉼러판과 에뉼러판은 뒷면에 재료를 댄 맞대기용접으로 하고, 에뉼러판과 밑판 및 밑판과 밑판의 용접
  은 뒷면에 재료를 댄 맞대기용접 또는 겹치기용접으로 용접할 것. 이 경우에 에뉼러판과 밑판이 접하는
  면 및 밑판과 밑판이 접하는 면은 해당 에뉼러판과 밑판의 용접부의 강도 및 밑판과 밑판의 용접부의 강도
  에 유해한 영향을 주는 흠이 있어서는 아니 된다.
④ 펠릿용접의 사이즈(부등사이즈가 되는 경우에는 작은 쪽의 사이즈를 말함)는 다음 식에 의하여 구한 값으
  로 할 것
  $$t_1 \geqq S \geqq \sqrt{2t_2} \, (단, \ S \geqq 4.5)$$
  여기서, t_1 : 얇은 쪽의 강판의 두께(mm)
      t_2 : 두꺼운 쪽의 강판의 두께(mm)
      S : 사이즈(mm)

36 특정 옥외저장탱크에 에뉼러판을 설치하여야 하는 경우를 3가지 쓰시오.

정답

① 저장탱크 옆판의 최하단 두께가 15mm를 초과하는 경우
② 내경이 30m를 초과하는 경우
③ 저장탱크 옆판을 고장력강으로 사용하는 경우

해설

① 특정옥외탱크저장소 : 옥외탱크저장소 중 그 저장 또는 취급하는 액체위험물의 최대수량의 100만L 이상일 것
② 준특정옥외탱크저장소 : 옥외탱크저장소 중 그 저장 또는 취급하는 액체위험물의 최대수량이 50만L 이상,
   100만L 미만의 것

37 다음 물음에 답하시오.

① 방유제의 면적은?
② 방유제의 높이는?

① 8만m^2 이하, ② 0.5m 이상 3m 이하

① 방유제 : 위험물의 유출을 방지하기 위하여 위험물 옥외탱크저장소의 주위에 철근 콘크리트 또는 흙으로 둑을 만들어 놓은 것
② 탱크 : 10기(모든 탱크용량이 20만L 이하, 인화점 70~200℃ 미만은 20기) 이하
③ 용량

1기 이상	탱크용량의 110% 이상
2기 이상	최대용량의 110% 이상

38 옥내탱크저장소에서 별도의 기준을 갖출 경우 탱크전용실을 단층건물 외의 건축물에 설치할 수 있는 제2류 위험물의 종류 3가지를 쓰시오.

① 황화인, ② 적린, ③ 덩어리 유황

■ **옥내저장탱크의 전용실을 건축물의 1층 또는 지하층에 설치할 수 있는 위험물**
(1) 제2류 위험물 : ① 황화인, ② 적린, ③ 덩어리 유황
(2) 제3류 위험물 : 황린
(3) 제6류 위험물 : ① 질산

39 옥내탱크저장소에 대한 다음 물음에 답하시오.

① 탱크전용실과 탱크 상호간의 거리
② 밸브 없는 통기관의 지름
③ 탱크의 용량

① 0.5m 이상, ② 30mm 이상, ③ 지정수량 40배 이하

해설

■ **옥내탱크저장소**

옥내에 있는 탱크에서 위험물을 저장·취급하는 저장소를 말하며, 옥내에 있는 탱크라는 의미에서 이중의 안전장치를 가지고 있는 시설이다. 저장 용량을 제한하고 있어 비교적 안전한 저장소라고 볼 수가 있고, 따라서 안전거리 및 보유공지의 규제를 받지 아니하는 저장소이다.

40 등유를 저장하는 옥내탱크저장소의 밸브 없는 통기관 설치기준 5가지를 쓰시오.

정답

① 통기관의 지름은 30mm 이상이다.
② 통기관의 선단은 수평면에 대하여 45° 이상 구부려 빗물들이 들어가지 않는 구조로 한다.
③ 가는 눈의 동망 등으로 인화방지장치를 설치한다.
④ 통기관 선단으로부터 지면까지의 거리가 4m 이상이다.
⑤ 통기관의 선단과 건축물의 창 또는 출입구 등의 개구부와의 거리는 1m 이상이다.

해설

■ **옥내저장탱크의 압력탱크**

최대사용압력이 부압 또는 정압 5kPa를 초과하는 탱크이다.

41 다음은 지하탱크저장소의 설비기준이다. ( ) 안을 채우시오.

> (1) 탱크전용실은 지하의 가장 가까운 벽·피트·가스관 등의 시설물 및 대지경계선으로부터 (①)m 이상 떨어진 곳에 설치한다.
> (2) 지하저장탱크와 탱크전용실 안쪽과의 사이는 (①)m 이상의 간격을 유지하도록 하며, 해당 탱크의 주위에 마른모래 또는 습기 등에 의하여 응고되지 아니하는 입자 지름 (②)mm 이하의 마른 자갈분을 채운다.
> (3) 지하저장탱크를 2 이상 인접해 설치하는 경우에는 그 상호간에 (①)m[해당 2 이상의 지하저장탱크의 용량의 합계가 지정수량의 100배 이하인 때에는 (②)m 이상]의 간격을 유지하여야 한다. 다만, 그 사이에 탱크전용실의 벽이나 두께 (③)cm 이상의 콘크리트 구조물이 있는 경우에는 그러하지 아니하다.

정답

(1) ① 0.1m, (2) ① 0.1m, ② 5mm, (3) ① 1m, ② 0.5m, ③ 20cm

해설

지하저장탱크 : 위험물을 저장·취급하는 지하탱크

42 지하저장탱크의 주위에는 당해 탱크로부터의 액체위험물의 누설을 검사하기 위한 관을 4개소 이상 적당한 위치에 설치한다. 누유검사관의 설치기준을 3가지만 쓰시오.

정답

① 이중관으로 할 것(다만, 소공이 없는 상부는 단관으로 할 수 있다)
② 재료는 금속관 또는 경질합성수지관으로 할 것
③ 관은 탱크실 또는 탱크의 기초 위에 닿게 할 것
④ 관의 밑부분으로부터 탱크의 중심 높이까지의 부분에는 소공이 뚫려 있을 것(다만, 지하수위가 높은 장소에 있어서는 지하수위 높이까지의 부분에 소공이 뚫려 있어야 한다)
⑤ 상부는 물이 침투하지 아니하는 구조로 하고, 뚜껑은 검사 시에 쉽게 열 수 있도록 할 것₩

해설

소공 : 작은 구멍을 의미한다.

43 강제강화플라스틱제 이중벽탱크의 누설된 위험물을 감지할 수 있는 누설감지설비에 설치하는 경보장치에 대해서 다음 물음에 답하시오.

> ① 센서의 종류
> ② 센서가 감지해야 할 검지관 내의 위험물 등의 누설 수위
> ③ 센서가 감지해야 할 검지관 내의 위험물 등의 누설량
> ④ 센서가 누설된 위험물 등을 감지한 경우 발해야 할 경보음의 크기

정답

① 액체플로트센서, 액면계
② 3cm 이상
③ 1L 이상
④ 80dB 이상

해설

■ **강제강화플라스틱제 이중벽 탱크의 누설감지설비의 기준**

① 누설감지설비는 탱크 본체의 손상 등에 의하여 감지층에 위험물이 누설되거나 강화플라스틱 등의 손상 등에 의하여 지하수가 감지층에 침투하는 현상을 감지하기 위하여 감지층에 접속하는 누유검사관(검지관)에 설치된 센서 및 당해 센서가 작동한 경우에 경보를 발생하는 장치로 구성되도록 할 것
② 경보표시장치는 관계인이 상시 쉽게 감시하고 이상상태를 인지할 수 있는 위치에 설치할 것
③ 감지층에 누설된 위험물 등을 감지하기 위한 센서는 액체플로트센서 또는 액면계 등으로 하고, 검지관 내로 누설된 위험물 등의 수위가 3cm 이상인 경우에 감지할 수 있는 성능 또는 누설량이 1L 이상인 경우에 감지할 수 있는 성능이 있을 것
④ 누설감지설비는 센서가 누설된 위험물 등을 감지한 경우에 경보신호(경보음 및 경보표시)를 발하는 것으로 하되, 당해 경보신호가 쉽게 정지될 수 없는 구조로 하고 경보음은 80dB 이상으로 할 것

44 위험물탱크시험자가 갖추어야 할 시설과 필수장비 3가지 쓰시오.

> **정답**
>
> ① 시설 : 전용사무실
> ② 필수장비 : 자기탐상시험기, 초음파두께측정기 및 다음 중 어느 하나
> ㉮ 영상초음파탐상시험기
> ㉯ 방사선투과시험기 및 초음파탐상시험기

45 이동탱크저장소의 기준에 따라서 칸막이로 구획된 부분에 안전장치를 설치한다. 다음 안전장치가 작동하여야 하는 압력의 기준을 쓰시오.

> ① 상용압력이 18kPa인 탱크
> ② 상용압력이 21kPa인 탱크

> **정답**
>
> ① 20kPa 이상 24kPa 이하, ② 21kPa×1.1＝23.1kPa 이하

> **해설**
>
> ■ 이동탱크저장소의 안전장치 작동압력

상용압력	작동압력
20kPa 이하	20 이상 24kPa 이하
20kPa 초과	상용압력의 1.1배 이하

46 이동탱크저장소의 상용압력이 21kPa일 때, 안전장치의 작동압력은?

> **정답**
>
> 21×1.1＝23.1kPa

> **해설**
>
> 45번 해설 참조

47 위험물 이동탱크저장소에 대한 다음 물음에 답하시오.

> ① 방파판을 설치하는 이유를 쓰시오.
> ② 비치공구를 4가지 쓰시오.

① 위험물을 운송하는 중에 탱크 내부의 위험물이 출렁임 또는 급회전에 의한 쏠림 등을 감소시켜 운행 중인 차량의 안전성을 확보하기 위해 설치한다.
② 방호복, 고무장갑, 밸브 등의 결합공구, 휴대용 확성기

이동탱크저장소 : 차량에 고정된 탱크에 위험물을 저장 또는 취급하는 저장소

48 휘발유를 저장하던 이동저장탱크에 등유나 경유를 주입할 때 또는 등유나 경유를 저장하던 이동차량탱크에 휘발유를 주입할 때 정전기 등에 의한 재해를 방지하기 위한 조치를 3가지 쓰시오.

① 탱크의 위로부터 위험물을 주입할 경우 주입속도는 1m/s 이하여야 한다.
② 탱크의 밑바닥에 설치된 고정주입배관으로 위험물을 주입할 경우 주입속도는 1m/s 이하여야 한다.
③ 위험물을 주입하기 전에 탱크에 가연성 증기가 없도록 조치하고 안전한 상태를 확인 후 주입한다.

■ 이동저장탱크

휘발유 저장	등유, 경유 주입 1m/s 이하
등유, 경유 저장	휘발유 주입 1m/s 이하

49 컨테이너식 이동탱크저장소를 제외한 이동탱크저장소의 취급 기준에 따르면 휘발유, 벤젠 그 밖에 정전기에 의한 재해발생우려가 있는 액체의 위험물을 이동저장탱크에 상부로 주입하는 때에는 주입관을 사용한다. 이때 어떤 조치를 하는지 설명하시오.

도선으로 접지하고, 주입관의 선단을 탱크의 밑바닥에 밀착하여야 한다.

■ 이동탱크저장소의 재해예방조치
① 휘발유, 벤젠, 그 밖의 정전기에 의한 재해발생의 우려가 있는 액체의 위험물을 이동저장탱크에 주입하거나 이동저장탱크로부터 배출하는 때에는 도선으로 이동저장탱크와 접지전주 등과의 사이를 긴밀히 연결하여 해당 이동저장탱크를 접지한다.
② 휘발유, 벤젠, 그 밖의 정전기에 의한 재해발생의 우려가 있는 액체의 위험물을 이동저장탱크의 상부로 주입하는 때에는 주입관을 사용하되, 해당 주입관의 선단을 이동저장탱크의 밑바닥에 밀착한다.

50 알킬알루미늄 등을 저장·취급하는 이동저장탱크에 자동차용 소화기 외에 추가로 설치하여야 하는 소화설비는?

> **정답**

마른모래 및 팽창질석 또는 팽창진주암

> **해설**

■ 소화난이도 등급 Ⅲ의 제조소 등에 설치하여야 하는 소화설비

제조소등의 구분	소화설비	설치기준	
지하탱크저장소	소형소화기 등	능력단위의 수치가 3 이상	2개 이상
이동탱크저장소	자동차용 소화기	무상의 강화액 8L 이상	2개 이상
		이산화탄소 3.2kg 이상	
		일브롬화일염화이플루오르화메탄(CF_2ClBr) 2L 이상	
		일브롬화삼플루오르화메탄(CF_3Br) 2L 이상	
		이브롬화사플루오르화에탄($C_2F_4Br_2$) 1L 이상	
		소화분말 3.5kg 이상	
	마른모래 및 팽창질석 또는 팽창진주암	마른모래 150L 이상	
		팽창질석 또는 팽창진주암 640L 이상	
그 밖의 제조소 등	소형소화기 등	능력단위의 수치가 건축물 그 밖의 공작물 및 위험물의 소요단위 수치에 이르도록 설치할 것. 다만, 옥내소화전설비, 옥외소화전설비, 스프링클러설비, 물분무등소화설비 또는 대형소화기를 설치한 경우에는 해당 소화설비의 방사능력범위 내의 부분에 대하여는 소화기 등을 그 능력단위의 수치가 해당 소요단위의 수치 1/5 이상이 되도록 하는 것으로 족하다.	

51 다음의 (　　) 안을 알맞게 채우시오.

이동탱크저장소는 바탕은 (①)으로 하고 글씨는 (②)의 반사도료로 (③)이라는 표지를 탱크의 전면 또는 후면에 보기 쉬운 곳에 부착하여야 한다.

> **정답**

① 흑색, ② 황색, ③ 위험물

> **해설**

■ 이동탱크와 저장소의 게시판의 기재사항
① 위험물의 유별
② 위험물의 품명
③ 위험물의 최대 수량
④ 위험물의 적재중량

52 스테인리스강판으로 이동저장탱크의 방호틀을 설치하고자 한다. 이때 사용재질의 인장강도가 130N/mm²이라면 방호틀의 두께는 몇 mm 이상으로 하는가?

정답

$$t = \sqrt{\frac{270}{\sigma}} \times 2.3 \ [t : \text{사용재질의 두께(mm)}, \ \sigma : \text{사용재질의 인장강도(N/mm}^2)]$$

$$\therefore \ t = \sqrt{\frac{170}{\sigma}} \times 2.3 = \sqrt{\frac{170}{130}} \times 2.3 = 3.31 \text{mm 이상}$$

해설

■ **이동저장탱크의 방호틀**

KS 규격품인 스테인리스강판, 알루미늄합금판, 고장력강판으로서 두께가 다음 식에 의하여 산출된 수치 이상으로 한다.

53 이동탱크저장소의 위험물 운송 시 운송책임자의 감독·지원을 받는다. 다음 물음에 답하시오.

> ① 위험물 종류를 2가지 쓰시오.
> ② 운송책임자의 자격요건을 쓰시오.

정답

(1) ① 알킬알루미늄, ② 알킬리튬, ③ 알킬알루미늄 또는 알킬리튬을 함유하는 위험물
(2) ① 당해 위험물의 취급에 관한 국가기술자격을 취득하고, 관련 업무에 1년 이상 종사한 경력이 있는 자
　　② 위험물의 운송에 관한 안전교육을 수료하고, 관련 업무에 2년 이상 종사한 경력이 있는 자

해설

■ **운송자**

이동탱크저장소로 위험물을 운송하는 자는 국가기술자격자 또는 위험물 운송자 안전교육을 받은 자여야 한다.

54 다음의 ( ) 안을 채우시오.

> 하나의 간이탱크저장소에 설치하는 간이저장탱크의 수를 (①) 이하로 하고, 전용실의 벽과의 사이는 (②)m 이상의 간격을 유지하며, 탱크 하나의 용량은 (③)L 이하로 한다.

정답

① 3, ② 0.5, ③ 600

■ 간이저장탱크

위험물을 저장·취급하는 간이탱크이다.

55 간이탱크저장소의 변경 허가를 받아야 하는 경우 3가지 쓰시오.

정답

① 간이탱크저장소의 위치를 이전하는 경우
② 건축물의 벽, 기둥, 바닥, 보 또는 지붕을 신설, 증설, 교체 또는 철거하는 경우
③ 간이저장탱크를 신설 교체 또는 철거하는 경우
④ 간이저장탱크를 보수(탱크 본체를 절개하는 경우에 한함)하는 경우
⑤ 간이저장탱크의 노즐 또는 맨홀을 신설하는 경우(노즐 또는 맨홀의 직경이 250mm를 초과하는 경우에 한함)

해설

■ 제조소 등의 변경허가를 받아야 하는 경우의 간이탱크저장소

제조소 등의 구분	변경허가를 받아야 하는 경우
간이탱크저장소	① 간이저장탱크의 위치를 이전하는 경우 ② 건축물의 벽·기둥·바닥·보 또는 지붕을 증설 또는 철거하는 경우 ③ 간이저장탱크를 신설·교체 또는 철거하는 경우 ④ 간이저장탱크를 보수(탱크본체를 절개하는 경우에 한한다)하는 경우 ⑤ 간이저장탱크의 노즐 또는 맨홀을 신설하는 경우(노즐 또는 맨홀의 직경이 250mm를 초과하는 경우에 한한다)

56 다음 (   )에 알맞은 말을 쓰시오.

• 주유취급소 고정주유설비의 주위에는 주유를 받으려는 자동차 등이 출입할 수 있도록 너비 (①)m 이상 길이 (②)m 이상의 콘크리트 등으로 포장한 공지를 보유하여야 한다.
• 고정급유설비를 설치하는 경우에는 고정급유설비의 (③)의 주위에 필요한 공지를 보유하여야 한다.
• 공지의 바닥은 주위 지면보다 높게 하고 그 표면을 적당히 경사지게 하여 새어 나온 기름 그 밖의 액체가 공지의 외부로 유출되지 아니하도록 (④), (⑤) 및 (⑥)를 하여야 한다.

정답

① 15, ② 6, ③ 호스기기, ④ 배수구, ⑤ 집유설비, ⑥ 유분리장치

■ **주유취급소의 주유공지 및 급유공지**

① 주유취급소의 고정주유설비(펌프기기 및 호스기기로 되어 위험물을 자동차 등에 직접 주유하기 위한 설비로서 현수식의 것을 포함)의 주위에는 주유를 받으려는 자동차 등이 출입할 수 있도록 너비 15m 이상, 길이 6m 이상의 콘크리트 등으로 포장한 공지(주유공지)를 보유하여야 하고, 고정급유설비(펌프기기 및 호스기기로 되어 위험물을 용기에 옮겨 담거나 이동저장탱크에 주입하기 위한 설비로서 현수식의 것을 포함)를 설치하는 경우에는 고정급유설비의 호스기기의 주위에 필요한 공지(급유공지)를 보유하여야 한다.

② 공지의 바닥은 주위 지면보다 높게 하고, 그 표면을 적당하게 경사지게 하여 새어나온 기름 그 밖의 액체가 공지의 외부로 유출되지 아니하도록 배수구·집유설비 및 유분리 장치를 하여야 한다.

57 주유취급소의 특례기준 중 셀프용 고정주유설비의 설치기준을 완성하시오.

- 주유호스는 (①)kgf 이하의 하중에 의하여 파단 또는 이탈되어야 하고, 파단 또는 이탈된 부분으로부터의 위험물 누출을 방지할 수 있는 구조일 것
- 1회의 연속 주유량 및 주유시간의 상한을 미리 설정할 수 있는 구조일 것. 이 경우 주유량의 상한은 휘발유는 (②)L 이하, 경유는 (③)L 이하로 하며, 주유시간의 상한은 (④)분 이하로 한다.

정답 ▶

① 200kgf, ② 100L, ③ 200L, ④ 4분

해설 ▶

① 셀프용 주유취급소 : 고객이 직접 자동차 등의 연료탱크 또는 용기에 위험물을 주입하는 고정주유설비(셀프용 고정주유설비) 또는 고정급유설비(셀프용 고정급유설비)를 설치한 주유취급소

② 1회 연속 주유량(급유량) 및 주유 시간의 상한

구 분	셀프용 고정주유설비	셀프용 고정급유설비
1회 연속 주유량(급유량)의 상한	휘발유 100L 이하 경유 200L 이하	100L 이하
1회 연속 주유 시간의 상한	4분 이하	6분 이하

③ 주유 호스는 200kgf 이하의 하중에 파단 또는 이탈되어야 하고, 파단 또는 이탈된 부분으로부터의 위험물 누출을 방지할 수 있는 구조일 것

58 주유취급소에 설치할 수 있는 건축물 또는 시설물 6가지를 쓰시오.

정답 ▶

① 주유 또는 등유·경유를 옮겨 담기 위한 작업장

② 주유취급소의 업무를 행하기 위한 사무소

③ 자동차 등의 점검 및 간이정비를 위한 작업장

④ 자동차 등의 세정을 위한 작업장
⑤ 주유취급소에 출입하는 사람을 대상으로 한 점포, 휴게음식점 또는 전시장
⑥ 주유취급소의 관계자가 거주하는 주거시설
⑦ 전기자동차용 충전설비

해설

주유취급소에 설치할 수 있는 건축물에 해당하는 면적의 합계가 $500m^2$를 초과하는 경우에는 건축물의 벽을 내화구조로 한다.

59 다음에서 (   ) 안을 채우시오.

다음 각 목의 기준에 모두 적합한 경우에는 담 또는 벽의 일부분에 방화상 유효한 구조의 유리를 부착할 수 있다.
(1) 유리를 부착하는 위치는 주입구, 고정주유설비 및 고정급유설비로부터 (①)m 이상 이격될 것
(2) 유리를 부착하는 방법은 다음의 기준에 모두 적합할 것
  • 주유취급소 내의 지반면으로부터 (②)cm를 초과하는 부분에 한하여 유리를 부착할 것
  • 하나의 유리판의 가로의 길이는 (③)m 이내일 것
  • 유리판의 테두리를 금속제의 구조물에 견고하게 고정하고 해당 구조물을 담 또는 벽에 견고하게 부착할 것
  • 유리의 구조는 접합유리(두 장의 유리를 두께 0.76mm 이상의 폴리비닐부티랄 필름으로 접합한 구조를 말한다)로 하되, 「유리구획 부분의 내화시험방법(KS F2845)」에 따라 시험하여 (④) 이상의 방화성능이 인정될 것
(3) 유리를 부착하는 범위는 전체의 담 또는 벽 길이의 (⑤)를 초과하지 아니할 것

정답

① 4m, ② 70cm, ③ 2m, ④ 비차열 30분, ⑤ 10분의 2

해설

■ **주유취급소의 담 또는 벽**
운전자의 시야 확보와 도시 미관의 고려 및 광고효과 등을 위하여 담 또는 벽의 일부에 방화유리를 부착할 수 있도록 허용하였다.

60 주유취급소의 게시판이다. 다음 물음에 답하시오.

① 표지판의 크기를 쓰시오.
② 위험물 주유취급소의 바탕색과 문자색을 쓰시오.
③ 황색 바탕에 흑색 문자로 (　　)라는 표지를 한 게시판을 설치한다.
④ 화기엄금의 색깔은?

정답

① 한 변의 길이가 0.3m 이상, 다른 한 변의 길이가 0.6m 이상
② 황색 바탕에 흑색 문자
③ 주유 중 엔진정지
④ 적색 바탕에 백색 문자

해설

㉠ 고정주입설비 : 펌프기기 및 호스기기로 되어 위험물을 자동차 등에 직접 주유하기 위한 설비로서 현수식 포함
㉡ 고정급유설비 : 펌프기기 및 호스기기로 되어 위험물을 용기에 옮겨 담거나 이동저장탱크에 주입하기 위한 설비로서 현수식 포함
㉢ 주유공지 : 주유를 받으려는 자동차 등이 출입할 수 있도록 너비 15m 이상, 길이 6m 이상의 콘크리트 등으로 포장한 공지
㉣ 급유공지 : 고정급유설비의 호스기기의 주위에 필요한 공지

61 주유취급소에서 설치하는 위험물전용탱크의 용량에 대하여 다음 물음에 답하시오.

① 자동차 등에 주유하기 위한 고정주유설비에 직접 접속하는 경우
② 고정급유설비에 직접 접속하는 경우
③ 보일러 등에 직접 접속하는 경우
④ 자동차 등을 점검·정비하는 작업장 등에서 사용하는 폐유·윤활유 등의 위험물을 저장하는 경우
⑤ 고정주유설비 또는 고정급유설비에 직접 접속하는 간이탱크
⑥ 자동차 등에 주유하기 위한 고정주유설비에 직접 접속하는 경우

정답

① 50,000L 이하, ② 50,000L 이하, ③ 10,000L 이하, ④ 2,000L 이하, ⑤ 3기 이하, ⑥ 50,000L 이하

해설

■ 폐유탱크
폐유 등의 위험물을 저장하는 탱크로서, 용량이 2,000L 이하인 탱크

62 판매취급소 배합실의 기준을 쓰시오.

정답

① 바닥면적은 $6m^2$ 이상 $15m^2$ 이하로 한다.
② 내화구조 또는 불연재료로 된 벽으로 구획한다.
③ 바닥은 위험물이 침투하지 아니하는 구조로 하여 적당한 경사를 두고 집유설비를 한다.
④ 출입구에는 수시로 열 수 있는 자동폐쇄식의 갑종방화문을 설치한다.
⑤ 출입구 문턱의 높이는 바닥면으로부터 0.1m 이상으로 한다.
⑥ 내부에 체류한 가연성의 증기 또는 가연성의 미분을 지붕 위로 방출하는 설비를 한다.

해설

■ **판매취급소에서 위험물을 배합하거나 옮겨 담는 작업을 할 수 있는 경우**
① 도료류를 배합하는 경우
② 염소산염류를 배합하는 경우
③ 유황을 배합하는 경우
④ 인화점이 38℃ 이상인 제4류 위험물을 배합하는 경우

63 이송취급소 설치 제외 장소 3곳을 쓰시오.

정답

① 철도 및 도로의 터널 안
② 호수·저수지 등으로서 수리의 수원이 되는 곳
③ 급경사 지역으로서 붕괴의 위험이 있는 지역

해설

■ **이송취급소**
① 배관 및 이에 부속된 설비에 의하여 위험물을 이송하는 장소
② 이송취급소에 해당하지 않는 장소
  ㉮ 송유관에 의한 위험물 이송
  ㉯ 사업소 내에서의 위험물 이송
  ㉰ 사업소 간 위험물 이송
    ㉠ 사업소간에는 폭 2m 이상의 자동차 통행이 가능한 도로만 있고, 이송배관이 그 도로를 횡단하는 경우
    ㉡ 사업소간 이송배관의 제3자의 토지만 통과하는 경우로서, 당해 배관의 길이가 100m 이하인 경우
  ㉱ 길이 300m 이하의 해상구조물에 설치된 배관을 통한 위험물 이송(이 경우 위험물이 제4류 중 제1석유류인 경우 그 내경은 30cm 미만일 것)
  ㉲ 사업소 간 이송배관이 상기 ㉰, ㉱에 의한 경우 중 2 이상에 해당되는 경우
③ 이송취급소 설치 제외 장소
  ㉮ 철도 및 도로의 터널 안
  ㉯ 고속국도 및 자동차 전용도로의 차도·길 어깨 및 중앙 분리대
  ㉰ 호수·저수지 등으로서 수리의 수원이 되는 곳
  ㉱ 급경사 지역으로서 붕괴의 위험이 있는 지역

64 이송취급소에 설치된 긴급차단밸브 및 차단밸브에 관한 첨부서류 5가지를 쓰시오.

정답

① 구조설명서(부대설비를 포함)
② 기능설명서
③ 강도에 의한 설명서
④ 제어계통도
⑤ 밸브의 종류, 형식, 재료에 관하여 기재한 서류

해설

■ **이송취급소 허가신청의 첨부서류**

① 공사계획서
② 공사공정표
③ [별표 1]의 규정에 의한 서류

구조 및 설비	첨부서류
1. 배관	1. 위치도(축척 : 50,000분의 1 이상, 배관의 경로 및 이송기지의 위치를 기재할 것) 2. 평면도[축척 : 3,000분의 1 이상, 배관의 중심선에서 좌우 300m 이내의 지형, 부근의 도로・하천・철도 및 건축물 그 밖의 시설의 위치, 배관의 중심선・신축구조・감진장치・배관계 내의 압력을 측정하여 자동적으로 위험물의 누설을 감지할 수 있는 장치의 압력계・방호장치 및 밸브의 위치, 시가지・[별표 15]의 Ⅰ 제1호 각목의 규정에 의한 장소, 그리고 행정구역의 경계를 기재하고 배관의 중심선에는 200m마다 체가(遞加)거리를 기재할 것] 3. 종단도면(축척 : 가로는 3,000분의 1・세로는 300분의 1 이상, 지표면으로부터 배관의 깊이・배관의 경사도・주요한 공작물의 종류 및 위치를 기재할 것) 4. 횡단도면(축척 : 200분의 1 이상, 배관을 부설한 도로・철도 등의 횡단면에 배관의 중심과 지상 및 지하의 공작물의 위치를 기재할 것 5. 도로・하천・수로 또는 철도의 지하를 횡단하는 금속관 또는 방호구조물 안에 배관을 설치하거나 배관을 가공횡단하여 설치하는 경우에는 당해 횡단개소의 상세도면 6. 강도계산서 7. 접합부의 구조도 8. 용접에 관한 설명서 9. 접합방법에 관하여 기재한 서류 10. 배관의 기점・분기점 및 종점의 위치에 관하여 기재한 서류 11. 연장에 관하여 기재한 서류(도로밑・철도밑・해저・하천 밑・지상・해상 등의 위치에 따라 구별하여 기재할 것) 12. 배관 내의 최대상용 압력에 관하여 기재한 서류 13. 주요 규격 및 재료에 관하여 기재한 서류 14. 그 밖에 배관에 대한 설비 등에 관한 설명도서
2. 긴급차단밸브 및 차단밸브	1. 구조설명서(부대설비를 포함한다) 2. 기능설명서 3. 강도에 관한 설명서 4. 제어계통도 5. 밸브의 종류・형식 및 재료에 관하여 기재한 서류

3. 누설탐지설비 　1) 배관계 내의 위험물의 유량측 　　정에 의하여 자동적으로 위 　　험물의 누설을 검지할 수 있 　　는 장치 또는 이와 동등 이상 　　의 성능이 있는 장치	1. 누설검지능력에 관한 설명서 2. 누설검지에 관한 흐름도 3. 연산처리장치의 처리능력에 관한 설명서 4. 누설의 검지능력에 관하여 기재한 서류 5. 유량계의 종류·형식·정밀도 및 측정범위에 관하여 기재한 서류 6. 연산처리장치의 종류 및 형식에 관하여 기재한 서류
2) 배관계 내의 압력을 측정하 　　여 자동적으로 위험물의 누 　　설을 검지할 수 있는 장치 　　또는 이와 동등 이상의 성 　　능이 있는 장치	1. 누설검지능력에 관한 설명서 2. 누설검지에 관한 흐름도 3. 수신부의 구조에 관한 설명서 4. 누설검지능력에 관하여 기재한 서류 5. 압력계의 종류·형식·정밀도 및 측정범위에 관하여 기재한 서류
3) 배관계 내의 압력을 일정하 　　게 유지하고 당해 압력을 측 　　정하여 위험물의 누설을 검 　　지할 수 있는 장치 또는 이 　　와 동등 이상의 성능이 있는 　　장치	1. 누설검지능력에 관한 설명서 2. 누설검지능력에 관하여 기재한 서류 3. 압력계의 종류·형식·정밀도 및 측정범위에 관하여 기재한 서류
4. 압력안전장치	구조설명도 또는 압력제어방식에 관한 설명서
5. 감진장치 및 강진계	1. 구조설명도 2. 지진검지에 관한 흐름도 3. 종류 및 형식에 관하여 기재한 서류
6. 펌프	1. 구조설명도 2. 강도에 관한 설명서 3. 용적식 펌프의 압력상승방지장치에 관한 설명서 4. 고압판넬·변압기 등 전기설비의 계통도(원동기를 움직이기 위한 전기설비 　에 한한다) 5. 종류·형식·용량·양정·회전수 및 상용·예비의 구별에 관하여 기재한 서류 6. 실린더 등의 주요 규격 및 재료에 관하여 기재한 서류 7. 원동기의 종류 및 출력에 관하여 기재한 서류 8. 고압판넬의 용량에 관하여 기재한 서류 9. 변압기용량에 관하여 기재한 서류
7. 피그취급장치	구조설명도

65 소화난이도 등급 I의 제조소 등에서 다음 물질을 저장할 경우 설치해야 하는 소화설비를 쓰시오.

① 옥외탱크저장소(유황만을 저장·취급)
② 옥외탱크저장소(인화점 70℃ 이상의 제4류 위험물 취급)

정답

① 물분무소화설비
② 물분무소화설비, 고정식 포소화설비

■ **소화난이도 등급 I에 대한 제조소 등의 소화설비**

제조소 등의 구분			소화설비
제조소 및 일반취급소			옥내소화전설비, 옥외소화전설비, 스프링클러설비 또는 물분무등소화설비(화재발생 시 연기가 충만할 우려가 있는 장소에서는 스프링클러설비 또는 이동식 외의 물분무등소화설비에 한함)
옥내 저장소	처마 높이가 6m 이상인 단층건물 또는 다른 용도의 부분이 있는 건축물에 설치한 옥내저장소		스프링클러설비 또는 이동식 외의 물분무등소화설비
	그 밖의 것		옥외소화전설비, 스프링클러설비, 이동식 외의 물분무등소화설비 또는 이동식포소화설비(포소화전을 옥외에 설치하는 것에 한함)
옥외 탱크 저장소	지중탱크 또는 해상탱크 외의 것	유황만을 저장·취급하는 것	물분무소화설비
		인화점 70℃ 이상의 제4류 위험물을 저장·취급하는 것	물분무소화설비 및 고정식포소화설비
		그 밖의 것	고정식포소화설비(포소화설비가 적응성이 없는 경우에는 분말소화설비)
	지중탱크		고정식포소화설비, 이동식 외의 불활성가스소화설비 또는 이동식 이외의 할로겐화합물소화설비
	해상탱크		고정식포소화설비, 물분무소화설비, 이동식 외의 불활성가스소화설비 또는 이동식 외의 할로겐화합물소화설비
옥내 탱크 저장소	유황만을 저장·취급하는 것		물분무소화설비
	인화점 70℃ 이상의 제4류 위험물만을 저장·취급하는 것		물분무소화설비, 고정식포소화설비, 이동식 외의 불활성가스소화설비, 이동식 외의 할로겐화합물소화설비 또는 이동식 외의 분말소화설비
	그 밖의 것		고정식포소화설비, 이동식 외의 불활성가스소화설비, 이동식 외의 할로겐화합물소화설비 또는 이동식 외의 분말소화설비
옥외저장소 및 이송취급소			옥내소화전설비, 옥외소화전설비, 스프링클러설비 또는 물분무등소화설비(화재발생 시 연기가 충만할 우려가 있는 장소에는 스프링클러설비 또는 이동식 외의 물분무등소화설비에 한함)
암반 탱크 저장소	유황 등만을 저장·취급하는 것		물분무소화설비
	인화점 70℃ 이상의 제4류 위험물만을 저장·취급하는 것		물분무소화설비 또는 고정식포소화설비
	그 밖의 것		고정식포소화설비(포소화설비가 적응성이 없는 경우에는 분말소화설비)

66 소화난이도 등급 I의 옥외탱크저장소에 설치하여야 하는 소화설비를 쓰시오.

> ① 지중탱크 또는 해상탱크 외의 탱크에 유황만 저장하는 것
> ② 지중탱크 또는 해상탱크 외의 탱크에 인화점 70℃ 이상의 제4류 위험물을 저장하는 곳
> ③ 지중탱크

정답

① 물분무소화설비
② 물분무소화설비 또는 고정식포소화설비
③ 고정식포소화설비, 이동식 이외의 불활성가스소화설비, 이동식 이외의 할로겐화물소화설비

67 제4류 위험물인 가솔린을 다음의 내장용기로 수납하여 운반할 때 내장용기의 최대용적은 얼마인가?

> ① 금속제 용기　　　　　　　　② 플라스틱 용기

정답

① 30L, ② 10L

■ 액체위험물 운반용기의 최대 용적 또는 중량

운반용기				수납 위험물의 종류							
내장용기		외장용기		제3류		제4류			제5류		제6류
용기의 종류	최대용적 또는 중량	용기의 종류	최대용적 또는 중량	I	II	I	II	III	I	II	I
유리 용기	5L	나무 또는 플라스틱 상자(불활성의 완충재를 채울 것)	75kg	○	○	○	○	○	○	○	○
	10L		125kg		○		○	○		○	
			225kg					○			
	5L	파이버판 상자(불활성의 완충재를 채울 것)	40kg	○	○	○	○	○	○	○	○
	10L		55kg					○			
플라스틱 용기	10L	나무 또는 플라스틱 상자(필요에 따라 불활성의 완충재를 채울 것)	75kg	○	○	○	○	○	○	○	○
			125kg		○		○	○		○	
			225kg					○			
		파이버판 상자(필요에 따라 불활성의 완충재를 채울 것)	40kg	○	○	○	○	○	○	○	○
			55kg					○			

운반용기				수납 위험물의 종류							
내장용기		외장용기		제3류		제4류			제5류		제6류
금속제 용기	30L	나무 또는 플라스틱 상자	125kg	○	○	○	○	○	○	○	○
			225kg					○			
		파이버판 상자	40kg	○	○	○	○	○	○	○	○
			55kg		○		○	○		○	
–		금속제 용기(금속제 드럼 제외)	60L		○		○	○		○	
		플라스틱 용기(플라스틱 드럼 제외)	10L		○		○	○		○	
			20L				○	○			
			30L					○		○	
		금속제 드럼(뚜껑 고정식)	250L	○	○	○	○	○	○	○	○
		금속제 드럼(뚜껑 탈착식)					○	○			
		플라스틱 또는 파이버 드럼(플라스틱 내 용기 부착의 것)			○			○		○	

[별지 제9호 서식]

재 조 소 일반취급소 일반점검표		점검연월일 : 　.　.　. 점검자 : 　　　서명(또는 인)			
제조소등의 구분	□ 제조소　　□ 일반취급소	설치허가 연월일 및 허가번호			
설치자		안전관리자			
사업소명	설치위치				
위험물 현황	품 명	허가량		지정수량의 배수	
위험물 저장·취급 개요					
시설명/호칭번호					

점검항목		점검내용	점검방법	점검결과	조치 연월일 및 내용
안전거리		보호대상물 신설여부	육안 및 실측		
		방화상 유효한 담의 손상유무	육 안		
보유공지		허가 외 물건 존치여부	육 안		
		방화상 유효한 격벽의 손상유무	육 안		
건축물	벽·기둥·보·지붕	균열·손상 등의 유무	육 안		
	방화문	변형·손상 등의 유무 및 폐쇄기능의 적부	육 안		
	바 닥	체유·체수의 유무	육 안		
		균열·손상·패임 등의 유무	육 안		
	계 단	변형·손상 등의 유무 및 고정상황의 적부	육 안		
환기·배출설비 등		변형·손상의 유무 및 고정상태의 적부	육 안		
		인화방지망의 손상 및 막힘 유무	육 안		
		방화댐퍼의 손상 유무 및 기능의 적부	육안 및 작동확인		
		팬의 작동상황의 적부	작동확인		
		가연성증기경보장치의 작동상황	작동확인		
옥외설비의 방유턱·유출방지조치·지반면		균열·손상 등의 유무	육 안		
		체유·체수·토사 등의 퇴적유무	육 안		
집유설비·배수구·유분리장치		균열·손상 등의 유무	육 안		
		체유·체수·토사 등의 퇴적유무	육 안		

위험물의 비산방지장치 등	유출방지설비 등 (이중배관 등)	체유 등의 유무	육 안		
		변형·균열·손상의 유무	육 안		
		도장상황 및 부식의 유무	육 안		
		고정상황의 적부	육 안		
	역류방지설비 (되돌림관 등)	기능의 적부	육안 및 작동확인		
		변형·균열·손상의 유무	육 안		
		도장상황 및 부식의 유무	육 안		
		고정상황의 적부	육 안		
위험물의 비산방지장치 등	비상방지설비	체유 등의 유무	육 안		
		변형·균열·손상의 유무	육 안		
		기능의 적부	육안 및 작동확인		
		고정상황의 적부	육 안		
가열·냉각·건조설비	기초·지주 등	침하의 유무	육 안		
		볼트 등의 풀림의 유무	육안 및 시험		
		도장상황 및 부식의 유무	육 안		
		변형·균열·손상의 유무	육 안		
	본체부	누설의 유무	육안 및 가스검지		
		변형·균열·손상의 유무	육 안		
		도장상황 및 부식의 유무	육안 및 두께측정		
		볼트 등의 풀림의 유무	육안 및 시험		
		보냉재의 손상·탈락의 유무	육 안		
	접 지	단선의 유무	육 안		
		부착부분의 탈락의 유무	육 안		
		접지저항치의 적부	저항측정		
	안전장치	부식·손상의 유무	육 안		
		고정상황의 적부	육 안		
		기능의 적부	작동확인		
	계측장치	손상의 유무	육 안		
		부착부의 풀림의 유무	육 안		
		작동·지시사항의 적부	육 안		
	송풍장치	손상의 유무	육 안		
		부착부의 풀림의 유무	육 안		
		이상진동·소음·발열 등의 유무	작동확인		
	살수장치	부식·변형·손상의 유무	육 안		
		살수상황의 적부	육 안		
		고정상태의 적부	육 안		

		손상의 유무	육 안		
	교반장치	고정상황의 적부	육 안		
		이상진동·소음·발열 등의 유무	작동확인		
		누유의 유무	육 안		
		안전장치의 작동의 적부	육안 및 작동확인		
위험물 취급 설비	기초·지주 등	침하의 유무	육 안		
		볼트 등의 풀림의 유무	육안 및 시험		
		도장상황 및 부식의 유무	육 안		
		변형·균열·손상의 유무	육 안		
	본체부	누설의 유무	육안 및 가스검지		
		변형·균열·손상의 유무	육 안		
		도장상황 및 부식의 유무	육안 및 두께측정		
		볼트 등의 풀림의 유무	육안 및 시험		
		보냉재의 손상·탈락의 유무	육 안		
	접 지	단선의 유무	육 안		
		부착부분의 탈락의 유무	육 안		
		접지저항치의 적부	저항측정		
	안전장치	부식·손상의 유무	육 안		
		고정상황의 적부	육 안		
		기능의 적부	작동확인		
	계측장치	손상의 유무	육 안		
		부착부의 풀림의 유무	육 안		
		작동·지시사항의 적부	육 안		
	송풍장치	손상의 유무	육 안		
		부착부의 풀림의 유무	육 안		
		이상진동·소음·발열 등의 유무	작동확인		
	구동장치	고정상태의 적부	육 안		
		이상진동·소음·발열 등의 유무	작동확인		
		회전부 등의 급유상태의 적부	육 안		
	교반장치	손상의 유무	육 안		
		고정상황의 적부	육 안		
		이상진동·소음·발열 등의 유무	작동확인		
		누유의 유무	육 안		
		안전장치의 작동의 적부	육안 및 작동확인		

위험물 취급 탱크	기초·지주·전용실 등	변형·균열·손상의 유무	육 안		
		침하의 유무	육 안		
		고정상태의 적부	육 안		
	본 체	변형·균열·손상의 유무	육 안		
		누설의 유무	육 안		
		도장상황 및 부식의 유무	육안 및 두께측정		
		고정상태의 적부	육 안		
		보냉재의 손상·탈락 등의 유무	육 안		
	노즐·맨홀 등	누설의 유무	육 안		
		변형·손상의 유무	육 안		
		부착부의 손상의 유무	육 안		
		도장상황 및 부식의 유무	육안 및 두께측정		
	방유제·방유턱	변형·균열손상의 유무	육 안		
		배수관의 손상의 유무	육 안		
		배수관의 개폐상황의 적부	육 안		
		배수구의 균열·손상의 유무	육 안		
		배수구 내의 체유·체수토사 등의 퇴적의 유무	육 안		
		수용량의 적부	측 정		
	접 지	단선의 유무	육 안		
		부착부분의 탈락의 유무	육 안		
		접지저항치의 적부	저항측정		
	누유검사관	변형·손상·토사 등의 퇴적의 유무	육 안		
	교반장치	누유의 유무	육 안		
		이상진동·소음·발열 등의 유무	작동확인		
		고정상태의 적부	육 안		
	통기관	인화방지망의 손상·막힘의 유무	육 안		
		밸브의 작동상황	작동확인		
		관내의 장애물의 유무	육 안		
		도장상황 및 부식의 유무	육 안		
	안전장치	작동의 적부	육안 및 작동확인		
		부식·손상의 유무	육 안		
	계량장치	손상의 유무	육 안		
		부착부의 고정상태	육 안		
		작동의 적부	육 안		

	주입구	폐쇄 시의 누설의 유무	육 안		
		변형·손상의 유무	육 안		
		접지전극손상의 유무	육 안		
		접지저항치의 적부	접지저항측정		
	주입구의 비트	균열·손상의 유무	육 안		
		체유·체수·토사 등의 퇴적의 유무	육 안		
배관·밸브등	배관 (플랜지·밸브 포함)	누설의 유무(지하매설배관은 누설점검실시)	육안 및 누설점검		
		변형·손상의 유무	육 안		
		도장상황 및 부식의 유무	육 안		
		지반면과 이격상태	육 안		
	배관의 비트	균열·손상의 유무	육 안		
		체유·체수·토사 등의 퇴적의 유무	육 안		
	전기방식 설비	단자함의 손상토사 등의 퇴적의 유무	육 안		
		단자의 탈락의 유무	육 안		
		방식전류(전위)의 적부	전위측정		
펌프설비등	전동기	손상의 유무	육 안		
		고정상태의 적부	육 안		
		회전부 등의 급유상태	육 안		
		이상진동·소음·발열 등의 유무	작동확인		
	펌 프	누설의 유무	육 안		
		변형·손상의 유무	육 안		
		도장상태 및 부식의 유무	육 안		
		고정상태의 적부	육 안		
		회전부 등의 급유상태	육 안		
		유량 및 유압의 적부	육 안		
		이상진동·소음·발열 등의 유무	작동확인		
	접 지	단선의 유무	육 안		
		부착부분의 탈락의 유무	육 안		
		접지저항치의 적부	저항측정		
전기설비	배전반·차단기·배선등	변형·손상의 유무	육 안		
		고정상태의 적부	육 안		
		기능의 적부	육안 및 작동확인		
		배선접합부의 탈락의 유무	육 안		
	접 지	단선의 유무	육 안		
		부착부분의 탈락의 유무	육 안		
		접지저항치의 적부	저항측정		

		제어계기의 손상의 유무	육 안		
		제어반의 고정상태의 적부	육 안		
제어장치 등		제어계(온도·압력·유량 등)의 기능의 적부	작동확인 및 시험		
		감시설비의 기능의 적부	작동확인		
		경보설비의 기능의 적부	작동확인		
피뢰설비		돌침부의 경사·손상·부착상태	육 안		
		피뢰도선의 단선 및 벽체 등과 접촉의 유무	육 안		
		접지저항치의 적부	저항치측정		
표지·게시판		손상의 유무	육 안		
		기재사항의 적부	육 안		
소화 설비	소화기	위치·설치수·압력의 적부	육 안		
	그 밖의 소화설비	소화설비점검표에 의할 것			
경보 설비	자동화재탐지설비	자동화재탐지설비 점검표에 의할 것			
	그 밖의 소화설비	손상의 유무	육 안		
		기능의 적부	작동확인		
기타사항					

[별지 제10호 서식]

옥내저장소 일반점검표					점검연월일 : ． ． ． 점검자 :　　　서명(또는 인)		
옥내저장소의 형태	□ 단층　□ 다층　□ 복합		설치허가 연월일 및 허가번호				
설치자			안전관리자				
사업소명		설치위치					
위험물 현황	품 명		허가량		지정수량의 배수		
위험물 저장·취급 개요							
시설명/호칭번호							
점검항목	점검내용		점검방법	점검결과	조치 연월일 및 내용		
안전거리	보호대상물 신설여부		육안 및 실측				
	방화상 유효한 담의 손상유무		육 안				
보유공지	허가 외 물건 존치여부		육 안				

건축물	벽·기둥·보·지붕	균열·손상 등의 유무	육 안		
	방화문	변형·손상 등의 유무 및 폐쇄기능의 적부	육 안		
	바 닥	체유·체수의 유무	육 안		
		균열·손상·패임 등의 유무	육 안		
	계 단	변형·손상 등의 유무 및 고정상황의 적부	육 안		
	다른 용도 부분과 구획	균열·손상 등의 유무	육 안		
	조명설비	손상의 유무	육 안		
환기·배출설비 등		변형·손상의 유무 및 고정상태의 적부	육 안		
		인화방지망의 손상 및 막힘 유무	육 안		
		방화댐퍼의 손상 유무 및 기능의 적부	육안 및 작동확인		
		팬의 작동상황의 적부	작동확인		
		가연성증기경보장치의 작동상황	작동확인		
선반 등		변형·손상 등의 유무 및 고정상태의 적부	육 안		
		낙하방지장치의 적부	육 안		
집유설비·배수구		균열·손상 등의 유무	육 안		
		체유·체수·토사 등의 퇴적유무	육 안		
전기설비	배전반·차단기·배선 등	변형·손상의 유무	육 안		
		고정상태의 적부	육 안		
		기능의 적부	육안 및 작동확인		
		배선접합부의 탈락의 유무	육 안		
	접 지	단선의 유무	육 안		
		부착부분의 탈락의 유무	육 안		
		접지저항치의 적부	저항측정		
피뢰설비		돌침부의 경사·손상·부착상태	육 안		
		피뢰도선의 단선 및 벽체 등과 접촉의 유무	육 안		
		접지저항치의 적부	저항치측정		
표지·게시판		손상의 유무	육 안		
		기재사항의 적부	육 안		
소화설비	소화기	위치·설치수·압력의 적부	육 안		
	그 밖의 소화설비	소화설비 점검표에 의할 것			
경보설비	자동화재탐지설비	자동화재탐지설비 점검표에 의할 것			
	그 밖의 소화설비	손상의 유무	육 안		
		기능의 적부	작동확인		
기타사항					

옥외탱크저장소 일반점검표

점검연월일 : 　.　　.　　.

점검자 : 　　　　서명(또는 인)

옥외탱크저장소의 형태	☐ 고정지붕식　☐ 부상지붕식 ☐ 지중탱크　　☐ 해상탱크	설치허가 연월일 및 허가번호	
설치자		안전관리자	
사업소명		설치위치	
위험물 현황	품 명	허가량	지정수량의 배수

위험물 저장 · 취급 개요	
시설명/호칭번호	

점검항목		점검내용	점검방법	점검결과	조치 연월일 및 내용
안전거리		보호대상물 신설여부	육안 및 실측		
		방화상 유효한 담의 손상유무	육 안		
보유공지		허가 외 물건 존치여부	육 안		
		물분무설비의 기능의 적부	작동확인		
탱크의 침하		부등침하의 유무	육 안		
기 초		균열 · 손상 등의 유무	육 안		
		배수관의 손상의 유무 및 막힘유무	육 안		
저부	바닥판 (에뉼러판 포함)	누설의 유무	육 안		
		장출부의 변형 · 균열의 유무	육 안		
		장출부의 토사퇴적 · 체수의 유무	육안 및 작동확인		
		장출부의 도장상황 및 부식의 유무	육 안		
		고정상태의 적부	육안 및 시험		
	빗물침투방지설비	변형 · 균열 · 박리 등의 유무	육 안		
	배수관 등	누설의 유무	육 안		
		부식 · 변형 · 균열의 유무	육 안		
		비트의 손상 · 체유 · 체수 · 토사 등의 퇴적의 유무	육 안		
		배수관과 비트의 간격의 적부	육 안		
측판부	측 판	누설의 유무	육 안		
		변형 · 균열의 유무	육 안		
		도장상황 및 부식의 유무	육 안		
	노즐 · 맨홀 등	누설의 유무	육 안		
		변형 · 손상의 유무	육 안		
		부착부의 손상의 유무	육 안		
		도장상황 및 부식의 유무	육안 및 두께측정		

측판부	접지	단선의 유무	육 안		
		부착부분의 탈락의 유무	육 안		
		접지저항치의 적부	저항측정		
	윈드가드 및 계단	변형·손상의 유무	육 안		
		도장상항 및 부식의 유무	육 안		
지붕부	지붕판	변형·균열의 유무	육 안		
		체수의 유무	육 안		
		도장상황 및 부식의 유무	육안 및 두께측정		
		실(Seal)기구의 적부	육 안		
		루프드레인의 적부	육 안		
		폰툰·가이드폴의 적부	육 안		
		그 밖의 부상지붕 관련 설비의 적부	육 안		
	안전장치	작동의 적부	육안 및 작동확인		
		부식·손상의 유무	육 안		
	통기관	인화방지망의 손상막힘의 유무	육안		
		밸브의 작동상황	작동확인		
		관내의 장애물의 유무	육 안		
		도장상황 및 부식의 유무	육 안		
	검척구·샘플링구·맨홀	변형·균열·극간의 유무	육 안		
		도장상항 및 부식의 유무	육 안		
계측장치	액량자동표시장치	손상의 유무	육 안		
		작동상황	육안 및 작동확인		
		부착부의 손상의 유무	육 안		
	온도계	손상의 유무	육 안		
		작동상황	육안 및 작동확인		
		부착부의 손상의 유무	육 안		
	압력계	손상의 유무	육 안		
		작동상황	육안 및 작동확인		
		부착부의 손상의 유무	육 안		
	액면상하한경보설비	손상의 유무	육 안		
		작동상황	육안 및 작동확인		
		부착부의 손상의 유무	육 안		

배관 밸브 등	배관 (플랜지·밸브 포함)	누설의 유무	육 안		
		변형·손상의 유무	육 안		
		도장상황 및 부식의 유무	육 안		
		지반면과 이격상태	육 안		
	배관의 비트	균열·손상의 유무	육 안		
		체유·체수·토사 등의 퇴적의 유무	육 안		
	전기방식 설비	단자함의 손상·토사 등의 퇴적의 유무	육 안		
		단자의 탈락의 유무	육 안		
		방식전류(전위)의 적부	전위측정		
	주입구	폐쇄 시의 누설의 유무	육 안		
		변형·손상의 유무	육 안		
		접지전극손상의 유무	육 안		
		접지저항치의 적부	접지저항측정		
	배기밸브	누설의 유무	육 안		
		도장상황 및 부식의 유무	육 안		
		기능의 적부	작동확인		
펌프 설비 등	전동기	손상의 유무	육 안		
		고정상태의 적부	육 안		
		회전부 등의 급유상태	육 안		
		이상진동·소음·발열 등의 유무	작동확인		
	펌 프	누설의 유무	육 안		
		변형·손상의 유무	육 안		
		도장상태 및 부식의 유무	육 안		
		고정상태의 적부	육 안		
		회전부 등의 급유상태	육 안		
		유량 및 유압의 적부	육 안		
		이상진동·소음·발열 등의 유무	작동확인		
		기초의 균열·손상의 유무	육 안		
	접 지	단선의 유무	육 안		
		부착부분의 탈락의 유무	육 안		
		접지저항치의 적부	저항측정		
	주위·바닥·집유 설비·유분리장치	균열·손상 등의 유무	육 안		
		체유·체수·토사 등의 퇴적의 유무	육 안		
	펌프실	지붕·벽·바닥·방화문 등의 균열·손상의 유무	육 안		
		환기·배출설비 등의 손상의 유무 및 기능의 적부	육안 및 작동확인		
		조명설비의 손상의 유무	육 안		

방유제 등	방유제	변형·균열·손상의 유무	육 안		
	배수관	배수관의 손상의 유무	육 안		
		배수관의 개폐상황의 적부	육 안		
	배수구	배수구의 균열·손상의 유무	육 안		
		배수구내의 체유·체수·토사 등의 퇴적의 유무	육 안		
	집유설비	체유·체수·토사 등의 퇴적의 유무	육 안		
	계 단	변형·손상의 유무	육 안		
전기 설비	배전반·차단기· 배선 등	변형·손상의 유무	육 안		
		고정상태의 적부	육 안		
		기능의 적부	육안 및 작동확인		
		배선접합부의 탈락의 유무	육 안		
	접 지	단선의 유무	육 안		
		부착부분의 탈락의 유무	육 안		
		접지저항치의 적부	저항측정		
	피뢰설비	돌침부의 경사·손상·부착상태	육 안		
		피뢰도선의 단선 및 벽체 등과 접촉의 유무	육 안		
		접지저항치의 적부	저항치측정		
	표지·게시판	손상의 유무	육 안		
		기재사항의 적부	육 안		
소화 설비	소화기	위치·설치수·압력의 적부	육 안		
	그밖의 소화설비	소화설비 점검표에 의할 것			
경보 설비	자동화재탐지설비	자동화재탐지설비 점검표에 의할 것			
	그밖의 소화설비	손상의 유무	육 안		
		기능의 적부	작동확인		
기타 사항	보온재	손상·탈락의 유무	육 안		
		피복재의 도장상황 및 부식의 유무	육 안		
	탱크기둥	변형·손상의 유무	육 안		
		고정상태의 적부	육 안		
	가열장치	고정상태의 적부	육 안		
	전기방식설비	단자함의 손상·토사 등의 퇴적의 유무	육 안		
		단자의 탈락의 유무	육 안		
		방식전류(전위)의 적부	전위측정		
	기 타				

지하탱크저장소 일반점검표

점검연월일 : 　.　.　.
점검자 :　　서명(또는 인)

지하탱크저장소의 형태	이중벽 (여 · 부) 전용실설치여부 (여 · 부)		설치허가 연월일 및 허가번호	
설치자			안전관리자	
사업소명		설치위치		
위험물 현황	품 명		허가량	지정수량의 배수
위험물저장 · 취급 개요				
시설명/호칭번호				

점검항목		점검내용	점검방법	점검결과	조치 연월일 및 내용
탱크본체		누설의 유무	육 안		
상 부		뚜껑의 균열·변형·손상·부등침하의 유무	육안 및 실측		
		허가 외 구조물 설치여부	육 안		
맨 홀		변형·손상토사 등의 퇴적의 유무	육 안		
통기관		인화방지망의 손상·막힘의 유무	육 안		
		밸브의 작동상황	작동확인		
		관내의 장애물의 유무	육 안		
		도장상황 및 부식의 유무	육 안		
안전장치		부식·손상의 유무	육 안		
		작동상황	육 안 및 작동확인		
가연성증기회수장치		손상의 유무	육 안		
		작동상황	육 안		
계측장치	액량자동표시장치	손상의 유무	육 안		
		작동상황	육 안 및 작동확인		
		부착부의 손상의 유무	육 안		
	온도계	손상의 유무	육 안		
		작동상황	육 안 및 작동확인		
		부착부의 손상의 유무	육 안		
	계량구	덮개의 폐쇄상황	육 안		
		변형·손상의 유무	육 안		
누설검지관		변형·손상·토사 등의 퇴적의 유무	육 안		
누설검지장치(이중벽탱크)		손상의 유무	육 안		
		경보장치의 기능의 적부	작동확인		

주입구		폐쇄 시의 누설의 유무	육 안		
		변형·손상의 유무	육 안		
		접지전극손상의 유무	육 안		
		접지저항치의 적부	접지저항측정		
주입구의 비트		균열·손상의 유무	육 안		
		체유·체수·토사 등의 퇴적의 유무	육 안		
배관 밸브 등	배관 (플랜지·밸브 포함)	누설의 유무	육 안		
		변형·손상의 유무	육 안		
		도장상황 및 부식의 유무	육 안		
		지반면과 이격상태	육 안		
	배관의 비트	균열·손상의 유무	육 안		
		체유·체수·토사 등의 퇴적의 유무	육 안		
	전기방식 설비	단자함의 손상·토사 등의 퇴적의 유무	육 안		
		단자의 탈락의 유무	육 안		
		방식전류(전위)의 적부	전위측정		
	점검함	균열·손상·체유·체수·토사 등의 퇴적의 유무	육 안		
	밸브	누설·손상의 유무	육 안		
		폐쇄기능의 적부	작동확인		
펌프 설비 등	전동기	손상의 유무	육 안		
		고정상태의 적부	육 안		
		회전부 등의 급유상태	육 안		
		이상진동·소음·발열 등의 유무	작동확인		
	펌프	누설의 유무	육 안		
		변형·손상의 유무	육 안		
		도장상태 및 부식의 유무	육 안		
		고정상태의 적부	육 안		
		회전부 등의 급유상태	육 안		
		유량 및 유압의 적부	육 안		
		이상진동·소음·발열 등의 유무	작동확인		
		기초의 균열·손상의 유무	육 안		

		단선의 유무	육 안		
	접 지	부착부분의 탈락의 유무	육 안		
		접지저항치의 적부	저항측정		
	주위·바닥·집유 설비·유분리장치	균열·손상 등의 유무	육 안		
		체유·체수·토사 등의 퇴적의 유무	육 안		
		지붕·벽·바닥·방화문 등의 균열· 손상의 유무	육 안		
	펌프실	환기·배출설비 등의 손상의 유무 및 기능의 적부	육안 및 작동확인		
		조명설비의 손상의 유무	육 안		
전기 설비	배전반·차단기 ·배선 등	변형·손상의 유무	육 안		
		고정상태의 적부	육 안		
		가능의 적부	육안 및 작동확인		
		배선접합부의 탈락의 유무	육 안		
	접 지	단선의 유무	육 안		
		부착부분의 탈락의 유무	육 안		
		접지저항치의 적부	저항측정		
표지·게시판		손상의 유무	육 안		
		기재사항의 적부	육 안		
소화기		위치·설치수·압력의 적부	육 안		
경보설비		손상의 유무	육 안		
		기능의 적부	작동확인		
기타사항					

[별지 제13호 서식]

이동탱크저장소 일반점검표

점검연월일 :　.　.　.
점검자 :　　　서명(또는 인)

이동탱크저장소의 형태	컨테이너식 (여 · 부) 견인식 (여 · 부)		설치허가 연월일 및 허가번호		
설치자			안전관리자		
사업소명		설치위치			
위험물 현황	품 명		허가량		지정수량의 배수	

위험물 저장·취급 개요	

시설명/호칭번호	

점검항목	점검내용	점검방법	점검결과	조치 연월일 및 내용
상치장소	인근의 화기사용 유무	육 안		
	벽·기둥·지붕 등의 균열·손상 유무	육 안		

탱크본체	누설의 유무	육 안		
탱크프레임	균열·변형의 유무	육 안		
탱크의 고정	고정상태의 적부	육 안		
	고정금속구의 균열·손상의 유무	육 안		
안전장치	작동상황	육안 및 조작시험		
	본체의 손상의 유무	육 안		
	인화방지망의 손상 및 막힘의 유무	육 안		
맨 홀	뚜껑의 이탈의 유무	육 안		
주입구	뚜껑의 개폐상황	육 안		
	패킹의 열화·손상의 유무	육 안		
가연성증기회수설비	회수구의 변형·손상의 유무	육 안		
	호스결합장치의 균열·손상의 유무	육 안		
	완충이음 등의 균열·변형·손상의 유무	육 안		
정전기제거설비	변형·손상의 유무	육 안		
	부착부의 이탈의 유무	육 안		
방호틀·측면틀	균열·변형·손상의 유무	육 안		
	부식의 유무	육 안		
배출밸브·자동폐쇄장치·토출밸브·드레인밸브·바이패스밸브·전환밸브 등	작동상황	육안 및 작동확인		
	폐쇄장치의 작동상황	육안 및 작동확인		
	균열·손상의 유무	육 안		
	누설의 유무	육 안		
배 관	누설의 유무	육 안		
	고정금속결합구의 고정상태	육 안		
전기설비	변형·손상의 유무	육 안		
	배선접속부의 탈락의 유무	육 안		
접지도선	접지도선의 선단클립의 도통상태	확인시험		
	회전부의 회전상태	확인시험		
	접지도선의 접속상태	확인시험		
주입호스·금속결합구	균열·변형·손상의 유무	육 안		
펌 프	누설의 유무	육 안		
표사표지	손상의 유무 및 내용의 적부	육 안		
소화기	설치수·압력의 적부	육 안		
보냉온재	부식의 유무	육 안		
컨테이너식	상자틀	균열·변형·손상의 유무	육 안		
	금속결합구·모서리볼트·U볼트	균열·변형·손상의 유무	육 안		
	시험필증	손상의 유무	육 안		
기타사항				

옥외저장소 일반점검표

점검연월일 : ． ． ．

점검자 :　　　　서명(또는 인)

옥외저장소의 면적			설치허가 연월일 및 허가번호		
설치자			안전관리자		
사업소명		설치위치			
위험물 현황	품 명		허가량	지정수량의 배수	
위험물 저장·취급 개요					
시설명/호칭번호					

점검항목		점검내용	점검방법	점검결과	조치 연월일 및 내용
안전거리		보호대상물 신설 여부	육 안		
보유공지		허가 외 물건이 존치 여부	육 안		
경계표시		변형·손상의 유무	육 안		
지반면 등	지반면	패임의 유무 및 배수의 적부	육 안		
	배수구	균열·손상의 유무	육 안		
		체유·체수·토사 등의 퇴적의 유무	육 안		
	유분리장치	균열·손상의 유무	육 안		
		체유·체수·토사 등의 퇴적의 유무	육 안		
선 반		변형·손상의 유무	육 안		
		고정상태의 적부	육 안		
		낙하방지조치의 적부	육 안		
표자게시판		손상의 유무 및 내용의 적부	육 안		
소화 설비	소화기	위치·설치수·압력의 적부	육 안		
	그 밖의 소화설비	소화설비 점검표에 의할 것			
경보설비		손상의 유무	육 안		
		작동의 적부	육안 및 작동확인		
살수설비		작동의 적부	육안 및 작동확인		
기타사항					

암반탱크저장소 일반점검표

점검연월일 : ．ㅤ．ㅤ．

점검자 : ㅤㅤ서명(또는 인)

암반탱크의 용적				설치허가 연월일 및 허가번호		
설치자				안전관리자		
사업소명			설치위치			
위험물 현황	품 명			허가량		지정수량의 배수
위험물 저장·취급 개요						
시설명/호칭번호						

점검항목		점검내용	점검방법	점검결과	조치 연월일 및 내용
탱크 본체	암반투수도	투수계수의 적부	투수계수측정		
	탱크내부증기압	증기압의 적부	압력측정		
	탱크내벽	균열·손상의 유무	육 안		
		보강재의 이탈·손상의 유무	육 안		
수리 상태	유입지하수량	지하수충전량가 비교치의 이상의 유무	수량측정		
	수벽공	균열·변형·손상의 유무	육 안		
	지하수압	수압의 적부	수압측정		
표지·게시판		손상의 유무 및 내용의 적부	육 안		
압력계		작동의 적부	육안 및 작동확인		
		부식·손상의 유무	육 안		
안전장치		작동상황	육안 및 조작시험		
		본체의 손상의 유무	육 안		
		인화방지망의 손상 및 막힘의 유무	육 안		
정전기제거설비		변형·손상의 유무	육 안		
		부착부의 이탈의 유무	육 안		
배관·밸브 등	배 관 (플랜지·밸브 포함)	누설의 유무	육 안		
		변형·손상의 유무	육 안		
		도장상황 및 부식의 유무	육 안		
		지반면과 이격상태	육 안		
	배관의 비트	균열·손상의 유무	육 안		
		체유·체수·토사 등의 퇴적의 유무	육 안		
	전기방식 설비	단자함의 손상·토사 등의 퇴적의 유무	육 안		
		단자의 탈락의 유무	육 안		
		방식전류(전위)의 적부	전위측정		
주입구		폐쇄 시의 누설의 유무	육 안		
		변형·손상의 유무	육 안		
		접지전극손상의 유무	육 안		
		접지저항치의 적부	접지저항측정		

소화설비	소화기	위치 · 설치수 · 압력의 적부	육 안		
	그 밖의 소화설비	소화설비 점검표에 의할 것			
경보설비	자동화재탐지설비	자동화재탐지설비 점검표에 의할 것			
	그 밖의 소화설비	손상의 유무	육 안		
		기능의 적부	작동확인		
기타사항					

[별지 제16호 서식]

주유취급소 일반점검표			점검연월일 : . . .		
			점검자 : 서명(또는 인)		
주유취급소의 형태	□ 옥내 □ 옥외 고객이 직접 주유하는 형태(여 · 부)		설치허가 연월일 및 허가번호		
설치자			안전관리자		
사업소명		설치위치			
위험물 현황	품 명		허가량	지정수량의 배수	
위험물 저장 · 취급 개요					
시설명/호칭번호					

점검항목			점검내용	점검방법	점검결과	조치 연월일 및 내용
공지 등	주유 · 급유공지		장애물의 유무	육 안		
	지반면		주위지반과 고저차의 적부	육 안		
			균열 · 손상의 유무	육 안		
	배수구 · 유분리장치		균열 · 손상의 유무	육 안		
			체유 · 체수 · 토사 등의 퇴적의 유무	육 안		
	방화담		균열 · 손상 · 경사 등의 유무	육 안		
건축물	벽기둥바닥보 · 지붕		균열 · 손상의 유무	육 안		
	방화문		변형 · 손상의 유무 및 폐쇄기능의 적부	육 안		
	간판등		고정의 적부 및 경사의 유무	육 안		
	다른 용도와의 구획		균열 · 손상의 유무	육 안		
	구멍 · 구덩이		구멍 · 구덩이의 유무	육 안		
	감시대등	감시대	위치의 적부	육 안		
		감시설비	기능의 적부	육안 및 작동확인		
		제어장치	기능의 적부	육안 및 작동확인		
		방송기기 등	기능의 적부	육안 및 작동확인		
전용탱크 · 폐유탱크 ·	상 부		허가 외 구조물 설치여부	육 안		
	맨 홀		변형 · 손상토사 등의 퇴적의 유무	육 안		
	통기관		밸브의 작동상황	작동확인		

간이 탱크	과잉주입방지장치		작동상황	육안 및 작동확인		
	가연성증기회수밸브		작동상황	육 안		
	액량자동표시장치		작동상황	육안 및 작동확인		
	온도계계량구		작동상황·변형·손상의 유무	육안 및 작동확인		
	탱크본체		누설의 유무	육 안		
	누설검지관		변형·손상·토사 등의 퇴적의 유무	육 안		
	누설검지장치(이중벽탱크)		경보장치의 기능의 적부	작동확인		
	주입구		접지전극손상의 유무	육 안		
	주입구의 비트		체유·체수·토사 등의 퇴적의 유무	육 안		
배관· 밸브 등	배관(플랜자밸브 포함)		도장상황·부식의 유무 및 누설의 유무	육 안		
	배관의 비트		체유·체수·토사 등의 퇴적의 유무	육 안		
	전기방식설비		단자의 탈락의 유무	육 안		
	점검함		균열·손상·체유·체수·토사 등의 퇴적의 유무	육 안		
	밸브		폐쇄기능의 적부	작동확인		
고정 주유 설비· 급유 설비	접합부		누설·변형·손상의 유무	육 안		
	고정볼트		부식·풀림의 유무	육 안		
	노즐·호스		누설의 유무	육 안		
			균열·손상·결합부의 풀림의 유무	육 안		
			유종표시의 손상의 유무	육 안		
	펌프		누설의 유무	육 안		
			변형·손상의 유무	육 안		
			이상진동·소음·발열 등의 유무	작동확인		
	유량계		누설·파손의 유무	육 안		
	표시장치		변형·손상의 유무	육 안		
	충돌방지장치		변형·손상의 유무	육 안		
	정전기제거설비		손상의 유무	육 안		
			접지저항치의 적부	저항치측정		
	현수식	호스릴	누설·변형·손상의 유무	육 안		
			호스상승기능·작동상황의 적부	작동확인		
		긴급이송정지장치	기능의 적부	작동확인		
	셀프용	기동안전대책노즐	기능의 적부	작동확인		
		탈락 시 정지장치	기능의 적부	작동확인		
		가연성증기회수장치	기능의 적부	작동확인		
		만량(滿量)정지장치	기능의 적부	작동확인		
		긴급이탈커플러	변형·손상의 유무	육 안		
		오(誤)주유정지장치	기능의 적부	작동확인		

		정량정시간제어	기능의 적부	작동확인	
		노 즐	개방상태고정이 불가한 수동폐쇄장치의 적부	작동확인	
		누설확산방지장치	변형·손상의 유무	육 안	
		"고객용"표시판	변형·손상의 유무	육 안	
		자동차정지위치·용기위치표시	변형·손상의 유무	육 안	
		사용방법·위험물의 품명표시	변형·손상의 유무	육 안	
		"비고객용"표시판	변형·손상의 유무	육 안	
펌프실·유고·정비실 등		벽·기둥·보·지붕	손상의 유무	육 안	
		방화문	변형·손상의 유무 및 폐쇄기능의 적부	육 안	
		펌 프	누설의 유무	육 안	
			변형·손상의 유무	육 안	
			이상진동·소음·발열 등의 유무	작동확인	
		바닥·점검비트·집유설비	균열·손상·체유·체수토사 등의 퇴적의 유무	육 안	
		환기·배출설비	변형·손상의 유무	육 안	
		조명설비	손상의 유무	육 안	
		누설국한설바수용설비	체유·체수·토사 등의 퇴적의 유무	육 안	
	전기설비		배산기기의 손상의 유무	육 안	
			기능의 적부	작동확인	
	가연성증기검지경보설비		손상의 유무	육 안	
			기능의 적부	작동확인	
부대설비	(증기)세차기		배기통·연통의 탈락·변형·손상의 유무	육 안	
			주위의 변형·손상의 유무	육 안	
	그 밖의 설비		위치의 적부	육 안	
	표지·게시판		손상의 유무	육 안	
			기재사항의 적부	육 안	
소화설비	소화기		위치·설치수·압력의 적부	육 안	
	그 밖의 소화설비		소화설비 점검표에 의할 것		
경보설비	자동화재탐지설비		자동화재탐지설비 점검표에 의할 것		
	그 밖의 소화설비		손상의 유무	육 안	
			기능의 적부	작동확인	
피난설비	유도등본체		점등상황 및 손상의 유무	육 안	
			시각장애물의 유무	육 안	
	비상전원		정전 시의 점등상황	작동확인	
	기타사항				

이송취급소 일반점검표

점검연월일 : ． ． ．
점검자 : 　서명(또는 인)

이송취급소의 총연장			설치허가 연월일 및 허가번호		
설치자			안전관리자		
사업소명		설치위치			
위험물 현황	품 명		허가량		지정수량의 배수
위험물저장·취급 개요					
시설명/호칭번호					

점검항목			점검내용	점검방법	점검결과	조치 연월일 및 내용
이송기지		울타리 등	손상의 유무	육 안		
	유출방지설비	성토상태	손상·갈라짐의 유무	육 안		
			경사·굴곡의 유무	육 안		
			배수구개폐상황 및 막힘의 유무	육 안		
		유분리장치	균열·손상의 유무	육 안		
			체유·체수·토사 등의 퇴적의 유무	육 안		
	펌프설비	안전거리	보호대상물의 신설의 여부	육 안		
		보유공지	허가 외 물건의 존치 여부	육 안		
		펌프실	지붕·벽·바닥·방화문의 균열손상의 유무	육 안		
			환기·배출설비의 손상의 유무 및 기능의 적부	육안 및 작동확인		
			조명설비의 손상의 유무	육 안		
		펌 프	누설의 유무	육 안		
			변형·손상의 유무	육 안		
			이상진동·소음·발열 등의 유무	작동확인		
			도장상황 및 부식의 유무	육 안		
			고정상황의 적부	육 안		
		펌프기초	균열·손상의 유무	육 안		
			고정상황의 적부	육 안		
		펌프접지	단선의 유무	육 안		
			접합부의 탈락의 유무	육 안		
			접지저항치의 적부	저항치측정		
		주위·바닥·집유설비·유분리장치	균열·손상의 유무	육 안		
			체유·체수·토사 등의 퇴적의 유무	육 안		
	피그장치	보유공지	허가 외 물건의 존치 여부	육 안		

이송 기지	피그 장치	본 체	누설의 유무	육 안		
			변형·손상의 유무	육 안		
			내압방출설비의 기능의 적부	작동확인		
		바다·배수구 ·집유설비	균열·손상의 유무	육 안		
			체유·체수·토사 등의 퇴적의 유무	육 안		
배관 플랜지 등	주입· 토출구	로딩암	누설의 유무	육 안		
			변형·손상의 유무	육 안		
			도장상황 및 부식의 유무	육 안		
			고정상황의 적부	육 안		
			기능의 적부	작동확인		
		기 타	누설의 유무	육 안		
			변형·손상의 유무	육 안		
	배 관	지상·해상설 치배관	안전거리 내 보호대상물 신설 여부	육 안		
			보유공지 내 허가 외 물건의 존치 여부	육 안		
			누설의 유무	육 안		
			변형·손상의 유무	육 안		
			도장상황 및 부식의 유무	육안 및 두께측정		
			지표면과의 이격상황의 적부	육 안		
		지하매설배관	누설의 유무	육 안		
			안전거리 내 보호대상물 신설 여부	육 안		
		해저설치배관	누설의 유무	육 안		
			변형·손상의 유무	육 안		
			해저매설상황의 적부	육 안		
	플렌지·교체밸브· 제어밸브 등		누설의 유무	육 안		
			변형·손상의 유무	육 안		
			도장상황 및 부식의 유무	육 안		
			볼트의 풀림의 유무	육 안		
			밸브 개폐표시의 유무	육 안		
			밸브 잠금상황의 적부	육 안		
			밸브 개폐기능의 적부	작동확인		
	누설확산방지장치		변형·손상의 유무	육 안		
			도장상황 및 부식의 유무	육 안		
			체유·체수의 유무	육 안		
			검지장치의 작동상황의 적부	작동확인		
	랙·지지대 등		변형·손상의 유무	육 안		
			도장상황 및 부식의 유무	육 안		
			고정상황의 적부	육 안		
			방호설비의 변형·손상의 유무	육 안		

배관 플랜지 등	배관비트 등	균열·손상의 유무	육 안		
		체유·체수·토사 등의 퇴적의 유무	육 안		
	배기구	누설의 여부	육 안		
		도장상황 및 부식의 유무	육 안		
		기능의 적부	작동확인		
	해상배관 및 지지물의 방호설비	변형·손상의 유무	육 안		
		부착상황의 적부	육 안		
	긴급차단밸브	손상의 유무	육 안		
		개폐상황표시의 유무	육 안		
		주위장애물의 유무	육 안		
		기능의 적부	작동확인		
	배관접지	단선의 유무	육 안		
		접합부의 탈락의 유무	육 안		
		접지저항치의 적부	저항치측정		
	배관절연물 등	변형·손상의 유무	저항치측정		
		절연저항치의 유무	육 안		
	가열·보온설비	변형·손상의 유무	육 안		
		고정상황의 적부	육 안		
		안전장치의 기능의 적부	작동확인		
	전기방식설비	단자함의 손상 및 토사 등의 퇴적의 유무	육 안		
		단선 및 단자의 풀림의 유무	육 안		
		방식전위(전류)의 적부	전위측정		
	배관응력검지장치	변형·손상의 유무	육 안		
		배관응력의 적부	육 안		
		지시상황의 적부	육 안		
터널 내증기 체류방 지조치	배출설비	급배기닥트의 변형·손상의 유무	육 안		
		인화방지망의 손상·막힘의 유무	육 안		
		배기구 부근의 화기의 유무	육 안		
		가연성증기경보장치의 작동상황의 적부	작동확인		
	부속설비	배수구·집유설비·유분리장치의 균열·손상 ·체유·체수·토사 등의 퇴적의 유무	육 안		
		배수펌프의 손상의 유무	육 안		
		조명설비의 손상의 유무	육 안		
		방호설비·안전설비 등의 손상의 유무	육 안		
운전 상태 감시 장치	압력계(압력경보)	본체 및 방호설비의 변형손상의 유무	육 안		
		부착부의 풀림의 유무	육 안		
		지시상황의 적부	육 안		
		경보기능의 적부	작동확인		

운전 상태 감시 장치	유량계(유량경보)		본체 및 방호설비의 변형·손상의 유무	육 안		
			부착부의 풀림의 유무	육 안		
			지시상황의 적부	육 안		
			경보기능의 적부	작동확인		
	온도계(온도과승검지)		본체 및 방호설비의 변형·손상의 유무	육 안		
			부착부의 풀림의 유무	육 안		
			지시상황의 적부	육 안		
			경보기능의 적부	작동확인		
	과대진동검지장치		본체 및 방호설비의 변형·손상의 유무	육 안		
			부착부의 풀림의 유무	육 안		
			지시상황의 적부	육 안		
			경보기능의 적부	작동확인		
	누설검지장치		손상의 유무	육 안		
			막힘의 유무	육 안		
			작동상황의 적부	육 안		
			경보기능의 적부	작동확인		
안전제어장치			수동기동장치의 주위장애물의 유무	육 안		
			기능의 적부	작동확인		
압력안전장치			변형·손상의 유무	육 안		
			기능의 적부	작동확인		
경보설비 및 통보설비			변형·손상의 유무	육 안		
			부착부의 풀림의 유무	육 안		
			기능의 적부	작동확인		
순찰차 등	순찰차		배치의 적부	육 안		
			적재기자재의 종류·수량·기능의 적부	육안 및 작동확인		
	기자재 등	창 고	건물의 손상의 유무	육 안		
			정리상황의 적부	육 안		
		기자재	기자재의 종류·수량 적부	육 안		
			기자재의 변형·손상의 유무 및 기능의 적부	육안 및 작동확인		
비상 전원	자가발전설비		변형·손상의 유무	육 안		
			주위 장해물건의 유무	육 안		
			연료량의 적부	육 안		
			기능의 적부	작동확인		
	축전지설비		변형·손상의 유무	육 안		
			단자볼트풀림 등의 유무	육 안		
			전해액량의 적부	육 안		
			기능의 적부	작동확인		

감진장치 등		손상의 유무	육 안		
		기능의 적부	작동확인		
피뢰설비		손상의 유무	육 안		
		피뢰도선의 단선·손상의 유무	육 안		
		접지저항치의 적부	저항치측정		
전기설비		배선 및 기기의 손상의 유무	육 안		
		기능의 적부	작동확인		
표시·표지·게시판		기재사항의 적부 및 손상의 유무	육 안		
소화 설비	소화기	위치·설치수·압력의 적부	육 안		
	그 밖의 소화설비	소화설비점검표에 의할 것			
기타사항					

01 위험물 저장소의 일반점검표에서 전기설비의 접지의 점검항목을 3가지 쓰시오.

정답

① 단선의 유무
② 부착부분의 탈락의 유무
③ 접지저항치의 적부

해설

점검항목		점검내용	점검방법
전기설비	배전반 · 차단기 · 배선 등	변형 · 손상의 유무	육 안
		고정상태의 적부	육 안
		기능의 적부	육안 및 작동확인
		배선접합부의 탈락의 유무	육 안

02 위험물안전관리자가 점검하여야 할 위험물제조소 및 일반취급소의 일반점검표 중에서 방유제, 방유턱의 점검 내용 5가지만 쓰시오.

정답

① 변형 · 균열 손상의 유무
② 배수관의 손상 유무
③ 배수관의 개폐상황의 적부
④ 배수관의 균열 · 손상 유무
⑤ 배수구 내의 체유 · 체수 · 토사 등의 퇴적 유무
⑥ 수용량의 적부

해설

위험물제조소 등의 정기점검 실시자 : 위험물안전관리자, 위험물운송자

[별지 제18호 서식]

옥내 옥외 소화전설비 일반점검표		점검연월일 :　　.　　.　　. 점검자 :　　　　서명(또는 인)			
제조소등의 구분		제조소등의 설치허가 연월일 및 허가번호			
소화설비의 호칭번호					
점검항목		점검내용	점검방법	점검결과	조치 연월일 및 내용
수원	수 조	누수·변형·손상의 유무	육 안		
	수원량상태	수원량의 적부	육 안		
		부유물·침전물의 유무	육 안		
	급수장치	부식·손상의 유무	육 안		
		기능의 적부	작동확인		
흡수 장치	흡수조	누수·변형·손상의 유무	육 안		
		물의 양상태의 적부	육 안		
	밸브	변형·손상의 유무	육 안		
		개폐상태 및 기능의 적부	육안 및 작동확인		
	자동급수장치	변형·손상의 유무	육 안		
		기능의 적부	육 안		
	감수경보장치	변형·손상의 유무	육 안		
		기능의 적부	작동확인		
가압 송수 장치	전동기	변형·손상의 유무	육 안		
		회전부 등의 급유상태의 적부	육 안		
		기능의 적부	작동확인		
		고정상태의 적부	육 안		
		이상소음·진동·발열의 유무	육 안		
	내연 기관 본 체	변형·손상의 유무	육 안		
		회전부 등의 급유상태의 적부	육 안		
		기능의 적부	작동확인		
		고정상태의 적부	육 안		
		이상소음·진동·발열의 유무	육 안		

가압 송수 장치	내연 기관	연료탱크	누설·부식·변형의 유무	육 안	
			연료량의 적부	육 안	
			밸브개폐상태 및 기능의 적부	육안 및 작동확인	
		윤활유	현저한 노후의 유무 및 양의 적부	육 안	
		축전지	부식·변형·손상의 유무	육 안	
			전해액량의 적부	육 안	
			단자전압의 적부	전압측정	
		동력전달장치	부식·변형·손상의 유무	육 안	
			기능의 적부	육 안	
		기동장치	부식·변형·손상의 유무	육 안	
			기능의 적부	작동확인	
			회전수의 적부	육 안	
		냉각장치	냉각수의 누수의 유무 및 물의 양·상태의 적부	육 안	
			부식·변형·손상의 유무	육 안	
			기능의 적부	작동확인	
		급배기장치	변형·손상의 유무	육 안	
			주위의 가연물의 유무	육 안	
			기능의 적부	작동확인	
	펌 프		누수·부식·변형·손상의 유무	육 안	
			회전부 등의 급유상태의 적부	육 안	
			기능의 적부	작동확인	
			고정상태의 적부	육 안	
			이상소음·진동·발열의 유무	작동확인	
			압력의 적부	육 안	
			계기판의 적부	육 안	
기동장치			조작부 주위의 장애물의 유무	육 안	
			표지의 손상의 유무 및 기재사항의 적부	육 안	
			기능의 적부	작동확인	
전동기 제어 장치	제어반		변형·손상의 유무	육 안	
			조작관리상 지장의 유무	육 안	
	전원전압		전압의 지시상항	육 안	
			전원등의 점등상황	작동확인	
	계기 및 스위치류		변형·손상의 유무	육 안	
			단자의 풀림·탈락의 유무	육 안	
			개폐상황 및 기능의 적부	육안 및 작동확인	

	휴즈류	손상·용단의 유무	육 안		
		종류·용량의 적부	육 안		
		예비품의 유무	육 안		
	차단기	단자의 풀림·탈락의 유무	육 안		
		접점의 소손의 유무	육 안		
		기능의 적부	작동확인		
	결선접속	풀림·탈락·피복손상의 유무	육 안		
배관 등	밸브류	변형·손상의 유무	육 안		
		개폐상태 및 작동의 적부	작동확인		
	여과장치	변형·손상의 유무	육 안		
		여과망의 손상·이물의 퇴적의 유무	육 안		
	배 관	누설·변형·손상의 유무	육 안		
		도장상황 및 부식의 유무	육 안		
		드레인비트의 손상의 유무	육 안		
소화전	소화전함	부식·변형·손상의 유무	육 안		
		주위 장해물의 유무	육 안		
		부속공구의 비치의 상태 및 표지의 적부	육 안		
	호스 및 노즐	변형·손상의 유무	육 안		
		수량 및 기능의 적부	육 안		
	표시등	손상의 유무	육 안		
		점등의 상황	작동확인		
예비 동력원	자가 발전 설비	본 체	변형·손상의 유무	육 안	
			회전부 등의 급유상태의 적부	육 안	
			기능의 적부	작동확인	
			고정상태의 적부	육 안	
			이상소음·진동·발열의 유무	작동확인	
			절연저항치의 적부	저항치측정	
		연료탱크	누설·부식·변형의 유무	육 안	
			연료량의 적부	육 안	
			밸브개폐상태 및 기능의 적부	육안 및 작동확인	
		윤활유	현저한 노후의 유무 및 양의 적부	육 안	
		축전지	부식·변형·손상의 유무	육 안	
			전해액량 및 단자전압의 적부	육안 및 전압측정	
		냉각장치	냉각수의 누수의 유무	육 안	
			물의 양상태의 적부	육 안	
			부식·변형·손상의 유무	육 안	
			기능의 적부	작동확인	

		변형·손상의 유무	육 안		
	급배기장치	주위의 가연물의 유무	육 안		
		기능의 적부	작동확인		
	축전지설비	부식·변형·손상의 유무	육 안		
		전해액량 및 단자전압의 적부	육안 및 전압측정		
		기능의 적부	작동확인		
	기동장치	부식·변형·손상의 유무	육 안		
		조작부주위의 장애물의 유무	육 안		
		기능의 적부	작동확인		
기타사항					

[별지 제19호 서식]

물분무소화설비 스프링클러설비 일반점검표			점검연월일 : . . . 점검자 :　　　　서명(또는 인)		
제조소등의 구분			제조소등의 설치허가 연월일 및 허가번호		
소화설비의 호칭번호					
점검항목		점검내용	점검방법	점검결과	조치 연월일 및 내용
수원	수 조	누수·변형·손상의 유무	육 안		
	수원량상태	수원량의 적부	육 안		
		부유물·침전물의 유무	육 안		
	급수장치	부식·손상의 유무	육 안		
		기능의 적부	작동확인		
흡수 장치	흡수조	누수·변형·손상의 유무	육 안		
		물의 양·상태의 적부	육 안		
	밸 브	변형·손상의 유무	육 안		
		개폐상태 및 기능의 적부	육안 및 작동확인		
	자동급수장치	변형·손상의 유무	육 안		
		기능의 적부	육 안		
	감수경보장치	변형·손상의 유무	육 안		
		기능의 적부	작동확인		
가압 송수 장치	전동기	변형·손상의 유무	육 안		
		회전부 등의 급유상태의 적부	육 안		
		기능의 적부	작동확인		
		고정상태의 적부	육 안		
		이상소음·진동·발열의 유무	육 안		

			변형·손상의 유무	육 안		
가압 송수 장치	내연 기관	본 체	회전부 등의 급유상태의 적부	육 안		
			기능의 적부	작동확인		
			고정상태의 적부	육 안		
			이상소음·진동·발열의 유무	육 안		
		연료탱크	누설·부식·변형의 유무	육 안		
			연료량의 적부	육 안		
			밸브개폐상태 및 기능의 적부	육안 및 작동확인		
		윤활유	현저한 노후의 유무 및 양의 적부	육 안		
		축전지	부식·변형·손상의 유무	육 안		
			전해액량의 적부	육 안		
			단자전압의 적부	전압측정		
		동력전달장치	부식·변형·손상의 유무	육 안		
			기능의 적부	육 안		
	내연 기관	기동장치	부식·변형·손상의 유무	육 안		
			기능의 적부	작동확인		
			회전수의 적부	육 안		
		냉각장치	냉각수의 누수의 유무 및 물의 양·상태의 적부	육 안		
			부식·변형·손상의 유무	육 안		
			기능의 적부	작동확인		
		급배기장치	변형·손상의 유무	육 안		
			주위의 가연물의 유무	육 안		
			기능의 적부	작동확인		
	펌 프		누수·부식·변형·손상의 유무	육 안		
			회전부 등의 급유상태의 적부	육 안		
			기능의 적부	작동확인		
			고정상태의 적부	육 안		
			이상소음·진동·발열의 유무	작동확인		
			압력의 적부	육 안		
			계기판의 적부	육 안		
기동장치			조작부 주위의 장애물의 유무	육 안		
			표지의 손상의 유무 및 기재사항의 적부	육 안		
			기능의 적부	작동확인		
전동기 제어 장치	제어반		변형·손상의 유무	육 안		
			조작관리상 지장의 유무	육 안		
	전원전압		전압의 지시상황	육 안		
			전원등의 점등상황	작동확인		

전동기 제어 장치	계기 및 스위치류	변형손상의 유무	육 안		
		단자의 풀림탈락의 유무	육 안		
		개폐상황 및 기능의 적부	육안 및 작동확인		
	휴즈류	손상·용단의 유무	육 안		
		종류·용량의 적부	육 안		
		예비품의 유무	육 안		
	차단기	단자의 풀림·탈락의 유무	육 안		
		접점의 소손의 유무	육 안		
		기능의 적부	작동확인		
	결선접속	풀림·탈락·피복손상의 유무	육 안		
배관 등	밸브류	변형·손상의 유무	육 안		
		개폐상태 및 작동의 적부	작동확인		
	여과장치	변형·손상의 유무	육 안		
		여과망의 손상·이물의 퇴적의 유무	육 안		
	배 관	누설·변형·손상의 유무	육 안		
		도장상황 및 부식의 유무	육 안		
		드레인비트의 손상의 유무	육 안		
헤 드		변형·손상의 유무	육 안		
		부착각도의 적부	육 안		
		기능의 적부	조작확인		
예비 동력원	자가 발전 설비	본 체	변형·손상의 유무	육 안	
			회전부 등의 급유상태의 적부	육 안	
			기능의 적부	작동확인	
			고정상태의 적부	육 안	
			이상소음·진동·발열의 유무	작동확인	
			절연저항치의 적부	저항치측정	
		연료탱크	누설·부식·변형의 유무	육 안	
			연료량의 적부	육 안	
			밸브개폐상태 및 기능의 적부	육안 및 작동확인	
		윤활유	현저한 노후의 유무 및 양의 적부	육 안	
		축전지	부식·변형·손상의 유무	육 안	
			전해액량 및 단자전압의 적부	육안 및 전압측정	
		냉각장치	냉각수의 누수의 유무	육 안	
			물의 양·상태의 적부	육 안	
			부식·변형·손상의 유무	육 안	
			기능의 적부	작동확인	

		변형·손상의 유무	육 안		
	급배기장치	주위의 가연물의 유무	육 안		
		기능의 적부	작동확인		
예비 동력원	축전지설비	부식·변형·손상의 유무	육 안		
		전해액량 및 단자전압의 적부	육안 및 전압측정		
		기능의 적부	작동확인		
	기동장치	부식·변형·손상의 유무	육 안		
		조작부 주위의 장애물의 유무	육 안		
		기능의 적부	작동확인		
기타사항					

[별지 제20호 서식]

포소화설비 일반점검표

점검연월일 : ． ． ．
점검자 :　　　서명(또는 인)

제조소등의 구분				제조소등의 설치허가 연월일 및 허가번호		
소화설비의 호칭번호						

점검항목		점검내용	점검방법	점검결과	조치 연월일 및 내용
수원	수 조	누수·변형·손상의 유무	육 안		
	수원량상태	수원량의 적부	육 안		
		부유물·침전물의 유무	육 안		
	급수장치	부식·손상의 유무	육 안		
		기능의 적부	작동확인		
흡수 장치	흡수조	누수·변형·손상의 유무	육 안		
		물의 양·상태의 적부	육 안		
	밸 브	변형·손상의 유무	육 안		
		개폐상태 및 기능의 적부	육안 및 작동확인		
	자동급수장치	변형·손상의 유무	육 안		
		기능의 적부	육 안		
	감수경보장치	변형·손상의 유무	육 안		
		기능의 적부	작동확인		

			변형·손상의 유무	육 안		
가압송수장치		전동기	회전부 등의 급유상태의 적부	육 안		
			기능의 적부	작동확인		
			고정상태의 적부	육 안		
			이상소음·진동·발열의 유무	육 안		
	내연기관	본 체	변형·손상의 유무	육 안		
			회전부 등의 급유상태의 적부	육 안		
			기능의 적부	작동확인		
			고정상태의 적부	육 안		
			이상소음·진동·발열의 유무	육 안		
		연료탱크	누설·부식·변형의 유무	육 안		
			연료량의 적부	육 안		
			밸브개폐상태 및 기능의 적부	육안 및 작동확인		
		윤활유	현저한 노후의 유무 및 양의 적부	육 안		
		축전지	부식·변형·손상의 유무	육 안		
			전해액량의 적부	육 안		
			단자전압의 적부	전압측정		
		동력전달장치	부식·변형·손상의 유무	육 안		
			기능의 적부	육 안		
		기동장치	부식·변형·손상의 유무	육 안		
			기능의 적부	작동확인		
			회전수의 적부	육 안		
	내연기관	냉각장치	냉각수의 누수의 유무 및 물의 양·상태의 적부	육 안		
			부식·변형·손상의 유무	육 안		
			기능의 적부	작동확인		
		급배기장치	변형·손상의 유무	육 안		
			주위의 가연물의 유무	육 안		
			기능의 적부	작동확인		
		펌 프	누수·부식·변형·손상의 유무	육 안		
			회전부 등의 급유상태의 적부	육 안		
			기능의 적부	작동확인		
			고정상태의 적부	육 안		
			이상소음·진동·발열의 유무	작동확인		
			압력의 적부	육 안		
			계기판의 적부	육 안		

약제 저장 탱크	탱 크		누설의 유무	육 안	
			변형·손상의 유무	육 안	
			도장상황 및 부식의 유무	육 안	
			배관접속부의 이탈의 유무	육 안	
			고정상태의 적부	육 안	
			통기관의 막힘의 유무	육 안	
			압력탱크방식의 경우 압력계의 지시상황	육 안	
	소화약제		변질·침전물의 유무	육 안	
			양의 적부	육 안	
약제혼합장치			변질·침전물의 유무	육 안	
			양의 적부	육 안	
기동 장치	수동기동장치		조작부 주위의 장해물의 유무	육 안	
			표지의 손상의 유무 및 기재사항의 적부	육 안	
			기능의 적부	작동확인	
	자동 기동 장치	기동용 수압개폐장치 (압력스위치· 압력탱크)	변형·손상의 유무	육 안	
			압력계의 지시상황	육 안	
			기능의 적부	작동확인	
		화재감지장치 (감지기·폐쇄형헤드)	변형·손상의 유무	육 안	
			주위 장해물의 유무	육 안	
			기능의 적부	작동확인	
전동기 제어 장치	제어반		변형·손상의 유무	육 안	
			조작관리상 지장의 유무	육 안	
	전원전압		전압의 지시상황	육 안	
			전원등의 점등상황	작동확인	
	계기 및 스위치류		변형손상의 유무	육 안	
			단자의 풀림·탈락의 유무	육 안	
			개폐상황 및 기능의 적부	육안 및 작동확인	
	퓨즈류		손상·용단의 유무	육 안	
			종류·용량의 적부	육 안	
			예비품의 유무	육 안	
	차단기		단자의 풀림·탈락의 유무	육 안	
			접점의 소손의 유무	육 안	
			기능의 적부	작동확인	
	결선접속		풀림·탈락·피복손상의 유무	육 안	

유수 압력 검지 장치	자동경보밸브 (유수작동밸브)	변형·손상의 유무	육 안		
		기능의 적부	작동확인		
	리타딩챔버	변형·손상의 유무	육 안		
		기능의 적부	작동확인		
	압력스위치	단자의 풀림·이탈·손상의 유무	육 안		
		기능의 적부	작동확인		
	경보·표시장치	변형·손상의 유무	육 안		
		기능의 적부	작동확인		
배관 등	밸브류	변형·손상의 유무	육 안		
		개폐상태 및 작동의 적부	작동확인		
	여과장치	변형·손상의 유무	육 안		
		여과망의 손상·이물의 퇴적의 유무	육 안		
	배 관	누설·변형·손상의 유무	육 안		
		도장상황 및 부식의 유무	육 안		
		드레인비트의 손상의 유무	육 안		
	저부포주입법의 외부격납함	변형·손상의 유무	육 안		
		호스격납상태의 적부	육 안		
포 방출구	포헤드	변형·손상의 유무	육 안		
		부착각도의 적부	육 안		
		공기취입구의 막힘의 유무	육 안		
		기능의 적부	작동확인		
	포챔버	본체의 부식·변형·손상의 유무	육 안		
		봉판의 부착상태 및 손상의 유무	육 안		
		공기수입구 및 스크린의 막힘의 유무	육 안		
		기능의 적부	작동확인		
	포모니터노즐	변형·손상의 유무	육 안		
		공기수입구 및 필터의 막힘의 유무	육 안		
		기능의 적부	작동확인		
포 소화전	소화전함	부식·변형·손상의 유무	육 안		
		주위 장해물의 유무	육 안		
		부속공구의 비치의 상태 및 표지의 적부	육 안		
	호스 및 노즐	변형·손상의 유무	육 안		
		수량 및 기능의 적부	육 안		
	표시등	손상의 유무	육 안		
		점등의 상황	작동확인		

			변형·손상의 유무	육 안		
	연결송액구		주위 장해물의 유무	육 안		
			표시의 적부	육 안		
예비 동력원	자가 발전 설비	본 체	변형·손상의 유무	육 안		
			회전부 등의 급유상태의 적부	육 안		
			기능의 적부	작동확인		
			고정상태의 적부	육 안		
			이상소음·진동·발열의 유무	작동확인		
			절연저항치의 적부	저항치측정		
		연료탱크	누설·부식·변형의 유무	육 안		
			연료량의 적부	육 안		
			밸브개폐상태 및 기능의 적부	육안 및 작동확인		
		윤활유	현저한 노후의 유무 및 양의 적부	육 안		
		축전지	부식·변형·손상의 유무	육 안		
			전해액량 및 단자전압의 적부	육안 및 전압측정		
		냉각장치	냉각수의 누수의 유무	육 안		
			물의 양·상태의 적부	육 안		
			부식·변형·손상의 유무	육 안		
			기능의 적부	작동확인		
		급배기장치	변형·손상의 유무	육 안		
			주위의 가연물의 유무	육 안		
			기능의 적부	작동확인		
	축전지설비		부식·변형·손상의 유무	육 안		
			전해액량 및 단자전압의 적부	육안 및 전압측정		
			기능의 적부	작동확인		
	기동장치		부식·변형·손상의 유무	육 안		
			조작부주위의 장애물의 유무	육 안		
			기능의 적부	작동확인		
기타사항						

이산화탄소소화설비 일반점검표			점검연월일 : . . . 점검자 : 서명(또는 인)		

제조소등의 구분			제조소등의 설치허가 연월일 및 허가번호		
소화설비의 호칭번호					

점검항목			점검내용	점검방법	점검결과	조치 연월일 및 내용
이산화 탄소 소화 약제장 용기 등		소화약제저장용기	설치상황의 적부	육 안		
			변형·손상의 유무	육 안		
		소화약제	양의 적부	육 안		
	고 압 식	용기밸브	변형·손상·부식의 유무	육 안		
			개폐상황의 적부	육 안		
		용기밸브개방장치	변형·손상·부식의 유무	육 안		
			기능의 적부	작동확인		
	저 압 식	안전장치	변형·손상·부식의 유무	육 안		
		압력경보장치	변형·손상의 유무	육 안		
			기능의 적부	작동확인		
		압력계	변형·손상의 유무	육 안		
			지시상황의 적부	육 안		
		액면계	변형·손상의 유무	육 안		
		자동냉동기	변형·손상의 유무	육 안		
			기능의 적부	작동확인		
		방출밸브	변형·손상·부식의 유무	육 안		
			개폐상황의 적부	육 안		
기동용 가스 용기 등		용 기	변형·손상의 유무	육 안		
			가스량의 적부	육 안		
		용기밸브	변형·손상·부식의 유무	육 안		
			개폐상황의 적부	육 안		
		용기밸브개방장치	변형·손상·부식의 유무	육 안		
			기능의 적부	작동확인		
		조작관	변형·손상·부식의 유무	육 안		
선택밸브			손상·변형의 유무	육 안		
			개폐상황의 적부	작동확인		
			기능의 적부	작동확인		
기동 장치		수동기동장치	조작 부주위의 장해물의 유무	육 안		
			표지의 손상의 유무 및 기재사항의 적부	육 안		
			기능의 적부	작동확인		
	자동 기동	자동수동전환장치	변형·손상의 유무	육 안		

	장치	화재감지장치	기능의 적부	작동확인	
			변형·손상의 유무	육 안	
			감지장해의 유무	육 안	
			기능의 적부	작동확인	
	경보장치		변형·손상의 유무	육 안	
			기능의 적부	작동확인	
	압력스위치		단자의 풀림·탈락·손상의 유무	육 안	
			기능의 적부	작동확인	
제어 장치		제어반	변형·손상의 유무	육 안	
			조작관리상 지장의 유무	육 안	
		전원전압	전압의 지시상황	육 안	
			전원등의 점등상황	작동확인	
		계기 및 스위치류	변형·손상의 유무	육 안	
			단자의 풀림탈락의 유무	육 안	
			개폐상황 및 기능의 적부	육안 및 작동확인	
		퓨즈류	손상·용단의 유무	육 안	
			종류·용량의 적부 및 예비품의 유무	육 안	
		차단기	단자의 풀림탈락의 유무	육 안	
			접점의 소손의 유무	육 안	
			기능의 적부	작동확인	
		결선접속	풀림·탈락피복손상의 유무	육 안	
배관 등		밸브류	변형·손상의 유무	육 안	
			개폐상태 및 작동의 적부	작동확인	
		역류방지밸브	부착방향의 적부	육 안	
			기능의 적부	작동확인	
		배 관	누설·변형·손상·부식의 유무	육 안	
		파괴판·안전장치	변형·손상·부식의 유무	육 안	
	방출표시등		손상의 유무	육 안	
			점등의 상황	육 안	
	분사헤드		변형·손상·부식의 유무	육 안	
이동식 노즐		호스·호스릴·노즐	변형·손상의 유무	육 안	
			부식의 유무	육 안	
		노즐개폐밸브	변형·손상의 유무	육 안	
			부식의 유무	육 안	
			기능의 적부	작동확인	
예비 동력원	자가 발전 설비	본 체	변형·손상의 유무	육 안	
			회전부 등의 급유상태의 적부	육 안	
			기능의 적부	작동확인	

			고정상태의 적부	육 안		
			이상소음·진동·발열의 유무	작동확인		
			절연저항치의 적부	저항치측정		
		연료탱크	누설·부식·변형의 유무	육 안		
			연료량의 적부	육 안		
			밸브개폐상태 및 기능의 적부	육안 및 작동확인		
		윤활유	현저한 노후의 유무 및 양의 적부	육 안		
		축전지	부식·변형·손상의 유무	육 안		
			전해액량 및 단자전압의 적부	육안 및 전압측정		
		냉각장치	냉각수의 누수의 유무	육 안		
			물의 양·상태의 적부	육 안		
			부식·변형·손상의 유무	육 안		
			기능의 적부	작동확인		
		급배기장치	변형·손상의 유무	육 안		
			주위의 가연물의 유무	육 안		
			기능의 적부	작동확인		
	축전지설비		부식·변형·손상의 유무	육 안		
			전해액량 및 단자전압의 적부	육안 및 전압측정		
			기능의 적부	작동확인		
	기동장치		부식·변형·손상의 유무	육 안		
			조작부 주위의 장애물의 유무	육 안		
			기능의 적부	작동확인		
기타사항						

할로겐화물소화설비 일반점검표

점검연월일 : ．．．

점검자 :　　　서명(또는 인)

제조소등의 구분			제조소등의 설치허가 연월일 및 허가번호		
소화설비의 호칭번호					

점검항목			점검내용	점검방법	점검결과	조치 연월일 및 내용
할로겐 화물 소화 약제 저장 용기 등		소화약제저장용기	설치상황의 적부	육 안		
			변형·손상의 유무	육 안		
		소화약제	양 및 내압의 적부	육안 및 압력측정		
	축 압 식	용기밸브	변형·손상·부식의 유무	육 안		
			개폐상황의 적부	육 안		
		용기밸브개방장치	변형·손상·부식의 유무	육 안		
			기능의 적부	작동확인		
	가 압 식	방출밸브	변형·손상·부식의 유무	육 안		
			개폐상황의 적부	육 안		
		안전장치	변형·손상··부식의 유무	육 안		
		압력계	변형·손상의 유무	육 안		
		가압 가스 용기 등	용 기	설치상황의 적부 및 변형·손상의 유무	육 안		
			가스량	양·내압의 적부	육안 및 압력측정		
			용기밸브	변형·손상·부식의 유무	육 안		
				개폐상황의 적부	육 안		
			용기밸브 개방장치	변형·손상·부식의 유무	육 안		
				기능의 적부	작동확인		
			압력조정기	변형·손상의 유무	육 안		
				기능의 적부	작동확인		
기동용 가스 용기 등		용 기	변형·손상의 유무	육 안		
			가스량의 적부	육 안		
		용기밸브	변형·손상·부식의 유무	육 안		
			개폐상황의 적부	육 안		
		용기밸브개방장치	변형·손상·부식의 유무	육 안		
			기능의 적부	작동확인		
		조작관	변형·손상·부식의 유무	육 안		
선택밸브			손상·변형의 유무	육 안		
			개폐상황 및 기능의 적부	작동확인		

기동 장치	수동기동장치		조작부 주위의 장해물의 유무	육 안	
			표지의 손상의 유무 및 기재사항의 적부	육 안	
			기능의 적부	작동확인	
	자동 기동 장치	자동수동전환장치	변형·손상의 유무	육 안	
			기능의 적부	작동확인	
		화재감지장치	변형·손상의 유무	육 안	
			감지장해의 유무	육 안	
			기능의 적부	작동확인	
경보장치			변형·손상의 유무	육 안	
			기능의 적부	작동확인	
압력스위치			단자의 풀림·탈락·손상의 유무	육 안	
			기능의 적부	작동확인	
제어 장치	제어반		변형·손상의 유무	육 안	
			조작관리상 지장의 유무	육 안	
	전원전압		전압의 지시상황 및 전원등의 점등상황	육안 및 작동확인	
	계기 및 스위치류		변형·손상 및 단자의 풀림·탈락의 유무	육 안	
			개폐상황 및 기능의 적부	육안 및 작동확인	
	퓨즈류		손상·용단의 유무	육 안	
			종류·용량의 적부 및 예비품의 유무	육 안	
	차단기		단자의 풀림·탈락의 유무	육 안	
			접점의 소손의 유무	육 안	
			기능의 적부	작동확인	
	결선접속		풀림·탈락·피복손상의 유무	육 안	
배관 등	밸브류		변형·손상의 유무	육 안	
			개폐상태 및 작동의 적부	작동확인	
	역류방지밸브		부착방향의 적부	육 안	
			기능의 적부	작동확인	
	배 관		누설·변형·손상·부식의 유무	육 안	
	파괴판·안전장치		변형·손상부식의 유무	육 안	
방출표시등			손상의 유무	육 안	
			점등의 상황	육 안	
분사헤드			변형·손상·부식의 유무	육 안	
이동식 노즐	호스·호스릴·노즐		변형·손상의 유무	육 안	
			부식의 유무	육 안	
	노즐개폐밸브		변형·손상의 유무	육 안	
			부식의 유무	육 안	
			기능의 적부	작동확인	

예비 동력원	자가 발전 설비	본 체	변형·손상의 유무	육 안		
			회전부 등의 급유상태의 적부	육 안		
			기능의 적부	작동확인		
			고정상태의 적부	육 안		
			이상소음·진동·발열의 유무	작동확인		
			절연저항치의 적부	저항치측정		
		연료탱크	누설·부식·변형의 유무	육 안		
			연료량의 적부	육 안		
			밸브개폐상태 및 기능의 적부	육안 및 작동확인		
		윤활유	현저한 노후의 유무 및 양의 적부	육 안		
		축전지	부식·변형·손상의 유무	육 안		
			전해액량 및 단자전압의 적부	육안 및 전압측정		
		냉각장치	냉각수의 누수의 유무	육 안		
			물의 양·상태의 적부	육 안		
			부식·변형·손상의 유무	육 안		
			기능의 적부	작동확인		
		급배기장치	변형·손상의 유무	육 안		
			주위의 가연물의 유무	육 안		
			기능의 적부	작동확인		
	축전지설비		부식·변형·손상의 유무	육 안		
			전해액량 및 단자전압의 적부	육안 및 전압측정		
			기능의 적부	작동확인		
	기동장치		부식·변형·손상의 유무	육 안		
			조작부 주위의 장애물의 유무	육 안		
			기능의 적부	작동확인		
	기타사항					

분말소화설비 일반점검표

점검연월일 : ．．．．
점검자 :　　　서명(또는 인)

제조소등의 구분			제조소등의 설치허가 연월일 및 허가번호	
소화설비의 호칭번호				

점검항목			점검내용	점검방법	점검결과	조치 연월일 및 내용
분말 소화 약제 저장 용기 등		소화약제저장용기	설치상황의 적부	육 안		
			변형·손상의 유무	육 안		
		소화약제	양 및 내압의 적부	육안 및 압력측정		
	축 압 식	용기밸브	변형·손상·부식의 유무	육 안		
			개폐상황의 적부	육 안		
		용기밸브 개방장치	변형·손상·부식의 유무	육 안		
			기능의 적부	작동확인		
		지시압력계	변형·손상의 유무 및 지시상황의 적부	육 안		
	가 압 식	방출밸브	변형·손상·부식의 유무	육 안		
			개폐상황의 적부	육 안		
		안전장치	변형·손상·부식의 유무	육 안		
		정압작동장치	변형·손상의 유무	육 안		
		가압 가스 용기 등	용 기	설치상황의 적부 및 변형·손상의 유무	육 안		
			가스량	양·내압의 적부	육안 및 압력측정		
			용기밸브	변형·손상·부식의 유무	육 안		
				개폐상황의 적부	육 안		
			용기밸브 개방장치	변형·손상·부식의 유무	육 안		
				기능의 적부	작동확인		
			압력 조정기	변형·손상의 유무 및 기능의 적부	육안 및 작동확인		
기동용 가스 용기 등	용 기		변형·손상의 유무	육 안		
			가스량의 적부	육 안		
	용기밸브		변형·손상·부식의 유무	육 안		
			개폐상황의 적부	육 안		
	용기밸브개방장치		변형·손상·부식의 유무	육 안		
			기능의 적부	작동확인		
	조작관		변형·손상·부식의 유무	육 안		
선택밸브			손상·변형의 유무	육 안		
			개폐상황 및 기능의 적부	작동확인		

기동 장치	수동기동장치		조작부 주위의 장해물의 유무	육 안		
			표지의 손상의 유무 및 기재사항의 적부	육 안		
			기능의 적부	작동확인		
	자동 기동 장치	자동수동 전환장치	변형·손상의 유무	육 안		
			기능의 적부	작동확인		
		화재감지장치	변형·손상의 유무	육 안		
			감지장해의 유무	육 안		
			기능의 적부	작동확인		
경보장치			변형·손상의 유무	육 안		
			기능의 적부	작동확인		
압력스위치			단자의 풀림·탈락·손상의 유무	육 안		
			기능의 적부	작동확인		
제어장 치	제어반		변형·손상의 유무	육 안		
			조작관리상 지장의 유무	육 안		
	전원전압		전압의 지시상황 및 전원등의 점등상황	육안 및 작동확인		
	계기 및 스위치류		변형·손상 및 단자의 풀림·탈락의 유무	육 안		
			개폐상황 및 기능의 적부	육안 및 작동확인		
	퓨즈류		손상·용단의 유무	육 안		
			종류·용량의 적부 및 예비품의 유무	육 안		
	차단기		단자의 풀림·탈락의 유무	육 안		
			접점의 소손의 유무	육 안		
			기능의 적부	작동확인		
	결선접속		풀림·탈락·피복손상의 유무	육 안		
배관 등	밸브류		변형·손상의 유무	육 안		
			개폐상태 및 작동의 적부	작동확인		
	역류방지밸브		부착방향의 적부	육 안		
			기능의 적부	작동확인		
	배 관		누설·변형·손상·부식의 유무	육 안		
	파괴판·안전장치		변형·손상·부식의 유무	육 안		
방출표시등			손상의 유무	육 안		
			점등의 상황	육 안		
분사헤드			변형·손상·부식의 유무	육 안		
이동식 노즐	호스·호스릴·노즐		변형·손상의 유무	육 안		
			부식의 유무	육 안		
	노즐개폐밸브		변형·손상의 유무	육 안		
			부식의 유무	육 안		
			기능의 적부	작동확인		

예비 동력원	자가 발전 설비	본 체	변형·손상의 유무	육 안	
			회전부 등의 급유상태의 적부	육 안	
			기능의 적부	작동확인	
			고정상태의 적부	육 안	
			이상소음·진동·발열의 유무	작동확인	
			절연저항치의 적부	저항치측정	
		연료탱크	누설·부식·변형의 유무	육 안	
			연료량의 적부	육 안	
			밸브개폐상태 및 기능의 적부	육안 및 작동확인	
		윤활유	현저한 노후의 유무 및 양의 적부	육 안	
		축전지	부식·변형·손상의 유무	육 안	
			전해액량 및 단자전압의 적부	육안 및 전압측정	
		냉각장치	냉각수의 누수의 유무	육 안	
			물의 양·상태의 적부	육 안	
			부식·변형·손상의 유무	육 안	
			기능의 적부	작동확인	
		급배기장치	변형·손상의 유무	육 안	
			주위의 가연물의 유무	육 안	
			기능의 적부	작동확인	
	축전지설비		부식·변형·손상의 유무	육 안	
			전해액량 및 단자전압의 적부	육안 및 전압측정	
			기능의 적부	작동확인	
	기동장치		부식·변형·손상의 유무	육 안	
			조작부 주위의 장애물의 유무	육 안	
			기능의 적부	작동확인	
	기타사항				

자동화재탐지설비 일반점검표		점검연월일 : . . . 점검자 :　　　　서명(또는 인)			
제조소등의 구분		제조소등의 설치허가 연월일 및 허가번호			
탐지설비의 호칭번호					
점검항목	점검내용	점검방법	점검결과	조치 연월일 및 내용	
감지기	변형·손상의 유무	육 안			
	감지장해의 유무	육 안			
	기능의 적부	작동확인			
중계기	변형·손상의 유무	육 안			
	표시의 적부	육 안			
	기능의 적부	작동확인			
수신기(통합조작반)	변형·손상의 유무	육 안			
	표시의 적부	육 안			
	경계구역일람도의 적부	육 안			
	기능의 적부	작동확인			
주음향장치 지구음향장치	변형·손상의 유무	육 안			
	기능의 적부	작동확인			
발신기	변형·손상의 유무	육 안			
	기능의 적부	작동확인			
비상전원	변형·손상의 유무	육 안			
	전환의 적부	작동확인			
배 선	변형·손상의 유무	육 안			
	접속단자의 풀림·탈락의 유무	육 안			
기타사항					

적중예상문제

01 일반점검표에서 소방시설 중 옥내·옥외소화전설비 가압송수장치의 펌프 점검내용 5가지를 쓰시오.

정답

① 누수·부식·변형·손상의 유무
② 회전부 등의 급유상태의 적부
③ 기능의 적부
④ 고정상태의 적부
⑤ 이상소음·진동·발열의 유무
⑥ 압력의 적부
⑦ 계기판의 적부

해설

■ 소방시설 중 옥내·옥외소화전설비 가압송수장치의 펌프 점검내용 및 점검방법

점검항목	점검내용	점검방법
펌 프	누수·부식·변형·손상의 유무	육 안
	회전부 등의 급유상태의 적부	육 안
	기능의 적부	작동확인
	고정상태의 적부	육 안
	이상소음·진동·발열의 유무	작동확인
	압력의 적부	육 안
	계기판의 적부	육 안

02 물분무소화설비 기동장치의 일반점검표 점검사항을 3가지 쓰시오.

정답

① 조작부 주위의 장애물의 유무
② 표지 손상의 유무 및 기재사항의 적부
③ 기능의 적부

점검항목	점검내용	점검방법
기동장치	조작부 주위의 장애물의 유무	육 안
	표지의 손상의 유무 및 기재사항의 적부	육 안
	기능의 적부	작동확인

03 불활성가스소화설비의 일반점검표의 제어장치와 스위치류의 점검내용 및 점검 항목 3가지를 쓰시오.

정답

① 점검내용
  ㉠ 방출표시등 및 점등용 압력스위치 작동상황
  ㉡ 제어반 및 감시반 점검
  ㉢ 주수신기의 원격제어 기능의 정상 작동상황
② 점검항목
  ㉠ 경보사이렌의 작동 유무, 방출표시등 점등 유무
  ㉡ 각종 스위치류의 이상 유무
  ㉢ 도통 시험 및 작동시험 등에서 이상이 없는지 여부

해설

불활성가스소화약제를 이용하는 가장 큰 목적은 소화약제로 인하여 연소되지 아니한 피연소 물질에 물리, 화학적 피해를 주지 않으며, 구입 비용이 저렴하고, 수명이 반영구적이어서 장기간 저장이 가능하기 때문에 유류화재, 가스화재용의 소화약제로 많이 사용되고 있다.

04 포소화설비의 수동식 기동장치의 설치기준 3가지 쓰시오.

정답

① 직접 조작 또는 원격조작에 의하여 가압송수장치, 수동식 개방밸브 및 포소화약제 혼합장치를 기동할 수 있을 것
② 2 이상의 방사구역을 갖는 포소화설비는 방사구역을 선택할 수 있는 구조로 할 것
③ 기동장치의 조작부는 화재 시 용이하게 접근이 가능하고 바닥면으로부터 0.8m 이상 1.5m 이하의 높이에 설치할 것

해설

① ①~③
② 기동장치의 조작부에는 유리 등에 방호조치가 되어 있을 것
③ 기동장치의 조작부 및 호스접속구에는 보기 쉬운 장소에 각각 기동장치의 조작부 또는 접속구라고 표시할 것

위험물기능장실기

과년도출제문제

2009~2018년 과년도 출제문제

01 자동화재탐지설비의 경계구역 설치기준이다. ( )에 알맞은 말을 쓰시오.

> 하나의 경계구역 면적은 (①)m² 이하로 하고, 그 한 변의 길이는 (②)m(광전식분리형감지기를 설치한 경우에는 (③)mL 이하로 한다. 다만, 해당 건축물 그 밖의 공작물의 주요한 출입구에서 그 내부 전체를 볼 수 있는 경우에 있어서는 그 면적은 (④)m² 이하로 할 수 있다.

정답

① 600, ② 50, ③ 100, ④ 1,000

해설

■ **자동화재탐지설비의 설치기준**

① 자동화재탐지설비의 경계구역(화재가 발생한 구역을 다른 구역과 구분하여 식별할 수 있는 최소 단위의 구역)은 건축물 그 밖의 공작물의 2 이상의 층에 걸치지 아니하도록 한다. 다만 하나의 경계구역의 면적이 500m² 이하이면서 해당 경계구역이 두 개층에 걸치는 경우이거나 계단, 경사로, 승강기의 승가로 그 밖에 이와 유사한 장소에 연기감지기를 설치하는 경우에는 그러하지 아니하다.

② 하나의 경계구역의 면적 600m² 이하로 하고 그 한 변 길이는 50m(광전식 분리형 감지기를 설치한 경우에는 100mL) 이하로 한다.

③ 자동화재탐지설비의 감지기는 지붕(상층이 있는 경우에는 상층의 바닥) 또는 벽의 옥내에 면한 부분(천장이 있는 경우에는 천장 또는 벽의 옥내에 면한 부분 및 천장의 뒷부분)에 유효하게 화재의 발생을 감지할 수 있도록 설치한다.

④ 자동화재탐지설비에는 비상전원을 설치한다.

02 가솔린을 취급하는 설비에서 할론 1301을 고정식 벽의 면적이 50m²이고, 전체 둘레 면적 200m²일 때 용적식 국소방출방식의 소화약제의 양(kg)은?(단, 방호공간의 체적은 600m³이다)

정답

$$Q = \left(X - Y\frac{a}{A} \right) \times 1.25 \times 개수$$
$$= \left(4 - 3\frac{50}{200} \right) \times 1.25 \times 1.0 = 4.0625 \text{kg/m}^3$$

∴ 액체 저장량을 구하면 $600\text{m}^3 \times 4.0625\text{kg/m}^3 = 2,437.5\text{kg}$

해설

■ **국소방출방식의 할로겐화합물소화설비**

국소방출방식의 할로겐화합물소화설비는 다음의 ① 또는 ②에 의하여 산출된 양에 저장 또는 취급하는 위험물에 따라(휘발유 사용 시 가스계 소화설비의 계수는 전부 1.0)에 정한 소화약재에 따른 계수를 곱하고 다시 할론 2402 또는 할론 1211에 있어서는 1.1, 할론 1301에 있어서는 1.25를 각각 곱한 양 이상으로 한다.

① 면적식의 국소방출방식 : 액체위험물을 상부를 개방한 용기에 저장하는 경우 등 화재 시 연소면이 한 면에 한정되고 위험물이 비산할 우려가 없는 경우에는 방호대상물의 표면적 1m²당 할론 2402에 있어서는 8.8kg, 할론 1211에 있어서는 7.6kg, 할론 1301에 있어서는 6.8kg의 비율로 계산한 양

약제의 종별	약제량
할론 2402	방호대상물의 표면적(m^2)×8.8(kg/m^2)×1.1
할론 1211	방호대상물의 표면적(m^2)×7.6(kg/m^2)×1.1
할론 1301	방호대상물의 표면적(m^2)×6.8(kg/m^2)×1.25

② 용적식의 국소방출방식 : ①의 경우 외의 경우에는 다음 식에 의하여 구해진 양에 방호공간의 체적을 곱한 양

$$Q = X - Y\frac{a}{A}$$

여기서, Q : 단위체적당 소화약제의 양(kg/m^2)

　　　a : 방호대상물 주위에 실제로 설치된 고정벽의 면적 합계(m^2)

　　　A : 방호공간 전체 둘레의 면적(m^2)

　　　X 및 Y : 다음 표에 정한 소화약제의 종류에 따른 수치

소화약제의 종별	X의 수치	Y의 수치
할론 2402	5.2	3.9
할론 1211	4.4	3.3
할론 1301	4.0	3.0

약제의 종별	약제량
할론 2402	$Q = \left(X - Y\frac{a}{A}\right) \times 1.1 \times$ 계수
할론 1211	$Q = \left(X - Y\frac{a}{A}\right) \times 1.1 \times$ 계수
할론 1301	$Q = \left(X - Y\frac{a}{A}\right) \times 1.25 \times$ 계수

03 다음 물질의 보호액과 보호액에 저장하는 이유를 쓰시오.

　　① 황린
　　② 나트륨
　　③ 이황화탄소

정답

① 보호액 : 물속 / 저장하는 이유 : 인화수소(PH₃)의 발생을 방지하기 위해서
② 보호액 : 석유 / 저장하는 이유 : 가연성가스의 발생을 방지하기 위해서
③ 보호액 : 물속 / 저장하는 이유 : 가연성가스의 발생을 방지하기 위해서

해설

① 황린(yellow phosphorus, P_4)은 물과 반응하지 않으며, 물에 녹지 않는다. 따라서 물속에 저장한다. C_6H_6, CS_2에는 잘 녹는다.
② 나트륨(sodium, Na)은 실온의 공기 중 산화되어 염홍색의 피막을 형성하고 빠르게 광택을 상실하여 흐릿한 순회색으로 변하며, 이것은 대부분 NaOH이다. 그러나 이것을 다시 자르면 순수한 나트륨이 나타나서 반짝거리는 표면이 나온다.
③ 이황화탄소(carbon disulfide, CS_2)는 물보다 무겁고 물에 녹기 어렵기 때문에 용기 또는 탱크에 저장실 공간용적을 불활성가스로 봉입하거나 물을 채운 수조탱크 중에 저장하면 안전하다.

04 1기압 10℃ 용기에 공기가 가득 차 있다. 이것을 같은 압력으로 400℃까지 올릴 경우 처음 공기량의 몇 배가 용기 밖으로 나오는가?

정답

① 최초의 부피를 1로 보고 400℃로 가열하였을 때 부피는

$$V_2 = V_1 \times \frac{T_2}{T_1} = 1 \times \frac{(273+40)}{(273+10)} = 2.378L$$

② 용기 밖으로 나온 공기의 부피는 2.378L−1L=1.378L

∴ 용기 밖으로 배출된 공기량 = $\frac{1.378L}{1L}$ = 1.378배

05 25℃에서 어떤 포화용액 80g 속에 용질이 25g 용해되어 있다. 이 온도에서 물질의 용해도를 구하시오.

정답

용해도 = $\frac{용질의 \ g수}{용매의 \ g수} \times 100 = \frac{25}{80-25} \times 100 = 45.45$

해설

① 용해도 : 일정한 온도에서 용매 100g에 녹을 수 있는 용질의 최대 g수
② 용액=용매+용질, 용매=용액−용질

06 위험물의 취급하는 설비에 사용하는 안전장치의 종류를 3가지 쓰시오.

정답

① 자동적으로 압력의 상승을 정지시키는 장치
② 감압측에 안전밸브를 부착한 감압밸브
③ 안전밸브를 병용하는 경보장치
④ 파괴판

해설

위험물을 가압하는 설비 또는 그 취급하는 위험물의 압력이 상승할 우려가 있는 설비에는 압력계 및 안전장치를 설치하여야 한다.
※ 파괴판 : 안전밸브의 작동이 곤란한 가압설비에 사용한다.

07 간이탱크저장소의 변경허가를 받아야 하는 경우 3가지 쓰시오.

정답

① 간이탱크저장소의 위치를 이전하는 경우
② 건축물의 벽·기둥·바닥·보 또는 지붕을 증설 또는 철거하는 경우
③ 간이저장탱크를 신설·교체 또는 철거하는 경우
④ 간이저장탱크를 보수(탱크 본체를 절개하는 경우에 한함)하는 경우
⑤ 간이저장탱크를 노즐 또는 맨홀을 신설하는 경우(노즐 또는 맨홀의 직경이 250mm를 초과하는 경우에 한함)

해설

제조소 등의 구분	변경허가를 받아야 하는 경우
간이탱크저장소	① 간이저장탱크의 위치를 이전하는 경우 ② 건축물의 벽·기둥·바닥 ·보 또는 지붕을 신설·증설·교체 또는 철거하는 경우 ③ 간이저장탱크를 신설·교체 또는 철거하는 경우 ④ 간이저장탱크를 보수(탱크본 체를 절개하는 경우에 한함)하는 경우 ⑤ 간이저장탱크의 노즐 또는 맨홀을 신설하는 경우(노즐 또는 맨홀의 직경이 250mm를 초과하는 경우에 한함)

08 습식스프링클러설비를 다른 스프링클러설비와 비교했을 때 장·단점을 2가지씩 쓰시오.

정답

장 점	① 구조가 간단하고 공사비가 저렴하다. ② 헤드까지 물이 충만되어 있으므로 화재발생 시에 물이 즉시 방수되어 소화가 빠르다.
단 점	① 차고나 주차장 등 배관의 물이 동결 우려가 있는 장소에는 설치할 수 없다. ② 배관의 누구 등으로 물의 피해가 우려되는 장소에는 부적합하다.

해설

■ 습식 스프링클러설비의 장·단점

장 점	① 다른 종류의 스프링클러설비보다 유지관리가 쉽다. ② 화재감지가 없는 설비로써 작동에 있어서 가장 신뢰성이 있는 설비이다.
단 점	화재발생 시 감지기 기동방식보다 경보가 늦게 울린다.

09 국제해상위험물규칙의 제2급 고압가스의 등급 구분을 쓰시오.

정답

① 제2.1급 : 인화성가스
② 제2.2급 : 비인화성·비독성가스
③ 제2.3급 : 독성가스

해설

① 제1급(Class 1, 화약류) : 폭발성물질, 폭발성제품 및 실제적인 폭발효과 또는 화공효과를 발생시킬 목적으로 제조된 것을 말한다.

등 급	정 의
등급1.1	대폭발 위험성이 있는 물질 및 제품
등급1.2	발사 위험성은 있으나 대폭발 위험성은 없는 물질 및 제품
등급1.3	화재 위험성이 있으며 또한 약간의 폭발 위험성·또는 약간의 발사 위험성 혹은 그 양쪽 모두가 있으나 대폭발 위험성이 없는 물질 및 제품
등급1.4	중대한 위험성이 없는 물질 및 제품
등급1.5	대폭발 위험성이 있는 맹우 둔감한 물질
등급1.6	대폭발 위험성이 없는 매우 둔감한 물질

② 제2급(Class 2, 가스류 : 압축가스, 액화가스, 용해가스, 냉동액화가스, 혼합가스, 가스가 충전된 제품 및 에어로졸로 구성된다.

등 급	정 의
제2.1급 - 인화성가스	20℃ 및 101.3kPa에서 가스인 것
제2.2급 - 비인화성, 비독성가스	20℃에서 280kPa 이상의 압력으로 운송되는 가스 또는 냉동 액체로 운송되는 가스 또는 질식성 가스 또는 다른 급에 해당되지 아니하는 가스
제2.3급 - 독성가스	독성(LC_{50} : 5,000mL/m^3 이하) 및 부식성이 있는 가스

③ 제3급(Class 3, 인화성 액체류) : 인화성액체 및 감감화된 액체화약류를 말한다.
④ 제4급(Class 4, 가연성고체·자연발화성물질·물과 접촉 시 인화성가스를 방출하는 물질) : 화약류로 분류되는 물질 이외의 것으로, 쉽게 발화하거나 또는 화재를 일으킬 수 있는 물질을 말한다.

등 급	정 의
제4.1급 - 가연성물질	쉽게 발화하거나 또는 마찰에 의하여 화재를 일으킬 수 있는 고체(가연성고체, 자체반응성물질(고체 및 액체) 및 감감화된 고체화약류)
제4.2급 - 자연발화성물질	자연발화 또는 공기와의 접촉으로 발열하기 쉬우며, 또한 그 자체가 화재를 일으킬 수 있는 물질(고체 및 액체)
제4.3급 - 물과 접촉 시 인화성가스를 방출하는 물질	물과의 상호작용에 의하여 자연적으로 인화하거나 또는 위험한 양의 인화성가스를 방출하기 쉬운 물질(고체 및 액체)

⑤ 제5급(Class 5, 산화성 물질 및 유기과산화물) : 산화성물질과 유기과산화물을 말한다.

등 급	정 의
제5.1급 - 산화성물질	반드시 그 물질 자체가 연소하지는 아니할지라도 일반적으로 산소를 발생하거나 다른 물질의 연소를 유발하거나 돕는 물질
제5.2급 - 유기과산화물	2가의 -O-O- 결합을 가지며, 하나 또는 두 개 모두의 수소원자가 유기래디칼

⑥ 제6급(Class 6) : 독물 및 전염성물질을 말한다.

등 급	정 의
제6.1급 - 독물	삼키거나 흡입하거나 또는 피부접촉에 의하여 사망 또는 증상을 일으키거나 인간의 건강에 해를 끼치기 쉬운 물질
제6.2급 - 전염성물질	병원체를 함유하고 있는 것으로 알려져 있거나 합리적으로 추정되는 물질

⑦ 제7급(Class 7, 방사성 물질) : 운송품 내의 방사능 농도와 총 방사량이 기본 방사성 핵종에 대한 값을 초과하는 방사성 핵종이 함유되어 있는 물질을 말한다.

⑧ 제8급(Class 8, 부식성물질) : 화학반응에 의하여 생체조직과의 접촉 시에는 심각한 손상을 줄 수 있거나 누출된 경우에는 기계적 손상 또는 다른 화물 또는 운송수단을 파손시킬 수 있는 물질을 말한다.

⑨ 제9급(Class 9, 유해성물질) : 1974년 SOLAS(개정분 포함) 제 Ⅶ장 Avus(위험물의 운송)의 규정을 적용하여야 하는 위험특성을 갖는 물질이라고 경험에 의하여 증명되었거나 증명될 수 있는 물질로, 다른 급에 해당하지 아니하는 물질 및 제품을 말한다. 또한 제9급에는 액체 상태이고 100℃ 이상의 온도로 운송된 물질 및 고체 물질이고 240℃ 이상의 온도로 운송되는 물질도 포함된다.

10 니트로글리세린의 분해반응식을 쓰시오.

정답

$$4C_3H_5(ONO_2)_3 \xrightarrow{\Delta} 12CO_2\uparrow + 10H_2O\uparrow + 6N_2 + O_2\uparrow$$

해설

점화하면 즉시 연소하며, 다량이면 폭발력이 강하다. 이때의 온도는 300℃에 달하며, 폭발 시의 폭발속도는 7,500m/sec이고 폭발열은 1,470kcal/kg이다. 니트로글리세린의 1용적은 1,200용적의 기체를 생성하고 동시에 온도의 상승으로 거의 1만 배의 체적으로 팽창한다. 이 팽창에 의해 생긴 압력이 폭발의 원인이 된다. 이는 같은 양의 흑색화약보다 약 3배의 폭발력을 가진다. 그리고 25배의 폭발속도를 나타낸다.

11 제4류 위험물의 지정수량 24만 배를 저장·취급하는 제조소 및 일반취급소의 자체소방대가 갖추어야 할 화학 소방자동차 대수와 조작인원은 얼마인가?

> **정답**
>
> ① 화학소방자동차 : 3대
> ② 조작인원 : 15명

> **해설**
>
> ■ 제조소 및 일반취급소의 자체소방대의 기준
>
> | 사업소의 구분 | 화학소방자동차 | 자체소방대원의 수 |
> |---|---|---|
> | 제조소 등에서 취급하는 제4류 위험물의 최대 수량이 지정수량의 12만 배 미만인 사업소 | 1대 | 5인 |
> | 제조소 등에서 취급하는 제4류 위험물의 최대 수량이 지정수량의 12만 배 이상, 24만 배 미만인 사업소 | 2대 | 10인 |
> | 제조소 등에서 취급하는 제4류 위험물의 최대 수량이 지정수량의 24만 배 이상, 48만 배 미만인 사업소 | 3대 | 15인 |
> | 제조소 등에서 취급하는 제4류 위험물의 최대 수량이 지정수량의 48만 배 이상인 사업소 | 4대 | 20인 |
>
> ※ 화학소방자동차에는 행정안전부령이 정하는 소화능력 및 설비를 갖추어야 하고, 소화활동에 필요한 소화약제 및 기구(방열복 및 개인장구를 포함)를 비치하여야 한다.

12 분자량이 46.1, 지정수량이 400L인 물질이 금속나트륨과 반응 시 반응식을 쓰시오.

> **정답**
>
> $2C_2H_5OH + 2Na \rightarrow 2C_2H_5ONa + H_2$

> **해설**
>
> 알코올과 반응하여 수소를 발생한다.

13 액상에 대한 설명이다. ( ) 안에 알맞은 수치를 쓰시오.

> 액상이라 함은 수직으로 된 시험관(안지름 30mm, 높이 120mm의 원통형 유리관)에 시료를 (①)mm까지 채운 다음 해당 시험관을 수평으로 하였을 때 시료 액면의 선단이 (②)mm를 이동하는 데 걸리는 시간이 (③)초 이내에 있는 것을 말한다.

> **정답**
>
> ① 55, ② 30, ③ 90

14 물분무소화설비 기동장치의 일반점검표 점검내용을 3가지 쓰시오.

> **정답**

① 조작부 주위의 장애물의 유무
② 표지 손상의 유무 및 기재사항의 적부
③ 기능의 적부

> **해설**

■ 물분무소화설비 및 스프링클러설비 일반점검표

점검항목	점검내용	점검방법
	조작부 주위의 장애물의 유무	육 안
기동장치	표지의 손상 유무 및 기재사항의 적부	육 안
	기능의 적부	작동 확인

15 제1석유류에서 BTX의 명칭 및 화학식을 쓰시오.

> **정답**

① B : 벤젠(C_6H_6)
② T : 톨루엔($C_6H_5CH_3$)
③ X : 크실렌[$C_6H_4(CH_3)_2$]

> **해설**

■ BTX : 솔벤트나프타

16 표준 상태에서 염소산칼륨 1,000g이 열분해할 경우 이때 발생한 산소의 부피는 몇 m³인가?
(단, 염소산칼륨 분자량은 122.50이다)

> **정답**

$2KClO_3 \rightarrow 2KCl + 3O_2$
$2 \times 122.5g \qquad 3 \times 22.4L$
$1,000g \qquad x(L)$
$x = \dfrac{1,000 \times 3 \times 22.4}{2 \times 122.5} = 274.286L$
$\therefore x = 0.274m^3$

17 다음의 완전연소반응식을 쓰시오.

① 삼황화인 ② 오황화인

정답

① $P_4S_3 + 8O_2 \rightarrow 2P_2O_5 \uparrow + 3SO_2 \uparrow$
② $2P_2S_5 + 15O_2 \rightarrow 2P_2O_5 \uparrow + 10SO_2 \uparrow$

해설

연소생성물은 모두 유독하다.

18 다음 ( )에 알맞은 말을 쓰시오.

1. 자연발화성물품은 불활성기체를 봉입 후 (①)와 접하지 아니하도록 한다.
2. 자연발화성물품 외의 물품에 있어서는 파라핀, 경유, 등유 등의 보호액으로 채워 밀봉하거나 불활성 기체를 봉입하여 밀봉하는 등 (②)과 접하지 아니하도록 한다.
3. 자연발화성물질 중 알킬알루미늄 등은 운반용기에 내용적의 (③)% 이하의 수납률로 수납하되 (④)℃의 온도에서 (⑤)% 이상의 공간용적을 유지하도록 한다.

정답

① 공기, ② 수분, ③ 90, ④ 50, ⑤ 5

해설

■ 제3류 위험물(자연발화성 및 금수성물질)
공기 중에서 발화의 위험이 있는 것 또는 물과 접촉하여 발화하거나 가연성가스의 발생위험이 있어야 한다.

19 다음 할로겐 소화약제의 분자식을 쓰시오.

① 1001 ② 1011
③ 1211 ④ 1301
⑤ 2402

정답

① CH_3Br, ② CH_2ClBr, ③ CF_2ClBr, ④ CF_3Br, ⑤ $C_2F_4Br_2$

■ 할론(Halon)
① 첫째자리 숫자 : 탄소의 수
② 둘째자리 숫자 : 불소의 수
③ 셋째자리 숫자 : 염소의 수
④ 넷째자리 숫자 : 브롬의 수

20 트리에틸알루미늄에 대한 물음에 답하시오.

① 물과의 반응식을 쓰시오.
② 발생가스의 위험도를 구하시오.

정답

① $(C_2H_5)_3Al + 3H_2O \rightarrow Al(OH)_3 + 3C_2H_6$
② C_2H_6의 연소범위 : 3~12.4%

$$H = \frac{U-L}{L} = \frac{12.4-3}{3} = 3.13$$

해설

① 물과 접촉하면 폭발적으로 반응하여 에탄올 생성하고, 이때 발열폭발에 이른다.
② 위험도(H)는 물질의 위험성을 가늠하는 척도 중의 하나로 H값이 높을수록 위험성은 증가하게 된다.

2009년 제46회 출제문제(8월 23일 시행)

01 자체소방대의 설치 제외 대상인 일반취급소 3가지를 쓰시오.

정답

① 보일러, 버너, 그 밖에 이와 유사한 장치로 위험물을 소비하는 일반취급소
② 이동저장탱크, 그 밖에 이와 유사한 것에 위험물을 주입하는 일반취급소
③ 용기에 위험물을 옮겨 담는 일반취급소
④ 유압장치, 윤활유 순환장치 그 밖에 이와 유사한 장치로 위험물을 취급하는 일반취급소
⑤ 「광산보안법」의 적용을 받는 일반취급소

02 트리에틸알루미늄과 염소가 반응할 때 반응식을 쓰시오.

정답

$(C_2H_5)Al + 3Cl_2 \longrightarrow AlCl_3 + 2C_2H_5Cl \uparrow$

해설

할로겐과 반응하여 가연성가스를 발생한다.

03 ANFO 폭약에 사용되는 제1류 위험물의 화학명과 분해반응식 및 폭발반응식을 쓰시오.

정답

① 화학명 : NH_4NO_3

② 분해반응식 : $NH_4NO_3 \xrightarrow{\Delta} N_2O + 2H_2O$

③ 폭발반응식 : $2NH_4NO_3 \longrightarrow 2N_2 \uparrow + 4H_2O \uparrow + O_2$

해설

■ ANFO(Ammonium Nitrate Fuel Oil)
① 융점 169.5℃이지만, 100℃ 부근에서 반응하고 200℃에서 열분해하여 산화이질소와 물로 분해한다.
② 250~260℃에서 분해가 급격히 일어나 폭발한다. 가스발생량이 980L/kg 정도로 많기 때문에 화약류 제조 시 산소공급제로 널리 사용된다.
※ ANFO 폭약은 NH_4NO_3 : 경유를 94wt% : 6wt% 비율로 혼합시키면 폭약이 된다. 이것은 기폭약을 사용하여 점화시키면 다량의 가스를 내면서 폭발한다.

04 포소화설비의 수동식 기동장치의 설치기준 3가지를 쓰시오.

> **정답**

① 직접 조작 또는 원격 조작에 의하여 가압송수장치, 수동식 개방밸브 및 포소화약제 혼합장치를 기동할 수 있을 것
② 2 이상의 방사구역을 갖는 포소화설비는 방사구역을 선택할 수 있는 구조로 할 것
③ 기동장치의 조작부는 화재 시 용이하게 접근이 가능하고 바닥면으로부터 0.8m 이상 1.5m 이하의 높이에 설치할 것
④ 기동장치의 조작부에는 유리 등에 방호조치가 되어 있을 것
⑤ 기동장치의 조작부 및 호스접속구에는 직근의 보기 쉬운 장소에 각각 기동장치의 조작부 또는 접속구라고 표시할 것

05 메탄과 암모니아를 백금촉매 하에서 산소와 반응시켜서 얻어지는 것으로, 분자량이 27이고 약한 산성을 나타내는 물질이다. 다음 물음에 답하시오.

① 물질명	② 화학식	③ 품명

> **정답**

① 물질명 : 시안화수소, ② 화학식 : HCN, ③ 품명 : 제1석유류

> **해설**

① 제법 : $2CH_4 + 2NH_3 + 3O_2 \xrightarrow[2 \sim 3atm, \ 1,100℃]{Pt} 2HCN + 6H_2O$
② 성상 : 독특한 자극성의 냄새가 나는 무색의 액체(상온)이다. 물·알코올에 잘 녹으며, 수용액은 약산성이다.

06 황린, 나트륨, 이황화탄소이다. 이 물질들의 보호액을 쓰고 이유를 물리적·화학적으로 설명하시오.

> **정답**

① 황린
  ㉮ 보호액 : 물
  ㉯ 이유 : 황린은 발화점이 낮고 자연발화가 가능한 물질로써, 비열이 큰 물속에 저장하여서 온도 상승을 막아야 안전하다.
② 나트륨
  ㉮ 보호액 : 석유
  ㉯ 이유 : 나트륨은 활성이 매우 큰 물질로써, 물, 수증기와 접촉하여 가연성 증기를 발생하기 때문에 석유에 넣어 보관해야 하며, 누출을 방지하기 위해 이중 구조로 된 용기를 사용하여야 안전하다.

③ 이황화탄소
㉮ 보호액 : 물
㉯ 이유 : 이황화탄소는 물보다 무겁고 물에 녹기 어렵기 때문에 수조 속에 보관하여 가연성 증기의 발생을 방지하여야 하며, 이황화탄소 전용 용기에 저장하여야 안전하다.

> **해설**

① 황린은 물과 반응하지 않으며, 물에 녹지 않는다. 따라서 물속에 저장한다.
② 나트륨은 반드시 석유·경유·유동파라핀 등의 보호액을 넣은 내통에 밀봉하여 저장하고 외부로의 누출방지를 위해 외통을 별도로 설치한다. 경우에 따라 불활성가스를 봉입하기도 한다.
③ 이황화탄소는 인화점·비점이 낮고 연소범위가 넓어 휘발이 용이하고 인화하기 쉽다.

07 제3류 위험물 운반용기의 수납기준에 대한 설명이다. ( )을 쓰시오.

> (1) 자연발화성물질에 있어서는 불활성기체를 봉입하여 밀봉하는 등 (①)와 접하지 아니하도록 할 것
> (2) 자연발화성물질 외의 물품에 있어서는 보호액으로 채워 밀봉하거나 불활성기체를 봉입하여 밀봉하는 등 (②)과 접하지 아니하도록 할 것
> (3) 자연발화성물질 중 알킬알루미늄 등은 운반용기의 내용적의 90% 이하의 수납률로 수납하되, (③)의 온도에서 (④) 이상의 공간용적을 유지하도록 할 것

> **정답**

① 공기, ② 수분, ③ 50℃, ④ 5%

> **해설**

■ 운반용기의 수납률

위험물	수납률
알킬알루미늄 등	90% 이하(50℃에서 5% 이상 공간 용적 유지)
고체위험물	95% 이하
액체위험물	98% 이하(55℃에서 누설되지 않을 것)

08 제1석유류이고, 분자량이 60인 물질이 가수분해하여 알코올과 포름산을 생성하는 반응식을 쓰시오.

$HCOOCH_3 + H_2O \rightleftarrows CH_3OH + HCOOH$

의산메틸($HCOOCH_3$)은 달콤한 냄새가 나는 무색의 액체이며, 물에 잘 녹는다.

09 클리브랜드 개방식 인화점측정기에 의한 인화점측정시험에 대한 기준이다. (　　)을 쓰시오.

> 시험물품의 온도가 (　①　)초간 14℃의 비율로 상승하도록 가열하고 설정온도보다 (　②　) 낮은 온도에 달하면 가열을 조절하여 설정온도보다 28℃ 낮은 온도에서 60초간 5.5℃의 비율로 온도가 상승하도록 한다.

① 60, ② 55℃

■ **클리브랜드 개방컵 인화점측정기에 의한 인화점측정시험**
① 시험장소는 기압 1기압, 무풍의 장소로 할 것
② 「원유 및 석유제품 인화점 시험방법」(KS M 2010)에 의한 클리브랜드 개방컵 인화점측정기의 시료컵의 표선까지 시험물품을 채우고 시험물품의 표면의 기포를 제거할 것
③ 시험불꽃을 점화하고 화염의 크기를 직경 4mm가 되도록 조정할 것
④ 시험물품의 온도가 60초간 14℃의 비율로 상승하도록 가열하고 설정온도보다 55℃ 낮은 온도에 달하면 가열을 조절하여 설정온도보다 28℃ 낮은 온도에서 60초간 5.5℃의 비율로 온도가 상승하도록 할 것
⑤ 시험물품의 온도가 설정온도보다 28℃ 낮은 온도에 달하면 시험불꽃을 시료컵의 중심을 횡단하여 일직선으로 1초간 통과시킬 것. 이 경우 시험불꽃의 중심을 시료컵 위쪽 가장자리의 상방 2mm 이하에서 수평으로 움직여야 한다.
⑥ ⑤의 방법에 의하여 인화하지 않는 경우에는 시험물품 온도가 2℃ 상승할 때마다 시험불꽃을 시료컵의 중심을 횡단하여 일직선으로 1초간 통과시키는 조작을 인화할 때까지 반복할 것
⑦ ⑥의 방법에 의하여 인화한 온도와 설정온도와의 차가 4℃를 초과하지 않는 경우에는 해당 온도를 인화점으로 할 것
⑧ ⑤의 방법에 의하여 인화한 경우 및 ⑥의 방법에 의하여 인화한 온도와 설정온도와의 차가 4℃를 초과하는 경우에는 ② 내지 ⑥과 순서로 반복하여 실시할 것

10 202.65kPa, 100℃, 분자량 58인 물질의 증기밀도를 계산하시오.

> **정답**

1atm : 101.325kPa = x[atm] : 202.65kPa

$\therefore$ x = 2atm

$PV = nRT$를 통해 부피를 구한다.

$V = \dfrac{nRT}{P}$ (여기서, $R = 0.082$atm) $= \dfrac{1 \times 0.082 \times (273 + 100)}{2} = 15.293$L

증기밀도 $= \dfrac{\text{분자량(g)}}{\text{부피(L)}} = \dfrac{58}{15.293} = 3.79$g/L

11
$$CH_2-ONO_2$$
$$|$$ 이다.
$$CH_2-ONO_2$$

① 물질명	② 유별	③ 품명

> **정답**

① 물질명 : 니트로글리콜(nitroglycol)

② 유별 : 제5류 위험물

③ 품명 : 질산에스테르류

> **해설**

$$
\begin{array}{c}
CH_2OH \\
| \\
CH_2OH \\
\text{ethyen eg lycol}
\end{array}
\;+2H\,NO_3\;
\xrightarrow{H_2SO_4}\;
\begin{array}{c}
CH_2ONO_2 \\
| \\
CH_2ONO_2 \\
\text{nit roglycol}
\end{array}
\;+2H_2O
$$

12 탄화칼슘 64g이 물과 반응했을 때 발생하는 가스의 양(g)과 발생가스의 위험도를 구하시오.

> **정답**

① 발생하는 가스의 양 : $CaC_2 + 2H_2O \longrightarrow Ca(OH)_2 + C_2H_2 \uparrow$

   64g   26g

  $\therefore$ 발생하는 가스의 양은 26g이다.

② 아세틸렌의 연소범위가 2.5~81%이므로

   위험도 $H = \dfrac{81 - 2.5}{2.5} = 31.4$

13 국제해상위험물규칙의 분류기준으로 (   ) 안에 알맞은 내용을 쓰시오.

등 급	구 분	등 급	구 분
제1급	화약류	제5급	(③)
제2급	(①)	제6급	독성 및 전염성물질
제3급	인화성액체류	제7급	(④)
제4급	(②)	제8급	부식성물질

정답

① 가스류
② 가연성고체, 자연발화성물질, 물과 접촉 시 인화성가스를 방출하는 물질
③ 산화성물질 및 유기과산화물
④ 방사성물질

해설

제1급(Class 1) - 화약류	폭발성 물질, 폭발성 제품 및 실제적인 폭발효과 또는 화공효과를 발생시킬 목적으로 제조된 것
제2급(Class 2) - 가스류	압축가스, 액화가스, 용해가스, 냉동액화가스, 혼합가스, 가스가 충전된 제품 및 에어로졸로 구성
제3급(Class 3) - 인화성액체류	인화성액체 및 감감화된 액체 화약류
제4급(Class 4) - 가연성고체, 자연발화성물질, 물과 접촉 시 인화성가스를 방출하는 물질	화약류로 분류되는 물질 이외의 것으로서 쉽게 발화하거나 또는 화재를 일으킬 수 있는 물질
제5급(Class 5)	산화성 물질과 유기과산화물
제6급(Class 6)	독물 및 전염성물질
제7급(Class 7) - 방사성물질	운송품 내의 방사능 농도와 총 방사량이 기본 방사성 핵종에 대한 값을 초과하는 방사성 핵종이 함유되어 있는 물질
제8급(Class 8) - 부식성물질	화학반응에 의하여 생체조직과의 접촉 시에는 심각한 손상을 줄 수 있거나 누출된 경우에는 기계적 손상 또는 다른 화물 또는 운송수단을 파손시킬 수 있는 물질
제9급(Class 9) - 유해성물질	1974년 SOLAS(개정분 포함) 제 Ⅶ장 Avus(위험물의 운송)의 규정을 적용하여야 하는 위험특성을 갖는 물질이라고 경험에 의하여 증명되었거나 증명될 수 있는 물질로써 다른 급에 해당하지 아니하는 물질 및 제품

14 제3종 분말소화약제가 열분해 시 190℃에서 올토인산, 216℃에서 피로인산, 300℃에서 메타인산으로 열분해된다. 이때 각각의 열분해 반응식을 쓰시오.

> **정답**

① $NH_4H_2PO_4 \rightarrow H_3PO_4 + NH_3$
(올토인산)

② $2H_3PO_4 \rightarrow H_4P_2O_7 + H_2O$
(피로인산)

③ $H_4P_2O_7 \rightarrow 2HPO_3 + H_2O$
(메타인산)

> **해설**

인산에는 올토인산(H_3PO_4), 피로인산($H_4P_2O_7$), 메타인산(HPO_3)이 있으며, 이들은 모두 인산(P)을 완전연소 시켰을 때 발생되는 연소생성물인 오산화인(P_2O_5)으로부터 얻는다. 인산암모늄을 소화작용과 연관하여 정리하면 다음과 같다.

$$NH_4H_2PO_4 \longrightarrow H_3PO_4 + \underline{NH_3} - \boldsymbol{Q}kcal$$
$$\text{(냉각 · 질식 소화 작용)}$$

$$2H_3PO_4 \longrightarrow H_4P_2O_7 + \underline{H_2O} - \boldsymbol{Q}kcal$$
$$\text{(냉각 · 질식 소화 작용)}$$

$$H_4P_2O_7 \longrightarrow 2HPO_3 + H_2O - \boldsymbol{Q}kcal$$

$$\underline{2HPO_3} \longrightarrow P_2O_5 + H_2O - \boldsymbol{Q}kcal$$
$$\text{(유리(glass) 모양으로 융착)}$$

15 황의 동소체 중 이황화탄소(CS_2)에 녹지 않는 물질은?

> **정답**

고무상황

> **해설**

사방황을 99.5℃로 가열하면 단사황이 되고, 119℃로 가열하면 단사황이 녹아서 노란색의 액체황이 된다. 계속 444.6℃ 이상 가열할 때 비등하게 된다. 그리고 용융된 황을 물에 넣어 급하게 냉각시키면 탄력성이 있는 고무상황을 얻을 수 있다.

16 과산화칼륨에 대한 다음 물음에 답하시오.

> ① 가열에 의한 분해반응식을 쓰시오.
> ② 과산화칼륨을 탄산가스로 소화하지 못하는 이유는 무엇인지 쓰시오.
> ③ 과산화칼륨이 아세트산과 반응 시 화학반응식을 쓰시오.

정답

① $2K_2O_2 \xrightarrow{\Delta} 2K_2O + O_2 \uparrow$

② 과산화칼륨 내부에 산소를 함유하고 있어서 질식소화가 되지 않기 때문에

③ $K_2O_2 + 2CH_3COOH \rightarrow 2CH_3COOK + H_2O_2$

해설

■ **과산화칼륨의 반응식**

① 물과의 반응 : $2K_2O_2 + 2H_2O \rightarrow 4KOH + O_2$

② 탄산가스와의 반응 : $2K_2O_2 + 2CO_2 \rightarrow 2K_2CO_3 + O_2$

③ 염산과의 반응 : $K_2O_2 + 2HCl \rightarrow 2KCl + H_2O_2$

④ 황산과의 반응 : $K_2O_2 + H_2SO_4 \rightarrow K_2SO_4 + H_2O_2$

⑤ 에탄올과의 반응 : $K_2O_2 + 2C_2H_5OH \rightarrow 2C_2H_5OH + H_2O_2$

17 화재예방규정을 정하여야 할 제조소 등을 7가지 쓰시오.

정답

① 지정수량의 10배 이상의 위험물을 취급하는 제조소

② 지정수량의 100배 이상의 위험물을 저장하는 옥외저장소

③ 지정수량의 100배 이상의 위험물을 저장하는 옥내저장소

④ 지정수량의 200배 이상의 위험물을 저장하는 옥외탱크저장소

⑤ 암반탱크저장소

⑥ 이송취급소

⑦ 지정수량의 10배 이상의 위험물을 취급하는 일반취급소

해설

■ **예방규정**

제조소 등의 화재예방과 화재 등 재해발생 시의 비상조치를 위한 규정

18 다음에서 설명하는 물질의 시성식을 쓰시오.

> ① 분자량이 74.12이고 무색투명한 액체로, 휘발성이 크며 지정수량이 50L인 물질은?
> ② 분자량이 58로써 무색·자극성의 과일냄새가 나는 휘발성·유동성·가연성의 액체이며,
> 지정수량이 400L인 물질은?

정답

① $C_2H_5OC_2H_5$
② CH_3COCH_3

해설

① 에테르($C_2H_5OC_2H_5$)는 비극성 용매로, 물에 잘 녹지 않지만 유지 등을 잘 녹이는 용제이다.
② 아세톤(CH_3COCH_3)은 물, 알코올, 벤젠, 에테르, 클로로포름 및 휘발유에 잘 녹고 유기물을 잘 녹인다.

19 다음의 화학소방차에 갖추어야 할 소화능력 및 설비기준을 3가지 쓰시오.

> ① 포수용액 방사차
> ② 분말 방사차

정답

① 포수용액 방사차
 ㉮ 포수용액의 방사능력이 2,000L/분 이상일 것
 ㉯ 소화약액탱크 및 소화약액혼합장치를 비치할 것
 ㉰ 10만L 이상의 포수용액을 방사할 수 있는 양의 소화약제를 비치할 것
② 분말 방사차
 ㉮ 분말의 방사능력이 35kg/초 이상일 것
 ㉯ 분말탱크 및 가압용 가스설비를 비치할 것
 ㉰ 1,400kg 이상의 분말을 비치할 것

■ 화학소방자동차에 갖추어야 하는 소화능력 및 설비의 기준

화학소방자동차의 구분	소화능력 및 설비의 기준
포수용액 방사차	포수용액의 방사능력이 2,000L/분 이상일 것
	소화약액 탱크 및 소화약액 혼합장치를 비치할 것
	10만L 이상의 포수용액을 방사할 수 있는 양의 소화약제를 비치할 것
분말 방사차	분말의 방사능력이 35kg/초 이상일 것
	분말탱크 및 가압용 가스설비를 비치할 것
	1,400kg 이상의 분말을 비치할 것
할로겐화물 방사차	할로겐화물의 방사능력이 40kg/초 이상일 것
	할로겐화물 탱크 및 가압용 가스설비를 비치할 것
	1,000kg 이상의 할로겐화물을 비치할 것
이산화탄소 방사차	이산화탄소의 방사능력이 40kg/초 이상일 것
	이산화탄소 저장용기를 비치할 것
	3,000kg 이상의 이산화탄소를 비치할 것
제독차	가성소다 및 규조토를 각각 50kg 이상 비치할 것

20 특정 옥외저장탱크를 원통형으로 설치하고자 한다. 지면으로부터 높이가 9m일 때 이 탱크가 받는 풍하중은 1m^{2}당 얼마 이상인가?

정답 ▶

풍하중 $q = 0.588k\sqrt{h}$

여기서, q : 풍하중(kN/m^2)

k : 풍력계수(원통형 탱크의 경우는 0.7, 그 외의 탱크는 1.0)

h : 지반면으로부터의 높이(m)

$q = 0.588 \times 0.7\sqrt{9} = 1.2348$kN

해설 ▶

■ **특정옥외탱크저장소**
옥외탱크저장소 중 저장 또는 취급하는 액체위험물의 최대 수량이 100만L 이상인 것

2010년 제47회 출제문제(5월 16일 시행)

01 컨테이너식 이동탱크저장소를 제외한 이동탱크저장소의 취급 기준에 따르면 휘발유, 벤젠, 그 밖에 정전기에 의한 재해발생 우려가 있는 액체의 위험물을 이동저장탱크에 상부로 주입하는 때에는 주입관을 사용한다. 이때 어떤 조치를 하는 설명하시오.

정답

도선으로 접지하고, 주입관의 선단을 탱크의 밑바닥에 밀착하여야 한다.

해설

■ 이동탱크저장소의 재해예방조치
① 휘발유, 벤젠, 그 밖에 정전기에 의한 재해발생의 우려가 있는 액체의 위험물을 이동저장탱크에 주입하거나 이동저장탱크로부터 배출하는 때에는 도선으로 이동저장탱크와 접지 전극 등과의 사이를 긴밀히 연결하여 해당 이동저장탱크를 접지한다.
② 휘발유, 벤젠, 그 밖에 정전기기에 의한 재해발생의 우려가 있는 액체의 위험물을 이동저장탱크의 상부로 주입하는 때에는 주입관을 사용하되, 해당 주입관의 선단을 이동저장탱크의 밑바닥에 밀착한다.

02 위험물제조소의 위치·구조 및 설비에서 옥외의 액체위험물을 취급하는 설비의 바닥기준을 5가지 쓰시오.

정답

① 바닥 둘레에 높이 0.15m 이상의 턱을 설치하는 등 위험물이 외부로 흘러나가지 아니하도록 하여야 한다.
② 바닥은 콘크리트 등 위험물이 스며들지 아니하는 재료로 한다.
③ 턱이 있는 쪽 낮게 경사지게 하여야 한다.
④ 바닥의 최저부에 집유설비를 하여야 한다.
⑤ 위험물을 취급하는 설비에 있어서는 당해 위험물이 직접 배수구에 흘러들어가지 않도록 집유설비에 유분리장치를 설치하여야 한다.

해설

■ 옥외에서 취급하는 위험물
20℃의 물에 100g에 용해되는 양이 1g 미만인 것

03 MEK에 대한 다음 물음에 답하시오.

① 구조식은 무엇인가?
② 위험도를 구하시오.

정답

①

$$H - \underset{\underset{H}{|}}{\overset{\overset{H}{|}}{C}} - \underset{}{\overset{\overset{O}{\|}}{C}} - \underset{\underset{H}{|}}{\overset{\overset{H}{|}}{C}} - \underset{\underset{H}{|}}{\overset{\overset{H}{|}}{C}} - H$$

② 연소범위 : 1.4~11.4%

$$H = \frac{U - L}{L} = \frac{11.4 - 1.4}{1.4} = 7.14$$

04 이동탱크저장소의 기준에 따라서 칸막이로 구획된 부분에 안전장치를 설치한다. 다음 안전장치가 작동하여야 하는 압력의 기준을 쓰시오.

① 상용압력이 18kPa인 탱크의 압력기준
② 상용압력이 21kPa인 탱크의 압력기준

정답

① 20kPa 이상 24kPa 이하
② 21kPa×1.1=23.1kPa 이하

해설

■ 이동탱크저장소의 안전장치

상용압력	작동압력
20kPa 이하	20 이상 24kPa 이하
20kPa 초과	상용압력의 1.1배 이하

05 주유취급소에서 설치하는 위험물 전용탱크용량에 대하여 다음 물음에 답하시오.

① 자동차 등에 주유하기 위한 고정주유설비에 직접 접속하는 경우
② 고정급유설비에 직접 접속하는 경우
③ 보일러 등에 직접 접속하는 경우
④ 자동차 등을 점검·정비하는 작업장 등에서 사용하는 폐유·윤활유 등의 위험물을 저장하는 경우
⑤ 고정주유설비 또는 고정급유설비에 직접 접속하는 간이탱크
⑥ 자동차 등에 주유하기 위한 고정주유설비에 직접 접속하는 경우

정답

① 50,000L 이하
② 50,000L 이하
③ 10,000L 이하
④ 2,000L 이하
⑤ 3기 이하
⑥ 50,000L 이하

해설

■ **폐유탱크**
폐유 등의 위험물을 저장하는 탱크로서 용량이 2,000L 이하인 탱크

06 위험물제조소 등에서 위험물을 가압하는 설비 또는 그 취급에 따라 위험물의 압력이 상승할 우려가 있는 설비에 설치하여야 하는 안전장치의 종류 4가지를 쓰시오.

정답

① 자동적으로 압력의 상승을 정지시키는 장치
② 감압측에 안전밸브를 부착한 감압 밸브
③ 안전밸브를 병용하는 경보장치
④ 파괴판

해설

위험물을 가압하는 설비 또는 취급하는 위험물의 반응 등에 의해 압력이 상승할 우려가 있는 설비는 적정한 압력관리를 하지 않으며, 위험물의 분출·설비의 파괴 등에 의해 화재 등의 사고를 일으킬 우려가 있기 때문에 이러한 설비에는 압력계 및 안전장치를 설치한다.

07 에탄올 200L(비중=0.8)가 완전연소할 때 필요한 이론산소량(g)은 얼마인가?

정답

에탄올의 무게=200L×0.8kg/L=160kg

$$C_2H_5OH + 3O_2 \rightarrow 2CO_2 + 3H_2O$$
46g   3×32g
160,000g x(g)

$$x = \frac{160,000 \times 3 \times 32}{46} = \frac{15,360,000}{46}$$

$$\therefore x = 333,913g$$

08 무색투명한 액체로서 분자량이 114, 비중이 0.83인 위험물이다. 다음 물음에 답하시오.

(1) 물과 반응 시 반응식을 쓰시오.
(2) 운반용기 내용적의 (①)% 이하의 수납률로 수납하되, (②)℃의 온도에서 5% 이상의 공간용적을 유지하도록 한다.

정답

(1) $(C_2H_5)_3Al + 3H_2O \rightarrow Al(OH)_3 + 3C_2H_6 \uparrow$
(2) ① 90, ② 50

해설

① 트리에틸알루미늄의 공기 중 자연발화 반응식
$$2(C_2H_5)_3Al + 21O_2 \rightarrow 12CO_2 + Al_2O_3 + 15H_2O \uparrow$$
② 운반용기의 수납률

위험물	수납률
알킬알루미늄 등	90% 이하(50℃에서 5% 이상 공간용적 유지)
고체위험물	95% 이하
액체위험물	98% 이하(55℃에서 누설되지 않을 것)

09 제4류 위험물인 가솔린을 다음의 내장 용기로 수납하여 운반할 때 내장 용기의 최대용적은 얼마인가?

> ① 금속제용기
> ② 플라스틱용기

정답

① 30L
② 10L

해설

■ 액체위험물 운반용기의 최대용적 또는 중량

운반용기				수납위험물의 종류								
내장용기		외장용기		제3류			제4류			제5류		제6류
용기의 종류	최대용적 또는 중량	용기의 종류	최대용적 또는 중량	I	II	III	I	II	III	I	II	I
플라스틱용기	10ℓ	나무 또는 플라스틱상자(필요에 따라 불활성의 완충재를 채울 것)	75kg	○	○	○	○	○	○	○	○	○
			125kg		○	○		○	○		○	
			225kg						○			
		파이버판상자(필요에 따라 불활성의 완충재를 채울 것)	40kg	○	○	○	○	○	○	○	○	○
			55kg						○			
금속제용기	30ℓ	나무 또는 플라스틱상자	125kg	○	○	○	○	○	○	○	○	○
			225kg						○			
		파이버판상자	40kg	○	○	○	○	○	○	○	○	○
			55kg		○			○			○	

10 다음 위험물의 운반에 관한 기준의 물음에 답하시오.

> (1) 차광성이 있는 피복조치를 하는 위험물 5가지를 쓰시오.
> (2) 방수성이 있는 피복조치를 하는 위험물 5가지를 쓰시오.

정답

(1) ① 제1류 위험물, ② 제3류 위험물 중 자연발화성물질, ③ 제4류 위험물 중 특수인화물, ④ 제5류 위험물, ⑤ 제6류 위험물

(2) ① 제1류 위험물 중 알칼리금속의 과산화물, ② 제2류 위험물 중 철분, 금속분, 마그네슘, ③ 제3류 위험물 중 금수성물질

적재하는 위험물의 성질에 따라 일광의 직사 또는 빗물의 침투를 방지하기 위하여 유효하게 피복하는 등 조치를 한다.

11 제2종 소화분말인 탄산수소칼륨($KHCO_3$)의 190℃에서 제1차 열분해 반응식을 쓰시오.

> **정답**

$$2KHCO_3 \quad \rightarrow \quad K_2CO_3 + CO_2 \uparrow + H_2O \uparrow$$

> **해설**

■ **590℃에서 제2차 열분해 반응식**

$$2KHCO_3 \quad \rightarrow \quad K_2O + 2CO_2 \uparrow + H_2O \uparrow -127.1kcal$$

제1차 열분해 과정을 거치지 않고 직접 제2차 열분해하여 불연성물질인 이산화탄소 2mol과 수증기 1mol을 발생시킨다.

12 황린에 대한 다음 물음에 답하시오.

① 연소반응식을 쓰시오.
② 보호액을 쓰시오.
③ 운반 시 운반용기 외부에 기재하여야 하는 주의사항을 쓰시오.

> **정답**

① $4P + 5O_2 \quad \rightarrow \quad 2P_2O_5$
② pH 9인 약알칼리성의 물
③ 화기엄금 및 공기접촉엄금

> **해설**

■ **위험물 운반용기의 주의사항**

13 칼슘, 인화칼슘, 탄화칼슘이 물과 반응할 때 공통적으로 발생하는 물질은?

> **정답**

$Ca(OH)_2$(소석회)

① 물과 반응하여 상온에서는 서서히, 고온에서는 격렬하게 수소를 발생한다. Mg에 비해 더 무르며 Mg에 비해 물과의 반응성이 빠르다.

$$Ca + 2H_2O \rightarrow Ca(OH)_2 + H_2 \uparrow$$

② 물 및 산과 심하게 반응하여 포스핀을 발생한다. 이 포스핀은 무색의 기체로 악취가 있으며, 독성이 강하다. 공기보다 1.2배 무겁고 상온에서 공기 중 인화수소가 흡수되어 있으면 발화할 수 있다.

$$Ca_3P_2 + 6H_2O \rightarrow 3Ca(OH)_2 + 2PH_3 \uparrow$$

③ 물과 심하게 반응하여 수산화칼슘(소석회)과 아세틸렌을 만들며, 공기 중 수분과 반응하여 아세틸렌을 발생한다.

$$CaC_2 + 2H_2O \rightarrow Ca(OH)_2 + C_2H_2 \uparrow + 32kcal$$

18 휘발유의 부피팽창계수 0.00135/℃, 50L의 온도가 5℃에서 25℃로 상승할 때 부피 증가율은 몇 %인가?

정답

① $V = V_o(1 + \beta \triangle t)$ 에서 휘발유의 $\beta = 0.00135/℃$이므로

여기서, V : 최종 부피

V_o : 팽창 전 체적

$\triangle t$: 온도변화량

β : 체적팽창계수

$V = 50[1 + 0.00135(25 - 5)] = 51.35L$

② 부피증가율(%) $= \dfrac{\text{팽창 후 부피} - \text{팽창 전 부피}}{\text{팽창 전 부피}} \times 100 = \dfrac{51.35 - 50}{50} \times 100 = 2.7\%$

15 폭굉유도거리가 짧아지는 경우를 4가지 쓰시오.

정답

① 정상연소속도가 큰 혼합가스일수록
② 관 속에 방해물이 있거나 관경이 가늘수록
③ 압력이 높을수록
④ 점화원의 에너지가 강할수록

해설

■ **폭굉**
폭발범위 내 어떤 농도 상태에서 반응속도가 급격히 증대하여 음속을 초과하는 경우
① 폭굉은 충격파동이 큰 파괴력을 갖는 압축파를 형성하며, 더욱이 음속 이하의 반응속도에도 상당히 큰 힘이 파괴력을 갖는다.

② 폭굉은 음속의 4~8배 정도의 고속충격파가 형성되며, 가연성가스와 공기가 혼합하는 경우에 넓은 공간에서는 좀처럼 발생되지 않지만 길이가 긴 배관 등에서는 발생한다. 반응충격파를 형성하는 전파반응이다. 그 반응의 속도는 반응물에서는 음속을 초과한다.

16 포소화설비의 기준에 따라서 수동식 기동장치를 설치할 경우 기동장치의 조작부 및 호스접속구에는 직근의 보기 쉬운 장소에 각각 무엇 또는 무엇이라고 표시를 해야 하는지 쓰시오.

정답

① 기동장치의 조작부, ② 접속구

해설

■ 포소화설비의 수동식 기동장치의 설치기준
① 직접 조작 또는 원격조작의 의하여 가압송수장치, 수동식 개방밸브 및 포소화약제 혼합장치를 기동할 수 있을 것
② 2 이상의 방사구역을 갖는 포소화설비는 방사구역을 선택할 수 있는 구조로 할 것
③ 기동장치의 조작부는 화재 시 용이하게 접근이 가능하고 바닥면으로부터 0.8m 이상 1.5m 이하의 높이에 설치한다.
④ 기동장치의 조작부에는 유리 등에 의한 방호조치가 되어 있을 것
⑤ 기동장치의 조작부 및 호스접속구에는 직근의 보기 쉬운 장소가 각각 "기동장치의 조작부" 또는 "접속구"라고 표시한다.

17 할론 1301에 대한 다음 물음에 답하시오(단, 원자량 C=12, F=19, Cl=35.5, Br=80).

① 증기비중은 얼마인가?
② 화학식은 무엇인가?

정답

① 증가비중 $= \dfrac{\text{분자량}}{\text{공기의 평균 분자량}} = \dfrac{149}{29} = 5.14$

② CF_3Br

해설

■ Halon 1301 소화약제
포화탄화수소인 CH_4에 불소 3분자와 취소 1분자를 치환시켜 제조된 물질(CF_3Br)로서 비점이 $-57.75℃$이며, 모든 Halon 소화약제 중 소화성능이 가장 우수하나 오존층을 구성하는 O_3와의 반응성이 강하여 오존파괴지수(ODP; Ozone Depletion Potential)가 가장 높다.

18 소화난이도 등급 I에 제조소 등에서 다음 물질을 저장할 경우 설치해야 하는 소화설비를 쓰시오.

> ① 옥외탱크저장소(유황만을 저장·취급)
> ② 옥외탱크저장소(인화점 70℃ 이상의 제4류 위험물 취급)

정답

① 물분무소화설비
② 물분무소화설비, 고정식 포소화설비

해설

■ 소화난이도 등급 I에 대한 옥외탱크저장소의 소화설비

구 분			소화설비
옥외탱크 저장소	지중 탱크 또는 해상 탱크 외의 것	유황만을 저장·취급하는 것	물분무소화설비
		인화점 70℃ 이상의 제4류 위험물만을 저장·취급하는 것	물분무소화설비 및 고정식 포소화설비
		그 밖의 것	고정식 포소화설비(포소화설비가 적응성이 없는 경우 에는 분말소화설비)
	지중탱크		고정식 포소화설비, 이동식 이외의 불활성가스소화설 비 또는 이동식 이외의 할로겐화합물소화설비
	해상탱크		고정식 포소화설비, 물분무소화설비, 이동식 이외의 불활성가스소화설비 또는 이동식 이외의 할로겐화합 물소화설비

19 주유취급소에 주유 또는 그에 부대하는 업무를 위하여 사용되는 건축물 또는 시설물로 설치할 수 있는 것을 5가지 쓰시오.

정답

① 주유 또는 등유·경유를 옮겨 담기 위한 작업장
② 주유취급소의 업무를 행하기 위한 사무소
③ 자동차 등의 점검 및 간이정비를 위한 작업장
④ 자동차 등의 세정을 위한 작업장
⑤ 주유취급소에 출입하는 사람을 대상으로 한 점포·휴게음식점 또는 전시장
⑥ 주유취급소의 관계자가 거주하는 주거시설
⑦ 전기자동차용 충전설비
⑧ 그 밖의 주유취급에 관련된 용도로서 소방청장이 정하여 고시하는 건축물 또는 시설

■ **주유취급소의 건축물 등의 위치·구조**
① 벽·기둥·바닥·보 및 지붕 : 내화구조, 불연재료
② 창 및 출입구 : 방화문 또는 불연재료로 된 문을 설치할 것
③ 주거시설 부분은 개구부가 없는 내화구조로 구획하는 한편, 주유를 위한 작업장 등의 벽에는 출입구를 설치하지 않을 것
④ 사무실 등의 창 및 출입구에 유리를 사용하는 경우에는 망입유리 또는 강화유리로 할 것(강화유리의 두께는 창에는 8mm 이상, 출입구에는 12mm 이상)

20 실온의 공기 중 표면에 치밀한 산화피막이 형성되어 내부를 보호해 부식성이 작은 은백색의 광택이 있는 금속(분자량 27)으로, 제2류 위험물에 해당하는 물질에 대해 각 물음에 답하시오.

> ① 이 물질과 수증기와의 화학반응식을 쓰시오.
> ② 이 물질 50g이 수증기와 반응하여 생성되는 가연성가스는 2기압, 30℃를 기준으로 몇 L인지 구하시오.

정답 ▶

① $2Al + 6H_2O \longrightarrow 2Al(OH)_3 + 3H_2$
② $2Al + 6H_2O \longrightarrow 2Al(OH)_3 + 3H_2$
    $2 \times 27g$ $3 \times 2g$

$$x = \frac{50g \times 3 \times 2g}{2 \times 27g} = 5.56g$$

$$PV = \frac{W}{M}RT, \quad V = \frac{WRT}{PM}$$

$$V = \frac{WRT}{PM} = \frac{5.56 \times 0.082 \times (273 + 30)}{2 \times 2} = 34.84L$$

01 수계소화설비의 점검기구를 5가지 쓰시오.

정답

① 소화전밸브압력계, ② 방수압력측정계, ③ 절연저항계, ④ 전류전압측정계, ⑤ 헤드결합렌치

해설

■ 소방시설별 점검 장비(화재예방, 소방시설 설치·유지 및 안전관리에 관한 법률 시행규칙)

소방시설	장 비	규 격
공통시설	방수압력측정계, 절연저항계, 전류전압측정계	–
소화기구	저 울	–
옥내소화전설비 옥외소화전설비	소화전밸브압력계	
스프링클러설비 포소화설비	헤드결합렌치	–
불활성가스소화설비 분말소화설비 할론소화설비 할로겐화합물 및 불활성기체 소화설비	검량계, 기동관누설시험기, 그 밖에 소화약제의 저장량을 측정할 수 있는 점검기구	–
자동화재탐지설비 시각경보기	열감지기시험기, 연(煙)감지기시험기, 공기주입시험기, 감지기시험기연결폴대, 음량계	–
누전경보기	누전계	누전전류 측정용
무선통신보조설비	무선기	통화시험용
제연설비	풍속풍압계, 폐쇄력측정기, 차압계	–
통로유도등 비상조명등	조도계	최소눈금이 0.1럭스 이하인 것

02 포소화설비에서 공기포소화약제 혼합방식 4가지를 쓰시오.

정답

① 펌프 프로포셔너 방식
② 프레셔 프로포셔너 방식
③ 라인 프로포셔너 방식
④ 프레셔 사이드 프로포셔너 방식

① 펌프 프로포셔너(Pump Proportioner) 방식 : 펌프의 토출관과 흡입관 사이의 배관 도중에 설치한 흡입기에 펌프에서 토출된 물의 일부를 보내고 농도조정밸브에서 조정된 포소화약제의 필요량을 포소화약제에 탱크에서 펌프 흡입측으로 보내어 이를 혼합하는 방식이다.

② 프레셔 프로포셔너(Pressure Proportioner) 방식 : 펌프와 발포기의 배관 도중에 벤투리(Venturi)관을 설치하여 벤투리 작용에 의하여 포소화약제에 의하여 포소화약제를 혼합하는 방식이다.

③ 라인 프로포셔너(Line Proportioner) 방식 : 급수관의 배관 도중에 포소화약제 혼합기를 설치하여 그 흡입관에서 포소화약제의 소화약제를 혼입하여 혼합하는 방식이다.

④ 프레셔 사이트 프로포셔너(Pressurue Side Proporioner) 방식 : 펌프의 토출관에 압입기를 설치하여 포소화약제 압입용 펌프로 포소화약제를 압입시켜 혼합하는 방식이다.

03 위험물제조소 건축물의 기준이다. 다음 물음에 답하시오.

① 불연재료로 하여야 하는 장소 5가지를 쓰시오.
② 연소의 우려가 있는 외벽의 구조는?
③ 지붕은 폭발력이 위로 방출될 정도의 무슨 재료로 덮어야 하는가?
④ 액체의 위험물을 취급하는 건축물의 바닥은 무슨 재료로 사용하는가?
⑤ 적당한 경사를 두어 그 최저부에 무슨 설비를 하는가?

정답

① 벽, 기둥, 바닥, 보, 서까래
② 개구부가 없는 내화구조의 벽
③ 가벼운 불연재료
④ 위험물이 스며들지 못하는 재료
⑤ 집유설비

해설

■ 위험물제조소 건축물의 구조

① 지하층이 없도록 하여야 한다. 다만, 위험물을 취급하지 아니하는 지하층으로서 위험물의 취급장소에서 새어나온 위험물 또는 가연성의 증기가 흘러 들어갈 우려가 없는 구조로 된 경우에는 그러하지 아니하다.

② 벽·기둥·바닥·보·서까래 및 계단을 불연재료로 하고, 연소의 우려가 있는 외벽은 개구부가 없는 내화구조의 벽으로 하여야 한다. 이 경우 제6류 위험물을 취급하는 건축물에 있어서 위험물이 스며들 우려가 있는 부분에 대하여는 아스팔트 그 밖에 부식되지 아니하는 재료로 피복하여야 한다.

③ 지붕(작업공정상 제조기계시설 등이 2층 이상에 연결되어 설치된 경우에는 최상층의 지붕을 말함)은 폭발력이 위로 방출될 정도의 가벼운 불연재료로 덮어야 한다. 다만, 위험물을 취급하는 건축물이 다음의 어느 하나에 해당하는 경우에는 그 지붕을 내화구조로 할 수 있다.

㉮ 제2류 위험물(분상의 것과 인화성고체를 제외), 제4류 위험물 중 제4석유류·동·식물유류 또는 제6류 위험물을 취급하는 건축물인 경우

④ 다음 기준에 적합한 밀폐형 구조의 건축물인 경우
　　㉠ 발생할 수 있는 내부의 과압 또는 부압에 견딜 수 있는 철근콘크리트조일 것
　　㉡ 외부 화재에 90분 이상 견딜 수 있는 구조일 것
④ 출입구와 비상구에는 갑종방화문 또는 을종방화문을 설치하되, 연소의 우려가 있는 외벽에 설치하는 출입구에는 수시로 열 수 있는 자동 폐쇄식의 갑종방화문을 설치하여야 한다.
⑤ 위험물을 취급하는 건축물의 창 및 출입구에 유리를 이용하는 경우에는 망입유리로 하여야 한다.
⑥ 액체의 위험물을 취급하는 건축물의 바닥은 위험물이 스며들지 못하는 재료로 사용하고, 적당한 경사를 두어 그 최저부에 집유설비를 하여야 한다.

04 분자량이 78이고 방향성이 있으며 증기는 독성이 있고, 인화점이 −11.1℃이다. 이 물질 2kg이 산소와 반응할 때 반응식과 산소량(kg)을 구하시오.

> **정답**
>
> ① $C_6H_6 + 7.5O_2 \rightarrow 6CO_2 + 3H_2O$
> ② $C_6H_6 + 7.5O_2 \rightarrow 6CO_2 + 3H_2O$
>
> $78\text{kg} \diagdown 7.5 \times 32\text{kg}$
> $2\text{kg} \diagup x\,(\text{kg})$
>
> $x = \dfrac{2 \times 7.5 \times 32}{78} = 6.15\text{kg}$

05 TNT의 제법 및 폭발 시 반응식을 쓰시오.

> **정답**
>
> ① 제법 : $C_6H_5CH_3 + 3HNO_3 \xrightarrow{\quad H_2SO_4 \quad} C_6H_2CH_3(NO_2)_3 + 3H_2O$
> ② 폭발 : $2C_6H_5CH_3(NO_2)_3 \xrightarrow{\quad \Delta \quad} 12CO\uparrow + 2C + 3N_2 + 3H_2\uparrow$

> **해설**
>
> ① 제법 : 톨루엔에 질산, 황산을 반응시켜 monoitro toluene을 만든 후 니트로화하여 만든다.
> ② 폭발 : 분해하면 다량의 기체를 발생한다. 불완전연소 시는 유독성의 질소산화물과 CO를 발생한다. 따라서 NH_4NO_3과 TNT를 3 : 1wt%로 혼합하면 폭발력이 현저히 증가하여 폭파약으로 사용된다.

06 위험물 저장소의 일반점검표에서 전기설비의 접지의 점검항목을 3가지 쓰시오.

> **정답**

① 단선의 유무, ② 부착 부분의 탈락의 유무, ③ 접지저항치의 적부

> **해설**

■ **위험물 저장소**

점검항목		점검내용	점검방법
전기설비	배전반·차단기·배선 등	변형·손상의 유무	육 안
		고정상태의 적부	육 안
		기능의 적부	육안 및 작동 확인
		배선접합부의 탈락의 유무	육 안

07 에탄올에 진한 황산을 넣고 130~140℃로 가열하면 에탄올 2분자 중에서 간단히 물이 빠지면서 축중합반응이 일어난다. 이때 생성되는 물질과 이 물질의 위험도를 구하시오.

> **정답**

① 에테르

② 위험도$(H) = \dfrac{\text{연소상한치}(U) - \text{연소하한치}(L)}{\text{연소하한치}(L)} = \dfrac{48 - 1.9}{1.9} = 24.26$

> **해설**

■ **에테르의 제법**

에탄올의 진한 황산을 넣고 130~140℃로 가열하면 에탄올 2분자 중에서 간단히 물이 빠지면서 축합반응이 일어나 에테르가 얻어진다.

$$2C_2H_5OH \xrightarrow{\text{C-}H_2SO_4} C_2H_5OC_2H_5 + H_2O$$

08 위험물탱크시험자가 갖추어야 할 시설과 필수장비 3가지 쓰시오.

> **정답**

① 시설 : 전용 사무실
② 필수장비 : 자기탐상시험기, 초음파두께측정기 및 다음 중 어느 하나
    ㉮ 영상초음파탐상시험기
    ㉯ 방사선투과시험기 및 초음파탐상시험기

09 국제 위험물 해상운송규제에 따른 제8등급에 대하여 답하시오.

① 위험물의 명칭
② 위험물의 정의

정답

① 부식성물질
② 화학반응에 의하여 생체 조직과의 접촉 시에 심각한 손상을 줄 수 있거나 누출된 경우에는 기계적 손상 또는 다른 화물 또는 운송수단을 파손시킬 수 있는 물질을 말한다.

해설

제1급(Class 1) – 화약류	폭발성 물질, 폭발성 제품 및 실제적인 폭발효과 또는 화공효과를 발생시킬 목적으로 제조된 것
제2급(Class 2) – 가스류	압축가스, 액화가스, 용해가스, 냉동액화가스, 혼합가스, 가스가 충전된 제품 및 에어로졸로 구성
제3급(Class 3) – 인화성액체류	인화성액체 및 감감화된 액체 화약류
제4급(Class 4) – 가연성고체, 자연발화성물질, 물과 접촉 시 인화성가스를 방출하는 물질	화약류로 분류되는 물질 이외의 것으로서 쉽게 발화하거나 또는 화재를 일으킬 수 있는 물질
제5급(Class 5)	산화성 물질과 유기과산화물
제6급(Class 6)	독물 및 전염성물질
제7급(Class 7) – 방사성물질	운송품 내의 방사능 농도와 총 방사량이 기본 방사성 핵종에 대한 값을 초과하는 방사성 핵종이 함유되어 있는 물질
제8급(Class 8) – 부식성물질	화학반응에 의하여 생체조직과의 접촉 시에는 심각한 손상을 줄 수 있거나 누출된 경우에는 기계적 손상 또는 다른 화물 또는 운송수단을 파손시킬 수 있는 물질
제9급(Class 9) – 유해성물질	1974년 SOLAS(개정분 포함) 제 Ⅶ장 Avus(위험물의 운송)의 규정을 적용하여야 하는 위험특성을 갖는 물질이라고 경험에 의하여 증명되었거나 증명될 수 있는 물질로써 다른 급에 해당하지 아니하는 물질 및 제품

10 제3류 위험물 운반용기의 외부 표시사항을 3가지 쓰시오.

> **정답**

① 위험물의 품명, 위험등급, 화학명 및 수량
② 위험물의 수량
③ 자연발화성물질은 화기엄금 및 공기접촉엄금 금수성물질은 물기엄금

> **해설**

■ 위험물 운반용기의 주의사항

위험물		주의사항	
제1류 위험물	알칼리금속의 과산화물	• 화기·충격주의 • 가연물접촉주의	• 물기엄금
	기 타	• 화기·충격주의	• 가연물접촉주의
제2류 위험물	철분·금속분·마그네슘	• 화기주의	• 물기엄금
	인화성고체	화기엄금	
	기 타	화기주의	
제3류 위험물	자연발화성물질	• 화기엄금	• 공기접촉엄금
	금수성물질	물기엄금	
제4류 위험물		화기엄금	
제5류 위험물		• 화기엄금	• 충격주의
제6류 위험물		가연물접촉주의	

11 질산 31.5g을 물에 녹여 360g을 만들었다. 질산의 몰분율과 몰농도는?

> **정답**

물의 양 = 360g − 31.5g = 328.5g

질산의 몰수 = $\dfrac{31.5}{63}$ = 0.5mol

물의 몰수 = $\dfrac{328.5}{18}$ = 18.25mol

① 몰 분율 : $\dfrac{0.5}{18.25 + 0.5}$ = 0.03

② 몰 농도

　31.5 : 360 = x : 1,000

　∴ x = 87.5g

　HNO_3 분자량이 63이므로, 여기서 $\dfrac{87.5}{63}$ = 1.39mol

12 분자량 170, 융점 212℃, 무색무취의 투명한 결정이며, 사진감광제로 사용하는 물질에 대한 다음 물음에 답하시오.

> ① 지정수량
> ② 가열 시 분해반응식

정답

① 300kg

② $2AgNO_3 \xrightarrow{\Delta} 2Ag + 2NO_2 \uparrow + O_2 \uparrow$

해설

순수한 물질은 햇빛에 안정하지만 445℃로 가열하면 분해하여 산소가 발생한다.

13 방폭구조의 종류를 쓰시오.

정답

① 내압방폭구조
② 유입방폭구조
③ 압력방폭구조
④ 안전증방폭구조
⑤ 본질안전방폭구조
⑥ 특수방폭구조

해설

① 내압방폭구조 : 용기 내부에 폭발성가스의 폭발이 일어나는 경우 용기가 폭발압력에 견디고 또한 접합면 개구부를 통하여 외부의 폭발성 분위기에 착화되지 않도록 한 구조
② 유입방폭구조 : 전기불꽃을 발생하는 부분을 기름 속에 잠기게 함으로써 기름 면 위 또는 용기 외부에 존재하는 폭발성 분위기에 착화할 우려가 없도록 한 구조
③ 압력방폭구조 : 점화원이 될 우려가 있는 부분은 용기 안에 넣고 신선한 공기나 불활성기체를 용기 안으로 봉입함으로써 폭발성가스가 침입하는 것을 방지하는 구조
④ 안전증방폭구조 : 정상 상태에서 폭발성 분위기의 점화원이 되는 전기불꽃 및 고온부 등이 발생하지 않는 전기기기에 대하여 이들이 발생할 염려가 없도록 전기·기계적 또는 구조적으로 안전도를 증강시킨 구조로써 특히 온도상승에 대한 안전도를 증강시킨 구조
⑤ 본질안전방폭구조 : 정상설계 및 단선·단락·지락 등 이상 상태에서 전기회로에 발생한 전기불꽃이 규정된 시험조건에서 소정의 시험 가스에 점화되지 않고, 또한 고온에 의해 폭발성 분위기에 점화할 염려가 없게 한 방폭구조로서 점화시험 등 기타 시험으로 확인된 구조
⑥ 특수방폭구조 : 모래를 삽입한 사입방폭구조와 밀폐방폭구조가 있으며, 폭발성가스의 인화를 방지할 수 있는 특수한 방폭구조로서 폭발성가스의 인화를 방지할 수 있는 것이 시험에 의하여 확인된 구조

14 옥외탱크저장소의 압력탱크 외의 밸브 없는 통기관의 설치 기준을 4가지 쓰시오.

> **정답**

① 직경은 30mm 이상으로 한다.
② 선단은 수평면보다 45℃ 이상 구부려 빗물 등의 침투를 막는 구조로 한다.
③ 가는 눈의 구리망 등으로 인화방지장치를 한다.
④ 가연성의 증기를 회수하기 위한 밸브를 통기관에 서리하는 경우에 있어서는 당해 통기관의 밸브는 저장탱크에 위험물을 주입하는 경우를 제외하고는 항상 개방되어 있는 구조로 하는 한편, 폐쇄하였을 경우에 있어서는 10kPa 이하의 압력에서 개방되는 구조로 한다. 이 경우 개방된 부분의 유효단면적 777.15mm^2 이상이여야 한다.

> **해설**

■ **대기밸브 부착 통기관**
① 작동압력차이 : 5kPa
② 인화방지장치 : 가는 눈의 구리망 사용

15 가연성증기가 체류할 우려가 있는 위험물제조소 건축물에 배출설비를 하고자 할 때 배출능력은 몇 m^3/h 이상이어야 하는지 구하시오(단, 전역방식이 아닌 경우이고 배출장소의 크기는 가로 8m, 세로 6m, 높이 4m이다).

> **정답**

배출장소의 용적 8m×6m×4m=192m^3
→ 배출능력은 1시간당 배출장소 용적의 20배 이상인 것으로 하므로, 배출능력=192m^3×20=3,840m^3/h

> **해설**

■ **배출설비**
가연성의 증기 또는 미분이 체류할 우려가 있는 건축물에는 그 증기 또는 미분을 옥외의 높은 곳으로 배출할 수 있도록 배출설비를 설치한다.

16 스테인리스강판으로 이동저장탱크의 방호틀을 설치하고자 한다. 이때 사용 재질의 인장강도가 130N/mm^{2}이라면 방호틀의 두께는 몇 mm 이상으로 하는가?

> **정답**

■ **이동저장탱크의 방호틀**
KS 규격품인 스테인리스강판, 알루미늄합금판, 고장력강판으로서 두께가 다음 식에 의하여 산출된 수치 이상으로 한다.

$$t = \sqrt{\frac{270}{\sigma}} \times 2.3 \ [t : \text{사용재질의 두께(mm)}, \ \sigma : \text{사용재질의 인장가도(N/mm}^2)]$$

$$\therefore \ t = \sqrt{\frac{270}{\sigma}} \times 2.3 = \sqrt{\frac{270}{130}} \times 2.3 = 3.31 \text{mm 이상}$$

17 위험물제조소 등에 할로겐화합물소화설비를 설치하고자 할 때 ( ) 안에 알맞은 내용을 쓰시오.

> 축압식 저장용기 등은 온도 20℃에서 할론 1211을 저장하는 것은 (①) 또는 (②)MPa, 할론 1301을 저장하는 것은 (③) 또는 (④)MPa이 되도록 (⑤)가스를 가압하여야 한다.

정답

① 1.1, ② 2.5, ③ 2.5, ④ 4.2, ⑤ 질소

18 무색 또는 오렌지색의 분말로 분자량 110인 제1류 위험물 중 무기과산화물류에 속하는 물질로써, 다음 물질과의 반응식을 쓰시오.

> ① 물
> ② 황산
> ③ 이산화탄소

정답

① $2K_2O_2 + 2H_2O \ \rightarrow \ 4KOH + O_2\uparrow$
② $K_2O_2 + H_2SO_4 \ \rightarrow \ K_2SO_4 + H_2O_2$
③ $2K_2O_2 + 2CO_2 \ \rightarrow \ 2K_2CO_3 + O_2\uparrow$

해설

① 자신은 불연성이지만, 물과 급격히 반응하여 발열하고 산소를 방출한다.
② 강산과 작용해 심하게 반응하여 과산화수소를 만든다.
③ CO를 흡수하고 CO_2와 반응 시는 O_2를 방출한다($K_2O_2 + CO \ \rightarrow \ K_2CO_3$).

19 이동탱크저장소에 대한 설명이다. (　　) 안에 알맞은 말을 쓰시오.

> (1) 상용압력이 (①)kPa 이하인 탱크에 있어서는 (②)kPa 이상 (③)kPa 이하의
>   압력에서, 상용압력이 (④)kPa을 초과하는 탱크에는 상용압력이 (⑤)배 이하의
>   압력에서 작동하는 것으로 한다.
> (2) 방파판의 두께는 (⑥) 이상의 강철판 또는 이와 동등 이상의 강도, 내열성 및 내식성이
>   있는 금속성의 것으로 한다.

정답

① 20, ② 20, ③ 24, ④ 20, ⑤ 1.1, ⑥ 1.6

해설

■ 방파판
① 두께 1.6mm 이상의 강철판 또는 이와 동등 이상의 강도·내열성 및 내식성이 있는 금속성의 것으로 한다.
② 하나의 구획 부분에 2개 이상의 방파판을 이동탱크저장소의 진행 방향과 평행으로 설치하되, 각 방파판은
   그 높이 및 칸막이로부터의 거리를 다르게 한다.
③ 하나의 구획 부분에 설치하는 각 방파판의 면적의 합계는 해당 구획 부분의 최대 수직단면적의 50% 이상
   으로 한다. 다만, 수직단면이 원형이거나 짧은 지름이 1m 이하의 타원형일 경우는 40% 이상으로 할 수
   있다.

20 다음 분말소화약제의 착색을 쓰시오.

① $NaHCO_3$　　　　　　　　　　　　　② $KHCO_3$
③ $NH_4H_2PO_4$　　　　　　　　　　　④ $KHNO_3+(NH_2)_2CO$

정답

① 백색, ② 보라색, ③ 담홍색, ④ 회백색

해설

종 류	주성분	착 색	적용화재
제1종 분말	$NaHCO_3$	백 색	B, C
제2종 분말	$KHCO_3$	보라색	B, C
제3종 분말	$NH_4H_2PO_4$	담홍색(핑크색)	A, B, C
제4종 분말	$KHCO_3+(NH_2)_2CO$	회백색	B, C

2011년 제49회 출제문제(5월 29일 시행)

01 탄화칼슘이 물과 반응하여 발생하는 가연성기체의 완전연소반응식은?

> **정답**

$$2C_2H_2 + 5O_2 \rightarrow 4CO_2 \uparrow + 2H_2O$$

> **해설**

- 탄화칼슘(카바이드, CaC_2, 제3류 위험물)과 물의 반응
① $CaC_2 + 2H_2O \rightarrow Ca(OH)_2 + C_2H_2 \uparrow + 발열$
② 수산화칼슘(소석회)과 아세틸렌(C_2H_2)가스가 발생한다.

> ※ 아세틸렌(C_2H_2)
> ① 연소범위 : 2.5~81%
> ② 위험도(H) $= \dfrac{81 - 2.5}{2.5} = 31.4$
> ③ 흡열화합물로써 압축하면 분해폭발의 위험이 있다.
> ④ 연소반응 : $2C_2H_2 + 5O_2 \rightarrow 4CO_2 \uparrow + 2H_2O$
> ⑤ Cu, Ag, Hg과 접촉 시 폭발성 금속아세틸라이트 생성
> ㉮ $C_2H_2 + 2Cu \rightarrow Cu_2C_2 + H_2 \uparrow$ (동아세틸라이트)
> ㉯ $C_2H_2 + 2Ag \rightarrow Ag_2C_2 + H_2 \uparrow$ (금속아세틸라이트)

02 용량이 1,000만L인 옥외저장탱크의 주위에 설치하는 방유제에 당해 탱크마다 간막이 둑을 설치하여야 할 때, 다음 사항에 대한 기준은?(단, 방유제 내에 설치되는 옥외저장탱크의 용량의 합계가 2억L를 넘지 않는다)

① 간막이 둑 높이　　　　② 간막이 둑 재질　　　　③ 간막이 둑 용량

> **정답**

① 0.3m 이상으로 하되, 방유제 높이보다 0.2m 이상 낮게 한다.
② 흙 또는 철근콘크리트
③ 간막이 둑 안에 설치된 탱크용량의 10% 이상으로 한다.

■ 용량 1,000만L인 옥외저장탱크의 방유제 설치기준

① 간막이 둑의 높이는 0.3m(방유제 내에 설치되는 옥외저장탱크의 용량 합계가 2억L를 넘는 방유제에 있어 서는 1m) 이상으로 하되, 방유제의 높이보다 0.2m 이상 낮게 한다.
② 간막이 둑은 흙 또는 철근콘크리트로 한다.
③ 간막이 둑 용량이 칸막이 둑 안에 설치된 탱크용량의 10% 이상으로 한다.

03 디에틸에테르를 공기 중에서 장시간 방치하면 산화되어 폭발성 과산화물이 생성될 수 있다. 다음 물음에 답하시오.

① 과산화물이 존재하는 여부를 확인하는 방법
② 생성된 과산화물을 제거하는 시약
③ 과산화물 생성 방지방법

정답

① 10%의 KI 용액을 첨가한 후 무색에서 황색으로 변색되면 과산화물이 존재한다.
② 황산제일철($FeSO_4$) 또는 환원철
③ 40mesh의 구리망을 넣어 준다.

해설

■ 디에틸에테르(에테르, $C_2H_5OC_2H_5$, 제4류 위험물, 특수인화물, 지정수량 50L)

① 인화점이 −45℃로 제4류 중 최저이다.
② 비점 34.5℃, 착화점 180℃
③ 동·식물성섬유로 여과할 경우 정전기가 발생하기 쉬우므로, 정전기 방지제로 염화칼슘($CaCl_2$)을 소량 첨 가한다.
④ 공기 중 장시간 노출되거나 직사일광 하에서 분해되어 폭발성 과산화물이 생성되므로 갈색병에 저장하여 야 한다.
　㉠ 과산화물 검출시약 : 10% KI용액을 첨가한 후 무색에서 황색으로 변색되면 과산화물이 존재한다.
　㉡ 과산화물 제거시약 : 황산제일철($FeSO_4$) 또는 환원철 등이다.
　㉢ 과산화물 생성방지 방법 : 40mesh의 구리마을 넣어준다.
⑤ 제법 : 에탄올에 진한 황산을 넣고 140℃ 정도로 가열시키면 축합반응에 의해 생성된다.
　$2C_2H_2OH \rightarrow C_2H_5OC_2H_5 + H_2O$

04 알킬알루미늄 등을 저장·취급하는 이동저장탱크에 자동차용 소화기 외에 추가로 설치하여야 하는 소화설비는?

마른모래 및 팽창질석 또는 팽창진주암

■ 소화난이도 등급 Ⅲ의 제조소 등에 설치하여야 하는 소화설비

제조소 등의 구분	소화설비	설치기준	
지하탱크저장소	소형 수동식소화기 등	능력단위의 수치가 3 이상	2개 이상
이동탱크저장소	자동차용소화기	무상의 강화액 8L 이상	2개 이상
		이산화탄소 3.2kg 이상	
		일브롬화일염화이플루오르화메탄(CF_2ClBr) 2L 이상	
		일브롬화삼플루오르화메탄(CF_3Br) 2L 이상	
		이브롬화사플루오르화에탄($C_2F_4Br_2$) 1L 이상	
		소화분말 3.5kg 이상	
	마른모래 및 팽창질석 또는 팽창진주암	마른모래 150L 이상	
		팽창질석 또는 팽창진주암 640L 이상	
그 밖의 제조소 등	소형수동식소화기 등	능력단위의 수치가 건축물, 그 밖의 공작물 및 위험물의 소요단위의 수치에 이르도록 설치할 것. 다만, 옥내소화전설비, 옥외소화전설비, 스프링클러설비, 물분무등소화설비 또는 대형 수동식소화기를 설치한 경우에는 당해 소화설비의 방사능력범위 내의 부분에 대하여는 수동식소화기 등을 그 능력단위의 수치가 당해 소요단위의 수치 1/5 이상이 되도록 하는 것으로 족하다.	

※ 알킬알루미늄 등을 저장 또는 취급하는 이동탱크저장소에 있어서는 자동차용 소화기를 설치하는 외에 마른모래 및 팽창질석 또는 팽창진주암을 추가로 설치하여야 한다.

05 다음 위험 물질의 구조식을 쓰시오.

① 메틸에틸케톤   ② 과산화벤조일

① 메틸에틸케톤(MEK, 제4류 위험물, 제1석유류, 비수용성)

  ㉠ 화학식 : $CH_3COC_2H_5$

  ㉡ 구조식 :

$$\begin{array}{ccccccc} & & H & O & H & H \\ & & | & \| & | & | \\ H & - & C & - & C & - & C & - & C & - & H \\ & & | & & | & | \\ & & H & & H & H \end{array}$$

케톤기
(카르보닐기)

② 과산화벤조일(벤조일퍼옥사이드, BPO, 제5류 위험물, 유기과산화물)

  ㉠ 화학식 : $(C_6H_5CO)_2O_2$

  ㉡ 구조식 :

과산화기

06 152kPa, 100℃에서 아세톤의 증기밀도는?

이상기체 상태방정식

$$PV = \frac{W}{M}RT$$

아세톤(CH_3COCH_3)의 분자량(M)=58g, 1atm=101.325kPa

$$\rho = \frac{W}{V} = \frac{PM}{RT} = \frac{\dfrac{152kPa}{101.325kPa} \times 1atm \times 58g}{0.082(273+100)} \fallingdotseq 2.84kg/L$$

07 회백색의 금속분말로 묽은 염산에서 수소가스를 발생하며, 비중이 약 7.86, 융점 1,535℃인 제2류 위험물이 위험물안전관리법상 위험물이 되기 위한 조건은?

철의 분말로서 53마이크로미터(μm) 표준체를 통과하는 것이 50중량%(wt%) 이상인 것을 말한다.

■ **철분(Fe)**

① 온수(또는 고온의 수증기), 산과 반응 시 수소(H_2) 발생

  $2Fe + 3H_2O \rightarrow FeO_3 + 3H_2 \uparrow$

  $Fe + 2HCl \rightarrow FeCl_2 + H_2 \uparrow$

② 공기 중에서 서서히 산화하여 황갈색으로 변색된다.

  $2Fe + 1.5O_2 \rightarrow FeO_3$(산화 제2철)

③ 철분이란 철의 분말로써, 53μm 표준체를 통과하는 것이 50wt% 미만인 것은 제외한다.

08 1몰 염화수소와 0.5몰 산소의 혼합물에 촉매를 넣고 400℃에서 평형에 도달시킬 때 0.39몰의 염소를 생성하였다. 이 반응이 다음의 화학반응식을 통해 진행된다고 할 때 다음 물음에 답하시오.

$$4HCl + O_2 \rightarrow 2H_2O + 2Cl_2$$

① 평형상태에서의 전체 몰수의 합

② 전압이 1atm일 때 성분 4가지의 분압

정답

반응식에서 반응전후 몰수를 구한다.

	4HCl	+	O$_2$	→	2Cl$_2$	+	2H$_2$O
반응 전 몰수 :	1mol		0.5mol		0mol		0mol
반응 후 몰수 :	$\left\{1 - \left(\frac{4}{2} \times 0.39\right)\right\}$[mol]		$\left\{0.5 - \left(\frac{1}{2} \times 0.39\right)\right\}$[mol]		0.39mol		0.39mol

① 전체 몰수 : 0.22+0.305+0.39+0.39=1.305mol

② 각 성분의 분압

ㄱ 염화수소 $= \dfrac{0.22}{1.305} \times 1atm = 0.17atm$

ㄴ 산소 $= \dfrac{0.305}{1.305} \times 1atm = 0.23atm$

ㄷ 염소 $= \dfrac{0.39}{1.305} \times 1atm = 0.30atm$

ㄹ 수증기 $= \dfrac{0.39}{1.305} \times 1atm = 0.30atm$

09 벤젠에 수은(Hg)을 촉매로 하여 질산을 반응시켜 제조하는 물질로 DDNP(diazo-dinitrophenol)의 원료로 사용되는 위험물의 구조식과 품명, 지정수량은?

정답

① 구조식 :

② 품명 : 니트로화합물

③ 지정수량 : 200kg

■ 피크린산(트리니트로페놀, TNP)

① 제5류 위험물, 니트로화합물, 지정수량 200kg, 광택 있는 황색 침상결정

② 화학식 : $C_6H_2(OH)(NO_2)_3$

③ 구조식 :

④ 분자량 229, 비중 1.8, 착화점 300℃

⑤ 질소함유량 = $\dfrac{3 \times 14}{229} \times 100 = 18.34\%$

⑥ 금속(Fe, Cu, Pb, Al 등)과 작용하여 민감한 피크린산의 금속염을 생성하므로 제조·가공 시 철제·납 용기 사용금지

⑦ 제법

$$C_6H_5OH + 3HNO_3 \xrightarrow{C-H_2SO_4} C_6H_2OH(NO_2)_3 + 3H_2O$$

페놀 　　　질산 　　　　　　　　TNP 　　　　물

10 특정 옥외저장탱크에 에뉼러판을 설치하여야 하는 경우 3가지를 쓰시오.

정답

① 저장탱크 옆판의 최하단 두께가 15mm를 초과하는 경우
② 내경이 30m를 초과하는 경우
③ 저장탱크 옆판을 고장력강으로 사용하는 경우

해설

■ 에뉼러판
특정 옥외저장탱크의 옆판의 최하단 두께가 15mm를 초과하는 경우, 내경이 30m를 초과하는 경우 또는 옆판을 고장력강으로 사용하는 경우에 옆판의 직하에 설치하여야 하는 판

11 위험물안전관리법상 제조소의 기술기준을 적용함에 있어 위험물의 성질에 따른 강화된 특례기준을 적용하는 위험물은 다음과 같다. (　　) 안에 알맞은 용어를 쓰시오.

① 3류 위험물 중 (　　), (　　) 또는 이중 어느 하나 이상을 함유하는 것
② 4류 위험물 중 (　　), (　　) 또는 이중 어느 하나 이상을 함유하는 것
③ 5류 위험물 중 (　　), (　　) 또는 이중 어느 하나 이상을 함유하는 것

① 알킬알루미늄, 알킬리튬
② 아세트알데히드, 산화프로필렌
③ 히드록실아민, 히드록실아민염류

12 위험물제조소와 학교와의 거리가 20m로 위험물 안전에 의한 안전거리를 충족할 수 없어서 방화상 유효한 담을 설치하고자 한다. 위험물제조소 외벽 높이 10m, 학교 높이 30m이며, 위험물제조소와 방화상 유효한 담의 거리 5m인 경우 방화상 유효한 담의 높이는?(단, 학교건물은 방화구조이고, 위험물제조소에 면한 부분의 개구부에 방화문이 설치되지 않았다)

① 조건으로부터 상수 $P=0.04$이고, $H > PD^2 + a$인 경우이므로, $(30 > (0.04)(20)^2 + 10 = 26)$
② 방화상 유효한 담의 높이$(h) = H - P(D^2 - d^2) = 30 - 0.04(20^2 - 5^2) = 15\text{m}$
   ∴ 산출된 수치가 2 미만일 때는 담의 높이를 2m로, 4 이상일 때에는 담의 높이를 4m로 한다. 즉, 4m이다.

■ 방화상 유효한 담의 높이
① $H \leq PD^2 + a$인 경우 : $h = 2$
② $H > PD^2 + a$인 경우 : $h = H - P(D^2 - d^2)$
   여기서,
   d : 제조소 등과 방화상 유효한 담과의 거리(m)
   D : 제조소 등과 인근 건축물 또는 공작물과의 거리(m)
   h : 방화상 유효한 담의 높이(m)
   a : 제조소 등 외벽의 높이(m)
   H : 인근 건물 또는 공작물의 높이(m)
   P : 상수

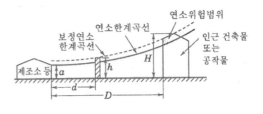

인근 건축물 또는 공작물의 구분	P의 값
• 학교 · 주택 · 문화재 등의 건축물 또는 공작물이 목조인 경우 • 학교 · 주택 · 문화재 등의 건축물 또는 공작물이 방화구조 또는 내화구조이고, 제조소 등에 면한 부분의 개구부에 방화문이 설치되지 아니한 경우	0.04
• 학교 · 주택 · 문화재 등의 건축물 또는 공작물이 방화구조인 경우 • 학교 · 주택 · 문화재 등의 건축물 또는 공작물이 방화구조 또는 내화구조이고, 제조소 등에 면한 부분의 개구부에 을종방화문이 설치된 경우	0.15
학교 · 주택 · 문화재 등의 건축물 또는 공작물이 내화구조이고, 제조소 등에 면한 개구부에 갑종방화문이 설치된 경우	∞

13 위험물 옥내저장소의 기준에 따라 저장창고에 선반 등의 수납장을 설치하는 경우 설치기준 3가지를 쓰시오.

정답

① 수납장은 불연재료로 만들어 견고한 기초 위에 고정할 것
② 수납장은 당해 수납장 및 그 부속설비의 자중, 저장하는 위험물의 중량 등의 하중에 의하여 생기는 응력에 대하여 안전한 것으로 할 것
③ 수납장에는 위험물을 수납한 용기가 쉽게 떨어지지 아니하게 하는 조치를 할 것

해설

■ 옥외저장소의 선반 설치기준과의 비교
① 불연재료로 하고 견고한 지반면에 고정할 것
② 선반 높이는 6m를 초과하지 말 것
③ 당해 선반 및 그 부속설비의 자중, 저장위험물의 중량, 풍하중, 지진의 영향 등에 의하여 생기는 응력에 대하여 안전할 것
④ 위험물을 수납한 용기가 쉽게 낙하하지 아니하는 조치를 강구할 것

14 454g의 니트로글리세린이 완전연소할 때 발생하는 기체는 200℃, 1기압에서 몇 L인가?

정답

$$4C_3H_5(ONO_2)_3 \rightarrow 12CO_2\uparrow + 10H_2O\uparrow + 6N_2\uparrow + O_2\uparrow$$

$$4 \times 227(g) \diagdown 29mol$$
$$454g \diagup x\,mol$$

$$x = \frac{454 \times 29}{4 \times 227} = 14.5 mol$$

$$\therefore PV = nRT, \quad V = \frac{nRT}{P} = \frac{14.5 \times 0.082 \times (273 + 200)}{1} = 562.40l$$

15 다음 ( ) 안을 채우시오.

이황화탄소의 옥외저장탱크는 벽 및 바닥의 두께가 (①)m 이상이고, 누수가 되지 아니하는 (②)의 수조에 넣어 보관하여야 한다. 이 경우 보유공지, 통기관, (③)는 생략한다.

정답

① 0.2, ② 철근콘크리트, ③ 자동계량장치

이황화탄소의 옥외저장탱크는 벽 및 바닥의 두께가 0.2m 이상이고 누수가 되지 아니하는 철근콘크리트의 수조에 넣어 보관하여야 한다. 이 경우 보유공지, 통기관, 자동계량장치는 생략할 수 있다.

16 위험물제조소 등의 위험물탱크안전성능검사의 신청시기는?

① 기초, 지반검사　　　　　　　② 충수, 수압검사
③ 용접부검사　　　　　　　　　③ 암반탱크검사

① 위험물 탱크의 기초 및 지반에 관한 공사의 개시 전
② 위험물을 저장 또는 취급하는 탱크에 배관, 그 밖의 부속설비를 부착하기 전
③ 탱크 본체에 관한 공사의 개시 전
④ 암반 탱크의 본체에 관한 공사의 개시 전

■ 탱크안전성능 검사의 대상이 되는 탱크
① 기초·지반검사 : 옥외탱크저장소의 액체위험물 탱크 중 그 용량이 100만L 이상인 탱크
② 충수·수압검사 : 액체위험물을 저장 또는 취급하는 탱크. 다만, 다음의 탱크 제외
　　㉠ 제조소 또는 일반취급소에 설치된 탱크로서 용량이 지정수량 미만인 것
　　㉡ 「고압가스 안전관리법」제17조 제1항의 규정에 의한 특정설비에 관한 검사에 합격한 탱크
　　㉢ 「산업안전보건법」제34조 제2항의 규정에 의한 성능검사에 합격한 탱크
③ 용접부검사 : 옥외탱크저장소의 액체위험물탱크 중 그 용량이 100만L 이상인 탱크
④ 암반탱크검사 : 액체위험물을 저장 또는 취급하는 암반 내의 공간을 이용한 탱크

17 위험물안전관리에 관한 세부기준에 따르면 배관 등의 용접부에는 방사선 투과시험을 실시한다. 다만, 방사선 투과시험을 실시하기 곤란한 경우 (　　)에 알맞은 비파괴시험을 쓰시오.

(1) 두께 6mm 이상인 배관에 있어서 (　①　) 및 (　②　)을 실시할 것. 다만, 강자성체 외의 재료로 된 배관에 있어서는 (　③　)을 (　④　)으로 대체할 수 있다.
(2) 두께 6mm 미만인 배관과 초음파탐상시험을 실시하기 곤란한 배관에 있어서는 (　⑤　)을 실시할 것

① 초음파탐상시험, ② 자기탐상시험, ③ 자기탐상시험, ④ 침투탐상시험, ⑤ 자기탐상시험

■ 비파괴 시험방법

배관 등의 용접부에는 방사선투과시험을 실시한다. 다만, 방사선투과시험은 실시하기 곤란한 경우에는 다음의 기준이 따른다.

① 두께가 6mm 이상인 배관에 있어서는 초음파탐상시험 및 자기탐상시험을 실시한다. 다만, 강자성체 외의 재료로 된 배관에 있어서는 자기탐상시험을 침투탐상시험으로 대체할 수 있다.

② 두께가 6mm 미만인 배관과 초음파탐상시험을 실시하기 곤란한 배관에 있어서는 자기탐상시험을 실시한다.

18 트리에틸알루미늄과 산소, 물, 염소와의 반응식을 쓰시오.

정답

① 산소와의 반응식 : $2(C_2H_5)_3Al + 21O_2 \longrightarrow Al_2O_3 + 12CO_2\uparrow + 15H_2O\uparrow$
② 물과의 반응식 : $(C_2H_5)_3Al + 3H_2O \longrightarrow Al(OH)_3 + 3C_2H_5\uparrow$
③ 염소와의 반응식 : $(C_2H_5)_3Al + 3Cl_2 \longrightarrow AlCl_3 + 3C_2H_5Cl\uparrow$

해설

■ 트리메틸알루미늄[TMAL, $(CH_3)3Al$, 제3류, 알킬알루미늄, 지정수량 10kg]
① 성질은 TEAL과 동일
② 물과의 반응식 : $(CH_3)_3Al + 3H_2O \longrightarrow Al(OH)_3 + 3CH_4\uparrow$
③ 공기와의 반응식(연소 시) : $2(CH_3)_3Al + 12O_2 \longrightarrow Al_2O_3 + 9H_2O + 6CO_2$

19 다음은 어떤 물질의 제조방법 3가지를 설명하고 있다. 이러한 방법으로 제조되는 제4류 위험물에 대해 각각 물음에 답하시오.

(1) 에틸렌과 산소를 염화구리($CuCl_2$) 또는 염화팔라듐($PdCl_2$) 촉매 하에서 반응시켜 제조
(2) 에탄올을 백금촉매 하에서 산화시켜 제조
(3) 황산수은 촉매 하에서 아세틸렌에 물을 첨가시켜 제조

① 위험도는 얼마인가?

② 이 물질이 공기 중 산소에 의해 산화하여 다른 종류의 제4류 위험물이 생성되는 반응식을 쓰시오.

① 아세트알데히드의 연소범위 : 4.1~57%

∴ 위험도$(H) = \dfrac{57 - 4.1}{4.1} ≒ 12.90$

② $2CH_3CHO + O_2 \longrightarrow 2CH_3COOH$

해설

아세트알데히드는 구리, 마그네슘, 은, 수은 및 그 합금으로 된 취급설비는 아세트알데히드와 반응에 의해 이들 간에 중합반응을 일으켜 구조불명의 폭발성물질을 생성한다.

20 다음에서 설명하는 위험물에 대해 답하시오.

(1) 지정수량 1,000kg   (2) 분자량 158

(3) 흑자색 결정   (4) 물, 알코올, 아세톤에 녹는다.

① 240℃에서의 열분해식은?

② 묽은 황산과의 반응식은?

정답

① $2KMnO_4 \longrightarrow K_2MnO_4 + MnO_2 + O_2 \uparrow$

② $4KMnO_4 + 6H_2SO_4 \longrightarrow 2K_2SO_4 + 4MnSO_4 + 6H_2O + 5O_2 \uparrow$

해설

■ **과망간산칼륨**

① 진한 황산과의 반응식 : $2KMnO_4 \longrightarrow K_2MnO_4 + MnO_2 + O_2 \uparrow$

② 염산과의 반응식 : $2KMnO_4 + 12HCl \longrightarrow 4MnCl_2 + 6H_2O + 5O_2 \uparrow$

과년도 출제문제

2011년 제50회 출제문제(9월 25일 시행)

01 비중이 2.1이고 물이나 글리세린에 잘 녹으며, 흑색화약의 성분으로 사용되는 위험물에 대한 물음에 답하시오.

① 물질명   ② 화학식   ③ 분해반응식

정답

① 질산칼륨, ② KNO_3, ③ $2KNO_3 \longrightarrow 2KNO_2 + O_2 \uparrow$

해설

- **질산칼륨** : 흑색화약의 주성분이다.
㉠ 질산칼륨 : 숯가루(목탄) : 황가루 = 75 : 15 : 10
㉡ 폭발반응식 : $2KNO_3 + 3C + S \longrightarrow K_2S + 3CO_2 + N_2$

02 그림과 같은 타원형 위험물 탱크의 내용적은 몇 m^3인가?

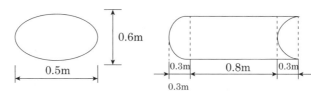

정답

$$V = \frac{\pi ab}{4}\left(l + \frac{l_1 - l_2}{3}\right) = \frac{3.14 \times 0.5 \times 0.6}{4}\left(0.8 + \frac{0.3 - 0.3}{3}\right)$$
$$= 0.1884m^3 \fallingdotseq 0.19m^3$$

해설

(1) 탱크의 내용적 = 탱크(허가)용량 + 공간용적
(2) 탱크의 공간용적
　① 원칙 : 내용적의 $\frac{5}{100}$ 이상 $\frac{10}{100}$ 이하

② 암반탱크 : 탱크 내에 용출하는 7일간의 지하수 양에 상당하는 용적과 탱크 내용적의 $\frac{1}{100}$의 용적 중보다 큰 용적

③ 탱크 윗부분에 소화약제 방출구 설치 시 : 방출구 아래 0.3m 이상 1m 미만 사이의 면적으로부터 윗부분의 용적

03 다음 탱크의 충수시험 방법 및 판정기준을 완성하시오.

> 충수시험은 탱크에 물이 채워진 상태에서 1,000kL 미만인 탱크는 12시간, 1,000kL 이상의 탱크는 (①) 이상 경과한 이후에 (②)가 없고 탱크 본체 접속부 및 용접부 등에서 누설·변형 또는 손상 등의 이상이 없어야 한다.

정답

① 24시간, ② 지반침하

해설

■ **탱크의 충수·수압시험방법 및 판정기준**

① 충수·수압시험은 탱크가 완성된 상태에서 배관 등의 접속이나 내·외부에 대한 도장작업들을 하기 전에 위험물 탱크의 최대 사용높이 이상으로 물(물과 비중이 같거나 물보다 비중이 큰 액체로서 위험물이 아닌 것을 포함)을 가득 채워 실시할 것. 다만, 다음의 어느 하나에 해당하는 경우에는 규정된 방법으로 대신할 수 있다.

   ㉠ 에뉼러판 또는 밑판의 교체 공사 중 옆판의 중심선으로부터 600mm 범위 외의 부분에 관련된 것으로서 해당 교체 부분이 저부면적(에뉼러판 및 밑판의 면적을 말함)의 2의 1 미만의 경우에는 교체 부분의 전용접부에 대하여 초층용접 후 침투탐상시험을 하고 용접종료 후 자기탐상시험을 하는 방법

   ㉡ 에뉼러판 또는 밑판의 교체 공사 중 옆판의 중심선으로부터 600mm 범위 내의 부분에 관련된 것으로서 해당 교체 부분이 해당 에뉼러판 또는 밑판의 원주길이의 50% 미만인 경우에는 교체 부분의 전용접부에 대하여 초층용접 후 침투탐상시험을 하고 용접종료 후 자기탐상시험을 하며, 밑판(에뉼러판을 포함)과 옆판이 용접되는 펠릿용접부(완전용입용접의 경우에 한함)에는 초음파탐상시험을 하는 방법

② 보온재가 부착된 탱크의 변경허가에 따른 충수·수압시험의 경우에는 보온재를 해당 탱크 옆판의 최하단으로부터 20mm 이상 제거하고 시험을 실시할 것

③ 충수시험은 탱크에 물이 채워진 상태에서 1,000kL 이상의 탱크는 24시간 이상 경과한 이후에 지반침하가 없고 탱크 본체 접속부 및 용접부 등에서 누설 변형 또는 손상 등의 이상이 없을 것

④ 수압시험은 탱크의 모든 개구부를 완전 폐쇄한 이후에 물을 가득 채우고 최대사용압력의 1.5배 이상의 압력을 가하여 10분 이상 경과한 이후에 탱크 본체·접속부 및 용접부 등에서 누설 또는 영구변형 등의 이상이 없을 것. 다만, 규칙에서 시험압력을 정하고 있는 탱크의 경우에는 해당압력을 시험압력으로 한다.

⑤ 탱크용량이 1,000kL 이상인 원통종형탱크는 ① 내지 ④의 시험 외에 수평도와 수직도를 측정하여 다음의 기준에 적합할 것

   ㉠ 옆판 최하단의 바깥쪽을 등간격으로 나눈 8개소에 스케일을 세우고, 레벨측정기를 등으로 수평도를 측정하였을 때 수평도는 300mm 이내이면서 직경의 1/100 이내일 것

ⓛ 옆판 바깥쪽을 등간격으로 나눈 8개소의 수직도를 데오드라이트 등으로 측정하였을 때 수직도는 탱크 높이의 1/200 이내일 것. 다만, 변경허가에 따른 시험의 경우에는 127mm 이내이면서 1/100 이내이어야 한다.
ⓖ 탱크용량이 1,000kL 이상인 원통 종형 외의 탱크는 ① 내지 ④의 시험 외에 침하량을 측정하기 위하여 모든 기둥의 침하측정의 기준점(수준점)을 측정(기둥이 2개인 경우에는 각 기둥마다 2점을 측정)하여 그 차이를 각각의 기둥 사이의 거리로 나눈 수치가 1/200 이내일 것. 다만, 변경허가에 따른 시험의 경우에는 127mm 이내이면서 1/100 이내이어야 한다.

04 제조소 등의 변경허가 없이 위치·구조 또는 설비를 변경한 때 행정처분기준에 대해 쓰시오.

① 1차   ② 2차   ③ 3차

정답

① 경고 또는 사용정지 15일, ② 사용정지 60일, ③ 허가취소

해설

■ 제조소 등에 대한 행정처분기준

위반사항	근거법규	행정처분기준		
		1차	2차	3차
1. 법 제6조 제1항의 후단의 규정에 의한 변경허가를 받지 아니하고, 제조소 등의 위치, 구조 또는 설비를 변경한 때	법 제12조	경고 또는 사용정지 15일	사용정지 60일	허가취소
2. 법 제9조의 규정에 의한 완공검사를 받지 아니하고 제조소 등을 사용한 때	법 제12조	사용정지 15일	사용정지 60일	허가취소
3. 법 제14조 제2항의 규정에 의한 수리·개조 또는 이전의 명령에 위반한 때	법 제12조	사용정지 30일	사용정지 90일	허가취소
4. 법 제15조 제1항 및 제2항의 규정에 의한 위험물안전관리자를 선임하지 아니한 때	법 제12조	사용정지 15일	사용정지 60일	허가취소
5. 법 제15조 제4항의 규정을 위반하여 대리자를 지정하지 아니한 때	법 제12조	사용정지 10일	사용정지 30일	허가취소
6. 법 제18조 제1하의 규정에 의한 정기점검을 하지 아니한 때	법 제12조	사용정지 10일	사용정지 30일	허가취소
7. 법 제18조 제2항의 규정에 의한 정기검사를 받지 아니한 때	법 제12조	사용정지 10일	사용정지 30일	허가취소
8. 법 제26조의 규정에 의한 저장, 취급기준 준수명령을 위반한 때	법 제12조	사용정지 30일	사용정지 60일	허가취소

05 다음에 해당하는 위험물의 구조식 및 분해반응식을 쓰시오.

- 담황색 결정을 가진 폭발성 고체로 보관 중 다갈색으로 변색
- 분자량 227
- 제5류 위험물

정답

① 구조식 :

$$O_2N \overset{CH_3}{\underset{NO_2}{\bigcirc}} NO_2$$

② 분해반응식 : $2C_6H_2CH_3(NO_2)_3 \longrightarrow 2C + 3N_2\uparrow + 5H_2\uparrow + 12CO\uparrow$

해설

■ TNT의 제법

$$\overset{CH_3}{\bigcirc} + 3HNO_3 \xrightarrow{C-H_2SO_4} O_2N\overset{CH_3}{\underset{NO_2}{\bigcirc}}NO_2 + 3H_2O$$

06 예방규정을 정하여야 하는 제조소 등에 해당하는 것 5가지를 쓰시오.

정답

① 지정수량의 10배 이상의 위험물을 취급하는 제조소
② 지정수량의 100배 이상의 위험물을 저장하는 옥외저장소
③ 지정수량의 150배 이상의 위험물을 저장하는 옥내저장소
④ 지정수량의 200배 이상의 위험물을 저장하는 옥외탱크저장소
⑤ 암반탱크저장소

해설

① 예방규정 : 제조소 등의 화재예방과 화재 등 재해발생 시의 비상조치를 위한 규정
② 예방규정은 관계인이 정하여 시·도지사에게 제출한다.
③ 예방규정을 정하여야 하는 제조소 등
  ㉠ 지정수량의 10배 이상의 위험물을 취급하는 제조소
  ㉡ 지정수량의 100배 이상의 위험물을 저장하는 옥외저장소
  ㉢ 지정수량의 150배 이상의 위험물을 저장하는 옥내저장소
  ㉣ 지정수량의 200배 이상의 위험물을 저장하는 옥외탱크저장소
  ㉤ 암반탱크저장소
  ㉥ 이송취급소
  ㉦ 지정수량의 10배 이상의 위험물을 취급하는 일반취급소

07 이송취급소 설치 제외 장소 3곳을 쓰시오.

① 철도 및 도로의 터널 안
② 호수 · 저수지 등으로서 수리의 수원이 되는 곳
③ 급경사 지역으로서 붕괴의 위험이 있는 지역

■ **이송취급소**
① 배관 및 이에 부속된 설비에 의하여 위험물을 이송하는 장소
② 이송취급소에 해당하지 않는 장소
　㉠ 송유관에 의한 위험물 이송
　㉡ 사업소 내에서의 위험물 이송
　㉢ 사업소 간 위험물 이송
　　• 사업소 간에는 폭 2m 이상의 자동차 통행이 가능한 도로만 있고, 이송배관이 그 도로를 횡단하는 경우
　　• 사업소 간 이송배관의 제3자의 토지만 통과하는 경우로, 당해 배관의 길이가 100m 이하인 경우
　㉣ 길이 300m 이하의 해상구조물에 설치된 배관을 통한 위험물 이송(이 경우 위험물이 제4류 중 제1석유류인 경우 그 내경은 30cm 미만일 것)
　㉤ 사업소 간 이송배관이 상기 ㉢, ㉣에 의한 경우 중 2 이상에 해당되는 경우
③ 이송취급소 설치 제외 장소
　㉠ 철도 및 도로의 터널 안
　㉡ 고속국도 및 자동차 전용도로의 차도 · 길 어깨 및 중앙 분리대
　㉢ 호수 · 저수지 등으로서 수리의 수원이 되는 곳
　㉣ 급경사 지역으로서 붕괴의 위험이 있는 지역

08 주유취급소의 특례기준 중 셀프용 고정주유설비의 설치기준을 완성하시오.

> • 주유 호스는 (　①　)kgf 이하의 하중에 의하여 파단 또는 이탈되어야 하고, 파단 또는 이탈된 부분으로부터의 위험물 누출을 방지할 수 있는 구조일 것
> • 1회의 연속 주유량 및 주유시간의 상한을 미리 설정할 수 있는 구조일 것. 이 경우 주유량의 상한은 휘발유는 (　②　)L 이하, 경유는 (　③　)L 이하로 하며, 주유시간의 상한은 (　④　)분 이하로 한다.

① 200, ② 100, ③ 200, ④ 4

① 셀프용 주유취급소 : 고객이 직접 자동차 등의 연료탱크 또는 용기에 위험물을 주입하는 고정주유설비(셀프용 고정주유설비) 또는 고정급유설비(셀프용 고정급유설비)를 설치한 주유취급소

② 1회 연속 주유량(급유량) 및 주유시간의 상한

구 분	셀프용 고정주유설비	설프용 고정급유설비
1회 연속 주유량(급유량)의 상한	휘발유 100L 이하 경유 200L 이하	100L 이하
1회 연속 주유시간의 상한	4분 이하	6분 이하

③ 주유호스는 200kgf 이하의 하중에 의하여 파단 또는 이탈되어야 하고, 파단 또는 이탈된 부분으로부터의 위험물 누출을 방지할 수 있는 구조일 것

09 제3류 위험물을 옥내저장소의 저장창고 바닥면적이 2,000m²에 저장할 수 있는 품명을 5가지 쓰시오.

정답

① 알칼리금속(K, Na 제외) 및 알칼리토금속
② 유기금속화합물(알킬알루미늄, 알킬리튬 제외)
③ 금속의 수소화물
④ 금속의 인화물
⑤ 칼슘 또는 알루미늄의 탄화물

해설

■ 옥내저장소 저장창고 기준면적

위험물을 저장하는 창고의 종류	기준면적
① 제1류 위험물 중 아염소산염류, 염소산염류, 과염소산염류, 무기과산화물, 그밖에 지정수량이 50kg인 위험물 ② 제3류 위험물 중 칼륨, 나트륨, 알킬알루미늄, 알킬리튬, 그 밖에 지정수량이 10kg인 위험물 ③ 제4류 위험물 중 특수인화물 제1석유류 및 알코올류 ④ 제5류 위험물 중 유기과산화물, 질산에스테르류, 그 밖에 지정수량이 10kg인 위험물 ⑤ 제6류 위험물	1,000m² 이하
①~⑤의 위험물 외의 위험물을 저장하는 창고 ① 제1류 위험물 중 브롬산염류, 질산염류, 요오드산염류, 과망간산염류, 중크롬산염류 ② 제2류 위험물 전부 ③ 제3류 위험물 알칼리금속(칼륨 및 나트륨은 제외) 및 알칼리토금속, 유기금속화합물(알킬알루미늄 및 알킬리튬은 제외), 금속의 수소화물, 금속의 인화물, 칼슘 또는 알루미늄의 탄화물 ④ 제4류 위험물 중 제2석유류, 제3석유류, 제4석유류, 동·식물유류 ⑤ 제5류 위험물 중 니트로화합물, 니트로소화합물, 아조화합물, 디아조화합물, 히드라진유도체, 히드록실아민, 히드록실아민염류	2,000m² 이하

10 위험물탱크 안전성능시험자 등록결격사유 3가지를 쓰시오.

정답

① 피성년후견인 또는 피한정후견인자
② 「위험물안전관리법」, 「소방기본법」, 「화재예방, 소방시설 설치·유지 및 안전관리에 관한 법률」 또는 「소방시설공사업법」에 따른 금고 이상의 실형의 선고를 받고 그 집행이 종료(집행이 종료된 것으로 보는 경우를 포함한다)되거나 집행이 면제된 날부터 2년이 지나지 아니한 자
③ 「위험물안전관리법」, 「소방기본법」, 「화재예방, 소방시설 설치·유지 및 안전관리에 관한 법률」 또는 「소방시설공사업법」에 따른 금고 이상의 형의 집행유예 선고를 받고 그 유예기간 중에 있는 자
④ 탱크시험자의 등록이 취소된 날부터 2년이 지나지 아니한 자
⑤ 법인으로서 그 대표자가 ① 내지 ④의 어느 하나에 해당하는 경우

11 제1종 분말소화약제인 탄산수소나트륨의 850℃에서의 분해반응식과 탄산수소나트륨 336kg이 1기압, 25℃에서 발생시키는 이산화탄소가스의 체적(m^3)을 구하시오.

정답

① 분해반응식 : $2NaHCO_3 \rightarrow Na_2O + 2CO_2 + H_2O$
② 이산화탄소가스의 체적

$2NaHCO_3 \rightarrow Na_2O + 2CO_2 + H_2O$
2×84kg $\qquad\qquad 2 \times 22.4m^3$
336kg $\qquad\qquad\qquad x(m^3)$

$$x = \frac{336 \times 2 \times 22.4}{2 \times 84} = 89.6m^3$$

∴ 1기압, 25℃의 경우

보일-샤를의 법칙 $\dfrac{P_1 V_1}{T_1} = \dfrac{P_2 V_2}{T_2}$ 과 $P_1 = P_2 = $ 1기압으로부터

$$V_2 = \frac{T_2 \cdot V_1}{T_1} = \frac{(273 + 25) \times 89.6}{273} = 97.81m^3$$

12 불활성가스소화설비의 수동식 기동장치에 대해 답하시오.

① 기동장치의 조작부는 바닥으로부터 (　　)m 이상, (　　)m 이하의 높이에 설치할 것
② 기동장치 외면의 색상은?
③ 기동장치 또는 직근의 장소에 표시하여야 할 사항 2가지는?

① 0.8, 1.5, ② 적색, ③ 방호구역의 명칭, 취급방법

■ **불활성가스소화설비의 기동장치**

① 수동식 기동장치의 설치기준
  ㉠ 기동장치는 해당 방호구역 밖에 설치하되 해당 방호구역 안을 볼 수 있고 조작을 한 자가 쉽게 대피할 수 있는 장소에 설치할 것
  ㉡ 기동장치는 하나의 방호구역 또는 방호대상물마다 설치할 것
  ㉢ 기동장치 조작부는 바닥으로부터 0.8m 이상 1.5m 이하의 높이에 설치할 것
  ㉣ 기동장치 직근의 보기 쉬운 장소에 '불활성가스소화설비 수동기동장치'임을 알리는 표시를 할 것
  ㉤ 기동장치 외면은 적색으로 할 것
  ㉥ 기동장치 직근의 보기 쉬운 장소에 방호구역의 명칭, 취급방법, 안전상 주의사항 등을 표시할 것
  ㉦ 전기를 사용하는 기동장치에는 전원표시등을 설치할 것
  ㉧ 기동장치의 방출용 스위치 등은 음향경보장치 기동 전에는 조작될 수 없도록 할 것
  ㉨ 기동장치 또는 직근의 장소에 방호구역의 명칭, 취급방법, 안전상의 주의사항 등을 표시할 것
② 자동식의 기동장치의 설치기준(IG-100, IG-55, IG-541)
  ㉠ 기동장치는 자동화재탐지설비의 감지기의 작동과 연동하여 기동될 수 있도록 할 것
  ㉡ 기동장치에는 다음에 정한 것에 의하여 자동·수동 전환장치를 설치할 것
    • 쉽게 조작할 수 있는 장소에 설치할 것
    • 자동 및 수동을 표시하는 표시등을 설치할 것
    • 자동·수동의 전환은 열쇠 등에 의하는 구조로 할 것
  ㉢ 자동·수동 전환장치 또는 직근의 장소에 취급방법을 표시할 것

13 불활성가스소화설비의 저장용기에 대해 다음 물음에 답하시오.

> • 저장용기의 충전비는 저압식인 경우 (①) 이상 (②) 이하, 고압식인 경우 (③) 이상 (④) 이하
> • 저압식 저장용기에는 (⑤)MPa 이상의 압력 및 (⑥)MPa 이하의 압력에서 작동하는 압력경보장치를 설치할 것
> • 저압식 저장용기에는 용기 내부의 온도를 영하 (⑦)℃ 이상 영하 (⑧)℃ 이하로 유지할 수 있는 자동 냉동기를 설치할 것
> • 저장용기는 온도가 (⑨)℃ 이하이고, 온도변화가 적은 장소에 설치할 것

① 1.1, ② 1.4, ③ 1.5, ④ 1.9, ⑤ 2.3, ⑥1.9, ⑦ 20, ⑧ 18, ⑨ 40

■ 불활성가스소화설비의 이산화탄소 저장용기 설치기준

① 저장용기의 충전비

구 분	고압식	저압식
충전비	1.5 이상 1.9 이하	1.1 이상 1.4 이하

② 저압식 저장용기에는 2.3MPa 이상의 압력 및 1.9MPa 이하의 압력에서 작동하는 압력경보장치를 설치할 것

③ 저압식 저장용기에는 용기 내부의 온도는 −20℃ 이상 −18℃ 이하로 유지할 수 있는 자동 냉동기를 설치할 것

④ 온도가 40℃ 이하이고 온도변화가 적은 장소에 설치할 것

14 제3류 위험물인 칼륨과 이산화탄소, 에탄올, 사염화탄소가 반응할 때 반응식을 쓰시오.

정답

① 이산화탄소의 반응식 : $4K + 3CO_2 \longrightarrow 2K_2CO_3 + C$

② 에탄올의 반응식 : $2K + 2C_2H_5OH \longrightarrow 2C_2H_5OK + H_2 \uparrow$

③ 사염화탄소의 반응식 : $4K + CCl_4 \longrightarrow 4KCl + C$

해설

■ 칼륨의 반응

① 연소반응 : $4K + O_2 \longrightarrow 2K_2O$

② 물과의 반응 : $2K + 2H_2O \longrightarrow 2KOH + H_2 \uparrow$

③ 초산과의 반응 : $2K + 2CH_3COOH \longrightarrow 2CH_3COOK + H_2 \uparrow$

15 가연성의 액체, 증기 또는 가스가 새거나 체류할 우려가 있는 장소 또는 가연성의 미분이 현저하게 부유할 우려가 있는 장소에서의 조치방법을 2가지 쓰시오.

정답

① 전선과 전기기구를 완전히 접속하여야 한다.

② 불꽃을 발하는 기계, 기구, 공구, 신발 등을 사용하지 아니하여야 한다.

해설

■ 제조소 등에서의 위험물의 저장 및 취급에 관한 기준

① 제조소 등에서 허가 및 신고와 관련되는 품명 외의 위험물 또는 수량의 배수를 초과하는 위험물을 저장 또는 취급하지 아니하여야 한다.

② 위험물을 저장 또는 취급하는 건축물, 그 밖의 공작물 또는 설비는 해당 위험물의 성질에 따라 차광 또는 환기를 실시하여야 한다.

③ 위험물은 온도계, 습도계, 압력계, 그 밖의 계기를 감시하여 당해 위험물의 성질에 맞는 적정한 온도, 습도 또는 압력을 유지하도록 저장 또는 취급하여야 한다.

④ 위험물을 저장 또는 취급하는 경우에는 위험물의 변질, 이물의 혼입 등에 의하여 해당 위험물의 위험성이 증대되지 아니하도록 필요한 조치를 강구하여야 한다.

⑤ 위험물이 남아 있거나 남아 있을 우려가 있는 설비, 기계, 기구, 용기 등을 수리하는 경우에는 안전한 장소에서 위험물을 완전하게 제거한 후에 실시하여야 한다.

⑥ 위험물을 용기에 수납하여 저장 또는 취급할 때에는 그 용기는 당해 위험물의 성질에 대응하고 파손, 부식, 균열 등이 없는 것으로 하여야 한다.

⑦ 가연성의 액체·증기 또는 가스가 새거나 체류할 우려가 있는 장소 또는 가연성의 미분이 현저하게 부유할 우려가 있는 장소에서는 전선과 전기기구를 완전히 접속하고 불꽃을 발하는 기계, 기구, 공구, 신발 등을 사용하지 아니하여야 한다.

⑧ 위험물을 보호액 중에 보존하는 경우에는 당해 위험물이 보호액으로부터 노출되지 아니하도록 하여야 한다.

16 위험물의 저장기준에 대해 (   )를 완성하시오.

> ① 옥외저장탱크·옥내저장탱크 또는 지하저장탱크 중 압력탱크에 저장하는 아세트알데히드 등 또는 디에틸에테르 등의 온도는 (   )℃ 이하로 유지할 것
> ② 보냉장치가 있는 이동저장탱크에 저장하는 아세트알데히드 등 또는 디에틸에테르 등의 온도는 해당 위험물의 (   ) 이하로 유지할 것
> ③ 보냉장치가 없는 이동저장탱크에 저장하는 아세트알데히드 등 또는 디에틸에테르 등의 온도는 (   )℃ 이하로 유지할 것

정답

① 40, ② 비점, ③ 40

해설

■ 위험물 저장기준

옥외저장탱크 옥내저장탱크 지하저장탱크	압력탱크	디에틸에테르 등 아세트알데히드 등	40℃ 이하
	압력탱크 외의 탱크	디에틸에테르 등·산화프로필렌	30℃ 이하
		아세트알데히드	15℃ 이하
이동저장탱크		디에틸에테르 등 아세트알데히드 등	비점 이하(보냉장치 있음) 40℃ 이하(보냉장치 없음)
옥내저장소		용기에 수납하여 저장 시	55℃ 이하

17 황화인에 대한 반응식을 쓰시오.

① 삼황화인과 오황화인의 연소반응식
② 오황화인과 물과의 반응식과 이때 발생하는 증기의 연소반응식

① 삼황화인과 오황화인의 연소반응식
　㉠ 삼황화인 연소반응식 : $P_4S_3 + 8O_2 \rightarrow 2P_2O_5 + 3SO_2 \uparrow$
　㉡ 오황화인 연소반응식 : $2P_2S_5 + 15O_2 \rightarrow 2P_2O_5 + 10SO_2 \uparrow$
② 오황화인과 물과의 반응식과 이때 발생하는 증기의 연소반응식
　㉠ 오황화인과 물과의 반응식 : $P_2S_5 + 8H_2O \rightarrow 5H_2S \uparrow + 2H_3PO_4$
　㉡ 발생증기의 연소반응식 : $2H_2S + 3O_2 \rightarrow 2H_2O + 2SO_2$

황화인(제2류, 지정수량 100kg)
① 동소체 : 삼화화인(P_4S_3), 오황화인(P_2S_5), 칠황화인(P_4S_7)
② 황화수소(H_2S, 독성가스, 계란 썩는 냄새)의 연소반응식
　$2H_2S + 3O_2 \rightarrow 2H_2O + \underline{2SO_2}$
　　　　　　　　　　　(이산화황＝아황산가스)

18 휘발유의 부피팽창계수 0.00135/℃, 50L의 온도가 5℃에서 25℃로 상승할 때 부피 증가율은 몇 %인가?

① $V = V_o(1 + \beta \triangle t)$에서 휘발유의 $\beta = 0.00135/℃$이므로
　여기서, V : 최종 부피
　　　　　V_o : 팽창 전 체적
　　　　　$\triangle t$: 온도변화량
　　　　　β : 체적팽창계수
　$V = 50[1 + 0.00135(25 - 5)] = 51.35L$
② 부피증가율(%) = $\dfrac{\text{팽창 후 부피} - \text{팽창 전 부피}}{\text{팽창 전 부피}} \times 100 = \dfrac{51.35 - 50}{50} \times 100 = 2.7\%$

19 트리에틸알루미늄의 산소, 물과의 반응식을 쓰시오.

① 공기와의 반응식 : $2(C_2H_5)_3Al + 21O_2 \rightarrow Al_2O_3 + 15H_2O \uparrow + 12CO_2 \uparrow$

② 수분과의 반응식 : $(C_2H_5)Al + 3H_2O \rightarrow Al(OH)_3 + 3C_2H_6 \uparrow$

■ **트리에틸알루미늄과 염소와의 반응식** : $(C_2H_5)_3Al + 3Cl_2 \rightarrow AlCl_3 + 3C_2H_5Cl \uparrow$

20 다음 위험물 중 인화점이 낮은 것부터 순서대로 번호를 쓰시오.

① 디에틸에테르	② 벤젠
③ 이황화탄소	④ 에탄올
⑤ 아세톤	⑥ 산화프로필렌

① < ⑥ < ③ < ⑤ < ② < ④

■ **위험물과 인화점**

위험물	인화점
디에틸에테르	$-45℃$
벤 젠	$-11.1℃$
이황화탄소	$-30℃$
에탄올	$13℃$
아세톤	$-18℃$
산화프로필렌	$-37℃$

01 위험물안전관리 대행기관의 지정을 받을 때 갖추어야 할 장비 5가지를 쓰시오.(단, 안전장구 및 소방설비점검기구는 제외)

정답

① 절연저항계
② 접지저항측정기(최소눈금 0.1Ω 이하)
③ 가스농도측정기
④ 정전기 전위측정기
⑤ 토크렌치

해설

■ 위험물안전관리 대행기관의 지정기준

기술인력	1. 위험물기능장 또는 위험물산업기사 1인 이상 2. 위험물산업기사 또는 위험물기능사 2인 이상 3. 기계분야 및 전기분야의 소방설비기사 1인 이상
시 설	전용사무실을 갖출 것
장 비	1. 절연저항계 2. 접지저항측정기(최소 눈금 0.1Ω 이하) 3. 가스농도측정기 4. 정전기 전위측정기 5. 토크렌치 6. 진동시험기 7. 표면온도계(−10~300℃) 8. 두께측정기(1.5~99.9mm) 9. 안전용구(안전모, 안전화, 손전등, 안전로프 등) 10. 소화설비점검기구(소화전밸브압력계, 방수압력측정계, 포콜렉터, 헤드렌치, 포컨테이너)

02 지하저장탱크의 주위에는 해당 탱크로부터의 액체위험물의 누설을 검사하기 위한 관을 4개소 이상을 적당한 위치에 설치하여야 하는데, 그 기준을 4가지 쓰시오.

정답

① 이중관으로 한다(단, 소공이 없는 상부는 단관으로 할 수 있다).
② 재료는 금속관 또는 경질합성수지관으로 한다.
③ 관은 탱크실 또는 탱크의 기초 위에 닿게 한다.
④ 관의 밑부분으로부터 탱크의 중심 높이까지의 부분에는 소공이 뚫려 있을 것. 단, 지하수위가 높은 장소에 있어서는 지하수위 높이까지의 부분에 소공이 뚫려 있어야 한다.
⑤ 상부는 물이 침투하지 아니하는 구조로 하고, 뚜껑은 검사 시에 쉽게 열 수 있도록 한다.

해설

소공 : 작은 구멍을 의미한다.

03 횡형 원통형 탱크에서 다음 ①~③에 알맞은 말을 써 넣으시오.

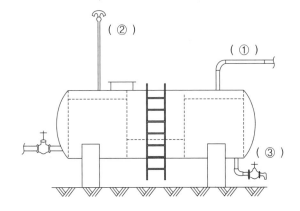

정답

① 주입관, ② 통기관, ③ 배수관

해설

① 주입관
② 통기관
③ 배수관
④ 맨홀
⑤ 급유관

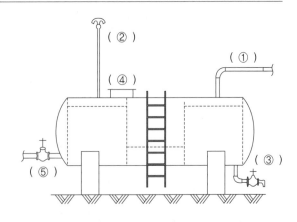

04 제3류 위험물 중 분자량이 144이고, 수분과 반응하여 메탄올 생성시키는 물질의 반응식을 쓰시오.

> **정답**

$Al_4C_3 + 12H_2O \longrightarrow 4Al(OH)_3 + 3CH_4 \uparrow$

> **해설**

상온에서 물과 반응하여 발열하고 가연성·폭발성의 메탄가스를 발생한다. 밀폐된 실내에서 메탄이 축적되어 인화성 혼합기를 형성하면 2차 폭발의 위험이 있다.

05 무색투명한 액체로 분자량이 114, 비중이 0.83인 제3류 위험물과 물이 접촉 시 발생되는 기체의 위험도를 구하시오.

> **정답**

발생기체는 C_2H_6이다. C_2H_6의 폭발범위 3.0~12.5%, 즉 $H = \dfrac{U-L}{L} = \dfrac{12.5-3.0}{3.0} = 3.17$

> **해설**

물과 접촉하면 폭발적으로 C_2H_6을 생성하고, 이때 발열·폭발에 이른다. C_2H_6은 순간적으로 발생하고 반응열에 의해 연소한다.

$(C_2H_5)_3Al + 3H_2O \longrightarrow Al(OH)_3 + 3C_2H_6 \uparrow + 발열$

06 위험물제조소 안전장치의 종류 3가지를 쓰시오.

> **정답**

① 자동적으로 압력의 상승을 정지시키는 장치
② 감압측에 안전밸브를 부착한 감압밸브
③ 안전밸브를 병용하는 경보장치
④ 파괴판

> **해설**

■ **파괴판** : 위험물의 성질에 따라 안전밸브의 작동이 곤란한 가압설비에 한한다.

07 과산화칼륨과 물, CO_2, 초산과의 반응식을 쓰시오.

① $2K_2O_2 + 2H_2O \rightarrow 4KOH + O_2\uparrow$

② $2K_2O_2 + 2CO_2 \rightarrow 2K_2CO_3 + O_2\uparrow$

③ $K_2O_2 + 2CH_3COOH \rightarrow 2CH_3COOK + H_2O_2\uparrow$

■ **과산화칼륨**

① 분해반응식 : $2K_2O_2 \rightarrow 2K_2O + O_2\uparrow$

② 알코올과의 반응식 : $K_2O_2 + 2C_2H_5OH \rightarrow 2C_2H_5OK + H_2O_2$

③ 염산과의 반응식 : $K_2O_2 + 2HCl \rightarrow 2KCl + H_2O_2$

④ 황산과의 반응식 : $K_2O_2 + H_2SO_4 \rightarrow K_2SO_4 + H_2O_2$

08 어떤 화합물의 질량을 분석한 결과 나트륨 58.97%, 산소 41.03%였다. 이 화합물의 실험식과 분자식을 구하시오(단, 이 화합물의 분자량은 78g/mol이다).

① 실험식

$$Na : O = \frac{58.97}{23} : \frac{41.03}{16} = 2.56 : 2.56 = NaO$$

② 분자식

분자식 = 실험식 × n

$Na_2O_2 = NaO \times 2$

$78 = 39 \times n$

즉, 분자식은 Na_2O_2

① 실험식(조성식) : 물질의 조성을 원소기호로 가장 간단하게 표시한 식

② 분자식 : 한 개의 분자 중에 들어있는 원자의 종류와 그 수를 나타낸 식(분자식 = 실험식 × n)

09 100kPa, 30℃에서 드라이아이스 100g의 부피(L)를 구하시오.

$$PV = \frac{W}{M}RT, \quad V = \frac{WRT}{PM} = \frac{100 \times 8.314 \times (273 + 30)}{100 \times 44} = 57.25L$$

10 이송취급소에 설치된 긴급차단밸브 및 차단밸브에 관한 첨부서류 5가지를 쓰시오.

> **정답**

① 구조설명서(부대설비를 포함)
② 기능설명서
③ 강도에 의한 설명서
④ 제어계통도
⑤ 밸브의 종류·형식·재료에 관하여 기재한 서류

> **해설**

구조 및 설비	첨부서류
긴급차단밸브 및 차단밸브	• 구조설명서(부대설비를 포함) • 기능설명서 • 강도에 관한 설명서 • 제어계통도 • 밸브의 종류·형식 및 재료에 관하여 기재한 서류

11 다음의 위험물을 위험등급에 맞게 구분하시오.

> 클로로벤젠, 니트로셀룰로오스, 아세톤, 유황, 리튬, 질산칼륨, 염소산칼륨, 에탄올, 칼륨, 아세트산

> **정답**

① 위험등급 Ⅰ : 칼륨, 염소산칼륨, 니트로셀룰로오스
② 위험등급 Ⅱ : 유황, 질산칼륨, 아세톤, 에탄올, 리튬
③ 위험등급 Ⅲ : 클로로벤젠, 아세트산

> **해설**

■ **위험등급**
위험물의 물리·화학적 특성에 따라 위험의 정도를 구분한 것이다.
① 위험등급 I의 위험물
　㉠ 제1류 위험물 중 아염소산염류, 염소산염류, 과염소산염류, 무기과산화물 그 밖에 지정수량이 50kg 위험물
　㉡ 제3류 위험물 중 칼륨, 나트륨, 알킬알루미늄, 알킬리튬, 황린 그 밖에 지정수량이 10kg 또는 20kg인 위험물
　㉢ 제4류 위험물 중 특수인화물
　㉣ 제5류 위험물 중 유기과산화물, 질산에스테르류, 그 밖에 지정수량이 10kg인 위험물
　㉤ 제6류 위험물

② 위험등급 Ⅱ의 위험물

    ㉠ 제1류 위험물 중 브롬산염류, 질산염류, 요오드산염류 그 밖에 지정수량이 300kg인 위험물

    ㉡ 제2류 위험물 중 황화인, 적린, 유황 그 밖에 지정수량이 100kg인 위험물

    ㉢ 제3류 위험물 알칼리금속(칼륨 및 나트륨은 제외한다) 및 알칼리토금속, 유기금속화합물(알킬알루미늄 및 알킬리튬은 제외한다) 그 밖에 지정수량이 50kg인 위험물

    ㉣ 제4류 위험물 중 제1석유류 및 알코올류

    ㉤ 제5류 위험물 중 제1호 라목에 정하는 위험물 외의 것

③ 위험등급 Ⅲ의 위험물 : ① 및 ②에 정하지 아니한 위험물

12 자기반응성물질의 시험방법 및 판정기준에서 폭발성으로 인한 위험도의 정도를 판단하기 위한 시험에서 사용되는 물질

정답

① 과산화벤조일(BPO)

② 2, 4-디니트로톨루엔(DNT)

해설

■ **자기반응성물질의 시험방법 및 판정기준**

① 폭발성 시험방법 : 폭발성으로 인한 위험성의 정도를 판단하기 위한 시험은 열분석시험으로 하며 그 방법은 다음에 의한다.

    ㉮ 표준물질의 발열개시온도 및 발열량(단위 질량당 발열량을 말한다)

        ㉠ 표준물질인 2, 4-디니트로톨루엔 및 기준 물질인 산화알루미늄을 각각 1mg씩 파열 압력이 5MPa 이상인 스테인리스 강재의 내압성 쉘에 밀봉한 것을 시차주사 열량측정장치(DSC) 또는 시차열분석장치(DTA)에 충전하고 2, 4-디니트로톨루엔 및 산화알루미늄의 온도가 60초간 10℃의 비율로 상승하도록 가열하는 시험을 5회 이상 반복하여 발열개시 온도 및 발열량의 각각의 평균치를 구할 것

        ㉡ 표준물질인 과산화벤조일 및 기준 물질인 산화알루미늄을 각각 2mg으로 하여 ㉠에 의할 것

    ㉯ 시험품의 발열개시온도 및 발열량시험은 시험물질 및 기준물질인 산화알루미늄을 각각 2mg씩으로 하여 ㉠에 의할 것

② 폭발성 판정기준

    ㉮ 발열개시온도에서 25℃를 뺀 온도(이하 "보정온도"라 한다)의 상용대수를 횡축으로 하고 발열량의 상용대수를 종축으로 하는 좌표도를 만들 것

    ㉯ ㉮의 좌표도상에 2, 4-디니트로톨루엔의 발열량 0.7을 곱하여 얻은 수치의 상용대수와 보정온도의 상용대수의 상호대응 좌표점 및 과산화벤조일의 발열량에 0.8을 곱하여 얻은 수치의 상용대수와 보정온도의 상용대수의 상호대응 좌표점을 연결하여 직선을 그을 것

    ㉰ 시험품 발열량의 상용대수와 보정온도(1℃ 미만일 때에는 1℃로 한다)의 상용대수의 상호대응 좌표점을 표시할 것

    ㉱ ㉰에 의한 좌표점이 ㉯에 의한 직선상 또는 이보다 위에 있는 것을 자기반응성물질에 해당하는 것으로 할 것

13 지정수량의 5배를 초과하는 지정과산화물의 옥내저장소의 안전거리 산정 시 담 또는 토제를 설치하는 경우 설치기준을 쓰시오.

정답

① 담 또는 토제는 저장창고의 외벽으로부터 2m 이상 떨어진 장소에 설치한다(다만, 담 또는 토제와 해당 저장창고와의 간격은 당해 옥내저장소의 공지의 너비의 1/5을 초과할 수 없다).
② 담 또는 토제의 높이는 저장창고의 처마 높이 이상으로 한다.
③ 담은 두께 15cm 이상의 철근콘크리트조나 철골철근콘크리트조 또는 두께 20cm 이상의 보강콘크리트블록조로 한다.
④ 토제의 경사면의 경사도는 60° 미만으로 한다.

해설

▪ **지정과산화물의 옥내저장소의 안전거리 산정 시 담 또는 토제를 설치하는 경우**
① 지정수량의 5배 이하인 경우 : 지정수량의 5배 이하인 지정과산화물의 옥내저장소에 대하여는 해당 옥내저장소의 저장창고의 외벽을 두께 30cm 이상의 철근콘크리트조 또는 철골철근콘크리트조로 만드는 것으로서 담 또는 토제에 대신할 수 있다.
② 지정수량의 5배를 초과하는 경우
　㉠ 담 또는 토제는 저장창고의 외벽으로부터 2m 이상 떨어진 장소에 설치할 것. 다만, 담 또는 토제와 해당 저장창고와의 간격은 해당 옥내저장소의 공지의 너비의 1/5를 초과할 수 없다.
　㉡ 담 또는 토제의 높이는 저장창고의 처마높이 이상으로 한다.
　㉢ 담은 두께 15cm 이상의 철근콘크리트조나 철골철근콘크리트조 또는 두께 20cm 이상의 보강콘크리트블록조로 한다.
　㉣ 토제의 경사면의 경사도는 60° 미만으로 한다.

14 옥탄가에 대한 설명이다. 다음 물음에 답하시오.

① 옥탄가의 정의
② 옥탄가 구하는 공식
③ 옥탄가와 연소효율과의 관계

정답

① 옥탄가의 정의 : 연료가 내연기관의 실린더 속에서 공기와 혼합하여 연소할 때 노킹을 억제시킬 수 있는 정도를 측정한 값으로 이소옥탄 100, 노르말 헵탄 0으로 하여 가솔린의 품질을 나타내는 척도이다.
② 옥탄가 구하는 공식 : $\dfrac{\text{이소옥탄}}{\text{이소옥탄}+\text{노르말 헵탄}} \times 100$
③ 옥탄가와 연소효율과의 관계 : 옥탄가가 높을수록 연소효율은 증가한다.

■ 옥탄가(Octane Number)

① 옥탄가는 가솔린의 성능을 나타내는 척도이다.

② 원료(가솔린+공기)가 기관 내에서 압축될 때 안티노크(Antiknock)성을 나타내는 지수의 하나로 안티노크성이 매우 높은 이소옥탄(지수 100)과 안티노크성이 매우 낮은 n-헵탄(지수 0)을 혼합하여 만든 시료 가솔린을 표준연료와 비교하여 안티노킹의 정도를 나타낸다. 표준시료 중 이소옥탄의 부피비를 의미한다.

③ 노킹(Knocking)현상은 가솔린 기관 내에서 연소 시 많은 가솔린 혼합물이 불균일한 연소가 일어난다. 이러한 현상은 피스톤이 원래의 위치로 회복되기 전에 점화에 의해 일어나 불연속적이고 매끄럽지 못한 연소를 일으킨다.

15 1atm 20℃에서 나트륨을 물과 반응시키면 발생된 기체의 부피를 측정한 결과 10L였다. 동일한 질량의 칼륨을 2atm 100℃에서 물과 반응시키면 몇 L의 기체가 발생하는지 구하시오.

정답

① 나트륨의 무게를 구한다.

$$2Na + 2H_2O \rightarrow 2NaOH + H_2$$

$$2 \times 23g \qquad\qquad 22.4L$$
$$x(g) \qquad\qquad 10L$$

$$x = \frac{2 \times 23 \times 10}{22.4} = 20.54g$$

② 칼륨의 부피를 구한다.

$$2K + 2H_2O \rightarrow 2KOH + H_2$$

$$2 \times 39g \qquad\qquad 22.4L$$
$$20.54g(g) \qquad\qquad x(L)$$

$$x = \frac{20.54 \times 22.4}{2 \times 39} = 5.90L$$

③ 보일-샤를의 법칙을 적용하면,

$$\frac{P_1 V_1}{T_1} = \frac{P_2 V_2}{T_2}$$

$$V_2 = V_1 \times \frac{P_1}{P_2} \times \frac{T_2}{T_1}$$

$$V_2 = 5.9 \times \frac{1}{2} \times \frac{(273+20)}{(273+100)} = 9.27L$$

16 아세트알데히드의 은거울 반응을 한 후 생성되는 제4류 위험물을 쓰고, 생성되는 위험물의 연소반응식을 쓰시오.

정답

① CH_3COOH

② $CH_3COOH + 2O_2 \rightarrow 2CO_2 + 2H_2O$

해설

■ 은거울 반응

알데히드는 환원성이 있어서 암모니아성 질산은 용액을 가하면 쉽게 산화되어 초산이 되며, 은이온을 은으로 환원시킨다.

$CH_3CHO + 2Ag(NH_3)_2OH \rightarrow CH_3COOH + 2Ag + 4NH_3 + H_2O$

17 히드록실아민 200kg을 취급하는 제조소에서 안전거리를 구하시오.

정답

히드록실아민 지정수량이 100kg이므로 $\dfrac{200kg}{100kg} = 2$배

안전거리$(D) = \dfrac{51.1 \times V}{3} = \dfrac{51.1 \times 2}{3} = 30.07m$

여기서, D : 안전거리(m)

N : 지정수량의 배수

18 순수한 것은 무색투명한 무거운 기름상의 액체이며, 200℃ 정도에서 스스로 폭발을 하여 겨울철에 동결하는 제5류 위험물에 대한 다음 물음에 답하시오.

① 구조식

② 지정수량은 얼마인가?

정답

①

```
      H     H     H
      |     |     |
  H — C  —  C  —  C — H
      |     |     |
      O     O     O
      |     |     |
     NO₂   NO₂   NO₂
```

② 10kg

니트로글리세린[nitroglycerin, NG, $C_3H_5(ONO_2)_3$]은 40~50℃에서 분해하기 시작하고 145℃에서 격렬히 분해하여 200℃ 정도에서 스스로 폭발을 일으킨다. 폭발의 원이 되는 −NO_2기가 다른 부분을 공격한 것이다.

19 지정수량이 50kg이며, 이 물질은 610℃에서 완전분해한다. 이때 반응식을 쓰시오.

$$KClO_4 \rightarrow KCl + 2O_2 \uparrow$$

$KClO_4$는 400℃ 이상으로 가열하면 분해하여 산소를 발생하고 610℃에서 완전분해한다. 이때 MnO_2와 같은 촉매가 존재하면 분해를 촉진한다.

20 알킬알루미늄 등을 저장·취급하는 이동저장탱크에 자동차용 소화기 외에 추가로 설치하여야 하는 소화설비는?

마른모래 및 팽창질석 또는 팽창진주암

소화난이도 등급 Ⅲ의 제조소 등에 설치하여야 하는 소화설비

제조소 등의 구분	소화설비	설치기준	
지하탱크저장소	소형소화기 등	능력단위의 수치가 3 이상	2개 이상
이동탱크저장소	자동차용 소화기	무상의 강화액 8L 이상	2개 이상
		이산화탄소 3.2kg 이상	
		일브롬화일염화이플루오르화메탄(CF_2ClBr) 2L 이상	
		일브롬화삼플루오르화메탄(CF_3Br) 2L 이상	
		이브롬화사플루오르화에탄($C_2F_4Br_2$) 1L 이상	
		소화분말 3.5kg 이상	
	마른모래 및 팽창질석 또는 팽창진주암	마른모래 150L 이상	
		팽창질석 또는 팽창진주암 640L 이상	
그 밖의 제조소 등	소형소화기 등	능력단위의 수치가 건축물 그 밖의 공작물 및 위험물의 소요단위의 수치에 이르도록 설치할 것. 다만, 옥내소화전설비, 옥외소화전설비, 스프링클러설비, 물분무등소화설비 또는 대형소화기를 설치한 경우에는 해당 소화설비의 방사능력범위 내의 부분에 대하여는 소화기 등을 그 능력단위의 수치가 해당 소요단위의 수치 1/5 이상이 되도록 하는 것으로 족하다.	

[비고] 알킬알루미늄 등을 저장 또는 취급하는 이동탱크저장소에 있어서는 자동차용 소화기를 설치하는 외에 마른모래 및 팽창질석 또는 팽창진주암을 추가로 설치하여야 한다.

2012년 제52회 출제문제(9월 8일 시행)

01 벤젠의 수소 하나가 메틸기로 치환된 위험물에 대한 물음에 답하시오.

① 구조식을 쓰시오.
② 이 물질의 증기비중을 구하시오.
③ 이 물질에 진한 질산에 황산을 반응시켜 생성되는 물질을 쓰시오.

> **정답**

①
$$\underset{}{\overset{CH_3}{\bigcirc}}$$

② 증기비중 $= \dfrac{\text{분자량}(92)}{\text{공기의 평균분자량}(29)} = 3.17$

③ 트리니트로톨루엔(TNT)

> **해설**

진한 질산과 진한 황산으로 니트로화를 시키면 TNT가 된다.

$$\underset{}{\overset{CH_3}{\bigcirc}} + 3HNO_3 \xrightarrow{C-H_2SO_4} \underset{NO_2}{\overset{CH_3}{\underset{}{O_2N \bigcirc NO_2}}} + 3H_2O$$

02 다음 (   )에 알맞은 말을 쓰시오.

> 1. 주유취급소 고정주유설비의 주위에는 주유를 받으려는 자동차 등이 출입할 수 있도록 너비 (①)m 이상 길이 (②)m 이상의 콘크리트 등으로 포장한 공지를 보유하여야 한다.
> 2. 고정급유설비를 설치하는 경우에는 고정급유설비의 (③)의 주위에 필요한 공지를 보유하여야 한다.
> 3. 공지의 바닥은 주위 지면보다 높게 하고 그 표면을 적당히 경사지게 하여 새어 나온 기름 그 밖의 액체가 공지의 외부로 유출되지 아니도록 (④), (⑤) 및 (⑥)를 하여야 한다.

① 15, ② 6, ③ 호스기기, ④ 배수구, ⑤ 집유설비, ⑥ 유분리장치

■ **주유취급소의 주유공지 및 급유공지**

① 주유취급소의 고정주유설비(펌프기기 및 호스기기로 되어 위험물을 자동차 등에 직접 주유하기 위한 설비로서 현수식의 것을 포함)의 주위에는 주유를 받으려는 자동차 등이 출입할 수 있도록 너비 15m 이상, 길이 6m 이상의 콘크리트 등으로 포장한 공지(주유공지)를 보유하여야 하고, 고정급유설비(펌프기기 및 호스기기로 되어 위험물을 용기에 옮겨 담거나 이동저장탱크에 주입하기 위한 설비로서 현수식의 것을 포함)를 설치하는 경우에는 고정급유설비의 호스기기의 주위에 필요한 공지(급유공지)를 보유하여야 한다.

② 공지의 바닥은 주위 지면보다 높게 하고, 그 표면을 적당하게 경사지게 하여 새어나온 기름 그 밖의 액체가 공지의 외부로 유출되지 아니하도록 배수구·집유설비 및 유분리장치를 하여야 한다.

03 위험물제조소 안전장치의 종류 3가지를 쓰시오.

① 자동적으로 압력의 상승을 정지시키는 장치
② 감압측에 안전밸브를 부착한 감압밸브
③ 안전밸브를 병용하는 경보장치
④ 파괴판

파괴판 : 위험물의 성질에 따라 안전밸브의 작동이 곤란한 가압설비에 한한다.

04 아세틸퍼옥사이드에 대해 쓰시오.

① 구조식을 쓰시오.
② 증기비중을 구하시오.

$$CH_3 - C - O - O - C - CH_3$$

① 구조식 : 위치에 $\|$ O, $\|$ O

② 증기비중 $= \dfrac{분자량(118)}{공기의평균분자량(29)} = 4.07$

$(CH_3 \cdot CO)_2O_2$(acetyl peroxide)는 제5류 위험물 중 유기과산화물류이다.

05 위험물제조소 등에 설치하는 옥내소화전설비가 설치된 건축물에 옥내소화전이 3층에 6개, 4층에 4개, 5층에 3개, 6층에 2개가 설치되어 있다. 이때 수원의 수량을 몇 m^3 이상으로 하여야 하는가?

정답

옥내소화전설비 설치개수(설치개수가 5개 이상인 경우는 5개의 옥내소화전)
$Q = N \times 7.8m^3$
$5 \times 7.8m^3 = 7.8m^3$

해설

■ 옥내소화전설비
① 옥내소화전은 제조소 등의 건축물의 층마다 하나의 호스접속구까지의 수평거리가 25m 이하가 되도록 설치할 것. 이 경우 옥내소화전은 각 층의 출입구 부근에 1개 이상 설치하여야 한다.
② 가압송수장치에는 해당 옥내소화전의 노즐선단에서 방수압력이 0.7MPa을 초과하지 아니하도록 한다.
③ 방수량, 방수압력, 수원 등

방수량	방수압력	토출량	수 원	비상전원
260L/min 이상	0.35MPa 이상	N(최대 5개)×260L/min	N(최대 5개)×7.8m³ (260×30min)	45분

06 메탄올 10L(비중 0.8)가 완전히 연소될 때 소요되는 이론산소량(kg)과 표준상태에서 생성되는 이산화탄소의 부피(m^3)를 구하시오.

정답

$$CH_3OH \quad + \quad 1.5O_2 \quad \rightarrow \quad CO_2 \quad + \quad 2H_2O$$
$\quad$ 32kg $\quad$ $1.5 \times 22.4m^3$ $\quad$ $22.4m^3$ $\quad$ $2 \times 22.4m^3$
$\qquad\qquad$ $1.5 \times 32kg$

메탄올의 무게 $= 10 \times 0.8kg = 8kg$
① 이론산소량(kg)
$\quad$ $32 : 1.5 \times 32 = 8 : x$ $\qquad\qquad\qquad$ ∴ $x = 12kg$
② 생성되는 이산화탄소 부피(m^3)
$\quad$ $32 : 22.4 = 8 : x$ $\qquad\qquad\qquad\qquad$ ∴ $x = 5.6m^3$

07 마그네슘이다. 다음 물음에 답하시오.

① 연소반응식
② 물과의 반응식
③ ②에서 발생한 가스의 위험도

① $2Mg + O_2 \rightarrow 2MgO$

② $Mg + 2H_2O \rightarrow Mg(OH)_2 + H_2$

③ 위험도$(H) = \dfrac{\text{폭발상한값}(U) - \text{폭발하한값}(L)}{\text{폭발하한값}(L)}$

수소의 폭발범위는 4~75%이다.

$\therefore H = \dfrac{75-4}{4} = 17.75$

해설

Mg은 상온에서는 물을 분해하지 못하여 안정하지만, 뜨거운 물이나 과열 수증기와 접촉하면 격렬하게 수소를 발생한다.

---

08 위험물제조소 옥외에 있는 위험물 취급탱크에 기어유 50,000L 1기, 실린더유 80,000L 1기를 동일 방유제 내에 설치하였다. 방유제의 최소 용량(L)을 구하시오.

정답

2개 이상의 탱크 : 방유제 용량=최대 탱크용량×0.5+기타 탱크용량의 합×0.1
   =8,000×0.5+5,000×0.1=45,000L

해설

■ **방유제의 용량**
① 인화성 액체위험물(CS$_2$ 제외)의 옥외탱크저장소의 탱크
   ㉠ 1기 이상 : 탱크용량의 110% 이상(인화성이 없는 액체위험물은 탱크용량의 100% 이상)
   ㉡ 2기 이상 : 최대용량의 110% 이상
② 위험물제조소의 옥외에 있는 위험물 취급탱크(용량이 지정수량의 1/5 미만인 것은 제외)
   ㉠ 1개의 탱크 : 방유제 용량×0.5
   ㉡ 2개 이상의 탱크 : 방유제 용량=최대 탱크용량×0.5+기타 탱크용량의 합×0.1

---

09 적린의 제조방법을 제3류 위험물로 얻는 방법을 쓰시오.

정답

황린을 밀폐용기 중에서 260℃로 장시간 가열하여 얻는다.

해설

적린(red phosphorus)은 암적색의 분말로 전형적인 비금속의 원소이다.

10 다음은 제2류 위험물이다.

① 알루미늄과 물과의 반응식을 쓰시오.
② 인화성고체의 정의를 쓰시오.

정답

① 반응식 : $2Al + 6H_2O \rightarrow 2Al(OH)_3 + 3H_2 \uparrow$
② 고형알코올, 그 밖에 1기압에서 인화점이 $40°C$ 미만인 고체를 말한다.

해설

① 알루미늄분(aluminjum powder)과 찬물과의 반응은 매우 느리고 미미하지만, 뜨거운 물과는 격렬하게 반응하여 수소를 발생한다. 또한 활성이 매우 커서 미세한 분말이나 미세한 조각이 대량으로 쌓여 있을 때 수분, 빗물의 침투 또는 습기가 존재하면 자연발화의 위험성이 있다.
$2Al + 6H_2O \rightarrow 2Al(OH)_3 + 3H_2 \uparrow$
② 고형알코올의 제법은 합성수지에 메탄올(CH_3OH)을 혼합·침투시켜 한천모양으로 만든다.

11 인화칼슘이다. 다음 물음에 답하시오.

① 물과의 반응식   ② 산과의 반응식
③ 위험등급

정답

① 물과 반응식 : $Ca_3P_2 + 6H_2O \rightarrow 3Ca(OH)_2 + 2PH_3$
② 산과 반응식 : $Ca_3P_2 + 6HCl \rightarrow 3CaCl_2 + 2PH_3$
③ 위험등급 : Ⅲ등급

해설

물 및 산과 심하게 반응하여 포스핀을 발생한다. 이 포스핀은 무색의 기체로서 악취가 있으며, 독성이 강하다. 공기보다 1.2배 무겁고 상온에서 공기 중 인화수소가 흡습되어 있으면 발화할 수 있다.

12 위험물 제조과정에서의 취급기준이다. 다음의 (   ) 안을 완성하시오.

① 증류공정에 있어서는 위험물을 취급하는 설비의 (   )의 변동 등에 의하여 액체 또는 증기가 새지 아니하도록 할 것
② 추출공정에 있어서는 추출관의 (   )이 비정상적으로 상승하지 아니하도록 할 것
③ 건조공정에 있어서는 위험물의 (   )가 국부적으로 상승하지 아니하는 방법으로 가열 또는 건조할 것
④ (   )에 있어서는 위험물의 분말이 현저하게 부유하고 있거나 위험물의 분말이 현저하게 기계·기구 등에 부착하고 있는 상태로 그 기계·기구를 취급하지 말 것

① 내부압력, ② 내부압력, ③ 온도, ④ 분쇄공정

■ **위험물의 제조공정**
① 증류공정, ② 추출공정, ③ 건조공정, ④ 분쇄공정

13 탄화칼슘이 다음과 같은 물질과 반응 시 반응식을 쓰시오.

① 물과 반응식
② 물과 반응시 발생된 기체의 완전연소반응식
③ 질소 중에서의 반응식

① $CaC_2 + 2H_2O \rightarrow Ca(OH)_2 + C_2H_2$
② $2C_2H_2 + 5O_2 \rightarrow 4CO_2 + 2H_2O$
③ $CaC_2 + N_2 \rightarrow CaCN_2 + C$

① 물과 심하게 반응하여 소석회과 아세틸렌을 만들고 공기 중 수분과 반응을 하여 아세틸렌을 발생한다.
② 아세틸렌은 고도의 가연성가스로서 인화하기 쉽고 때로는 폭발한다.
③ 질소 중에서 고온으로 가열하면 석회질소가 얻어진다.

14 위험물안전관리자가 점검하여야 할 옥내저장소의 일반점검표이다. (   )을 쓰시오.

	점검항목	점검내용	정검방법
건축물	벽·기둥·보·지붕	(①)	육 안
	(②)	변형·손상 등의 유무 및 폐쇄기능의 적부	육 안
	바 닥	(③)	육 안
		균열·손상·패임 등의 유무	육 안
	(④)	변형·손상 등의 유무 및 고정상황의 적부	육 안
	다른 용도 부분과 구획	균열·손상 등의 유무	육 안
	(⑤)	손상의 유무	육 안

① 균열·손상 등의 유무, ② 방화문, ③ 체유·체수의 유무, ④ 계단, ⑤ 조명설비

■ 옥내저장소의 일반점검표

점검항목		점검내용	점검방법	점검결과
안전거리		보호대상물 신설 여부	육안 및 실측	
		방화상 유효한 담의 손상 유무	육 안	
건축물	벽·기둥·보·지붕	균열·손상 등의 유무	육 안	
	방화문	변형·손상 등의 유무 및 폐쇄기능의 적부	육 안	
	바 닥	체유·체수의 유무	육 안	
		균열·손상·패임 등의 유무	육 안	
	계 단	변형·손상 등의 유무 및 고정상황의 적부	육 안	
	다른 용도 부분과 구획	균열·손상 등의 유무	육 안	
	조명설비	손상의 유무	육 안	
환기·배출설비 등		변형·손상 등의 유무 및 고정상태의 적부	육 안	
		인화방지망의 손상 및 막힘 유무	육 안	
		방화댐퍼의 손상 유무 및 기능의 적부	육안 및 작동 확인	
		팬의 작동상황의 적부	작동확인	
		가연성 증기경보장치의 작동상황	작동확인	

15 다음은 예외규정을 설명한 것이다. (   ) 안을 완성하시오.

기계에 의하여 하역하는 구조로 된 운반용기의 외부에 다음에 정하는 바에 따라 위험물을 품명, 수량 등을 표시하여 적재하여야 한다.
① (   )에 정한 기준
② (   )이 정하여 고시하는 기준

정답

① 국제해상위험물규칙(IMDG Code), ② 소방청장

■ 위험물 운반용기

① 운반용기의 성능기준

    ㉠ 기계로 하역하는 구조 외의 용기 : 소방청장이 정하여 고시하는 낙하시험, 기밀시험, 내압시험 및 겹쳐쌓기 시험에서 소방청장이 정하여 고시하는 기준에 적합할 것

    ㉡ 기계로 하역하는 구조의 용기 : 소방청장이 정하여 고시하는 낙하시험, 기밀시험, 내압시험 및 겹쳐쌓기 시험, 아랫부분 인상시험, 윗부분 임상시험, 파열전파시험, 넘어뜨리기 시험 및 일으키기 시험에서 소방청장이 정하여 고시하는 기준에 적합할 것

② 외부 표시사항

위험물은 그 운반용기의 외부에 다음에 정하는 바에 따라 위험물의 품명, 수량 등을 표시하여 적재하여야 한다. 단, 국제해상위험물규칙(IMDG Code)에 정한 기준 또는 소방청장이 정하여 고시하는 기준에 적합한 표시를 한 경우에는 그러하지 아니하다.

    ㉠ 위험물은 품명, 위험등급, 화학명 및 수용성(제4류 위험물의 수용성인 것에 한함)

    ㉡ 위험물의 수량

    ㉢ 주의사항

위험물		주의사항
제1류 위험물	알칼리금속의 과산화물	• 화기·충격주의 • 물기엄금 • 가연물접촉주의
	기 타	• 화기·충격주의 • 가연물접촉주의
제2류 위험물	철분·금속분·마그네슘	• 화기주의 • 물기엄금
	인화성고체	화기엄금
	기 타	화기주의
제3류 위험물	자연발화성 물질	• 화기엄금 • 공기접촉엄금
	금수성물질	물기엄금
제4류 위험물		화기엄금
제5류 위험물		• 화기엄금 • 충격주의
제6류 위험물		가연물접촉주의

16 다음 특정옥외탱크저장소의 용접방법을 쓰시오.

① 에뉼러판과 에뉼러판
② 에뉼러판과 밑판 및 밑판과 밑판

① 뒷면에 재료를 댄 맞대기 용접
② 뒷면에 재료를 댄 맞대기 용접 또는 겹치기 용접

■ **특정옥외탱크저장소의 용접방법**

① 옆판의 용접은 다음에 의할 것
   ㉠ 세로이음 및 가로이음은 완전용입 맞대기용접을 할 것
   ㉡ 옆판의 세로이음은 단을 달리하는 옆판의 각각의 세로이음과 동일선상에 위치하지 아니하도록 할 것. 이 경우 해당 세로이음 간의 간격은 서로 접하는 옆판 중 두꺼운 쪽 옆판의 두께의 5배 이상으로 하여야 한다.

② 옆판과 에뉼러판(에뉼러판이 없는 경우에는 밑판)과의 용접은 부분용입 그룹용접 또는 이와 동등 이상 용접강도가 있는 용접방법으로 용접할 것. 이 경우에 있어서 용접 비드는 매끄러운 형상을 가져야 한다.

③ 에뉼러판과 에뉼러판은 뒷면에 재료를 댄 맞대기용접으로 하고, 에뉼러판과 밑판 및 밑판과 밑판의 용접은 뒷면에 재료를 댄 맞대기용접 또는 겹치기용접으로 용접할 것. 이 경우에 에뉼러판과 밑판이 접하는 면 및 밑판과 밑판이 접하는 면은 해당 에뉼러판과 밑판의 용접부의 강도 및 밑판과 밑판의 용접부의 강도에 유해한 영향을 주는 흠이 있어서는 아니 된다.

④ 필릿용접의 사이즈(부등사이즈가 되는 경우에는 작은 쪽의 사이즈를 말한다)는 다음 식에 의하여 구한 값으로 할 것

$$t_1 \geq S \geq \sqrt{2t_2} \ (단, \ S \geq 4.5)$$

여기서, t_1 : 얇은 쪽의 강판의 두께(mm)
t_2 : 두꺼운 쪽의 강판의 두께(mm)
S : 사이즈(mm)

17 다음의 조건을 모두 만족하는 위험물의 품명을 2가지 쓰시오.

① 옥내저장소에 저장할 때 저장창고의 바닥면적을 1,000m^2 이하로 하여야 하는 위험물
② 옥외저장소에 저장·취급할 수 없는 위험물

① 특수인화물류
② 제1석유류(인화점이 0℃ 미만인 것)

■ 옥내저장소의 기준

① 저장창고의 바닥면적 1,000m² 이하

위험물을 저장하는 창고의 종류	기준면적
① 제1류 위험물 중 아염소산염류, 염소산염류, 과염소산염류, 무기과산화물 그 밖에 지정수량이 50kg인 위험물 ② 제3류 위험물 중 칼륨, 나트륨, 알킬알루미늄, 알킬리튬, 황린 그 밖에 지정수량이 10kg인 위험물 중 황린 ③ 제4류 위험물 중 특수인화물 제1석유류 및 알코올류 ④ 제5류 위험물 중 유기과산화물, 질산에스테르류 그 밖에 지정수량이 10kg인 위험물 ⑤ 제6류 위험물	1,000m² 이하
①~⑤의 위험물 외의 위험물을 저장하는 창고	2,000m² 이하
위의 전부에 해당하는 위험물을 내화구조의 격벽으로 완전히 구획된 실에 각각 저장하는 창고(제4석유류, 동·식물유류, 제6류 위험물은 500m²을 초과할 수 없다).	1,500m² 이하

② 옥외저장소에 저장할 수 있는 위험물
  ㉠ 제2류 위험물 중 유황, 인화성고체(인화점이 0℃ 이상인 것에 한함)
  ㉡ 제4류 위험물 중 제1석유류(인화점이 0℃ 이상인 것에 한함), 제2석유류, 제3석유류, 제4석유류, 알코올류 및 동·식물유류
  ㉢ 제6류 위험물

18 불활성가스소화설비에서 CO_2의 설치 기준에 대한 설명이다. 다음 물음에 답하시오.

① 국소방출방식의 CO_2 분사헤드는 소화약제의 양을 몇 초 이내에 균일하게 방사해야 하는가?
② 전역방출식의 불활성가스(IG-541)의 분사헤드의 방사압력은 몇 MPa 이상인가?
③ 전역방출식의 이산화탄소의 분사헤드의 방사압력은 고압식의 것에 있어서 몇 MPa 이상인가?

정답

① 30초, ② 1.9MPa 이상, ③ 2.1MPa 이상

해설

■ 불활성가스소화설비의 분사헤드

구 분	전역방출방식			국소방출방식 (이산화탄소)
	이산화탄소		불활성가스	
	고압식	저압식	IG-100, IG-55, IG-541	
방사압력	2.1MPa 이상	1.05MPa 이상	1.9MPa 이상	–
방사시간	60초 이내	60초 이내	95% 이상을 60초 이내	30초 이내

19 위험물의 성질란에 규정된 성상을 2가지 이상 포함하는 물품을 복수성상물품이라 한다. 이 물품이 속하는 품명의 판단기준을 (   )에 맞는 유별을 쓰시오.

① 복수성상물품이 산화성고체의 성상 및 가연성고체의 성상을 가지는 경우 : (   )류 위험물
② 복수성상물품이 산화성고체의 성상 및 자기반응성물질의 성상을 가지고 경우 : (   )류 위험물
③ 복수성상물품이 가연성고체의 성상과 자연발화성물질의 성상 및 금수성물질의 성상을 가지는 경우 : (   )류 위험물
④ 복수성상물품이 자연발화성물질의 성상, 금수성물질의 성상 및 인화성액체의 성상을 가지는 경우 : (   )류 위험물
⑤ 복수성상물품이 인화성액체의 성상 및 자기반응성물질의 성상을 가지는 경우 : (   )류 위험물

정답

① 제2류, ② 제5류, ③ 제3류, ④ 제3류, ⑤ 제5류

해설

▪ **위험물의 지정은 5가지 방식으로 그 물질의 위험물을 지정하여 관리한다.**
① 화학적 조성에 의한 지정 : 비슷한 성질을 가진 원소, 비슷한 성분과 조성을 가진 화합물은 각각 유사한 성질을 나타낸다.
② 형태의 의한 지정 : 철, 망간, 알루미늄 등 금속분은 보통 괴상의 상태는 규제가 없지만, 입자가 일정 크기 이하인 분상은 위험물로 규정된다.
③ 사용 상태에 의한 지정 : 동일 물질에 있어서도 보관 상태에 따라 달라질 수 있으며, 동·식물유류는 위험물안전관리법상 위험물로 보지 않는다(단, 밀봉된 상태).
④ 지정에서의 제외와 편입 : 화학적인 호칭과 위험물안전관리법상의 호칭과는 내용상의 차이가 있는 것도 있지만, 알코올류는 수백 종이 있고 위험물안전관리법에서는 특수한 소수의 알코올만을 지칭한다. 변성알코올은 알코올류에 포함되나, 탄소수가 4개 이상인 알코올은 인화점에 따라 석유류로 분류된다.
⑤ 경합하는 경우의 지정 : 동시에 2개 이상의 유별이 해당되며, 복수성상물품이라 하여 제1류와 제2류, 제1류와 제5류, 제2류와 제3류 등이 해당된다. 이때 일반 위험보다는 특수 위험성을 우선하여 지정한다.

20 다음은 위험물안전관리 대행기관의 지정기준이다. (　　)를 채우시오.

기술인력	• 위험물기능장 또는 위험물산업기사 1인 이상 • 위험물산업기사 또는 위험물기능사 (　①　)인 이상 • 기계분야 및 전기분야의 소방설비기사 1인 이상
시 설	(　②　)을 갖출 것
장 비	1. (　③　) 2. 접지저항측정기(최소눈금 0.1Ω 이하) 3. (　④　)(탄화수소계 가스의 농도측정이 가능할 것) 4. 정전기 전위측정기 5. 토크렌치 6. (　⑤　) 7. 표면온도계(−10~300℃) 8. 두께측정기(1.5~99.9mm) 9. 안전용구(안전모, 안전화, 손전등, 안전로프 등) 10. 소화설비점검기구(소화전밸브압력계, 방수압력측정계, 포콜렉터, 헤드렌치, 포컨테이너)

정답

① 2, ② 전용사무실, ③ 절연저항계, ④ 가스농도측정기, ⑤ 진동시험기

01 다음 위험물의 화학식을 쓰시오.

① Triethyl Alumnium
② Diethyl Alumnium Chloride
③ Ethyl Alumnium Dichloride

정답

① $(C_2H_5)_3Al$, ② $(C_2H_5)_2AlCl$, ③ $C_2H_5AlCl_2$

해설

알킬알루미늄(RAl)의 종류는 다음과 같다.

화학명	약 호	화학식
트리메틸알루미늄	TMA	$(CH_3)_3Al$
트리에틸알루미늄	MEA	$(C_2H_5)Al$
트리프로필알루미늄	TNPA	$(C_2H_7)_3Al$
트리이소부틸알루미늄	TIBA	$iso-(C_4H_9)_3Al$
에틸알루미늄디클로라이드	EDAC	$C_2H_5AlCl_2$
디에틸알루미늄하이드라이드	DEAH	$(C_2H_5)_2AlH$
디에틸알루미늄클로라이드	DEAC	$(C_2H_5)_2AlCl$

02 에테르에 대하여 다음 물음에 답하시오.

① 구조식
② 공기 중 장시간 노출 시 생성물질
③ 비점
④ 인화점
⑤ 저장 또는 취급하는 위험물의 최대 수량이 2,550L일 때 옥내저장소의 공지의 너비는 몇 m 이상인가? (단, 벽과 기둥 및 바닥이 내화구조로 된 건축물이다)

①

$$H - \underset{\underset{H}{|}}{\overset{\overset{H}{|}}{C}} - \underset{}{\overset{\overset{O}{\|}}{C}} - \underset{\underset{H}{|}}{\overset{\overset{H}{|}}{C}} - \underset{\underset{H}{|}}{\overset{\overset{H}{|}}{C}} - H$$

② 과산화물, ③ 34.48℃, ④ -45℃

⑤ 지정수량의 배수 $= \dfrac{2{,}550L}{50L} = 5L$배, 즉 지정수량이 50배 초과 200배 이하에 속하므로 공지의 너비는 5m 이상이다.

저장 또는 취급하는 위험물의 최대 수량	공지의 너비	
	벽, 기둥 및 바닥이 내화구조로 된 건축물	그 밖의 건축물
지정수량의 5배 이하	-	0.5m 이상
지정수량의 5배 초과 10배 이하	1m 이상	1.5m 이상
지정수량의 10배 초과 20배 이하	2m 이상	3m 이상
지정수량의 20배 초과 50배 이하	3m 이상	5m 이상
지정수량의 50배 초과 200배 이하	5m 이상	10m 이상
지정수량의 200배 초과	10m 이상	15m 이상

03 ANFO 폭약에 사용되는 제1류 위험물의 분해반응식을 쓰시오.

$2NH_4NO_3 \longrightarrow 2N_2 \uparrow + 4H_2O + O_2 \uparrow$

ANFO 폭약은 NH_4NO_3 : 경유를 94wt% : 6wt% 비율로 혼합시킨 것이다. 이것은 기폭약을 사용하여 점화시키면 다량의 가스를 내면서 폭발한다.

04 위험물안전관리법령상 제2류 위험물 중 철분을 수납한 운반용기 외부에 표시해야 할 내용을 쓰시오.

화기주의 및 물기엄금

① 위험물 운반용기의 주의사항

위험물		주의사항
제1류 위험물	알칼리금속의 과산화물	• 화기 · 충격주의 • 물기엄금 • 가연물접촉주의
	기 타	• 화기 · 충격주의 • 가연물접촉주의
제2류 위험물	철분 · 금속분 · 마그네슘	• 화기주의 • 물기엄금
	인화성고체	화기엄금
	기 타	화기주의
제3류 위험물	자연발화성물질	• 화기엄금 • 공기접촉엄금
	금수성물질	물기엄금
제4류 위험물		화기엄금
제5류 위험물		• 화기엄금 • 충격주의
제6류 위험물		가연물접촉주의

② 제조소의 게시판 주의사항

위험물		주의사항
제1류 위험물	알칼리금속의 과산화물	물기엄금
	기 타	별도의 표시를 하지 않는다.
제2류 위험물	인화성고체	화기엄금
	기 타	화기주의
제3류 위험물	자연발화성물질	화기엄금
	금수성물질	물기엄금
제4류 위험물		화기엄금
제5류 위험물		
제6류 위험물		별도의 표시를 하지 않는다.

05 다음 위험물의 위험등급을 쓰시오.

위험물	지정수량	위험등급
고형알코올	1,000kg	①
메틸에틸케톤	200L	②
과산화마크네슘	50kg	③
벤조일퍼옥사이드	10kg	④
수소화나트륨	300kg	⑤

정답

① Ⅲ등급, ② Ⅱ등급, ③ Ⅰ등급, ④ Ⅰ등급, ⑤ Ⅲ등급

해설

▪ **위험등급**

위험물의 물리·화학적 특성에 따라 위험의 정도를 구분한 것이다.

① 위험등급 Ⅰ의 위험물
　　㉠ 제1류 위험물 중 아염소산염류, 염소산염류, 과염소산염류, 무기과산화물 그 밖에 지정수량이 50kg 위험물
　　㉡ 제3류 위험물 중 칼륨, 나트륨, 알킬알루미늄, 알킬리튬, 황린 그 밖에 지정수량이 10kg 또는 20kg인 위험물
　　㉢ 제4류 위험물 중 특수인화물
　　㉣ 제5류 위험물 중 유기과산화물, 질산에스테르류, 그 밖에 지정수량이 10kg인 위험물
　　㉤ 제6류 위험물

② 위험등급 Ⅱ의 위험물
　　㉠ 제1류 위험물 중 브롬산염류, 질산염류, 요오드산염류 그 밖에 지정수량이 300kg인 위험물
　　㉡ 제2류 위험물 중 황화인, 적린, 유황 그 밖에 지정수량이 100kg인 위험물
　　㉢ 제3류 위험물 알칼리금속(칼륨 및 나트륨은 제외) 및 알칼리토금속, 유기금속화합물(알킬알루미늄 및 알킬리튬은 제외) 그 밖에 지정수량이 50kg인 위험물
　　㉣ 제4류 위험물 중 제1석유류 및 알코올류
　　㉤ 제5류 위험물 중 ①의 ㉣에 정하는 위험물 외의 것

③ 위험등급 Ⅲ의 위험물 : ① 및 ②에 정하지 아니한 위험물

06 다음 [보기]의 위험도를 구하시오.

[보기]

① 아세트알데히드　　　　　　　　② 이황화탄소

① 아세트알데히드는 연소범위가 4.1~57%이므로

위험도$(H) = \dfrac{57-4.1}{4.1} = 12.90$

② 이황화탄소는 연소범위가 1.2~44%이므로

위험도$(H) = \dfrac{44-1.2}{1.2} = 35.67$

■ **위험도(**H**; Hazards)**

가연성 혼합가스의 연소범위의 제한치를 나타내는 것으로써 위험도가 클수록 위험하다.

$H = \dfrac{U-L}{L}$ [여기서, H : 위험도, U : 연소상한치, L : 연소하한치]

07 탄화칼슘이 물과 반응하여 아세틸렌을 발생하는 반응식을 쓰시오.

$CaC_2 + 2H_2O \longrightarrow Ca(OH)_2 + C_2H_2 \uparrow + 32kcal$

■ **탄화칼슘(카바이드, calcium carbide, CaC_2)**

물과 심하게 반응하여 수산화칼슘과 아세틸렌을 만들며, 공기 중 수분과 반응하여도 아세틸렌을 발생한다. 아세틸렌 발생량은 약 366L/kg이다.

08 지정수량 50kg, 분자량이 78, 비중 2.8인 물질이 물과 이산화탄소와 반응 시 화학반응식을 쓰시오.

① $2Na_2O_2 + 2H_2O \longrightarrow 4NaOH + O_2$

② $2Na_2O_2 + 2CO_2 \longrightarrow 2Na_2CO_3 + O_2$

① 과산화나트륨은 상온에서 물과 접촉 시 격렬히 반응하여 부식성이 강한 수산화나트륨을 만든다.

② 과산화나트륨은 공기 중에서 서서히 CO_2를 흡수반응하여 탄산염을 만들고 O_2를 방출한다.

09 질산 31.5g을 물에 녹여 360g을 만들었다. 질산의 몰분율과 몰농도는?

정답

물의 양 $=360g-31.5g=328.5g$, 질산의 몰수 $=\dfrac{31.5}{63}=0.5mol$, 물의 몰수 $=\dfrac{328.5}{18}=18.25mol$

① 몰분율 : $\dfrac{0.5}{18.25+0.5}=0.03$

② 몰농도

$31.5:360=x:1,000$

∴ $x=87.5g$

HNO_3 분자량이 63이므로, $\dfrac{87.5}{63}=1.39mol$

10 다음의 (   ) 안을 채우시오.

다음의 기준에 모두 적합한 경우에는 담 또는 벽의 일부분에 방화상 유효한 구조의 유리를 부착할 수 있다.

(1) 유리를 부착하는 위치는 주입구, 고정주유설비 및 고정급유설비로부터 (   )m 이상 이격될 것

(2) 유리를 부착하는 방법은 다음의 기준에 모두 적합할 것
- 주유취급소 내의 지반면으로부터 (①)cm를 초과하는 부분에 한하여 유리를 부착할 것
- 하나의 유리판의 가로의 길이는 (②)m 이내일 것
- 유리판의 테두리를 금속제의 구조물에 견고하게 고정하고 해당 구조물을 담 또는 벽에 견고하게 부착할 것
- 유리의 구조는 접합유리(두 장의 유리를 두께 0.76mm 이상의 폴리비닐부티랄 필름으로 접합한 구조)로 하되, 「유리구획 부분의 내화시험방법(KS F 2845)」에 따라 시험하여 (③) 이상의 방화성능이 인정될 것

(3) 유리를 부착하는 범위는 전체의 담 또는 벽의 길이의 (   )를 초과하지 아니할 것

정답

(1) 4
(2) ① 70, ② 2, ③ 비차열 30분
(3) 10분의 2

해설

■ **주유취급소의 담 또는 벽**

운전자의 시야확보와 도시미관의 고려 및 광고효과 등을 위하여 담 또는 벽의 일부에 방화유리를 부착할 수 있도록 허용하였다.

11 예방규정을 정하여야 하는 제조소 등에 해당하는 것 5가지를 쓰시오.

> **정답**

① 지정수량의 10배 이상의 위험물을 취급하는 제조소
② 지정수량의 100배 이상의 위험물을 저장하는 옥외저장소
③ 지정수량의 150배 이상의 위험물을 저장하는 옥내저장소
④ 지정수량의 200배 이상의 위험물을 저장하는 옥외탱크저장소
⑤ 암반탱크저장소

> **해설**

① 예방규정 : 제조소 등의 화재예방과 화재 등 재해발생 시의 비상조치를 위한 규정
② 예방규정은 관계인이 정하여 시·도지사에게 제출한다.
③ 예방규정을 정하여야 하는 제조소 등
  ㉠ 지정수량의 10배 이상의 위험물을 취급하는 제조소
  ㉡ 지정수량의 100배 이상의 위험물을 저장하는 옥외저장소
  ㉢ 지정수량의 150배 이상의 위험물을 저장하는 옥내저장소
  ㉣ 지정수량의 200배 이상의 위험물을 저장하는 옥외탱크저장소
  ㉤ 암반탱크저장소
  ㉥ 이송취급소
  ㉦ 지정수량의 10배 이상의 위험물을 취급하는 일반취급소

12 위험물제조소 등에 설치하는 배관에 사용하는 관이음의 설계기준 3가지 쓰시오.

> **정답**

① 관이음의 설계는 배관의 설계에 준하는 것 외에 관이음의 휨 특성 및 응력집중을 고려하여 행할 것
② 배관을 분기하는 경우는 미리 제작한 분기용 관이음 또는 분기구조물을 이용할 것. 이 경우 분기구조물에는 보강판을 부착하는 것을 원칙으로 한다.
③ 분기용 관이음, 분기구조물 및 리듀서(Reducer)는 원칙적으로 이송기지 또는 전용부지 내에 설치할 것

> **해설**

▪ 배관에 부착된 밸브의 설치기준
① 밸브는 배관의 강도 이상일 것
② 밸브(이송기지 내의 배관에 부착된 것을 제외)는 픽의 통과에 지장이 없는 구조로 할 것
③ 밸브(이송기지 또는 전용기지 내의 배관에 부착된 것을 제외)와 배관과의 접속은 원칙적으로 맞대기 용접으로 할 것
④ 밸브를 용접에 의하여 배관에 접속한 경우에는 접속부의 용접두께가 급변하지 아니하도록 시공할 것
⑤ 밸브는 해당 밸브의 자중 등에 의하여 배관에 이상응력을 발생시키지 아니하도록 부착할 것
⑥ 밸브는 배관의 팽창, 수축 및 지진력 등에 의하여 힘이 직접 밸브에 작용하지 아니하도록 고려하여 부착할 것
⑦ 밸브의 개폐속도는 유격작용 등을 고려한 속도로 할 것

13 위험물안전관리법령상 안전교육을 받아야 하는 대상자를 쓰시오.

> **정답**

① 안전관리자로 선임된 자
② 탱크시험자의 기술인력으로 종사하는 자
③ 위험물 운송자로 종사하는 자

> **해설**

■ **안전교육 실시권자**
소방청장(위탁 : 한국소방안전원)

14 제조소에 사용하는 배관의 재질은 원칙적으로 강관으로 하여야 한다. 예외적으로 지하매설 배관의 경우 사용할 수 있는 금속성 이외의 재질 3가지를 쓰시오.

> **정답**

① 유리섬유강화플라스틱, ② 고밀도폴리에틸렌, ③ 폴리우레탄

> **해설**

위험물제조소의 배관은 지하매설배관의 경우를 제외하고는 배관의 재질은 강관, 그밖에 이와 유사한 금속성으로 하여야 한다. 지하에 매설하는 배관의 경우 배관의 재질은 한국산업규격에 의한 유리섬유강화플라스틱·고밀도폴리에틸렌 또는 폴리우레탄으로 하고, 구조는 내관 및 외관의 이중으로 하며, 내관과 외관의 사이에는 틈새공간을 두어 누설여부를 외부에서 쉽게 확인할 수 있도록 하고, 국내 또는 국외의 관련 공인시험기관으로부터 안전성에 대한 시험 또는 인증을 받은 것이어야 한다.

15 청정소화약제 IG-541의 각 성분별 함량(%)을 쓰시오.

> **정답**

① N_2 : 52%, ② Ar : 40%, ③ CO_2 : 8%

> **해설**

■ **불활성가스 청정소화약제**
헬륨, 네온, 아르곤, 질소가스 중 하나 이상의 원소를 기본 성분으로 하는 소화약제

소화약제	상품명	화학식
퍼플루오르부탄(FC-3-1-10)	PFC-410	C_4F_{10}
하이드로클로로플루오르카본혼화제(HCFC BLEND A)	NAFS-III	HCFC-123($CHCl_2CF_3$) : 4.75% HCFC-22($CHClF_2$) : 82% HCFC-124($CHClFCF_3$) : 9.5% $C_{10}F_{16}$: 3.75%

소화약제	상품명	화학식
클로로테트라플루오르에탄(HCFC-124)	FE-24	$CHCIFCF_3$
펜타플루오르에탄(HFC-125)	FE-25	CHF_2CF_3
헵타플루오르프로판(HFC-227ea)	FM-200	CF_3CHFCF_3
트리플루오르메탄(HFC-23)	FE-13	CHF_3
헥사플루오르프로판(HFC-236fa)	FE-36	$CF_3CH_2CF_3$
트리플루오르이오다이드(FIC-1311)	Tiodide	CF_3I
도데카플루오르-2-메틸펜탄-3-원(FK-5-1-12)	-	$CF_3CF_2C(O)CF(CF_3)_2$
불연성·불활성기체 혼합가스(IG-01)	Argon	Ar
불연성·불활성기체 혼합가스(IG-100)	Nitrogen	N_2
불연성·불활성기체 혼합가스(IG-541)	Inergen	N_2 : 52%, Ar : 40%, CO_2 : 8%
불연성·불활성기체 혼합가스(IG-55)	Argonite	N_2 : 50%, Ar : 50%

16 소규모 옥내저장소의 특례기준이다. 다음 물음에 답하시오.

① 소규모 옥내저장소라 함은 저장·취급량이 지정수량 몇 배 이하인 옥내저장소를 말하는가?

② 구분하는 처마 높이의 기준은 몇 m 미만인가?

정답

① 50배 이하, ② 6m 미만

해설

■ **소규모 옥내저장소**

지정수량의 50배 이하인 옥내저장소 중 저장창고의 처마 높이가 6m 미만인 것

17 소화난이도등급 I의 옥외탱크저장소에 설치하여야 하는 소화설비를 쓰시오.

① 지중탱크 또는 해상탱크 외의 탱크에 유황만을 저장하는 것

② 지중탱크 또는 해상탱크 외의 탱크에 인화점 70℃ 이상의 제4류 위험물을 저장하는 곳

③ 지중탱크

정답

① 물분무소화설비

② 물분무소화설비 또는 고정식 포소화설비

③ 고정식 포소화설비, 이동식 이외의 불활성가스소화설비, 이동식 이외의 할로겐화합소화설비

■ 소화난이도 등급 I에 대한 제조소 등의 소화설비

제조소 등의 구분			소화설비
옥외탱크 저장소	지중탱크 또는 해상탱크 외의 것	유황만을 저장·취급하는 것	물분무소화설비
		인화점 70℃ 이상의 제4류 위험물만을 저장·취급하는 것	물분무소화설비 및 고정식 포소화설비
		그 밖의 것	고정식 포소화설비(포소화설비가 적응성이 없는 경우에는 분말 소화설비)
	지중탱크		고정식 포소화설비, 이동식 외의 불활성가스소화설비 또는 이동식 이외의 할로겐화합물소화설비
	해상탱크		고정식 포소화설비, 물분무소화설비, 이동식 외의 불활성가스소화설비 또는 이동식 외의 할로겐화합물소화설비

18 그림과 같이 설치한 원형 탱크에 글리세린을 내용적 90%로 저장 시 지정수량의 배수는 얼마인가?(단, $r=3$m, $L=5$m)

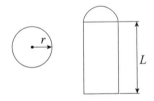

정답

$V = \pi r^2 L = 3.14 \times (3)^2 \times 5 = 141.3\text{m}^3 ≒ 141,300\text{L}$

내용적의 90%는 $141,3000 \times 0.9 = 127.170\text{L}$이고, 글리세린은 제4류 위험물 제3석유류 중 수용성이므로 지정수량은 4,000L이므로 $\dfrac{127,170}{4,000} = 31.70$배

해설

① 탱크용량=탱크내용적−공간용적
② 공간용적 : 위험물의 과주입 또는 온도의 상승으로 부피의 증가에 따른 체적팽창에 의한 위험물의 넘침을 막아주는 기능

19 바닥면적이 1,000m²인 제조소의 환기설비의 급기구 크기는 얼마로 하여야 하는가?

정답

$\dfrac{1{,}000\text{m}^2}{150\text{m}^2}=6.67 \fallingdotseq 7$이고 150m²마다 800cm²이므로 800cm²×7=5,600cm² 이상

해설

환기설비는 실내의 가연성 증기 등 오염된 공기를 환기시켜 사고발생방지 및 쾌적한 작업환경을 위한 설비로서 다음 기준에 따라 설치한다.
① 환기는 자연배기방식으로 하여야 한다.
② 급기구는 바닥면적이 150m²마다 1개 이상으로 하되, 그 크기는 800cm² 이상으로 해야 한다. 다만, 바닥면적이 150m² 미만인 경우에는 다음의 크기로 하여야 한다.

바닥면적	급기구의 면적
60m² 미만	150cm² 이상
60m² 이상 90m² 미만	300cm² 이상
90m² 이상 120m² 미만	450cm² 이상
120m² 이상 150m² 미만	600cm² 이상

20 다음과 같은 성질을 지닌 위험물은 중금속 산화물과 격렬히 분해하여 폭발한다. 이 물질을 2가지 쓰시오.

- 비중이 1보다 크다
- 열, 햇빛에 의해서도 쉽게 분해한다.
- 강력한 산화제이다.
- 인산(H_3PO_4) 등 안정제를 넣어 산소분해를 억제시킨다.

정답

이산화망간(MnO_2), 산화코발트(CoO), 산화수은(HgO)

해설

과산화수소(hydrogen peroxide, H_2O_2)는 고농도의 것은 알칼리 Ag, Pb, Pt, Cu, Pd, 목탄분, 금속분말, 탄소분말, 불순물, 중금속산화물(이산화망간, 산화코발트, 산화수은), 미세한 분말 또는 미립자에 의해 격렬히 분해하여 폭발한다. 이 분해반응은 발열반응이다.

01 다음은 지하탱크저장소의 설비기준이다. (　　) 안을 채우시오.

> (1) 탱크전용실은 지하의 가장 가까운 벽·피트·가스관 등의 시설물 및 대지경계선으로부터
> (　①　)m 이상 떨어진 곳에 설치한다.
>
> (2) 지하저장탱크와 탱크전용실 안쪽과의 사이는 (　②　)m 이상의 간격을 유지하도록 하며,
> 당해 탱크의 주위에 마른모래 또는 습기 등에 의하여 응고되지 아니하는 입자지름
> (　③　)mm 이하의 마른 자갈분을 채운다.
>
> (3) 지하저장탱크를 2 이상 인접해 설치하는 경우에는 그 상호간에 (　④　)m(당해 2 이상의
> 지하저장탱크의 용량의 합계가 지정수량의 100배 이하인 때에는 (　⑤　)m 이상)의
> 간격을 유지하여야 한다. 다만, 그 사이에 탱크전용실의 벽이나 두께 (　⑥　)cm 이상의
> 콘크리트 구조물이 있는 경우에는 그러하지 아니하다.

정답

① 0.1, ② 0.1, ③ 5, ④ 1, ⑤ 0.5, ⑥ 20

해설

■ **지하탱크저장소의 탱크매설**

① 본체 윗부분이 지면으로부터 0.6m 이상의 깊이에 매설한다.

② 탱크는 0.6m 이상, 탱크전용실은 0.1m 이상 지하의 가장 가까운 벽·피트·가스관 등 의 시설물 및 대지경계선으로부터 거리를 두어야 한다.

③ 탱크실 설치 시 : 지하저장탱크와 탱크전용실의 안쪽과의 사이에 0.1m 이상의 간격을 두고, 탱크실 내부에는 건조된 모래 또는 5mm 이하인 마른 자갈분을 채운다.

④ 탱크 상호간의 거리 : 탱크 상호간의 간격은 1m 이상으로 해야 한다(인접 탱크용량의 합계가 지정수량의 100배 이하일 경우 : 0.5m).

02 위험물 제조과정에서 취급기준이다. (　　) 안을 완성하시오.

> ① (　　)공정 : 위험물을 취급하는 설비의 내부 압력의 변동 등에 의하여 액체 또는 증기가 새지 아니하도록 한다.
> ② (　　)공정 : 추출관의 내부 압력이 비정상적으로 상승하지 아니하도록 한다.
> ③ (　　)공정 : 위험물의 온도가 국부적으로 상승하지 아니하는 방법으로 가열 또는 건조한다.
> ④ (　　)공정 : 위험물의 분말이 현저하게 부유하고 있거나 위험물의 분말이 현저하게 기계, 기구 등에 부착하고 있는 상태로 그 기계, 기구를 취급하지 아니한다.

정답

① 증류, ② 추출, ③ 건조, ④ 분쇄

해설

■ **위험물의 제조공정**
① 증류공정, ② 추출공정, ③ 건조공정, ④ 분쇄공정

03 다음 제1종 분말소화약제의 열분해 반응식을 쓰시오.

① 270℃
② 850℃ 이상

정답

① $2NaHCO_3 \xrightarrow{\triangle} Na_2CO_2 + CO_2 + H_2O$

② $2NaHCO_3 \xrightarrow{\triangle} Na_2O + 2CO_2 + H_2O$

해설

① 제2종 분말
　㉠ 190℃ : $2KHCO_3 \rightarrow K_2CO_3 + CO_2 + H_2O$
　㉡ 590℃ : $2KHCO_3 \rightarrow K_2O + 2CO_2 + H_2O$
② 제3종 분말
　㉠ 166℃~190℃ : $NH_4H_2PO_4 \rightarrow H_3PO_4 + NH_3$
　㉡ 215℃ : $2H_2PO_4 \rightarrow H_4P_2O_7 + H_2O$
　㉢ 300℃ : $H_4P_2O_7 \rightarrow 2HPO_3 + H_2O$
　㉣ 360℃ : $NH_4H_2PO_4 \rightarrow HPO_3 + NH_3 + H_2O$

04 다음에서 설명하고 있는 위험물의 구조식을 쓰시오.

> • 석유냄새가 나는 무색 액체로 제4류 위험물
> • 비수용성, 지정수량 1,000L, 위험등급 Ⅲ
> • DDT의 원료
> • 비중 1.1, 증기비중 3.9
> • 벤젠을 염화철 촉매 하에서 염소와 반응하여 제조

정답

해설

■ **클로로벤젠(chlorobenzene)은 2가지의 제법이 있다.**
① 벤젠을 염화철 촉매 하에서 염소와 반응하여 만든다.
② 벤젠을 300℃ 정도에서 염화수소 존재 하에서 반응시켜 만든다.

$$2C_6H_6 + 2HCl + O_2 \longrightarrow 2C_6H_5Cl + 2H_2O$$

05 규조토에 흡수하여 다이너마이트를 제조하는 제5류 위험물에 대한 다음 물음에 답하시오.

① 품명은 무엇인가?
② 화학식을 쓰시오.
③ 분해반응식을 쓰시오.

정답

① 질산에스테르류, ② $C_3H_5(ONO_2)_3$

③ $4C_3H_5(ONO_2)_3 \xrightarrow{\triangle} 12CO_2 + 10H_2O + 6N_2 + O_2$

해설

■ **니트로글리세린[NG, nitro glycerine, $C_3H_5(ONO_2)_3$]**
점화하면 즉시 연소하고 다량이면 폭발력이 강하다. 이때의 온도는 300℃에 달하며, 폭발 시의 폭발속도는 7,500m/s이고, 폭발열은 1,470kcal/kg이다.

06 제1류 위험물로서 무색무취의 투명한 결정으로 녹는점 212℃, 비중 4.35이고 햇빛에 의해 변질되므로 갈색병에 보관하는 위험물이다. 다음 물음에 답하시오.

① 명칭은 무엇인가?
② 열분해반응식을 쓰시오.

정답

① 질산은($AgNO_3$)
② $2AgNO_3 \longrightarrow 2Ag + 2NO_2 \uparrow + O_2 \uparrow$

해설

질산은(silver nitrate)의 제법으로 은은 묽은 질산에 녹여 얻는다.
$2Ag + 4HNO_3 \longrightarrow 3AgNO_3 + NO \uparrow + 2H_2O$

07 ANFRO 폭약의 원료로 사용하는 물질이다. 다음 물음에 답하시오.

① 제1류 위험물에 해당하는 물질의 단독 완전분해 폭발반응식
② 제4류 위험물에 해당하는 물질의 지정수량과 위험등급

정답

① $2NH_4NO_3 \longrightarrow 2N_2 \uparrow + 4H_2O \uparrow + O_2 \uparrow$
② 1,000L, Ⅲ등급

해설

■ **질산암모늄(AN, ammonium nitrate)**
가스 발생량이 980L/kg 정도로 많기 때문에 화약류 제조 시 산소공급제로 널리 사용된다. 예를 들면 ANFO 폭약은 NH_4NO_3와 경유를 94wt% : 6wt%의 비율로 혼합시키면 폭약이 된다. 이것은 기폭약을 사용하여 점화시키면 다량의 가스를 내면서 폭발한다.

08 위험물제조소 등에 안전관리자를 선임하지 않았을 경우 행정처분의 기준에 대해 쓰시오.

① 1차
② 2차
③ 3차

정답

① 사용정지 15일, ② 사용정지 60일, ③ 허가 취소

■ 제조소 등에 대한 행정처분

① 일반기준

　㉠ 위반행위가 2 이상인 때에는 그 중 중한 처분기준(중한 처분기준이 동일한 때에는 그 중 하나의 처분기준을 말한다)에 의하되, 2 이상의 처분기준이 동일한 사용정지이거나 업무정지인 경우에는 중한 처분의 2분의1까지 가중처분할 수 있다.

　㉡ 사용정지 또는 업무정지의 처분기간 중에 사용정지 또는 업무정지에 해당하는 새로운 위반행위가 있는 때에는 종전의 처분기간 만료일의 다음 날부터 새로운 위반행위에 따른 사용정지 또는 업무정지의 행정처분을 한다.

　㉢ 차수에 따른 행정처분기준은 최근 2년간 같은 위반행위로 행정처분을 받은 경우에 적용한다. 이 경우 기준적용일은 최근의 위반행위에 대한 행정처분일과 그 처분 후에 같은 위반행위를 한 날을 기준으로 한다.

　㉣ 사용정지 또는 업무정지의 처분기간 완료될 때까지 위반행위가 계속되는 경우에는 사용정지 또는 업무정지의 행정처분을 다시 한다.

　㉤ 사용정지 또는 업무정지에 해당하는 위반행위로서 위반행위의 동기·내용·횟수 또는 그 결과 등을 고려할 때 ②의 기준을 적용하는 것이 불합리하다고 인정되는 경우에는 그 처분기준의 2분의 1기간까지 경감하여 처분할 수 있다.

② 제조소 등에 대한 행정처분기준

위반사항	근거법규	행정처분기준		
		1차	2차	3차
1. 법 제6조 제1항의 후단의 규정에 의한 변경허가를 받지 아니하고, 제조소등의 위치·구조 또는 설비를 변경한 때	법 제12조	경고 또는 사용정지 15일	사용정지 60일	허가취소
2. 법 제9조의 규정에 의한 완공검사를 받지 아니하고 제조소등을 사용한 때	법 제12조	사용정지 15일	사용정지 60일	허가취소
3. 법 제14조 제2항의 규정에 의한 수리·개조 또는 이전의 명령에 위반한 때	법 제12조	사용정지 30일	사용정지 90일	허가취소
4. 법 제15조 제1항 및 제2항의 규정에 의한 위험물안전관리자를 선임하지 아니한 때	법 제12조	사용정지 15일	사용정지 60일	허가취소
5. 법 제15조 제5항을 위반하여 대리자를 지정하지 아니한 때	법 제12조	사용정지 10일	사용정지 30일	허가취소
6. 법 제18조 제1항의 규정에 의한 정기점검을 하지 아니한 때	법 제12조	사용정지 10일	사용정지 30일	허가취소
7. 법 제18조 제2항의 규정에 의한 정기검사를 받지 아니한 때	법 제12조	사용정지 10일	사용정지 30일	허가취소
8. 법 제26조의 규정에 의한 저장·취급기준 준수명령을 위반한 때	법 제12조	사용정지 30일	사용정지 60일	허가취소

09 위험물제조소의 배출설비는 국소방식과 전역방식이 있다. 다음 물음에 답하시오.

(1) 배출능력
    ① 국소방식
    ② 전역방식
(2) 배출설비를 설치해야 하는 장소

정답

(1) ① 1시간당 배출장소 용적의 20배 이상
    ② 바닥면적 $1m^2$ 당 $18m^2$ 이상
(2) 가연성의 증기 또는 미분이 체류할 우려가 있는 건축물

해설

배출설비는 배풍기, 배출덕트, 후드 등을 이용하여 강제적으로 배출하는 것으로 해야 한다.

10 다음은 황린과 적린의 비교이다. ( ) 안에 알맞은 말을 쓰시오.

항목 종류	색 상	독 성	연소생성물	CS_2에 대한 용해도	위험등급
황 린	담황색	(①)	P_2O_5	(③)	(⑤)
적 린	암적색	(②)	P_2O_5	(④)	(⑥)

정답

① 있다, ② 없다, ③ 용해됨, ④ 용해 안 됨, ⑤ I, ⑥ II

해설

① 황린(yellow phosphorus)은 백색 또는 담황색의 정사면체 구조를 가진 왁스상의 가연성, 자연발화성 고체이다. 강한 마늘 냄새가 나며, 증기는 공기보다 무겁고 가연성이다. 또한 매우 자극적이며 맹독성물질이다.
② 적린(red phosphorus)은 암적색의 분말로 전형적인 비금속의 원소이다. 황린의 동소체이지만, 황린과 달리 자연발화성이 없어 공기 중에서 안전하다. 독성이 약하며 어두운 곳에서 인광을 발생하지 않는다.

11 특정옥외저장탱크에 에눌러판을 설치하여야 하는 경우를 3가지 쓰시오.

정답

① 저장탱크 옆판의 최하단 두께가 15mm를 초과하는 경우
② 내경이 30m를 초과하는 경우
③ 저장탱크 옆판을 고장력강으로 사용하는 경우

① 특정옥외탱크저장소 : 옥외탱크저장소 중 그 저장 또는 취급하는 액체위험물의 최대수량이 100만L 이상인 것
② 준특정옥외탱크저장소 : 옥외탱크저장소 중 그 저장 또는 취급하는 액체위험물의 최대수량이 50만L 이상, 100만L 미만의 것

12 벤젠 6g을 완전연소 시 생성되는 기체의 부피의 몇 L인가?(단, 표준상태이다)

정답

$$C_6H_6 + 7.5O_2 \rightarrow 6CO_2 + 3H_2O$$

$78kg$ —————— $6 \times 22.4L$
$6kg$ —————— $x(L)$

$$\therefore x = \frac{6 \times 6 \times 22.4}{78} = 10.34L$$

13 0.01wt% 황을 함유한 1,000kg의 코크스를 과잉공기 중에 완전연소시켰을 때 발생되는 SO_2는 몇 g인지 구하시오.

정답

$$S + O_2 \rightarrow SO_2$$

$32g$ —————— $64g$
$100g$ —————— $x(g)$

$$x = \frac{100 \times 64}{32} = 200g$$

14 1몰 염화수소와 0.5몰 산소의 혼합물에 촉매를 넣고 400℃에서 평형에 도달시킬 때 0.39몰의 염소를 생성하였다. 이 반응이 다음의 화학반응식을 통해 진행된다고 할 때 다음 물음에 답하시오.

$$4HCl + O_2 \rightarrow 2H_2O + 2Cl_2$$

① 평형상태에서의 전체 몰수의 합은 무엇인가?
② 전압이 1atm일 때 성분 4가지의 분압을 구하시오.

반응식에서 반응전후 몰수를 구한다.

| | 4HCl | + | O₂ | → | 2Cl₂ | + | 2H₂O |

$$4HCl \quad + \quad O_2 \quad \rightarrow \quad 2Cl_2 \quad + \quad 2H_2O$$

반응 전 몰수 : 1mol 　　 0.5mol 　　 0mol 　　 0mol

반응 후 몰수 : $\left\{1-\left(\dfrac{4}{2}\times 0.39\right)\right\}$[mol] $\left\{0.5-\left(\dfrac{1}{2}\times 0.39\right)\right\}$[mol] 　0.39mol 　　 0.39mol

① 전체 몰수 : $0.22+0.305+0.39+0.39=1.305$mol

② 각 성분의 분압

　㉠ 염화수소 $=\dfrac{0.22}{1.305}\times 1\mathrm{atm}=0.17\mathrm{atm}$

　㉡ 산소 $=\dfrac{0.305}{1.305}\times 1\mathrm{atm}=0.23\mathrm{atm}$

　㉢ 염소 $=\dfrac{0.39}{1.305}\times 1\mathrm{atm}=0.30\mathrm{atm}$

　㉣ 수증기 $=\dfrac{0.39}{1.305}\times 1\mathrm{atm}=0.30\mathrm{atm}$

15 제3류 위험물 운반용기의 수납 기준을 3가지 쓰시오.

① 자연발화성물질에 있어서는 불활성기체를 봉입하여 밀봉하는 등 공기와 접하지 아니하도록 한다.
② 자연발화성물질 외의 물품에 있어서는 파라핀·경유·등유 등의 보호액으로 채워 밀봉하거나 불활성기체를 봉입하여 밀봉하는 등 수분과 접하지 아니하도록 한다.
③ 자연발화성물질 중 알킬알루미늄 등은 운반용기 내용적의 90% 이하의 수납률로 수납하되, 50℃의 온도에서 5% 이상의 공간용적을 유지하도록 한다.

■ 운반용기의 수납률

위험물	수납률
알킬알루미늄 등	90% 이하(50℃에서 5% 이상 공간 용적 유지)
고체위험물	95% 이하
액체위험물	98% 이하(55℃에서 누설되지 않을 것)

16 경유인 액체위험물을 상부를 개방한 용기에 저장하는 경우 표면적이 $50m^2$이고 국소방출방식의 분말소화설비를 설치하고자 할 때 제3종 분말소화약제의 저장량은 얼마로 하여야 하는가?

> **정답**

약제의 저장량=방호대상물의 표면적(m^2)×계수×$5.2kg/m^2$×1.1
(여기서 경유의 계수가 제1종~제4종 분말이므로 1.1이다)
$$=50m^2×1.0×5.2kg/m^2×1.1=286kg$$

> **해설**

■ 국소방출방식

소방대상물		약제저장량(kg)		
		제1종 분말	제2종 분말	제3종 분말
면적식 국소방출 방식	액체위험물 상부를 개방한 용기에 저장하는 경우 등 화재 시 연소면이 한 면에 한정되고 위험물이 비산할 우려가 없는 경우	방호대상물의 표면적(m^2)×계수×$8.8kg/m^2$×1.1	방호대상물의 표면적(m^2)×계수×$5.2kg/m^2$×1.1	방호대상물의 표면적(m^2)×계수×$3.6kg/m^2$×1.1
용적식 국소방출 방식	상기 이외의 것	방호공간의 체적(m^3)×$\left(X-Y\dfrac{a}{A}\right)(kg/m^3)$×$1.1$×계수	방호공간의 체적(m^3)×$\left(X-Y\dfrac{a}{A}\right)(kg/m^3)$×$1.1$×계수	방호공간의 체적(m^3)×$\left(X-Y\dfrac{a}{A}\right)(kg/m^3)$×$1.1$×계수

Q : 단위체적당 소화약제의 양(kg/m^3)
a : 방호대상물 주위에 실제로 설치된 고정벽의 면적 합계(m^2)
A : 방호공간 전체 둘레의 면적(m^2)
X 및 Y : 다음 표에 정한 소화약제의 종류에 따른 수치
∴ 약제저장량을 구하면, 저장량=방호대상물의 표면적(m^2)×계수×$5.2kg/m^2$×1.1

17 트리에틸알루미늄과 다음의 각 물질이 반응 시 발생하는 가연성가스를 화학식으로 쓰시오.

① 물
② 염소
③ 염산
④ 메틸알코올

> **정답**

① C_2H_6, ② C_2H_5Cl, ③ C_2H_6, ④ C_2H_6

■ 트리에틸알루미늄(triethylaluminum)

① $(C_2H_5)_3Al + 3H_2O \rightarrow Al(OH)_3 + 3C_2H_5 \uparrow + 발열$
　　물과 접촉하면 폭발적으로 반응하여 에탄을 생성하고, 이때 발열·폭발에 이른다.

② $(C_2H_5)_3Al + 3Cl_2 \rightarrow AlCl_3 + 3C_2H_5Cl \uparrow$
　　할로겐과 반응하여 가연성가스를 발생한다.

③ $(C_2H_5)_3Al + HCl \rightarrow (C_2H_5)_2AlCl + C_2H_6 \uparrow$
　　　　　　　　　　　　　디에틸알루미늄 클로라이드

④ $(C_2H_5)_3Al + 3CH_3OH \rightarrow Al(CH_3O)_3 + 3C_2H_6 \uparrow$
　　CH_3OH 등 알코올과 폭발적으로 반응한다.

18 위험물 저장탱크에 설치하는 포소화설비의 포방출구(I형, Ⅱ형, 특형, Ⅲ형, Ⅳ형 중 Ⅲ형 포방출구를 사용하기 위하여 저장 또는 취급하는 위험물이 가져야 하는 특성 2가지를 쓰시오.

정답 ▶

① 온도 20℃ 물 100g에 용해되는 양이 1g 미만일 것
② 저장온도가 50℃ 이하 또는 동점도가 100cst 이하인 것

해설 ▶

■ 고정 포방출구(위험물 탱크)의 종류

① I형 : 상부 포주입법으로 방출된 포가 액면 아래로 몰입되거나 액면을 뒤섞지 않고 액면상을 덮을 수 있는 통계단 또는 미끄럼판 등의 설비 및 탱크 내의 위험물 증기가 외부로 역류되는 것을 저지할 수 있는 구조, 기구를 갖는 포방출구로서 Cone Roof Tank에 설치한다.

② Ⅱ형 : 상부 포주입법으로 방출된 포가 반사(Deflector)판에 의하여 탱크의 벽면을 따라 흘러들어가 유면을 덮어 소화하도록 된 포방출구로서 원추형 지붕탱크(Cone Roof Tank) 또는 밀폐식 부상지붕탱크(Covered Cone Roof Tank)에 설치한다.

③ 특형 : 상부 포주입법으로 부상지붕의 부상 부분상에 높이 0.9m 이상의 금속제의 칸막이를 탱크옆판의 내측으로부터 1.2m 이상 이격하여 설치하고 탱크옆판과 칸막이에 의하여 형성된 환상 부분에 포를 방사는 구조의 포방출구로서 Floating Roof Tank에 설치한다.

④ Ⅲ형(표면하주입식) : 저부 포주입법(탱크의 액면 하에 설치된 포방출구로부터 포를 탱크 내에 주입하는 방법)을 이용하는 것으로 송포관(발포기 또는 포 발생기에 의하여 발생된 포를 보내는 배관을 말한다. 해당 배관으로 탱크 내의 위험물이 역류되는 것을 저지할 수 있는 구조, 기구를 갖는 것에 한한다)으로부터 포를 방출하는 포방출구로서 Cone Roof Tank에 설치한다.

⑤ Ⅳ형 : 저부 포주입법으로 평상시에는 탱크의 액면하의 저부에 설치된 격납통에 수납되어 있는 특수호스 등이 소포관의 말단에 접속되어 있다가 포를 보내는 것에 의하여 특수호스 등이 전개되어 그 선단이 액면까지 도달한 후 포를 방출하는 포방출구로서 Cone Roof Tank에 설치한다.

19 마그네슘이 다음의 물질과 반응 시 화학반응식을 쓰시오.

① CO_2

② N_2

③ H_2O

① $2Mg + CO_2 \rightarrow 2MgO + 2C$, $Mg + CO_2 \rightarrow 2MgO + CO\uparrow$

② $3Mg + N_2 \rightarrow Mg_3N_2$

③ $Mg + 2H_2O \rightarrow Mg(OH)_2 + H_2$

■ 마그네슘(Magnesium)

① 저농도 산소 중에서 연소하며, CO_2와 같은 질식성가스에도 마그네슘을 불이 붙은 채로 넣으면 연소한다. 이때 분해된 C는 흑연을 내면서 연소하고 CO는 맹독성, 가연성가스이다.

② 질소 기체 속에 타고 있는 마그네슘을 넣으면 직접 반응하여 공기나 CO_2 속에서보다는 활발하지 않지만 연소한다.

③ 상온에서는 물을 분해하지 못하여 안정지지만, 뜨거운 물이나 과열 수증기가 접촉하면 격렬하게 수소를 발생한다.

20 위험물 운반용기의 주의사항 표시이다. (　　)에 알맞은 말을 쓰시오.

위험물		주의사항
제1류 위험물	알칼리금속의 과산화물	(①)
	기 타	화기·충격주의 및 가연물접촉주의
제2류 위험물	철분·금속분·마그네슘	(②)
	인화성고체	화기엄금
	기 타	(③)
제3류 위험물	자연발화성물질	(④)
	금수성물질	물기엄금
제4류 위험물		화기엄금
제5류 위험물		(⑤)
제6류 위험물		(⑥)

① 화기·충격주의, 물기엄금 및 가연물접촉주의

② 화기주의 및 물기엄금

③ 화기주의

④ 화기엄금 및 공기접촉엄금

⑤ 화기엄금 및 충격주의
⑥ 가연물접촉주의

해설

① 위험물 운반용기의 주의사항

위험물		주의사항
제1류 위험물	알칼리금속의 과산화물	• 화기 · 충격주의 • 물기엄금 • 가연물접촉주의
	기 타	• 화기 · 충격주의 • 가연물접촉주의
제2류 위험물	철분 · 금속분 · 마그네슘	• 화기주의 • 물기엄금
	인화성고체	화기엄금
	기 타	화기주의
제3류 위험물	자연발화성물질	• 화기엄금 • 공기접촉엄금
	금수성물질	물기엄금
제4류 위험물		화기엄금
제5류 위험물		• 화기엄금 • 충격주의
제6류 위험물		가연물접촉주의

② 제조소의 게시판 주의사항

위험물		주의사항
제1류 위험물	알칼리금속의 과산화물	물기엄금
	기 타	별도의 표시를 하지 않는다.
제2류 위험물	인화성고체	화기엄금
	기 타	화기주의
제3류 위험물	자연발화성물질	화기엄금
	금수성물질	물기엄금
제4류 위험물		화기엄금
제5류 위험물		
제6류 위험물		별도의 표시를 하지 않는다.

과년도 출제문제

2014년 제55회 출제문제(5월 25일 시행)

01 히드록실아민 취급하는 제조소의 안전거리 공식을 쓰시오.

> **정답**

$$D = \frac{51.1 \times N}{3}$$

여기서, D : 안전거리(m)

N : 당해 제조소에서 취급하는 히드록실아민 등의 지정수량의 배수

> **해설**

① 히드록실아민 등 취급제조소

담 두께	재 질
15cm 이상	철근콘크리트조, 철골철근콘크리트조
20cm 이상	보강콘크리트블록조

② 히드록실아민 등을 취급하는 설비에는 히드록실아민 등의 온도 및 농도의 상승에 의한 위험한 반응을 방지하기 위한 조치를 강구한다.

③ 히드록실아민 등을 취급하는 설비에는 철이온 등의 혼입에 의한 위험한 반응을 방지하기 위한 조치를 강구한다.

02 분자량 60, 인화점 −19℃이고 달콤한 냄새가 나는 무색의 액체이며, 가수분해하여 알코올과 제2석유류를 생성한다. 이때 반응식을 쓰시오.

> **정답**

$$HCOOCH_3 + H_2O \rightleftarrows CH_3OH + HCOOH$$

> **해설**

의산메틸($HCOOCH_3$)은 달콤한 냄새가 나는 무색의 액체이며, 물에 잘 녹는다.

03 포소화설비에서 공기포소화약제 혼합방식 4가지를 쓰시오.

> **정답**

① 펌프 프로포셔너 방식
② 프레셔 프로포셔너 방식
③ 라인 프로포셔너 방식
④ 프레셔 사이드 프로포셔너 방식

> **해설**

① 펌프 프로포셔너(Pump Proportioner) 방식 : 펌프의 토출관과 흡입관 사이의 배관 도중에 설치한 흡입기에 펌프에서 토출된 물의 일부를 보내고, 농도조정밸브에서 조정된 포소화약제의 필요량을 포소화약제에 탱크에서 펌프 흡입측으로 보내어 이를 혼합하는 방식이다.
② 프레셔 프로포셔너(Pressure Proportioner) 방식 : 펌프와 발포기의 배관 도중에 벤투리(Venturi)관을 설치하여 벤투리 작용에 의하여 포소화약제에 의하여 포소화약제를 혼합하는 방식이다.
③ 라인 프로포셔너(Line Proportioner) 방식 : 급수관의 배관 도중에 포소화약제 혼합기를 설치하여 그 흡입관에서 포소화약제의 소화약제를 혼입하여 혼합하는 방식이다.
④ 프레셔 사이드 프로포셔너(Pressure Side Proportioner) 방식 : 펌프의 토출관에 압입기를 설치하여 포소화약제 압입용 펌프로 포소화약제를 압입시켜 혼합하는 방식이다.

04 알루미늄(Al)이 다음 물질과 반응 시 반응식을 쓰시오.

① 염산

② 알칼리 수용액

> **정답**

① $2Al + 6HCl \rightarrow 2AlCl_3 + 3H_2 \uparrow$
② $2Al + 2NaOH + 2H_2O \rightarrow 2NaAlO_2 + 3H_2 \uparrow$

> **해설**

① 알루미늄(Al)은 진한 질산을 제외한 대부분의 산과 반응하여 수소를 발생한다.
② 알루미늄(Al)은 알칼리 수용액과 반응하여 수소를 발생한다.

05 황화인 중 담황색의 결정으로 분자량 222, 비중 2.09인 물질이 있다. 이 물질이 다음의 물질과 반응 시 반응식을 쓰시오.

① 물
② 물과 반응 시 생성되는 가스의 완전연소반응식을 쓰시오.

① $P_2S_5 + 8H_2O \rightarrow 5H_2S \uparrow + 2H_3PO_4$

② $2H_2S + 3O_2 \rightarrow 2H_2O + 2SO_2 \uparrow$

오황화인(P_2S_5)은 물과 접촉하여 가수분해하거나 습한 공기 중 분해하여 황화수소를 발생하며, 황화수소는 가연성·유독성기체로 공기와 혼합 시 인화 폭발성 혼합기를 형성하므로 위험하다.

06 지하저장탱크의 주위에는 해당 탱크로부터의 액체위험물의 누설을 검사하기 위한 관을 4개소 이상 적당한 위치에 설치한다. 누유 검사관의 설치기준을 3가지만 쓰시오.

① 이중관으로 한다. 다만, 소공이 없는 상부는 단관으로 할 수 있다.
② 재료는 금속관 또는 경질합성수지관으로 한다.
③ 관은 탱크실 또는 탱크의 기초 위에 닿게 한다.
④ 관의 밑부분으로부터 탱크의 중심 높이까지의 부분에는 소공이 뚫려 있을 것. 단, 지하수위가 높은 장소에 있어서는 지하수위 높이까지의 부분에 소공이 뚫려 있어야 한다.
⑤ 상부는 물이 침투하지 아니하는 구조로 하고, 뚜껑은 검사 시에 쉽게 열 수 있도록 한다.

소공 : 작은 구멍을 의미한다.

07 예방규정을 정하여야 하는 제조소 등에 해당하는 것 5가지를 쓰시오.

① 지정수량의 10배 이상의 위험물을 취급하는 제조소
② 지정수량의 100배 이상의 위험물을 저장하는 옥외저장소
③ 지정수량의 150배 이상의 위험물을 저장하는 옥내저장소
④ 지정수량의 200배 이상의 위험물을 저장하는 옥외탱크저장소
⑤ 암반탱크저장소

① 예방규정 : 제조소 등의 화재예방과 화재 등 재해발생 시의 비상조치를 위한 규정
② 예방규정은 관계인이 정하여 시·도지사에게 제출한다.
③ 예방규정을 정하여야 하는 제조소 등
　㉮ 지정수량의 10배 이상의 위험물을 취급하는 제조소
　㉯ 지정수량의 100배 이상의 위험물을 저장하는 옥외저장소
　㉰ 지정수량의 150배 이상의 위험물을 저장하는 옥내저장소
　㉱ 지정수량의 200배 이상의 위험물을 저장하는 옥외탱크저장소

㉮ 암반탱크저장소

　㉯ 이송취급소

　㉰ 지정수량의 10배 이상의 위험물을 취급하는 일반취급소

08 다음과 같은 건축물의 총 소요단위를 구하시오.

- 건축물의 구조 : 지상 1층과 2층의 바닥면적이 1,000m²이다(1층과 2층 모두 내화구조이다).
- 공작물의 구조 : 옥외에 설치 높이 8m, 공작물의 최대수평투영면적 200m²이다.
- 저장 위험물 : 디에틸에테르 3,000L, 경유 5,000L

정답

$$소요단위 = \frac{1,000m^2 \times 2개종}{150m^2} + \frac{200m^2}{150m^2} + \left(\frac{3,000L}{50L \times 10} + \frac{5,000L}{1,000L \times 10} \right) = 21.17단위$$

해설

■ **소요단위(1단위)**

① 제조소 또는 취급소의 건축물
　㉠ 외벽이 내화구조 : 연면적 $100m^2$
　㉡ 외벽이 내화구조가 아닌 것 : 연면적 $50m^2$

② 저장소의 건축물
　㉠ 외벽이 내화구조 : 연면적 $150m^2$
　㉡ 외벽이 내화구조가 아닌 것 : 연면적 $75m^2$

③ 위험물은 지정수량의 10배

09 제5류 위험물인 니트로글리콜에 대해 다음 물음에 답하시오.

① 구조식을 쓰시오.
② 공업용 색상은?
③ 비중은 얼마인가?
④ 질소 함유량을 구하시오.
⑤ 폭발속도는 얼마인가?

정답

① $CH_2 - ONO_2$
　　　$|$
　$CH_2 - ONO_2$

② 암황색, ③ 1.5

④ $\dfrac{N_2}{C_2H_4(ONO_2)_2} \times 100 = \dfrac{28}{152} \times 100 = 18.42\%$

⑤ 7,800m/s

해설

■ 니트로글리콜[nitroglycol, $C_2H_4(ONO_2)_2$]

충격이나 급열하면 폭굉하지만, 그 감도는 NG보다 둔하다. 폭발열은 1,550kcal/kg이다.

10 과산화칼륨(K_2O_2)과 아세트산이 화학반응 시 생성되는 제6류 위험물을 화학식으로 쓰시오.

정답

H_2O_2

해설

과산화칼륨(K_2O_2)과 아세트산이 반응하여 과산화수소를 발생한다.

$K_2O_2 + 2CH_3COOH \rightarrow 2CH_3COOK + H_2O_2$

11 탄화칼슘에 대해 다음 물음에 답하시오.

① 물과 반응식
② 물과의 반응 시 발생된 가스의 위험도를 구하시오.

정답

① $CaC_2 + 2H_2O \rightarrow Ca(OH)_2 + C_2H_2 \uparrow$
② C_2H_2의 폭발범위 : 2.5~81%

$$위험도(H) = \frac{U-L}{L} = \frac{81-2.5}{2.5} = 31.4$$

해설

탄화칼슘(CaC_2)은 물과 심하게 반응하여 소석회와 아세틸렌을 만들며, 공기 중 수분과 반응하여도 아세틸렌을 발생한다. 아세틸렌의 발생량은 약 366L/kg이다.

12 불연성가스 소화약제 저장용기의 설치장소 기준을 쓰시오.

정답

① 방호구역 외의 장소에 설치한다.
② 온도가 40℃ 이하이고 온도 변화가 적은 장소에 설치한다.
③ 직사광선 및 빗물이 침투할 우려가 적은 장소에 설치한다.
④ 저장용기에는 안전장치를 설치한다.

■ 불연성가스소화설비

불연성가스인 CO_2 가스를 고압가스용기에 저장하여 두었다가 화재가 발생할 경우 미리 설치된 소화설비에 의하여 화재발생지역에 CO_2 가스를 방출·분사시켜 질식 및 냉각작용에 의하여 소화를 목적으로 설치한 고정소화설비이다.

13 고인화점 위험물의 정의를 쓰시오.

정답

인화점이 100℃ 이상인 제4류 위험물

해설

■ 고인화점 위험물의 일반취급소

인화점이 100℃ 이상인 제4류 위험물만을 100℃ 미만의 온도에서 취급하는 일반취급소

14 분자량 101, 분해온도 400℃, 흑색화약의 원료로 사용된다. 다음 물음에 답하시오.

① 물질명
② 흑색화약의 분해반응식
③ 질산칼륨의 역할

정답

① 질산칼륨(KNO_3)
② $2KNO_3 + 3S + 21C \rightarrow 13CO_2\uparrow + 3CO\uparrow + 8N_2\uparrow + 5K_2CO_3 + K_2SO_4 + K_2S$
③ 산소공급제

해설

■ 흑색화약

발화점 260℃, 열량 700cal/g, 부피 2,700mm^3/g, 폭발속도 300m/s

15 당밀, 고구마, 감자 등을 원료로 하는 발효방법으로 제조하며, 무색투명한 액체로 단맛이 있고 특유의 냄새가 있다. 다음 물음에 답하시오.

① 촉매 존재 하에 에틸을 물과 합성하여 만들 때 반응식
② 포소화약제
③ 포소화약제를 사용하지 않는 이유

① $C_2H_4 + H_2O \xrightarrow[\text{300℃,70kg/cm}^2]{\text{인산}} C_2H_5OH$

② 알코올형 포

③ 알코올은 수용성이기 때문에 보통의 포를 사용하는 경우 기포가 파괴되므로 사용하지 않는 것이 좋다.

■ **알코올의 제법**

① 당밀, 고구마, 감자 등을 원료로 하는 발효방법으로 제조한다.

② 에틸렌을 황산에 흡수시켜 가수분해하여 만든다.

$CH_2 = CH_2 + H_2SO_4 \longrightarrow C_2H_5OSO_3H$

$2CH_2 = CH_2 + H_2SO_4 \longrightarrow (C_2H_5)_2SO_4$

$(C_2H_5)_2SO_4 + 2H_2O \longrightarrow 2C_2H_5OH + H_2SO_4$

③ 에틸렌을 물과 합성하여 만든다.

$C_2H_4 + H_2O \xrightarrow[\text{300℃,70kg/cm}^2]{\text{인산}} C_2H_5OH$

16 메탄 60vol%, 에탄 30vol, 프로판 10vol%로 혼합된 가스의 공기 중 폭발하한값은 약 몇 % 인지 구하시오.

$$\frac{100}{L} = \frac{V_1}{L_1} + \frac{V_2}{L_2} + \frac{V_3}{L_3}, \quad \frac{100}{L} = \frac{60}{5} + \frac{30}{3} + \frac{10}{2.1}$$

$\therefore L = 2.45\%$

물 질	폭발범위
CH_4	5~15%
C_2H_6	3~12.4%
C_3H_8	2.1~9.5%

17 다음의 (   )에 알맞은 답을 쓰시오.

> 이동식 포소화설비는 4개(호스접속구가 4개 미만인 경우에는 그 개수)의 노즐을 동시에 사용할 경우에 각 노즐선단의 방사압력은 (①)MPa 이상이고, 방사량을 옥내에 설치한 것은 (②)L/min, 옥외에 설치한 것은 (③)L/min 이상으로 30분간 방사할 수 있는 양 이상이 되도록 하여야 한다.

정답

① 0.35, ② 200, ③ 400

해설

■ 포소화설비
포소화약제를 사용하여 포수용액을 만들고, 이것을 기계적으로 발포시켜 연소부분을 질식효과, 냉각효과에 의해 소화목적을 달성하는 소화설비이다.

18 위험물의 성질란에 규정된 성상을 2가지 이상 포함하는 물품을 복수성상물품이라 한다. 이 물품이 속하는 품명의 판단기준을 (   )에 맞는 유별을 쓰시오.

> ① 복수성상물품이 산화성 고체의 성상 및 가연성고체의 성상을 가지는 경우 : (   )류 위험물
> ② 복수성상물품이 산화성 고체의 성상 및 자기반응성물질의 성상을 가지고 경우 : (   )류 위험물
> ③ 복수성상물품이 가연성고체의 성상과 자연발화성 물질이 성상 및 금수성물질의 성상을 가지는 경우 : (   )류 위험물
> ④ 복수성상물품이 자연발화성 물질의 성상, 금수성물질의 성상 및 인화성액체의 성상을 가지는 경우 : (   )류 위험물
> ⑤ 복수성상물품이 인화성액체의 성상 및 자기반응성물질의 성상을 가지는 경우 : (   )류 위험물

정답

① 2, ② 5, ③ 3, ④ 3, ⑤ 5

해설

■ 위험물의 지정은 5가지 방식으로 그 물질의 위험물을 지정하여 관리한다.
① 화학적 조성에 의한 지정 : 비슷한 성질을 가진 원소, 비슷한 성분과 조성을 가진 화합물은 각각 유사한 성질을 나타낸다.

② 형태에 의한 지정 : 철, 망간, 알루미늄 등 금속분은 보통 괴상의 상태는 규제가 없지만, 입자가 일정 크기 이하인 분상은 위험물로 규정된다.

③ 사용 상태에 의한 지정 : 동일 물질에 있어서도 보관 상태에 따라 달라질 수 있으며, 동·식물유류는 위험물안전관리법상 위험물로 보지 않는다(단, 밀봉된 상태).

④ 지정에서의 제외와 편입 : 화학적인 호칭과 위험물안전관리법상의 호칭과는 내용상의 차이가 있는 것도 있지만, 알코올류는 수백 종이 있고 위험물안전관리법에서는 특수한 소수의 알코올만을 지칭한다. 변성알코올은 알코올류에 포함되나, 탄소수가 4개 이상인 알코올은 인화점에 따라 석유류로 분류된다.

⑤ 경합하는 경우의 지정 : 동시에 2개 이상의 유별이 해당되며, 복수성상물품이라 하여 제1류와 제2류, 제1류와 제5류, 제2류와 제3류 등이 해당된다. 이때 일반 위험보다는 특수 위험성을 우선하여 지정한다.

19 이동탱크저장소의 위험물 운송 시 운송책임자의 감독·지원을 받는다. 다음 물음에 답하시오.

① 위험물의 종류를 2가지 쓰시오.

② 운송책임자의 자격요건을 쓰시오.

> **정답**
>
> ① 알킬알루미늄, 알킬리튬, 알킬알루미늄 또는 알킬리튬을 함유하는 위험물
> ② 당해 위험물의 취급에 관한 국가기술자격을 취득하고 관련 업무에 1년 이상 종사한 경력이 있는 자 또는 위험물의 운송에 관한 안전교육을 수료하고 관련 업무에 2년 이상 종사한 경력이 있는 자

> **해설**
>
> ■ 운송자
> 이동탱크저장소로 위험물을 운송하는 자는 국가기술자격자 또는 위험물운송자 안전교육을 받은 자여야 한다.

20 옥내탱크저장소에서 별도의 기준을 갖출 경우 탱크전용실을 단층건물 외의 건축물에 설치할 수 있는 제2류 위험물의 종류 3가지를 쓰시오.

> **정답**
>
> ① 황화인, ② 적린, ③ 덩어리 유황

> **해설**
>
> ■ 옥내저장탱크의 전용실을 건축물의 1층 또는 지하층에 설치할 수 있는 위험물
> ① 제2류 위험물 : 황화인, 적린, 덩어리 유황
> ② 제3류 위험물 : 황린
> ③ 제6류 위험물 : 질산

01 다음 물질의 위험도는 얼마인지 구하시오.

① 디에틸에테르
② 아세톤

정답

① $H = \dfrac{U-L}{L}$, $\dfrac{48-1.9}{1.9} = 24.26$

② $H = \dfrac{U-L}{L}$, $\dfrac{12.8-2.5}{2.5} = 4.12$

해설

■ 위험도(H, Hazards)

가연성 혼합가스의 연소범위의 제한치를 나타내는 것으로, 위험도가 클수록 위험하다.

$H = \dfrac{U-L}{L}$ [H : 위험도, U : 연소범위의 상한치, L : 연소범위의 하한치]

02 니트로글리세린에 대해 다음 물음에 답하시오.

① 구조식
② 분해 시 생성되는 가스

정답

①

```
     H    H    H
     |    |    |
H  — C  — C  — C  — H
     |    |    |
     O    O    O
     |    |    |
    NO₂  NO₂  NO₂
```

② CO_2, H_2O, N_2, O_2

해설

① 니트로글리세린($C_3H_5(ONO_2)_3$)은 점화하면 즉시 연소하고 다량이면 폭발력이 강하다. 이때의 온도는 300℃에 달하며 폭발 시의 폭발속도는 7,500m/s이고, 폭발열은 1,470kcal/kg이다.

$$4C_3H_5(ONO_2)_3 \xrightarrow{\Delta} 12CO_2\uparrow + 10H_2O\uparrow + 6N_2\uparrow + O_2\uparrow$$

② 니트로글리세린의 1용적은 1,200용적의 기체를 생성하고 동시에 온도의 상승으로 거의 1만 배의 체적으로 팽창한다. 이 팽창에 의해 생긴 압력이 폭발의 원인이 된다. 이것은 같은 양의 흑색화약보다 약 3배의 폭발력을 가진다. 그리고 25배 정도의 폭발속도를 나타낸다.

03 제2류 위험물의 저장 및 취급기준에 대한 설명이다. 다음으 (   )에 알맞은 답을 쓰시오.

> 제2류 위험물은 (①   )와의 접촉, 혼합이나 불티, 불꽃, 고온체와의 접근 또는 과열을 피하는 한편, (②   ) 및 이를 함유한 것에 있어서는 물이나 산과의 접촉을 피하고 인화성고체에 있어서는 함부로 (③   )를 발생시키지 아니하여야 한다.

정답

① 산화제, ② 철분, 금속분, 마그네슘, ③ 증기

해설

① 제1류 위험물 : 가연물과의 접촉, 혼합이나 분해를 촉진하는 물품과의 접근 또는 과열, 충격, 마찰 등을 피하는 한편, 알칼리금속의 과산화물 및 이를 함유한 것에 있어서는 물과의 접촉을 피하여야 한다.
② 제2류 위험물 : 산화제와의 접촉·혼합이나 불티, 불꽃, 고온체와의 접근 또는 과열을 피하는 한편, 철분·금속분·마그네슘 및 이를 함유한 것에 있어서는 물이나 산과의 접촉을 피하고 인화성고체에 있어서는 함부로 증기를 발생시키지 아니하여야 한다.
③ 제3류 위험물 : 자연발화성물품에 있어서는 불티, 불꽃 또는 고온체와의 접근·과열 또는 공기와의 접촉을 피하고, 금수성물품에 있어서는 물과의 접촉을 피하여야 한다.
④ 제4류 위험물 : 불티, 불꽃, 고온체와의 접근 또는 과열을 피하고, 함부로 증기를 발생시키지 아니하여야 한다.
⑤ 제5류 위험물 : 불티, 불꽃, 고온체와의 접근이나 과열, 충격 또는 마찰을 피하여야 한다.
⑥ 제6류 위험물 : 가연물과의 접촉·혼합이나 분해를 촉진하는 물품과의 접근 또는 과열을 피하여야 한다.

04 페놀을 진한 황산에 녹여 이것을 질산에 작용시켜 만드는 물질에 대한 다음 물음에 답하시오.

① 몇 류 위험물인가?
② 품명은 무엇인가?
③ 지정수량은 얼마인가?

정답

① 제5류 위험물, ② 니트로화합물, ③ 200kg

해설

$$C_6H_5OH + 3HNO_3 \xrightarrow{\quad C-H_2SO_4 \quad} C_6H_2OH(NO_2)_3 + 3H_2O$$

05 다음 물질의 연소반응식을 쓰시오.

① P_4S_3

② P_2S_5

> **정답**

① $P_4S_3 + 8O_2 \rightarrow 2P_2O_5 \uparrow + 3SO_2 \uparrow$

② $2P_2S_5 + 15O_2 \rightarrow 2P_2O_5 \uparrow + 10SO_2 \uparrow$

> **해설**

삼황화인과 오황화인의 연소생성물은 모두 유독하다.

06 알루미늄분(Al)의 다음 반응식을 쓰시오.

① 연소 시 반응

② 물과의 반응

> **정답**

① $4Al + 3O_2 \rightarrow 2Al_2O_3 + 4 \times 199.6kcal$

② $2Al + 6H_2O \rightarrow 2Al(OH)_3 + 3H_2 \uparrow$

> **해설**

① 알루미늄 분말이 발화하면 다량의 열을 발생하며, 광택 및 흰 연기를 내면서 연소하므로 소화가 곤란하다.

② 알루미늄 분말은 찬물과 반응하면 매우 느리고 미미하지만, 뜨거운 물과는 격렬하게 반응하여 수소를 발생한다.

07 탱크시험자가 갖추어야 할 기술장비 5가지를 쓰시오.

> **정답**

① 방사선투과시험기

② 초음파탐상시험기

③ 자기탐상시험기

④ 초음파두께측정기, 영상초음파탐상시험기

⑤ 수직·수평도 측정기

■ 탱크시험자가 갖추어야 할 기술능력·시설 및 장비

① 기술능력
  ㉮ 필수인력
    ㉠ 위험물기능장·위험물산업기사 또는 위험물기능사 중 1명 이상
    ㉡ 비파괴검사기술사 1명 이상 또는 초음파비파괴검사·자기비파괴검사 및 침투비파괴검사별로 기사 또는 산업기사 각 1명 이상
  ㉯ 필요한 경우에 두는 인력
    ㉠ 충·수압시험, 진공시험, 기밀시험 또는 내압시험의 경우 : 누설비파괴검사 기사, 산업기사 또는 기능사
    ㉡ 수직·수평도시험의 경우 : 측량 및 지형공간정보 기술사, 기사, 산업기사 또는 측량기능사
    ㉢ 방사선투과시험의 경우 : 방사선비파괴검사 기사 또는 산업기사
    ㉣ 필수 인력의 보조 : 방사선비파괴검사·초음파비파괴검사·자기비파괴검사 또는 침투비파괴검사 기능사
② 시설 : 전용사무실
③ 장비
  ㉮ 필수장비 : 자기탐상시험기, 초음파두께측정기 및 ㉠ 또는 ㉡ 중 어느 하나
    ㉠ 영상초음파탐상시험기
    ㉡ 방사선투과시험기 및 초음파탐상시험기
  ㉯ 필요한 경우에 두는 장비
    ㉠ 충·수압시험, 진공시험, 기밀시험 또는 내압시험의 경우
      • 진공능력 53KPa 이상의 진공누설시험기
      • 기밀시험장치(안전장치가 부착된 것으로서 가압능력 200KPa 이상, 감압의 경우에는 감압능력 10KPa 이상·감도 10Pa 이하의 것으로서 각각의 압력 변화를 스스로 기록할 수 있는 것)
    ㉡ 수직·수평도 시험의 경우 : 수직·수평도 측정기
[비고] 둘 이상의 기능을 함께 가지고 있는 장비를 갖춘 경우에는 각각의 장비를 갖춘 것으로 본다.

08 이 물질은 백색 또는 담황색의 분말이며, 수화물은 무색의 결정이다. 다음 물음에 답하시오.

① 이 물질은 무엇인가?
② 열분해반응식을 구하시오.
③ 염산과의 반응식을 구하시오.

정답

① 과산화칼슘(CaO_2), ② $2CaO_2 \rightarrow 2CaO + O_2$

③ $CaO_2 + 2HCl \rightarrow CaCl_2 + H_2O_2$

해설

■ **물과의 반응식**

$2CaO_2 + 2H_2O \rightarrow 2Ca(OH)_2 + O_2$

09 에틸알코올 200g이 완전연소 시 생성되는 CO_2는 몇 L인지 구하시오.

> **정답**
>
> $C_2H_5OH + 3O_2 \rightarrow 2CO_2 + 3H_2O$
>
> 46kg   2×22.4L
>
> 200g x (L)
>
> $\therefore \ x = \dfrac{200 \times 2 \times 22.4}{46} = 194.78L$

10 주유취급소에 주유 또는 그에 부대하는 업무를 위하여 사용되는 건축물 또는 시설물로 설치할 수 있는 것을 6가지 쓰시오.

> **정답**
>
> ① 주유 또는 등유·경유를 옮겨 담기 위한 작업장
> ② 주유취급소의 업무를 행하기 위한 사무소
> ③ 자동차 등의 점검 및 간이정비를 위한 작업장
> ④ 자동차 등의 세정을 위한 작업장
> ⑤ 주유취급소에 출입하는 사람을 대상으로 한 점포, 휴게음식점 또는 전시장
> ⑥ 주유취급소의 관계자가 거주하는 주거시설
>
> **해설**
>
> ① 주유 또는 등유·경유를 옮겨 담기 위한 작업장
> ② 주유취급소의 업무를 행하기 위한 사무소
> ③ 자동차 등의 점검 및 간이정비를 위한 작업장
> ④ 자동차 등의 세정을 위한 작업장
> ⑤ 주유취급소에 출입하는 사람을 대상으로 한 점포, 휴게음식점 또는 전시장
> ⑥ 주유취급소의 관계자가 거주하는 주거시설
> ⑦ 전기자동차용 충전설비(전기를 동력원으로 하는 자동차에 직접 전기를 공급하는 설비를 말한다)
> ⑧ 그 밖의 소방청장이 정하여 고시하는 건축물 또는 시설

11 제1류 위험물의 종류 및 지정수량 란에서 행정안전부령이 정하는 지정물질을 8가지 쓰시오.

> **정답**

① 과요오드산염류
② 과요오드산
③ 크롬, 납 또는 요오드의 산화물
④ 아질산염류
⑤ 차아염소산염류
⑥ 염소화이소시아눌산
⑦ 퍼옥소이황산염류
⑧ 퍼옥소붕산염류

> **해설**

행정안전부령이 정하는 지정물질

품 명	지정물질
제1류 위험물	• 과요오드산염류 • 과요오드산 • 크롬, 납 또는 요오드의 산화물 • 아질산염류 • 차아염소산염류 • 염소화이소시아눌산 • 퍼옥소이황산염류 • 퍼옥소붕산염류
제3류 위험물	염소화규소화합물
제5류 위험물	• 금속의 아지화합물 • 질소구아니딘
제6류 위험물	할로겐간화합물

12 위험물 소비 작업의 종류를 4가지 쓰시오.

> **정답**

① 분사도장 작업
② 담금질 또는 열처리 작업
③ 염색 또는 세척 작업
④ 버너 사용

> **해설**

■ **위험물의 취급 중 소비에 관한 기준**
① 분사도장 작업은 방화상 유효한 격벽 등으로 구획된 안전한 장소에서 실시할 것
② 담금질 또는 열처리 작업은 위험물이 위험한 온도에 이르지 아니하도록 하여 실시할 것

③ 염색 또는 세척 작업은 가연성증기의 환기를 잘 하여 실시하는 한편, 폐액을 함부로 방치하지 말고 안전하게 처리할 것

④ 버너를 사용하는 경우에는 버너의 역화를 방지하고 위험물이 넘치지 아니하도록 할 것

13 다음에서 옥외저장소에서 저장·취급할 수 있는 위험물을 쓰시오.

> 과연소산염류, 유황, 인화성고체(인화점 5℃), 이황화탄소, 질산, 에탄올, 아세톤, 질산에스테르류

정답

유황, 인화성고체(인화점 5℃), 질산, 에탄올

해설

① 옥외저장소에서 저장·취급할 수 있는 위험물
  ㉠ 제2류 위험물 중 유황 또는 인화성고체(인화점이 0℃ 이상인 것에 한함)
  ㉡ 제4류 위험물 중 제1석유류(인화점이 0℃ 이상인 것에 한함), 알코올류, 제2석유류, 제3석유류, 제4석유류 및 동·식물유류
  ㉢ 제6류 위험물
② 옥외저장소에서 저장·취급할 수 없는 위험물
  ㉠ 저인화점의 위험물
  ㉡ 이연성의 위험물
  ㉢ 금수성의 위험물

14 인화점이 −11.1℃이고 무색투명하며, 독특한 냄새를 가진 휘발성이 강한 액체이다. 다음 물음에 답하시오.

① 지정수량
② 분자량
③ 연소반응식

정답

① 200L, ② 78g, ③ $C_6H_6 + 7.5O_2 \rightarrow 6CO_2 + 3H_2O$

해설

■ 벤젠(C_6H_6)

융점이 5.5℃이고 인화점이 −11.1℃이기 때문에 겨울철에는 응고된 상태에서도 연소할 가능성이 있으며, 위험성이 강하여 인화하기 쉽고 화재 시 다량의 흑연을 발생하고 뜨거운 열을 내면서 연소한다.

15 제1종 분말소화약제의 분해반응식을 쓰고, 이 소화제 8.4g이 분해하여 발생하는 탄산가스는 몇 L인지 계산하시오.

> **정답**
>
> ① 분해반응식 : $2NaHCO_3 \xrightarrow{\Delta} Na_2CO_2 + CO_2 + H_2O$
>
> ② $2NaHCO_3 \xrightarrow{\Delta} Na_2CO_2 + CO_2 + H_2O$
>
>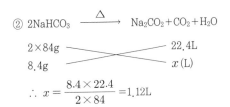
>
> $\therefore\ x = \dfrac{8.4 \times 22.4}{2 \times 84} = 1.12L$

16 위험물을 저장 또는 취급하는 장소에 당해 위험물을 적당한 온도로 유지하기 위한 살수설비를 설치하여야 할 위험물을 쓰시오.

> **정답**
>
> ① 인화성고체(인화점이 21℃ 미만인 것에 한함)
> ② 제1석유류, ③ 알코올류

> **해설**
>
> ■ **인화성고체, 제1석유류 또는 알코올류의 옥외저장소 특례**
> ① 인화성고체(인화점이 21℃ 미만인 것에 한함), 제1석유류 또는 알코올류를 저장 또는 취급하는 장소에는 당해 위험물을 적당한 온도로 유지하기 위한 살수설비 등을 설치하여야 한다.
> ② 제1석유류 또는 알코올류를 저장 또는 취급하는 장소의 주위에는 배수구 및 집유설비를 설치해야 한다. 이 경우 제1석유류(온도 20℃의 물 100g에 용해되는 양이 1g 미만인 것에 한함)를 저장 또는 취급하는 장소에 있어서는 집유설비에 유분리장치를 설치하여야 한다.

17 옥외탱크저장소의 방유제에 대한 다음 물음에 답하시오.

① 하나의 방유제 내의 탱크를 20기 이하로 할 경우 방유제 내의 전탱크의 용량은 얼마인가?
② 방유제와 탱크 측면과의 상호거리 확보가 인화점 몇 ℃ 이상인 경우에 제외되는가?
③ 탱크의 지름이 15m 미만인 경우 방유제와 탱크 측면과의 상호거리는 얼마인가?
④ 탱크의 지름이 15m 이상인 경우 방유제와 탱크 측면과의 상호거리는 얼마인가?

> **정답**
>
> ① 20만L 이하, ② 200℃ 이상, ③ 탱크 높이의 $\dfrac{1}{3}$ 이상, ④ 탱크 높이의 $\dfrac{1}{2}$ 이상

① 하나의 방유제 내의 탱크의 기수

    ㉠ 10기 이하

    ㉡ 20기 이하 : 방유제 내의 전 탱크의 용량이 20만L 이하이고, 인화점이 70℃ 이상 200℃ 미만인 것

    ㉢ 기수에 제한을 두지 않는 경우 : 인화점 200℃ 이상

② 방유제와 탱크 측면과의 상호거리

    ㉠ 탱크 지름이 15m 미만 : 탱크 높이의 $\frac{1}{3}$ 이상

    ㉡ 탱크 지름이 15m 이상 : 탱크 높이의 $\frac{1}{2}$ 이상

    ㉢ 인화점이 200℃ 이상 : 방유제와 탱크 측면과의 상호거리 확보 제외

18 유량이 230L/s 유체가 $D=250$mm에서 $D=400$mm로 관경이 확장되었을 때 손실수두는 얼마가 되는지 구하시오.

정답

$Q = A \cdot V$에서 유속은, $V_1 = \dfrac{0.23\mathrm{m}^3/\mathrm{s}}{\dfrac{0.25^2\pi}{4}} = 4.6855\mathrm{m/s}$

$V_2 = \dfrac{0.23\mathrm{m}^3/\mathrm{s}}{\dfrac{0.4^2\pi}{4}} = 1.8323\mathrm{m/s}$

∴ 돌연확대관의 손실수두 $h = \dfrac{(V_1 - V_2)^2}{2g} = \dfrac{(4.6855 - 1.8303)^2}{19.6} = 0.4158 = 0.42\mathrm{m}$

19 강제강화플라스틱제 이중벽 탱크의 누설된 위험물을 감지할 수 있는 누설감지설비에 설치하는 경보장치에 대해서 다음 물음에 답하시오.

> ① 센서의 종류
> ② 센서가 감지해야 할 검지관 내의 위험물 등의 누설 수위
> ③ 센서가 감지해야 할 검지관 내의 위험물 등의 누설량
> ④ 센서가 누설된 위험물 등을 감지한 경우 발해야 할 경보음의 크기

정답

① 액체 플로트 센서, 액면계

② 3cm 이상, ③ 1L 이상, ④ 80dB 이상

■ **강제강화플라스틱제 이중벽 탱크의 누설감지설비의 기준**

① 누설감지설비는 탱크 본체의 손상 등에 의하여 감지층에 위험물이 누설되거나 강화플라스틱 등의 손상 등에 의하여 지하수가 감지층에 침투하는 현상을 감지하기 위하여 감지층에 접속하는 검지관에 설치된 센서 및 당해 센서가 작동한 경우에 경보를 발생하는 장치로 구성되도록 할 것

② 경보표시장치는 관계인이 상시 쉽게 감시하고 이상상태를 인지할 수 있는 위치에 설치할 것

③ 감지층에 누설된 위험물 등을 감지하기 위한 센서는 액체플로트센서 또는 액면계 등으로 하고, 검지관 내로 누설된 위험물 등의 수위가 3cm 이상인 경우에 감지할 수 있는 성능 또는 누설량이 1L 이상인 경우에 감지할 수 있는 성능이 있을 것

④ 누설감지설비는 센서가 누설된 위험물 등을 감지한 경우에 경보신호(경보음 및 경보표시)를 발하는 것으로 하되, 당해 경보신호가 쉽게 정지될 수 없는 구조로 하고 경보음은 80dB 이상으로 할 것

20 다음의 위험물의 지정수량을 쓰시오.

① 과망간산염류	② 중크롬산염류
③ 제1석유류(비수용성)	④ 제1석유류(수용성)
⑤ 제2석유류(비수용성)	⑥ 제2석유류(수용성)
⑦ 아조화합물	⑧ 디아조화합물
⑨ 히드라진유도체	

정답

① 1,000kg, ② 1,000kg, ③ 200L, ④ 400L, ⑤ 1,000L, ⑥ 2,000L, ⑦ 200kg, ⑧ 200kg, ⑨ 200kg

해설

① 제1류 위험물의 품명과 지정수량

성 질	위험등급	품 명	지정수량
산화성고체	I	1. 아염소산염류	50kg
		2. 염소산염류	50kg
		3. 과염소산염류	50kg
		4. 무기과산화물류	50kg
	II	5. 브롬산염류	300kg
		6. 질산염류	300kg
		7. 요오드산염류	300kg
	III	8. 과망간산염류	1,000kg
		9. 중크롬산염류	1,000kg

성 질	위험등급	품 명		지정수량
산화성고체	Ⅰ ~ Ⅲ	10. 그 밖에 행정안전부령이 정하는 것 　① 과요오드산염류 　② 과요오드산 　③ 크롬, 납 또는 요오드의 산화물 　④ 아질산염류 　⑤ 차아염소산염류 　⑥ 염소화이소시아눌산 　⑦ 퍼옥소이황산염류 　⑧ 퍼옥소붕산염류 11. 1~10에 해당하는 어느 하나 이상을 함유한 것		50kg, 300kg 또는 1,000kg

② 제4류 위험물의 품명과 지정수량

성 질	위험등급	품 명		지정수량
인화성 액체	Ⅰ	특수인화물류		50L
	Ⅱ	제1석유류	비수용성	200L
			수용성	400L
		알코올류		400L
	Ⅲ	제2석유류	비수용성	1,000L
			수용성	2,000L
		제3석유류	비수용성	2,000L
			수용성	4,000L
		제4석유류		6,000L
		동·식물유류		10,000L

③ 제5류 위험물의 품명과 지정수량

성 질	위험등급	품 명	지정수량
자기반응성 물질	Ⅰ	1. 유기과산화물 2. 질산에스테르류	10kg 10kg
	Ⅱ	3. 니트로화합물 4. 니트로소화합물 5. 아조화합물 6. 디아조화합물 7. 히드라진유도체 8. 히드록실아민 9. 히드록실아민염류	200kg 200kg 200kg 200kg 200kg 100kg 100kg
	Ⅲ	10. 그 밖에 행정안전부령이 정하는 것 　① 금속의 아지드 화합물 　② 질산구아니딘 11. 1~10에 해당하는 어느 하나 이상을 함유한 것	10kg, 100kg 또는 200kg

과년도 출제문제

01 분자101, 분해온도 400℃, 흑색화약의 제조 원료로 사용하는 제1류 위험물이다.

① 물질명
② 화학식
③ 열분해반응식

정답

① 질산칼륨, ② KNO_3, ③ $2KNO_3 \longrightarrow 2KNO_2 + O_2$

해설

질산칼륨은 열분해하여 서서히 산소를 방출한다. 분해 시 산소의 방출량이 많아서 화약이나 폭약의 산소공급제로 이용된다.

02 메틸에틸케톤, 과산화벤조일의 구조식을 그리시오.

정답

① 메틸에틸케톤 :

$$
\begin{array}{ccccc}
 & H & O & H & H \\
 & | & \| & | & | \\
H - & C - & C - & C - & C - H \\
 & | & & | & | \\
 & H & & H & H
\end{array}
$$

② 과산화벤조일 :

해설

■ **구조식** : 분자 내의 원자의 결합상태를 원소기호와 결합선을 이용하여 표시한 식

03 크실렌의 이성질체 종류 3가지와 구조식을 쓰시오.

① o – 크실렌

② m – 크실렌

③ p –크실렌

■ **이성질체**

분자를 구성하는 원소의 수는 같으나 원자의 배열이나 구조가 달라서 물리적, 화학적 성질이 다른 화합물을 이성질체라 한다. 즉, 분자식은 같으나 시성식이나 구조식이 다른 물질이다.

04 이동탱크저장소이다. 다음 물음에 답하시오.

① 상치장소의 개념
② 옥외에 있는 상치장소
③ 옥내에 있는 상치장소

① 이동탱크저장소를 주차할 수 있는 장소이며, 옥외 또는 옥내에 둘 수 있다.
② 화기를 취급하는 장소 또는 인근의 건축물로부터 5m 이상(인근의 건축물이 1층인 경우에는 3m 이상)의 거리를 확보하여야 한다. 다만, 하천의 공지나 수면, 내화구조 또는 불연재료의 담 또는 벽 그 밖에 이와 유사한 것에 접하는 경우를 제외한다.
③ 벽, 바닥, 보, 서까래 및 지붕이 내화구조 또는 불연재료로 된 건축물의 1층에 설치하여야 한다.

이동탱크저장소는 상치장소가 있어야 하며, 탱크에 위험물을 저장한 상태에서 주차하지 않는 것을 원칙으로 하고 있다.

05 트리에틸알루미늄이 물과의 화학반응식을 쓰고, 여기서 발생한 기체의 위험도를 구하시오.

① 반응식 : $(C_2H_5)_3Al + 3H_2O \longrightarrow Al(OH)_3 + 3C_2H_6$

② 위험도(H) = $\dfrac{\text{폭발상한값}(U) - \text{폭발하한값}(L)}{\text{폭발하한값}(L)}$

$H = \dfrac{12.4 - 3}{3} = 3.13$

① 트리에틸 알루미늄은 물과 접촉하면 폭발적으로 반응하여 에탄을 생성하고, 이때 발열·폭발에 이른다.
② 에탄(C_2H_6) 폭발범위 : 3~12%

06 위험물 저장탱크에 설치하는 포소화설비의 포방출구(Ⅰ형, Ⅱ형, Ⅲ형, Ⅳ형, 특형)이다.
( ) 안에 알맞게 채우시오.

① ( )형 : 고정지붕구조(CRT)의 탱크에 저부포주입법(탱크의 액면 하에 설치된 포방출구로부터 포를 탱크 내에 주입하는 방법)을 이용하는 것으로 송포관으로부터 포를 방출하는 포방출구

② ( )형 : 고정지붕구조(CRT)의 탱크에 저부포주입법을 이용하는 것으로 평상시에는 탱크의 액면하의 저부에 격납통에 수납되어 있는 특수호스 등이 소포관의 말단에 접속되어 있다가 포를 보내어 선단이 액면까지 도달한 후 포를 방출하는 포방출구

③ 특형 : 부상지붕구조(FRT, Floating Roof Tank)의 탱크에 상부포주입법을 이용하는 것으로 부상지붕의 부상 부분상에 높이 0.9m 이상의 금속제의 칸막이를 탱크 옆판의 내측으로부터 1.2m 이상 이격하여 설치하고, 탱크옆판과 칸막이에 의하여 형성된 환상부분에 포를 주입하는 것이 가능한 구조의 반사판을 갖는 포방출구

④ ( )형 : 고정지붕구조(CRT) 또는 부상덮개부착 고정지붕구조의 탱크에 상부포주입법을 이용하는 것으로, 방출된 포가 탱크 옆판의 내면을 따라 흘러 내려가면서 액면 아래로 몰입되거나 액면을 뒤섞지 않고 액면상을 덮을 수 있는 반사판 및 탱크 내의 위험물 증기가 외부로 역류되는 것을 저지할 수 있는 구조, 기구를 갖는 포방출구

⑤ ( )형 : 고정지붕구조(CRT)의 탱크에 상부포주입법(고정포 방출구를 탱크 옆판의 상부에 설치하여 액표면상에 포를 방출하는 방법)을 이용하는 것으로 방출된 포가 액면 아래로 몰입되거나 액면을 뒤섞지 않고 액면상을 덮을 수 있는 통계단 또는 미끄럼판 등의 설비 및 탱크 내의 위험물 증기가 외부로 역류되는 것을 저지할 수 있는 구조, 기구를 갖는 포방출구로서 Cone Roof Tank에 설치

정답

① Ⅲ, ② Ⅳ, ③ Ⅰ, ④ Ⅰ

해설

고정식 포방출구 방식은 탱크에서 저장·취급하는 위험물의 화재를 유효하게 소화할 수 있도록하는 포방출구이다.

07 위험물제조소 등의 관계인은 예방규정을 작성하여야 한다. 작성 내용 5가지를 쓰시오.

① 위험물의 안전관리업무를 담당하는 자의 직무 및 조직에 관한 사항
② 안전관리자가 여행·질병 등으로 인하여 그 직무를 수행할 수 없을 경우 그 직무의 대리자에 관한 사항
③ 자체소방대를 설치하여야 하는 경우에는 자체소방대의 편성과 화학소방자동차의 배치에 관한 사항
④ 위험물의 안전에 관계된 작업에 종사하는 자에 대한 안전교육에 관한 사항
⑤ 위험물시설 및 작업장에 대한 안전순찰에 관한 사항

① 위험물의 안전관리업무를 담당하는 자의 직무 및 조직에 관한 사항
② 안전관리자가 여행·질병 등으로 인하여 그 직무를 수행할 수 없을 경우 그 직무의 대리자에 관한 사항
③ 자체소방대를 설치하여야 하는 경우에는 자체소방대의 편성과 화학소방자동차의 배치에 관한 사항
④ 위험물의 안전에 관계된 작업에 종사하는 자에 대한 안전교육에 관한 사항
⑤ 위험물시설 및 작업장에 대한 안전순찰에 관한 사항
⑥ 위험물시설·소방시설 그 밖의 관련 시설에 대한 점검 및 정비에 관한 사항
⑦ 위험물시설의 운전 또는 조작에 관한 사항
⑧ 위험물 취급 작업의 기준에 관한 사항
⑨ 이송취급소에 있어서는 배관공사 현장책임자의 조건 등 배관공사 현장에 대한 감독체제에 관한 사항과 배관 주위에 있는 이송취급소시설 외의 공사를 하는 경우 배관의 안전확보에 관한 사항
⑩ 재난, 그 밖에 비상시의 경우에 취하여야 하는 조치에 관한 사항
⑪ 위험물의 안전에 관한 기록에 관한 사항
⑫ 제조소 등의 위치·구조 및 설비를 명시한 서류와 도면의 정비에 관한 사항
⑬ 그 밖에 위험물의 안전관리에 관하여 필요한 사항

08 위험물제조소 등의 설치허가를 취소하거나 6월 이내의 기간을 정하여 전부 또는 일부의 사용정지를 명할 수 있는 내용을 5가지 쓰시오.

① 변경허가를 받지 아니하고 제조소 등의 위치·구조 또는 설비를 변경한 때
② 완공검사를 받지 아니하고 제조소 등을 사용한 때
③ 수리·개조 또는 이전의 명령에 위반한 때
④ 위험물안전관리자를 선임하지 아니한 때
⑤ 대리자를 지정하지 아니한 때

■ 위험물제조소 등을 취소하거나 6월 이내의 기간을 정하여 전부 또는 일부의 사용정지를 명할 수 있는 내용
① 변경허가를 받지 아니하고 제조소 등의 위치·구조 또는 설비를 변경한 때
② 완공검사를 받지 아니하고 제조소 등을 사용한 때
③ 수리·개조 또는 이전의 명령에 위반한 때

④ 위험물안전관리자를 선임하지 아니한 때
⑤ 대리자를 지정하지 아니한 때
⑥ 정기점검을 하지 아니한 때
⑦ 정기검사를 받지 아니한 때
⑧ 저장·취급기준 준수명령에 위반한 때

09 철분이 다음 물질과 반응할 때의 반응식을 쓰시오.

① 염산
② 수증기
③ 산소

> **정답**

① $Fe + 2HCl \rightarrow FeCl_2 + H_2 \uparrow$
② $2Fe + 3H_2O \rightarrow FeO_3 + 3H_2 \uparrow$
③ $4Fe + 3O_2 \rightarrow 2Fe_2O_3$

> **해설**

① 상온에서 염산과 반응하여 수소를 발생한다.
② 가열되거나 금속의 온도가 충분히 높을 때 더운 물 또는 수증기와 반응하면 수소를 발생하며 경우에 따라서는 폭발을 한다.
③ 공기 중에 산화되어 산화 제2철이 된다.

10 드라이아이스가 100g, 압력이 100kPa, 온도가 30℃일 때 부피는 몇 L인가?

> **정답**

51.21L

> **해설**

$$PV = \frac{W}{M}RT$$
$$V = \frac{WRT}{PM} = \frac{100 \times 8.314 \times (273 + 30)}{100 \times 44} = 57.25L$$

11 메탄올의 완전연소반응식을 쓰고, 메탄올 200kg이 연소할 때 필요한 이론산소량은 몇 kg인가?

정답

300kg

해설

① $CH_3OH + 1.5O_2 \rightarrow CO_2 + 2H_2O$

② $CH_3OH + 1.5O_2 \rightarrow CO_2 + 2H_2O$

$$\begin{matrix} 32\text{kg} & & 1 \times 32\text{m}^3 \\ 200\text{kg} & & x\,(\text{kg}) \end{matrix}$$

$$\therefore\ x = \frac{200 \times 1.5 \times 32\text{kg}}{32\text{kg}} = 300\text{kg}$$

12 지하탱크저장소의 저장탱크는 용량에 따라 수압시험을 한다. 대신할 수 있는 방법을 쓰시오.

정답

소방청장이 정하여 고시하는 기밀시험과 비파괴시험을 동시에 실시하는 방법

해설

■ **지하탱크저장소의 저장탱크 수압시험**

① 압력탱크(최대상용압력이 46.7kPa 이상인 탱크) 외의 탱크 : 70kPa의 압력으로 10분간 수압시험을 실시하여 새거나 변형되지 아니하여야 한다.

② 압력탱크 : 최대상용압력의 1.5배의 압력으로 10분간 수압시험을 실시하여 새거나 변형되지 아니하여야 한다.

③ 대신할 수 있는 방법 : 이 경우 수압시험은 소방청장이 정하여 고시하는 기밀시험과 비파괴시험을 동시에 실시하는 방법으로 대신할 수 있다.

13 다음 물질의 시성식을 쓰시오.

① 분자량이 74이고 무색투명한 액체로, 자극성이 있다.

② 분자량이 53, 무색의 액체로, 단맛의 취기가 있는 제1석유류의 물질

정답

① $C_2H_5OC_2H_5$, ② $CH_2{=}CHCN$

해설

■ **시성식**

분자식 속에 원자단(라디칼) 등의 결합 상태를 나타낸 식으로, 물질의 성질을 나타낸 것이다.

14 $10°C$에서 $KNO_3 \cdot 10H_2O$ 12.6g을 포화시킬 때 물 20g이 필요하다면 이 온도에서 KNO_3 용해도는?

> **해설**
>
> - KNO_3 분자량 : $39+14+16 \times 3 = 101$
> - $KNO_3 \cdot 10H_2O$ 분자량 : $39+14+16 \times 3 + 1 \times 20 + 16 \times 10 = 281$
> - $KNO_3 \cdot 10H_2O$의 KNO_3의 양 $= \dfrac{101}{281} \times 12.6g = 4.53g$
> - $KNO_3 \cdot 10H_2O$의 $10H_2O$의 양 $= \dfrac{180}{281} \times 12.6g = 8.07g$
> - 전체 용매의 양 $= 20g + 8.07g = 28.07g$
>
> 용해도 $= \dfrac{\text{용질의 g수}}{\text{용매의 g수}} \times 100$, 용해도 $= \dfrac{4.53}{28.07} \times 100 = 16.14$

15 포소화설비에서 공기포소화약제 혼합방식의 종류 중 다음 방식을 설명하시오.

① 프레셔 프로포셔너 방식

② 라인 프로포셔너 방식

> **정답**
>
> ① 프레셔 프로포셔너 방식 : 펌프와 발포기 중간에 벤투리관의 벤투리 작용과 펌프가압수의 포소화약제 저장탱크에 대한 압력에 의하여 포소화약제를 흡입·혼합하는 방식
> ② 라인 프로포셔너 방식 : 펌프와 발포기 중간에 설치된 벤투리관의 벤투리 작용에 의해 포소화약제를 혼입하여 혼합하는 방식

> **해설**
>
> ■ 포소화약제의 혼합장치
> ① 펌프 혼합 방식(펌프 프로포셔너 방식) : 펌프의 토출관과 흡입관 사이의 배관 도중에 설치한 흡입기에 펌프에서 토출된 물의 일부를 보내고 농도조정밸브에서 조성된 포소화약제의 필요량을 포소화약제에 탱크에서 펌프 흡입측으로 보내어 이를 혼합하는 방식
> ② 차압 혼합 방식(프레셔 프로포셔너 방식) : 펌프와 발포기의 중간에 벤투리관의 벤투리 작용과 펌프 가압수의 포소화약제 저장탱크에 대한 압력에 의하여 포소화약제를 흡입·혼합하는 방식
> ③ 관로 혼합 방식(라인 프로포셔너 방식) : 펌프와 발포기의 중간에 벤투리관의 벤투리 작용에 의해 포소화약제를 흡입하여 혼합하는 방식
> ④ 압입 혼합 방식(프레셔 사이드 프로포셔너 방식) : 펌프의 토출관에 압입기를 설치하여 포소화약제 압입용 펌프로 포소화약제를 압입시켜 혼합하는 방식

16 알코올 10g과 물 20g이 혼합되었을 때 비중이 0.94라면, 이때 부피는 몇 mL인가?

정답

혼합액의 부피=용액 10g+20g=30g, 용액의 비중 0.94g/cm³
∴ 용액의 부피=30g÷0.94mL=31.91mL

17 위험물제조소 등에 설치하는 불활성가스소화설비의 전역방출방식과 국소방출방식에서 선택밸브의 설치기준을 쓰시오.

정답

① 저장용기를 공용하는 경우에는 방호구역 또는 방호대상물마다 선택밸브를 설치할 것
② 선택밸브는 방호구역 외의 장소에 설치할 것
③ 선택밸브에는 "선택밸브"라고 표시하고, 선택이 되는 방호구역 또는 방호대상물을 표시할 것

해설

불활성가스(IG−100, IG−55, IG−541)

18 지하저장탱크의 주위에는 해당 탱크로부터의 액체위험물의 누설을 검사하기 위한 관을 설치한다. (   ) 안에 알맞게 채우시오.

- 이중관으로 한다. 단, 소공이 없는 상부는 (①)으로 할 수 있다.
- 재료는 (②) 또는 (③)으로 한다.
- 관은 탱크실 또는 탱크의 기초 위에 닿게 할 것
- 관의 밑부분으로부터 탱크의 중심 높이까지의 부분에는 소공이 뚫려 있을 것. 다만, 지하수위가 높은 장소에 있어서는 지하수위 높이까지의 부분에 소공이 뚫려 있어야 한다.
- 상부는 (④)이 침투하지 아니하는 구조로 하고, 뚜껑은 검사 시에 쉽게 열 수 있도록 한다.

정답

① 단관, ② 금속관, ③ 경질합성수지관, ④ 물

해설

지하저장탱크의 주위에는 해당 탱크로부터의 액체위험물의 누설을 검사하기 위한 관을 4개소 이상 적당한 위치에 설치하여야 한다.

19 과산화칼륨이 다음 물질과 반응할 때의 반응식을 쓰시오.

① 이산화탄소
② 아세트산

> **정답**

① $2K_2O_2 + 2CO_2 \rightarrow 2K_2CO_3 + O_2$
② $K_2O_2 + 2CH_3COOH \rightarrow 2CH_3COOK + H_2O_2$

> **해설**

① 과산화칼륨은 CO_2와 반응 시는 O_2를 방출한다.
② 과산화칼륨은 아세트산과 반응 시는 초산칼륨과 과산화수소를 생성한다.

20 다음은 최소착화에너지를 구하는 공식이다. 기호를 설명하시오.

$$E = \frac{1}{2}CV^2 = \frac{1}{2}QV$$

① C

② Q

③ V

> **정답**

① C : 전기용량(F), ② Q : 전기량(C), ③ V : 방전전압(V)

> **해설**

E : 최소착화에너지(J)

■ **최소착화에너지(Minimum Ignition Energy, MIE)**
가연성가스 및 공기와의 혼합가스에 착화원으로 점화 시에 발화하기 위하여 필요한 착화원을 갖는 최저에너지

2015년 제58회 출제문제(9월 6일 시행)

01 다음 물질의 화학식 및 품명을 쓰시오.

(1) 메틸에틸케톤	① 화학식	② 품명
(2) 아닐린	① 화학식	② 품명
(3) 클로로벤젠	① 화학식	② 품명
(4) 시클로헥산	① 화학식	② 품명
(5) 피리딘	① 화학식	② 품명

정답

(1) 메틸에틸케톤	① $CH_3COC_2H_5$	② 품명 : 제1석유류(비수용성)
(2) 아닐린	① $C_6H_5NH_2$	② 품명 : 제3석유류(비수용성)
(3) 클로로벤젠	① C_6H_5Cl	② 품명 : 제2석유류(비수용성)
(4) 시클로헥산	① C_6H_{12}	② 품명 : 제1석유류(비수용성)
(5) 피리딘	① C_5H_5N	② 품명 : 제1석유류(수용성)

해설

■ 제4류 위험물의 화학식 및 품명

항목＼종류	화학식	품 명	지정수량
메틸에틸케톤	$CH_3COC_2H_5$	제1석유류(비수용성)	200L
시클로헥산	C_6H_{12}	제1석유류(비수용성)	200L
피리딘	C_5H_5N	제1석유류(수용성)	400L
클로로벤젠	C_6H_5Cl	제2석유류(비수용성)	1,000L
아닐린	$C_6H_5NH_2$	제3석유류(비수용성)	2,000L

02 제5류 위험물인 피크린산이다. 다음 물음에 답하시오.

① 구조식
② 질소의 함유량(wt%)

① 구조식 :

$$\begin{array}{c} \text{OH} \\ \text{O}_2\text{N} \quad \text{NO}_2 \\ \\ \text{NO}_2 \end{array}$$

② 피크린산$[C_6H_2(NO_2)_3OH]$의 분자량 $= (12\times6)+(1\times2)+(16\times1)+(1\times1)+[(14+32)\times3]=229$

$$\therefore \frac{42}{229}\times100=18.34\text{wt\%}$$

03 트리에틸알루미늄이 물과 반응하였을 때의 화학반응식을 쓰시오.

$$(C_2H_5)_3Al + 3H_2O \quad \longrightarrow \quad Al(OH)_3 + 3C_2H_6$$

■ **트리에틸알루미늄**

가열되거나 금속의 온도가 충분히 높을 때 더운 물 또는 수증기와 반응하면 수소를 발생하며, 경우에 따라서
는 폭발을 한다.

04 탄화칼슘 500g이 물과 반응할 때 생성되는 기체는 표준상태에서의 부피(L)와 여기서 발생한
기체의 위험도를 구하시오.

① $CaC_2 + 2H_2O \quad \longrightarrow \quad Ca(OH)_2 + C_2H_2$

$$\begin{array}{ccc} 64\text{g} & \diagdown\diagup & 22.4\text{L} \\ 500\text{g} & \diagup\diagdown & x\,(\text{L}) \end{array}$$

$$x = \frac{500\times22.4}{64}, \quad x = 175\text{L}$$

② 위험도$(H) = \dfrac{\text{폭발상한값}(U) - \text{폭발하한값}(L)}{\text{폭발하한값}(L)}$

$$H = \frac{81-2.5}{2.5} = 31.4$$

05 특별한 경우에 허가를 받지 아니하고 위험물제조소 등을 설치하거나 그 위치, 구조 또는 설
비를 변경할 수 있으며, 신고를 하지 아니하고 위험물의 품명, 수량 또는 지정수량의 배수를
변경할 수 있다. 이에 해당하는 것을 한 가지만 쓰시오.

① 주택의 난방시설(공동주택의 중앙난방시설을 제외)을 위한 저장소 또는 취급소
② 농예용·축산용 또는 수산용으로 필요한 난방시설 또는 건조시설을 위한 지정수량의 20배 이하의 저장소

허가를 받는 규정에도 불구하고 허가를 받지 아니하고 해당 제조소 등을 설치하거나 그 위치, 구조 또는 설비를 변경할 수 있으며, 신고를 하지 아니하고 위험물의 품명, 수량 또는 지정수량의 배수를 변경할 수 있는 경우
① 주택의 난방시설(공동주택의 중앙난방시설을 제외)을 위한 저장소 또는 취급소
② 농예용·축산용 또는 수산용으로 필요한 난방시설 또는 건조시설을 위한 지정수량의 20배 이하의 저장소

06 바닥면적이 2,000m²의 옥내저장소의 저장창고에 저장할 수 있는 제3류 위험물의 품명 5가지를 쓰시오.

① 알칼리금속(칼륨 및 나트륨은 제외) 및 알칼리토금속
② 유기금속화합물(알킬알루미늄 및 알킬리튬은 제외)
③ 금속의 수소화물
④ 금속의 인화물
⑤ 칼슘 또는 알루미늄의 탄화물

■ **저장창고의 기준면적**

위험물을 저장하는 창고의 종류	기준면적
① 제1류 위험물 중 아염소산염류, 염소산염류, 과염소산염류, 무기과산화물, 그밖에 지정수량이 50kg인 위험물 ② 제3류 위험물 중 칼륨, 나트륨, 알킬알루미늄, 알킬리튬, 그 밖에 지정수량이 10kg인 위험물 ③ 제4류 위험물 중 특수인화물 제1석유류 및 알코올류 ④ 제5류 위험물 중 유기과산화물, 질산에스테르류, 그 밖에 지정수량이 10kg인 위험물 ⑤ 제6류 위험물	1,000m² 이하
①~⑤의 위험물 외의 위험물을 저장하는 창고 (제3류 위험물) ① 알칼리금속(칼륨 및 나트륨은 제외) 및 알칼리토금속 ② 유기금속화합물(알킬알루미늄 및 알킬리튬은 제외) ③ 금속의 수소화물 ④ 금속의 인화물 ⑤ 칼슘 또는 알루미늄의 탄화물	2,000m² 이하
위의 전부에 해당하는 위험물을 내화구조의 격벽으로 완전히 구획된 실에 각각 저장하는 창고 (제4석유류, 동·식물유류, 제6류 위험물은 500m²를 초과할 수 없다)	1,500m² 이하

07 분자량이 78이고 물에는 잘 녹으며, 에틸알코올에는 녹지 않는 제1류 위험물이 초산과 반응했을 때의 반응식을 쓰시오.

정답

$Na_2O_2 + 2CH_3COOH \rightarrow 2CH_3COONa + H_2O_2$

해설

과산화나트륨을 산과 반응하여 과산화수소를 발생한다.

08 니트로글리세린의 분해반응식을 쓰시오.

정답

$4C_3H_5(ONO_2)_3 \rightarrow 12CO_2 \uparrow + 10H_2O + 6N_2 \uparrow + O_2 \uparrow$

해설

니트로글리세린은 점화하면 즉시 연소하고 다량이면 폭발력이 강하다.

09 위험물안전관리법령에서 "산화성고체"라 함은 고체(액체 또는 기체)로서 산화력의 잠재적인 위험성 또는 충격에 대한 민감성을 판단하기 위하여 소방청장이 정하여 고시하는 시험에서 고시로 정하는 성질과 상태를 나타내는 것을 말하는데, 액체와 기체의 정의를 쓰시오.

정답

① 액체 : 1기압 및 20℃에서 액상인 것 또는 20℃ 초과 40℃ 이하에서 액상인 것
② 기체 : 1기압 및 20℃에서 기상인 것

해설

■ 산화성고체

고체[액체(1기압 및 20℃에서 액상인 것 또는 20℃ 초과 40℃ 이하에서 액상인 것) 또는 기체(1기압 및 20℃에서 기상인 것) 외의 것]로서 산화력의 잠재적인 위험성 또는 충격에 대한 민감성을 판단하기 위하여 소방청장이 정하여 고시하는 시험에서 고시로 정하는 성질과 상태를 나타내는 것을 말한다. 이 경우 "액상"이라 함은 수직으로 된 시험관(안지름 30mm, 높이 120mm의 원통형 유리관)에 시료를 55mm까지 채운 다음 해당 시험관을 수평으로 하였을 때 시료 액면의 선단이 30mm를 이동하는 데 걸리는 시간이 90초 이내에 있는 것을 말한다.

10 1kg의 아연을 묽은 염산에 녹였을 때 발생가스의 부피는 0.5atm, 27℃에서 몇 L인가?

$$Zn + 2HCl \rightarrow ZnCl_2 + H_2$$

65.4kg ──────── 2g
1,000kg ──────── $x(g)$

$$x = \frac{1,000 \times 2}{65.4} = 30.58g$$

$$V = \frac{WRT}{PM} = \frac{30.58 \times 0.082 \times (273 + 27)}{0.5 \times 2} = 752.27L$$

11 일반취급소의 환기·배출설비를 점검할 때 점검내용 5가지를 쓰시오.

① 변형·손상 등의 유무 및 고정상태의 적부
② 인화방지망의 손상 및 막힘 유무
③ 방화댐퍼의 손상 유무 및 기능의 적부
④ 팬의 작동상황의 적부
⑤ 가연성 증기경보장치의 작동상황

■ 일반취급소 일반점검표

점검항목	점검내용	점검방법	점검결과	조치연월일 및 내용
환기·배출설비 등	변형·손상 등의 유무 및 고정상태의 적부	육 안		
	인화방지망의 손상 및 막힘 유무	육 안		
	방화댐퍼의 손상 유무 및 기능의 적부	육안 및 작동 확인		
	팬의 작동상황의 적부	작동 확인		
	가연성 증기 경보장치의 작동상황	작동 확인		

12 다음은 간이탱크저장소의 설치기준에 관한 내용 중 (   ) 안에 알맞은 말을 쓰시오.

> • 하나의 간이탱크저장소에 설치하는 간이저장탱크는 그 수를 (①) 이하로 하고, 동일한 품질의 위험물의 간이 저장탱크를 2 이상 설치하지 아니하여야 한다.
> • 간이저장탱크는 움직이거나 넘어지지 아니하도록 지면 또는 가설대에 고정시키되, 옥외에 설치하는 경우에는 그 탱크의 주위에 너비 (②)m 이상의 공지를 두고, 전용실 안에 설치하는 경우에는 탱크와 전용실의 벽과의 사이에 (③)m 이상의 간격을 유지하여야 한다.
> • 간이저장탱크의 용량은 (④)L 이하이어야 한다.
> • 간이저장탱크는 두께 (⑤)mm 이상의 강판으로 흠이 없도록 저장하여야 하며, 70kPa의 압력으로 10분간의 수압시험을 실시하여 새거나 변형되지 아니하여야 한다.

정답

① 3, ② 1, ③ 0.5, ④ 600, ⑤ 3.2

해설

■ **간이탱크저장소의 기준**

① 하나의 간이탱크저장소에 설치하는 간이저장탱크는 그 수를 3 이하로 하고, 동일한 품질의 위험물의 간이 저장탱크를 2 이상 설치하지 아니하여야 한다.

② 간이저장탱크는 움직이거나 넘어지지 아니하도록 지면 또는 가설대에 고정시키되, 옥외에 설치하는 경우에는 그 탱크의 주위에 너비 1m 이상의 공지를 두고, 전용실 안에 설치하는 경우에는 탱크와 전용실의 벽과의 사이에 0.5m 이상의 간격을 유지하여야 한다.

③ 간이저장탱크의 용량은 600L 이하이어야 한다.

④ 간이저장탱크는 두께 3.2mm 이상의 강판으로 흠이 없도록 제작하여야 하며, 70kPa의 압력으로 10분간의 수압시험을 실시하여 새거나 변형되지 아니하여야 한다.

⑤ 간이저장탱크의 외면에는 녹을 방지하기 위한 도장을 하여야 한다.

⑥ 간이저장탱크에는 다음 기준에 적합한 밸브 없는 통기관을 설치하여야 한다.

  ㉠ 통기관의 지름은 25mm 이상으로 할 것

  ㉡ 통기관은 옥외에 설치하되, 그 선단의 높이는 지상 1.5m 이상으로 할 것

  ㉢ 통기관의 선단은 수평면에 대하여 아래로 45° 이상 구부려 빗물 등이 침투하지 아니하도록 할 것

  ㉣ 가는 눈의 구리망 등으로 인화방지장치를 할 것. 인화점 70℃ 이상의 위험물만을 70℃ 미만의 온도로 저장 또는 취급하는 탱크에 설치하는 통기관에 있어서는 그러하지 아니하다.

13 다음은 지하탱크저장소의 설비기준에 대한 설명이다. ( ) 안에 숫자를 쓰시오.

> • 지하탱크저장소의 윗부분은 지면으로부터 (①)m 이상 아래에 있어야 한다.
> • 탱크전용실은 지하의 가장 가까운 벽·피트·가스관 등의 시설물 및 대지경계선으로부터
>   (②)m 이상 떨어진 곳에 설치하고, 지하탱크저장소와 탱크전용실의 안쪽과의 사이는
>   (③)m 이상의 간격을 유지하도록 할 것
> • 탱크전용실의 벽, 바닥 및 뚜껑의 두께는 (④)m 이상일 것

정답

① 0.6, ② 0.1, ③ 0.1, ④ 0.3

해설

■ **지하탱크저장소의 설비기준**

① 탱크전용실은 지하의 가장 가까운 벽·피트·가스관 등의 시설물 및 대지경계선으로부터 0.1m 이상 떨어진 곳에 설치하고, 지하탱크저장소와 탱크전용실의 안쪽과의 사이는 0.1m 이상의 간격을 유지하도록 하며, 당해 탱크의 주위에 마른모래 또는 습기 등에 의하여 응고되지 아니하는 입자지름 5mm 이하의 마른 자갈분을 채워야 한다.
② 지하탱크저장소의 윗부분은 지면으로부터 0.6m 이상 아래에 있어야 한다.
③ 지하저장탱크를 2 이상 인접해 설치하는 경우에는 그 상호간에 1m(해당 2 이상의 지하저장탱크의 용량의 합계가 지정수량의 100배 이하인 때에는 0.5m) 이상의 간격을 유지하여야 한다. 다만 그 사이에 탱크전용실의 벽이나 두께 20cm 이상의 콘크리트 구조물이 있는 경우에는 그러하지 아니하다.
④ 탱크전용실의 구조
   ⊙ 벽, 바닥 및 뚜껑의 두께는 0.3m 이상일 것
   ⓒ 벽, 바닥 및 뚜껑의 내부에는 직경 9mm부터 13mm까지의 철근을 가로 및 세로 5cm로부터 20cm까지의 간격으로 배치할 것
   ⓒ 벽, 바닥 및 뚜껑의 재료에 수밀콘크리트를 혼입하거나 벽, 바닥 및 뚜껑의 중간에 아스팔트층을 만드는 방법으로 적장한 방수조치를 할 것

14 위험물제조소의 옥내소화전설비에 설치된 방수구가 5개일 때 비상전원의 용량과 분당 최소 방수량을 쓰시오.

정답

① 45분 이상
② 방수량 = N(최대 5개) × 260L/min = 5 × 260L/min = 1,300L/min 이상

15 유동대전에 대하여 설명하시오.

액체류의 위험물이 파이프 등 내부에서 유동할 때 액체와 관벽 사이에 정전기가 발생하는 현상

■ **정전기 대전의 종류**

① 유동대전 : 액체류의 위험물이 파이프 등 내부에서 유동할 때 액체와 관벽 사이에 정전기가 발생하는 현상
② 마찰대전 : 두 물체 사이의 마찰이나 접촉 위치의 이동으로 전하의 분리 및 재배열이 일어나서 정전기가 발생하는 현상
③ 분출대전 : 분체류, 액체류, 기체류가 단면적이 작은 분출구에서 분출할 때 마찰이 일어나서 정전기가 발생하는 현상
④ 박리대전 : 상호 밀착해 있는 물체가 떨어질 때 전하의 분리가 일어나 정전기가 발생하는 현상
⑤ 충돌대전 : 분체류에 의한 입자끼리 또는 입자와 고체와의 충돌에 의하여 발생하는 현상
⑥ 유도대전 : 대전 물체의 부근에 전열된 도체가 있을 때 정전유도를 받아 전하의 분포가 불균일하게 되어 대전한 것과 등가로 되는 현상
⑦ 파괴대전 : 고체나 분체류와 같은 물질이 파손 시 전하분리로부터 발생된 현상
⑧ 진동대전 : 액체류가 이송이나 교반될 때 정전기가 발생하는 현상

16 정전기 방전의 종류를 3가지 쓰시오.

① 코로나 방전, ② 스트리머 방전, ③ 불꽃 방전

① 코로나 방전 : 대전된 부도체와 뾰족한 선단의 도체 사이의 방전
② 스트리머 방전 : 방전량이 많은 부도체와 평평한 도체 사이의 방전
③ 불꽃 방전 : 대전된 부도체와 도체 사이에 전압이 더욱 커지면 공기절연이 파괴되어 단락되어 강한 빛과 파괴음이 발생한다.
④ 연면 방전 : 대전량이 많은 부도체에 접지체가 발생한다. 접근 시 부도체 표면을 따라 발생하는 방전
⑤ 뇌상 방전 : 대전된 구름에서 대지 또는 구름 사이에 번개형의 발광을 발생하는 방전

17 위험물 운반용기의 외부의 표시이다. 주의사항을 쓰시오.

① 질산
② 시안화수소
③ 브롬산칼륨

정답

① 가연물접촉주의, ② 화기엄금, ③ 화기·충격주의, 가연물접촉주의

해설

① 위험물 운반용기의 주의사항

위험물		주의사항
제1류 위험물	알칼리금속의 과산화물	• 화기·충격주의 • 물기엄금 • 가연물접촉주의
	기 타	• 화기·충격주의 • 가연물접촉주의
제2류 위험물	철분·금속분·마그네슘	• 화기주의 • 물기엄금
	인화성고체	화기엄금
	기 타	화기주의
제3류 위험물	자연발화성물질	• 화기엄금 • 공기접촉엄금
	금수성물질	물기엄금
제4류 위험물		화기엄금
제5류 위험물		• 화기엄금 • 충격주의
제6류 위험물		가연물접촉주의

② 제조소의 게시판 주의사항

위험물		주의사항
제1류 위험물	알칼리금속의 과산화물	물기엄금
	기 타	별도의 표시를 하지 않는다.
제2류 위험물	인화성고체	화기엄금
	기 타	화기주의
제3류 위험물	자연발화성물질	화기엄금
	금수성물질	물기엄금
제4류 위험물		화기엄금
제5류 위험물		
제6류 위험물		별도의 표시를 하지 않는다.

18 위험물 옥외탱크저장소의 지붕구조를 3가지 쓰시오.

> **정답**

① 고정지붕구조
② 부상지붕구조
③ 부상덮개부착 고정지붕구조

> **해설**

■ **지붕구조에 따른 고정포 방출구의 종류**

지붕구조	고정지붕구조	부상지붕구조	부상덮개부착 고정지붕구조
방출구 종류	Ⅰ형, Ⅱ형, Ⅲ형, Ⅳ형	특 형	Ⅱ형

19 흐름계수가 K가 0.94인 오리피스의 직경 10mm이고, 분당 유량이 100L일 때 압력은 몇 kPa인가?

> **정답**

$Q = 0.653KD^2\sqrt{P}$ 의 공식에서 $P = \left(\dfrac{Q}{0.653KD^2}\right)^2$

$P = \left(\dfrac{Q}{0.653KD^2}\right)^2 = \left(\dfrac{100}{0.653 \times 0.94 \times 10^2}\right)^2 = 0.0265\text{kg/mm}^2 = 2.65\text{kg/cm}^2$

$\therefore \dfrac{2.65\text{kg/m}^2}{1.0332\text{kg/m}^2} \times 101.3\text{kPa} = 259.8\text{kPa}$

여기서, Q : 유량(L/min)
　　　　K : 유량(흐름)계수
　　　　D : 직경(mm)
　　　　P : 압력(kg/m^2)

> **해설**

1atm = 1.0332kg/cm^2 = 101.3kPa = 0.1013MPa

20 위험물탱크시험자가 갖추어야 할 필수장비 3가지와 그 외에 필요한 경우에 갖추어야 할 장비 2가지를 쓰시오.

정답

① 필수장비 : 자기탐상시험기, 초음파두께측정기 및 ㉠ 또는 ㉡ 중 어느 하나
　㉠ 영상초음파탐상시험기
　㉡ 방사선투과시험기 및 초음파탐상시험기
② 필요한 경우에 두는 장비
　㉠ 충·수압시험, 진공시험, 기밀시험 또는 내압시험의 경우
　　• 진공능력 53KPa 이상의 진공누설시험기
　　• 기밀시험장치(안전장치가 부착된 것으로서 가압능력 200KPa 이상, 감압의 경우에는 감압능력 10KPa 이상·감도 10Pa 이하의 것으로서 각각의 압력 변화를 스스로 기록할 수 있는 것)
　㉡ 수직·수평도 시험의 경우 : 수직·수평도 측정기

해설

■ **탱크시험자가 갖추어야 할 기술능력**
① 기술능력
　㉮ 필수인력
　　㉠ 위험물기능장·위험물산업기사 또는 위험물기능사 중 1명 이상
　　㉡ 비파괴검사기술사 1명 이상 또는 초음파비파괴검사·자기비파괴검사 및 침투비파괴검사별로 기사 또는 산업기사 각 1명 이상
　㉯ 필요한 경우에 두는 인력
　　㉠ 충·수압시험, 진공시험, 기밀시험 또는 내압시험의 경우 : 누설비파괴검사 기사, 산업기사 또는 기능사
　　㉡ 수직·수평도시험의 경우 : 측량 및 지형공간정보 기술사, 기사, 산업기사 또는 측량기능사
　　㉢ 방사선투과시험의 경우 : 방사선비파괴검사 기사 또는 산업기사
　　㉣ 필수 인력의 보조 : 방사선비파괴검사·초음파비파괴검사·자기비파괴검사 또는 침투비파괴검사 기능사

2016년 제59회 출제문제(5월 21일 시행)

01 제4류 위험물을 취급하는 제조소 또는 일반취급소에는 자체소방대를 설치한다. 자체소방대의 설치 제외 대상인 일반취급소 3가지를 쓰시오.

정답

① 보일러, 버너 그 밖에 이와 유사한 장치로 위험물을 소비하는 일반취급소
② 이동저장탱크 그 밖에 이와 유사한 장치로 위험물을 주입하는 일반취급소
③ 용기에 위험물을 옮겨 담는 일반취급소
④ 유압장치, 윤활유 순환장치 그 밖에 이와 유사한 장치로 위험물을 취급하는 일반취급소
⑤ 광산보안법의 적용을 받는 일반취급소

해설

■ **자체소방대**
다량의 위험물을 저장·취급하는 제조소 등에 설치하는 소방대

02 지정수량 20배(하나의 저장창고의 바닥면적이 150m² 이하인 경우에는 50배) 이하의 위험물을 저장·취급하는 옥내저장소에 안전거리를 제외되는 경우를 3가지 쓰시오.

정답

① 저장창고의 벽, 기둥, 바닥, 보 및 지붕이 내화구조로 할 경우
② 저장창고의 출입구에 수시로 열 수 있는 자동폐쇄식 갑종방화문을 설치한 경우
③ 저장창고의 창을 설치하지 아니한 경우

해설

■ **옥내저장소의 안전거리 제외되는 경우(위험물의 조건)**
① 제4류 위험물과 동·식물유류의 위험물을 저장·취급하는 옥내저장소로서 그 최대수량이 지정수량의 20배 미만인 것
② 제6류 위험물을 저장·취급하는 옥내저장소

03 위험물 옥외저장탱크의 상부에는 포소화설비의 포방출구를 설치한다. 위험물 저장탱크에 따라 포방출구의 설치기준이 다르다. 다음 물음에 답하시오.

① 고정지붕탱크에 설치하는 포방출구의 종류
② 부상지붕탱크에 설치하는 포방출구의 종류

정답

① I형, II형, III형, VI형
② 특형

해설

■ 지붕구조에 따른 고정 포 방출구의 종류

지붕구조	고정지붕구조	부상지붕구조	부상덮개부착 고정지붕구조
방출구 종류	I형, II형, III형, VI형	특 형	II형

04 차아염소산염류를 옥내저장소에 저장하려고 저장창고를 설치한다고 할 때 다음 물음에 답하시오.

① 저장창고는 위험물 저장을 전용으로 하는 독립된 건축물로 하여야 하며, 지면에서 처마까지의 높이는 몇 m 미만인 단층건물로 하고 바닥은 지면보다 높게 유지하는가?
② 저장창고의 보와 서까래의 재료는?
③ 하나의 저장창고의 면적은?
④ 연소의 우려가 있는 외벽 출입구에 설치하는 문은?
⑤ 저장창고의 창 또는 출입구에 사용하는 유리는?

정답

① 6m
② 불연재료
③ 1,000m² 이하
④ 수시로 열 수 있는 자동 폐쇄식의 갑종방화문
⑤ 망입유리

해설

■ 지면에서 처마까지의 높이를 20m 이하로 할 수 있는 위험물
① 제2류 위험물
② 제4류 위험물 중 건축물의 규정에 적합한 경우

05 위험물 운반용기의 재질을 5가지 쓰시오.

① 강판　　　　　　　② 알루미늄판
③ 양철판　　　　　　④ 유리
⑤ 금속판　　　　　　⑥ 종이
⑦ 플라스틱　　　　　⑧ 섬유판
⑨ 고무류　　　　　　⑩ 합성섬유
⑪ 삼　　　　　　　　⑫ 짚
⑬ 나무

- 기계에 의하여 하역하는 구조로 된 위험물 운반용기의 시험
① 낙하시험
② 기밀시험
③ 내압시험
④ 겹쳐쌓기시험
⑤ 인상시험(아랫부분·윗부분)
⑥ 파열전파시험
⑦ 넘어뜨리기 시험
⑧ 일으키기 시험

06 전역방출방식의 불활성가스소화설비에 대한 다음 물음에 답하시오.

① 고압식 CO_2를 사용 시 소화약제의 방사압력은?
② 저압식 CO_2를 사용 시 소화약제의 방사압력은?
③ N_2를 100% 사용 시 소화약제의 방사압력은?
④ N_2 50%, Ar 50%를 사용 시 소화약제의 방사압력은?
⑤ N_2 52%, Ar 40%, CO_2 8%를 사용하는 소화약제가 95% 이상을 몇 초 이내에 방사하는가?

① 2.1MPa 이상
② 1.05MPa 이상
③ 1.9MPa 이상
④ 1.9MPa 이상
⑤ 60초

■ 전역방출방식 등의 불활성가스소화설비 등의 방사압력 및 방사시간

구 분	전역방출방식			국소방출방식(이산화탄소)
	이산화탄소		불활성가스	
	고압식	저압식	IG-100, IG-55, IG-541	
방사압력	2.1MPa 이상	1.05MPa 이상	1.9MPa 이상	–
방사시간	60초 이내	60초 이내	95% 이상을 60초 이내	30초 이내

07 니트로글리세린 500g이 부피 320mL의 용기에서 분해·폭발하여 폭발온도가 1,000℃일 때 압력(atm)은 얼마인가?(단, 이상기체상태방정식을 이용한다)

정답

$4C_3H_5(ONO_2)_3 \rightarrow 12CO_2\uparrow +10H_2O+6N_2\uparrow +O_2\uparrow$

4×227g   229mol

500g x(mol)

$x=\dfrac{500\times29}{4\times227}$, $x=15.97$mol

$\therefore PV=nRT$

$P=\dfrac{nRT}{V}=\dfrac{15.97\times0.082\times(273+1,000)}{0.32}=\dfrac{1,667.04442}{0.32}$

  $=5,209.51$atm

08 피리딘 400L, MEK 400L, 클로로벤젠 2,000L, 니트로벤젠 2,000L의 총 양은 지정수량의 몇 배에 해당하는가?

정답

$\dfrac{400L}{400L}+\dfrac{400L}{200L}+\dfrac{2,000L}{1,000L}+\dfrac{2,000L}{2,000L}=6$배

해설

■ 위험물의 지정수량

품 목	피리딘	MEK	클로로벤젠	니트로벤젠
품 명	제1석유류(수용성)	제1석유류(비수용성)	제2석유류(비수용성)	제3석유류(비수용성)
지정수량	400L	400L	1,000L	2,000L

09 제3종 분말소화약제인 인산암모늄의 각 온도에서 분해반응식을 쓰시오.

① 190℃   ② 215℃

③ 300℃ 이상

정답

① 190℃ : $NH_4H_2PO_4 \rightarrow H_3PO_4 + NH_3$

② 215℃ : $2H_2PO_4 \rightarrow H_4P_2O_7 + H_2O$

③ 300℃ 이상 : $H_4P_2O_7 \rightarrow 2HPO_3 + H_2O$

해설

인산암모늄은 190℃에서 오르소인산, 215℃에서 피로인산, 300℃ 이상에서 메타인산으로 열분해된다.

10 포소화설비의 기동장치에 대한 설명이다. ( ) 안에 알맞은 말을 쓰시오.

- 자동식 기동장치는 (①)의 작동 또는는 폐쇄형 스프링클러헤드의 개방과 연동하여 가압송수장치, 일제개방밸브 및 포소화약제 혼합장치가 기동될 수 있도록 할 것
- 수동식 기동장치는 직접 조작 또는 (②)에 의하여 가압송수장치, 수동식 개방밸브 및 포소화약제 혼합장치를 기동할 수 있을 것
- 기동장치의 조작부는 (③)m 이상 (④)m 이하의 높이에 설치할 것
- 기동장치의 (⑤)에는 유리 등에 대한 방호조치가 되어 있을 것

정답

① 자동화재탐지설비의 감지기   ② 원격 조작   ③ 1.8   ④ 1.5   ⑤ 조작부

해설

■ **포소화설비의 기동장치의 설치기준**

① 자동식 기동장치는 자동화재탐지설비의 감지기의 작동 또는 폐쇄형 스프링클러헤드의 개방과 연동하여 가압송수장치, 일제개방밸브 및 포소화약제 혼합장치가 기동될 수 있도록 할 것. 다만, 자동화재탐지설비의 수신기가 설치되어 있는 장소에 상시 사람이 있고 화재 시 즉시 당해 조작부를 작동시킬 수 있는 경우에는 그러하지 아니하다.

② 수동식 기동장치는 다음에 정한 것에 의한다.

  ㉠ 직접 조작 또는 원격 조작에 의하여 가압송수장치, 수동식 개방밸브 및 포소화약제 혼합장치를 기동할 수 있을 것

  ㉡ 2 이상의 방사구역을 갖는 포소화설비는 방사구역을 선택할 수 있는 구조로 할 것

  ㉢ 기동장치의 조작부는 화재 시 용이하게 접근이 가능하고 바닥면으로부터 0.8m 이상 1.5m 이하의 높이에 설치할 것

  ㉣ 기동장치의 조작부는 유리 등에 의한 방호조치가 되어 있을 것

  ㉤ 기동장치의 조작부 및 호스접속구에는 직근의 보기 쉬운 장소에 각각 "기동장치의 조작부" 또는 "접속구"라고 표시할 것

11 수소화나트륨이 물과 반응하였을 때 반응식을 쓰고 여기서 발생된 가스의 위험도를 구하시오.

정답

① 반응식 : $NaH + H_2O \longrightarrow NaOH + H_2$

② 수소(H_2)의 폭발범위 : 4~75%

$$위험도(H) = \frac{폭발상한값(U) - 폭발하한값(L)}{폭발하한값(L)}$$

$$\therefore H = \frac{74 - 4}{4} = 17.75$$

해설

수소화나트륨은 물과 실온에서 격렬하게 반응하여 수소를 발생하고 발열하며, 습도가 높을 때는 공기 중의 수증기와도 반응한다.

12 다음은 방화상 유효한 담의 높이를 구하는 그림에서 ①, ②, ③의 명칭을 쓰시오.

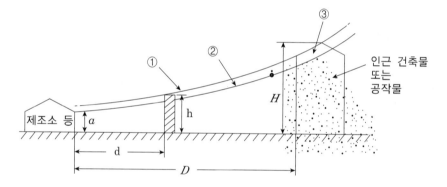

정답

① 보정연소한계곡선, ② 연소한계곡선, ③ 연소위험범위

해설

방화상 유효한 담의 높이는 다음에 의하여 산정한 높이 이상으로 한다.

① $H \leq PD^2 + a$인 경우 : $h = 2$

② $H > PD^2 + a$인 경우 : $h = H - P(D^2 - d^2)$

  여기서, D : 제조소 등과 인근 건축물 또는 공작물과의 거리(m)

  H : 인근 건물 또는 공작물의 높이(m)

  a : 제조소 등 외벽의 높이(m)

  d : 제조소 등과 방화상 유효한 담과의 거리(m)

  h : 방화상 유효한 담의 높이(m)

  p : 상수

13 다음 위험물의 완전연소반응식을 쓰시오.

① 적린
② 황
③ 삼황화린

정답

① $4P + 5O_2 \rightarrow 2P_2O_5$
② $S + O_2 \rightarrow SO_2$
③ $P_4S_3 + 8O_2 \rightarrow 2P_2O_5 + 3SO_2$

해설

① 적린을 연소하면 황린과 같이 유독성이 심한 백색 연기의 오산화인을 발생한다.
② 유황은 연소 시 푸른 불꽃을 보이며, 유독한 이산화황을 발생한다. 연소할 때는 연소열에 의해 액화되고 여기서 증발한 증기가 연소한다. 연소 그 자체는 격렬하지 않다.
③ 삼황화인의 연소생성물은 유독하다.

14 ANFO 폭약의 용도로 사용되는 물질의 다음 물음에 답하시오.

① 분자식은 무엇인가?
② 같은 류의 위험등급이 동일한 품명 2가지를 쓰시오.
③ 폭발 반응식을 쓰시오.

정답

① $N_2H_4O_3$
② 브롬산염류, 요오드산염류
③ $2NH_4NO_3 \rightarrow 2N_2 + 4H_2O + O_2$

해설

①

물 질	시성식	분자식
질산암모늄	NH_4NO_3	$N_2H_4O_3$

② ANFO 폭약은 NH_4NO_3(94wt%)와 경유(6wt%)를 혼합시키면 폭약이 된다. 이것은 기폭약을 사용하여 점화시키면 다량의 가스를 내면서 폭발한다.

15 탄화칼슘이 물과 반응했을 경우에 아세틸렌가스를 발생한다. 반응식을 쓰시오.

> **정답**

$CaC_2 + 2H_2O \rightarrow Ca(OH)_2 + C_2H_2$

> **해설**

탄화칼슘은 물과 심하게 반응하여 수산화칼슘과 아세틸렌을 만들며, 공기 중 수분과 반응하여도 아세틸렌을 발생한다.

16 제4류 위험물 중 특수인화물인 디에틸에테르에 대한 다음 물음에 답하시오.

① 분자식
② 시성식
③ 증기비중

> **정답**

① $C_4H_{10}O$, ② $C_2H_5OC_2H_5$, ③ 2.55

> **해설**

①

물 질	시성식	분자식
디에틸에테르	$C_2H_5OC_2H_5$	$C_4H_{10}O$

② 증기비중 $= \dfrac{분자량}{공기 \ 평균분자량}$

$2.55 = \dfrac{74}{29}$

17 위험물탱크시험자가 갖추어야 할 필수장비와 그 외에 필요한 경우에 두는 장비를 쓰시오.

> **정답**

① 필수 장비 : 자기탐상시험기, 초음파두께측정기 및 ㉠ 또는 ㉡ 중 어느 하나
  ㉠ 영상초음파탐상시험기
  ㉡ 방사선투과시험기 및 초음파탐상시험기
② 필요한 경우에 두는 장비
  ㉠ 충·수압시험, 진공시험, 기밀시험 또는 내압시험의 경우
    • 진공능력 53KPa 이상의 진공누설시험기
    • 기밀시험장치(안전장치가 부착된 것으로서 가압능력 200KPa 이상, 감압의 경우에는 감압능력 10KPa 이상·감도 10Pa 이하의 것으로서 각각의 압력 변화를 스스로 기록할 수 있는 것)
  ㉡ 수직·수평도 시험의 경우 : 수직·수평도 측정기

18 신속평형법 인화점 측정기에 의한 인화점 측정시험 방법에서 다음 (   ) 안에 알맞은 말을 쓰시오.

> - 시험장소는 기압 1기압, 무풍의 장소로 할 것
> - 신속평형법 인화점 측정기의 시료컵을 설정온도까지 가열 또는 냉각하여 시험물품(설정온도가 상온보다 낮은 온도인 경우에는 설정온도까지 냉각한 것) (①)mL를 시료컵에 넣고 즉시 뚜껑 및 개폐기를 닫을 것
> - 시료컵의 온도를 (②)분간 설정온도로 유지할 것
> - 시험불꽃을 점화하고 화염의 크기를 직경 (③)mm가 되도록 조정할 것
> - (④)분 경과 후 개폐기를 작동하여 시험불꽃을 시료컵에 (⑤)초간 노출시키고 닫을 것. 이 경우 시험불꽃을 급격히 상하로 움직이지 아니하여야 한다.

정답

① 2   ② 1   ③ 4   ④ 1   ⑤ 2.5

해설

■ **신속평형법 인화점 측정기에 의한 인화점 측정시험방법**
⑤의 방법에 의하여 인화한 경우에는 인화하지 않을 때까지 설정온도를 낮추고, 인화하지 않는 경우에는 인화할 때까지 설정온도를 높여 ② 내지 ⑤의 조작을 반복하여 인화점을 측정할 것

19 다음 (   ) 안에 알맞은 말을 쓰시오.

명 칭	시성식	품 명
(①)	C_2H_5OH	(②)
에틸렌글리콜	(③)	제3석유류
(④)	$C_3H_5(OH)_3$	(⑤)

정답

① 에틸알코올, ② 알코올류, ③ $C_2H_4(OH)_2$, ④ 글리세린, ⑤ 제3석유류

해설

■ **시성식** : 분자식 속에 원자단 등의 결합상태를 나타낸 식으로서, 물질의 성질을 나타낸 것

20 다음 그림은 옥외탱크저장소의 주변에 설치하는 장치를 보여준다. 다음 물음에 답하시오.

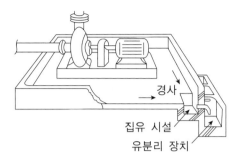

① 명칭
② 설치목적

정답

① 명칭 : 유분리장치
② 설치목적 : 표면을 경사지게 하여 새어나온 기름 또는 기타 액체가 공지의 외부로 유출되지 않도록 하기 위함이다.

해설

■ **유분리장치의 설치기준**
① 재질 : 콘크리트, 강철판
② 엘보관 : 내식성, 내유성이 있는 금속 또는 플라스틱
③ 덮개 : 6mm 이상의 강철판

2016년 제60회 출제문제(8월 28일 시행)

01 불활성가스소화설비의 전역방출방식 안전조치를 3가지 쓰시오.

> **정답**

① 기동장치의 방출용스위치 등의 작동으로부터 저장용기의 용기밸브 또는 방출밸브의 개방까지의 시간이 20초 이상 되도록 지연장치를 설치할 것
② 수동기동장치에는 ①에 정한 시간 내에 소화약제가 방출되지 않도록 조치를 할 것
③ 방호구역의 출입구 등 보기 쉬운 장소에 소화약제가 방출된다는 사실을 알리는 표시등을 설치할 것

> **해설**

전역방출방식의 불활성가스소화설비 중 IG-100, IG-55 또는 IG-541을 방사하는 것을 방호구역 내의 압력상승을 방지하는 조치를 강구한다.

02 다음 (   )에 알맞은 말을 쓰시오.

① 알킬알루미늄 등의 이동탱크저장소에 있어서 이동저장탱크로부터 알킬알루미늄 등을 꺼낼 때에는 동시에 (   )kPa 이하의 압력으로 불활성의 기체를 봉입할 것
② 아세트알데히드 등의 제조소 또는 일반취급소에 있어서 아세트알데히드 등을 취급하는 설비에는 연소성 혼합기체의 생성에 의한 폭발의 위험이 생겼을 경우 불활성기체 또는 (   ), 아세트알데히드 등을 취급하는 탱크(옥외에 있는 탱크 또는 옥내에 있는 탱크로서 그 용량이 지정수량의 1/5 미만의 것을 제외)에 있어서는 불활성기체 등을 봉입할 것
③ 아세트알데히드 등의 이동탱크저장소에 있어서 이동저장탱크로부터 아세트알데히드 등을 꺼낼 때에는 동시에 (   )kPa 이하의 압력으로 불활성의 기체를 봉입할 것

> **정답**

① 200, ② 수증기, ③ 100

> **해설**

알킬알루미늄 등을 저장 또는 취급하는 이동탱크저장소에는 긴급시의 연락처, 응급조치에 관하여 필요한 사항을 기재한 서류, 방호복, 고무장갑, 밸브 등을 죄는 결합공구 및 휴대용 확성기를 비치하여야 한다.

03 25℃에서 어떤 포화용액 80g 속에 용질이 25g 용해되어 있다. 이 온도에서의 물질의 용해도를 구하시오.

정답

$$용해도 = \frac{용질의\ g수}{용매의\ g수} = \frac{25}{80-25} \times 100 = 45.45$$

해설

용해도가 45.45란 용매 100g에 용질이 45.45g이 녹아있다는 뜻이다.

04 일반취급소의 위험물을 취급하는 작업은 특례기준을 정하고 있다. 이 특례기준에 해당하는 취급소의 종류를 5가지 쓰시오.

정답

① 분무도장 작업 등의 일반취급소
② 세정 작업의 일반취급소
③ 열처리 작업 등의 일반취급소
④ 보일러 등으로 위험물을 소비하는 일반취급소
⑤ 충전하는 일반취급소

해설

① ①~⑤
② 옮겨 담는 일반취급소
③ 유압장치 등을 설치하는 일반취급소
④ 절삭 등을 설치하는 일반취급소
⑤ 열매체유 순환장치를 설치하는 일반취급소
⑥ 고인화점 위험물의 일반취급소
⑦ 위험물 성질에 따른 일반취급소

05 제2류 위험물에 대한 다음 물음에 답하시오.

① 마그네슘과 온수의 반응식
② 인화성고체란 고형알코올 그 밖에 1기안에서 인화점이 ( )℃ 미만인 고체
③ 알루미늄과 염산과의 반응식

정답

① $Mg + 2H_2O \rightarrow Mg(OH)_2 + H_2$
② 40
③ $2Al + 6HCl \rightarrow 2AlCl_3 + 3H_2$

① 마그네슘에 온수 또는 과열 수증기와 접촉하면 격렬하게 수소를 발생한다.
② 인화성고체 제법 : 합성수지에 메탄올을 혼합침투시켜 한천모양으로 만든다.
③ 알루미늄은 진한 질산을 제외한 대부분의 산과 반응하여 수소를 발생한다.

06 위험물의 운반에 관한 기준에서 위험등급 I등급에 해당하는 품명을 모두 쓰시오.

정답

① 아염소산염류, 염소산염류, 과염소산염류, 무기과산화물 그 밖에 지정수량이 50kg 위험물
② 칼륨, 나트륨, 알킬알루미늄, 알킬리튬, 황린 그 밖에 지정수량이 10kg 또는 20kg인 위험물
③ 유기과산화물, 질산에스테르류, 그 밖에 지정수량이 10kg인 위험물

해설

① 위험등급 I의 위험물

위험물	품 명
제1류 위험물	• 아염소산염류 • 염소산염류 • 과염소산염류 • 무기과산화물 • 지정수량 50kg 위험물
제3류 위험물	• 칼륨 • 나트륨 • 알킬알루미늄 • 알킬리튬 • 황린 • 지정수량 10kg인 위험물
제4류 위험물	특수인화물
제5류 위험물	• 유기과산화물 • 질산에스테르류 • 지정수량 10kg인 위험물
제6류 위험물	전부

② 위험등급 Ⅱ의 위험물

위험물	품 명
제1류 위험물	• 브롬산염류 • 질산염류 • 요오드산염류 • 지정수량 300kg인 위험물
제2류 위험물	• 황화인 • 적린 • 유황 • 지정수량 100kg인 위험물
제3류 위험물	• 알칼리금속(칼륨 및 나트륨은 제외) • 알칼리토금속 • 유기금속화합물(알킬알루미늄, 알킬리튬 제외) • 지정수량 50kg인 위험물
제4류 위험물	• 제1석유류 • 알코올류
제5류 위험물	위험등급 Ⅰ의 위험물 외

③ 위험등급 Ⅲ의 위험물
   ① 및 ②에 정하지 아니한 위험물

07 초산에틸 200L, 시클로헥산 500L, 클로로벤젠 2,000L, 에탄올아민 2,000L의 총 양은 지정수량의 몇 배에 해당하는가?

정답

$$\frac{200L}{200L} + \frac{500L}{200L} + \frac{2,000L}{1,000L} + \frac{2,000L}{4,000L} = 6배$$

해설

■ 위험물의 지정수량

품 목	초산에틸	시클로헥산	클로로벤젠	에탄올아민
품 명	제1석유류(비수용성)	제1석유류(비수용성)	제2석유류(비수용성)	제3석유류(수용성)
지정수량	200L	200L	1,000L	4,000L

08 무색 또는 오렌지색의 분말로, 분자량이 110.2인 제1류 위험물에 대한 다음 물음에 답하시오.

① 물과의 반응식
② 아세트산과 반응식
③ 염산과의 반응식

정답

① $2K_2O_2 + 2H_2O \rightarrow 4KOH + O_2$

② $K_2O_2 + 2CH_3COOH \rightarrow 2CH_3COOK + H_2O_2$

③ $K_2O_2 + 2HCl \rightarrow 2KCl + H_2O_2$

해설

① 과산화칼륨은 자신은 불연성이지만, 물과 급격히 반응하여 발열하고 산소를 방출한다.
② 과산화칼륨은 초산과 심하게 반응하여 과산화수소를 만든다.
③ 과산화칼륨은 염산과 심하게 반응하여 과산화수소를 만든다.

09 다음은 제4류 위험물이다. 다음 ( ) 안에 알맞은 말을 쓰시오.

품 명	수용성 구분	인화점의 범위	지정수량	화학식
(①)	(②)	(③)	2,000L	HCOOH
(④)	(⑤)	70℃ 이상 200℃ 미만	(⑥)	$C_6H_5NH_2$
제1석유류	(⑦)	(⑧)	(⑨)	C_6H_{12}
(⑩)	수용성	(⑪)	(⑫)	CH_3CN

정답

① 제2석유류   ② 수용성
③ 21℃ 이상 70℃ 미만   ④ 제3석유류
⑤ 비수용성   ⑥ 2,000L
⑦ 비수용성   ⑧ 21℃ 미만
⑨ 200L   ⑩ 제1석유류
⑪ 21℃ 미만   ⑫ 400L

해설

■ 위험물의 지정수량

품 목	HCOOH	$C_6H_5NH_2$	C_6H_{12}	CH_3CN
명 칭	의 산	아닐린	헥 산	아세토니트릴
품 명	제2석유류(수용성)	제3석유류(비수용성)	제1석유류(비수용성)	제1석유류(수용성)
지정수량	2,000L	2,000L	200L	400L

10 주유취급소이다. 다음 (   ) 안에 알맞은 말을 쓰시오.

- 주유취급소의 고정주유설비의 주위에는 주유를 받으려는 자동차 등이 출입할 수 있도록 너비 (①)m 이상, 길이 (②)m 이상의 콘크리트 등으로 포장한 공지를 보유하여야 하고, 고정급유설비를 설치하는 경우에는 고정급유설비의 (③)의 주위에 필요한 공지를 보유하여야 한다.
- 공지의 바닥은 주위 지면보다 높게 하고 그 표면을 적당하게 경사지게 하여 새어나온 기름 그 밖의 액체가 공지의 외부로 윤활되지 아니하도록 (④), (⑤) 및 (⑥)를 하여야 한다.

▶ **정답**

① 15, ② 6, ③ 호스기기, ④ 배수구, ⑤ 집유설비, ⑥ 유분리장치

▶ **해설**

■ **주유취급소 건축물 등의 제한 등**

주유취급소에서는 주유 또는 그에 부대하는 업무를 위하여 사용되는 다음의 건축물(시설) 외에는 다른 건축물, 그 밖의 공작물을 설치할 수 없다.
① 주유 또는 등유, 경유를 옮겨 담기 위한 작업장
② 주유취급소의 업무를 행하기 위한 사무소
③ 자동차 등의 점검 및 간이정비를 위한 작업장
④ 자동차 등의 세정을 위한 작업장
⑤ 주유취급소에 출입하는 사람을 대상으로 한 점포·휴게음식점 또는 전시장
⑥ 주유취급소의 관계자가 거주하는 주거시설
⑦ 전기자동차용 충전설비
⑧ 그 밖의 주유취급에 관련된 용도로서 소방청장이 정하여 고시하는 건축물 또는 시설

11 회백색의 분말이며 상온에서 염산과 반응하여 수소를 발생하며, 비중 7.86, 융점 1,530℃인 제2류 위험물이 위험물안전관리법령상 위험물이 되기 위한 조건을 쓰시오.

▶ **정답**

철의 분말로서 53마이크로미터(μm)의 표준체를 통과하는 것이 50중량% 이상인 것

▶ **해설**

철분은 알칼리에 녹지 않지만, 산화력을 갖지 않는 묽은 산에 용해된다.
$Fe + 4HNO_3 \rightarrow Fe(NO_3)_3 + NO + 2H_2O$

12 탄화칼슘이 10kg의 물과 반응했을 경우에 70kPa, 30℃에서 몇 m³의 아세틸렌가스가 발생하는지 계산하시오(단, 1기압은 101.3kPa이다).

정답

$CaC_2 + 2H_2O \rightarrow Ca(OH)_2 + C_2H_2$

64kg — 26kg

10kg — x(kg)

$x = \dfrac{10 \times 26}{64}$, $x = 4.06$kg

$PV = \dfrac{W}{M}RT$, $V = \dfrac{WRT}{PM}$, $\dfrac{4.06 \times 0.082 \times (273 + 30)}{\left(\dfrac{70\text{kPa}}{101.3\text{kPa}} \times 1\text{atm}\right) \times 26} = 5.61$m³

13 옥외탱크저장소의 간막이 둑이다. 다음 (   ) 안에 알맞은 말을 쓰시오.

용량이 (①)L 이상인 옥외저장탱크의 주위에 설치하는 방유제에는 당해 탱크마다 간막이 둑을 설치한다. 간막이 둑의 높이는 (②)m(방유제 내에 설치되는 옥외저장탱크의 용량의 합계가 2억L를 넘는 방유제에 있어서는 (③)m 이상으로 하되, 방유제의 높이보다 (④)m 이상 낮게 한다.

정답

① 1,000만, ② 0.3, ③ 1, ④ 0.2

해설

■ 간막이 둑의 설치기준

① 간막이 둑은 흙 또는 철근콘크리트로 할 것
② 간막이 둑의 용량은 간막이 둑 안에 설치된 탱크의 용량의 10% 이상일 것

14 위험물 옥외저장소의 선반을 설치하는 경우에 기준을 4가지 쓰시오.

정답

① 선반은 불연재료로 하고, 견고한 지반면에 고정할 것
② 선반은 당해 선반 및 그 부속설비의 자중·저장위험물의 중량, 풍하중, 지진의 영향 등에 의하여 생기는 응력에 대하여 안전할 것
③ 선반 높이는 6m를 초과하지 말 것
④ 선반에는 위험물을 수납한 용기가 쉽게 낙하하지 아니하는 조치를 강구할 것

■ **옥외저장소의 기준**

① 과산화수소 또는 과염소산을 저장하는 옥외저장소에는 불연성 또는 난연성의 천막 등을 설치하여 햇빛을 가릴 것

② 눈, 비 등을 피하거나 차광 등을 위하여 옥외저장소에 캐노피 또는 지붕을 설치하는 경우에는 환기 및 소화활동에 지장을 주지 아니하는 구조로 할 것. 이 경우 기둥은 내화구조로 하고, 캐노피 또는 지붕을 불연재료로 하며, 벽을 설치하지 아니하여야 한다.

15 다음 사유 및 내용에 대하여 신고기간을 쓰시오.

사유 및 내용	기 간
품명, 수량 또는 지정수량을 변경하고자 하는 날로부터	1일 이내
제조소 등의 설치자의 지위를 승계한 날로부터	①
제조 등의 용도폐지(휴업 및 폐업신고)	②
안전관리자의 선임신고	③
안전관리자의 퇴직 시 재 선임기간	④

① 30일 이내, ② 14일 이내, ③ 14일 이내, ④ 30일 이내

① 제조소 등의 위치, 구조 또는 설비의 변경 없이 당해 제조소 등에서 저장하거나 취급하는 위험물의 품명, 수량 또는 지정수량의 배수를 변경하고자 하는 자는 변경하고자 하는 날의 1일 전까지 시·도지사에게 신고하여야 한다.

② 제조소 등의 설치자가 지위를 승계한 자는 행정안전부령이 정하는 바에 따라 승계한 날로부터 30일 이내에 시·도지사에게 그 사실을 신고하여야 한다.

③ 제조소 등의 관계인은 당해 제조소 등의 용도를 폐지한 때에는 제조소 등의 용도를 폐지한 날부터 14일 이내에 시·도지사에게 신고하여야 한다.

④ 제조소 등의 관계인은 안전관리자를 선임한 경우에는 선임한 날부터 14일 이내에 소방본부장 또는 소방서 장에게 신고하여야 한다.

⑤ 위험물안전관리자를 해임하거나 퇴직한 때에는 해임하거나 퇴직한 날부터 30일 이내에 다시 안전관리자 를 선임하여야 한다.

16 다음 물질의 반응식을 쓰시오.

① 트리메틸알루미늄과 물
② ①에서 발생되는 기체의 완전연소반응식
③ 트리에틸알루미늄과 물
④ ③에서 발생되는 기체의 완전연소반응식

> **정답**

① $(CH_3)_3Al + 3H_2O \rightarrow Al(OH)_3 + 3CH_4$
② $CH_4 + 2O_2 \rightarrow CO_2 + 2H_2O$
③ $(C_2H_5)_3Al + 3H_2O \rightarrow Al(OH)_3 + 3C_2H_6$
④ $C_2H_6 + 3.5O_2 \rightarrow 2CO_2 + 3H_2O$

> **해설**

① 트리메틸알루미늄은 물과 폭발적으로 반응하여 메탄을 생성한다.
② 메탄은 연소 시 CO_2와 H_2O가 생성된다.
③ 트리에틸알루미늄은 물과 접촉하면 폭발적으로 반응하여 에탄을 생성하고, 이때 발열·폭발에 이른다.
④ 에탄은 순간적으로 발생하고 반응열에 의해 연소한다.

17 다음 분말소화약제의 분해반응식을 쓰시오.

① 제1종 분말(270℃)
② 제3종 분말(190℃)

> **정답**

① $2NaHCO_3 \rightarrow Na_2CO_3 + CO_2 + H_2O$
② $NH_4H_2PO_4 \rightarrow H_3PO_4 + NH_3$

> **해설**

■ **분말소화약제의 분해반응식**
① 제1종 분말
   850℃ 이상 : $2NaHCO_3 \rightarrow Na_2O + 2CO_2 + H_2O$
② 제2종 분말
   ㉠ 190℃ : $2KHCO_3 \rightarrow K_2CO_3 + CO_2 + H_2O$
   ㉡ 590℃ : $2KHCO_3 \rightarrow K_2O + 2CO_2 + H_2O$
③ 제3종 분말
   ㉠ 215℃ : $2H_3PO_4 \rightarrow H_4P_2O_7 + H_2O$
   ㉡ 300℃ 이상 : $H_4P_2O_7 \rightarrow 2HPO_3 + H_2O$

18 위험물제조소 등은 저장소, 취급소로 분류한다. 저장소의 종류를 8가지 쓰시오.

> **정답**
>
> ① 옥내저장소   ② 옥내탱크저장소
> ③ 옥외저장소   ④ 옥외탱크저장소
> ⑤ 지하탱크저장소   ⑥ 간이탱크저장소
> ⑦ 이동탱크저장소   ⑧ 암반탱크저장소

> **해설**
>
> ■ **위험물 취급소 종류**
> ① 주유취급소, ② 판매취급소, ③ 이송취급소, ④ 일반취급소

19 다음 물음에 답하시오.

> 휘발성이 크며 마취작용이 있고 증기를 장시간 흡입 시 위험하며, 장기간 저장 시 공기 중에서 산화되어 구조불명의 불안정하고 폭발성의 과산화물을 만들므로 갈색병에 저장하여 냉암소에 보관한다.

① 명칭, 화학식, 지정수량을 쓰시오.
② 품명에 대한 위험물안전관리법령상 정의를 쓰시오.
③ 보랭장치가 있는 이동저장탱크에 저장 시 저장온도를 쓰시오.

> **정답**
>
> ① 명칭 ; 디에틸에테르, 화학식 : $C_2H_5OC_2H_5$, 지정수량 : 50L
> ② 디에틸에테르, 이황화탄소. 그 밖에 1기압에서 발화점이 100℃ 이하 또는 인화점이 −20℃ 이하이고 비점이 40℃ 이하인 것
> ③ 비점(34℃) 이하

> **해설**
>
> ■ **이동저장탱크에 저장 시 아세트알데히드 등 또는 디에틸에테르 등의 저장온도**
> ① 보랭장치가 있는 경우 : 비점 이하
> ② 보랭장치가 없는 경우 : 40℃ 이하

20 옥외탱크저장소에서 알코올류를 20만L, 30만L, 50만L를 저장하고 있는 탱크 3기를 동일 방유제 내에 설치하고자 할 때 방유제의 최소 용량(m³)을 구하시오.

정답

최대 탱크용량이 500,000L(5,000m³)이므로, 500m³×1.1=550m³

해설

■ **옥외탱크저장소의 방유제의 용량**

① 인화성액체위험물(CS_2 제외)의 옥외탱크저장소의 탱크

㉠ 1기 이상 : 탱크용량의 110% 이상(인화성이 없는 액체위험물은 탱크용량의 100% 이상)

㉡ 2기 이상 : 최대 용량의 110% 이상(인화성이 없는 액체위험물은 100%)

② 위험물제조소의 옥외에 있는 위험물 취급탱크(용량이 지정수량의 1/5 미만인 것은 제외)

㉠ 1개의 탱크 : 방유제 용량=탱크용량×0.5

㉡ 2개 이상의 탱크 : 방유제 용량=최대 탱크용량×0.5+기타 탱크용량의 합×0.1

2017년 제61회 출제문제(4월 16일 시행)

01 다음은 옥외저장탱크에 설치하는 고정포 방출구이다. 구조, 주입방법, 특징을 쓰시오.

① I형   ② Ⅱ형   ③ Ⅲ형

정답

① I형 : 상부포주입법으로 방출된 포가 액면 아래로 몰입되거나 액면을 뒤섞지 않고 액면상을 덮을 수 있는 통계단 또는 미끄럼판 등의 설비 및 탱크 내의 위험물 증기가 외부로 역류되는 것을 저지할 수 있는 구조·기구를 갖는 포방출구로, Cone Roof Tank에 설치한다.

② Ⅱ형 : 상부포주입법으로 방출된 포가 반사(Deflector)판에 의하여 탱크의 벽면을 따라 흘러들어가 유면을 덮어 소화하도록 된 포방출구로, 원추형 지붕탱크(Cone Roof Tank) 또는 밀폐식 부상지붕탱크(Covered Cone Roof Tank)에 설치한다.

③ Ⅲ형(표면하주입식) : 저부포주입법(탱크의 액면 하에 설치된 포방출구로부터 포를 탱크 내에 주입하는 방법)을 이용하는 것으로 송포관(발포기 또는 포발생기에 의하여 발생된 포를 보내는 배관을 말한다. 해당 배관으로 탱크 내의 위험물이 역류되는 것을 저지할 수 있는 구조·기구를 갖는 것에 한한다)으로부터 포를 방출하는 포방출구로, Cone Roof Tank에 설치한다.

해설

① 특형 : 상부포주입법으로 부상지붕의 부상 부분상에 높이 0.9m 이상의 금속제의 칸막이를 탱크 옆판의 내측으로부터 1.2m 이상 이격하여 설치하고 탱크 옆판과 칸막이에 의하여 형성된 환상 부분에 포를 방사는 구조의 포방출구로, Floating Roof Tank에 설치한다.

② Ⅳ형 : 저부포주입법으로 평상시에는 탱크의 액면하의 저부에 설치된 격납통에 수납되어 있는 특수호스 등이 소포관의 말단에 접속되어 있다가 포를 보내는 것에 의하여 특수호스 등이 전개되어 그 선단이 액면까지 도달한 후 포를 방출하는 포방출구로, Cone Roof Tank에 설치한다.

02 지하저장탱크의 주위에는 해당 탱크로부터의 액체위험물의 누설을 검사하기 위한 관을 4개소 이상 적당한 위치에 설치한다. 누유검사관의 설치기준을 3가지만 쓰시오.

정답

① 이중관으로 할 것(다만, 소공이 없는 상부는 단관으로 할 수 있다)
② 재료는 금속관 또는 경질합성수지관으로 할 것
③ 관은 탱크실 또는 탱크의 기초 위에 닿게 할 것
④ 관의 밑부분으로부터 탱크의 중심 높이까지의 부분에는 소공이 뚫려 있을 것(다만, 지하수위가 높은 장소에 있어서는 지하수위 높이까지의 부분에 소공이 뚫려 있어야 한다)
⑤ 상부는 물이 침투하지 아니하는 구조로 하고, 뚜껑은 검사 시에 쉽게 열 수 있도록 할 것

03 제1류 위험물로서 비중이 2.7이고 흑자색의 사방정계 결정이며, 물에 녹아 진한 보라색이 된다. 다음 물음에 답하시오.

① 명칭 및 지정수량
② 240℃에서 열분해식
③ 묽은 황산과의 반응식
④ 진한 황산과 반응하여 생성되는 물질

정답

① 과망간산칼륨, 1,000kg
② $2KMnO_4 \rightarrow K_2MnO_4 + MnO_2 + O_2$
③ $4KMnO_4 + 6H_2SO_4 \rightarrow 2K_2SO_4 + 4MnSO_4 + 6H_2O + 5O_2$
④ 황산칼륨(K_2SO_4), 과망간산($HMnO_4$)

해설

■ **진한 황산과의 반응식**

$2KMnO_4 + H_2SO_4 \rightarrow K_2SO_4 + 2HMnSO_4$

04 특수인화물인 아세트알데히드이다. 다음 물음에 답하시오.

① 위험도
② 연소반응식

정답

아세트알데히드의 연소범위 ; 4.1~57%

① 위험도(H) $= \dfrac{57-4.1}{4.1} = 12.9$

② $2CH_3CHO + 5O_2 \rightarrow 2CO_2 + 4H_2O$

해설

■ **아세트알데히드**

비점, 인화점, 발화점이 매우 낮고 연소범위가 넓어 인화되기 쉬우며, 수용액 상태에서도 인화위험이 있다.

05 제3류 위험물로 비중이 0.86이며, 은백색의 광택이 있는 무른 금속으로 보라색 불꽃을 내면서 연소하는 위험물이다. 다음 물음에 답하시오.

① 지정수량
② 연소반응식
③ 물과의 반응식

정답

① 10kg
② $4K + O_2 \rightarrow 2K_2O$
③ $2K + 2H_2O \rightarrow 2KOH + H_2$

해설

■ **칼륨의 반응**

① 연소반응 : $4K + O_2 \rightarrow 2K_2O$
② 물과의 반응 : $2K + 2H_2O \rightarrow 2KOH + H_2\uparrow$
③ 초산과의 반응 : $2K + 2CH_3COOH \rightarrow 2CH_3COOK + H_2\uparrow$

06 옥내소화전설비의 압력수조를 이용한 가압송수장치의 공식을 쓰시오.

정답

압력$(P) = P_1 + P_2 + P_3 + 0.35MPa$

여기서, P : 필요한 압력(MPa)

$\quad\quad P_1$: 소방용 호스의 마찰손실수두압(MPa)

$\quad\quad P_2$: 배관의 마찰손실수두압(MPa)

$\quad\quad P_3$: 낙차의 환산수두압(MPa)

해설

① 고가수조를 이용한 가압송수장치

$\quad H = h_1 + h_2 + 35m$

$\quad$ 여기서, H : 필요낙차(m)

$\quad\quad\quad h_1$: 소방용 호스의 마찰손실수두(m)

$\quad\quad\quad h_2$: 배관의 마찰 손실수두(m)

② 펌프를 이용한 가압송수장치

$$H = h_1 + h_2 + h_3 + 35m$$

여기서, H : 펌프의 전양정(m)

h_1 : 소방용 호스의 마찰손실수두(m)

h_2 : 배관의 마찰 손실수두(m)

h_3 : 낙차(m)

07 다음은 소화설비에 대한 설명이다. 다음 물음에 답하시오.

- 옥내소화전 6개를 제조소에 설치하였을 경우
- 옥외소화전 3개를 옥외탱크저장소에 설치하였을 경우

① 보기의 소화설비 중 수원의 수량이 많은 소화설비를 쓰시오.

② 보기의 소화설비 중 최소의 수원을 확보하여야 할 수량을 구하시오.

정답

① 옥외소화전설비

② 최소의 수원을 확보하여야 할 수량 : 옥내소화전설비와 옥외소화전설비의 수원을 더한 양 이상으로 한다.

$39m^3 + 40.5m^3 = 79.5m^3$ 이상

해설

① 옥내소화전의 수원의 수량 : 옥내소화전설비의 설치개수(설치개수가 5개 이상인 경우는 5개의 옥내소화전)

$Q = N \times 7.8m^3 = 5 \times 7.8m^3 = 39m^3$ 이상

② 옥외소화전의 수원의 수량 : 옥외소화전설비의 설치개수(설치개수가 4개 이상인 경우는 4개의 옥내소화전)

$Q = N \times 13.5m^3 = 3 \times 13.5m^3 = 40.5m^3$ 이상

08 주유취급소이다. 고정주유설비 또는 고정급유설비의 설치기준에 대하여 (   ) 안에 알맞은 답을 쓰시오.

고정주유설비의 중심선을 기점으로 하여 도로경계선까지 (①)m 이상, 부지경계선·담 및 건축물의 벽까지 (②)m(개구부가 없는 벽까지는 1m) 이상의 거리를 유지하고, 고정급유설비의 중심선을 기점으로 하여 도로경계선까지 (③)m 이상, 부지경계선 및 담까지 (④)m 이상, 건축물의 벽까지 2m(개구부가 없는 벽까지는 1m) 이상의 거리를 유지한다.

정답

① 4, ② 2, ③ 4, ④ 1

09 위험물안전관리법령상 위험물의 분류에서 빈칸의 위험물의 품명을 쓰시오.

유 별	품 명	지정수량
제1류 위험물	아염소산염류	50kg
	염소산염류	50kg
	과염소산염류	50kg
	①	50kg
제2류 위험물	황화린	100kg
	적 린	100kg
	②	100kg
	철 분	500kg
	금속분	500kg
	③	500kg
제3류 위험물	④	20kg
제5류 위험물	니트로화합물	200kg
	니트로소화합물	200kg
	아조화합물, 디아조화합물	200kg
	⑤	200kg
	금속의 아지화합물, 질산구아니딘	200kg

정답

① 무기과산화물류, ② 유황, ③ 마그네슘, ④ 황린, ⑤ 히드라진 유도체

해설

위험물에 대하여 제1류에서 제6류까지 화학적 성질, 물리적 성질, 소화의 공통성, 예방상 공통성에 따라 구별하고, 각 유별로 대표 성질, 품명 및 품목과 지정수량을 지정하였다. 동일류 위험물은 공통적인 화재위험성을 가지고 있다.

10 벤젠에 수은을 촉매로 하여 질산을 반응시켜 만들며, DDNP(Diazodinitro Phenol)의 제조 원료로 사용한다. 다음 물음에 답하시오.

① 구조식
② 품명
③ 지정수량

①

② 니트로화합물

③ 200kg

■ **트리니트로페놀(피크르산)의 제법**

① 페놀을 진한 황산에 녹이고 이것을 질산에 작용시켜 만든다.

$$C_6H_5OH + 3HNO_3 \xrightarrow{H_2SO_4} C_6H_2(OH)(NO_2)_3 + 3H_2O$$

② 클로로벤젠에 수산화나트륨, 황산, 질산을 차례로 반응시켜 만든다.

③ 벤젠에 수은을 촉매로 하여 질산을 반응시켜 만든다.

11 위험물제조소 등에서 안전거리와 보유공지를 두어야 하는 제조소 등의 명칭을 쓰시오.

제조소, 일반취급소, 옥내저장소, 옥외탱크저장소, 옥외저장소

종 류 거 리	안전거리	보유공지
제조소, 일반취급소	○	○
옥내저장소	○	○
옥외탱크저장소	○	○
옥내 탱크저장소	×	×
지하탱크저장소	×	×
간이탱크저장소	×	×
이동탱크저장소	×	×
옥외저장소	○	○
주유취급소, 판매취급소	×	×
이송취급소	×	×

12 0.01wt% 황을 함유한 1,000kg의 코크스를 과잉공기 중에 완전연소시켰을 때 발생되는 SO_2는 몇 g인지 구하시오.

> **정답**
>
> $S + O_2 \rightarrow SO_2$
>
> 32g   64g
>
> 100g x(g)
>
> $x = \dfrac{100 \times 64}{32}$, $x = 200g$

13 어떤 화합물의 질량을 분석한 결과 나트륨 58.97%, 산소 41.03%였다. 이 화합물의 실험식과 분자식을 구하시오(단, 이 화합물의 분자량은 78g/mol이다).

> **정답**
>
> ① 실험식
>
> $Na : O = \dfrac{58.97}{23} : \dfrac{41.03}{16} = 2.56 : 2.56 = NaO$
>
> ② 분자식 = 실험식 $\times n$
>
> $Na_2O = NaO \times 2$, $78 = 39 \times n$
>
>   즉, 분자식은 Na_2O_2
>
> **해설**
>
> ① 실험식(조정식) : 물질의 조성을 원소기호로서 간단하게 표시한 식
>
> ② 분자식 : 한 개의 분자 중에 들어있는 원자의 종류와 그 수를 나타낸 식(분자식 = 실험식 $\times n$)

14 다음 위험물이 물과 반응 시의 화학반응식을 쓰시오(단, 반응이 없으면 "반응 없음"이라고 쓰시오).

① 과산화나트륨

② 과염소산나트륨

③ 트리에틸알루미늄

④ 인화칼슘

⑤ 아세트알데히드

① $2Na_2O_2 + 2H_2O \rightarrow 4NaOH + O_2$
② 반응 없음
③ $(C_2H_5)_3Al + 3H_2O \rightarrow Al(OH)_3 + 3C_2H_6$
④ $Ca_3P_2 + 6H_2O \rightarrow 3Ca(OH)_2 + 2PH_3$
⑤ 반응 없음

① 과산화나트륨은 흡습성이 있으므로 물과 접촉하면 수산화나트륨과 산소를 발생한다.
② 과염소산나트륨은 물에 잘 녹는다.
③ 트리에틸알루미늄은 물과 폭발적 반응을 일으켜 에탄가스를 발화·비산하므로 위험하다.
④ 인화칼슘은 물과 반응하여 유독하고 가연성인 인화수소가스를 발생한다.
⑤ 아세트알데히드는 물에 잘 녹는다.

15 옥내저장소에 위험물을 저장하는 경우로서 위험물을 유별로 정리하고 저장하고 서로 1m 이상의 간격을 유지하는 경우에도 동일한 옥내저장소에 저장할 수 있는 위험물의 종류를 쓰시오.

① 제1류 위험물(알칼리금속이 과산화물은 제외)
② 제6류 위험물
③ 제3류 위험물 중 알킬알루미늄
④ 제2류 위험물 중 인화성고체

① 제5류 위험물, ② 제1류 위험물, ③ 제4류 위험물, ④ 제4류 위험물

옥내저장소는 창고로서, 법령에 정하는 용기에 수납하여 위험물을 저장 또는 취급하는 저장소를 말한다. 일반적으로 위험물 창고라 하며, 저장수량의 제한은 없으나 바닥면적의 제한이 있다.

16 이송취급소를 설치한 지역에서 지진을 감지하거나 지진의 정보를 얻은 경우에 소방청장이 정하여 고시하는 바에 따라 재해를 방지하기 위한 조치를 강구한다. 다음에 해당하는 재해방지조치를 쓰시오.

① 진도계 5 이상의 지진 정보를 얻은 경우
② 진도계 4 이상의 지진 정보를 얻은 경우

정답

① 펌프의 정지 및 긴급차단밸브를 폐쇄한다.
② 당해 지역에 대한 지진재해 정보를 계속 수집하고, 그 상황에 따라 펌프의 정지 및 긴급차단밸브를 폐쇄한다.

해설

■ **지진 시의 재해방지조치**

① 특정이송취급소에 있어서 규칙 [별표 15] Ⅳ 제13호의 규정에 따른 감진장치가 가속도 40gal을 초과하지 아니하는 범위 내로 설정한 가속도 이상의 지진동을 감지한 경우에는 신속히 펌프의 정지, 긴급차단밸브의 폐쇄, 위험물을 이송하기 위한 배관 및 펌프, 그리고 이것에 부속한 설비의 안전을 확인하기 위한 순찰 등 긴급 시에 적절한 조치를 준비한다.

② 이송취급소를 설치한 지역에 있어서 진도계 5 이상의 지진 정보를 얻은 경우에는 펌프의 정지 및 긴급차단밸브를 폐쇄한다.

③ 이송취급소를 설치한 지역에 있어서 진도계 4 이상의 지진 정보를 얻은 경우에는 당해 지역에 대한 지진재해정보를 계속 수집하고, 그 상황에 따라 펌프의 정지 및 긴급차단밸브를 폐쇄한다.

④ ②의 규정에 의하여 펌프의 정지 및 긴급차단밸브를 폐쇄한 경우 또는 규칙 [별표 15] Ⅳ 제8호의 규정에 따른 안전제어장치가 지진에 의하여 작동되어 펌프가 정지되고 긴급차단밸브가 폐쇄된 경우에는 위험물을 이송하기 위한 배관 및 펌프에 부속하는 설비의 안전을 확인하기 위한 순찰을 신속히 실시한다.

⑤ 배관계가 강한 과도한 지진동을 받은 때에는 당해 배관에 관계된 최대상용압력의 1.25배의 압력으로 4시간 이상 수압시험(물 외의 적당한 기체 또는 액체를 이용하여 실시하는 시험을 포함)을 하며 이상이 없음을 확인한다.

⑥ ⑤의 경우에 있어서 최대상용압력의 1.25배의 압력으로 수압시험을 하는 것이 적당하지 아니한 때에는 당해 최대상용압력의 1.25배 미만의 압력으로 수압시험을 실시한다. 이 경우 당해 수압시험의 결과가 이상이 없다고 인정된 때에는 당해 시험압력을 1.25로 나눈 수치 이하의 압력으로 이송하여야 한다.

17 다음은 제6류 위험물과 유황의 옥외저장소의 저장에 관한 내용이다. (   ) 안에 알맞은 답을 쓰시오.

- (①) 또는 (②)을 저장하는 옥외저장소에는 불연성 또는 난연성의 천막 등을 설치하여 햇빛을 가릴 것
- 경계표시에는 유황이 넘치거나 비산하는 것을 방지하기 위한 천막 등을 고정하는 장치를 설치하되, 천막 등을 고정하는 장치는 경계표시의 길이 (③)m마다 한 개 이상 설치한다.
- 유황을 저장 또는 취급하는 장소의 주위에는 (④)와 (⑤)를 설치할 것

정답

① 과산화수소, ② 과염소산, ③ 2, ④ 배수구, ⑤ 분리장치

18 위험물탱크 안전성능검사에서 침투탐상시험의 판정기준을 3가지 쓰시오.

정답

① 균열이 확인된 경우에는 불합격으로 할 것
② 선상 및 원형상의 결함 크기가 4mm를 초과할 경우에는 불합격으로 할 것
③ 2 이상의 결함지시모양이 동일선상에 연속해서 존재하고 그 상호간의 간격이 2mm 이하인 경우에는 상호
　간의 간격을 포함하여 연속된 하나의 결함지시모양으로 간주할 것. 다만, 결함지시모양 중 짧은 쪽의 길이
　가 2mm 이하이면서 결함지시모양 상호간의 간격 이하인 경우에는 독립된 결함지시모양으로 한다.
④ 결함지시모양이 존재하는 임의의 개소에 있어서 2,500mm²의 사각형(한 변의 최대길이는 150mm로 한다)
　내에 길이 1mm를 초과하는 결함지시모양의 길이의 합계가 8mm를 초과하는 경우에는 불합격으로 할 것

해설

■ 진공시험의 판정기준
진공시험의 결과 기포 생성 등 누설이 확인되는 경우에는 불합격으로 할 것

19 다음 벤젠 탱크의 내용적은 몇 L인지 구하시오.

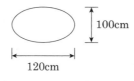
100cm
120cm

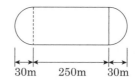
30m　250m　30m

정답

■ 탱크의 내용적

$$V = \frac{\pi ab}{4}\left(l + \frac{l_1 + l_2}{3}\right) = \frac{\pi \times 1.2\text{m} \times 1\text{m}}{4} \times \left(2.5\text{m} + \frac{0.3\text{m} + 0.3\text{m}}{3}\right) = 2.5434\text{m}^2 = 2543.4\text{L}$$

20 다음 소화설비의 적응성이 있으면 ○를 표시하시오.

소화설비의 구분			대상물 구분			
			제1류 위험물	제2류 위험물	제3류 위험물	제4류 위험물
			알칼리금속과산화물 등	금속분	금수성물품	
옥내소화전설비 또는 옥외소화전설비						
스프링클러설비						△
물분무등소화설비	물분무소화설비					○
	포소화설비					○
	불활성가스소화설비					
	할로겐화합물소화설비					
	분말소화설비	인산염류 등				
		탄산수소염류 등				
		그 밖의 것				

정답

■ 소화설비의 적응성

소화설비의 구분			대상물 구분			
			제1류 위험물	제2류 위험물	제3류 위험물	제4류 위험물
			알칼리금속과산화물 등	금속분	금수성물품	
옥내소화전설비 또는 옥외소화전설비						
스프링클러설비						△
물분무등소화설비	물분무소화설비					○
	포소화설비					○
	불활성가스소화설비					○
	할로겐화합물소화설비					○
	분말소화설비	인산염류 등				○
		탄산수소염류 등	○	○	○	○
		그 밖의 것	○	○	○	

소화설비의 구분		건축물·그 밖의 공작물	전기설비	제1류 위험물 알칼리금속과산화물등	제1류 위험물 그 밖의 것	제2류 위험물 철분·금속분·마그네슘등	제2류 위험물 인화성고체	제2류 위험물 그 밖의 것	제3류 위험물 금수성물품	제3류 위험물 그 밖의 것	제4류 위험물	제5류 위험물	제6류 위험물
옥내소화전 또는 옥외소화전설비		○			○		○	○		○		○	○
스프링클러설비		○			○		○	○		○	△	○	○
물분무등소화설비	물분무소화설비	○	○		○		○	○		○	○	○	○
	포소화설비	○			○		○	○		○	○	○	○
	불활성가스소화설비		○				○				○		
	할로겐화합물소화설비		○				○				○		
	분말소화설비 인산염류등	○	○		○		○	○			○		○
	분말소화설비 탄산수소염류등		○	○		○	○		○		○		
	분말소화설비 그 밖의 것			○		○			○				

2017년 제62회 출제문제(9월 9일 시행)

01 다음 물질에서 물과 반응할 때 발생하는 가스의 위험도가 가장 큰 위험물이 물과 반응할 때의 반응식과 이때 발생한 가스의 위험도를 구하시오.

- 탄화알루미늄
- 트리에틸알루미늄
- 수소화칼륨
- 탄화칼슘

정답

① 반응식 : $CaC_2 + 2H_2O \longrightarrow Ca(OH)_2 + C_2H_2$

② 위험도(H) : $\dfrac{U-L}{L} = \dfrac{81-2.5}{2.5} = 31.4$

해설

■ 물과 반응할 때 반응식 및 위험도

① $Al_4C_3 + 12H_2O \longrightarrow 4Al(OH)_3 + 3CH_4$

  CH_4의 폭발범위 : 5~15%, 위험도(H) : $\dfrac{U-L}{L} = \dfrac{15-5}{5} = 2$

② $(C_2H_5)_3Al + 3H_2O \longrightarrow Al(OH)_3 + 3C_2H_6$

  C_2H_6의 폭발범위 : 3~12.4%, 위험도(H) : $\dfrac{U-L}{L} = \dfrac{12.4-3}{3} = 3.13$

③ $KH + H_2O \longrightarrow KOH + H_2$

  H_2의 폭발범위 : 4~75%, 위험도(H) : $\dfrac{U-L}{L} = \dfrac{75-4}{4} = 17.75$

④ $CaC_2 + 2H_2O \longrightarrow Ca(OH)_2 + C_2H_2$

  C_2H_2의 폭발범위 : 2.5~81%, 위험도(H) : $\dfrac{U-L}{L} = \dfrac{81-2.5}{2.5} = 31.4$

02 다음은 제4류 위험물의 동식물유류이다. 건성유와 불건성유를 구분하시오.

들기름, 아마인유, 동유, 정어리기름, 올리브유, 피마자유, 동백유, 땅콩기름

① 건성유
② 불건성유

① 들기름, 아마인유, 동유, 정어리기름
② 올리브유, 피마자유, 동백유, 땅콩기름

■ **동식물유류의 종류**
① 건성유 : 요오드값이 130 이상
② 반건성유 : 요오드값이 100~130 사이
③ 불건성유 : 요오드값이 100 이하

03 피난설비이다. 다음 물음에 답하시오.

① 위험물을 취급하는 제조소에서 피난설비를 설치해야 하는 제조소 등을 쓰시오.
② 위 제조소 등에 피난설비를 설치해야 하는 기준을 쓰시오.
③ 위 제조소 등에 설치해야 하는 피난설비를 한 개 쓰시오.

① 주유취급소, 옥내주유취급소
② 피난설비 설치기준
    ㉠ 주유취급소 중 건축물의 2층 이상의 부분을 점포·휴게음식점 또는 전시장의 용도로 사용하는 것에 있어서는 당해 건축물의 2층 이상으로부터 주유취급소의 부지 밖으로 통하는 출입구와 당해 출입구로 통하는 통로·계단 및 출입구에 유도등을 설치한다.
    ㉡ 옥내주유취급소에 있어서는 당해 사무소 등의 출입구 및 피난구와 당해 피난구로 통하는 통로·계단 및 출입구에 유도등을 설치한다.
    ㉢ 유도등에는 비상전원을 설치한다.
③ 유도등

유도등의 설치에 관하여는 규칙에 규정된 것 외에 그 기술기준은 유도등 및 유도표지의 화재안전기준에 따라 설치한다.

04 제5류 위험물인 과산화벤조일과 니트로글리세린의 구조식을 쓰시오.

> **정답**

① 과산화벤조일 :

$$\bigcirc - \underset{\underset{O}{\|}}{C} - O - O - \underset{\underset{O}{\|}}{C} - \bigcirc$$

② 니트로글리세린 :

$$H - \underset{\underset{NO_2}{\overset{\overset{H}{|}}{\underset{|}{O}}}}{C} - \underset{\underset{NO_2}{\overset{\overset{H}{|}}{\underset{|}{O}}}}{C} - \underset{\underset{NO_2}{\overset{\overset{H}{|}}{\underset{|}{O}}}}{C} - H$$

> **해설**

구조식 : 분자 내의 원자의 결합상태를 원소기호와 결합선을 이용하여 표시한 식

05 위험물탱크 안전성능검사의 대상이 되는 탱크의 검사 4가지를 쓰시오.

> **정답**

① 기초·지반검사, ② 충수·수압검사, ③ 용접부검사, ④ 암반탱크검사

> **해설**

■ **탱크 안전성능 검사의 대상이 되는 탱크**
① 기초·지반검사 : 옥외탱크저장소의 액체위험물 탱크 중 그 용량이 100만L 이상인 탱크
② 충수·수압검사 : 액체위험물을 저장 또는 취급하는 탱크
③ 용접부검사 : ①의 규정에 의한 탱크
④ 암반탱크검사 : 액체위험물을 저장 또는 취급하는 암반 내의 공간을 이용한 탱크

06 다음은 위험물의 저장·취급 공통기준에 대한 설명이다. (   ) 안에 알맞은 말을 쓰시오.

- 위험물을 저장 또는 취급하는 건축물, 그 밖의 공작물 또는 설비는 당해 위험물의 성질에 따라 (①) 또는 (②)를 실시하여야 한다.
- 가연성의 액체·증기 또는 가스가 새거나 체류할 우려가 있는 장소 또는 가연성의 미분이 현저하게 부유할 우려가 있는 장소에서는 전선과 전기기구를 완전히 접속하고 (③)을 발하는 기계·기구·공구·신발 등을 사용하지 아니하여야 한다.
- 위험물을 (④) 중에 보존하는 경우에는 당해 위험물이 (⑤)으로부터 노출되지 아니하도록 하여야 한다.

해설

■ **위험물의 저장·취급 공통기준**

① 제조소 등에서 규정에 의한 허가 및 신고와 관련되는 품명 외의 위험물 또는 이러한 허가 및 신고와 관련되는 수량 또는 지정수량의 배수를 초과하는 위험물을 저장 또는 취급하지 아니하여야 한다.

② 위험물을 저장 또는 취급하는 건축물, 그 밖의 공작물 또는 설비는 당해 위험물의 성질에 따라 차광 또는 환기를 실시하여야 한다.

③ 위험물은 온도계, 습도계, 압력계, 그 밖의 계기를 감시하여 당해 위험물의 성질에 맞는 적정한 온도, 습도 또는 압력을 유지하도록 저장 또는 취급하여야 한다.

④ 위험물을 저장 또는 취급하는 경우에는 위험물의 변질, 이물의 혼입 등에 의하여 당해 위험물의 위험성이 증대되지 아니하도록 필요한 조치를 강구하여야 한다.

⑤ 위험물이 남아 있거나 남아 있을 우려가 있는 설비, 기계·기구, 용기 등을 수리하는 경우에는 안전한 장소에서 위험물을 완전하게 제거한 후에 실시하여야 한다.

⑥ 위험물을 용기에 수납하여 저장 또는 취급할 때에는 그 용기는 당해 위험물의 성질에 적응하고 파손·부식·균열 등이 없는 것으로 하여야 한다.

⑦ 가연성의 액체·증기 또는 가스가 새거나 체류할 우려가 있는 장소 또는 가연성의 미분이 현저하게 부유할 우려가 있는 장소에서는 전선과 전기기구를 완전히 접속하고 불꽃을 발하는 기계·기구·공구·신발 등을 사용하지 아니하여야 한다.

⑧ 위험물을 보호액 중에 보존하는 경우에는 당해 위험물이 보호액으로부터 노출되지 아니하도록 하여야 한다.

07 위험물제조소에 설치하는 배출설비는 국소방출방식으로 하여야 하는데, 전역방출방식으로 할 수 있는 경우를 2가지 쓰시오.

해설

■ **배출설비**

원칙적으로 국소방식으로 한다.

① 국소방식이란, 가연성 증기 등이 집중적으로 방출되는 구역을 배출대상으로 하는 구조이며, 위험물 취급 형태상 집중적인 유증기 등의 방출구역이 없는 장소에는 전역방식도 가능하다.

② 전역방식은 외형상 환기설비와 유사한 구조이며, 전동기에 의하여 유증기 등을 강제로 배출하는 점에서 다르다.

08 ANFO 폭약에 사용되는 제1류 위험물의 화학명과 분해반응식 및 폭발반응식을 쓰시오.

정답

① 화학명 : NH_4NO_3

② 분해반응식 : $NH_4NO_3 \xrightarrow{\triangle} N_2O + 2H_2O$

③ 폭발반응식 : $2NH_4NO_3 \rightarrow 2N_2\uparrow + 4H_2O\uparrow + O_2$

해설

① ANFO(Ammonium Nitrate Fuel Oil)

② 융점 169.5℃이지만 100℃ 부근에서 반응하고 200℃에서 열분해하여 산화이질소와 물로 분해한다.

③ 250~260℃에서 분해가 급격히 일어나 폭발한다. 가스발생량이 980L/kg 정도로 많기 때문에 화약류 제조 시 산소공급제로 널리 사용된다.

　예 ANFO 폭약은 NH_4NO_3 : 경유를 94wt% : 6wt% 비율로 혼합시키면 폭약이 된다. 이것은 기폭약을 사용하여 점화시키면 다량의 가스를 내면서 폭발한다.

09 위험물의 성질란에 규정된 성상을 2가지 이상 포함하는 물품을 복수성상물품이라 한다. 이 물품이 속하는 품명의 판단기준을 ( )에 맞는 유별을 쓰시오.

① 복수성상물품이 산화성고체의 성상 및 가연성고체의 성상을 가지는 경우 : ( )류 위험물

② 복수성상물품이 산화성고체의 성상 및 자기반응성물질의 성상을 가지고 경우 : ( )류 위험물

③ 복수성상물품이 가연성고체의 성상과 자연발화성물질이 성상 및 금수성물질의 성상을 가지는 경우 : ( )류 위험물

④ 복수성상물품이 자연발화성물질의 성상, 금수성물질의 성상 및 인화성액체의 성상을 가지는 경우 : ( )류 위험물

⑤ 복수성상물품이 인화성액체의 성상 및 자기반응성물질의 성상을 가지는 경우 : ( )류 위험물

정답

① 2, ② 5, ③ 3, ④ 3, ⑤ 5

해설

위험물의 지정은 5가지 방식으로 그 물질의 위험물을 지정하여 관리한다.

① 화학적 조성에 의한 지정 : 비슷한 성질을 가진 원소, 비슷한 성분과 조성을 가진 화합물은 각각 유사한 성질을 나타낸다.

② 형태의 의한 지정 : 철, 망간, 알루미늄 등 금속분은 보통 괴상의 상태는 규제가 없지만, 입자가 일정 크기 이하인 분상은 위험물로 규정된다.

③ 사용 상태에 의한 지정 : 동일 물질에 있어서도 보관 상태에 따라 달라질 수 있으며, 동·식물유류는 위험 물안전관리법상 위험물로 보지 않는다(단, 밀봉된 상태).

④ 지정에서의 제외와 편입 : 화학적인 호칭과 위험물안전관리법상의 호칭과는 내용상의 차이가 있는 것도 있지만, 알코올류는 수백 종이 있고 위험물안전관리법에서는 특수한 소수의 알코올만을 지칭한다. 변성알 코올은 알코올류에 포함되지만, 탄소수가 4개 이상인 알코올은 인화점에 따라 석유류로 분류된다.

⑤ 경합하는 경우의 지정 : 동시에 2개 이상의 유별이 해당되며, 복수성상물품이라 하여 제1류와 제2류, 제1 류와 제5류, 제2류와 제3류 등이 해당된다. 이때 일반 위험보다는 특수 위험성을 우선하여 지정한다.

10 제3류 위험물로서 원자량 39.1이고, 무른 경금속으로 지정수량이 10kg인 위험물이 다음과 같은 물질과 반응 시의 반응식을 쓰시오.

① 이산화탄소
② 에틸알코올
③ 사염화탄소

정답

① $4K + 3CO_2 \rightarrow 2K_2CO_3 + C$
② $2K + 2C_2H_5OH \rightarrow 2C_2H_5OK + H_2$
③ $4K + CCl_4 \rightarrow 4KCl + C$

해설

① 금속칼륨은 소화약제로 쓰이는 CO_2와 반응할 때는 폭발 등의 위험이 있다.
② 금속칼륨은 메탄올, 에탄올, 부탄올 등 알코올과 반응하여 알코올레이트와 수소를 발생한다.
③ 금속칼륨은 CCl_4와 접촉하면 폭발적으로 반응한다.

11 소화난이도등급 I의 옥외탱크저장소에 설치하여야 하는 소화설비를 쓰시오.

① 지중탱크 또는 해상탱크 외의 탱크에 유황만을 저장하는 것
② 지중탱크 또는 해상탱크 외의 탱크에 인화점 70℃ 이상의 제4류 위험물을 저장·취급하는 것
③ 지중탱크

정답

① 물분무소화설비
② 물분무소화설비 또는 고정식 포소화설비
③ 고정식 포소화설비, 이동식 이외의 불활성가스소화설비, 이동식 이외의 할로겐화물소화설비

■ 소화난이도 등급 I에 대한 제조소 등의 소화설비

제조소 등의 구분			소화설비
옥외탱크 저장소	지중 탱크 또는 해상 탱크 외의 것	유황만을 저장·취급하는 것	물분무소화설비
		인화점 70℃ 이상의 제4류 위험 물만을 저장·취급하는 것	물분무소화설비 및 고정식 포소화설비
		그 밖의 것	고정식 포소화설비(포소화설비가 적응성이 없는 경우에는 분말 소화설비)
	지중탱크		고정식 포소화설비, 이동식 외의 불활성가스소화설비 또는 이동식 이외의 할로겐화합물소화설비
	해상탱크		고정식 포소화설비, 물분무소화설비, 이동식 외의 불활성가스소화설비 또는 이동식 외의 할로겐화합물소화설비

12 위험물제조소와 학교와의 거리가 20m로 위험물 안전에 의한 안전거리를 충족할 수 없어서 방화상 유효한 담을 설치하고자 한다. 위험물제조소 외벽 높이 10m, 학교 높이 30m이며, 위험물제조소와 방화상 유효한 담의 거리 5m인 경우 방화상 유효한 담의 높이는?(단, 학교건물은 방화구조이고, 위험물제조소에 면한 부분의 개구부에 방화문이 설치되지 않았다)

조건으로부터 상수 $P=0.04$이고, $H>PD^2+a$인 경우이므로, $(30>(0.04)(20)^2+10=26)$
방화상 유효한 담의 높이$(h)=H-P(D^2-d^2)=30-0.04(20^2-5^2)=15m$
∴ 산출된 수치가 2 미만일 때는 담의 높이를 2m로, 4 이상일 때에는 담의 높이를 4m로 한다. 즉, 4m이다.

■ 방화상 유효한 담의 높이

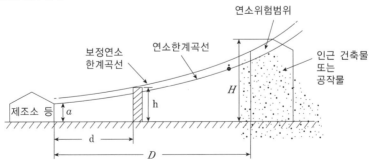

① $H \leq PD^2 + a$인 경우 : $h = 2$
② $H > PD^2 + a$인 경우 : $h = H - P(D^2 - d^2)$

여기서, d : 제조소 등과 방화상 유효한 담과의 거리(m)

D : 제조소 등과 인근 건축물 또는 공작물과의 거리(m)

h : 방화상 유효한 담의 높이(m)

a : 제조소 등 외벽의 높이(m)

H : 인근 건물 또는 공작물의 높이(m)

P : 상수

인근 건축물 또는 공작물의 구분	P의 값
• 학교 · 주택 · 문화재 등의 건축물 또는 공작물이 목조인 경우 • 학교 · 주택 · 문화재 등의 건축물 또는 공작물이 방화구조 또는 내화구조이고, 제조소 등에 면한 부분의 개구부에 방화문이 설치되지 아니한 경우	0.04
• 학교 · 주택 · 문화재 등의 건축물 또는 공작물이 방화구조인 경우 • 학교 · 주택 · 문화재 등의 건축물 또는 공작물이 방화구조 또는 내화구조이고, 제조소 등에 면한 부분의 개구부에 을종방화문이 설치된 경우	0.15
학교 · 주택 · 문화재 등의 건축물 또는 공작물이 내화구조이고, 제조소 등에 면한 개구부에 갑종방화문이 설치된 경우	∞

13 이송취급소에 설치된 긴급차단밸브 및 차단밸브에 관한 첨부서류 5가지를 쓰시오.

정답

① 구조설명서(부대설비를 포함)
② 기능설명서
③ 강도에 관한 설명서
④ 제어계통도
⑤ 밸브의 종류 · 형식 · 재료에 관하여 기재한 서류

해설

■ **이송취급소의 경우 설치허가의 신청 시 첨부서류**

① 공사계획서
② 공사공정표

③ [별표 I]의 규정에 의한 서류

구조 및 설비	첨부서류
1. 배관	1. 위치도(축척 : 50,000분의 1 이상, 배관의 경로 및 이송기지의 위치를 기재할 것) 2. 평면도[축척 : 3,000분의 1 이상, 배관의 중심선에서 좌우 300m 이내의 지형, 부근의 도로·하천·철도 및 건축물 그 밖의 시설의 위치, 배관의 중심선·신축구조·감진장치·배관계 내의 압력을 측정하여 자동적으로 위험물의 누설을 감지할 수 있는 장치의 압력계·방호장치 및 밸브의 위치, 시가지·별표 15 Ⅰ 제1호 각 목의 규정에 의한 장소, 그리고 행정구역의 경계를 기재하고 배관의 중심선에는 200m마다 체가(遞加)거리를 기재할 것] 3. 종단도면(축척 : 가로는 3,000분의 1·세로는 300분의 1 이상, 지표면으로부터 배관의 깊이·배관의 경사도·주요한 공작물의 종류 및 위치를 기재할 것) 4. 횡단도면(축척 : 200분의 1 이상, 배관을 부설한 도로·철도 등의 횡단면에 배관의 중심과 지상 및 지하의 공작물의 위치를 기재할 것 5. 도로·하천·수로 또는 철도의 지하를 횡단하는 금속관 또는 방호구조물 안에 배관을 설치하거나 배관을 가공횡단하여 설치하는 경우에는 당해 횡단 개소의 상세도면 6. 강도계산서 7. 접합부의 구조도 8. 용접에 관한 설명서 9. 접합방법에 관하여 기재한 서류 10. 배관의 기점·분기점 및 종점의 위치에 관하여 기재한 서류 11. 연장에 관하여 기재한 서류(도로밑·철도밑·해저·하천 밑·지상·해상 등의 위치에 따라 구별하여 기재할 것) 12. 배관 내의 최대상용 압력에 관하여 기재한 서류 13. 주요 규격 및 재료에 관하여 기재한 서류 14. 그 밖에 배관에 대한 설비 등에 관한 설명도서
2. 긴급차단밸브 및 차단밸브	1. 구조설명서(부대설비를 포함한다) 2. 기능설명서 3. 강도에 관한 설명서 4. 제어계통도 5. 밸브의 종류·형식 및 재료에 관하여 기재한 서류
3. 누설탐지설비	
1) 배관계 내의 위험물의 유량측정에 의하여 자동적으로 위험물의 누설을 검지할 수 있는 장치 또는 이와 동등 이상의 성능이 있는 장치	1. 누설검지능력에 관한 설명서 2. 누설검지에 관한 흐름도 3. 연산처리장치의 처리능력에 관한 설명서 4. 누설의 검지능력에 관하여 기재한 서류 5. 유량계의 종류·형식·정밀도 및 측정범위에 관하여 기재한 서류 6. 연산처리장치의 종류 및 형식에 관하여 기재한서류
2) 배관계 내의 압력을 측정하여 자동적으로 위험물의 누설을 검지할 수 있는 장치 또는 이와 동등 이상의 성능이 있는 장치	1. 누설검지능력에 관한 설명서 2. 누설검지에 관한 흐름도 3. 수신부의 구조에 관한 설명서 4. 누설검지능력에 관하여 기재한 서류 5. 압력계의 종류·형식·정밀도 및 측정범위에 관하여 기재한 서류

3) 배관계 내의 압력을 일정하게 유지하고 당해 압력을 측정하여 위험물의 누설을 검지할 수 있는 장치 또는 이와 동등 이상의 성능이 있는 장치	1. 누설검지능력에 관한 설명서 2. 누설검지능력에 관하여 기재한 서류 3. 압력계의 종류·형식·정밀도 및 측정범위에 관하여 기재한 서류
4. 압력안전장치	구조설명도 또는 압력제어방식에 관한 설명서
5. 감진장치 및 강진계	1. 구조설명도 2. 지진검지에 관한 흐름도 3. 종류 및 형식에 관하여 기재한 서류
6. 펌프	1. 구조설명도 2. 강도에 관한 설명서 3. 용적식 펌프의 압력상승방지장치에 관한 설명서 4. 고압판넬·변압기 등 전기설비의 계통도(원동기를 움직이기 위한 전기설비에 한한다) 5. 종류·형식·용량·양정·회전수 및 상용·예비의 구별에 관하여 기재한 서류 6. 실린더 등의 주요 규격 및 재료에 관하여 기재한 서류 7. 원동기의 종류 및 출력에 관하여 기재한 서류 8. 고압판넬의 용량에 관하여 기재한 서류 9. 변압기용량에 관하여 기재한 서류
7. 피그취급장치	구조설명도
8. 전기방식설비, 가열·보온설비, 지지물, 누설확산방지설비, 운전상태감시장치, 안전제어장치, 경보설비, 비상전원, 위험물주입·취출구, 금속관, 방호구조물, 보호설비, 신축흡수장치, 위험물제거장치, 통보설비, 가연성증기체류방지설비, 부등침하측정설비, 기자재창고, 점검상자, 표지 그 밖에 이송취급소에 관한 설비	1. 설비의 설치에 관하여 필요한 설명서 및 도면 2. 설비의 종류·형식·재료·강도 및 그 밖의 기능·성능 등에 관하여 기재한 서류

14 덮개가 개방된 용기에 1기압 10℃의 공기가 있다. 이것을 400℃로 가열하면 처음 공기량의 몇 %가 용기 밖으로 나오는지 구하시오.

정답

$$V_1 = V \times \frac{T_1}{T} = V \times \frac{(273+40)\text{K}}{(273+10)\text{K}} = 2.38\,V$$

팽창부피$(\triangle V) = V_1 - V = 2.38\,V - 1\,V = 1.38\,V$

팽창 후 용기 밖으로 배출된 공기량 $= \dfrac{\triangle V}{V_1} \times 100 = \dfrac{1.38\,V}{2.38\,V} \times 100 = 57.89\%$

15 포소화설비의 수동식 기동장치의 설치기준의 3가지를 쓰시오.

정답

① 직접 조작 또는 원격 조작에 의하여 가압송수장치, 수동식 개방밸브 및 포소화약제 혼합장치를 기동할 수 있을 것
② 2 이상의 방사구역을 갖는 포소화설비는 방사구역을 선택할 수 있는 구조로 할 것
③ 기동장치의 조작부는 화재 시 용이하게 접근이 가능하고 바닥면으로부터 0.8m 이상 1.5m 이하의 높이에 설치할 것

해설

■ **포소화설비의 수동식 기동장치의 설치기준**

① ①~③
② 기동장치의 조작부에는 유리 등에 방호조치가 되어 있을 것
③ 기동장치의 조작부 및 호스접속구에는 직근의 보기 쉬운 장소에 각각 기동장치의 조작부 또는 접속구라고 표시할 것

16 클리브랜드 개방식 인화점 측정기에 의한 인화점 측정시험이다. (   ) 안에 알맞은 내용을 쓰시오.

(1) 시험장소는 (①) 무풍의 장소로 할 것
(2) 「원유 및 석유제품 인화점 시험방법(KS M 2010)」에 의한 클리블랜드 개방식 인화점 측정기의 시료컵의 표선까지 시험물품을 채우고 시험물품의 표면의 기포를 제거할 것
(3) 시험불꽃을 점화하고 화염의 크기를 직경 (②)mm가 되도록 조정할 것
(4) 시험물품의 온도가 60초간 (③)℃의 비율로 상승하도록 가열하고 설정온도보다 55℃ 낮은 온도에 달하면 가열을 조절하여 설정온도보다 28℃ 낮은 온도에서 60초간 (④)℃의 비율로 온도가 상승하도록 할 것
(5) 시험물품의 온도가 설정온도보다 28℃ 낮은 온도에 달하면 시험불꽃을 시료컵의 중심을 횡단하여 일직선으로 (⑤)초간 통과시킬 것. 이 경우 시험불꽃의 중심을 시료컵 위쪽 가장자리의 상방 (⑥)mm 이하에서 수평으로 움직여야 한다.
(6) (5)의 방법에 의하여 인화하지 않는 경우에는 시험물품의 온도가 2℃ 상승할 때마다 시험불꽃을 시료컵의 중심을 횡단하여 일직선으로 1초간 통과시키는 조작을 인화할 때까지 반복할 것
(7) (6)의 방법에 의하여 인화한 온도와 설정온도와의 차가 4℃를 초과하지 않는 경우에는 해당 온도를 인화점으로 할 것
(8) (5)의 방법에 의하여 인화한 경우 및 (6)의 방법에 의하여 인화한 온도와 설정온도와의 차가 4℃를 초과하는 경우에는 (2) 내지 (6)과 순서로 반복하여 실시할 것

① 1기압, ② 4, ③ 14, ④ 5.5, ⑤ 1, ⑥ 2

■ 클리블랜드 개방식 인화점 측정기

인화점이 80℃ 이상인 시료에 적용한다. 통상, 원유 및 연료유에는 적용하지 않는다.

17 다음은 불활성가스 소화약제이다. 각 성분별 함량(%)을 쓰시오.

① IG−55	② IG−100	③ IG−541

① N_2 : 50%, Ar : 50%

② N_2 : 100%

③ N_2 : 52%, Ar : 40%, CO_2 : 8%

■ 불활성가스 소화약제

헬륨, 네온, 아르곤, 질소가스 중 하나 이상의 원소를 기본 성분으로 하는 소화약제

소화약제	상품명	화학식
퍼플루오르부탄(FC−3−1−10)	PFC−410	C_4F_{10}
하이드로클로로플루오르카본혼화제(HCFC BLEND A)	NAFS−Ⅲ	HCFC−123($CHCl_2CF_3$) : 4.75% HCFC−22($CHClF_2$) : 82% HCFC−124($CHClFCF_3$) : 9.5% $C_{10}F_{16}$: 3.75%
클로로테트라플루오르에탄(HCFC−124)	FE−24	$CHClFCF_3$
펜타플루오르에탄(HFC−125)	FE−25	CHF_2CF_3
헵타플루오르프로판(HFC−227ea)	FM−200	CF_3CHFCF_3
트리플루오르메탄(HFC−23)	FE−13	CHF_3
핵사플루오르프로판(HFC−236fa)	FE−36	$CF_3CH_2CF_3$
트리플루오르이오다이드(FIC−1311)	Tiodide	CF_3I
도데카플루오르−2−메틸펜탄−3−원(FK−5−1−12)	−	$CF_3CF_2C(O)CF(CF_3)_2$
불연성·불활성기체 혼합가스(IG−01)	Argon	Ar
불연성·불활성기체 혼합가스(IG−100)	Nitrogen	N_2
불연성·불활성기체 혼합가스(IG−541)	Inergen	N_2 : 52%, Ar : 40%, CO_2 : 8%
불연성·불활성기체 혼합가스(IG−55)	Argonite	N_2 : 50%, Ar : 50%

18 히드록실아민 200kg을 취급하는 제조소에서 안전거리를 구하시오.

히드록실아민 지정수량이 100kg 이므로 : $\dfrac{200kg}{100kg} = 2$배

안전거리$(D) = \dfrac{51.1 \times N}{3} = 34.066$m[$D$: 안전거리(m), N : 지정수량의 배수]

19 주유취급소에 설치하는 표지 및 게시판에 대한 내용이다. 빈칸에 알맞은 말을 쓰시오.

표 지 ＼ 항 목	내 용	문자의 색상	바탕의 색상
표 지	①	흑 색	②
게시판 표지	③	백 색	④
	⑤	⑥	황 색

① 위험물 주유취급소, ② 백색, ③ 화기엄금, ④ 적색. ⑤ 주유 중 엔진정지, ⑥ 흑색

① 표지는 위험물을 저장 또는 취급하는 시설을 구분하여 그 소재를 알려줌으로써 주의를 환기시키기 위하여 설치하는 것이다.
② 게시판은 위험물시설 방화에 필요한 사항을 게시하여 안전을 도모하기 위하여 설치한다.

20 할로겐 원소의 오존층 파괴지수인 ODP의 공식 및 정의를 쓰시오.

① 공식 : ODP = $\dfrac{\text{어떠한 물질 1kg에 의해 파괴되는 오존량}}{\text{CFC} - 11 \text{ 물질 1kg에 의해 파괴되는 오존량}}$
② 정의 : 3염화1불화 메탄($CFCl_3$)인 CFC−11이 오존층의 오존을 파괴하는 능력을 1로 기준하였을 때, 다른 할로겐화합물질이 오존층의 오존을 파괴하는 데 능력을 비교한 지수

2018년 제63회 출제문제(5월 26일 시행)

01 분자량 138.5, 비중 2.5, 융점 610℃, 지정수량이 50kg인 제1류 위험물이다. 다음 물음에 답하시오.

① 화학식
② 분해반응식
③ 위의 위험물 운반 시 주의사항

정답

① $KClO_4$
② $KClO_4 \rightarrow KCl + 2O_2$
③ 화기·충격주의 및 가연물 접촉주의

해설

$KClO_4$는 $KClO_3$나 $NaClO_3$ 등 염소산염류에 비해 가열, 타격 등에 훨씬 안정한 편이지만, 400℃ 이상으로 가열하면 분해하여 산소를 방출하고 610℃에서 완전분해하며, 이때 MnO_2와 같은 촉매가 존재하면 분해를 촉진한다.

02 트리에틸알루미늄이 다음 각 물질과 반응할 때 반응식을 쓰시오.

① 공기   ② 물
③ 염산   ④ 에탄올

정답

① $2(C_2H_5)_3Al + 21O_2 \rightarrow Al_2O_3 + 15H_2O + 12CO_2$
② $(C_2H_5)_3Al + 3H_2O \rightarrow Al(OH)_3 + 3C_2H_6$
③ $(C_2H_5)_3Al + HCl \rightarrow (C_2H_5)_2AlCl + C_2H_6$
④ $(C_2H_5)_3Al + 3C_2H_5OH \rightarrow Al(C_2H_5O)_3 + 3C_2H_6$

해설

① $C_1 \sim C_4$는 자연발화성이 강하다. 공기 중에 노출되어 공기와 접촉하면 백연을 발생하며 연소한다. 이 백연은 Al_2O_3의 미분이다. C_5 이상은 점화하지 않으면 연소하지 않는다.
② 물과 접촉하면 폭발적으로 반응하여 에탄을 생성하고, 이때 발열·폭발에 이른다. 이 C_2H_6는 순간적으로 발생하고 반응열에 의해 연소한다.
③ 산과 격렬히 반응하여 에탄을 발생하다.
④ C_2H_5OH 등 알코올과 폭발적으로 반응한다.

03 다음 위험물안전관리법령상 정의를 쓰시오.

① 인화성고체
② 제1석유류
③ 동식물유류

> **정답**

① 고형알코올과 그 밖에 1기압에서 인화점이 40℃ 미만인 고체
② 아세톤, 휘발유 그 밖에 1기압에서 인화점이 21℃ 미만인 것
③ 동물의 지육 등 또는 식물의 종자나 과육으로부터 추출한 것으로 1기압에서 인화점이 250℃ 미만인 것

> **해설**

① 인화성고체는 석유류화재 양상과 유사하다.
② 인화점이 −20℃ 이하이지만 비점이 40℃를 초과하는 물품은 석유류 분류상 특수인화물류에 속하지 않고 제1석유류로 분류된다. 하지만, 이것은 경우에 따라 특수인화물류와 같은 상태의 위험성을 나타낸다.
③ 동식물유는 연소위험성 측면에서는 제4석유류와 유사하다. 상온에서의 인화의 위험은 없으나 가열하면 연소위험성이 증가하여 제1석유류와 같은 위험에 도달한다.

04 다음 특정옥외저장탱크저장소의 용접방법을 쓰시오.

① 옆판의 용접
② 옆판과 에눌러판의 용접
③ 에눌러판과 에눌러판의 용접
④ 에눌러판과 밑판의 용접

> **정답**

① 완전용입 맞대기용접
② 부분용입그룹용접
③ 뒷면에 재료를 댄 맞대기용접
④ 뒷면에 재료를 댄 맞대기용접 또는 겹치기용접

> **해설**

■ **특정옥외저장탱크의 용접방법**
① 옆판의 용접은 다음에 의할 것
 ㉠ 세로이음 및 가로이음은 완전용입 맞대기용접으로 할 것
 ㉡ 옆판의 세로이음은 단을 달리하는 옆판 각각의 세로이음과 동일선상에 위치하지 아니하도록 할 것. 이 경우 당해 세로이음 간의 간격은 서로 접하는 옆판 중 두꺼운 쪽 옆판의 두께의 5배 이상으로 하여야 한다.
② 옆판과 에눌러판(에눌러판이 없는 경우에는 밑판)과의 용접은 부분용입그룹용접 또는 이와 동등 이상의 용접강도가 있는 용접방법으로 용접할 것. 이 경우에 있어서 용접의 비드(Bead)는 매끄러운 형상을 가져야 한다.

③ 에뉼러판과 에뉼러판은 뒷면에 재료를 댄 맞대기용접으로 하고, 에뉼러판과 밑판 및 밑판과 밑판의 용접은 뒷면에 재료를 댄 맞대기용접 또는 겹치기용접으로 용접할 것. 이 경우에 에뉼러판과 밑판의 용접부의 강도 및 밑판과 밑판의 용접부의 강도에 유해한 영향을 주는 흠이 있어서는 아니 된다.

④ 펠릿용접의 사이즈(부등사이즈가 되는 경우에는 작은 족의 사이즈를 말한다)는 다음 식에 의하여 구한 값으로 할 것

$$t_1 \geq S \geq \sqrt{2t_2} \text{ (단, } S \geq 4.5)$$

t_1 : 얇은 쪽의 강판의 두께(mm)　　　　　t_2 : 두꺼운 쪽의 강판의 두께(mm)

S : 사이즈(mm)

05 다음은 제3류위험물이다. 다음 물음에 답하시오.

(1) 탄화칼슘
　① 물과 반응식
　② 물과 반응 시 발생된 기체의 완전연소반응식
(2) 탄화알루미늄
　① 물과 반응식
　② 물과 반응 시 발생된 기체의 완전연소반응식

정답

(1) ① $CaC_2 + 2H_2O \longrightarrow Ca(OH)_2 + C_2H_2$

　② $2C_2H_2 + 5CO_2 \longrightarrow 4CO_2 + 2H_2O$

(2) ① $Al_4C_3 + 12H_2O \longrightarrow 4Al(OH)_3 + 3CH_4$

　② $CH_4 + 2O_2 \longrightarrow CO_2 + 2H_2O$

해설

(1) ① 물과 심하게 반응하여 소석회와 아세틸렌을 만들며, 공기 중 수분과 반응하여도 아세틸렌을 발생한다.
　② 아세틸렌은 고도의 가연성가스로, 인화하기 쉽고 때로는 폭발한다.
(2) ① 상온에서 물과 반응하여 발열하고, 가연성·폭발성의 메탄가스를 발생한다.
　② 밀폐된 실내에서 메탄이 축적되어 인화성 혼합기를 형성하면 2차 폭발의 위험이 있다.

06 그림과 같은 타원형 위험물탱크의 내용적은 몇 m^3인가?

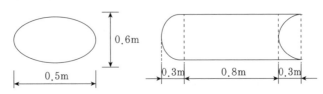

$$V = \frac{\pi ab}{4}\left(l + \frac{l_1 - l_2}{3}\right) = \frac{3.14 \times 0.5 \times 0.6}{4}\left(0.8 + \frac{0.3 - 0.3}{3}\right) = 0.1884\text{m}^3 \fallingdotseq 0.19\text{m}^3$$

해설

■ 탱크의 내용적 계산법
① 타원형 탱크의 내용적
  ㉠ 양쪽이 볼록한 것

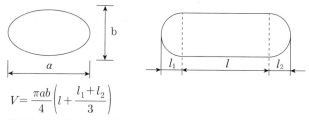

$$V = \frac{\pi ab}{4}\left(l + \frac{l_1 + l_2}{3}\right)$$

  ㉡ 한쪽은 볼록하고 다른 한쪽은 오목한 것

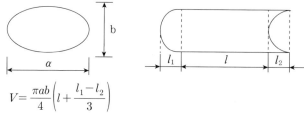

$$V = \frac{\pi ab}{4}\left(l + \frac{l_1 - l_2}{3}\right)$$

② 원통형 탱크의 내용적
  ㉠ 횡으로 설치한 것

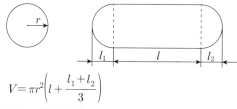

$$V = \pi r^2\left(l + \frac{l_1 + l_2}{3}\right)$$

  ㉡ 종으로 설치한 것

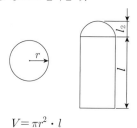

$$V = \pi r^2 \cdot l$$

07 가솔린을 취급하는 설비에서 할론 1301을 고정식 벽의 면적이 50m²이고, 전체 둘레 면적 200m²에 설치할 때 용적식 국소방출방식의 소화약제의 양(kg)은?(단, 방호공간의 체적은 600m³이다)

정답

$$Q = \left(X - Y\frac{a}{A}\right) \times 1.25 \times 계수 = \left(4 - 3\frac{50}{200}\right) \times 1.25 \times 1.0 = 4.0625\text{kg/m}^3$$

∴ 액체 저장량을 구하면 600m³ × 4.0625kg/m³ = 2,437.5kg

해설

■ 국소방출방식의 할로겐화합물소화설비

국소방출방식의 할로겐화물소화설비는 ① 또는 ②에 의하여 산출된 양에 저장 또는 취급하는 위험물에 따라 [별표 2]에 정한 소화약제에 따른 계수를 곱하고 다시 할론 2402 또는 할론 1211에 있어서는 1.1, 할론 1301에 있어서는 1.25를 각각 곱한 양 이상으로 할 것

※ [별표 2]의 계수 : 휘발유 사용 시 가스계소화설비의 계수는 전부 1.0이다.

① 면적식의 국소방출방식 : 액체 위험물을 상부를 개방한 용기에 저장하는 경우 등 화재 시 연소면이 한 면에 한정되고 위험물이 비산할 우려가 없는 경우에는 방호대상물의 표면적 1m²당 할론 2402에 있어서는 8.8kg, 할론 1211에 있어서는 7.6kg, 할론 1301에 있어서는 6.8kg의 비율로 계산한 양

약제의 종별	약제량
할론 2402	방호대상물의 표면적(m²) × 8.8(kg/m²) × 1.1 × 계수
할론 1211	방호대상물의 표면적(m²) × 7.6(kg/m²) × 1.1 × 계수
할론 1301	방호대상물의 표면적(m²) × 6.8(kg/m²) × 1.25 × 계수

② 용적식의 국소방출방식 : ①의 경우 외의 경우에는 다음 식에 의하여 구해진 양에 방호공간의 체적을 곱한 양

$$Q = X - Y\left(\frac{a}{A}\right)$$

여기서, Q : 단위체적당 소화약제의 양(kg/m³)

　　　a : 방호대상물 주위에 실제로 설치된 고정벽의 면적의 합계(m²)

　　　A : 방호공간 전체둘레의 면적(m²)

　　　X 및 Y : 다음 표에 정한 소화약제의 종류에 따른 수치

약제의 종별	X의 수치	Y의 수치
할론 2402	5.2	3.9
할론 1211	4.4	3.3
할론 1301	4.0	3.0

약제의 종별	약제량
할론 2402	$Q = \left(X - Y\frac{a}{A}\right) \times 1.1 \times 계수$
할론 1211	$Q = \left(X - Y\frac{a}{A}\right) \times 1.1 \times 계수$
할론 1301	$Q = \left(X - Y\frac{a}{A}\right) \times 1.25 \times 계수$

08 주유취급소의 특례기준에서 셀프용 고정주유설비 및 고정급유설비의 설치기준이다. 다음 물음에 답하시오.

① 고정주유설비 중 휘발유의 1회 연속 주유량의 상한
② 고정주유설비 중 경유의 1회 연속 주유량의 상한
③ 고정주유설비의 주유시간의 상한
④ 고정급유설비의 1회 연속 급유량의 상한
⑤ 고정급유설비의 1회 급유시간의 상한

> **정답**

① 100L 이하, ② 200L 이하, ③ 4분 이하, ④ 100L 이하, ⑤ 6분 이하

> **해설**

■ **셀프주유소**
고객이 직접 자동차 등의 연료탱크 또는 용기에 위험물을 주입하는 고정주유설비 또는 고정급유설비를 설치하는 주유취급소

09 지하저장탱크에 위험물을 주입 시 과충전에 따른 위험물의 누출을 방지하기 위해서 과충전 방지장치를 설치하는데, 설치방법을 2가지 쓰시오.

> **정답**

① 탱크용량을 초과하는 위험물이 주입될 때 자동으로 그 주입구를 폐쇄하거나 위험물의 공급을 자동으로 차단하는 방법
② 탱크용량의 90%가 찰 때 경보음을 울리는 방법

> **해설**

■ **지하탱크저장소**
지반면 아래에 매설된 탱크에 위험물을 저장 또는 취급하는 저장소

10 경유 120,000L를 저장하고자 옥외탱크저장소를 해상탱크에 설치할 경우 소화난이도등급 Ⅰ에 해당하는 소화설비를 3가지 쓰시오.

> **정답**

고정식포소화설비, 물분무소화설비, 이동식 이외의 불활성가스소화설비, 이동식 이외의 할로겐화합물소화설비

■ 소화난이도등급 I의 제조소 등에 설치하여야 하는 소화설비

제조소 등의 구분			소화설비
옥외탱크 저장소	지중탱크 또는 해상탱크 외의 것	유황만을 저장·취급하는 것	물분무소화설비
		인화점 70℃ 이상의 제4류 위험물만을 저장·취급하는 것	물분무소화설비 또는 고정식 포소화설비
		그 밖의 것	고정식 포소화설비(포소화설비가 적응성이 없는 경우에는 분말소화설비)
	지중탱크		고정식 포화설비, 이동식 외의 불활성가스소화설비 또는 이동식 이외의 할로겐화합물소화설비
	해상탱크		고정식포소화설비, 물분무소화설비, 이동식 외의 불활성가스소화설비 또는 이동식 외의 할로겐화합물소화설비

11 가연성증기가 체류할 우려가 있는 위험물제조소 건축물에 배출설비를 하고자 할 때 배출능력은 몇 m^3/h 이상이어야 하는지 구하시오(단, 전역방식이 아닌 경우이고 배출장소의 크기는 가로 8m, 세로 6m, 높이 4m이다)

정답 ▶

배출장소의 용적 $=8m \times 6m \times 4m = 192m^3$

∴ 배출능력은 1시간 당 배출장소 용적의 20배 이상인 것으로 하므로, 배출능력 $=192m^3 \times 20 = 3,840m^3/h$ 이상

해설 ▶

■ **배출설비**

가연성의 증기 또는 미분이 체류할 우려가 있는 건축물에는 그 증기 또는 미분을 옥외의 높은 곳으로 배출할 수 있도록 배출설비를 설치한다.

12 제2류 위험물 중 인화성고체에 대해 다음 물음에 답하시오.

① 운반용기의 주의사항
② 상호 1m 이상의 간격을 유지하는 경우에도 동일한 옥내저장소에 저장할 수 있는 위험물을 쓰시오.

정답 ▶

① 화기엄금
② 제4류 위험물

1. 위험물 운반용기의 주의사항

위험물		주의사항	
제1류 위험물	알칼리금속의 과산화물	• 화기·충격주의 • 가연물접촉주의	• 물기엄금
	기 타	• 화기·충격주의	• 가연물접촉주의
제2류 위험물	철분·금속분·마그네슘	• 화기주의	• 물기엄금
	인화성고체	화기엄금	
	기 타	화기주의	
제3류 위험물	자연발화성물질	• 화기엄금	• 공기접촉엄금
	금수성물질	물기엄금	
제4류 위험물		화기엄금	
제5류 위험물		• 화기엄금	• 충격주의
제6류 위험물		가연물접촉주의	

2. 옥내저장소 또는 옥외저장소에 저장하는 경우

유별을 달리하는 위험물은 동일한 저장소에 저장하지 아니하여야 한다. 다만, 옥내저장소 또는 옥외저장소에 있어서 다음의 규정에 의한 위험물을 저장하는 경우로서 위험물을 유별로 정리하여 저장하는 한편, 서로 1m 이상의 간격을 두는 경우에는 그러지 아니하다.

① 제1류 위험물(알칼리금속의 과산화물 또는 이를 함유한 것을 제외)과 제5류 위험물을 저장하는 경우

② 제1류 위험물과 제6류 위험물을 저장하는 경우

③ 제1류 위험물과 제3류 위험물 중 자연발화성물질(황린 또는 이를 함유한 것에 한한다)을 저장하는 경우

④ 제2류 위험물 중 인화성고체와 제4류 위험물을 저장하는 경우

⑤ 제3류 위험물 중 알킬알루미늄 등과 제4류 위험물(알킬알루미늄 또는 알킬리튬을 함유한 것에 한한다)을 저장하는 경우

⑥ 제4류 위험물 중 유기과산화물 또는 이를 함유하는 것과 제5류 위험물 중 유기과산화물 또는 이를 함유한 것을 저장하는 경우

13 아세트알데히드를 저장탱크에 저장하고자 할 때 알맞은 온도(℃)를 쓰시오.

① 보랭장치가 있는 이동탱크에 저장하는 경우

② 보랭장치가 없는 이동탱크에 저장하는 경우

③ 옥외저장탱크 중 압력탱크 외의 탱크에 저장하는 경우

④ 옥내저장탱크 중 압력탱크 외의 탱크에 저장하는 경우

⑤ 지하저장탱크 중 압력탱크 외의 탱크에 저장하는 경우

⑥ 옥외저장탱크, 옥내저장탱크 중 압력탱크에 저장하는 경우

정답

① 비점 이하, ② 40℃ 이하, ③ 15℃ 이하, ④ 15℃ 이하, ⑤ 15℃ 이하, ⑥ 40℃ 이하

■ **위험물 저장의 기준**

① 옥외저장탱크·옥내저장탱크 또는 지하저장탱크 중 압력탱크 외의 탱크에 저장하는 디에틸에테르 등 또는 아세트알데히드 등의 온도는 산화프로필렌과 이를 함유한 것 또는 디에틸에테르 등에 있어서는 30℃ 이하로, 아세트알데히드 또는 이를 함유한 것에 있어서는 15℃ 이하로 각각 유지할 것

② 옥외저장탱크·옥내저장탱크 또는 지하저장탱크 중 압력탱크에 저장하는 아세트알데히드 등 또는 디에틸에테르 등의 온도는 40℃ 이하로 유지할 것

③ 보랭장치가 있는 이동저장탱크에 저장하는 아세트알데히드 등 또는 디에틸에테르 등의 온도는 당해 위험물의 비점 이하로 유지할 것

④ 보랭장치가 없는 이동저장탱크에 저장하는 아세트알데히드 등 또는 디에틸에테르 등의 온도는 40℃ 이하로 유지할 것

14 위험물의 성질란에 규정된 성상을 2가지 이상 포함하는 물품을 복수성상물품이라 한다. 이 물품이 속하는 품명의 판단기준으로 (   )에 맞는 유별을 쓰시오.

① 복수성상물품이 산화성고체의 성상 및 가연성고체의 성상을 가지는 경우 : (   )류 위험물
② 복수성상물품이 산화성고체의 성상 및 자기반응성물질의 성상을 가지는 경우 : (   )류 위험물
③ 복수성상물품이 가연성고체의 성상과 자연발화성물이 성상 및 금수성물질의 성상을 가지는 경우 : (   )류 위험물
④ 복수성상물품이 자연발화성물질의 성상, 금수성물질의 성상 및 인화성액체의 성상을 가지는 경우 : (   )류 위험물
⑤ 복수성상물품이 인화성 액체의 성상 및 자기반응성물질의 성상을 가지는 경우 : (   )류 위험물

정답

① 제2류
② 제5류
③ 제3류
④ 제3류
⑤ 제5류

해설

위험물의 지정은 5가지 방식으로 그 물질의 위험물을 지정하여 관리한다.
① 화학적 조성에 의한 지정 : 비슷한 성질을 가진 원소, 비슷한 성분과 조성을 가진 화합물은 각각 유사한 성질을 나타낸다.

② 형태에 의한 지정 : 철, 망간, 알루미늄 등 금속분은 보통 괴상의 상태는 규제가 없지만, 입자가 일정 크기 이하인 분상은 위험물로 규정된다.

③ 사용 상태에 의한 지정 : 동일 물질에 있어서도 보관 상태에 따라 달라질 수 있으며, 동·식물유류는 「위험물안전관리법」상 위험물로 보지 않는다(단, 밀봉된 상태).

④ 지정에서의 제외와 편입 : 화학적인 호칭과 「위험물안전관리법」상의 호칭과는 내용상의 차이가 있는 것도 있지만, 알코올류는 수백 종이 있고 「위험물안전관리법」에서는 특수한 소수의 알코올만을 지칭한다. 변성 알코올은 알코올류에 포함되지만, 탄소수가 4개 이상인 알코올은 인화점에 따라 석유류로 분류된다.

⑤ 경합하는 경우의 지정 : 동시에 2개 이상의 유별이 해당되며, 복수성상물품이라 하여 제1류와 제2류, 제1류와 제5류, 제2류와 제3류 등이 해당된다. 이때 일반위험보다는 특수위험성을 우선하여 지정한다.

15 다음 제6류 위험물에 대한 물음에 답하시오.

① 과산화수소의 분해반응식
② 질산의 분해반응식
③ 할로겐간화합물의 화학식을 1개 쓰시오.

정답

① $2H_2O_2 \rightarrow 2H_2O + O_2$

② $2HNO_3 \rightarrow H_2O + 2NO_2 + \frac{1}{2}O_2$

③ BrF_3, BrF_5, IF_5

해설

① 과산화수소는 농도가 높아질수록 불안정하여 방치하거나 누출되면 산소를 분해하며, 온도가 높아질수록 분해속도가 증가하고 비점 이하에서도 폭발한다.

② 질산을 가열하면 분해하여 산소를 발생하므로 매우 강한 산화작용을 나타낸다.

③ 할로겐화합물 : 불소, 염소, 브롬 및 요오드 등 할로겐족원소를 하나 이상 함유한 화학물질

16 에테르에 대하여 다음 물음에 답하시오.

① 구조식
② 공기 중 장시간 노출 시 생성물질 및 검출방법
③ 비점
④ 인화점
⑤ 저장 또는 취급하는 위험물의 최대 수량이 2,550L일 때 옥내저장소의 공지 너비는 몇 m 이상인가?(단, 벽과 기둥 및 바닥이 내화구조로 된 건축물이다)

①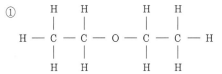

② • 생성물질 : 과산화물
   • 검출방법 : 10%의 KI용액을 첨가한 후 무색에서 황색으로 변색되면 과산화물이 존재한다.

③ 34.48℃

④ −45℃

⑤ 지정수량의 배수= $\dfrac{2,550L}{50L}$ =51배, 즉 지정수량이 50배 초과 200배 이하에 속하므로 공지의 너비는 5m 이상이다.

해설

■ 옥내저장소의 보유공지

저장 또는 취급하는 위험물의 최대수량	공지의 너비	
	벽, 기둥 및 바닥이 내화구조로 된 건축물	그 밖의 건축물
지정수량의 5배 이하	−	0.5m 이상
지정수량의 5배 초과 10배 이하	1m 이상	1.5m 이상
지정수량의 10배 초과 20배 이하	2m 이상	3m 이상
지정수량의 20배 초과 50배 이하	3m 이상	5m 이상
지정수량의 50배 초과 200배 이하	5m 이상	10m 이상
지정수량의 200배 초과	10m 이상	15m 이상

17 예방규정을 정하여야 하는 제조소 등에 해당하는 것 5가지를 쓰시오.

정답

① 지정수량의 10배 이상의 위험물을 취급하는 제조소
② 지정수량의 100배 이상의 위험물을 저장하는 옥외저장소
③ 지정수량의 150배 이상의 위험물을 저장하는 옥내저장소
④ 지정수량의 200배 이상의 위험물을 저장하는 옥외 탱크저장소
⑤ 암반탱크저장소

해설

① 예방규정 : 제조소 등의 화재예방과 화재 등 재해 발생 시의 비상조치를 위한 규정
② 예방규정은 관계인이 정하여 시·도지사에게 제출한다.
③ 예방규정을 정하여야 하는 제조소 등
   ㉠ 지정수량의 10배 이상의 위험물을 취급하는 제조소
   ㉡ 지정수량의 100배 이상의 위험물을 저장하는 옥외저장소

ⓒ 지정수량의 150배 이상의 위험물을 저장하는 옥내저장소
ⓔ 지정수량의 200배 이상의 위험물을 저장하는 옥외탱크저장소
ⓜ 암반탱크저장소
ⓗ 이송취급소
ⓢ 지정수량의 10배 이상의 위험물을 취급하는 일반취급소

18 454g의 니트로글리세린이 완전연소 할 때 발생하는 기체는 200℃, 1기압에서 몇 L인가?

정답

$$4C_3H_5(ONO_2)_3 \longrightarrow 12CO_2\uparrow +10H_2O\uparrow +6N_2\uparrow +O_2\uparrow$$

$4 \times 227g$ ────────── 29mol

454g ────────── x mol

$$x = \frac{454 \times 29}{4 \times 227} = 14.5 \text{mol}$$

$$\therefore PV = nRT, \quad V = \frac{nRT}{P} = \frac{14.5 \times 0.082 \times (273 + 200)}{1} = 562.40L$$

19 다음 위험물을 적재·운반할 때 차광성 또는 방수성 피복으로 덮어야 하는 위험물을 쓰시오.

① K_2O_2 ② H_2O_2

③ CH_3COOH ④ K

⑤ P_2S_5 ⑥ CH_3CHO

⑦ CH_3COCH_3 ⑧ $C_6H_5NO_2$

⑨ Mg

　　(1) 차광성 덮개를 하는 위험물
　　(2) 방수성 덮개를 하는 위험물

정답

(1) ① K_2O_2, ② H_2O_2, ⑥ CH_3CHO

(2) ① K_2O_2, ④ K, ⑨ Mg

해설

(1) 차광성이 있는 피복 조치

유 별	적용대상
제1류 위험물	전 부
제3류 위험물	자연발화성물품
제4류 위험물	특수인화물
제5류 위험물	전 부
제6류 위험물	

(2) 방수성이 있는 피복 조치

유 별	적용대상
제1류 위험물	알칼리금속의 과산화물
제2류 위험물	• 철분 • 금속분 • 마그네슘
제3류 위험물	금수성물품

(3) 위험물과 성질

① K_2O_2 : 제1류 위험물 중 알칼리금속의 과산화물

② H_2O_2 : 제6류 위험물

③ CH_3COOH : 제4류 위험물 중 제2석유류

④ K : 제3류 위험물

⑤ P_2S_5 : 제2류 위험물

⑥ CH_3CHO : 제4류 위험물 중 특수인화물

⑦ CH_3COCH_3 : 제4류 위험물 중 제1석유류

⑧ $C_6H_5NO_2$: 제4류 위험물 중 제3석유류

⑨ Mg : 제2류 위험물

20 과염소산 900kg, 과산화수소 600kg, 질산 400L 각각의 지정수량의 배수의 총합은?(단, 질산의 비중은 1.5이다)

> **정답**
>
> 질산의 무게＝비중×부피
>
> 600kg＝1.5kg/L×400L
>
> $\dfrac{700kg}{300kg}+\dfrac{600kg}{300kg}+\dfrac{600kg}{300kg}=7배$

01 다음 중 이상연소현상의 정의를 쓰시오.

① 리프팅
② 역화

정답

① 불꽃이 버너의 노즐에서 떨어져 나가서 연소하는 현상으로 완전연소가 이루어지지 않으며, 역화의 반대현상이다.
② 불꽃이 연소기의 내부로 들어가 혼합관 내부에서 연소하는 현상이다.

해설

① 리프팅의 원인
　㉠ 연소 시 가스의 분출속도가 연소속도보다 빠를 때
　㉡ 버너 내의 압력이 높아져 가스가 과다유출할 경우
　㉢ 공기조절장치를 너무 많이 열었을 경우
② 역화의 원인
　㉠ 연료가스의 분출속도가 연소속도보다 느릴 때
　㉡ 가스압이 이상저하 하거나 노즐과 콕 등이 막혀 가스량이 극히 적게 될 경우

02 이산화탄소소화설비 일반점검표의 수동기동장치 점검내용 3가지를 쓰시오.

정답

① 조작부 주위의 장애물의 유무
② 표지의 손상의 유무 및 기재사항의 적부
③ 기능의 적부

해설

■ 자동기동장치 점검내용

자동수동전환 장치	• 변형·손상의 유무 • 기능의 적부
화재감지 장치	• 변형·손상의 유무 • 감지장해의 유무 • 기능의 적부

03 피크린산의 구조식과 질소의 %를 구하시오.

① 구조식은 무엇인가?
② 질소의 %는 무엇이가?

> **정답**

①

$$O_2N \underset{NO_2}{\overset{OH}{\bigcirc}} NO_2$$

② $\dfrac{42}{229} \times 100 = 18.34\%$

> **해설**

트리니트로페놀(trinitrophenol)은 순수한 것은 무색이지만, 보통 공업용은 휘황색의 침상 결정이고 물에 전리하여 강한 산이 되며, 이때 선명한 황색이 된다.

04 제3류 위험물 중 분자량이 144이고, 수분과 반응하여 메탄을 생성시키는 물질의 반응식을 쓰시오.

> **정답**

$Al_4C_3 + 12H_2O \rightarrow 4Al(OH)_3 + 3CH_4 \uparrow$

> **해설**

상온에서 물과 반응하여 발열하고 가연성, 폭발성의 메탄가스를 발생한다. 밀폐된 실내에서 메탄이 축적되어 인화성 혼합기를 형성하면 2차 폭발의 위험이 있다.

05 $C_6H_2CH_3(NO_2)_3$의 물질에 대한 물음에 답하시오.

① 물질명
② 품명
③ 구조식

> **정답**

① T.N.T(트리니트로톨루엔)
② 니트로화합물류
③

$$O_2N \underset{NO_2}{\overset{CH_3}{\bigcirc}} NO_2$$

트리니트로톨루엔[trinitrotoluene(TNT, trotyl)]은 톨루엔에 질산, 황산을 반응시켜 모노니트로톨루엔(mononitrotoluene)을 만든 후 니트로화하여 만든다. 강력한 폭약이며, 폭발속도나 폭발력은 다른 니트로화합물보다 낮지만 점화하면 쉽게 연소하여 다량의 흑색 연기를 발생한다. 기폭약을 설치하여 폭파하거나 급열하면 폭굉을 일으키고 폭발속도는 비중이 1.55일 때 6,800m/sec이고, 비중이 1.66일 때 7,500m/sec로서 주변으로 일시에 전파되며, 폭발열은 약 1,000kcal/kg이다. 화학적으로는 벤젠고리에 붙은 $-NO_2$기가 TNT의 급속한 폭발에 대한 신속한 산소공급원으로 작용하며 피해범위가 넓다.

$$C_6H_5CH_3 + 3HNO_3 \longrightarrow C_6H_2CH_3(NO_2)_3 + 3H_2O$$

06 다음 위험물 중 인화점이 낮은 것부터 순서대로 번호를 쓰시오.

① 디에틸에테르　　　　　　　　② 벤젠
③ 이황화탄소　　　　　　　　　④ 에탄올
⑤ 아세톤　　　　　　　　　　　⑥ 산화프로필렌

① < ⑥ < ③ < ⑤ < ② < ④

■ 위험물과 인화점

위험물	인화점
디에틸에테르	−45℃
벤 젠	−11.1℃
이황화탄소	−30℃
에탄올	13℃
아세톤	−18℃
산화프로필렌	−37℃

07 에탄 30vol%, 프로판 45vol%, 부탄 25vol%로 혼합된 가스의 증기 중 폭발하한값은 약 몇 %인지 구하시오.

$$\frac{100}{L} = \frac{V_1}{L_1} + \frac{V_2}{L_2} + \frac{V_3}{L_3}$$

$$\frac{100}{L} = \frac{30}{3} + \frac{45}{2.1} + \frac{25}{1.8}$$

$$L = \frac{100}{45.32} \quad \therefore L = 2.21\%$$

08 메탄올 10L(비중 0.8)가 완전히 연소될 때 소요되는 이론산소량(kg)과 25℃, 1기압에서 생성되는 이산화탄소의 부피(m^3)를 구하시오.

정답

메탄올의 무게＝비중×부피

$8kg = 0.8kg/L \times 10L$

① 이론산소량(kg)

$$CH_3OH \quad + \quad 1.5O_2 \rightarrow CO_2 + 2H_2O$$

32kg ⎯⎯⎯⎯ $1.5 \times 32kg$

8kg ⎯⎯⎯⎯ x

$$\therefore \ x = \frac{8 \times 1.5 \times 32kg}{32kg} = 12kg$$

② 생성되는 이산화탄소 부피(m^3)

$$CH_3OH \quad + \quad 1.5O_2 \rightarrow CO_2 + 2H_2O$$

32kg ⎯⎯⎯⎯ $22.4m^3$

8kg ⎯⎯⎯⎯ x

$$x = \frac{8kg \times 22.4m^3}{32kg} = 5.6m^3$$

$$\frac{PV}{T} = \frac{P'V'}{T'}, \quad \frac{1 \times 5.6}{0+273} = \frac{1 \times V'}{25 \times 273}$$

$$\therefore \ V' = \frac{1 \times 5.6 \times (25+273)}{(0+273) \times 1} = 6.11m^3$$

09 트리에틸알루미늄과 다음의 각 물질이 반응 시 발생하는 가연성가스를 화학식으로 쓰시오.

① 물　　　　　　　　　　　　② 염소
③ 염산　　　　　　　　　　　④ 메틸알코올

정답

① C_2H_6

② C_2H_5Cl

③ C_2H_6

④ C_2H_6

해설

■ **트리에틸알루미늄**(triethylealuminum)

① $(C_2H_5)_3Al + 3H_2O \rightarrow Al(OH)_3 + 3C_2H_6 \uparrow + 발열$

　물과 접촉하면 폭발적으로 반응하여 에탄을 생성하고, 이때 발열·폭발에 이른다.

② $(C_2H_5)_3Al + 3Cl_2 \rightarrow AlCl_3 + 3C_2H_5Cl \uparrow$

　할로겐과 반응하여 가연성가스를 발생한다.

③ $(C_2H_5)_3Al + HCl \rightarrow (C_2H_5)_2AlCl + C_2H_6$

　　　　　　　　　　디에틸알루미늄 클로라이드

산과 격렬히 반응하여 에탄을 발생한다.

④ $(C_2H_5)_3Al + 3CH_3OH \rightarrow Al(CH_3O)_3 + 3C_2H_6\uparrow$

　　　　　　　　　　알루미늄메틸레이트

CH_3OH 등 알코올과 폭발적으로 반응한다.

10 알루미늄(Al)이 다음 물질과 반응 시 반응식을 쓰시오.

① 염산　　　　　　　　　　　　　② 알칼리수용액

정답

① $2Al + 6HCl \rightarrow 2AlCl_3 + 3H_2$

② $2Al + 2NaOH + 2H_2O \rightarrow 2NaAlO_2 + 3H_2$

해설

① 알루미늄(Al)은 진한질산을 제외한 대부분의 산과 반응하여 수소를 발생한다.

② 알루미늄(Al)은 알칼리수용액과 반응하여 수소를 발생한다.

11 이동탱크저장소의 기준에 따라서 칸막이로 구획된 부분에 안전장치를 설치한다. 다음 안전장치가 작동하여야 하는 압력의 기준을 쓰시오.

① 상용압력이 18kPa인 탱크

② 상용압력이 21kPa인 탱크

정답

① 20kPa 이상, 24kPa 이하

② 21kPa × 1.1=23.1kPa 이하

해설

■ 이동탱크저장소의 안전장치 작동압력

상용압력	작동압력
20kPa 이하	20 이상 24kPa 이하
20kPa 초과	상용압력의 1.1배 이하

12 분자량 138.5, 비중 2.5, 융점 610℃인 제1류 위험물이다. 다음 물음에 답하시오.

① 화학식

② 지정수량

③ 분해반응식

④ 이 물질 100kg이 610℃에서 분해하여 생성되는 산소량을 740mmHg, 27℃에서 몇 m³인가?

정답

① $KClO_4$

② 50kg

③ $KClO_4 \xrightarrow{\Delta} KCl + 2O_2$

④ $KClO4 \rightarrow KCl + 2O_2$

$KClO_4 \quad - \quad KCl \quad + \quad 2O_2$

138.5kg ⟍⟋ $2 \times 22.4m^3$

100kg ⟋⟍ $x\,(m^3)$

$100 : 2 \times 22.4 = 138.5$

$x = \dfrac{100 \times 2 \times 22.4}{138.5}, \ x = 32.35m^3$

$\dfrac{PV}{T} = \dfrac{P'V'}{T'}$

$= \dfrac{760 \times 32.35}{(273+0)} = \dfrac{740 \times V'}{(273+27)}, \ V' = \dfrac{760 \times 32.35 \times (273+27)}{740 \times (273+0)}$

$V' = 36.51m^3$

13 다음 표의 (   ) 안에 알맞은 말을 쓰시오.

종 류 \ 항 목	화학식	증기비중	품 명
에탄올	(①)	1.59	알코올류
프로판올	C_3H_7OH	(②)	(③)
n-부탄올	(④)	(⑤)	(⑥)
글리세린	(⑦)	3.2	(⑧)

정답

① C_2H_5OH

② 2.07

③ 알코올류

④ C_4H_9OH

⑤ 2.6

⑥ 제2석유류

⑦ $C_3H_5(OH)_3$
⑧ 제3석유류

① 알코올류 : 1분자를 구성하는 탄소원자의 수가 1개부터 3개까지인 포화 1가 알코올(변성알코올 포함)을 말한다.
② 제2석유류 : 등유, 경유, 그 밖에 1기압에서 인화점이 21℃ 이상, 70℃ 미만의 것이다. 다만, 도료류·그 밖의 물품에 있어서 가연성액체량이 40wt% 이하이면서 인화점이 40℃ 이상인 동시에 연소점이 60℃ 이상인 것은 제외한다.
③ 제3석유류 : 중유, 크레오소트유, 그 밖에 1기압에서 인화점이 70℃ 이상, 200℃ 미만인 것을 말한다. 다만, 도료류·그 밖의 물품은 가연성액체량이 40wt% 이하인 것은 제외한다.

14 분해온도가 400℃이며, 글리세린 및 물에 잘 녹고 흑색화약의 원료로 사용하는 위험물에 한 다음 물음에 답하시오.

① 분해반응식
② 위험등급
③ 표준상태에서 이 물질 1kg을 분해하여 생성하는 산소의 부피는 몇 L인가?

정답

① $2KNO_3 \rightarrow 2KNO_2 + O_2$
② Ⅱ
③ $2KNO_3 \rightarrow 2KNO_2 + O_2$

$2 \times 101g$ ⟋ $22.4L$
$1,000g$ ⟍ $x\,L$

$$\therefore \ x = \frac{1,000 \times 22.4}{2 \times 101} = 110.89L$$

해설

질산칼륨을 열분해하여 서서히 산소를 방출한다. 분해 시 산소의 방출량이 많아서 화약이나 폭약의 산소공급제로 이용된다.

15 방화상 유효한 담의 높이를 구하는 식을 2가지 쓰시오.

① $H \leq pD^2 + a$인 경우 : $h = 2$
② $H > pD^2 + a$인 경우 : $h = H - p(D^2 - d^2)$
　　여기서, d : 제조소 등과 방화상 유효한 담과의 거리(m)
　　　　　　D : 제조소 등과 인근 건축물 또는 공작물과의 거리(m)
　　　　　　h : 방화상 유효한 담의 높이(m)
　　　　　　a : 제조소 등의 외벽의 높이(m)
　　　　　　H : 인근 건축물 또는 공작물의 높이(m)
　　　　　　P : 상수

해설

■ 방화상 유효한 담의 높이

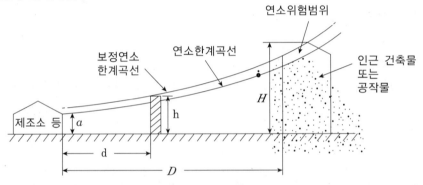

인근 건축물 또는 공작물의 구분	P의 값
• 학교·주택·문화재 등의 건축물 또는 공작물이 목조인 경우 • 학교·주택·문화재 등의 건축물 또는 공작물이 방화구조 또는 내화구조이고, 제조소 등에 면한 부분의 개구부에 방화문이 설치되지 아니한 경우	0.04
• 학교·주택·문화재 등의 건축물 또는 공작물이 방화구조인 경우 • 학교·주택·문화재 등의 건축물 또는 공작물이 방화구조 또는 내화구조이고, 제조소 등에 면한 부분의 개구부에 을종방화문이 설치된 경우	0.15
학교·주택·문화재 등의 건축물 또는 공작물이 내화구조이고, 제조소 등에 면한 개구부에 갑종방화문이 설치된 경우	∞

16 선박주유취급소의 특례 중 수상구조물에 설치하는 고정주유설비의 설치기준 3가지를 쓰시오.

정답

① 주유호스의 선단부에 수동개폐장치를 부착한 주유노즐을 설치하고, 개방한 상태로 고정시키는 장치를 부착하지 않을 것
② 주유노즐은 선박의 연료탱크가 가득 찬 경우 자동적으로 정지시키는 구조일 것
③ 주유호스는 200kg중 이하의 하중에 의하여 파단(破斷) 또는 이탈되어야 하고, 파단 또는 이탈된 부분으로부터의 위험물 누출을 방지할 수 있는 구조일 것

해설

■ **선박주유취급소**
선박연료탱크에 직접 주유하기 위한 취급소이다. 즉, 선박 항해에 필요한 연료를 주유하는 것이다.

17 소화난이도 등급 I에 해당하는 제조소 등의 기준이다. (　　) 안에 알맞은 말을 쓰시오.

제조소 등의 구분	제조소 등의 규모, 저장 또는 취급하는 위험물의 품명 및 최대수량 등
옥외탱크저장소	액표면적이 (①)m² 이상인 것[제6류 위험물을 저장하는 것 및 고인화점위험물만을 (②)℃ 미만의 온도에서 저장하는 것은 제외]
	지반면으로부터 탱크 옆판의 상단까지 높이가 (③)m 이상인 것[제6류 위험물을 저장하는 것 및 고인화점위험물만을 (④)℃ 미만의 온도에서 저장하는 것은 제외]
	지중탱크 또는 해상탱크로서 지정수량의 (⑤)배 이상인 것[제6류 위험물을 저장하는 것 및 고인화점위험물만을 (⑥)℃ 미만의 온도에서 저장하는 것은 제외]
	고체위험물을 저장하는 것으로서 지정수량의 (⑦)배 이상인 것
옥내탱크저장소	액표면적이 (⑧)m² 이상인 것[제6류 위험물을 저장하는 것 및 고인화점위험물만을 (⑨)℃ 미만의 온도에서 저장하는 것은 제외]
	바닥면으로부터 탱크 옆판의 상단까지 높이가 (⑩)m 이상인 것[제6류 위험물을 저장하는 것 및 고인화점위험물만을 (⑪)℃ 미만의 온도에서 저장하는 것은 제외]
	탱크전용실이 단층건물 외의 건축물에 있는 것으로서 인화점 38℃ 이상 70℃ 미만의 위험물을 지정수량의 (⑫)배 이상 저장하는 것(내화구조로 개구부 없이 구획된 것은 제외한다)

정답

① 40, ② 100, ③ 6, ④ 100, ⑤ 100, ⑥ 100, ⑦ 100, ⑧ 40, ⑨ 100, ⑩ 6, ⑪ 100, ⑫ 5

제조소 등의 구분	제조소 등의 규모, 저장 또는 취급하는 위험물의 품명 및 최대수량 등
제조소, 일반취급소	연면적 1,000m² 이상인 것
	지정수량의 100배 이상인 것(고인화점위험물만을 100℃ 미만의 온도에서 취급하는 것 및 제48조의 위험물을 취급하는 것은 제외)
	지반면으로부터 6m 이상의 높이에 위험물 취급설비가 있는 것(고인화점위험물만을 100℃ 미만의 온도에서 취급하는 것은 제외)
	일반취급소로 사용되는 부분 외의 부분을 갖는 건축물에 설치된 것(내화구조로 개구부 없이 구획된 것 및 고인화점위험물만을 100℃ 미만의 온도에서 취급하는 것 및 별표 16 X의 2의 화학실험의 일반취급소는 제외)
옥내저장소	지정수량의 150배 이상인 것(고인화점위험물만을 저장하는 것 및 제 48조의 위험물을 저장하는 것은 제외)
	연면적 150m²을 초과하는 것(150m² 이내마다 불연재료로 개구부 없이 구획된 것 및 인화성고체 외의 제2류 위험물 또는 인화점 70℃ 이상의 제4류 위험물만을 저장하는 것은 제외)
	처마높이가 6m 이상인 단층건물의 것
	옥내저장소로 사용되는 부분 외의 부분이 있는 건축물에 설치된 것(내화구조로 개구부 없이 구획된 것 및 인화성고체 외의 제2류 위험물 또는 인화점 70℃ 이상의 제4류 위험물만을 저장하는 것은 제외)
옥외탱크저장소	액표면적이 40m² 이상인 것(제6류 위험물을 저장하는 것 및 고인화점위험물만을 100℃ 미만의 온도에서 저장하는 것은 제외)
	지반면으로부터 탱크 옆판의 상단까지 높이가 6m 이상인 것(제6류 위험물을 저장하는 것 및 고인화점위험물만을 100℃ 미만의 온도에서 저장하는 것은 제외)
	지중탱크 또는 해상탱크로서 지정수량의 100배 이상인 것(제6류 위험물을 저장하는 것 및 고인화점위험물만을 100℃ 미만의 온도에서 저장하는 것은 제외)
	고체위험물을 저장하는 것으로서 지정수량의 100배 이상인 것
옥내탱크저장소	액표면적이 40m² 이상인 것(제6류 위험물을 저장하는 것 및 고인화점위험물만을 100℃ 미만의 온도에서 저장하는 것은 제외)
	바닥면으로부터 탱크 옆판의 상단까지 높이가 6m 이상인 것(제6류 위험물을 저장하는 것 및 고인화점위험물만을 100℃ 미만의 온도에서 저장하는 것은 제외)
	탱크전용실이 단층건물 외의 건축물에 있는 것으로서 인화점 38℃ 이상 70℃ 미만의 위험물을 지정수량의 5배 이상 저장하는 것(내화구조로 개구부 없이 구획된 것은 제외)
옥외저장소	덩어리 상태의 유황을 저장하는 것으로서 경계표시 내부의 면적(2 이상의 경계표시가 있는 경우에는 각 경계표시의 내부의 면적을 합한 면적)이 100m² 이상인 것
	별표 11 Ⅲ의 위험물을 저장하는 것으로서 지정수량의 100배 이상인 것
암반탱크저장소	액표면적이 10m² 이상인 것(제6류 위험물을 저장하는 것 및 고인화점위험물만을 100℃ 미만의 온도에서 저장하는 것은 제외)
	고체위험물을 저장하는 것으로서 지정수량의 100배 이상인 것
이송취급소	모든 대상

18 액체 상태의 물 1m³가 표준대기압 100℃에서 기체 상태로 될 때 수증기의 부피가 약 1,700배로 증가하는 것을 이상기체 방정식으로 설명하시오(단, 물의 비중은 1,000kg/m³으로 한다).

정답

물의 무게 : $1,000kg \div 18 = 5.55kg \cdot mol$

$PV = nRT, \quad V = \dfrac{nRT}{P} = \dfrac{55.55 \times 0.082 \times (273 + 100)}{1} = 1,700.09m^3$

즉, 물 1m³가 수증기로 증발하였을 때 부피는 1,700배가 증가한다.

19 이송취급소의 특례기준 중 특정이송취급소에 관한 내용이다. 다음 (　　)을 채우시오.

> 위험물을 이송하기 위한 배관의 연장(당해 배관의 기점 또는 종점이 2 이상인 경우에는 임의의 기점에서 임의의 종점까지의 당해 배관의 연장 중 최대의 것을 말한다. 이하 같다)이 (①)km를 초과하거나 위험물을 이송하기 위한 배관에 관계된 최대상용압력이 (②)kPa 이상이고 위험물을 이송하기 위한 배관의 연장이 (③)km 이상인 것

정답

① 15, ② 950, ③ 7

해설

① 이송취급소한 배관에 의해 위험물을 이송하는 파이프라인 시설로서 이송배관이 제3자의 부지 등을 통과하는 것을 말한다.
② 특정이송취급소
  ㉠ 배관연장이 15km를 초과하는 것
  ㉡ 최대상용압력이 950kPa 이상이고 배관의 연장이 7km 이상인 것

20 용량이 1,000만L인 옥외저장탱크의 주위에 설치하는 방유제에 당해 탱크마다 간막이 둑을 설치하여야 할 때, 다음 물음에 답하시오(단, 방유제 내에 설치되는 옥외저장탱크의 용량의 합계가 2억L를 넘지 않는다).

① 간막이 둑 최소높이
② 간막이 둑 재질
③ 간막이 둑 용량

① 0.3m 이상
② 흙 또는 철근콘크리트
③ 1,000만L×0.1=100만L 이상

해설

■ **용량이 1,000L인 옥외저장탱크의 방유제 설치기준**

① 간막이 둑의 높이는 0.3m(방유제 내에 설치되는 옥외저장탱크의 용량 합계가 2억 L를 넘는 방유제에 있어 서는 1m) 이상으로 하되, 방유제의 높이보다 0.2m 이상 낮게 한다.

② 간막이 둑은 흙 또는 철근콘크리트로 한다.

③ 간막이 둑의 용량은 간막이 둑 안에 설치된 탱크 용량의 10% 이상으로 한다.

2019년 제65회 출제문제(4월 13일 시행)

01 다음 포소화설비에서 고정포방출구의 포수액량을 (   ) 안에 쓰시오.

포방출구의 종류 / 위험물의 구분	I 형		II 형		특형	
	방출률 ($\ell/m^2 \cdot min$)	포수액량 (ℓ/m^2)	방출률 ($\ell/m^2 \cdot min$)	포수액량 (ℓ/m^2)	방출률 ($\ell/m^2 \cdot min$)	포수액량 (ℓ/m^2)
제4류 위험물 중 인화점이 21℃ 미만인 것	4	(①)	4	(④)	8	(⑦)
제4류 위험물 중 인화점이 21℃ 이상 70℃ 미만인 것	4	(②)	4	(⑤)	8	(⑧)
제4류 위험물 중 인화점이 70℃ 이상인 것	4	(③)	4	(⑥)	8	(⑨)

정답

- 비수용성의 포수액량

포방출구의 종류 / 위험물의 구분	I 형		II 형		특형		III 형		IV 형	
	방출률 ($\ell/m^2 \cdot min$)	포수액량 (ℓ/m^2)	방출률 ($\ell/m^2 \cdot min$)	포수액량 (ℓ/m^2)	방출률 ($\ell/m^2 \cdot min$)	포수액량 (ℓ/m^2)	방출률 ($\ell/m^2 \cdot min$)	포수액량 (ℓ/m^2)	방출률 ($\ell/m^2 \cdot min$)	포수액량 (ℓ/m^2)
제4류 위험물 중 인화점이 21℃ 미만인 것	4	120	4	220	8	240	4	220	4	220
제4류 위험물 중 인화점이 21℃ 이상 70℃ 미만인 것	4	80	4	120	8	160	4	120	4	120
제4류 위험물 중 인화점이 70℃ 이상인 것	4	60	4	100	8	120	4	100	4	100

- 수용성의 포수액량

I 형		II 형		특형		III 형		IV 형	
방출률 ($\ell/m^2 \cdot min$)	포수액량 (ℓ/m^2)	방출률 ($\ell/m^2 \cdot min$)	포수액량 (ℓ/m^2)	방출률 ($\ell/m^2 \cdot min$)	포수액량 (ℓ/m^2)	방출률 ($\ell/m^2 \cdot min$)	포수액량 (ℓ/m^2)	방출률 ($\ell/m^2 \cdot min$)	포수액량 (ℓ/m^2)
8	160	8	240	–	–	–	–	8	240

02 트리에틸알루미늄에 대한 물음에 답하시오.

① 물과의 반응식을 쓰시오.
② 발생가스의 위험도를 구하시오.

정답

① $(C_2H_5)_3Al + 3H_2O \rightarrow Al(OH)_3 + 3C_2H_6$

② C_2H_6의 연소범위 : 3~12.4%, $H = \dfrac{U-L}{L} = \dfrac{12.4-3}{3} = 3.13$

해설

① 물과 접촉하면 폭발적으로 반응하여 에탄을 생성하고, 이때 발열폭발에 이른다.
② 위험도(H)는 물질의 위험성을 가늠하는 척도 중의 하나로 H값이 높을수록 위험성은 증가하게 된다.

03 다음 물질의 연소반응식을 쓰고, 불연성 물질의 경우 "연소반응 없음"이라고 쓰시오.

① 과염소산암모늄
② 과염소산
③ 메틸에틸케톤
④ 트리에틸알루미늄
⑤ 메탄올

정답

① 과염소산암모늄 : 연소반응 없음
② 과염소산 : 연소반응 없음
③ 메틸에틸케톤 : $CH_3COC_2H_5 + 5.5O_2 \rightarrow 4CO_2 + 4H_2O$
④ 트리에틸알루미늄 : $2(C_2H_5)_3Al + 21O_2 \rightarrow Al_2O_3 + 12CO_2 + 15H_2O$
⑤ 메탄올 : $CH_3OH + 1.5O_2 \rightarrow CO_2 + 2H_2O$

해설

■ 위험물의 연소성 여부

위험물	유별	연소성 여부
과염소산암모늄	제1류 위험물	불연성
과염소산	제6류 위험물	불연성
메틸에틸케톤	제4류 위험물	가연성
트리에틸알루미늄	제3류 위험물	가연성
메탄올	제4류 위험물	가연성

04 다음 그림을 보고 물음에 답하시오.

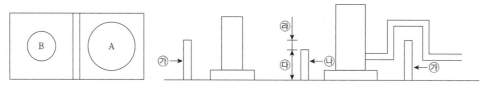

① 허가를 받아야 하는 제조소 등의 명칭을 쓰시오.

② ㉮ 명칭 :

　ㅤ㉯ 설치목적 :

③ ㉯의 명칭 :

　ㅤ㉰의 최소높이 :

　ㅤ㉱의 최소차이 :

④ ㉮의 최소용량 :

⑤ ㉮의 용량 범위에 해당하는 부분에 빗금치기를 하시오.

⑥ 방유제와 옥외저장탱크 사이의 지표면은 불연성과 불침윤성이 있는 구조로서 철근콘크리트로 해야 하나 흙으로 할 수 있는 경우를 쓰시오.

⑦ A탱크의 안전성능검사 목록을 모두 쓰시오(단, A탱크는 비압력탱크이다).

⑧ 그림의 저장소는 정기점검 대상이다. 정기점검 기준을 쓰시오.

⑨ 그림의 저장소가 동일 구내에 있는 경우엔 1인 안전관리자를 몇 개까지 중복하여 선임할 수 있는가?

⑩ 그림의 저장소가 정기점검을 받은 시기는 완공검사필증을 교부받은 날로부터 몇 년이며, 최근의 점검을 받은 날로부터 몇 년인가?

정답

① 옥외저장탱크

② ㉮ 명칭 : 방유제

　ㅤ㉯ 설치 목적 : 저장 중인 액체위험물이 탱크로부터 주위로 누설 시 그 주위에 피해확산을 방지하고, 원활한 소화활동을 위하여

③ ㉯의 명칭 : 간막이둑

　ㅤ㉰의 최소높이 : 0.3m

　ㅤ㉱의 최소차이 : 0.2m

④ 1,650만ℓ 이상

⑤ 빗금치기

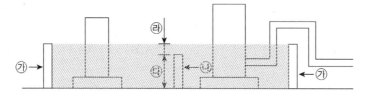

⑥ 누출된 위험물을 수용할 수 있는 전용유조 및 펌프 등의 설비를 갖춘 경우

⑦ 기초·지반검사, 충수·수압검사, 용접부검사

⑧ 지정수량 200배 이상

⑨ 30개 이하

⑩ ㉮ 제조소 등의 완공검사필을 교부받은 날부터 : 12년

　　㉯ 최근 정기검사를 받은 발부터 : 11년

해설

① 방유제의 최소용량

인화성 액체위험물(CS₂ 제외)의 옥외탱크저장소의 탱크

　㉮ 1기 이상 : 탱크 용량의 110% 이상(인화성이 없는 액체위험물은 탱크 용량의 100% 이상)

　㉯ 2기 이상 : 최대용량의 110% 이상

② 방유제는 철근콘크리트로 하고, 방유제와 옥외저장탱크 사이의 지표면은 불연성과 불침윤성이 있는 구조(철근콘크리트 등)로 할 것. 다만, 누출된 위험물을 수용할 수 있는 전용유조 및 펌프 등의 설비를 갖춘 경우에는 방유제와 옥외저장탱크 사이의 지표면을 흙으로 할 수 있다.

③ 탱크안전성능검사

탱크안전성능검사 대상이 되는 탱크

　㉮ 기초·지반검사 : 옥외탱크저장소의 액체위험물탱크 중 그 용량이 100만ℓ 이상인 탱크

　㉯ 충수·수압검사 : 액체위험물을 저장 또는 취급하는 탱크

　㉰ 용접부검사 : 옥외탱크저장소의 액체위험물탱크 중 그 용량이 100만ℓ 이상인 탱크

　㉱ 암반탱크검사 : 액체위험물을 저장 또는 취급하는 암반 내의 공간을 이용한 탱크

④ 정기점검 대상인 위험물제조소 등

　㉮ 지정수량의 10배 이상 위험물을 취급하는 제조소, 일반취급소

　㉯ 지정수량의 100배 이상 위험물을 취급하는 옥외저장소

　㉰ 지정수량의 150배 이상 위험물을 취급하는 옥내저장소

　㉱ 지정수량의 200배 이상 위험물을 취급하는 옥외탱크저장소

　㉲ 암반탱크저장소. 이송취급소

　㉳ 지하탱크저장소

　㉴ 이동탱크저장소

　㉵ 위험물을 취급하는 탱크로서 지하에 매설된 탱크가 있는 제조소, 주유취급소, 일반취급소

⑤ 위험물안전관리자 중복선임

　㉮ 10개 이하 : 옥내저장소, 옥외저장소, 암반탱크저장소

　㉯ 30개 이하 : 옥외탱크저장소

　㉰ 숫자 제한 없음 : 옥내탱크저장소, 지하탱크저장소, 간이탱크저장소

⑥ 정기점검

　㉮ 대상 : 저장 또는 취급하는 액체위험물의 최대수량이 50만ℓ 이상

　㉯ 구조안전점검시기

　　㉠ 제조소 등의 완공검사필증을 교부받은 날부터 12년

　　㉡ 최근 정기검사를 받은 날부터 : 11년

　　㉢ 구조안전점검시기를 연장 신청하여 적정한 것으로 인정을 받은 경우에는 최근 정기검사를 받은 날부터 : 13년

05 다음 위험물의 정의를 쓰시오.

① 유황
② 철분
③ 인화성 고체

정답

① 순도가 60중량% 이상인 것을 말한다. 이 경우 순도측정에 있어서 불순물은 활석 등 불연성물질과 수분에 한한다.
② 철의 분말로, 53마이크로미터의 표준체를 통과하는 것이 50중량% 이상인 것
③ 고형알코올, 그 밖에 1기압에서 인화점이 40℃ 미만인 고체

해설

■ **제2류 위험물의 위험물안전관리법상의 한계**
① 마그네슘 또는 마그네슘을 함유한 것 중 2mm의 체를 통과하지 아니하는 덩어리로, 비위험물로 한다. 즉, 2mm 체를 통과하는 작은 알갱이가 위험물이다.
② 금속분류라 함은 알칼리금속, 알칼리토금속(이상 제3류 위험물), 철(제2류 위험물 중 개별품명) 및 마그네슘 이외의 금속물을 말하며, 구리, 니켈분과 150μm의 체를 통과하는 것이 50wt 미만인 것은 위험물에서 제외한다.

06 제5류 위험물인 니트로글리콜에 대한 다음 물음에 답하시오.

구조식 : $CH_2 - ONO_2$
|
$CH_2 - ONO_2$

① 물질명
② 유별
③ 품명
④ 지정수량
⑤ 제법

정답

① 물질명 : 니트로글리콜
② 유별 : 제5류 위험물
③ 품명 : 질산에스테르류
④ 지정수량 : 10kg
⑤ 제법 : 에틸렌글리콜을 질산, 황산의 혼산 중에 적하시켜 만든다.

■ 제법

$$CH_2OH \quad + 2HNO_3 \xrightarrow{H_2SO_4} \quad CH_2 - ONO_2 \quad + 2H_2O$$
$$| \qquad\qquad\qquad\qquad\qquad\qquad | $$
$$CH_2OH \qquad\qquad\qquad\qquad CH_2 - ONO_2$$

07 다음 할로겐화합물 소화설비의 저장용기 충전비를 쓰시오.

① 할론 2402를 저장하는 것 중 가압식 저장용기에 있어서는 (　) 이상 (　) 이하
② 할론 2402를 저장하는 것 중 축압식 저장용기에 있어서는 (　) 이상 (　) 이하
③ 할론 1211에 있어서는 (　) 이상 (　) 이하
④ 할론 1301에 있어서는 (　) 이상 (　) 이하
⑤ HFC-23에 있어서는 (　) 이상 (　) 이하

정답

① 0.51 이상 0.67 이하
② 0.67 이상 2.75 이하
③ 0.7 이상 1.4 이하
④ 0.9 이상 1.6 이하
⑤ 1.2 이상 1.5 이하

해설

■ 할로겐화합물 소화설비 저장용기의 충전비

약제의 종류		충전비
할론 2402	가압식	0.51 이상 0.67 이하
	축압식	0.67 이상 2.75 이하
할론 1211		0.7 이상 1.4 이하
할론 1301, HFC-227ea		0.9 이상 1.6 이하
HFC-23, HFC-125		1.2 이상 1.5 이하
FK-5-1-12		0.7 이상 1.6 이하

08 안전관리대행기관의 지정기준에서 갖추어야 할 장비 중 소화설비점검기구 5가지를 쓰시오.

정답

소화전밸브압력계, 방수압력측정계, 포콜렉터, 헤드런치, 포컨테이너

해설

■ 안전관리대행기관의 지정 기준

기술인력	1. 위험물기능장 또는 위험물산업기사 1인 이상 2. 위험물산업기사 또는 위험물기능사 2인 이상 3. 기계분야 및 전기분야의 소방설비기사 1인 이상
시설	전용사무실을 갖출 것
장비	1. 절연저항계 2. 접지저항측정기(최소 눈금 0.1Ω 이하) 3. 가스농도측정기(탄화수소계 가스의 농도측정이 가능할 것) 4. 정전기 전위측정기 5. 토크렌치 6. 진동시험기 7. 표면온도계($-10\sim300℃$) 8. 두께측정기(1.5~99.9mm) 9. 안전용구(안전모, 안전화, 손전등, 안전로프 등) 10. 소화설비점검기구(소화전밸브압력계, 방수압력측정계, 포콜렉터, 헤드렌치, 포컨테이너)

[비고] 기술인력란의 각 호에 정한 2 이상의 기술인력을 동일인이 겸할 수 없다.

09 화학공장의 위험성 평가분석기법 중 정성적인 기법과 정량적인 기법의 종류를 각각 3가지씩 쓰시오.

정답

(1) 정석정인 기법
  ① 체크리스트법
  ② 안전성 검토법
  ③ 예비위험분석법
(2) 정량적인 기법
  ① 결함수분석법
  ② 사건수분석법
  ③ 원인결과분석법

10 다음 위험물을 위험등급 Ⅰ, Ⅱ, Ⅲ으로 구분하시오.

> 아염소산칼륨, 과산화나트륨, 과망간산나트륨, 마그네슘, 황화린, 나트륨, 인화알루미늄, 휘발유, 니트로글리세린

① 위험등급 Ⅰ : 아염소산칼륨, 과산화나트륨, 나트륨
② 위험등급 Ⅱ : 니트로글리세린, 황화린, 휘발유
③ 위험등급 Ⅲ : 과망간산나트륨, 마그네슘, 인화알루미늄

■ **위험등급**
위험물의 물리·화학적 특성에 따라 위험의 정도를 구분한 것이다.
① 위험등급 Ⅰ의 위험물
　㉮ 제1류 위험물 중 아염소산염류, 염소산염류, 과염소산염류, 무기과산화물 그 밖에 지정수량이 50kg 위험물
　㉯ 제3류 위험물 중 칼륨, 나트륨, 알킬알루미늄, 알킬리튬, 황린 그 밖에 지정수량이 10kg 또는 20kg 위험물
　㉰ 제4류 위험물 중 특수인화물
　㉱ 제5류 위험물 중 유기과산화물, 질산에스테르류, 그 밖에 지정수량이 10kg 위험물
　㉲ 제6류 위험물
② 위험등급 Ⅱ의 위험물
　㉮ 제1류 위험물 중 브롬산염류, 질산염류, 요도드산염류 그 밖에 지정수량이 300kg인 위험물
　㉯ 제2류 위험물 중 황화인, 적린, 유황, 그 밖에 지정수량이 100kg인 위험물

11 다음 탱크의 내용적을 구하는 공식에 해당하는 탱크의 그림을 그리고, 기호를 표시하시오.

① $V = \dfrac{\pi ab}{4}\left(\ell + \dfrac{\ell_1 - \ell_2}{3}\right)$

② $V = \pi r^2 \ell$

①
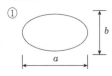

②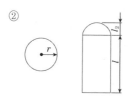

해설

위험물을 저장 또는 취급하는 탱크의 용량은 당해 탱크의 내용적에서 공간 용적을 뺀 용적으로 한다.

12 다음은 옥내저장소의 설치기준이다. (   ) 안에 알맞게 쓰시오.

① 연소의 우려가 있는 외벽에 있는 출입구는 수시로 열 수 있는 (   )의 (   )을 설치하여야 한다.

② 저장창고의 창 또는 출입구에 유리를 이용하는 경우에는 (   )로 하여야 한다.

③ 제1류 위험물 알 알칼리금속의 과산화물 또는 이를 함유하는 것, 제2류 우험물 중 철분·금속분·마그네슘 또는 이중 어느 하나 이상을 함유하는 것, 제3류 위험물 중 금수성물질 또는 (   )의 저장창고의 바닥은 물이 스며 나오거나 스며들지 아니하는 구조로 하여야 한다.

④ (   )의 위험물의 저장창고 바닥은 위험물이 스며들지 아니하는 구조로 하고, 적당하게 경사지게 하여 그 최저부에 (   )를 하여야 한다.

⑤ 저장창고에 선반등의 수납장을 설치하는 경우에는 수납장은 (   )로 만들어 견고한 기초 위에 고정할 것

정답

① 자동폐쇄식, 갑종방화문
② 망입유리
③ 제4류 위험물
④ 액상, 집유설비
⑤ 불연재료

해설

옥내저장소란 위험물을 용기에 수납하여 저장 또는 취급하는 창고를 말하며, 위험물을 대량으로 저장하는 경우에 대비하여 저장창고의 층수, 면적, 처마 높이 등을 제한하여 위험성을 증대시키지 않도록 법적기준을 마련하고 있다.

13 디에틸에테르와 에틸알코올이 각각 4 : 1의 비율로 혼합되어 있다. 이 혼합 위험물의 폭발하한계를 구하시오.(단에틸에테르의 폭발범위는 1.91~48%, 에틸알코올의 폭발범위는 4.3~19%이다)

정답

2.15%

해설

$$\frac{100}{L} = \frac{V_1}{L_1} + \frac{V_2}{L_2}$$

$$\frac{100}{L} = \frac{80}{1.91} + \frac{20}{4.3} \qquad \therefore L = 2.15\%$$

14 석유 속에 1kg의 Na이 보관되어 있는 용기에 2ℓ의 공간이 있다. 여기에 물 18g이 들어가서 Na과 완전히 반응하였다. 용기 내부의 최대압력은 몇 기압인가?(단, 용기의 내부압력은 1atm, 온도는 30℃, R은 $0.082\ell \cdot atm/g\text{-}mol \cdot K$이다)

정답

$2Na + 2H_2O \rightarrow 2NaOH + H_2$

$$
\begin{array}{cc}
2mol & 11mol \\
1mol & x\,mol
\end{array}
$$

$$x = \frac{1 \times 1}{2} \qquad\qquad x = 0.5mol$$

$$\therefore PV = nRT, \ P = \frac{nRT}{V} = \frac{0.5 \times 0.082 \times (273 + 30)}{2} = 6.21atm$$

15 분자량이 78이고 방향성이 있으며, 증기는 독성이 있고 인화점이 −11.1℃이다. 이 물질 2kg 이 산소와 반응할 때 반응식과 산소량(kg)을 구하시오.

정답

① $C_6H_6 + 7.5O_2 \rightarrow 6CO_2 + 3H_2O$

② $C_6H_6 + 7.5O_2 \rightarrow 6CO_2 + 3H_2O$

$$
\begin{array}{cc}
78g & 27.5 \times 32kg \\
2g & x\,kg
\end{array}
$$

$$\therefore \ x = \frac{2 \times 7.5 \times 32}{78} = 6.15kg$$

16 다음은 소화난이도 등급 Ⅰ에 해당하는 제조소의 기준이다. (　　) 안에 제조소 등의 명칭을 쓰시오.

제조소 등의 구분	제조소 등의 규모, 저장 또는 취급하는 위험물의 품명 및 최대 수량 등
（ ① ）	액표면이 40m² 이상인 것(제6류 위험물을 저장하는 것 및 고인화점 위험물만을 100℃ 미만의 온도에서 저장하는 것은 제외)
	지반면으로부터 탱크 옆판의 상단까지 높이가 6m 이상인 것(제6류 위험물을 저장하는 것 및 고인화점 위험물만을 100℃ 미만의 온도에서 저장하는 것은 제외)
	지중탱크 또는 해상탱크로서 지정수량의 100배 이상인 것(제6류 위험물을 저장하는 것 및 고인화점 위험물만을 100℃ 미만의 온도에서 저장하는 것은 제외)
	고체위험물을 저장하는 것으로서 지정수량의 100배 이상인 것
（ ② ）	액표면이 40m² 이상인 것(제6류 위험물을 저장하는 것 및 고인화점위험물만을 100℃ 미만의 온도에서 저장하는 것은 제외)
	바닥면으로부터 탱크 옆판의 상단까지 높이가 6m 이상인 것(제6류 위험물을 저장하는 것 및 고인화점 위험물만을 100℃ 미만의 온도에서 저장하는 것은 제외)
	탱크전용실이 단층건물 외의 건축물에 있는 것으로서 인화점 38℃ 이상 70℃ 미만의 위험물을 지정수량의 5배 이상 저장하는 것(내화구조로 개구부 없이 구획된 것은 제외)
（ ③ ）	모든 대상

해설

▪ 소화난이도 등급 Ⅰ

제조소 등의 구분	제조소 등의 규모, 저장 또는 취급하는 위험물의 품명 및 최대 수량 등
제조소 및 일반취급소	연면적 1,000m² 이상인 것
	지정수량의 100배 이상인 것(고인화점 위험물만을 100℃ 미만의 온도에서 취급하는 것 및 제48조의 위험물을 취급하는 것은 제외)
	지반면으로부터 6m 이상의 높이에 위험물 취급설비가 있는 것(고인화점 위험물만을 100℃ 미만의 온도에서 취급하는 것은 제외)
	일반취급소로 사용되는 부분 외의 부분을 갖는 건축물에 설치된 것(내화구조로 개구부 없이 구획된 것 및 고인화점 위험물만을 100℃ 미만의 온도에서 취급하는 것은 제외)
옥내저장소	지정수량의 150배 이상인 것(고인화점 위험물만을 저장하는 것 및 제48조의 위험물을 저장하는 것은 제외)
	연면적 150m²를 초과하는 것(150m² 이내마다 불연재료로 개구부 없이 구획된 것 및 인화성고체 외의 제2류 위험물 또는 인화점 70℃ 이상의 제4류 위험물만을 저장하는 것은 제외)
	처마 높이가 6m 이상인 단층건물의 것
	옥내저장소로 사용되는 부분 외의 부분이 있는 건축물에 설치된 것(내화구조로 개구부 없이 구획된 것 및 인화성고체 외의 제2류 위험물 또는 인화점 70℃ 이상의 제4류 위험물만을 저장하는 것은 제외)

옥외탱크저장소	액표면적이 40m^2 이상인 것(제6류 위험물을 저장하는 것 및 고인화점 위험물만을 100℃ 미만의 온도에서 저장하는 것은 제외)
	지반면으로부터 탱크 옆판의 상단까지 높이가 6m 이상인 것(제6류 위험물을 저장하는 것 및 고인화점 위험물만을 100℃ 미만의 온도에서 저장하는 것은 제외)
	지중탱크 또는 해상탱크로서 지정수량의 100배 이상인 것(제6류 위험물을 저장하는 것 및 고인화점 위험물만을 100℃ 미만의 온도에서 저장하는 것은 제외)
	고체위험물을 저장하는 것으로서 지정수량의 100배 이상인 것
옥내탱크저장소	액표면적이 40m^2 이상인 것(제6류 위험물을 저장하는 것 및 고인화점위험물만을 100℃ 미만의 온도에서 저장하는 것은 제외)
	바닥면으로부터 탱크 옆판의 상단까지 높이가 6m 이상인 것(제6류 위험물을 저장하는 것 및 고인화점 위험물만을 100℃ 미만의 온도에서 저장하는 것은 제외)
	탱크전용실이 단층건물 외의 건축물에 있는 것으로서 인화점 38℃ 이상 70℃ 미만의 위험물을 지정수량의 5배 이상 저장하는 것(내화구조로 개구부 없이 구획된 것은 제외)
이송취급소	모든 대상

17 다음 제시된 두 물질의 반응식을 쓰시오.

① 은백색의 광택이 있는 제3류 위험물로서 무른 경금속이고 비중이 0.97, 융점이 97.8℃이다.
② 제4류 위험물로서 분자량이 46이고 지정수량은 400ℓ , 산화하면 아세트알데히드가 생성된다.

정답

$2Na + 2C_2H_5OH \rightarrow 2C_2H_5ONa + H_2$

해설

나트륨은 에탄올과 반응하여 수소를 발생한다.

18 이동저장탱크로부터 직접 위험물을 선박의 연료탱크에 주입 시 취급기준을 3가지 쓰시오.

정답

① 선박이 이동하지 아니하도록 계류시킬 것
② 이동탱크저장소가 움직이지 않도록 조치를 강구할 것
③ 이동탱크저장소의 주입설비를 접지할 것. 다만, 인화점 40℃ 이상의 위험물을 주입하는 경우에는 그러지 아니하다.

해설

■ **이동저장탱크로부터 직접 위험물을 선박의 연료탱크에 주입 시 취급기준**
① 선박이 이동하지 아니하도록 계류시킬 것
② 이동탱크저장소가 움직이지 않도록 조치를 강구할 것

③ 이동탱크저장소 주입호스의 선단을 선박 연료탱크의 급유구에 긴밀히 결합할 것. 다만, 주입호스 선단부에 수동개폐장치를 설치한 주유노즐로 주입하는 때에는 그러지 아니하다.

④ 이동탱크저장소의 주입설비를 접지할 것. 다만, 인화점 40℃ 이상의 위험물을 주입하는 경우에는 그러지 아니하다.

19 이송취급소의 배관공사 시 설치해야 하는 주의표시이다. ( ) 안에 알맞게 쓰시오.

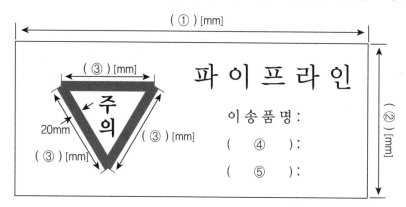

정답

① 1,000mm

② 500mm

③ 250mm

④ 이송자명

⑤ 긴급연락처

해설

■ **이송취급소 배관경로의 위치표지 · 주의표시 및 주의표지 설치기준**

① 위치표지는 다음 각 목에 의하여 지하매설의 배관경로에 설치할 것

　㉮ 배관경로 약 100m마다의 개소, 수평곡관부 및 기타 안전상 필요한 개소에 설치할 것

　㉯ 위험물을 이송하는 배관이 매설되어 있는 상황 및 기점에서의 거리, 매설위치, 배관의 축방향, 이송자명 및 매설연도를 표시할 것

② 주의표시는 다음 각 목에 의하여 지하매설의 배관경로에 설치할 것. 다만, 방호구조물 또는 이중관 기타의 구조물에 의하여 보호된 배관에 있어서는 그러지 아니한다.

　㉮ 배관의 바로 위에 매설할 것

　㉯ 주의표시와 배관 윗부분과의 거리는 0.3m로 할 것

　㉰ 재질은 내구성을 가진 합성수지로 할 것

　㉱ 폭은 배관의 외경 이상으로 할 것

　㉲ 색은 황색으로 할 것

　㉳ 위험물을 이송하는 배관이 매설된 상황을 표시할 것

③ 주의표지는 다음 각 목에 의하여 지상배관의 경로에 설치할 것

  ㉮ 일반인이 접근하기 쉬운 장소, 기타 배관의 안전상 필요한 장소의 배관 직근에 설치할 것

  ㉯ 양식은 다음 그림과 같이 할 것

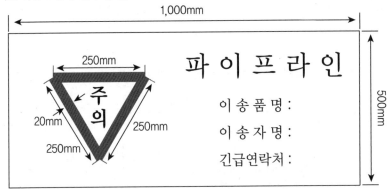

[비고]
① 금속제의 판으로 할 것
② 바탕은 백색((역정삼각형 내는 황색)으로 하고, 문자 및 역정삼각형의 모양은 흑색으로 할 것
③ 바탕색의 재료는 반사도료, 기타 반사성을 가진 것으로 할 것
④ 역정삼각형 정점의 둥근 반경은 10mm로 할 것
⑤ 이송품명에는 위험물의 화학명 또는 통칭명을 기재할 것

2019년 제66회 출제문제(8월 24일 시행)

01 아세틸퍼옥사이드에 대해 쓰시오.

① 구조식을 쓰시오.

② 증기비중을 구하시오.

정답

① 구조식 :
$$CH_3 - \underset{\underset{O}{\|}}{C} - O - O - \underset{\underset{O}{\|}}{C} - CH_3$$

② 증기비중 : $\dfrac{분자량(118)}{공기의\ 평균분자량(29)} = 4.07$

해설

아세틸퍼옥사이드[$(CH_3 \cdot CO)_2O_2$, acetyl peroxide]
제5류 위험물 중 유기과산화물류이다.

02 다음은 화학소방차에 갖추어야 할 소화능력 및 설비의 기준이다. (   ) 안에 알맞게 쓰시오.

화학소방자동차의 구분	소화능력 및 설비의 기준
포수용액 방사차	포수용액의 방사능력이 매분 (①)ℓ 이상일 것
	소화약액탱크 및 (②)를 비치할 것
	(③)ℓ 이상의 포수용액을 방사할 수 있는 양의 소화약제를 비치할 것
분말 방사차	분말의 방사능력이 매초 (④)kg 이상일 것
	분말탱크 및 가압용 가스설비를 비치할 것
	(⑤)kg 이상의 분말을 비치할 것

정답

① 2,000

② 소화약액 혼합장치

③ 10만

④ 35

⑤ 1,400

■ 화학소방자동차에 갖추어야 하는 소화능력 및 설비의 기준

화학소방자동차의 구분	소화능력 및 설비의 기준
포수용액 방사차	포수용액의 방사능력이 매분 2,000ℓ/분 이상일 것
	소화약액 탱크 및 소화약액 혼합장치를 비치할 것
	10만ℓ 이상의 포수용액을 방사할 수 있는 양의 소화약제를 비치할 것
분말 방사차	분말의 방사능력이 35kg/초 이상일 것
	분말탱크 및 가압용가스설비를 비치할 것
	1,400kg 이상의 분말을 비치할 것
할로겐화물 방사차	할로겐화물의 방사능력이 40kg/초 이상일 것
	할로겐화물탱크 및 가압용 가스설비를 비치할 것
	1,000kg 이상의 할로겐화물을 비치할 것
이산화탄소 방사차	이산화탄소의 방사능력이 40kg/초 이상일 것
	이산화탄소 저장용기를 비치할 것
	3,000kg 이상의 이산화탄소를 비치할 것
제독차	가성소다 및 규조토를 각각 50kg 이상 비치할 것

03 제1석유류에서 BTX의 명칭 및 화학식을 쓰시오.

정답 ▶

B : 벤젠(C_6H_6), T : 톨루엔($C_6H_5CH_3$), X : 크실렌[$C_6H_4(CH_3)_2$]

해설 ▶

BTX(솔벤트나프타)는 벤젠(C_6H_6), 톨루엔($C_6H_5CH_3$), 크실렌[($C_6H_4(CH_3)_2$]이다.

04 황화인에 대한 반응식을 쓰시오.

① 삼황화인과 오황화인의 연소반응식
② 오황화인과 물과의 반응식과 이때 발생하는 증기의 연소반응식

정답 ▶

① 삼황화인 연소반응식 : $P_4S_3 + 8O_2 \rightarrow 2P_2O_5 + 3SO_2 \uparrow$
   오황화인 연소반응식 : $2P_2S_5 + 15O_2 \rightarrow 2P_2O_5 + 10SO_2 \uparrow$
② 오황화인과 물과의 반응식 : $P_2S_5 + 8H_2O \rightarrow 5H_2S \uparrow + 2H_3PO_4$
   발생증기의 연소반응식 : $2H_2S + 3O_2 \rightarrow 2H_2O + 2SO_2$

■ 황화인(제2류, 지정수량 100kg)

① 동소체 : 삼황화인(P_4S_3), 오황화인(P_2S_5), 칠황화인(P_4S_7)

② 황화수소(H_2S, 독성가스, 계란 썩는 냄새)의 연소반응식

$$2H_2S + 3O_2 \rightarrow 2H_2O + 2SO_2$$

(이산화황, 아황산가스)

05 비중이 2.1이고 물이나 글리세린에 잘 녹으며, 흑색화약의 성분으로 사용되는 위험물에 대한 물음에 답하시오.

① 화학식

② 지정수량

③ 위험등급

④ 1기압, 400℃에서 이 물질 202g이 분해하였을 때 생성되는 산소의 부피(ℓ)는?

정답

① KNO_3

② 300kg

③ $\mathrm{I\!I}$

④ $2KNO_3 \rightarrow 2KNO_2 + O_2$

2×101g ⟋ 32g

202g ⟋ xg

$$x = \frac{202 \times 32}{2 \times 101} = 32\text{g}$$

$$\therefore V = \frac{WRT}{PM} = \frac{32 \times 0.082 \times (273 + 400)}{1 \times 32} = 55.19\ell$$

해설

■ 질산칼륨(흑색화약의 주성분)

① 질산칼륨 : 숯가루(목탄) : 황가루＝75% : 15% : 10%

② 폭발반응식 : $2KNO_3 + 3C + S \rightarrow K_2S + 3CO_2 + N_2$

06 공기 중에서 표면에 산화피막을 형성하여 내부를 부식으로부터 보호하고, 용접 시 테르밋 반응을 하는 제2류 위험물이다. 다음 물질과 반응 시 반응식을 쓰시오.

① 황산
② 수산화나트륨

> **정답**

① $2Al + 3H_2SO_4 \rightarrow Al_2(SO_4)_3 + 3H_2$
② $2Al + 2NaOH + 2H_2O \rightarrow 2NaAlO_2 + 3H_2$

> **해설**

① 알루미늄은 진한 질산을 제외한 대부분의 산과 반응하여 수소를 발생한다.
② 알루미늄은 알칼리 수용액과 반응하여 수소를 발생한다.

07 위험물안전관리에 관한 세부기준에서 방사선투과시험의 방법 및 판정기준에 대한 설명이다. 다음 물음에 답하시오.

용접부시험 중 방사선투과시험의 실시범위(촬영개소)는 재질, 판두께, 용접이음 등에 따라서 다르게 적용할 수 잇으며, 옆판 용접선의 방사선투과시험의 촬영개소는 다음에 의할 것을 원칙으로 한다. (   ) 안에 알맞게 쓰시오.
(1) 기본 촬영개소
　　수직이음은 용접사별로 용접한 이음(같은 단의 이음에 한한다)의 (　①　)m마다 임의의 위치 2개소(T이음부가 수직이음 촬영개소 전체 중 25% 이상 적용되도록 한다)로 하고, 수평이음은 용접사별로 용접한 이음의 (　②　)m마다 임의의 위치 2개소로 한다.
(2) 추가 촬영개소

판 두께	최하단	2단 이상의 단
(　③　)mm 이하	모든 수직이음의 임의의 위치 1개소	80℃
(　④　)mm 초과 (　⑤　)mm 이하	모든 수직이음의 임의의 위치 2개소 (단, 1개소는 가장 아랫부분으로 한다)	모든 수직·수평이음의 접합점 및 모든 수직이음의 임의의 위치 1개소
(　⑥　)mm 초과	모든 수직이음 100%(온길이)	

> **정답**

① 30
② 60
③ 10
④ 10
⑤ 25
⑥ 25

08 다음 제3류 위험물이 물과 접촉할 때 주로 발생되는 기체를 1가지씩 쓰시오.(단, 발생하는 기체가 없으면 '없음'이라고 쓰시오)

물질명	발생기체
인화아연	①
수소화리튬	②
칼슘	③
탄화칼슘	④
탄화알루미늄	⑤

정답

① PH_3

② H_2

③ H_2

④ C_2H_2

⑤ CH_4

해설

① $Zn_3P_2 + 6H_2O \rightarrow 3Zn(OH)_2 + 2PH_3$

② $LiH + H_2O \rightarrow LiOH + H_2$

③ $Ca + 2H_2O \rightarrow Ca(OH)_2 + H_2$

④ $CaC_2 + 2H_2O \rightarrow Ca(OH)_2 + C_2H_2$

⑤ $Al_4C_3 + 12H_2O \rightarrow 4Al(OH)_3 + 3CH_4$

09 위험물안전관리법령상 위험물 탱크의 정의를 쓰시오.

① 지중탱크

② 해상탱크

③ 특정옥외탱크저장소

④ 준특정옥외탱크저장소

정답

① 저부가 지반면 아래에 있고 상부가 지반면 이상에 있으며, 탱크 내 위험물의 최고 액면이 지반면 아래에 있는 원통종 형식의 위험물 탱크

② 해상의 동일 장소에 정치되어 육상에 설치된 설비와 배관 등에 의하여 접속된 위험물 탱크

③ 옥외탱크저장소 중 그 저장 또는 취급하는 액체위험물의 최대수량이 100만ℓ 이상의 것

④ 옥외탱크저장소 중 그 저장 또는 취급하는 액체위험물의 최대수량이 50만ℓ 이상 100ℓ 미만의 것

10 제1종 분말소화약제인 탄산수소나트륨의 850℃에서의 분해반응식과 탄산수소나트륨 336kg 이 1기압, 25℃에서 발생시키는 이산화탄소가스의 체적(m^3)을 구하시오.

① 분해반응식 : $2NaHCO_3 \rightarrow Na_2O + 2CO_2 + H_2O$
② 이산화탄소가스의 체적

$2NaHCO_3 \rightarrow Na_2O + 2CO_2 + H_2O$
$2 \times 82g$ ⟍ $2 \times 22.4\ell$
$336g$ ⟋ $x(m^3)$

$$x = \frac{336 \times 2 \times 22.4}{2 \times 84} = 89.6m^3$$

∴ 1기압, 25℃의 경우 보일-샤를의 법칙 $\frac{P_1 V_1}{T_1} = \frac{P_2 V_2}{T_2}$ 과 $P_1 = P_2 = 1$기압으로부터

$$V_2 = \frac{T_2 \cdot V_1}{T_1} = \frac{(273 + 25) \times 89.6}{273} = 97.81m^3$$

11 과산화칼륨에 대한 다음 물음에 답하시오.

① 과산화칼륨이 아세트산과 반응 시 화학반응식을 쓰시오.
② 아세트산과 반응 시 생성되는 제6류 위험물의 열분해반응식을 쓰시오.

① $K_2O_2 + 2CH_3COOH \rightarrow 2CH_3COOK + H_2O_2$
② $2H_2O_2 \rightarrow 2H_2O_2 + O_2$

과산화칼륨은 아세트산과 반응하여 과산화수소수를 만든다.

12 소화기 중 A-2 C는 무엇을 의미하는지 휘발유로 예를 들어 설명하시오.

소화기의 능력단위가 일반화재 2단위와 전기화재에 사용할 수 있으므로, 유류화재인 B급 화재에는 사용할 수 없다.

■ **능력단위**
소요단위에 대응하는 소화설비의 소화능력 기준단위이다.

13 152kpa, 100℃에서 아세톤의 증기 밀도는?

> **정답**

이상기체 상태방정식 $PV = \dfrac{W}{M}RT$

아세톤(CH_3COCH_3)의 분자량(M)=58g, 1atm=101.325kPa

$$\rho = \frac{W}{V} = \frac{PM}{RT} = \frac{\dfrac{152\text{kPa}}{101.325\text{kPa}} \times 1\text{atm} \times 58\text{g}}{0.082 \times (273+100)} ≒ 2.84\text{g}/\ell$$

14 포소화설비에서 공기포소화약제 혼합방식 4가지를 쓰시오.

> **정답**

① 펌프프로포셔너 방식   ② 프레셔프로포셔너 방식
③ 라인프로포셔너 방식   ④ 프레셔사이드 프로포셔너 방식

> **해설**

① 펌프프로포셔너 방식(Pump Proportioner) : 펌프의 토출관과 흡입관 사이의 배관 도중에 설치한 흡입기에 펌프에서 토출된 물의 일부를 보내고 농도조정밸브에서 조정된 포소화약제의 피료량을 포소화약제탱크에서 펌프흡입측으로 보내어 이를 혼합하는 방식이다.
② 프레셔프로포셔너 방식(Pressure Proportioner) : 펌프와 발포기의 배관 도충에 벤투리(Venturi)관을 설치하여 벤투리 작용에 의하여 포소화약제에 의하여 포소화약제를 혼합하는 방식이다.
③ 라인프로포셔너 방식(Line Proportioner) : 급수관의 배관 도중에 포소화약제 혼합기를 설치하여 그 흡입관에서 포소화약제의 소화약제를 혼입하여 혼합하는 방식이다.
④ 프레셔사이드 프로포셔너 방식(Pressure Side Proportioner) : 펌프의 토출관에 압입기를 설치하여 포소화약제 압입용 포소화약제를 압입시켜 혼합하는 방식이다.

15 지정수량 10kg, 분자량이 114인 제3류 위험물에 대해 다음 물음에 답하시오.

① 물과의 반응식을 쓰시오.
② 물과의 반응 시 발생된 가스의 위험도를 구하시오.

> **정답**

① $(C_2H_5)_3Al + 3H_2O \rightarrow Al(OH)_3 + 3C_2H_6$
② C_2H_6의 폭발범위 : 3~12%, 위험도(H) = $\dfrac{U-L}{L} = \dfrac{12.4-3}{3} = 3.13$

> **해설**

물과 접촉하면 폭발적으로 반응하여 에탄올을 생성하고, 이때 발열·폭발에 이른다.

16 다음의 (   ) 안에 알맞게 쓰시오.

품명	지정수량	위험등급
(①), (②), 유황	(⑦)kg	(⑨)
(③), (④), (⑤)	500kg	(⑩)
(⑥)	(⑧)kg	Ⅲ

정답

① 황화린   ② 적린
③ 철분   ④ 금속분
⑤ 마그네슘   ⑥ 인화성고체
⑦ 100   ⑧ 1,000
⑨ Ⅱ   ⑩ Ⅲ

해설

제2류 위험물의 품명과 지정수량

성질	위험등급	품명	지정수량
가연성고체	Ⅱ	1. 황화인 2. 적린 3. 유황	100kg 100kg 100kg
	Ⅲ	4. 철분 5. 금속분 6. 마그네슘	500kg 500kg 500kg
	Ⅱ~Ⅲ	7. 그 밖의 행정안전부령이 정하는 것 8. 1.~7에 해당하는 어느 하나 이상을 함유한 것	100kg 또는 500kg
	Ⅲ	9. 인화성고체	1,000kg

17 다음 [보기]의 위험물 중 물보다 비중이 큰 것을 모두 골라 쓰시오.

[보기] CS_2, HCOOH, CH_3COOH, $C_6H_5CH_3$, $CH_3COC_2H_5$, C_6H_5Br

정답

① CS_2 ② HCOOH
③ CH_3COOH ④ C_6H_5Br

해설

■ 제4류 위험물과 비중

종류 항목	CS_2	HCOOH	CH_3COOH	$C_6H_5CH_3$	$CH_3COC_2H_5$	C_6H_5Br
품명	특수인화물	제2석유류	제2석유류	제1석유류	제1석유류	제2석유류
비중	1.26	1.22	1.05	0.871	0.8	1.49

18 암반탱크저장소에 대해 다음을 말맞게 쓰시오.

(1) 위험물안전관리법령상 암반탱크저장소의 설치기준 3가지를 쓰시오.
(2) 암반탱크에 적합한 수리 조건 2가지를 쓰시오.

정답

(1) 암반탱크저장소의 설치기준
　① 암반탱크는 암반투수계수가 1초당 10만분의 1m 이하인 천연암반 내에 설치할 것
　② 암반탱크는 저장할 위험물의 증기압을 억제할 수 있는 지하수면 하에 설치할 것
　③ 암반탱크 내벽은 암반균열에 의한 낙반을 방지할 수 있도록 볼트, 콘크리트 등으로 보강할 것
(2) 수리조건
　① 암반탱크 내로 유입되는 지하수의 양은 암반 내의 지하수 충전량보다 적을 것
　② 암반탱크의 상부로 물을 주입하여 수압을 유지할 필요가 있는 경우에는 수벽공을 설치할 것

해설

(1) 암반탱크 설치기준
　① 암반탱크는 암반투수계수가 1초당 10만분의 1m 이하인 천연암반 내에 설치할 것
　② 암반탱크는 저장할 위험물의 증기압을 억제할 수 있는 지하수면 하에 설치할 것
　③ 암반탱크 내벽은 암반균열에 의한 낙반을 방지할 수 있도록 볼트, 콘크리트 등으로 보강할 것
(2) 수리조건
　① 암반탱크 내로 유입되는 지하수의 양은 암반 내의 지하수 충전량보다 적을 것
　② 암반탱크의 상부로 물을 주입하여 수압을 유지할 필요가 있는 경우에는 수벽공을 설치할 것
　③ 암반탱크에 가해지는 지하수압은 저장소의 최대운영수압보다 항상 크게 유지할 것
(3) 지하수위 관측공의 설치
　암반탱크저장소 주위에는 지하수위 및 지하수의 흐름 등을 확인·통제할 수 있는 관측공을 설치하여야
　한다.
(4) 계량장치
　암반탱크저장소에는 위험물의 양과 내부로 유입되는 지하수의 양을 측정할 수 있는 계량구와 자동측정이
　가능한 계량장치를 설치하여야 한다.
(5) 배수시설
　암반탱크저장소에는 주변 암반부로부터 유입되는 침출수를 자동으로 배출할 수 있는 시설을 설치하고,
　침출수에 섞인 위험물이 직접 배수구로 흘러 들어가지 아니하도록 유분리장치를 설치하여야 한다.
(6) 펌프설치
　암반탱크저장소의 펌프설비는 점검 및 보수를 위하여 사람의 출입이 용이한 구조의 전용공동에 설치하여
　야 한다. 다만, 액중펌프(펌프 또는 전동기를 저장탱크 또는 암반탱크 안에 설치하는 것을 말한다)를 설
　치한 경우에는 그러하지 아니하다.

19 다음에 제시된 주유취급소 그림을 보고, 물음에 답하시오.

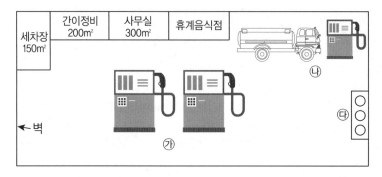

(1) 옥내주유취급소에 관한 사항에 대해 (　　) 안에 알맞게 쓰시오.

　① 건축물 안에 설치하는 주유취급소

　② 캐노피, 처마, 차양, 부연, 발코니 및 루버의 (　　)이 주유취급소의 (　　)의 3분의 1을 초과하는 주유취급소

(2) ㉮와 ㉯의 명칭은?

(3) ㉮의 주위에는 주유를 받으려는 자동차 등이 출입할 수 있도록 콘크리트로 포장한 공간을 보유해야 한다. 이 장소의 명칭과 크기를 쓰시오.

　① 명칭 :

　② 크기 :

(4) 담 또는 벽의 일부분에 방화상 유효한 구조의 유리를 부착하는 경우이다.

　① ㉯와의 거리 :

　② 유리를 부착하는 범위는 담 또는 벽 길이의 (　　)를 초과하지 아니할 것

(5) ㉰는 지하저장탱크의 주입관이다. 정전기 제거를 위해 설치하는 것은?

(6) 폐유 등의 위험물을 저장하는 탱크의 용량은? (7) 주유원 간이대기실의 바닥면적은?

(8) 휴게음식점의 최대면적은?

(9) 건축물 중 사무실, 그 밖의 화기를 사용하는 곳은 다음의 기준에 적합한 구조로 해야 한다. 그 이유를 쓰시오.

　① 출입구눈 건축물의 안에서 밖으로 수시로 개방할 수 있는 자동폐쇄식의 것으로 할 것

　② 출입구 또는 사이통로의 문턱의 높이를 15cm 이상으로 할 것

　③ 높이 1m 이하의 부분에 있는 창 등은 밀폐시킬 것

(10) 해당 주유소에 대하여 다음 물음에 답하시오.

　① 소화난이도 등급 :

　② 설치해야 하는 소화설비 :

(1) 수평투영면적, 공지면적

(2) ㉮ 고정주유설비

㉯ 고정급유설비

(3) ① 명칭 : 주유공지

② 크기 : 너비 15m 이상, 길이 6m 이상

(4) ① 4

② 2/10

(5) 접지전극

(6) 2,000ℓ 이하

(7) 2.5m^2

(8) 500m^2

(9) 가연성의 증기가 그 내부에 유입되지 않도록 하기 위하여

(10) ① Ⅰ

② 스프링클러설비(건축물에 한함), 소형수동식소화기 등(능력단위의 수치가 건축물, 그 밖의 공작물 및 위험물의 소요단위의 수치에 이르도록 설치할 것)

2020년 제67회 출제문제(6월 14일 시행)

01 위험물안전관리법령상 다음 물음에 답하시오.

(1) 제조소 등의 지위승계 신고 시 제출서류 3가지를 쓰시오.

(2) 제조소 등의 위치, 구조 또는 설비 변경 없이 위험물의 품명·수량 또는 지정수량의 배수를 변경하고자 하는 자는 며칠 전까지 시·도지사에게 신고하여야 하는가?

(3) 제조소 등에 선임된 위험물 안전관리자가 퇴직하였다.

① 재선임 시 신고주체는?

② 재선임기간은?

③ 선임 후 신고기간은?

(4) B씨가 2019년 2월 1일 A씨로부터 위험물 주유취급소를 인수한 후 수익성이 없어 2019년 2월 20일 용도폐지 후 2019년 3월 31일 관할 소방서에 용도폐지를 신고하였다.

① 위반자는?

② 위반내용은?

③ 과태료는?

(5) 위험물취급자격자의 자격에 대하여 다음 (   ) 안에 알맞은 답을 쓰시오.

위험물기능장, 위험물산업기사, 위험물기능사	모든 위험물
(①)	제4류 위험물
소방공무원 경력자(소방공무원으로 근무한 경력이 3년 이상인자)	(②)

정답

(1) ① 지위승계신고서(전자문서로 신고된 신고서를 포함)
② 제조소 등의 완공검사필증
③ 지위승계를 증명하는 서류(전자문서 포함)

(2) 1일

(3) ① 제조소 등의 관계인
② 30일 이내
③ 14일 이내

(4) ① B씨
② 용도폐지 신고기한 초과
③ 30만원 과태료

(5) ① 안전관리자 교육 이수자(소방청장이 실시하는 안전관리자 교육을 이수한 자)
② 제4류 위험물

■ 위험물안전관리법령상

(1) 지위승계 신고 시 제출서류
   ① 지위승계신고서(전자문서로 된 신고서를 포함)
   ② 제조소 등의 완공검사필증
   ③ 지위승계를 증명하는 서류(전자문서를 포함)

(2) 제조소 등의 위치·구조 또는 설비의 변경 없이 당해 제조소 등에서 저장하거나 취급하는 위험물의 품명·수량 또는 지정수량의 배수를 변경하고자 하는 자는 변경하고자 하는 날의 1일 전까지 시·도지사에게 신고하여야 한다.

(3) 제조소 등에 선임된 위험물 안전관리자 퇴직 시
   ① 재선임 시 신고주체 : 제조소 등의 관계인
   ② 재선임기간 : 해임 또는 퇴직한 때에는 해임하거나 퇴직한 날부터 30일 이내
   ③ 선임 후 신고기간 : 선임한 날부터 14일 이내 소방본부장 또는 소방서장에게 신고

(4) 제조소 등의 용도폐지
   ① 용도폐지 주체 : B씨
   ② 용도폐지 신고 시 제출서류
      • 용도폐지신고서(전자문서로 된 신고서를 포함)
      • 제조소 등의 완공검사필증
   ③ 서류 제출 : 시·도지사 또는 소방서장에게 제출
   ④ 위반자 : B씨
   ⑤ 위반내용 : 용도폐지 신고기한 초과(제조소 등의 용도를 폐지한 날부터 14일 이내에 시·도지사에게 신고)
   ⑥ 과태료 : 신고기한(폐지일의 다음 날을 기산일로 하여 14일이 되는 날)의 다음 날을 기산일로 하여 30일 이내에 신고하였으므로 30만원의 과태료에 해당한다. 즉, 2월 20일 용도폐지를 하였으니 법적인 신고기한이 2월 28일까지 있다고 보면 3월 6일(법적기한 14일)이므로 3월 31일까지는 25일이 경과되었다.

02 위험물안전관리법령상 소화설비의 능력단위에 대해 (   ) 안에 알맞은 답을 쓰시오.

소화설비	용 량	능력단위
소화전용(轉用) 물통	(①)ℓ	0.3
수조(소화전용 물통 3개 포함)	80ℓ	(②)
수조[소화전용 물통 (③)개 포함]	190ℓ	2.5
마른모래(삽 1개 포함)	(④)ℓ	0.5
팽창질석 또는 팽창진주암(삽 1개 포함)	160ℓ	(⑤)

① 8   ② 15   ③ 6   ④ 50   ⑤ 1.0

■ 능력단위

소방기구의 소화능력을 나타내는 수치, 즉 소요단위에 대응하는 소화설비 소화능력의 기준 단위

03 스테인리스강판으로 이동저장탱크의 방호틀을 설치하고자 한다. 이때 사용 재질의 인장강도가 130N/mm²이라면 방호틀의 두께는 몇 mm 이상으로 하는가?

정답

$t = \sqrt{\dfrac{270}{\sigma}} \times 2.3$ [t : 사용재질의 두께(mm), σ : 사용재질의 인장강도(N/mm^2)]

$\therefore\ t = \sqrt{\dfrac{170}{\sigma}} \times 2.3 = \sqrt{\dfrac{170}{130}} \times 2.3 = 3.31\text{mm 이상}$

해설

■ 이동저장탱크의 방호틀

KS 규격품인 스테인리스강판, 알루미늄합금판, 고장력강판으로서 두께가 다음 식에 의하여 산출된 수치 이상으로 한다.

04 탄화칼슘이 10kg의 물과 반응했을 경우에 70kPa, 30℃에서 몇 m³의 아세틸렌가스가 발생하는지 계산하시오(단, 1기압은 101.3kPa이다).

정답

$CaC_2 + 2H_2O \ \rightarrow \ Ca(OH)_2 + C_2H_2$

64kg ⟍ 26kg

10kg ⟋ x (kg)

$x = \dfrac{10 \times 26}{64},\ x = 4.06\text{kg}$

$PV = \dfrac{W}{M}RT,\ \ V = \dfrac{WRT}{PM},\ \ \dfrac{4.06 \times 0.082 \times (273 + 30)}{\left(\dfrac{70\text{kPa}}{101.3\text{kPa}} \times 1\text{atm}\right) \times 26} = 5.61\text{m}^3$

05 연소범위 5~15%의 메탄이 75vol%, 연소범위 2.1~9.5%의 프로판이 25vol%로 섞여 있는 혼합가스의 위험도를 구하시오.

① 연소하한값(L_m) = $\dfrac{100}{\dfrac{V_1}{L_1}+\dfrac{V_2}{L_2}}$ = $\dfrac{100}{\dfrac{75}{5}+\dfrac{25}{2.1}}$ = 3.72vol%

② 연소상한값(L_m) = $\dfrac{100}{\dfrac{V_1}{L_1}+\dfrac{V_2}{L_2}}$ = $\dfrac{100}{\dfrac{75}{15}+\dfrac{25}{9.5}}$ = 13.10vol%

③ 위험도(H) = $\dfrac{U-L}{L}$ = $\dfrac{13.1-3.72}{3.72}$ = 2.52

06 위험물안전관리법령상 위험물을 용기에 운반할 때 다음 물음에 답하시오.

① 화기·충격주의, 물기엄금, 가연물접촉주의라는 주의사항을 갖는 위험물을 덮을 때에 쓰는 피복의 성질을 쓰시오.
② 제2류 위험물 중 방수성이 있는 피복으로 조치하는 위험물의 주의사항을 쓰시오.
③ 차광성 또는 방수성이 있는 피복으로 조치하지 않는 위험물에 화기주의라고 표시되어 있다. 해당하는 위험물의 품명을 모두 쓰시오.

정답

① 방수성이 있는 피복 조치
② 화기주의, 물기엄금
③ 황화린, 적린, 유황

해설

■ 위험물 운반에 관한 기준
① 차광성이 있는 피복 조치

유 별	적용대상
제1류 위험물	전부(과산화칼륨)
제3류 위험물	자연발화성 물품
제4류 위험물	특수인화물
제5류 위험물	전 부
제6류 위험물	

② 방수성이 있는 피복 조치

유 별	적용대상
제1류 위험물	알칼리금속의 과산화물
제2류 위험물	철분, 금속분, 마그네슘
제3류 위험물	금수성물질

③ 위험물 운반 용기의 주의사항

위험물		주의사항	
제1류 위험물	알칼리금속의 과산화물	• 화기 · 충격주의 • 가연물접촉주의	• 물기엄금
	기 타	• 화기 · 충격주의	• 가연물접촉주의
제2류 위험물	철분 · 금속분 · 마그네슘	• 화기주의	• 물기엄금
	인화성고체	화기엄금	
	기 타	화기주의(황화린, 적린, 유황)	
제3류 위험물	자연발화성물질	• 화기엄금	• 공기접촉엄금
	금수성물질	물기엄금	
제4류 위험물		화기엄금	
제5류 위험물		• 화기엄금	• 충격주의
제6류 위험물		가연물접촉주의	

07 제3류 위험물인 탄화리튬이 물과 반응하여 생성되는 가연성가스의 연소반응식을 쓰시오.

정답

$$2C_2H_2 + 5O_2 \quad \rightarrow \quad 4CO_2 + 2H_2O$$

해설

$$Li_2C_2 + 2H_2O \quad \rightarrow \quad 2LiOH + 12C_2H_2$$

08 1기압, 35℃에서 1,000m³의 부피를 갖는 공기에 이산화탄소를 주입하여 산소를 15vol%로 하려면 소요되는 이산화탄소의 양은 몇 kg인지 구하시오(단, 처음 산소의 농도는 21vol%이고, 압력과 온도는 일정하다. 기체상수는 0.082atm · m³/mol³ · K이다).

정답

CO_2의 체적 $V = \dfrac{21 - O_2}{O_2} \times 1,000\text{m}^3 = \dfrac{21 - 15}{15} \times 1,000 = 400\text{m}^3$

$$PV = \frac{W}{M}RT$$

$$W = \frac{PVM}{RT} = \frac{1 \times 400 \times 44}{0.082 \times (273 + 35)} = 696.86\text{kg}$$

09 금속 칼륨, 인화성 고체가 각각 지정수량의 50배가 저장된 옥내저장소에 대하여 다음 물음에 답하시오(단, 내화구조의 격벽으로 완전히 구획되어 있다).

① 저장창고 바닥의 최대면적?

② 칼륨과 인화성 고체가 구획된 격벽에 출입구를 설치할 수 있는가? 설치할 수 있으면 설치기준에 대해 쓰시오.

③ 벽, 기둥 및 바닥이 내화구조인 경우 공지의 너비는?

④ 저장창고의 출입구는 (   )으로 한다. 연소의 우려가 있는 외벽에 있는 출입구에는 수시로 열 수 있는 (   )을 설치한다.

정답

① 1,500m² 이하

② ㉮ 설치하여야 한다.
　　㉯ 출입구 설치기준 : 저장창고의 출입구에는 갑종방화문 또는 을종방화문을 설치하되, 연소의 우려가 있는 외벽에 있는 출입구에는 수시로 열 수 있는 자동개폐식의 갑종방화문을 설치한다.

③ 5m 이상

④ 갑종방화문 또는 을종방화문, 자동폐쇄식의 갑종방화문

해설

■ **옥내저장소의 기준**

① 저장창고 바닥의 최대면적
　　㉮ 다음의 위험물을 저장하는 창고 : 1,000m² 이하

유 별	적용대상
제1류 위험물	아염소산염류, 염소산염류, 과염소산염류, 무기과산화물, 그 밖에 지정수량이 50kg인 위험물
제3류 위험물	칼륨, 나트륨, 알킬알루미늄, 알킬리튬, 그 밖에 지정수량이 10kg인 위험물 및 황린
제4류 위험물	특수인화물, 제1석유류 및 알코올류
제5류 위험물	유기과산화물, 질산에스테르류, 그 밖에 지정수량이 10kg인 위험물
제6류 위험물	전 부
제3류 위험물	금수성물질

　　㉯ ㉮의 위험물 외의 위험물을 저장하는 창고 : 2,000m² 이하
　　㉰ ㉮의 위험물과 ㉯의 위험물을 내화주조의 격벽으로 완전히 구획된 실에 각각 저장하는 창고 : 1,500m² 이하(㉮의 위험물을 저장하는 실의 면적은 500m²를 초과할 수 없다)

② 출입구
　　㉮ 설치하여야 한다.
　　㉯ 출입구 설치기준 : 저장창고의 출입구에는 갑종방화문 또는 을종방화문을 설치하되, 연소의 우려가 있는 외벽에 있는 출입구에는 수시로 열 수 있는 자동개폐식의 갑종방화문을 설치한다.

③ 보유공지 : 하나의 옥내저장소에 금속 칼륨, 인화성 고체를 각각 지정수량의 50배 저장하므로 총 지정수량의 배수는 100배이므로 5m 이상 보유공지를 확보한다.

저장 또는 취급하는 위험물의 최대수량	공지의 너비	
	벽, 기둥 및 바닥이 내화구조로 된 건축물	그 밖의 건축물
지정수량의 5배 이하	–	0.5m 이상
지정수량의 5배 초과 10배 이하	1m 이상	1.5m 이상
지정수량의 10배 초과 20배 이하	2m 이상	3m 이상
지정수량의 20배 초과 50배 이하	3m 이상	5m 이상
지정수량의 50배 초과 200배 이하	5m 이상	10m 이상
지정수량의 200배 초과	10m 이상	15m 이상

④ 저장창고의 출입구에는 갑종방화문 또는 을종방화문을 설치하되, 연소의 우려가 있는 외벽에 있는 출입구에는 수시로 열 수 있는 자동폐쇄식의 갑종방화문을 설치한다.

10 제1종 분말소화약제의 분해반응식을 쓰고, 이 소화제 8.4g이 분해하여 발생하는 탄산가스는 몇 ℓ인지 계산하시오.

정답

① 분해반응식 : $2NaHCO_3 \xrightarrow{\Delta} Na_2CO_3 + CO_2 + H_2O$

② $2NaHCO_3 \xrightarrow{\Delta} Na_2CO_3 + CO_2 + H_2O$
   $2 \times 84g$ $22.4L$
   $8.4g$ $x(L)$

∴ $x = \dfrac{8.4 \times 22.4}{2 \times 84} = 1.12L$

11 인화점이 –18℃로 수용성이며, 분자량 27인 독성이 강한 제4류 위험물에 대해 답하시오.

① 물질명   ② 화학식
③ 구조식   ④ 위험등급

정답

① 물질명 : 시안화수소   ② 화학식 : HCN
③ 구조식 : $H-C\equiv N$ ④ 위험등급 : Ⅲ

해설

① 제법 : $2CH_4 + 2NH_3 + 3O_2 \xrightarrow[\text{2-3atm, 1,100℃}]{Pt} 2HCN + 6H_2O$

② 성상 : 독특한 자극성의 냄새가 나는 무색의 액체(상온)이다. 물과 알코올에 녹으며, 수용액은 약산성이다.

12 벤젠에 수은(Hg)을 촉매로 하여 질산을 반응시켜 제조하는 물질로 DDNP(diazo−dinitrophenol)의 원료로 사용되는 위험물의 구조식과 품명, 지정수량은 무엇인가?

정답

① 구조식

$$O_2N \overset{OH}{\underset{NO_2}{\bigcirc}} NO_2$$

② 품명 : 니트로 화합물, ③ 지정수량 : 200kg

해설

■ **피크린산(트리니트로페놀, TNP)**
① 제5류 위험물, 니트로화합물, 지정수량 200kg, 광택 있는 황색의 침상결정
② 화학식 : $C_6H_2(OH)(NO_2)_3$
③ 구조식 :

$$O_2N \overset{OH}{\underset{NO_2}{\bigcirc}} NO_2$$

④ 분자량 229, 비중 1.8, 착화점 300℃
⑤ 질소함유량 = $\dfrac{3 \times 14}{229} \times 100 = 18.34\%$
⑥ 금속(Fe, Cu, Pb, Al 등)과 작용하여 민감한 피크린산의 금속염을 생성하므로, 제조·가공 시 철제·납 용기 사용금지
⑦ 제법

$$C_6H_5OH + 3HNO_3 \xrightarrow{C-H_2SO_4} C_6H_2OH(NO_2)_3 + 3H_2O$$

페놀 　 질산 　　　　　　　　 TNP 　　 물

13 다음의 (　) 안을 채우시오.

이황화탄소의 옥외저장탱크는 벽 및 바닥의 두께가 (　①　)m 이상이고, 누수가 되지 아니하는 (　②　)의 수조에 넣어 보관하여야 한다. 이 경우 보유공지, 통기관, (　③　)는 생략한다.

정답

① 0.2 　　　　　　② 철근콘크리트 　　　　　③ 자동계량장치

해설

이황화탄소의 옥외저장탱크는 벽 및 두께가 0.2m 이상이고 누수가 되지 아니하는 철근콘크리트의 수조에 넣어 보관하여야 한다. 이 경우 보유공지, 통기관, 자동경계량 장치는 생략할 수 있다.

14 위험물탱크시험자가 갖추어야 할 필수장비 3가지와 그 외에 필요한 경우에 갖추어야 할 장비 2가지를 쓰시오.

① 필수장비 : 자기탐상시험기, 초음파두께측정기 및 ㉠ 또는 ㉡ 중 어느 하나
  ㉠ 영상초음파탐상시험기
  ㉡ 방사선투과시험기 및 초음파탐상시험기
② 필요한 경우에 두는 장비
  ㉠ 충·수압시험, 진공시험, 기밀시험 또는 내압시험의 경우
    • 진공능력 53KPa 이상의 진공누설시험기
    • 기밀시험장치(안전장치가 부착된 것으로서 가압능력 200KPa 이상, 감압의 경우에는 감압능력 10KPa 이상·감도 10Pa 이하의 것으로서 각각의 압력 변화를 스스로 기록할 수 있는 것)
  ㉡ 수직·수평도 시험의 경우 : 수직·수평도 측정기

■ **탱크시험자가 갖추어야 할 기술능력**
① 기술능력
  ㉮ 필수인력
    ㉠ 위험물기능장·위험물산업기사 또는 위험물기능사 중 1명 이상
    ㉡ 비파괴검사기술사 1명 이상 또는 초음파비파괴검사·자기비파괴검사 및 침투비파괴검사별로 기사 또는 산업기사 각 1명 이상
  ㉯ 필요한 경우에 두는 인력
    ㉠ 충·수압시험, 진공시험, 기밀시험 또는 내압시험의 경우 : 누설비파괴검사 기사, 산업기사 또는 기능사
    ㉡ 수직·수평도시험의 경우 : 측량 및 지형공간정보 기술사, 기사, 산업기사 또는 측량기능사
    ㉢ 방사선투과시험의 경우 : 방사선비파괴검사 기사 또는 산업기사
    ㉣ 필수 인력의 보조 : 방사선비파괴검사·초음파비파괴검사·자기비파괴검사 또는 침투비파괴검사 기능사

15 지정수량 50kg, 분자량 78, 비중 2.8인 물질의 명칭과 이 물질이 아세트산과 반응 시 화학반응식을 쓰시오.

① 명칭 : 과산화나트륨
② 반응식 : $Na_2O_2 + 2CH_3COOH \rightarrow 2CH_3COONa + H_2O_2$

과산화나트륨은 에틸알코올에는 녹지 않지만, 묽은 산과 반응하여 과산화수소를 생성시킨다.

16 과산화칼륨과 물, CO_2, 초산과의 반응식을 쓰시오.

정답

① $2K_2O_2 + 2H_2O \rightarrow 4KOH + O_2 \uparrow$

② $2K_2O_2 + 2CO_2 \rightarrow 2K_2CO_3 + O_2 \uparrow$

③ $K_2O_2 + 2CH_3COOH \rightarrow 2CH_3COOK + H_2O_2 \uparrow$

해설

■ 과산화칼륨

① 분해반응식 : $2K_2O_2 \rightarrow 2K_2O + O_2 \uparrow$

② 알코올과의 반응식 : $K_2O_2 + 2C_2H_5OH \rightarrow 2C_2H_5OK + H_2O_2$

③ 염산과의 반응식 : $K_2O_2 + 2HCl \rightarrow 2KCl + H_2O_2$

④ 황산과의 반응식 : $K_2O_2 + H_2SO_4 \rightarrow K_2SO_4 + H_2O_2$

17 할론 1301에 대한 다음 물음에 답하시오(단, 원자량 C=12, F=19, Cl=35.5, Br=80).

① 증기비중은 얼마인가?

② 화학식은 무엇인가?

정답

① 증가비중 = $\dfrac{분자량}{공기의 \ 평균 \ 분자량}$ = 5.14

② CF_3Br

해설

■ Halon 1301 소화약제

포화탄화수소인 CH_4에 불소 3분자와 취소 1분자를 치환시켜 제조된 물질(CF_3Br)로서 비점이 $-57.75℃$이며, 모든 Halon 소화약제 중 소화성능이 가장 우수하나 오존층을 구성하는 O_3와의 반응성이 강하여 오존파괴지수(ODP ; Ozone Depletion Potential)가 가장 높다.

18 주유취급소에는 담 또는 벽을 설치하는데, 일부분을 방화상 유효한 유리로 부착할 경우 다음 물음에 답하시오.

① 유리의 부착 높이 :

② 유리판의 가로 길이 :

③ 유리를 부착하는 범위는 전체의 담 또는 벽 길이의 얼마를 초과하지 않아야 하는가?

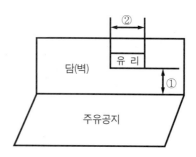

정답

① 70cm를 초과하는 부분   ② 2m 이내   ③ 10분의 2

■ 주유취급소의 담 또는 벽의 일부분에 방화상 유효한 구조의 유리 부착 기준
(1) 유리를 부착하는 위치는 주입구, 고정주유설비 및 고정급유설비로부터 4m 이상 이격될 것
(2) 유리를 부착하는 방법은 다음의 기준에 모두 적합할 것
    ① 주유취급소 내의 지반면으로부터 70cm를 초과하는 부분에 한하여 유리를 부착할 것
    ② 하나의 유리판의 가로의 길이는 2m 이내일 것
    ③ 유리판의 테두리를 금속제의 구조물에 견고하게 고정하고, 해당 구조물을 담 또는 벽에 견고하게 부착할 것
    ④ 유리의 구조는 접합유리(두 장의 유리를 두께 0.76mm 이상의 폴리비닐부티랄 필름으로 접합한 구조)로 하되, 「유리구획 부분의 내화시험방법(KS F 2845)」에 따라 시험하여 비차열 30분 이상의 방화성능이 인정될 것
(3) 유리를 부착하는 범위는 전체의 담 또는 벽의 길이의 2/10를 초과하지 아니할 것

19 위험물 저장탱크에 설치하는 포소화설비의 포방출구(Ⅰ형, Ⅱ형, Ⅲ형, Ⅳ형, 특형)이다.
( ) 안에 알맞게 채우시오.

① ( )형 : 고정지붕구조(CRT)의 탱크에 저부포주입법(탱크의 액면 하에 설치된 포방출구로부터 포를 탱크 내에 주입하는 방법)을 이용하는 것으로 송포관으로부터 포를 방출하는 포방출구
② ( )형 : 고정지붕구조(CRT)의 탱크에 저부포주입법을 이용하는 것으로 평상시에는 탱크의 액면하의 저부에 격납통에 수납되어 있는 특수호스 등이 소포관의 말단에 접속되어 있다가 포를 보내어 선단이 액면까지 도달한 후 포를 방출하는 포방출구
③ 특형 : 부상지붕구조(FR; Floating Roof Tank)의 탱크에 상부포주입법을 이용하는 것으로 부상지붕의 부상 부분상에 높이 0.9m 이상의 금속제의 칸막이를 탱크 옆판의 내측으로부터 1.2m 이상 이격하여 설치하고, 탱크옆판과 칸막이에 의하여 형성된 환상 부분에 포를 주입하는 것이 가능한 구조의 반사판을 갖는 포방출구
④ ( )형 : 고정지붕구조(CRT) 또는 부상덮개부착 고정지붕구조의 탱크에 상부포주입법을 이용하는 것으로, 방출된 포가 탱크 옆판의 내면을 따라 흘러 내려가면서 액면 아래로 몰입되거나 액면을 뒤섞지 않고 액면상을 덮을 수 있는 반사판 및 탱크 내의 위험물 증기가 외부로 역류되는 것을 저지할 수 있는 구조, 기구를 갖는 포방출구
⑤ ( )형 : 고정지붕구조(CRT)의 탱크에 상부포주입법(고정포 방출구를 탱크 옆판의 상부에 설치하여 액표면상에 포를 방출하는 방법)을 이용하는 것으로 방출된 포가 액면 아래로 몰입되거나 액면을 뒤섞지 않고 액면상을 덮을 수 있는 통계단 또는 미끄럼판 등의 설비 및 탱크 내의 위험물 증기가 외부로 역류되는 것을 저지할 수 있는 구조, 기구를 갖는 포방출구로서 Cone Roof Tank에 설치

정답

① Ⅲ   ② Ⅳ   ③ Ⅰ   ④ Ⅰ

해설

고정식 포방출구 방식은 탱크에서 저장·취급하는 위험물의 화재를 유효하게 소화할 수 있도록 하는 포방출구이다.

과년도 출제문제

01 제4류 위험물 제1석유류로 럼주향이 나는 무색의 휘발성 액체로 분자량 60, 인화점 −19℃, 비중 0.97이며, 가수분해하여 알코올류와 제2석유류를 생성한다. 다음 이 위험물에 대한 물음에 답하시오.

① 가수분해 반응식

② 생성되는 알코올류의 완전연소 반응식

③ 생성되는 제2석유류의 지정수량과 위험등급

정답

① $HCOOCH_3 + H_2O \rightarrow CH_3OH + HCOOH$

② $CH_3OH + 1.5O_2 \rightarrow 2H_2O + CO_2$

③ 지정수량 : 2,000 ℓ , 위험등급 : Ⅲ

해설

■ 의산메틸

달콤한 냄새가 나는 무색의 액체이며, 물에 잘 녹는다.

02 규조토에 흡수하여 다이너마이트를 제조하는 제5류 위험물에 대한 다음 물음에 답하시오.

① 품명은 무엇인가?

② 화학식을 쓰시오.

③ 분해반응식을 쓰시오.

정답

① 질산에스테르류

② $C_3H_5(ONO_2)_3$

③ $4C_3H_5(ONO_2)_3 \xrightarrow{\triangle} 12CO_2 2 + 10H_2O + 6N_2 + O_2$

해설

■ 니트로글리세린[NG, nitro glycerine, $C_3H_5(ONO_2)_3$]

점화하면 즉시 연소하고, 다량이면 폭발력이 강하다. 이때의 온도는 300℃에 달하며, 폭발 시의 폭발속도는 7,500m/s이고, 폭발열은 1,470kcal/kg이다.

03 제4류 위험물 특수인화물 중 물속에 저장하는 위험물이다. 이 위험물에 대한 물음에 답하시오.

① 연소반응식
② 증기비중
③ 옥외저장탱크 벽의 두께와 바닥의 두께

> **정답**

① $CS_2 + 3O_2 \rightarrow CO_2 + 2SO_2$
② 2.62
③ 옥외저장탱크 벽의 두께 : 0.2m 이상, 바닥의 두께 : 0.2m 이상

> **해설**

① 연소 시 유독한 아황산가스(SO_2)를 발생한다.
② 증기비중 $= \dfrac{분자량}{29} = \dfrac{76}{2.2962} = 2.62$
③ 이황화탄소의 옥외저장탱크는 벽 및 바닥의 두께가 0.2m 이상이고, 누수가 되지 아니하는 철근콘크리트 수조에 넣어 보관한다. 이 경우 보유공지, 통기관, 자동계량장치는 생략할 수 있다.

04 다음 물질에 대하여 물음에 답하시오.

> • 제4류 위험물로 증기비중 3.9이며, 벤젠을 염화철 존재 하에서 염소와 반응하여 만든다.
> • DDT의 원료이다.

① 구조식
② 위험등급
③ 지정수량
④ 도선 접지 설치 유무(이동탱크저장소에 한함)

> **정답**

①
```
     Cl
      |
   (벤젠 고리 구조)
```
② Ⅲ
③ 1,000 ℓ
④ 설치해야 한다.

> **해설**

■ **이동저장탱크의 접지설비**
제4류 위험물 중 특수인화물, 제1석유류, 제2석유류에는 접지도선을 설치한다.
① 양도체의 도선에 비닐 등의 절연재료로 피복하여 선단에 접지전극 등을 결착시킬 수 있는 클립 등을 부착한다.
② 도선이 손상되지 아니하도록 도선을 수납할 수 있는 장치를 부착한다.

05 전역방출방식의 불활성가스 소화설비에 대해 다음 물음에 답하시오.

① 이산화탄소를 방사하는 분사헤드 방사압력이 고압식의 것은 (   )MPa 이상
② 이산화탄소를 방사하는 분사헤드 방사압력이 저압식의 것은 (   )MPa 이상
③ IG-100을 방사하는 분사헤드의 방사압력은 (   )MPa 이상
④ IG-541을 방사하는 분사헤드의 방사압력은 (   )MPa 이상
⑤ 이산화탄소를 방사하는 방사시간

정답

① 2.1
② 1.05
③ 1.9
④ 1.9
⑤ 60초 이내

해설

■ 전역방출방식 등의 불활성가스소화설비 등의 방사압력 및 방사시간

구 분	전역방출방식			국소방출방식 (이산화탄소)
	이산화탄소		불활성가스	
	고압식	저압식	IG-100, IG-55, IG-541	
방사압력	2.1MPa 이상	1.05MPa 이상	1.9MPa 이상	–
방사시간	60초 이내	60초 이내	95% 이상을 60초 이내	30초 이내

06 위험물 제조소 등의 행정처분기준이다. (   ) 안에 답을 쓰시오.

위반사항	행정처분기준		
	1차	2차	3차
(1) 변경허가를 받지 아니하고 제조소 등의 위치·구조 또는 설비를 변경한 때	경고 또는 사용 정지 15일	(①)	허가취소
(2) 완공검사를 받지 아니하고 제조소 등을 사용한 때	(①)	(②)	허가취소
(3) 정기검사를 받지 아니한 때	사용정지 10일	(①)	(②)

정답

(1) ① 사용정지 60일
(2) ① 사용정지 15일, ② 사용정지 60일
(3) ① 사용정지 30일, ② 허가취소

위반사항	근거법규	행정처분기준		
		1차	2차	3차
(1) 법 제6조 제1항 후단의 규정에 의한 변경허가를 받지 아니하고, 제조소 등의 위치·구조 또는 설비를 변경한 때	법 제12조	경고 또는 사용정지 15일	사용정지 60일	허가취소
(2) 법 제9조의 규정에 의한 완공검사를 받지 아니하고 제조소 등을 사용한 때	법 제12조	사용정지 15일	사용정지 60일	허가취소
(3) 법 제14조 제2항의 규정에 의한 수리·개조 또는 이전의 명령에 위반한 때	법 제12조	사용정지 30일	사용정지 90일	허가취소
(4) 법 제15조 제1항 및 제2항의 규정에 의한 위험물 안전관리자를 선임하지 아니한 때	법 제12조	사용정지 15일	사용정지 60일	허가취소
(5) 법 제15조 제4항의 규정을 위반하여 대리자를 지정하지 아니한 때	법 제12조	사용정지 10일	사용정지 30일	허가취소
(6) 법 제18조 제1항의 규정에 의한 정기점검을 하지 아니한 때	법 제12조	사용정지 10일	사용정지 30일	허가취소
(7) 법 제18조 제2항의 규정에 의한 정기검사를 받지 아니한 때	법 제12조	사용정지 10일	사용정지 30일	허가취소
(8) 법 제26조의 규정에 의한 저장·취급기준준수명령을 위반한 때	법 제12조	사용정지 30일	사용정지 60일	허가취소

07 1기압 25℃에서 에틸알코올을 200g이 완전연소할 때 필요한 이론공기량(ℓ)을 구하시오.

정답

$$C_2H_5OH \quad + \quad 3O_2 \quad \rightarrow 2CO_2 + 3H_2O$$

46g ⟍ 3×32g

160,000g ⟋ x (g)

$$x = \frac{200g \times 3 \times 32g}{46g} = 417.39g$$

$$PV = \frac{W}{M}RT, \ V = \frac{WRT}{PM} = \frac{1 \times 400 \times 44}{1 \times 32} =$$

$$W = \frac{PVM}{RT} = \frac{417.39 \times 0.082 \times (273+25)}{0.082 \times (273+35)} = 318.92\ell$$

$$이론공기량 = 이론산소량 \times \frac{100}{21} = 318.92 \times \frac{100}{21} = 1518.67\ell$$

08 다음 물질이 물과 반응할 때 생성되는 기체의 연소반응식을 쓰시오(해당 없으면 "해당 없음"이라고 쓰시오).

① 인화칼슘
② 과산화나트륨
③ 트리메탈알루미늄
④ 탄화칼슘
⑤ 아세트알데히드

정답

① $2PH_3 + 4O_2 \rightarrow P_2O_5 + 3H_2O$
② 해당 없음
③ $CH_4 + 2O_2 \rightarrow C_2 + 2H_2O$
④ $2C_2H_2 + 5O_2 \rightarrow 4CO_2 + 2H_2O$
⑤ 해당 없음

해설

① $Ca_3P_2 + 6H_2O \rightarrow 3Ca(OH) + 2PH_3$
② $2Na_2O_2 + 2H_2O \rightarrow 4NaOH + O_2$
③ $(CH_3)_3Al + 3H_2O \rightarrow Al(OH)_3 + 3CH_4$
④ $CaC_2 + 2H_2O \rightarrow Ca(OH)_2 + C_2H_2$
⑤ 아세트알데히드는 물에 잘 녹는다.

09 제1류 위험물인 과산화칼륨이다. 다음 물질과의 반응식을 쓰시오.

① 물 :
② 탄산가스 :
③ 초산 :

정답

① $2K_2O_2 + 2H_2O \rightarrow 4KOH + O_2$
② $2K_2O_2 + 2CO_2 \rightarrow 2K_2CO_3 + O_2$
③ $K_2O_2 + 2CH_3COOH \rightarrow 2CH_3COOK + H_2O_2$

해설

■ 과산화칼륨의 반응식
① 염산과의 반응식 : $K_2O_2 + 2HCl \rightarrow 2KCl + H_2O_2$
② 황산과의 반응식 : $K_2O_2 + H_2SO_4 \rightarrow K_2SO_4 + H_2O_2$
③ 에탄올과의 반응식 : $K_2O_2 + 2C_2H_5OH \rightarrow 2C_2H_5OK + H_2O_2$

10 다음은 옥외저장소의 기준이다. (　) 안을 채우시오.

(1) (　①　) 또는 (　②　)을 저장하는 옥외저장소에는 불연성 또는 난연성의 천막 등을 설치하여 햇빛을 가릴 것

(2) 경계표시에는 유황이 넘치거나 비산하는 것을 방지하기 위한 천막 등을 고정하는 장치를 설치하되, 천막 등을 고정하는 장치는 경계표시의 길이 (　③　)m마다 한 개 이상 설치할 것

(3) 유황을 저장 또는 취급하는 장소의 주위에는 (　④　)와 (　⑤　)를 설치할 것

> **정답**

① 과산화수소　　　② 과염소산　　　③ 2　　　④ 배수구　　　⑤ 분리장치

> **해설**

■ 옥외저장소 중 덩어리 상태의 유황만을 지반면에 설치한 경계표시의 안쪽에서 저장·취급하는 것
① 하나의 경계표시의 내부 면적 : 100m² 이하
② 2개 이상의 경계표시를 설치하는 경우에 있어서는 각각 경계표시 내부의 면적을 합산한 면적 : 1,000m² 이하
③ 유황 옥외저장소의 경계표시 높이 : 1.5m 이하

11 바닥면적이 2,000m²의 옥내저장소의 저장창고에 저장할 수 있는 제3류 위험물의 품명 5가지를 쓰시오.

> **정답**

① 알칼리금속(칼륨 및 나트륨은 제외) 및 알칼리토금속　② 유기금속화합물(알킬알루미늄 및 알킬리튬은 제외)
③ 금속의 수소화물　　　　　　　　　　　　　　　　④ 금속의 인화물
⑤ 칼슘 또는 알루미늄의 탄화물

> **해설**

■ 저장창고의 기준면적

위험물을 저장하는 창고의 종류	기준면적
① 제1류 위험물 중 아염소산염류, 염소산염류, 과염소산염류, 무기과산화물, 그밖에 지정수량이 50kg인 위험물 ② 제3류 위험물 중 칼륨, 나트륨, 알킬알루미늄, 알킬리튬, 그 밖에 지정수량이 10kg인 위험물 ③ 제4류 위험물 중 특수인화물 제1석유류 및 알코올류 ④ 제5류 위험물 중 유기과산화물, 질산에스테르류, 그 밖에 지정수량이 10kg인 위험물 ⑤ 제6류 위험물	1,000m² 이하
①~⑤의 위험물 외의 위험물을 저장하는 창고 제3류 위험물 ① 알칼리금속(칼륨 및 나트륨은 제외) 및 알칼리토금속 ② 유기금속화합물(알킬알루미늄 및 알킬리튬은 제외) ③ 금속의 수소화물　④ 금속의 인화물　⑤ 칼슘 또는 알루미늄의 탄화물	2,000m² 이하
위의 전부에 해당하는 위험물을 내화구조의 격벽으로 완전히 구획된 실에 각각 저장하는 창고 (제4석유류, 동·식물유류, 제6류 위험물은 500m²를 초과할 수 없다)	1,500m² 이하

12 위험물의 성질란에 규정된 성상을 2가지 이상 포함하는 물품을 복수성상물품이라 한다. 이 물품이 속하는 품명의 판단기준으로 (   )에 맞는 유별을 쓰시오.

① 복수성상물품이 산화성고체의 성상 및 가연성고체의 성상을 가지는 경우 : (   )류 위험물
② 복수성상물품이 산화성고체의 성상 및 자기반응성물질의 성상을 가지는 경우 : (   )류 위험물
③ 복수성상물품이 가연성고체의 성상과 자연발화성물이 성상 및 금수성물질의 성상을 가지는 경우 : (   )류 위험물
④ 복수성상물품이 자연발화성물질의 성상, 금수성물질의 성상 및 인화성액체의 성상을 가지는 경우 : (   )류 위험물
⑤ 복수성상물품이 인화성 액체의 성상 및 자기반응성물질의 성상을 가지는 경우 : (   )류 위험물

> **정답**

① 제2류   ② 제5류   ③ 제3류   ④ 제3류   ⑤ 제5류

> **해설**

■ 위험물의 지정은 5가지 방식으로 그 물질의 위험물을 지정하여 관리한다.
① 화학적 조성에 의한 지정 : 비슷한 성질을 가진 원소, 비슷한 성분과 조성을 가진 화합물은 각각 유사한 성질을 나타낸다.
② 형태에 의한 지정 : 철, 망간, 알루미늄 등 금속분은 보통 괴상의 상태는 규제가 없지만, 입자가 일정 크기 이하인 분상은 위험물로 규정된다.
③ 사용 상태에 의한 지정 : 동일 물질에 있어서도 보관 상태에 따라 달라질 수 있으며, 동·식물유류는「위험물안전관리법」상 위험물로 보지 않는다(단, 밀봉된 상태).
④ 지정에서의 제외와 편입 : 화학적인 호칭과「위험물안전관리법」상의 호칭과는 내용상의 차이가 있는 것도 있지만, 알코올류는 수백 종이 있고「위험물안전관리법」에서는 특수한 소수의 알코올만을 지칭한다. 변성알코올은 알코올류에 포함되지만, 탄소수가 4개 이상인 알코올은 인화점에 따라 석유류로 분류된다.
⑤ 경합하는 경우의 지정 : 동시에 2개 이상의 유별이 해당되며, 복수성상물품이라 하여 제1류와 제2류, 제1류와 제5류, 제2류와 제3류 등이 해당된다. 이때 일반위험보다는 특수위험성을 우선하여 지정한다.

13 다음은 위험물 안전관리법령에서 정한 다음 용어의 정의를 쓰시오.

① 액체
② 기체
③ 인화성 고체

> **정답**

① 1기압 및 20℃에서 액상인 것 또는 ℃ 초과 40℃ 이하에서 액상인 것
② 1기압 밑 20℃에서 기상인 것
③ 고형알코올, 그 밖에 1기압에서 인화점이 40℃ 미만인 고체

액상이란 수직으로 된 시험관(안지름 30mm, 높이 120mm의 원통형 유리관을 말함)에 시료를 55mm까지 채운 다음 당해 시험관을 수평으로 하였을 때 시료액면의 선단이 30mm를 이동하는 데에 걸리는 시간이 90초 이내에 있는 것을 말한다.

14 드라이아이스가 100g, 압력이 100kPa, 온도가 30℃일 때 부피는 몇 ℓ 인가?

정답

51.21 ℓ

해설

$$PV = \frac{W}{M}RT$$

$$V = \frac{WRT}{PM} = \frac{100 \times 8.314 \times (273+30)}{100 \times 44} = 57.25\ell$$

15 제조소 외벽높이 2m, 인근 건축물과의 거리 5m, 제조소 등과 방화상 유효한 담과의 거리 2.5m, 인근 건축물의 높이 6m이며, 산출식에서 사용되는 상수값은 0.150이다. 이때 방화상 유효한 담의 높이를 구하시오.

정답

$H > pD^2 + a$일 때 $h = H = p(D^2 - d^2)$
여기서, H : 인근 건물 또는 공작물의 높이(m)
　　　　 h : 방화상 유효한 담의 높이(m)
　　　　 D : 제조소 등과 인근 건축물 또는 공작물과의 거리(m)
　　　　 d : 제조소 등과 방화상 유효한 담과의 거리(m)
　　　　 a : 제조소 등 외벽의 높이(m)
위에서 산출된 수치가 2 미만일 때에는 담의 높이를 2m로, 4 이상일 때에는 담의 높이를 4m로 하여야 한다.
$H > pD^2 + a$인 경우 : $6 > 0.15 \times 5^2 + 2 = 5.75m$
$\therefore h = H = p(D^2 - d^2) = 6 - 0.15(5^2 - 2.5^2) = 3.19m$

16 위험물안전관리에 관한 세부기준에 따르면 배관 등의 용접부에는 방사선 투과시험을 실시한다. 다만, 방사선 투과시험을 실시하기 곤란한 경우 (   )에 알맞은 비파괴시험을 쓰시오.

(1) 두께 6mm 이상인 배관에 있어서 (①) 및 (②)을 실시할 것. 다만, 강자성체 외의 재료로 된 배관에 있어서는 (③)을 (④)으로 대체할 수 있다.

(2) 두께 6mm 미만인 배관과 초음파탐상시험을 실시하기 곤란한 배관에 있어서는 (⑤)을 실시할 것

> **정답**
>
> ① 초음파탐상시험　　　　　② 자기탐상시험
> ③ 자기탐상시험　　　　　　④ 침투탐상시험
> ⑤ 자기탐상시험

> **해설**
>
> ■ 비파괴시험 방법
> 배관 등의 용접부에는 방사선투과시험을 실시한다. 다만, 방사선투과시험은 실시하기 곤란한 경우에는 다음의 기준이 따른다.
> ① 두께가 6mm 이상인 배관에 있어서는 초음파탐상시험 및 자기탐상시험을 실시한다. 다만, 강자성체 외의 재료로 된 배관에 있어서는 자기탐상시험을 침투탐상시험으로 대체할 수 있다.
> ② 두께가 6mm 미만인 배관과 초음파탐상시험을 실시하기 곤란한 배관에 있어서는 자기탐상시험을 실시한다.

17 제조소에 사용하는 배관의 재질은 원칙적으로 강관으로 하여야 한다. 예외적으로 지하매설 배관의 경우 사용할 수 있는 금속성 이외의 재질 3가지를 쓰시오.

> **정답**
>
> ① 유리섬유강화플라스틱
> ② 고밀도폴리에틸렌
> ③ 폴리우레탄

> **해설**
>
> 위험물제조소의 배관은 지하매설배관의 경우를 제외하고는 배관의 재질은 강관, 그밖에 이와 유사한 금속성으로 하여야 한다. 지하에 매설하는 배관의 경우 배관의 재질은 한국산업규격에 의한 유리섬유강화플라스틱·고밀도폴리에틸렌 또는 폴리우레탄으로 하고, 구조는 내관 및 외관의 이중으로 하며, 내관과 외관의 사이에는 틈새공간을 두어 누설여부를 외부에서 쉽게 확인할 수 있도록 하고, 국내 또는 국외의 관련 공인시험기관으로부터 안전성에 대한 시험 또는 인증을 받은 것이어야 한다.

18 위험물제조소에는 반화에 관하여 필요한 게시판 설치 시 어떤 주의사항을 표시한 게시판을 설치하여야 하는가?(단, 해당 없으면 "해당 없음"이라고 쓴다)

① 인화성 고체
② 적린
③ 질산
④ 질산암모늄
⑤ 과산화나트륨

정답

① 화기엄금   ② 화기주의
③ 해당 없음   ④ 해당 없음
⑤ 물기엄금

해설

위험물		주의사항
제1류 위험물	알칼리금속의 과산화물(과산화나트륨)	물기엄금
	기타(질산암모늄)	별도의 표시를 하지 않는다.
제2류 위험물	인화성 고체(적린)	화기엄금
	기 타	화기주의
제3류 위험물	자연발화성 물질	화기엄금
	금수성 물질	물기엄금
제4류 위험물		화기엄금
제5류 위험물		
제6류 위험물(질산)		별도의 표시를 하지 않는다.

19 어떤 사업주가 부산물(비수용성, 인화점 210℃)을 석유제품(비수용성, 인화점 60℃)으로 정제하기 위해 위험물제조소 등을 보유하고자 한다. 사업주가 정제된 위험물을 옥외탱크저장소에 저장하였다가 10만ℓ를 이동저장탱크로 판매하고 추가로 2만ℓ를 더 저장하여 판매하기 위해 공장의 부지를 마련할 계획이다. 이 사업장의 위험물시설은 다음과 같다.

> • 석유제품 생산을 위한 부산물을 수집하기 위한 탱크로리(용량 5,000ℓ 1대와 20,000ℓ 1대)
> • 위험물에 속하는 부산물을 석유제품으로 정제하기 위한 시설(지정수량 10배)
> • 제조한 석유제품을 저장하기 위한 용량이 100,000ℓ인 옥외탱크저장소 1기
> • 제조한 위험물을 출하하기 위해 탱크로리에 주입하는 일반취급소
> • 제조한 위험물을 판매처에 운송하기 위한 용량 5,000ℓ의 탱크로리 1대

(1) 위 사업장에서 허가를 받아야 하는 제조소 등의 종류를 모두 쓰시오(예 옥외저장소 3개).

(2) 위 사업장에 선임하여야 하는 안전관리자에 대해 다음 물음에 답하시오.

　① 위험물안전관리자 선임대상인 제조소 등의 종류를 모두 쓰시오.

　② 선임대상인 제조소 등의 안전관리자 선임자격을 쓰시오.

　③ 중복하여 선임할 수 있는 안전관리자의 최소인원은 몇 명인지 쓰시오.

(3) 위 사업장에서 정기점검 대상에 해당하는 제조소 등을 모두 쓰시오.

(4) 위 사업장의 제조소에 관하여 다음 물음에 답하시오.

　① 위 제조소의 보유공지는 몇 m인지 쓰시오.

　② 제조소와 인근에 위치한 종합병원과의 안전거리는 몇 m인지 쓰시오(단, 제조소와 종합병원 사이에는 방화상 유효한 격벽이 설치되어 있지 않다).

정답

(1) 이동탱크저장소 2대, 제조소 1개소, 옥외탱크저장소 1기, 충전하는 일반취급소 1개소

(2) ① 제조소, 충전하는 일반취급소, 옥외탱크저장소

　　② ・제조소, 옥외탱크저장소 : 위험물기능장, 위험물산업기사, 위험물기능사(2년 이상 실무경력자)

　　　・충전하는 일반취급소 : 위험물기능장, 위험물산업기사, 위험물기능사(2년 이상 실무경력자), 안전관리교육이수자, 소방공무원경력자(소방공무원으로 근무한 경력이 3년 이상인자)

　　③ 1명

(3) 제조소, 이동탱크저장소

(4) ① 3m 이상

　　② 30m 이상

해설

(1) 제조소 등의 종류

시설현황	제조소 등의 종류
석유제품 생산을 위한 부산물을 수집하기 위한 탱크로리(용량 5,000ℓ 1대 와 20,000ℓ 1대) 여기서, 부산물(제4석유류)의 용량 5,000ℓ는 지정수량 미만이므로 제조소 등에서 제외된다.	이동탱크저장소(20,000ℓ ×1대)
위험물에 속하는 부산물을 석유제품으로 정제하기 위한 시설(지정수량 10배)	제조소(1개소)
제조한 석유제품을 저장하기 위한 용량이 100,000ℓ인 옥외저장소 1기	옥외탱크저장소(100,000ℓ ×1기)
제조한 위험물을 출하하기 위해 탱크로리에 주입하는 일반취급소	충전하는 일반취급소(1개소)
제조한 위험물을 판매처에 운송하기 위한 용량 5,000ℓ의 탱크로리 1대 여기서, 정제된 석유제품(제2석유류, 지정수량 1,000ℓ)은 제조소 등에 해당된다.	`이동탱크저장소(5,000ℓ ×1대)

(2) 사업장에 선임하여야 하는 안전관리자
   ① 위험물안전관리자 선임대상인 제조소 등의 종류 : 이동탱크저장소에는 위험물안전관리자 선임대상
     이 아니므로 제조소, 옥외탱크저장소, 충전하는 일반취급소에는 선임하여야 한다.
   ② 선임대상인 제조소 등의 안전관리자 선임자격

시설현황	선임근거	선임자격
제조소	제2석유류(인화점 60℃, 비수용성)로 정제하기 위한 시설(지정수량 10배)인데, 지정수량 5배 초과는 자격자로 선임	위험물기능장 위험물산업기사 위험물기능사(2년 이상 실무경력자)
옥외탱크저장소	정제된 위험물은 제2석유류(인화점 60℃, 비수용성)로서 저장량 100,000ℓ 는 지정배수 $=\dfrac{100,000\ell}{1,000\ell}=100$배 지정수량 40배 초과는 자격자로 선임	위험물기능장 위험물산업기사 위험물기능사(2년 이상 실무경력자)
충전하는 일반취급소	정제된 위험물은 제2석유류로서 위험물을 차량에 고정된 탱크에 주입하는 경우에 지정수량 50배 이하는 자격증이나 수첩으로 선임된다. (지정배수 $=\dfrac{5,000\ell}{1,000\ell}=5$배)	위험물기능장 위험물산업기사 위험물기능사(2년 이상 실무경력자) 안전관리교육이수자 소방공무원경력자(소방공무원으로 근무한 경력이 3년 이상인자)

   ③ 위험물안전관리자 중복선임(1명)
     ㉮ 10개 이하 : 옥내저장소, 옥외저장소, 암반탱크저장소
     ㉯ 30개 이하 : 옥외탱크저장소
     ㉰ 숫자 제한 없음 : 옥내탱크저장소, 지하탱크저장소, 간이탱크저장소
     ㉱ 5개 이하의 제조소 등을 동일인이 설치한 경우(시행령 제12조)
       ㉠ 각 제조소 등의 동일 구내에 위치하거나 상호 100m 아내의 거리에 있을 것
       ㉡ 각 제조소 등에서 저장 또는 취급하는 위험물의 최대수량이 지정수량의 3,000배 미만일 것
         (단, 저장소의 경우에는 그러하지 아니하다)
      여기서, 제조소 등이 명칭이 각각 다르며 5개가지는 1명으로 선임이 되고, 6개 이상 10개까지는
      2명을 선임해야 한다. 즉, 이 문제에서는 제조소, 옥외탱크저장소, 충전하는 일반취급소가 각각
      1개이므로 전체 3개의 제조소 등이 있으므로 위험물안전관리자는 1명으로 선임하면 된다.
(3) 정기점검 대상에 해당하는 위험물제조소 등
   ① 지정수량의 10배 이상의 위험물을 취급하는 제조소, 일반취급소
   ② 지정수량의 100배 이상의 위험물을 저장하는 옥외저장소
   ③ 지정수량의 150배 이상의 위험물을 저장하는 옥내저장소
   ④ 지정수량의 200배 이상의 위험물을 저장하는 옥외탱크저장소
   ⑤ 암반탱크저장소, 이송취급소
   ⑥ 지하탱크저장소
   ⑦ 이동탱크저장소

⑧ 위험물을 취급하는 탱크로서 지하에 매설된 탱크가 있는 제조소, 주유취급소, 일반취급소

시설	점검대상 근거	대상 여부
제조소	제2석유류(인화점 60℃, 비수용성)로 정제하기 위한 시설 (지정수량 10배)	정기점검 대상
옥외탱크저장소	제2석유류(인화점 60℃, 비수용성)로 저장량100,000 ℓ 는 지정배수 $=\dfrac{100,000\ell}{1,000\ell}=100$배	정기점검 미대상
충전하는 일반취급소	제2석유류(인화점 60℃, 비수용성)로서 용량이 5,000 ℓ 이므로 지정배수 $=\dfrac{5,000\ell}{1,000\ell}=5$배	정기점검 미대상
이동탱크저장소	용량에 관계없이 정기검사 대상이다.	정기점검 대상

(4) 보유공지와 안전거리
  ① 제조소의 보유공지

취급하는 위험물의 최대수량	공지의 너비
지정수량의 10배 이하	3m 이상
지정수량의 10배 초과	5m 이상

  ② 제조소와 종합병원과의 안전거리

건축물	안전거리
사용전압 7,000V 초과 35,000V 이하의 특고압 가공전선	3m 이상
사용전압 35,000V 초과의 특고압 가공전선	5m 이상
주거용으로 사용되는 것(제조소가 설치된 부지 내에 있는 것을 제외)	10m 이상
고압가스, 액화석유가스, 도시가스를 저장 또는 취급하는 시설	20m 이상
학교, 병원(병원급 의료기관), 극장(공연장, 영화상영관, 수용인원 300명 이상 수용할 수 있는 것), 복지시설(아동복지시설, 노인복지시설, 장애인복지시설, 한부모가족복지시설), 어린이집, 성매매피해자 등을 위한 지원시설, 정신보건시설, 보호시설 및 그 밖의 이와 유사한 시설로서 수용인원 20명 이상 수용할 수 있는 것	30m 이상
유형문화재, 지정문화재	50m 이상

완전합격
위험물기능장 실기문제

발 행 일	2021년 5월 5일 개정2판 1쇄 인쇄 2021년 5월 10일 개정2판 1쇄 발행
저 자	김재호
발 행 처	 크라운출판사 http://www.crownbook.com
발 행 인	이상원
신고번호	제 300-2007-143호
주 소	서울시 종로구 율곡로13길 21
공 급 처	(02) 765-4787, 1566-5937, (080) 850~5937
전 화	(02) 745-0311~3
팩 스	(02) 743-2688, 02) 741-3231
홈페이지	www.crownbook.co.kr
I S B N	978-89-406-4413-3 / 13570

특별판매정가 35,000원